Win-Q

타워크레인
운전기능사 필기

시대에듀

합격에 윙크[Win-Q]하다

Win-Q

[타워크레인운전기능사] 필기

Always with you

사람이 길에서 우연하게 만나거나 함께 살아가는 것만이 인연은 아니라고 생각합니다.

책을 펴내는 출판사와 그 책을 읽는 독자의 만남도 소중한 인연입니다.

시대에듀는 항상 독자의 마음을 헤아리기 위해 노력하고 있습니다.

늘 독자와 함께하겠습니다.

머리말

타워크레인 운전 분야의 전문가를 향한 첫 발걸음!

'시간을 덜 들이면서도 시험을 좀 더 효율적으로 대비하는 방법은 없을까?'
'짧은 시간 안에 시험을 준비할 수 있는 방법은 없을까?'

자격증 시험을 앞둔 수험생들이라면 누구나 한 번쯤 들었을 법한 생각이다. 실제로도 많은 자격증 관련 카페에 빈번하게 올라오는 질문이기도 하다. 이런 질문들에 대해 대체적으로 출제경향 파악 → 핵심이론 요약 → 관련 문제 반복 숙지의 과정을 거쳐 시험을 대비하라는 답변이 꾸준히 올라오고 있다.

윙크(Win-Q) 시리즈는 위와 같은 질문과 답변을 바탕으로 기획되어 발간된 도서이다.

Win-Q 타워크레인운전기능사는 PART 01 핵심이론+빈출문제와 PART 02 과년도+최근 기출복원문제로 구성되었다. PART 01은 과거에 치렀던 기출문제를 철저하게 분석하고, 반복 출제되는 문제를 추려내 빈출문제를 수록하여 빈번하게 출제되는 문제는 반드시 맞힐 수 있게 하였다. PART 02에서는 과년도 기출문제와 최근 기출복원문제를 수록하여 PART 01에서 놓칠 수 있는 최근에 출제되고 있는 새로운 유형의 문제에 대비할 수 있게 하였다.

타워크레인운전기능사는 건설현장, 조선소 등에서 타워크레인을 운전하여 줄걸이 작업자 및 신호자와 함께 중량물을 안전하게 일정한 장소로 운반하거나 타워크레인 설치 · 해체 작업 중 운전 등의 직무를 안전하게 수행하는 직무를 담당한다. 이를 목표로 하는 수험생들에게 본 도서가 조금이나마 도움이 되고자 한다.

자격증 시험의 목적은 높은 점수를 받아 합격하는 것이라기보다는 합격 그 자체에 있다고 할 것이다. 다시 말해 60점만 넘으면 어떤 시험이든 합격이 가능하다.

수험생 여러분의 건승을 기원한다.

편저자 씀

시험안내

개 요

건설현장과 같은 곳에서 양중 작업계획에 따라 타워크레인을 운전하여 건설현장, 조선소 등에 줄걸이 작업자 및 신호자와 함께 중량물을 안전하게 일정한 장소로 운반, 설치, 해체 작업 중 운전 등의 직무를 안전하게 수행하기 위한 자격이 요구된다.

수행직무

타워크레인을 운전하여 건설현장, 조선소 등에서 줄걸이 작업자 및 신호자와 함께 중량물을 안전하게 일정한 장소로 운반 및 설치, 해체 작업 중 운전 등의 직무를 수행한다.

진로 및 전망

건설현장의 타워크레인운전원의 진로가 있으며 타워크레인 자격은 안전과 관련성이 높은 면허성을 띠고 있는 자격이다.

시험일정

구 분	필기원서접수 (인터넷)	필기시험	필기합격 (예정자)발표	실기원서접수	실기시험	최종 합격자 발표일
제1회	1.6~1.9	1.21~1.25	2.6	2.10~2.13	3.15~4.2	1차 : 4.11 / 2차 : 4.18
제4회	8.25~8.28	9.20~9.25	10.15	10.20~10.23	11.22~12.10	1차 : 12.19 / 2차 : 12.24

※ 상기 시험일정은 시행처의 사정에 따라 변경될 수 있으니, www.q-net.or.kr에서 확인하시기 바랍니다.

시험요강

❶ 시행처 : 한국산업인력공단
❷ 시험과목
　㉠ 필기 : 타워크레인 조종, 점검 및 안전관리
　㉡ 실기 : 타워크레인 조종 실무
❸ 검정방법
　㉠ 필기 : 전 과목 혼합, 객관식 60문항(1시간)
　㉡ 실기 : 작업형(15~30분 정도)
❹ 합격기준 : 100점을 만점으로 하여 60점 이상(필기 · 실기)

검정현황

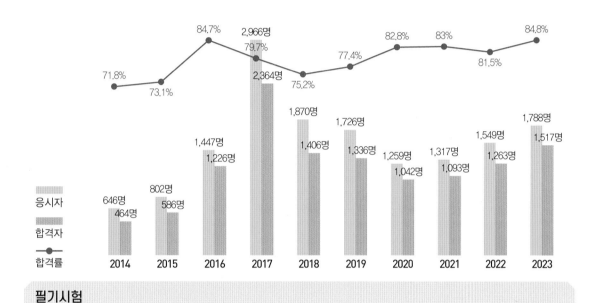

응시자
합격자
합격률

71.8% 73.1% 84.7% 79.7% 75.2% 77.4% 82.8% 83% 81.5% 84.8%

2,966명 2,364명 1,870명 1,726명 1,447명 1,226명 1,406명 1,336명 1,259명 1,042명 1,317명 1,093명 1,549명 1,263명 1,788명 1,517명 646명 464명 802명 586명

2014 2015 2016 2017 2018 2019 2020 2021 2022 2023

필기시험

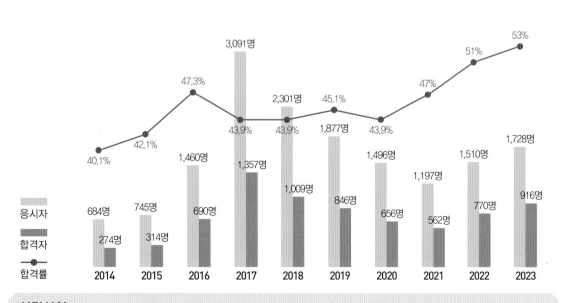

응시자
합격자
합격률

40.1% 42.1% 47.3% 43.9% 43.9% 45.1% 43.9% 47% 51% 53%

3,091명 2,301명 1,877명 1,728명 1,460명 1,357명 1,009명 846명 1,496명 656명 1,197명 562명 1,510명 770명 916명 684명 274명 745명 314명 690명

2014 2015 2016 2017 2018 2019 2020 2021 2022 2023

실기시험

시험안내

출제기준

필기 과목명	주요항목	세부항목	세세항목
타워크레인 조종, 점검 및 안전관리	구조	타워크레인의 구조	• 타워크레인의 주요 구조부 • 타워크레인 주요 구조의 특성
	기능 일반	타워크레인의 기본 원리	• 기계 일반, 기초 이론에 관한 사항 • 타워크레인 운전(조종)에 필요한 원리
		타워크레인의 작업 기능	• 인상 · 인하 • 횡행(트롤리 이동 작업) • 선회 • 기복
	전기 일반	전기 이론과 용어	• 전기 일반 • 전기 기계 기구의 외함 구조 • 접지
	방호 장치	타워크레인의 방호 장치	• 타워크레인의 방호 장치 종류 • 타워크레인의 방호 장치 원리 • 타워크레인의 방호 장치 점검 사항
	유압 이론	타워크레인의 유압 장치	• 유압의 기초 • 유압 장치 구성
	인양 작업 일반	인양 작업	• 인양 작업 종류 • 인양 작업 보조 용구
		운전(조종) 개요	• 운전(조종) 자격 • 운전자(조종사) 의무
		운전(조종) 요령	• 인상, 인하 작업 • 횡행 작업(트롤리 이동 작업) • 선회 작업 • 기복 작업
		줄걸이 및 신호 체계	• 줄걸이 용구 확인 • 줄걸이 작업 방법 • 신호 체계 확인 • 신호 방법 확인

필기 과목명	주요항목	세부항목	세세항목
타워크레인 조종, 점검 및 안전관리	설치 · 해체 작업 시 운전(조종)	설치 · 해체 작업 시 운전(조종)	• 설치 작업 시 조종 준수 사항 • 해체 작업 시 조종 준수 사항
	안전 관리	안전 보호구 착용 및 안전장치 확인	• 안전 보호구 • 안전장치
		위험 요소 확인	• 안전 표시 • 안전 수칙 • 위험 요소
		작업 안전	• 장비 사용 설명서 • 작업 안전 • 기타 안전 사항
		장비 안전 관리	• 장비 안전 관리 • 일상 점검표 • 작업 계획서 • 장비 안전 관리 교육 • 기계 · 기구 및 공구에 관한 사항
		관련 법규	• 산업안전보건법령 • 건설기계관리법령

CBT 응시 요령

기능사 종목 전면 CBT 시행에 따른

CBT 완전 정복!

"CBT 가상 체험 서비스 제공"

한국산업인력공단
(http://www.q-net.or.kr) 참고

수험자 정보 확인

신분확인이 끝나면 시험이 곧 시작됩니다. 잠시만 기다려 주세요.

수험번호	00000000
성명	수험자
생년월일	XX.01.01
응시종목	정보처리기능사
좌석번호	07번

07 좌석번호

01 수험자 정보 확인

시험장 감독위원이 컴퓨터에 나온 수험자 정보와 신분증이 일치하는지를 확인하는 단계입니다. 수험번호, 성명, 생년월일, 응시종목, 좌석번호를 확인합니다.

안내사항

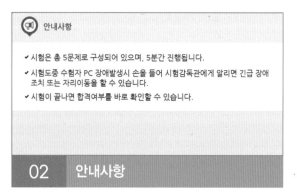

✔ 시험은 총 5문제로 구성되어 있으며, 5분간 진행됩니다.
✔ 시험도중 수험자 PC 장애발생시 손을 들어 시험감독관에게 알리면 긴급 장애조치 또는 자리이동을 할 수 있습니다.
✔ 시험이 끝나면 합격여부를 바로 확인할 수 있습니다.

02 안내사항

시험에 관한 안내사항을 확인합니다.

유의사항 - [1/4]

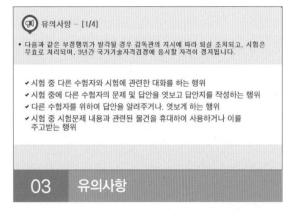

• 다음과 같은 부정행위가 발각될 경우 감독관의 지시에 따라 퇴실 조치되고, 시험은 무효로 처리되며, 3년간 국가기술자격검정에 응시할 자격이 정지됩니다.

✔ 시험 중 다른 수험자와 시험에 관련한 대화를 하는 행위
✔ 시험 중에 다른 수험자의 문제 및 답안을 엿보고 답안지를 작성하는 행위
✔ 다른 수험자를 위하여 답안을 알려주거나, 엿보게 하는 행위
✔ 시험 중 시험문제 내용과 관련된 물건을 휴대하여 사용하거나 이를 주고받는 행위

03 유의사항

부정행위에 관한 유의사항이므로 꼼꼼히 확인합니다.

문제풀이 메뉴 설명

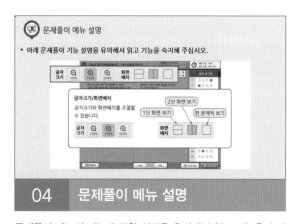

• 아래 문제풀이 기능 설명을 유의해서 읽고 기능을 숙지해 주십시오.

04 문제풀이 메뉴 설명

문제풀이 메뉴의 기능에 관한 설명을 유의해서 읽고 기능을 숙지해 주세요.

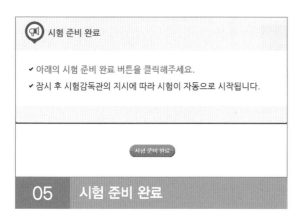

05   시험 준비 완료

시험 안내사항 및 문제풀이 연습까지 모두 마친 수험자는 시험 준비 완료 버튼을 클릭한 후 잠시 대기합니다.

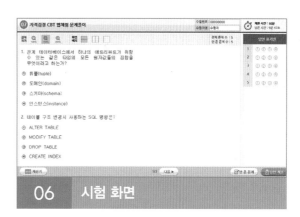

06   시험 화면

시험 화면이 뜨면 수험번호와 수험자명을 확인하고, 글자크기 및 화면배치를 조절한 후 시험을 시작합니다.

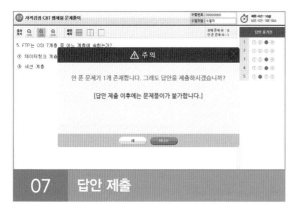

07   답안 제출

[답안 제출] 버튼을 클릭하면 답안 제출 승인 알림창이 나옵니다. 시험을 마치려면 [예] 버튼을 클릭하고 시험을 계속 진행하려면 [아니오] 버튼을 클릭하면 됩니다. 답안 제출은 실수 방지를 위해 두 번의 확인 과정을 거칩니다. [예] 버튼을 누르면 답안 제출이 완료되며 득점 및 합격여부 등을 확인할 수 있습니다.

CBT 완전 정복 Tip

내 시험에만 집중할 것
CBT 시험은 같은 고사장이라도 각기 다른 시험이 진행되고 있으니 자신의 시험에만 집중하면 됩니다.

이상이 있을 경우 조용히 손을 들 것
컴퓨터로 진행되는 시험이기 때문에 프로그램상의 문제가 있을 수 있습니다. 이때 조용히 손을 들어 감독관에게 문제점을 알리며, 큰 소리를 내는 등 다른 사람에게 피해를 주는 일이 없도록 합니다.

연습 용지를 요청할 것
응시자의 요청에 한해 연습 용지를 제공하고 있습니다. 필요시 연습 용지를 요청하며 미리 시험에 관련된 내용을 적어놓지 않도록 합니다. 연습 용지는 시험이 종료되면 회수되므로 들고 나가지 않도록 유의합니다.

답안 제출은 신중하게 할 것
답안은 제한 시간 내에 언제든 제출할 수 있지만 한 번 제출하게 되면 더 이상의 문제풀이가 불가합니다. 안 푼 문제가 있는지 또는 맞게 표기하였는지 다시 한 번 확인합니다.

구성 및 특징

---

01 CHAPTER 타워크레인 조종

제1절 구조

1 타워크레인의 구조 및 특성

1-1. 타워크레인의 주요 구조부

핵심이론 01 | 용어 정리

※ 건설기계 안전기준에 관한 규칙 타워크레인 부분에서

① 타워크레인 : 수직타워의 상부에 위치한 지브(Jib)를 선회시키는 크레인을 말한다.
② 고정식 크레인 : 콘크리트 기초 또는 고정된 기초 위에 설치된 타워크레인을 말한다.
③ 상승식 크레인 : 건축 중인 구조물 위에 설치된 크레인으로서 구조물의 높이가 증가함에 따라 자체의 상승장치에 의해 수직 방향으로 상승시킬 수 있는 타워크레인을 말한다.
④ 주행식 크레인 : 지면 또는 구조물에 레일을 설치하여 타워크레인 자체가 레일을 타고 이동 및 정지하면서 작업할 수 있는 타워크레인이다.
⑤ 정격 하중 : 타워크레인의 권상 하중에서 훅, 그래브 또는 버킷 등 달기 기구의 하중을 뺀 하중을 말한다.
⑥ 권상 하중 : 타워크레인이 지브의 길이 및 경사각에 따라 들어 올릴 수 있는 최대의 하중을 말한다.
⑦ 주행 : 주행식 타워크레인이 레일을 따라 이동하는 것을 말한다.
⑧ 횡행 : 트롤리(Trolley) 및 달기 기구가 지브를 따라 이동하는 것을 말한다.
⑨ 자립고 : 보조적인 지지·고정 등의 수단 없이 설치된 타워크레인의 마스트 최하단부에서부터 마스트 최상단부까지의 높이를 말한다.

⑩ 크레인(Crane) : 훅(Hook)이나 그 밖의 달기 기구를 사용하여 화물의 권상과 이송을 목적으로 일정한 작업공간 내에서 반복적인 동작이 이루어지는 기계를 말한다(위험기계·기구 안전인증고시).
⑪ 지브형 크레인 : 지브나 지브를 따라 움직이는 크래브(Crab) 등에 매달린 달기 기구에 의해 화물을 이동시키는 크레인을 말한다.
⑫ 이동식 크레인 : 원동기를 내장하고 있고, 불특정 장소로 이동할 수 있는 크레인으로 동력을 사용하여 중량물을 매달아 상하 및 좌우(수평 또는 선회를 말한다)로 운반하는 설비로서 「자동차관리법」에 따른 화물·특수자동차의 작업부에 탑재하여 화물운반 등에 사용하는 기계 또는 [...]
⑬ 호이스트 : 원[...]으로 조합한[...] 화물의 권상 및[...] 인을 말하며,[...] 스트로 구분[...]
⑭ 정격 속도 : [...] 매달고 권상,[...] 속도를 말한[...]
⑮ 스팬(Span) : [...]
⑯ 기복(Luffing) [...] 말한다.
⑰ 수평 기복(Lev[...] 일정하게 유지[...]

2 ■ PART 01 핵심이론

필수적으로 학습해야 하는 중요한 이론들을 각 과목별로 분류하여 수록하였습니다.
시험과 관계없는 두꺼운 기본서의 복잡한 이론은 이제 그만! 시험에 꼭 나오는 이론을 중심으로 효과적으로 공부하십시오.

10년간 자주 출제된 문제

1-1. 와이어로프 구성으로 맞지 않는 것은?
① 심강
② 랭 꼬임
③ 스트랜드
④ 소선

1-2. 와이어로프에서 소선을 꼬아 합친 것은?
① 심강
② 스트랜드
③ 소선
④ 공심

1-3. 와이어로프(Wire Rope)의 소선에 대하여 설명한 것이다. 맞는 것은?
① 스트랜드를 구성하고 있는 소선의 결합에는 점(点), 선(線), 면(面), 청(井) 접촉 구조의 4가지가 있다.
② 소선의 역할은 충격 하중의 흡수, 부식 방지, 소선끼리의 마찰에 의한 마모 방지, 스트랜드(Strand)의 위치를 올바르게 하는 데 있다.
③ 와이어로프(Wire Rope)의 소선은 KS D 3514에 규정된 탄소강에 특수 열처리를 하여 사용하며 인장 강도는 135~180 kgf/mm²이다.
④ 소선의 재질은 탄소강 단강품(KS D 3710)이나 기계구조용 탄소강(KS D 3517)이며 강도와 연성(延性)이 큰 것이 바람직하다.

1-4. 크레인용 와이어로프에 심강을 사용하는 목적을 설명한 것으로 틀린 것은?
① 충격 하중을 흡수한다.
② 소선끼리의 마찰에 의한 마모를 방지한다.
③ 충격 하중을 분산한다.
④ 부식을 방지한다.

1-5. 와이어로프의 심강을 3가지 종류로 구분한 것은?
① 섬유심, 공심, 와이어심
② 철심, 동심, 아연심
③ 섬유심, 랭심, 동심
④ 와이어심, 아연심, 랭심

1-6. 크레인용 일반 와이어로프(양질의 탄소강으로 가공한 것) 소선의 인장 강도[kgf/mm²]는 보통 얼마 정도인가?
① 135~180 kgf/mm²
② 13.5~18 kgf/mm²
③ 10.3~10.8 kgf/mm²
④ 100~115 kgf/mm²

1-7. 철심으로 된 와이어로프의 내열 온도는 얼마인가?
① 100~200℃
② 200~300℃
③ 300~400℃
④ 700~800℃

1-8. 와이어로프의 열 영향에 의한 재질 변형의 한계는?
① 50℃
② 100℃
③ 200~300℃
④ 500~600℃

|해설|

1-3
① 스트랜드를 구성하고 있는 소선의 결합에는 점(点), 선(線), 면(面) 접촉 구조의 3가지가 있다.
② 심강의 역할은 충격 하중의 흡수, 부식 방지, 소선끼리의 마찰에 의한 마모 방지, 스트랜드(Strand)의 위치를 올바르게 하는 데 있다.

1-6
와이어로프의 재질은 탄소강이며 소선의 강도는 135~180 kgf/mm² 정도이다.

1-8
와이어로프의 열 영향을 문제로 삼는 것은 와이어로프의 심강이 섬유심이 아니라도 200~300℃ 정도가 한도이다.

정답 1-1 ② 1-2 ② 1-3 ④ 1-4 ③ 1-5 ① 1-6 ① 1-7 ④ 1-8 ④

10년간 자주 출제된 문제

출제기준을 중심으로 출제 빈도가 높은 기출문제와 필수적으로 풀어보아야 할 문제를 핵심이론당 1~2문제씩 선정했습니다. 각 문제마다 핵심을 찌르는 명쾌한 해설이 수록되어 있습니다.

과년도 기출문제

2013년 제2회 과년도 기출문제

01 선회하는 리밋은 양방향 각각 얼마의 회전을 제한하는가?

① 2바퀴
② 1.5바퀴
③ 2.5바퀴
④ 1바퀴

해설
선회하는 리밋은 1.5바퀴(540°)로 제한한다.

03 모멘트 $M = P \times L$일 때, P와 L의 설명으로 맞는 것은?

① P : 힘, L : 길이
② P : 길이, L : 면적
③ P : 무게, L : 체적
④ P : 부피, L : 넓이

해설
힘의 모멘트(M) = 힘(P) × 길이(L)

02 유압 탱크에서 오일을 흡입하여 유압 밸브로 이송하는 기기는?

① 액추에이터
② 유압 펌프
③ 유압 밸브
④ 오일 쿨러

해설
유압 펌프
오일 탱크에서 기름을 흡입하여 유압 밸브에서 소요되는 압력과 유량을 공급하는 장치이다.

04 타워크레인
식으로 적

① 인장형
② 압축형
③ 샤프트
④ 외팔보

222 ■ PART 02 과년도 + 최근 기출복원문제

과년도 기출문제

지금까지 출제된 과년도 기출문제를 수록하였습니다. 각 문제에는 자세한 해설이 추가되어 핵심 이론만으로는 아쉬운 내용을 보충 학습하고 출제경향의 변화를 확인할 수 있습니다.

2024년 제1회 최근 기출복원문제

01 타워크레인의 주요 구조부가 아닌 것은?

① 지브 및 타워 등의 구조 부분
② 와이어로프
③ 주요 방호 장치
④ 레일의 정지 기구

해설
타워크레인의 주요 구조부
• 지브 및 타워 등의 구조 부분
• 원동기
• 브레이크
• 와이어로프
• 주요 방호 장치
• 훅 등의 달기 기구
• 윈치, 균형추
• 설치기초 등
• 제어반

03 타워크레인의 설치 방법에 따른 분류가 아닌 것은?

① 선회형   ② 주행형
③ 상승형   ④ 고정형

해설
타워크레인의 설치 방법에 따른 분류
• 고정식 : 콘크리트 기초에 고정된 앵커와 타워의 부분들을 직접 조립하는 형식이다.
• 상승식 : 건축 중인 구조물에 설치하는 크레인으로서 구조물의 높이가 증가함에 따라 자체의 상승 장치에 의하여 수직 방향으로 상승시킬 수 있는 타워크레인을 말한다.
• 주행식 : 지면 또는 구조물에 레일을 설치하여 타워크레인 자체가 레일을 타고 이동 및 정지하면서 작업할 수 있는 타워크레인을 말한다.

04 타워크레인 기초 앵커 설치 순서로 가장 알맞은 것은?

⊙ 터파기
ⓒ 지내력 확인
ⓒ 버림 콘크리트 타설
ⓔ 크레인 설치 위치 선정
ⓜ 콘크리트 타설 및 양생
ⓗ 기초 앵커 세팅 및 접지
ⓢ 철근 배근 및 거푸집 조립

① ⓔ → ⓒ → ⊙ → ⓒ → ⓗ → ⓢ → ⓜ
② ⓔ → ⊙ → ⓒ → ⓒ → ⓗ → ⓢ → ⓜ
③ ⓔ → ⓒ → ⊙ → ⓒ → ⓗ → ⓢ → ⓜ
④ ⓔ → ⓒ → ⊙ → ⓒ → ⓢ → ⓗ → ⓜ

해설
타워크레인 기초 앵커 설치 순서
크레인 설치 위치 선정 → 지내력 확인 → 터파기 → 버림 콘크리트 타설 → 기초 앵커 세팅 및 접지 → 철근 배근 및 거푸집 조립 → 콘크리트 타설 및 양생

02 크레인의 구성품 중 타워크레인에만 사용하는 것은?

① 새들
② 크래브
③ 인상 장치
④ 캣(Cat) 헤드

해설
캣 헤드(Cat Head) : 메인 지브와 카운터 지브의 타이 바(Tie Bar)를 상호 지행하기 위해 설치되며 트러스 또는 'A-frame' 구조로 되어 있다.

428 ■ PART 02 과년도 + 최근 기출복원문제

1 ④ 2 ④ 3 ① 4 ① **정답**

최근 기출복원문제

최근에 출제된 기출문제를 복원하여 가장 최신의 출제경향을 파악하고 새롭게 출제된 문제의 유형을 익혀 처음 보는 문제들도 모두 맞힐 수 있도록 하였습니다.

이 책의 목차

빨리보는 간단한 키워드

빨리보는 간단한 키워드 ——————

빨간키

CHAPTER 01 타워크레인 조종

▌ **타워크레인**

수직 타워의 상부에 위치한 지브(Jib)를 선회시키는 크레인을 말한다.

▌ **타워크레인의 선정**

용량, 지브 작동 방식, 건축물 높이

▌ **타워크레인의 종류**

• 지브 형태에 따라 : T형 타워크레인과 L형(Luffing) 타워크레인
• 설치 방법에 따라 : 고정식, 상승식, 주행식

▌ **T형 타워크레인**

트롤리와 훅이 부착된 메인 지브(Main Jib)와 무게중심을 유지하는 카운터 지브(Counter Jib)가 마스트(Mast)에 거의 수평으로 설치(T자형)되며, 트롤리 작업 반경 내 간섭되는 건물이나 현장 주변에 민원 발생 소지가 없을 경우에 주로 설치된다.

▌ **L형(Luffing) 타워크레인**

지브를 상하로 기복시켜 화물을 인양하는 형식으로, 작업 반경 내 간섭물이 있거나 민원 발생 소지가 있을 경우 주로 설치하며, T형 타워크레인에 비해 작업 속도가 느린 편이다.

▌ **고정식 타워크레인**

콘크리트 기초에 고정된 앵커와 타워의 부분들을 직접 조립하는 형식이다.

▌ **상승식 타워크레인**

일정 높이만큼 층이 올라가면 건물의 구조체에 지지하여 타워크레인의 몸체가 건물과 같이 따라 올라가는 형식으로, 주로 고층 건물에서 사용하며 해체 작업에 불리하다.

2

▋ 주행식 타워크레인

레일을 설치하여 타워크레인 자체가 레일을 타고 이동하며 작업하는 형식으로 충고가 낮고 길이가 긴 건물 등에 설치한다.

▋ 타워크레인의 주요 구조부

- 지브 및 타워 등의 구조 부분
- 원동기
- 브레이크
- 와이어로프
- 주요 방호 장치
- 훅 등의 달기 기구
- 원치, 균형추
- 설치기초
- 제어반 등

▋ 기초 앵커 설치 순서

현장 내 타워크레인 설치 위치 선정 → 지내력 확인 → 터파기 → 버림 콘크리트 타설 → 기초 앵커 세팅 및 접지 → 철근 배근 및 거푸집 조립 → 콘크리트 타설 → 양생

▋ 타워크레인의 콘크리트 기초 앵커 설치 시 고려 사항

- 타워의 설치 방향
- 양중 크레인의 위치
- 콘크리트 기초 앵커 설치 시의 지내력
- 콘크리트 블록의 크기 및 강도
- 기초 앵커의 레벨
- 비상 정지 스위치, 경보기, 분전반 스위치 등의 작동 확인

▋ 기초 앵커를 설치하는 방법

- 지내력은 접지압 이상 확보한다.
- 앵커 시공 시 기울기가 발생하지 않게 시공한다.
- 콘크리트 타설 또는 지반을 다짐한다.
- 구조 계산 후 충분한 수의 파일을 항타한다.

▋ 지내력

$2kgf/cm^2$ 이상($20ton/m^2$ 이상)이어야 하며, 그렇지 않을 경우는 콘크리트 파일 등을 항타한 후 재하시험(Loading Test)을 하고 그 위에 콘크리트 블록을 설치한다.

■ 동절기에 기초 앵커를 설치할 경우

콘크리트 타설 작업 후의 콘크리트 양생 기간으로 10일 이상이 가장 적절하다.

■ 타워크레인 설치 시 상호 체결 부분

- 슬루잉(선회) 플랫폼 – 카운터 지브
- 운전실 프레임 상부 – 타워 헤드
- 타워 베이직 마스트 – 기초 앵커
- 권상 장치와 균형추(카운터웨이트) – 카운터 지브

■ 와이어로프의 구조

- 소선(Wire) : 스트랜드를 구성하는 강선
- 심강(Core) : 스트랜드를 구성하는 가장 중심의 소선
- 스트랜드(Strand, 가닥) : 소선을 꼬아 합친 것

■ 와이어로프의 소선

KS D 3514(와이어로프)에 따라 탄소강에 특수 열처리를 하여 사용하며 인장 강도는 135~180kgf/mm^{2}이다.

■ 와이어로프의 심강 종류

섬유심, 공심(강심), 와이어심(철심)

※ 철심으로 된 와이어로프의 내열 온도는 200~300℃이다.

■ 심강의 사용 목적

충격 하중의 흡수, 부식 방지, 소선끼리의 마찰에 의한 마모 방지, 스트랜드의 위치를 올바르게 유지

■ 와이어로프 구성의 표기 방법

6 × Fi(24) + IWRC B종 20mm

- 6 : 스트랜드 수
- Fi : 필러형(S : 스트랜드형, W : 워링톤형, Ws : 워링톤 실형)
- 24 : 스트랜드 구성(소선 수)
- IWRC : 심강의 종류
- B종 : 소선의 인장 강도(종별)
- 20mm : 와이어로프의 직경

▌ 와이어로프의 꼬임

보통 Z 꼬임   보통 S 꼬임   랭 Z 꼬임   랭 S 꼬임

▌ 와이어로프 꼬임에 따른 비교

구분 ＼ 꼬임	보통 꼬임(Regular-lay)	랭 꼬임(Lang-lay)
외관	소선과 로프 축은 평행이다.	소선과 로프 축은 각도를 가진다.
장점	• 휨성이 좋으며 벤딩 경사가 크다. • 킹크(Kink)가 잘 일어나지 않는다. • 꼬임이 강하기 때문에 모양 변형이 적다.	• 벤딩 경사가 적다. • 내구성이 우수하다. • 마모가 큰 곳에 사용이 가능하다.
단점	국부적 마모가 심하다.	킹크 또는 풀림이 쉽다.
용도	일반 제조 제품 산업용	광산 삭도(索道)용

▌ 와이어로프 단말 고정 방법에 따른 이음 효율

단말 고정 방법	효율[%]
꼬아넣기법	70
합금 고정법	100
압축 고정법	90
클립 고정법	80
웨지 소켓법	80

▌ 시징(Seizing)

와이어로프를 절단 또는 단말 가공 시 스트랜드나 소선의 꼬임을 방지하는 작업

＊시징(Seizing)은 와이어로프 지름의 3배를 기준으로 한다.

▌ 와이어로프의 클립 고정법에서 클립 수량과 간격은 로프 직경의 6배 이상, 수량은 최소 4개 이상일 것

▌ 와이어로프 점검 사항

마모, 소선의 절단, 비틀림, 로프 끝 고정 상태, 꼬임, 변형, 녹, 부식, 이음매

▌ 와이어로프의 구조·규격 및 성능(점검 사항 및 교체 기준)

• 한 가닥에서 소선(필러선을 제외한다)의 수가 10% 이상 절단되지 않을 것
• 외부 마모에 의한 지름 감소는 공칭 지름의 7% 이하일 것
• 킹크 및 부식이 없을 것

- 단말 고정은 손상, 풀림, 탈락 등이 없을 것
- 급유가 적정할 것
- 소선 및 스트랜드가 돌출되지 않을 것
- 국부적인 지름의 증가 및 감소가 없을 것
- 부풀거나 바구니 모양의 변형이 없을 것
- 꺾임 등에 의한 영구 변형이 없을 것
- 와이어로프의 교체 시는 크레인 제작 당시의 규격과 동일한 것 또는 동등급 이상으로 할 것

◾ 와이어로프 직경에 따른 클립 수

로프 직경[mm]	클립 수
16 이하	4개
16 초과 28 이하	5개
28 초과	6개 이상

◾ 와이어로프 이탈 방지 장치

시브 외경과 이탈 방지용 플레이트와의 간격을 3mm 정도로 띄어 와이어로프의 이탈을 방지한다.

◾ 활차(도르래, 시브)의 직경은 작용하는 와이어로프 직경의 20배 이상이어야 한다.

◾ 도르래 홈의 마모 한도는 와이어로프 지름의 20% 이내이다.

◾ 드럼 홈의 지름은 와이어로프의 공칭 지름보다 10% 크게 하는 것이 좋다.

◾ 와이어로프는 달기구 및 지브의 위치가 가장 아래쪽에 위치할 때 드럼에 최소한 2~3회 감겨 있어야 한다.

◾ 와이어로프의 감기

- 권상 장치 등의 드럼에 홈이 있는 경우 플리트(Fleet) 각도(와이어로프가 감기는 방향과 로프가 감겨지는 방향과의 각도)는 4° 이내여야 한다.
- 권상 장치 등의 드럼에 홈이 없는 경우 플리트 각도는 2° 이내여야 한다.
- 권상 장치 드럼에 와이어로프를 여러 층으로 감는 경우 로프를 일정하게 감기 위하여 플랜지부에서의 플리트 각도는 4° 이내여야 한다.

▌ 크레인의 브레이크 검사 기준
- 브레이크는 작동 시 이상음, 이상 냄새가 없고 작동이 원활할 것
- 라이닝은 편 마모가 없고, 마모량은 원치수의 50% 이내일 것
- 디스크(드럼)는 손상, 균열이 없고 마모량은 원치수의 10% 이내일 것
- 페달식 등 인력에 의한 브레이크는 페달의 유격 및 상판과의 간격이 적정할 것
- 유량이 적정하고 배관 등에 기름 누설이 없으며 유압 발생 장치는 작동이 확실하고 부재의 마모와 손상이 없을 것

▌ 12.9T 고장력 볼트 숫자의 의미
인장 강도가 120kgf/mm^2 이상이며, 항복 강도가 인장 강도의 90% 이상

▌ 타워크레인의 고장력 볼트 조임 방법과 관리 요령
- 마스트 조임 시 토크 렌치를 사용한다.
- 나사선과 너트에 그리스를 적당량 발라준다.
- 볼트, 너트의 느슨함을 방지하기 위해 정기 점검을 한다.
- 마스트와 마스트 사이의 체결은 볼트 머리를 아래에서 위로 체결한다(볼트의 헤드부가 전체 아래로 향하게 조립한다).
- 조임 시 볼트, 너트, 와셔가 함께 회전하는 공회전이 발생한 경우에는 고장력 볼트를 새것으로 교체하여야 한다.
- 한 번 사용했던 것은 재사용해서는 안 된다.
- 고장력 볼트와 너트 나사부의 접촉면은 기름(몰리브덴 이황화물 함유)을 발라 조립한다.

▌ 윤활유의 역할
- 마찰 감소 윤활 작용
- 피스톤과 실린더 사이의 밀봉 작용
- 마찰열을 흡수, 제거하는 냉각 작용
- 내부의 이물을 씻어 내는 청정 작용
- 운동부의 산화 및 부식을 방지하는 방청 작용
- 운동부의 충격 완화 및 소음 완화 작용 등

▌ 힘의 3요소 : 힘의 크기, 힘의 작용점, 힘의 작용 방향

▌ 힘의 모멘트(M) = 힘(P) × 길이(L)

▌ 관성
운동하고 있는 물체가 언제까지나 같은 속도로 운동을 계속하려고 하는 성질

▍ 타워크레인의 선회 동작으로 인하여 타워 마스트에 발생하는 모멘트는 비틀림 모멘트이다.

▍ 1dyn(다인)
1g의 물체에 작용하여 $1cm/s^2$의 가속도를 일으키는 힘의 단위

▍ 비중
어떤 물질의 비중량(또는 밀도)을 물의 비중량(또는 밀도)으로 나눈 값

▍ 주요 공식
• 물체 중량을 구하는 공식 : 비중 × 체적

• 원기둥 부피 공식 : $V = \pi \times r^2 \times h = \dfrac{\pi D^2 h}{4}$ (D : 직경, r : 반경, h : 높이)

• 안전 계수 = $\dfrac{절단\ 하중}{안전\ 하중}$

• 회전력 = 힘 × 거리

• 구심력 = $\dfrac{질량 \times 선속도^2}{원운동의\ 반경}$

• 응력 = $\dfrac{단면에\ 작용하는\ 힘}{단면적}$

▍ 동력의 값
• 1PS = 75kg · m/s
• 1HP = 76kg · m/s = 746W
• 1kW = 102kg · m/s

▍ 인양하는 중량물의 중심을 결정할 때 주의 사항
• 중심이 중량물의 위쪽이나 전후좌우로 치우친 것은 특히 주의한다.
• 중량물의 중심 판단은 정확히 한다.
• 중량물의 중심 위에 훅을 유도한다.
• 중량물의 중심은 가급적 낮게 한다.
• 형상이 복잡한 물체의 무게중심을 확인한다.
• 인양 물체를 서서히 올려 지상 약 30cm 지점에서 정지하여 확인한다.
• 인양 물체의 중심이 높으면 물체가 기울 수 있다.

▌ 인양 물체의 중심 측정 시 준수사항(운반하역 표준안전 작업지침 제21조)

- 형상이 복잡한 물체의 무게중심을 목측하여 임시로 중심을 정하고 서서히 감아올려 지상 약 10cm 지점에서 정지하고 확인한다. 이 경우에 매달린 물체에 접근하지 않아야 한다.
- 인양 물체의 중심이 높으면 물체가 기울거나 와이어로프나 매달기용 체인이 벗겨질 우려가 있으므로 중심은 될 수 있는 한 낮게 하여 매달도록 하여야 한다.

▌ 크레인 구조 부분의 계산에 사용하는 하중의 종류

- 수직 정 하중
- 수직 동 하중
- 수평 동 하중
- 열 하중
- 풍 하중
- 충돌 하중
- 지진 하중

▌ 하중의 작용 방향에 따른 분류

- 수직 하중(사 하중, 축 하중) : 단면에 수직으로 작용하는 하중
  - 인장 하중 : 재료를 축 방향으로 잡아당기도록 작용하는 하중
  - 압축 하중 : 재료를 축 방향으로 누르도록 작용하는 하중
- 전단 하중 : 재료를 가위로 자르려는 것과 같이 작용하는 하중
- 굽힘 하중 : 재료를 구부려서 휘어지도록 작용하는 하중
- 비틀림 하중 : 재료가 비틀어지도록 작용하는 하중

▌ 하중이 걸리는 속도에 의한 분류

- 정 하중 : 시간과 더불어 크기가 변화되지 않거나 변화하여도 무시할 수 있는 하중
- 동 하중
  - 하중의 크기가 시간과 더불어 변화하며 계속적으로 반복되는 반복 하중
  - 하중의 크기와 방향이 바뀌는 교번 하중
  - 순간적으로 작용하는 충격 하중

▌ 권상 하중

타워크레인으로 들어 올릴 수 있는 최대 하중, 즉 타워크레인이 지브의 길이 및 경사각에 따라 들어 올릴 수 있는 최대의 하중을 말한다.

▌ **정격 하중**

달기 기구의 중량을 제외한 하중

▌ **권상 장치**

물건을 수직으로 들어 올리거나 내리는 역할을 하며, 전동기, 브레이크, 감속기, 드럼, 와이어로프, 시브, 훅, 유압 상승 장치(유압 전동기, 유압 실린더, 유압 펌프 등) 등으로 구성되어 있다.

▌ **권상 장치의 속도 제어 방법**

와전류 제동, 직류 발전 제동, 극변환 제동 등

▌ **크레인의 운동 속도**

• 주행은 가능한 한 저속으로 하는 것이 좋다.
• 위험물 운반 시에는 가능한 한 저속으로 운전한다.
• 권상 장치는 양정이 짧은 것이 느리고, 긴 것이 빠르다.
• 권상 장치에서의 속도는 하중이 가벼우면 빠르게, 무거우면 느리게 한다.

▌ **횡행 장치**

크래브를 이동시키는 역할을 하며, 모터, 브레이크, 감속기를 통하여 차륜을 구동한다.

▌ **크래브**

권상 장치와 횡행 장치로 구성되어 있으며 와이어로프를 통하여 훅을 가지고 있다.

▌ **트롤리**

메인 지브에서 전후 이동하며, 작업 반경을 결정하는 횡행 장치이다.

▌ **선회 장치**

타워크레인에서 상·하 두 부분으로 구성되어 있으며, 그 사이에 회전 테이블이 위치하는 작업 장치
• 캣 헤드가 트러스 또는 A-프레임 구조로 되어 있다.
• 메인 지브와 카운터 지브가 상부에 부착되어 있다.
• 회전 테이블과 지브 연결 지점 점검용 난간대가 있다.
• 마스트의 최상부에 위치하며 상·하 부분으로 되어 있다.
• 선회 기능을 가진 구성품에는 대표적으로 턴테이블, 슬루잉 링 서포트 및 감속기, 선회용 전동기, 선회용 브레이크 등이 있다.

▌타이 바(Tie Bar)

메인 지브와 카운터 지브를 지지하면서 각기 캣(타워) 헤드에 연결해주는 바(Bar)로서 기능상 매우 중요하며, 인장력이 크게 작용하는 부재이다.

▌선회 속도 0.81rev/min의 의미

타워크레인 선회 속도가 1분당 0.81회전이다.

▌선회하는 리밋은 1.5바퀴(540°)로 제한한다.

▌선회 브레이크

- 컨트롤 전원을 차단한 상태에서 동작된다.
- 지브를 바람에 따라 자유롭게 움직이게 한다.
- 지상에서는 브레이크 해제 레버를 당겨서 작동시킨다.
- 운전자가 크레인을 이탈하는 경우 타워크레인 지브가 자유롭게 선회할 수 있도록 선회 브레이크를 해제하여야 한다.

▌기복

타워크레인의 수직면에서 지브 각의 변화를 말한다.

▌수평 기복(Level Luffing)

하물의 높이가 자동적으로 일정하게 유지되도록 지브가 기복하는 것을 말한다.

▌크레인의 기복 장치

러핑형 지브, 기복용 유압 전동기, 기복용 감속기, 기복용 유압 실린더, 기복용 유압 펌프, 기복용 브레이크, 기복용 와이어로프, 기복용 드럼 등

▌타워크레인 메인 지브(앞 지브)의 절손 원인

- 인접 시설물과의 충돌(다른 크레인 또는 전선과의 접촉)
- 정격 하중 이상의 과부하
- 지브와 달기 기구와의 충돌
- 기복 와이어로프의 절단
- 말뚝빼기 작업 및 수평 인장 작업
- 안전장치의 고장에 의한 과하중

▎ 기복(Luffing)형 타워크레인에서 양중물의 무게가 무거운 경우 선회 반경은 짧아진다.

▎ 지브를 기복하였을 때 변하지 않는 것은 지브의 길이이며 메인 지브는 선회 반경에 따라 권상하중이 결정된다.

▎ 주행 장치와 횡행 장치는 항상 동시에 움직이지 않는다.

▎ **전류, 전압, 저항의 기호 및 단위**

구분	기호	단위
전류	I	A(암페어)
전압	V or E	V(볼트)
저항	R	Ω(옴)

▎ **옴의 법칙**

$$E = IR, \ I = \frac{E}{R}, \ R = \frac{E}{I} \ (E : 전압, \ I : 전류, \ R : 저항)$$

▎ **플레밍의 오른손법칙**
- 도체가 운동하여 자속을 끊었을 때 기전력의 방향을 알 수 있는 법칙(발전기의 원리)
- 직선 도체에 발생하는 기전력

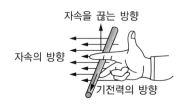

▎ **줄(Joule)의 법칙**
전류에 의해 발생된 열은 도체의 저항과 전류의 제곱 및 흐르는 시간에 비례한다($= 0.24I^2RT$)는 법칙

▎ **전류의 3대 작용**
- 발열 작용 : 도체 안의 저항에 전류가 흐르면 열이 발생(전구, 예열 플러그, 전열기 등)
- 화학 작용 : 전해액에 전류가 흐르면 화학 작용이 발생(축전지, 전기 도금 등)
- 자기 작용 : 전선이나 코일에 전류가 흐르면 그 주위의 공간에 자기 현상 발생(전동기, 발전기, 경음기 등)

▎ **전기기계기구의 외함 구조**
충전부가 노출되지 아니하도록 폐쇄형으로 잠금 장치가 있고 사용 장소에 적합한 구조일 것

■ 옥외에 설치되는 타워크레인용 전기기계기구의 외함 구조

분진 방호가 가능하고 모든 방향에서 물이 뿌려졌을 때 침입하지 않는 구조

■ 타워크레인의 전동기, 제어반, 리밋 스위치, 과부하 방지 장치 등의 외함 구조의 방수 및 방진에 대한 규격은 IP54이다.

■ KS에 의한 전기 외함 구조 분류

• 방적형 : 옥외에서 바람의 영향이 거의 없는 장소
• 방우형 : 옥외에서 비바람을 맞는 장소
• 방말형 : 타워크레인 위의 조명등, 항공 장애등(燈)
• 내수형 : 습기가 외피 안으로 들어가지 못하도록 만들어진 것

■ 과전류 차단기의 종류

배선용 차단기, 누전 차단기(과전류 차단 기능이 부착된 것), 퓨즈(나이프 스위치, 플러그 퓨즈 등)

■ 과전류 보호용 차단기 또는 퓨즈가 설치되어 있고, 그 차단 용량이 해당 전동기 등의 정격 전류에 대하여 차단기는 250%, 퓨즈는 300% 이하일 것

■ 과전류 차단기에 요구되는 성능

적은 과전류가 장시간 계속 흘렀을 때 차단하고, 큰 과전류가 발생했을 때에는 단시간에 차단할 수 있어야 한다.

■ 배선용 차단기의 구조

개폐 기구, 과전류 트립 장치, 소호 장치, 접점, 단자를 일체로 조합하여 넣은 몰드 케이스로 구성되어 있다.

■ 배선용 차단기는 과전류로 동작(차단)하였을 때 그 원인을 제거하면 즉시 재차 투입(On으로 한다)할 수 있으므로 반복 사용이 가능하다.

■ 전기 수전반에서 인입 전원을 받을 때의 내용

• 기동 전력을 충분히 감안하여 수전 받아야 한다.
• 인입 전원은 제원표를 참고하여 기동 전력을 감안한다.
• 변압기를 설치하는 경우 방호망을 설치하여 작업자를 보호할 수 있도록 한다.
• 타워크레인용으로 단독으로 가설하여 전압 강하가 발생하지 않도록 한다.

▌옥외에 지상 60m 이상 높이로 설치되는 크레인에는 항공법에 따른 항공 장애등을 설치할 것

▌접지선 선정 시 고려 사항

- 전류 통전 용량
- 내식성(내구성)
- 도전율
- 기계적 강도

▌전압의 종류(한국전기설비규정)

- 저압 : 직류 1.5kV 이하, 교류 1kV 이하
- 고압 : 직류 1.5kV 초과 7kV 이하, 교류 1kV 초과 7kV 이하
- 특고압 : 7kV를 초과한 것

▌배선의 절연 저항

- 대지 전압 150V 이하인 경우 0.1MΩ 이상일 것
- 대지 전압 150V 초과 300V 이하인 경우 0.2MΩ 이상일 것
- 사용 전압 300V 초과 400V 미만인 경우 0.3MΩ 이상일 것
- 사용 전압 400V 이상인 경우 0.4MΩ 이상일 것

▌전동기 외함, 제어반의 프레임 접지 저항

전압이 400V 이하일 때 100Ω 이하, 전압이 400V를 초과할 때 10Ω 이하. 단, 방폭 지역의 저압 전기기계기구 외함의 접지 저항은 전압에 관계없이 10Ω 이하일 것

▌접지판 혹은 접지극과의 연결 도선

동선을 사용할 경우 $30mm^2$ 이상, 알루미늄 선을 사용할 경우 $50mm^2$ 이상이어야 한다.

▌접지 공사

접지 대상	현행 접지 방식	KEC 접지 방식
(특)고압설비	1종 : 접지 저항 10Ω	• 계통접지 : TN, TT, IT 계통
600V 이하 설비	특 3종 : 접지 저항 10Ω	• 보호 접지 : 등전위본딩 등
400V 이하 설비	3종 : 접지 저항 100Ω	• 피뢰시스템 접지
변압기	2종 : 계산 필요	'변압기 중성점 접지'로 명칭 변경

▌타워크레인 방호 장치의 종류

- 권상 및 권하 방지 장치
- 과부하 방지 장치
- 속도 제한 장치
- 바람에 대한 안전장치
- 비상 정지 장치
- 트롤리 내·외측 제어 장치
- 트롤리 로프 파손 안전장치
- 트롤리 정지 장치(Stopper)
- 트롤리 로프 긴장 장치
- 와이어로프 꼬임 방지 장치
- 훅 해지 장치
- 선회 브레이크 풀림 장치
- 선회 제한 리밋 스위치
- 충돌 방지 장치
- 접지

▌권상 및 권하 방지 장치

전원 회로의 제어를 통하여 타워크레인 화물을 운반하는 도중 훅이 지면에 닿거나 권상 작업 시 트롤리 및 지브와의 충돌을 방지하는 장치

▌과부하 방지 장치

크레인으로 화물을 들어 올릴 때 최대 허용 하중(적정 하중) 이상이 되면 과적재를 알리면서 자동으로 운반 작업을 중단시켜 과적에 의한 사고를 예방하는 방호 장치

▌과부하 방지 장치의 종류

종류	원리
기계식	스프링의 탄성력을 이용한 정지형 안전장치
전기식	권상 모터의 과전류를 감지하여 제어하는 방식
전자식	로드 셀(인장형, 압축형, 샤프트 핀형)에 부착된 스트레인 게이지의 전기식 저항값의 변화에 따라 동작 감지

▌속도 제한 장치

권상 속도 단계별로 정해진 정격 하중을 초과하여 타워크레인 운전 시 사고 방지 및 권상 시스템(Hoist-system)을 보호하는 장치로서 전원 회로를 제어한다.

▍바람에 대한 안전장치

회전 모터가 작동할 때와 모터에 회전력이 생길 때까지는 약간의 시간이 경과하므로 바람이 불 경우 역방향으로 작동되는 것을 방지하는 장치

▍비상 정지 장치

타워크레인 동작 시 예기치 못한 상황이 발생했을 때 긴급히 정지하는 장치

▍트롤리 내·외측 제어 장치

메인 지브에 설치된 트롤리가 지브 내측의 운전실에 충돌 및 지브 외측 끝에서 벗어나는 것을 방지하기 위해 내·외측의 시작(끝) 지점에서 전원 회로를 제어한다.

▍트롤리 로프 파손 안전장치

트롤리 로프 파손 시 트롤리를 멈추게 하는 장치

▍트롤리 정지 장치(Stopper)

트롤리 최소 반경 또는 최대 반경으로 동작 시 트롤리의 충격을 흡수하는 고무 완충재로서 트롤리를 강제로 정지시키는 역할을 한다.

▍트롤리 로프 긴장 장치

타워크레인에서 트롤리 로프의 처짐을 방지하는 장치

▍와이어로프 꼬임 방지 장치

권상 또는 권하 시 권상 로프(Hoist Rope)에 하중이 걸릴 때 호이스트 와이어로프의 꼬임에 의한 로프의 변형을 제거해주는 장치

▍훅 해지 장치

와이어로프가 훅에서 이탈되는 것을 방지하기 위한 장치

▍선회 브레이크 풀림 장치

타워크레인의 지브가 바람에 의해 영향을 받는 면적을 최소화하여 타워크레인 본체를 보호하는 방호 장치

▍선회 제한 리밋 스위치

타워크레인의 선회 작업 구역을 제한하고자 할 때 사용하는 안전장치

▌ 충돌 방지 장치

타워크레인의 작업 반경이 다른 크레인과 겹치는 구역 안에서 작업할 때 크레인 간의 충돌을 자동으로 방지하도록 하는 안전장치

▌ 접지의 목적

번개, 갑작스런 고전압 신호, 의도되지 않은 합선(특히 고전압 도체와의 합선), 전기 장비와 신체의 접촉 등으로 생기는 전기 충격 및 화재 등으로부터 기기와 인체를 보호

▌ 타워크레인의 트롤리에 관련된 안전장치

- 트롤리 로프 긴장 장치
- 트롤리 정지 장치
- 트롤리 로프 파단 안전장치
- 트롤리 내·외측 제한 장치

▌ 방호 장치의 일반 원칙

- 작업 방해의 제거
- 작업점의 방호
- 외관상의 안전화
- 기계 특성에의 적합성

▌ 과부하 방지 장치의 검사(트롤리의 이동에 따른 하중 초과 방지)

- 모멘트 과부하 차단 스위치 및 권상 과부하 차단 스위치의 작동 상태가 정상일 것
- 정격 하중의 1.05배 하중 적재 시 경보와 함께 작동이 정지될 것
- 과부하 시 운전자가 용이하게 경보를 들을 수 있을 것
- 권상 과부하 차단 스위치의 작동 상태가 정상일 것
- 성능 검정 대상품이므로 성능 검정 합격품인지 점검할 것

▌ 타워크레인에서 권과 방지 장치를 설치해야 되는 작업 장치

권상 장치, 기복 장치

▌ 권과 방지 장치 검사 내용

- 권과를 방지하기 위하여 자동적으로 동력을 차단하고 작동을 정지시킬 수 있는지 확인
- 훅 등 달기 기구의 상부와 트롤리 프레임 등 접촉할 우려가 있는 것의 하부와의 간격을 측정하여 0.25m 이상(직동식 권과 방지 장치는 0.05m 이상)이 되어야 하며 정상적으로 작동할 것
- 레버 등은 변형 또는 마모가 없을 것
- 권과 방지 장치 내부 캠의 조정 상태 및 동작 상태 확인
- 권과 방지 장치와 드럼 축의 연결 부분 상태 점검

▌ 주행식 타워크레인의 레일 점검 기준

- 주행 레일은 균열, 두부의 변형이 없을 것
- 레일 부착 볼트는 풀림, 탈락이 없을 것
- 연결 부위의 볼트 풀림 및 부판의 빠져나옴이 없을 것
- 완충 장치는 손상 및 어긋남이 없어야 하며, 부착 볼트의 이완 및 탈락이 없을 것
- 레일 측면의 마모는 원래 규격 치수의 10% 이내일 것
- 연결부의 틈새는 5mm 이하일 것
- 레일 연결부의 엇갈림은 상하 0.5mm 이하, 좌우 0.5mm 이하일 것
- 주행 레일의 스팬 편차 한계는 ±3mm 이내일 것
- 주행 레일의 높이 편차는 기준면으로부터 최대 ±10mm 이내이고, 좌우 레일의 수평차는 10mm 이내, 레일의 구배량은 주행 길이 2m당 2mm를 초과하지 않을 것
- 주행 레일의 진직도는 전 주행 길이에 걸쳐 최대 10mm 이내이고, 수평 방향의 휨량은 주행 길이 2m당 ±1mm 이내일 것

▌ 유압의 특징

- 기체는 압축성이 크나, 액체는 압축성이 작아 비압축성이다.
- 액체는 운동을 전달할 수 있다.
- 액체는 힘을 전달할 수 있다.
- 액체는 작용력을 증대시키거나 감소시킬 수 있다.

▌ 유압기기의 작동 원리(파스칼의 원리)

밀폐된 용기 속 정지 유체의 일부에 가해지는 압력은 유체의 모든 부분에 동일한 힘으로 동시에 전달한다.

▌ 절대 압력, 계기 압력, 대기압과의 관계

절대 압력 = 대기압 + 계기 압력

- 대기 압력은 절대 압력에서 계기 압력을 뺀 것이다.
- 계기 압력은 대기압을 기준으로 한 압력이다.
- 절대 압력은 완전 진공을 기준으로 한 압력이다.
- 진공 압력은 대기압 이하의 압력, 즉 음(–)의 계기 압력이다.

▌ 유압 장치는 액체의 압력을 이용하여 기계적인 일을 시키는 것이다.

▌ 유압 액추에이터

유압 펌프에서 송출된 압력 에너지를 기계적 에너지로 변환하는 것

▌ 유압 모터

유체의 압력 에너지에 의해서 회전 운동을 한다.

▌ 유압 실린더

유체의 압력 에너지에 의해서 직선 운동(왕복 운동)을 한다.

▌ 유압 장치에 사용되는 제어 밸브의 3요소

- 압력 제어 밸브 – 오일 압력 제어(일의 크기)
- 유량 제어 밸브 – 오일 유량 조정(일의 속도)
- 방향 제어 밸브 – 오일 흐름 바꿈(일의 방향)

▌ 유압 펌프(압유 공급)

- 정토출량형 펌프 : 기어 펌프, 베인 펌프 등
- 가변토출량형 펌프 : 피스톤 펌프, 베인 펌프 등

▌ 유압 펌프는 유압 탱크에서 오일을 흡입하여 유압 밸브로 이송하는 기기로 토출량은 단위 시간에 유출하는 액체의 체적을 의미한다.

▌ 펌프의 형식별 분류

터보형	원심식 : 벌류트 펌프, 터빈 펌프 사류식 : 벌류트 펌프, 터빈 펌프 축류식 : 축류 펌프
용적형	왕복식 : 피스톤 펌프, 플런저 펌프, 다이어프램 펌프 회전식 : 기어 펌프, 베인 펌프, 나사 펌프, 캠 펌프, 스크루 펌프
특수형	와류 펌프, 제트 펌프, 수격 펌프, 점성 펌프, 관성 펌프, 나사 펌프, 캠 펌프 등

▌ 펌프 및 모터의 일반 기호

명칭	기호	비고
펌프 및 모터	유압 펌프　　　공기압 모터	일반 기호
진공 펌프		

▌ 유압 장치의 기호

정용량형 유압 펌프	가변용량 유압 펌프	유압 압력계	유압 동력원	어큐뮬레이터
공기유압 변환기	드레인 배출기	단동 실린더	체크 밸브	복동 가변식 전자 액추에이터

▌ 유압 액세서리

기름 냉각을 위한 쿨러, 압력계, 온도계 등 주변 기기

▌ 유압 탱크

유압유(기름)를 저장하는 장치로 유압유에 포함된 열의 발산, 공기의 제거, 응축수의 제거, 오염 물질의 침전 기능을 하고 유압 펌프와 구동 전동기 및 기타 구성 부품의 설치 장소를 제공한다.

▌ 플래싱(Flashing)

유압 회로 내의 이물질과 슬러지 등의 오염 물질을 회로 밖으로 배출시켜 회로를 깨끗하게 하는 것

▌ 유압 탱크 세척 시 사용하는 세척제로 경유가 가장 바람직하다.

▮ 유압 펌프의 흡입구에서 캐비테이션(공동 현상) 방지법

- 오일 탱크의 오일 점도를 적당히 유지한다.
- 흡입구의 양정을 낮게 한다.
- 흡입관의 굵기는 유압 펌프 본체 연결구의 크기와 같은 것을 사용한다.
- 펌프의 운전 속도를 규정 속도 이상으로 하지 않는다.

▮ 실린더의 종류

- 단동 실린더
- 복동 실린더
- 다단 실린더 : 텔레스코픽형, 디지털형

▮ 유압 작동유가 갖추어야 할 조건

- 동력을 확실하게 전달하기 위한 비압축성일 것
- 내연성, 점도 지수, 체적 탄성 계수 등이 클 것
- 산화 안정성이 있을 것
- 유동점·밀도, 독성, 휘발성, 열팽창 계수 등이 적을 것
- 열전도율, 장치와의 결합성, 윤활성 등이 좋을 것
- 발화점·인화점이 높고 온도 변화에 대해 점도 변화가 적을 것
- 방청, 방식성이 있을 것
- 비중이 낮아야 하고 기포의 생성이 적을 것
- 강인한 유막을 형성할 것
- 물, 먼지 등의 불순물과 분리가 잘 될 것

CHAPTER 02 타워크레인 점검

▮ 타워크레인의 금지 작업

- 신호수가 없는 상태에서 하중이 보이지 않는 인양 작업
- 지면을 따라 끌고 가는 작업
- 파괴를 목적으로 하는 작업
- 땅속에 박힌 하중을 인양하는 작업
- 중심이 벗어나 불균형하게 매달린 하중 인양 작업

▮ 감속 작업을 하여야 하는 경우

- 화물이 메인 지브에 약 5m 정도 접근했을 때
- 화물을 작업면 바닥에 약 1m 정도 접근했을 때

▮ 양중 작업에 필요한 보조 용구

체인, 섬유 벨트, 수직 클램프, 섀클 등

▮ 체인

- 고온이나 수중 작업 시 와이어로프 대용으로 체인을 사용한다.
- 떨어진 두 축의 전동 장치에는 주로 롤러 체인을 사용한다.
- 롤러 체인의 내구성은 핀과 부시의 마모에 따라 결정된다.
- 체인에는 크게 링크 체인과 롤러 체인이 있다.
- 체인에 균열이 있는 것은 사용하면 안 되고 교환하여야 한다.

▮ 매다는 체인의 종류에는 쇼트(숏) 링크 체인, 롱 링크 체인, 스터드 체인 등이 있다.

▮ 클램프(고정구)

와이어로프를 드럼(Drum)에 설치할 때, 와이어로프가 벗겨지지 않도록 클램프를 사용하여 볼트로 조인다.

▮ 철근은 수평 클램프로 안전하게 수평 상태로 운반하기 곤란하다.

▌ 섀클(Shackle)에 각인된 SWL의 의미

SWL(Safe Working Load, 안전 작업 하중)

▌ 크레인의 양중 작업용 보조 용구의 구성과 역할

- 보조대는 각진(폼, 빔, 합판 등) 자재의 양중에 사용한다.
- 로프에는 고무나 비닐 등을 씌워서 사용한다.
- 물품 모서리에 대는 것은 가죽류와 동판 등이 쓰인다.
- 보조대나 받침대는 줄걸이 용구 및 물품을 보호한다.

▌ 와이어로프의 안전율(S) = $\dfrac{\text{와이어로프의 절단 하중} \times \text{로프의 줄 수} \times \text{시브의 효율}}{\text{권상 하중}}$

= 가닥 수(N) × 로프의 파단력(P) / 달기 하중(Q)

= 로프의 절단 하중 ÷ 로프에 걸리는 최대 허용 하중

= 절단 하중 ÷ 안전 하중

▌ 와이어로프의 안전 계수(안전율)(위험기계·기구 안전인증 고시 [별표 2], 산업안전보건기준에 관한 규칙 제163조)

와이어로프의 종류	안전율
• 권상용 와이어로프 • 지브의 기복용 와이어로프 • 횡행용 와이어로프 및 케이블 크레인의 주행용 와이어로프 ※ 화물의 하중을 직접 지지하는 달기와이어로프 또는 달기체인의 경우 : 5 이상	5.0
• 지브의 지지용 와이어로프 • 보조 로프 및 고정용 와이어로프	4.0
• 케이블 크레인의 주 로프 및 레일로프 ※ 훅, 섀클, 클램프, 리프팅 빔의 경우 : 3 이상	2.7
• 운전실 등 권상용 와이어로프 ※ 근로자가 탑승하는 운반구를 지지하는 달기와이어로프 또는 달기체인 : 10 이상	10.0

▌ 줄걸이 용구 등의 선정 시 유의 사항

- 운반물 : 질량, 중심, 크기, 재질, 수량, 특수성(고열, 액체, 유해, 강성, 망가짐)
- 용구 사용 방법 : 거는 방법, 인양 위치, 인양 각도, 하중 분포, 용구의 접촉 부분, 반전 방향(중심 위치, 지지 위치), 용구의 미끄러짐
- 용구 선정

줄걸이 용구	보호구	보조구
• 종류, 형식 • 용량 • 부피 • 길이 • 개수	• 하물의 보호 • 용구의 보호	• 받침대 • 크기 • 개수 • 강도 • 유도 로프

- 줄걸이 용구 : 와이어로프, 섬유 벨트, 체인, 체인 블록, 클램프, 해커, 새클, 고리 볼트, 리프팅 마그넷, 천칭, 전용 인양 도구
- 반송 경로 : 장애물, 받침대, 놓는 방법
- 사용 크레인 : 정격 하중, 인양대, 사용 하중

▌ 줄걸이 방법

반걸이	짝감아걸이	어깨걸이	눈걸이
미끄러지기 쉬우므로 엄금한다.	가는 와이어로프일 때(14mm 이하) 사용하는 줄걸이 방법이다.	굵은 와이어로프일 때(16mm 이상) 사용한다.	모든 줄걸이 작업은 눈걸이를 원칙으로 한다.

▌ 무게중심이 치우친 물건의 줄걸이

- 들어 올릴 물건의 수평 유지를 위해 주 로프와 보조 로프의 길이를 다르게 한다.
- 무게중심 바로 위에 훅이 오도록 유도한다.
- 좌우 로프의 장력 차가 크지 않도록 주의한다.

▌ 줄걸이 체인의 사용 한도

- 안전 계수가 5 이상인 것
- 지름의 감소가 공칭 직경의 10%를 넘지 않는 것
- 변형 및 균열이 없는 것
- 연신이 제조 당시 길이의 5%를 넘지 않는 것

▌ 한 줄에 걸리는 하중 = $\dfrac{하중}{줄 수}$ × 조각도

▌ 매단 각도에 따른 로프의 장력

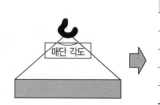

매단 각도	장력
0°	1,000배
30°	1,035배
60°	1,155배
90°	1,414배
120°	2,000배

▌ 타워크레인 운전 자격

산업안전보건법	건설기계관리법
고용노동부	국토교통부

• 국가기술자격법에 따른 타워크레인운전기능사의 자격
  – 타워크레인 조종 작업(조종석이 설치되지 않은 정격 하중 5ton 이상의 무인타워크레인을 포함한다)
	• 3ton 이상 타워크레인(타워크레인운전기능사)
	• 3ton 미만 타워크레인
	  – 소형건설기계조종교육(20시간) 이수 후 타워크레인 조종면허 발급

▌ 유해 · 위험 작업의 취업 제한에 관한 규칙

이 규칙은 산업안전보건법 제140조에 따라 유해하거나 위험한 작업에 대한 취업 제한에 관한 사항과 그 시행에 필요한 사항을 규정함을 목적으로 한다.

※ 타워크레인 운전자의 취업 제한에 관하여 규정하고 있는 법률이다.

▌ 유해 · 위험 취업 제한에 관한 규칙에서 자격 등의 취득을 위한 지정교육기관으로 허가받고자 할 경우 허가권자 : 지방고용노동관서의 장

▌ 타워크레인 운전자의 의무 사항 및 준수 사항

• 재해 방지를 위해 크레인 사용 전 점검한다.
• 타워크레인 구동 부분의 윤활이 정상인가 확인한다.
• 작동 전 브레이크의 작동 상태가 정상인가 확인한다.
• 타워크레인의 각종 안전장치의 이상 유무를 확인한다.
• 고장 난 기기에는 반드시 표시를 한다.
• 정전 시는 전원을 Off 위치로 한다.
• 장비에 특이 사항이 있을 시 교대자에게 설명한다.
• 안전 운전에 영향을 미칠 만한 결함 발견 시 작업을 중지한다.
• 운전석을 이석할 때는 크레인의 훅을 최대한 위로 올리고 지브 안쪽으로 이동시킨다.
• 운반물이 흔들리거나 회전하는 상태로 운반해서는 안 된다.
• 운반물을 작업자 상부로 운반해서는 안 된다.
• 순간 풍속이 초당 15m를 초과하는 경우에는 운전 작업을 중지하여야 한다.
• 대형 하물을 권상할 때는 신호자의 신호에 의하여 운전한다.
• 운전석을 비울 때에는 주전원을 끈다.
• 크레인 인양 하중표에 따라 화물을 들어 올린다.
• 훅 블록이 지면에 뉘어진 상태로 운전하지 않는다.
• 풍압 면적과 크레인 자중을 증가시킬 수 있는 다른 물체를 부착하지 않아야 한다.

▌ 타워크레인의 양중 작업에서 권상 작업을 할 때 지켜야 할 사항

- 지상에서 약간 떨어지면 매단 하물과 줄걸이 상태를 확인한다.
- 권상 작업은 가능한 한 평탄한 위치에서 실시한다.
- 타워크레인의 권상용 와이어로프의 안전율이 5 이상이 되는지 계산해 본다.
- 하물이 흔들릴 때는 권상 후 이동 전에 반드시 흔들림을 정지시킨다.
- 줄걸이 와이어로프가 완전히 힘을 받아 팽팽해지면 일단 정지한다.

▌ 타워크레인 권상 작업의 각 단계별 유의 사항

- 권상 작업 시 슬링 로프, 새클, 줄걸이 체결 상태 등을 점검한다.
- 줄걸이 작업자는 끌어올리는 물건 밑으로 절대 들어가지 않는다.
- 매단 화물이 지상에서 약간 떨어지면 일단 정지하여 화물의 안정 및 줄걸이 상태를 재확인한다.
- 줄걸이 작업자는 안전하면서도 타워크레인 운전자가 잘 보이는 곳에 위치하여 목적지까지 화물을 유도한다.

▌ 타워크레인의 중량물 권하 작업 시 착지 방법

- 권하할 때는 일시에 내리지 말고 착지 전에 침목 위에서 일단 정지하여 안전을 확인한다.
- 화물의 흔들림을 정지시킨 후에 권하한다.
- 화물을 내려놓아야 할 위치와 침목 상태(수평도, 지내력 등)를 확인한다.
- 화물의 권하 위치 변경이 필요할 경우에는 매단 상태에서 침목 위치를 수정하고, 보조 용구를 이용하여 화물을 천천히 잡아당겨 적당한 위치에 내려놓는다.
- 둥근 물건을 내려놓을 때에는 굴러가는 것을 방지하기 위하여 쐐기 등을 사용한다.
- 철근 다발을 지상으로 내려놓을 때는 지면에 닿기 전 20cm 정도까지 내린 다음 일단 정지 후 서서히 내린다.

▌ 권상 작업의 정격 속도

크레인의 정격 하중에 상당하는 하중을 매달고 권상할 수 있는 최고 속도를 말한다.

▌ 타워크레인으로 작업 시 중량물의 흔들림(회전) 방지 조치

- 길이가 긴 것이나 대형 중량물은 이동 중 회전하여 다른 물건과 접촉할 우려가 있는 경우 반드시 가이 로프로 유도한다.
- 작업 장소 및 매단 중량물에 따라서는 여러 개의 가이 로프로 유도할 수 있다.
- 일반적으로 기중기로 물건을 들어 올리거나 내릴 때 흔들리거나 꼬이는 것을 방지하고 방향을 잡기 위해 가이 로프를 사용하는 것이 좋다.
- 중량물을 유도하는 가이 로프는 섬유 벨트를 이용하는 것이 좋다.
- 화물을 매단 상태에서 트롤리를 이동(횡행)하다 정지할 때 트롤리가 앞뒤로 흔들리면서 정지할 경우에는 브레이크 밀림이 없도록 라이닝 상태를 점검하고 간극을 조정한다.

▮ 타워크레인 작업 중 운반 화물에 발생하는 진동
- 화물이 무거울수록 진폭이 크다.
- 권상 로프가 길수록 진폭은 크다.
- 권상 로프가 길수록 진동 주기가 길다.
- 선회 작업 시 가속도가 클수록 진폭이 크다.
- 화물의 무게와 진동 주기는 관계가 없다.

▮ 타워크레인을 선회 중인 방향과 반대되는 방향으로 급조작할 때 파손될 위험이 가장 큰 곳은 링 기어 또는 피니언 기어이다.

▮ 타워크레인 본체의 전도 원인
- 정격 하중 이상의 과부하
- 지지 보강의 파손 및 불량
- 시공상 결함과 지반 침하
- 기초(Foundation)의 강도 부족
- 지브의 설치 해체 시 무게중심의 이동으로 인한 균형 상실
- 안전장치의 고장에 의한 과하중
- 보조 로프(Guy Rope)의 파손, 불량

▮ 크레인 본체 낙하 원인
- 클라이밍 장치의 상승 시 작업 순서 무시
- 펜던트의 용접 상태 및 고정용 볼트 체결 상태 불량
- 지브 연결 고정핀의 체결 상태 불량
- 권상 및 승강용 와이어로프 절단

▮ 크레인의 주행 작업
- 급격한 주행을 하지 말 것
- 주행과 동시에 운반물을 권상 또는 권하시키지 말 것
- 걸어 올리는 화물 위에 사람이 타고 있을 때는 운전을 멈출 것
- 주행로 상에 장애물이 있을 때에는 주행을 멈출 것

▮ 신호 방법
신호자와 운전자 간의 거리가 멀어서 수신호의 식별이 어려울 때에는 깃발에 의한 신호 또는 무전기를 사용한다.

▍ 신호자 지정

- 신호자는 해당 작업에 대하여 충분한 경험이 있는 자로서 해당 작업기계 1대에 1인을 지정토록 하여야 한다.
- 여러 명이 동시에 운반물을 훅에 매다는 작업을 할 때에는 작업책임자가 신호자가 되어 지휘토록 하여야 한다.

▍ 신호자의 복장

신호자는 운전자와 작업자가 잘 볼 수 있도록 붉은색 장갑 등 눈에 잘 띄는 색의 장갑을 착용토록 하여야 하며, 신호 표지를 몸에 부착토록 하여야 한다.

▍ 음성 신호

통신 및 육성 신호는 간결, 단순, 명료해야 한다.

▍ 무선 신호

시끄러운 지역에서는 무선 통신(무전기)이 효과적이다. 무전 통신 사용이 교신에 있어 만족스럽지 못하다면 수신호로 해야 한다.

▍ 한국에서 사용되고 있는 전력계통의 상용 주파수는 60Hz이다.

▍ 수신호

- 운전사에게 수신호를 보내는 사람은 한 사람이어야 한다. 예외는 단 한 가지로 비상 멈춤 신호뿐이다.
- 신호수의 작업 시 준수사항
  - 안전한 곳에 위치하여야 한다.
  - 운전사를 명확히 볼 수 있어야 한다.
  - 하물 또는 장비를 명확하게 볼 수 있어야 한다.
- 고시된 표준 신호 방법을 준수하여 작업한다.
- 타워크레인 작업 시 수신호 기준서를 제공받을 사람 : 조종사, 신호수, 인양 작업 수행원

신호법

(1) 크레인의 공통적인 표준 신호 방법

* 호각 부는 방법
—— 아주 길게, — 길게, – – – – 짧게, ＝＝＝＝ 강하고 짧게

운전 구분	1. 운전자 호출	2. 주권 사용	3. 보권 사용	4. 운전 방향 지시
수신호	호각 등을 사용하여 운전자와 신호자의 주의를 집중시킨다.	주먹을 머리에 대고 떼었다 붙였다 한다.	팔꿈치에 손바닥을 떼었다 붙였다 한다.	집게손가락으로 운전 방향을 가리킨다.
호각 신호	아주 길게　　아주 길게	짧게　　　　길게	짧게　　　　길게	짧게　　　　길게
운전 구분	5. 위로 올리기	6. 천천히 조금씩 위로 올리기	7. 아래로 내리기	8. 천천히 조금씩 아래로 내리기
수신호	집게손가락을 위로 해서 수평 원을 크게 그린다.	한 손을 지면과 수평하게 들고 손바닥을 위쪽으로 하여 2, 3회 적게 흔든다.	팔을 아래로 뻗고(손끝이 지면을 향함) 2, 3회 적게 흔든다.	한 손을 지면과 수평하게 들고 손바닥을 지면 쪽으로 하여 2, 3회 적게 흔든다.
호각 신호	길게　　　　길게	짧게　　　　짧게	길게　　　　길게	짧게　　　　짧게
운전 구분	9. 수평 이동	10. 물건 걸기	11. 정지	12. 비상 정지
수신호	손바닥을 움직이고자 하는 방향의 정면으로 하여 움직인다.	양쪽 손을 몸 앞에 대고 두 손을 깍지 낀다.	한 손을 들어 올려 주먹을 쥔다.	양손을 들어 올려 크게 2, 3회 좌우로 흔든다.
호각 신호	강하게　　　짧게	길게　　　　짧게	아주 길게	아주 길게　　아주 길게
운전 구분	13. 작업 완료	14. 뒤집기	15. 천천히 이동	16. 기다려라
수신호	거수경례 또는 양손을 머리 위에 교차시킨다.	양손을 마주보게 들어서 뒤집으려는 방향으로 2, 3회 절도 있게 역전시킨다.	방향을 가리키는 손바닥 밑에 집게손가락을 위로 해서 원을 그린다.	오른손으로 왼손을 감싸 2, 3회 적게 흔든다.
호각 신호	아주 길게	길게　　　　짧게	짧게　　　　길게	길게
운전 구분	17. 신호 불명	18. 기중기의 이상 발생		
수신호	운전자는 손바닥을 안으로 하여 얼굴 앞에서 2, 3회 흔든다.	운전자는 사이렌을 울리거나 한쪽 손의 주먹을 다른 손의 손바닥으로 2, 3회 두드린다.		
호각 신호	짧게　　　　　　　　　짧게	강하게　　　　　　　　　짧게		

(2) 붐이 있는 크레인 작업 시의 신호 방법

* 호각 부는 방법
—— 아주 길게, —— 길게, － － － － 짧게, ＝＝＝＝ 강하고 짧게

운전 구분	1. 붐 위로 올리기		2. 붐 아래로 내리기	
수신호	팔을 펴 엄지손가락을 위로 향하게 한다.		팔을 펴 엄지손가락을 아래로 향하게 한다.	
호각 신호	짧게	짧게	짧게	짧게

운전 구분	3. 붐을 올려서 짐을 아래로 내리기	4. 붐을 내리고 짐은 올리기	5. 붐을 늘리기	6. 붐을 줄이기
수신호	엄지손가락을 위로 해서 손바닥을 오므렸다 폈다 한다.	팔을 수평으로 뻗고 엄지손가락을 밑으로 해서 손바닥을 폈다 오므렸다 한다.	두 주먹을 몸 허리에 놓고 두 엄지손가락을 밖으로 향한다.	두 주먹을 몸 허리에 놓고 두 엄지손가락을 서로 안으로 마주 보게 한다.
호각 신호	짧게 / 길게	짧게 / 길게	강하게 / 짧게	길게 / 길게

(3) Magnetic 크레인 사용 작업 시의 신호 방법

* 호각 부는 방법
—— 아주 길게, —— 길게, － － － － 짧게, ＝＝＝＝ 강하고 짧게

운전 구분	1. 마그넷 붙이기		2. 마그넷 떼기
수신호	양쪽 손을 몸 앞에다 대고 꽉 낀다.		양손을 몸 앞에서 측면으로 벌린다(손바닥은 지면으로 향하도록 한다).
호각 신호	길게	짧게	길게

▌ **설치 당일 점검 사항**

- 지휘 계통의 명확화 : 역할 분담 지시, 설치 매뉴얼 등
- 작업자 안전 교육 : 매뉴얼 작업 준수, 개인 보호용구 착용 등
- 줄걸이, 공구 안전 점검 : 적절한 줄걸이(슬링) 용구 선정, 볼트, 너트, 고정핀 등의 개수 확인, 각이 진 부재는 완충재를 대고 권상 작업 실시, 긴 부재의 권상 시는 보조 로프 사용 등
- 크레인 운전자와 공조 체계 확인 : 신호 방법, 크레인 위치, 설치자와 책임자의 상호 연락 방법(무전기 등)
- 타워크레인 주변 출입 통제
- 기상 확인 : 우천, 강풍 시 작업 중지[최대 설치 작업 풍속 준수, 36km/h(10m/s) 이내]
- 기타 : 출역 인원 확인 및 신체 컨디션 점검(전날 음주 영향, 피로, 두통 등)

▌ **타워크레인 설치에서 이동식 크레인 선정 시 고려 사항**

- 최대 권상 높이(H)
- 가장 무거운 부재 중량(W)
- 이동식 크레인 선회 반경(R)

▌ **타워크레인 설치 작업 순서**

타워크레인 설치 협의 → 기초 앵커 설치 → 베이직 마스트 설치 → 텔레스코픽 케이지 설치 → 운전실 설치 → 캣(타워) 헤드 설치 → 카운터 지브 설치 → 권상 장치 설치 → 메인 지브 설치 → 카운터웨이트 설치 → 트롤리 주행용 와이어로프 설치 → 텔레스코핑 작업 → 로드 세팅 작업, 정기 검사 준비 작업

▌ 타워 베이직 마스트와 기초 앵커를 정확히 일렬로 맞춘 후 고정한다.

▌ **텔레스코픽 케이지**

타워크레인의 마스트를 설치, 해체하기 위한 장치

▌ 텔레스코픽 케이지 설치 방법

- 베이직 마스트의 위에서 아래로 설치한다.
- 플랫폼이 떨어지지 않도록 단단히 조인다.
- 슈가 흔들리는 것을 방지하고 고정 장치를 제거한다.
- 텔레스코픽 유압 장치는 마스트의 텔레스코핑 사이드에 설치되도록 한다.

▌ 캣 헤드(Cat Head)

메인 지브와 카운터 지브의 타이 바(Tie Bar)를 상호 지탱하기 위해 설치한다.

▌ 카운터 지브에 권상 장치와 균형추(카운터웨이트)가 설치된다.

▌ 카운터웨이트

크레인의 균형을 유지하기 위하여 카운터 지브에 설치하는 것으로, 여러 개의 철근 콘크리트 등으로 만들어진 블록

▌ 텔레스코핑 작업 방법

- 텔레스코픽 케이지는 4개의 핀 또는 볼트로 연결되는데 설치가 용이하도록 보조핀이 있는 경우가 있으므로 텔레스코핑 작업 시 사용하고 작업이 종료되면 정상 핀 또는 볼트로 교체해야 한다.
- 보조핀이 체결된 상태에서는 어떠한 권상 작업도 해서는 안 된다.
- 마스트를 체결하는 핀은 정확히 조립하고, 볼트 체결인 경우는 토크 렌치 등으로 해당 토크 값이 되도록 체결한다.
- 추가할 마스트는 메인 지브 방향으로 운반한다.
- 텔레스코핑 작업에서 유압 전동기가 역방향으로 회전 시는 전동기의 상을 변경한다.

▌ 텔레스코핑(마스트 연장) 작업 시 준수 사항

- 제조자 및 설치 업체에서 작성한 표준 작업 절차에 의해 작업해야 한다.
- 텔레스코핑 작업 시 타워크레인 양쪽 지브의 균형은 반드시 유지해야 한다.
- 텔레스코핑 작업 시 유압 실린더 위치는 카운터 지브와 동일한 방향에 놓이도록 한다.
- 텔레스코핑 작업은 반드시 제한 풍속(순간 최대 풍속 : 10m/s)을 준수해야 한다.
- 텔레스코핑 유압 펌프 작동 시에는 타워크레인의 작동(선회, 트롤리 이동, 권상 동작)을 해서는 안 된다.
- 유압 펌프의 오일 양과 유압 장치의 압력을 점검한다.
- 유압 실린더의 작동 상태를 점검한다.

▌ 철골 작업을 중지하여야 하는 경우(산업안전보건기준에 관한 규칙 제383조)
- 풍속이 초당 10m 이상인 경우
- 강우량이 시간당 1mm 이상인 경우
- 강설량이 시간당 1cm 이상인 경우

▌ 타워크레인 작업 제한(산업안전보건기준에 관한 규칙 제37조, 제143조)
- 순간 풍속 10m/s 초과 시 타워크레인 설치·수리·점검 또는 해체 작업 중지
- 순간 풍속 15m/s 초과 시 타워크레인 운전 작업 중지
- 순간 풍속 30m/s를 초과하는 바람이 통과한 후에는 작업 개시 전 각 부위 이상 유무 점검

▌ 옥외에 설치된 주행 크레인은 미끄럼 방지 고정 장치가 설치된 위치까지 매초 16m의 풍속을 가진 바람이 불 때에도 주행할 수 있는 출력을 가진 원동기를 설치한 것이어야 한다(위험기계·기구 안전인증 고시 [별표 2]).

▌ 타워크레인 해체 작업 시 가장 선행되어야 할 사항
메인 지브와 카운터 지브의 평행을 유지한다.

▌ 타워크레인 해체 작업 순서
- 카운터 지브에 설치된 카운터 웨이트를 완전히 분리한다.
- 메인 지브를 분리한다.
- 카운터 지브에서 권상 장치를 분리한다.
- 카운터 지브를 분리한다.
- 캣(타워) 헤드를 분리한다.
- 운전실을 분리한다.
- 베이직 마스트에서 텔레스코픽 케이지를 분리한다.
- 베이직 마스트를 분리한다.
- 주변 정리를 한다.

■ 마스트 하강 작업(텔레스코핑 작업의 역순)

① 텔레스코픽 케이지와 선회 링 서포트를 반드시 핀 또는 볼트로 체결해야 한다.

② 해체 마스트와 선회 링 서포트 연결을 푼다.

③ 해체 마스트와 마스트 연결을 푼다.

　※ 해체할 마스트와 하단 마스트의 연결 볼트 또는 핀을 푼다.

④ 해체 마스트에 가이드 레일의 롤러를 끼워 넣는다.

⑤ 실린더를 약간 올려 실린더 슈와 서포트 슈가 각각 마스트상의 텔레스코픽 웨브에 안착시켜, 마스트가 선회 링 서포트와 갭이 생기고 가이드 레일에 안착되도록 한다.

⑥ 해체 마스트를 가이드레일 밖으로 밀어 낸다.

⑦ 훅으로 마스트를 들고 트롤리를 움직여 메인 지브와 카운터 지브의 평형을 맞춘다.

⑧ 실린더를 하강하여 선회 링 서포트와 마스트를 핀 또는 볼트로 체결한다.

⑨ 훅으로 해체 마스트를 지상으로 내려놓는다.

⑩ ①~⑧을 반복하여 베이직 마스트 위치에 오게 한다.

■ 타워크레인의 설치 · 조립 · 해체 작업 시 준수 사항 및 작업 계획서 작성 포함 내용

• 타워크레인의 종류 및 형식

• 설치 · 조립 및 해체 순서

• 작업 도구 · 장비 · 가설 설비 및 방호 설비

• 작업 인원의 구성 및 작업 근로자의 역할 범위

• 산업안전보건기준에 관한 규칙 제142조(타워크레인의 지지)의 규정에 의한 지지 방법

■ 타워크레인 지지 · 고정 방식 비교표

구분	벽체 지지(Wall Bracing) 방식	와이어로프 지지(Wire Rope Guying) 방식
설치 방법	건물 벽체에 지지 프레임 및 간격 지지대를 사용하여 고정	와이어로프로 지면 또는 콘크리트 구조물 등에 고정
장점	건물 벽체에 고정하며 작업이 용이하고 안전성이 높음	동시에 여러 장소에서 작업이 가능하여 장비 사용 효율이 높고 설치 비용이 저렴
단점	작업 반경이 작아서 장비 사용 효율이 낮고 설치 비용이 고가	벽체 고정에 비하여 작업이 어렵고 안전성이 낮음

■ 타워크레인의 지지

사업주는 타워크레인을 자립고(自立高) 이상의 높이로 설치하는 경우 건축물 등의 벽체에 지지하도록 하여야 한다. 다만, 지지할 벽체가 없는 등 부득이한 경우에는 와이어로프에 의하여 지지할 수 있다.

▌ 타워크레인을 와이어로프로 지지하는 경우 준수할 사항

- 와이어로프를 고정하기 위한 전용 지지 프레임은 타워크레인 제작사의 설계 및 제작 기준에 맞는 자재 및 부품을 사용하여 표준 방법으로 설치할 것
- 와이어로프 설치 각도는 수평면에서 60° 이내로 하고, 지지점은 4개 이상으로 하며, 같은 각도로 설치할 것
- 와이어로프 고정 시 턴버클 또는 긴장 장치, 클립, 섀클 등은 한국산업규격 제품 또는 한국산업규격이 없는 부품의 경우에는 이에 준하는 규격품을 사용하고, 설치된 긴장 장치, 클립 등이 이완되지 아니하도록 하며, 사용 시에도 충분한 강도와 장력을 유지하도록 할 것
- 작업용 와이어로프와 지지 고정용 와이어로프는 적정한 거리를 유지할 것
- 지지 와이어로프의 안전율은 4 이상인지 확인할 것
- 긴장 장치의 아이(Eye) 부분은 와이어로프의 인장력에 충분한 강도를 가진 기초 고정 블록(Deadman)에 고정할 것
- 현장 관계자는 와이어로프를 마스트에 직접 감아서 섀클로 채워주는 형태의 지지·고정이 되지 않도록 철저히 관리 감독할 것

▌ 산업안전 관리의 이념(안전 관리의 효과)

- 인도주의가 바탕이 된 인간 존중 : 안전제일 이념
- 기업의 경제적 손실 예방 : 재해로 인한 인적 및 재산 손실 예방
- 생산성 향상 및 품질 향상 : 안전 태도 개선 및 안전 동기 부여
- 대외 여론 개선으로 신뢰성 향상 : 노사 협력의 경영 태세 완성
- 사회복지 증진 : 경제성 향상

▌ 재해

사고의 결과로 인하여 인간이 입는 인명 피해와 재산상의 손실을 말한다.

▌ 산업 재해의 분류 중 재해 형태별 분류

항목	내용
추락	사람이 건축물, 비계, 기계, 사다리, 계단, 경사면 등에서 떨어지는 것
전도	사람이 평면상으로 넘어졌을 때를 말함(과속, 미끄러짐 포함)
충돌	사람이 정지 물체에 부딪힌 경우
낙하, 비래	물건이 주체가 되어 사람이 맞은 경우
붕괴, 도괴	적재물, 비계, 건축물이 무너진 경우
협착	물건에 끼워진 상태, 말려든 상태
감전	전기 접촉이나 방전에 의해 사람이 충격을 받은 경우
폭발	압력의 급격한 발생으로 폭음을 수반한 팽창이 일어난 경우
파열	용기 또는 장치가 물리적인 압력에 의해 파열한 경우

항목	내용
무리한 동직	무거운 물건을 들다가 허리를 삐거나 상해를 입은 경우
유해물 접촉	유해물 접촉으로 중독이나 질식된 경우

▌ 사고의 원인

직접 원인	물적 원인	불안전한 상태(1차 원인)
	인적 원인	불안전한 행동(1차 원인)
	천재지변	불가항력
간접 원인	교육적 원인	개인적 결함(2차 원인)
	기술적 원인	
	관리적 원인	사회적 환경, 유전적 요인

▌ 재해 발생 원인 크기 비교

불안전 행위 > 불안전 조건 > 불가항력

▌ 재해 조사 순서

1단계	사실 확인 단계	• Man : 피해자 및 공동 작업자의 인적 사항 • Machine : 레이아웃, 안전장치, 재료, 보호구 • Method(Media) : 작업명, 작업 형태, 작업 인원, 작업 자세, 작업 장소 • Management : 지도, 교육 훈련, 점검, 보고
2단계	직접 원인과 문제점 파악	• 사내 제반 기준에 비추어 파악 • 물적 원인(불안전 상태) • 인적 원인(불안전 행동) • 작업의 관리 감독
3단계	기본 원인과 근본적 문제점 파악	• 4M에 의한 기본 원인 파악(불안전 상태 및 불안전 행동의 배후 원인) • 근본적 문제 : 기본적 원인의 배후에 있는 문제 • Fishbone Diagram(특성 요인도) 등의 방법 사용
4단계	대책 수립	• 최선의 효과가 기대되는 대책 • 유사 재해 방지 대책의 수립 • 실시 계획의 수립

▌ 재해 예방 대책 4원칙

- 예방 가능의 원칙 : 천재지변을 제외한 모든 인재는 예방이 가능하다.
- 손실 우연의 원칙 : 사고의 결과 손실의 유무 또는 대소는 사고 당시의 조건에 따라 우연적으로 발생한다.
- 원인 계기의 원칙 : 사고에는 반드시 원인이 있고 대부분 복합적 연계 원인이다.
- 대책 선정의 원칙 : 사고의 원인이나 불안전 요소가 발견되면 반드시 대책은 선정하여 실시하여야 한다.

▌ 작업 표준의 목적

- 작업의 효율화
- 위험 요인의 제거
- 손실 요인의 제거

▌ 작업자가 작업 안전상 꼭 알아두어야 할 사항

- 안전 규칙 및 수칙
- 1인당 작업량
- 기계기구의 성능 등

▌ 건설기계 장비의 운전 중에도 안전을 위하여 점검하여야 하는 것은 계기판이다.

▌ 장갑을 착용하면 안 되는 작업

선반 작업, 해머 작업, 드릴 작업, 목공 기계 작업, 연삭 작업, 제어 작업 등

▌ 보호구의 구비 조건

- 착용이 간편할 것
- 작업에 방해가 안 될 것
- 위험·유해 요소에 대한 방호 성능이 충분할 것
- 재료의 품질이 양호할 것
- 구조와 끝마무리가 양호할 것
- 외양과 외관이 양호할 것

▌ 공구는 사용 전에 기름 등을 닦은 후 사용한다.

▌ 해머 작업 시 유의 사항

- 기름이 묻은 손이나 장갑을 끼고 작업하지 않는다.
- 작업자와 마주보고 일을 하면 사고의 우려가 있다.
- 처음부터 큰 힘을 주어 작업하지 않고, 처음에는 서서히 타격한다.
- 해머의 타격면이 찌그러진 것은 사용하지 않는다.

▌ **토크 렌치**

마스트 연장 시 균등하고 정확하게 볼트 조임을 할 수 있는 공구로 정확한 힘으로 조여야 할 때 사용한다.

▌ **오픈 엔드 렌치**

연료 파이프의 피팅을 풀 때 가장 알맞은 렌치이다.

▌ 볼트를 풀 때는 지렛대 원리를 이용하여 렌치 손잡이를 당길 때 힘이 받도록 한다.

▌ 스패너로 조이고 풀 때는 항상 앞으로 당긴다.

▌ 스패너나 렌치를 사용할 때는 항상 몸 쪽으로 당기면서 작업을 한다.

▌ 조정 렌치는 조정 조가 있는 부분이 힘을 받지 않게 하여 사용한다.

▌ **드라이버 작업 시 유의 사항**

• 전기 작업 시 절연된 자루를 사용한다.
• 드라이버를 정으로 대신하여 사용하면 드라이버가 손상된다.

▌ 동력 장치에서 재해가 가장 많이 발생할 수 있는 장치는 벨트이다. 회전 부분(기어, 벨트, 체인) 등은 위험하므로 반드시 커버를 씌워둔다.

▌ 벨트를 풀리에 걸 때는 회전을 중지시킨 후 건다.

▌ 전기 기기에 의한 감전 사고를 막기 위하여 필요한 설비로 가장 중요한 것은 접지 설비이다.

▌ 감전되거나 전기 화상을 입을 위험이 있는 곳에서 작업할 때 작업자가 착용해야 할 것은 보호구이다.

▌ **가스 용접에 쓰이는 호스 도색**

• 산소용 : 흑색 또는 녹색
• 아세틸렌용 : 적색

▌ 산소 아세틸렌가스 용접

- 토치에 점화시킬 때에는 아세틸렌 밸브를 먼저 열고 다음에 산소 밸브를 연다.
- 용기 온도는 40℃ 이하로 유지하며 보호 캡을 씌운다.

▌ 용접 작업과 같이 불티나 유해 광선이 나오는 작업을 할 때 착용해야 할 보호구는 차광용 안경이다.

▌ 자동 전격 방지기는 교류 아크 용접기의 감전 방지용 방호 장치에 해당한다.

▌ 연소의 3요소 : 불(점화원), 공기(산소), 가연물(가연성 물질)

▌ 화재의 등급

구분	A급 화재	B급 화재	C급 화재	D급 화재
명칭	일반 화재	유류·가스 화재	전기 화재	금속 화재
가연물	목재, 종이, 섬유, 석탄 등	각종 유류 및 가스	전기 기기, 기계, 전선 등	Mg 분말, Al 분말 등
유효 소화 효과	냉각 효과	질식 효과	질식, 냉각 효과	질식 효과
적용 소화제	• 물 • 산·알칼리 소화기 • 강화액 소화기	• 포 소화기 • CO_2 소화기 • 분말 소화기 • 증발성 액체 소화기 • 할론1211 • 할론1301	• 유기성 소화기 • CO_2 소화기 • 분말 소화기 • 할론1211 • 할론1301	• 건조사 • 팽창 진주암

▌ 소화 작업의 기본 요소

- 가연 물질을 제거한다.
- 산소 공급을 차단한다.
- 점화원을 발화점 이하의 온도로 낮춘다.

▌ 소화기 사용 순서

- 안전핀 걸림 장치를 제거한다.
- 안전핀을 뽑는다.
- 불이 있는 곳으로 노즐을 향하게 한다.
- 손잡이를 움켜잡아 분사한다.

▌ 소화하기 힘들 정도로 화재가 진행된 현장에서 제일 먼저 취하여야 할 조치 사항은 인명 구조이다.

■ **재해 발생 시 조치 순서** : 운전 정지 → 피해자 구조 → 응급 처치 → 2차 재해 방지

■ **타워크레인 설치·해체 자격 취득 교육 시간(유해·위험 작업의 취업 제한에 관한 규칙 [별표 6])**
144시간(보수 교육의 경우에는 36시간)

■ **특별 안전 보건 교육(산업안전보건법 시행규칙 [별표 4])**
- 타워크레인 신호 업무 작업을 제외한 작업에 종사하는 일용근로자 : 2시간 이상
- 타워크레인 신호 작업에 종사하는 일용근로자 : 8시간 이상
- 일용근로자를 제외한 근로자
  - 16시간 이상(최초 작업에 종사하기 전 4시간 이상 실시하고 12시간은 3개월 이내에서 분할하여 실시 가능)
  - 단기간 작업 또는 간헐적 작업인 경우에는 2시간 이상

■ **자율 안전 검사**
- 안전 검사 주기의 2분의 1에 해당하는 주기(크레인 중 건설 현장 외에서 사용하는 크레인의 경우에는 6개월)마다 검사를 할 것
- 자율 검사 프로그램의 유효 기간은 2년으로 한다.

■ **안전보건표지의 종류 및 형태**

금지표지	경고표지		지시표지	안내표지

■ **안전보건표지의 색도 기준 및 용도**

색채	용도	사용례
빨간색	금지	정지 신호, 소화 설비 및 그 장소, 유해 행위의 금지
	경고	화학 물질 취급 장소에서의 유해·위험 경고
노란색	경고	화학 물질 취급 장소에서의 유해·위험 경고 이외의 위험 경고, 주의 표지 또는 기계 방호물
파란색	지시	특정 행위의 지시 및 사실의 고지
녹색	안내	비상구 및 피난소, 사람 또는 차량의 통행 표지
흰색		파란색 또는 녹색에 대한 보조색
검은색		문자 및 빨간색 또는 노란색에 대한 보조색

▌ 산업안전보건법상 방호 조치에 대한 근로자의 준수 사항

- 방호 조치를 해체하려는 경우 : 사업주의 허가를 받아 해체할 것
- 방호 조치 해체 사유가 소멸된 경우 : 방호 조치를 지체 없이 원상으로 회복시킬 것
- 방호 조치의 기능이 상실된 것을 발견한 경우 : 지체 없이 사업주에게 신고할 것

※ 타워크레인의 설치·조립·해체 작업을 하는 때에는 다음의 사항이 모두 포함된 작업 계획서를 작성하고 이를 준수하여야 한다.

- 타워크레인의 종류 및 형식
- 설치·조립 및 해체 순서
- 작업 도구·장비·가설 설비 및 방호 설비
- 작업 인원의 구성 및 작업 근로자의 역할 범위
- 타워크레인의 지지(산업안전보건기준에 관한 규칙 제142조)의 규정에 의한 지지 방법

※ 타워크레인 설치 시 근로자 특별 안전 교육 내용과 교육 시간

- 붕괴·추락 및 재해 방지에 관한 사항
- 설치·해체 순서 및 안전 작업 방법에 관한 사항
- 부재의 구조·재질 및 특성에 관한 사항
- 신호 방법 및 요령에 관한 사항
- 이상 발생 시 응급조치에 관한 사항
- 그 밖에 안전·보건 관리에 필요한 사항
  - 교육 시간 : 2시간

▌ 건설기계관리법의 목적

건설기계의 등록·검사·형식 승인 및 건설기계사업과 건설기계 조종사 면허 등에 관한 사항을 정하여 건설기계를 효율적으로 관리하고 건설기계의 안전도를 확보하여 건설공사의 기계화를 촉진함을 목적으로 한다.

▌ 건설기계의 등록

건설기계를 등록하려는 건설기계의 소유자는 건설기계 등록신청서(전자문서로 된 신청서를 포함)에 별도의 서류를 첨부하여 건설기계 소유자의 주소지 또는 건설기계의 사용 본거지를 관할하는 특별시장·광역시장·도지사 또는 특별자치도지사(시·도지사)에게 제출하여야 한다.

▌ 건설기계 조종사 면허의 취소·정지 처분 기준(건설기계관리법 시행규칙 제79조 [별표 22])

① 인명 피해
- 고의로 인명 피해(사망·중상·경상 등을 말한다)를 입힌 경우 - 취소
- 과실로 다음의 중대재해가 발생한 경우 - 취소
  - 사망자가 1명 이상 발생한 재해
  - 3개월 이상의 요양이 필요한 부상자가 동시에 2명 이상 발생한 재해
  - 부상자 또는 직업성 질병자가 동시에 10명 이상 발생한 재해
- 기타 인명 피해를 입힌 경우
  - 사망 1명마다 - 면허 효력 정지 45일
  - 중상 1명마다 - 면허 효력 정지 15일
  - 경상 1명마다 - 면허 효력 정지 5일

② 재산 피해
- 피해 금액 50만원마다 - 면허 효력 정지 1일(90일을 넘지 못함)
- 건설기계의 조종 중 고의 또는 과실로 가스공급시설을 손괴하거나 가스공급시설의 기능에 장애를 입혀 가스의 공급을 방해한 때 - 면허 효력 정지 180일

▌ 건설기계 검사의 종류(검사 주기)

- 신규 등록 검사(최초 1회만 실시) : 건설기계를 신규로 등록할 때 실시하는 검사
- 정기 검사(6개월마다 실시) : 건설공사용 건설기계로서 3년의 범위에서 국토교통부령으로 정하는 검사 유효 기간이 끝난 후에 계속하여 운행하려는 경우에 실시하는 검사와 대기환경보전법 제62조 및 소음·진동관리법 제37조에 따른 운행차의 정기검사
  ※ 타워크레인 정기 검사 유효 기간 : 6개월
- 구조 변경 검사(사유 발생 시마다 실시) : 건설기계의 주요 구조를 변경하거나 개조한 경우 실시하는 검사
- 수시 검사(사유 발생 시마다 실시) : 성능이 불량하거나 사고가 자주 발생하는 건설기계의 안전성 등을 점검하기 위하여 수시로 실시하는 검사와 건설기계 소유자의 신청을 받아 실시하는 검사

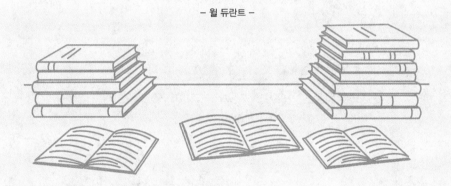

교육은 우리 자신의 무지를 점차 발견해 가는 과정이다.

- 윌 듀란트 -

Win-

Q

PART 01

합격에 윙크[Win-Q]하다!

www.sdedu.co.kr

핵심이론

#출제 포인트 분석   #자주 출제된 문제   #합격 보장 필수이론

01 타워크레인 조종

제1절 | 구조

1 타워크레인의 구조 및 특성

1-1. 타워크레인의 주요 구조부

핵심이론 01 | 용어 정리

※ 건설기계 안전기준에 관한 규칙 '타워크레인' 부분에서

① **타워크레인** : 수직 타워의 상부에 위치한 지브(Jib)를 선회시키는 크레인을 말한다.

② **고정식 크레인** : 콘크리트 기초 또는 고정된 기초 위에 설치된 타워크레인을 말한다.

③ **상승식 크레인** : 건축 중인 구조물 위에 설치된 크레인으로서 구조물의 높이가 증가함에 따라 자체의 상승 장치에 의해 수직 방향으로 상승시킬 수 있는 타워크레인을 말한다.

④ **주행식 크레인** : 지면 또는 구조물에 레일을 설치하여 타워크레인 자체가 레일을 타고 이동 및 정지하면서 작업할 수 있는 타워크레인이다.

⑤ **정격 하중** : 타워크레인의 권상 하중에서 훅, 그래브 또는 버킷 등 달기 기구의 하중을 뺀 하중을 말한다.

⑥ **권상 하중** : 타워크레인이 지브의 길이 및 경사각에 따라 들어 올릴 수 있는 최대 하중을 말한다.

⑦ **주행** : 주행식 타워크레인이 레일을 따라 이동하는 것을 말한다.

⑧ **횡행** : 트롤리(Trolley) 및 달기 기구가 지브를 따라 이동하는 것을 말한다.

⑨ **자립고** : 보조적인 지지·고정 등의 수단 없이 설치된 타워크레인의 마스트 최하단부에서부터 마스트 최상 단부까지의 높이를 말한다.

⑩ **크레인(Crane)** : 훅(Hook)이나 그 밖의 달기 기구를 사용하여 화물의 권상과 이송을 목적으로 일정한 작업 공간 내에서 반복적인 동작이 이루어지는 기계를 말한다(위험기계·기구 안전인증 고시).

⑪ **지브형 크레인** : 지브나 지브를 따라 움직이는 크래브(Crab) 등에 매달린 달기 기구에 의해 화물을 이동시키는 크레인을 말한다.

⑫ **이동식 크레인** : 원동기를 내장하고 있고, 불특정 장소로 이동할 수 있는 크레인으로 동력을 사용하여 중량물을 매달아 상하 및 좌우(수평 또는 선회를 말한다)로 운반하는 설비로서 자동차관리법에 따른 화물·특수자동차의 작업부에 탑재하여 화물운반 등에 사용하는 기계 또는 기계 장치를 말한다.

⑬ **호이스트** : 원동 장치, 감속 장치 및 드럼 등을 일체형으로 조합한 양중 장치와 이 양중 장치를 사용하여 화물의 권상 및 횡행 또는 권상 동작만을 행하는 크레인을 말하며, 정치식·모노레일식·이중레일식 호이스트로 구분한다.

⑭ **정격 속도** : 정격 하중에 상당하는 하중을 크레인에 매달고 권상, 주행, 선회 또는 횡행할 수 있는 최고 속도를 말한다.

⑮ **스팬(Span)** : 주행 레일 중심 간의 거리를 말한다.

⑯ **기복(Luffing)** : 수직면에서 지브 각(Angle)의 변화를 말한다.

⑰ **수평 기복(Level Luffing)** : 화물의 높이가 자동적으로 일정하게 유지되도록 지브가 기복하는 것을 말한다.

10년간 자주 출제된 문제

1-1. 크레인 관련 용어 설명으로 적합하지 않은 것은?

① 타워크레인이란 수직 타워의 상부에 위치한 지브를 선회시키는 크레인을 말한다.
② 권상 하중이란 들어 올릴 수 있는 최대의 하중을 말한다.
③ 기복이란 수직면에서 지브 각의 변화를 말하며, T형 타워크레인에만 해당하는 용어이다.
④ 호이스트란 훅이나 기타 달기 기구 등을 사용하여 화물을 권상 및 횡행하거나, 권상 동작만을 행하는 양중기를 말한다.

1-2. 타워크레인의 동작 중, 수직면에서 지브 각을 변화하는 것을 무엇이라고 하는가?

① 기복   ② 횡행
③ 주행   ④ 권상

|해설|

1-1
기복(Luffing)이란 수직면에서 지브 각의 변화를 말하며, L형 타워크레인에만 해당하는 용어이다.

정답 1-1 ③   1-2 ①

핵심이론 02 | T형 타워크레인

※ 타워크레인은 지브 형태에 따라 T형 타워크레인과 L(Luffing)형 타워크레인으로 분류하고, 설치 방법에 따라 고정식, 상승식 및 주행식으로 분류한다.

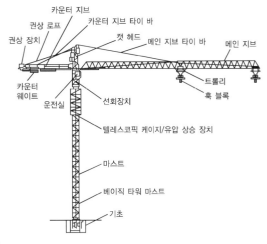

① 개념
　㉠ T형(수평 지브 타입) : 수평 타입의 메인 지브로 트롤리를 이용하여 작업 반경을 결정하는 타입이다.
　㉡ 트롤리와 훅이 부착된 메인 지브(Main Jib)와 무게중심을 유지하는 카운터 지브(Counter Jib)가 마스트(Mast)에 거의 수직으로 설치(T자형)된다.
　㉢ 트롤리 작업 반경 내 간섭되는 건물이나 현장 주변에 민원 발생 소지가 없을 경우에 주로 설치된다.
② 트롤리 : T형 타워크레인의 메인 지브를 따라 훅에 걸린 화물을 수평 이동하며, 원하는 위치로 화물을 이적, 조립, 권상, 권하 작업 및 선회 반경을 결정하는 횡행 장치이다.
　※ L형 크레인과 T형 크레인의 선회 반경을 결정하는 것 : 지브 각과 트롤리 운행 거리

2-1. 트롤리의 기능을 옳게 설명한 것은?

① 와이어로프에 매달려 권상 작업을 한다.
② 카운터 지브에 설치되어 크레인의 균형을 유지한다.
③ 메인 지브에서 전후 이동하며, 작업 반경을 결정하는 횡행 장치이다.
④ 마스트의 높이를 높이는 유압 구동 장치이다.

2-2. T형 타워크레인의 메인 지브를 이동하며 권상 작업을 위한 선회 반경을 결정하는 횡행 장치는?

① 트롤리　　　　　② 혹 블록
③ 타이 바　　　　　④ 캣 헤드

|해설|
2-1
트롤리
T형 타워크레인의 메인 지브를 따라 혹에 걸린 화물을 수평 이동하며, 원하는 위치로 화물을 이적, 조립, 권상, 권하 작업 및 선회 반경을 결정하는 횡행 장치이다.

정답 2-1 ③　2-2 ①

핵심이론 03 | L형(Luffing형) 크레인

① 러핑 지브 타입(L형) : 메인 지브를 기복하여 작업 반경을 결정하는 타입이다.
② 지브를 상하로 기복시켜 화물을 인양하는 형식이다.
③ 트롤리 장치가 필요 없는 형식이다.
④ 작업 반경 내 간섭물이 있거나 민원 발생 소지가 있을 경우 주로 설치한다.
⑤ T형 타워크레인에 비해 작업 속도가 느린 편이다.
⑥ 작업 반경 내에 장애물이 있어도 어느 정도 작업할 수 있다.
⑦ 도시 지역 고층 건물 공사 등 작업 장소가 협소한 곳에 사용한다.
⑧ 러핑(Luffing)형 타워크레인에서 일반적으로 많이 사용하는 지브의 경사각 : 30~80°

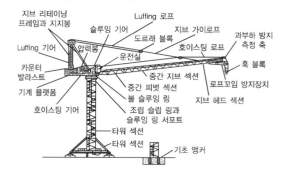

10년간 자주 출제된 문제

3-1. 크레인에서 트롤리 장치가 필요 없는 형식은?

① 해머 헤드 크레인
② 케이블 크레인
③ 러핑형 타워크레인
④ T형 타워크레인

3-2. 지브를 상하로 움직여 작업물을 인양할 수 있는 크레인은?

① L형 크레인
② T형 크레인
③ 갠트리 크레인
④ 천장 크레인

3-3. L형(경사 지브형) 타워크레인의 운동 중 기복을 바르게 설명한 것은?

① 수직축을 중심으로 회전 운동을 하는 것을 말한다.
② 거더의 레일을 따라 트롤리가 이동하는 것이다.
③ 수직면에서 지브 각의 변화를 말한다.
④ 달아올릴 화물을 타워크레인의 마스트 쪽으로 당기거나 밀어내는 것이다.

3-4. 러핑(Luffing)형 타워크레인에서 일반적으로 많이 사용하는 지브의 경사각은?

① 10~60°
② 20~70°
③ 20~90°
④ 30~80°

3-5. 기복 장치가 있는 타워크레인을 주로 사용하는 장소는?

① 대단위 아파트 건설 현장 등 작업 장소가 넓은 곳
② 도시 지역 고층 건물 공사 등 작업 장소가 협소한 곳
③ 교량의 주탑 공사장으로 바람이 많이 부는 곳
④ 작업 반경 내에 장애물이 없는 곳

|해설|

3-1
L형(Luffing형) 크레인은 트롤리 장치가 필요 없는 형식이다.

3-2
러핑형 타워크레인은 고공권 침해 또는 다른 건축물의 간섭의 영향이 있는 경우 선택되는 장비로 지브를 수직면에서 상하로 기복시켜 하물을 인양할 수 있는 형식이다.

3-4
러핑(Luffing)형 타워크레인에서 일반적으로 많이 사용하는 지브의 경사각 : 30~80°

정답 3-1 ③ 3-2 ① 3-3 ③ 3-4 ④ 3-5 ②

핵심이론 04 | **타워크레인의 설치 방법에 따른 분류**

① 고정식
  ㉠ 콘크리트 기초에 고정된 앵커와 타워의 부분들을 직접 조립하는 형식이다.
  ㉡ 기초 앵커를 콘크리트로 고정시키는 타워크레인으로, 철골 구조물 건축과 아파트 공사 등에 적합한 형식이다.

② 상승식
  ㉠ 건축 중인 구조물에 설치하는 크레인으로서 구조물의 높이가 증가함에 따라 자체의 상승 장치에 의하여 수직 방향으로 상승시킬 수 있는 타워크레인이다.
  ㉡ 일정 높이만큼 층이 올라가면 건물의 구조체에 지지하여 타워크레인의 몸체가 건물과 같이 따라 올라가는 형식이다.
  ㉢ 주로 고층건물에서 사용하며 해체 작업에 불리하다.

③ 주행식
  ㉠ 지면 또는 구조물에 레일을 설치하여 타워크레인 자체가 레일을 타고 이동 및 정지하면서 작업할 수 있는 타워크레인이다.
  ㉡ 레일을 설치하여 타워크레인 자체가 레일을 타고 이동하며 작업하는 형식이다.
  ㉢ 층고가 낮고 길이가 긴 건물 등에 설치한다.

4-1. 타워크레인의 설치 방법에 따른 분류로 옳지 않은 것은?

① 고정형(Stationary Type)
② 상승형(Climbing Type)
③ 천칭형(Balance Type)
④ 주행형(Travelling Type)

4-2. 기초 앵커를 콘크리트로 고정시키는 타워크레인으로, 철골 구조물 건축과 아파트 공사 등에 적합한 형식은?

① 주행식
② 고정식
③ 유압식
④ 상승식

4-3. 고정식 지브형 타워크레인이 할 수 있는 동작이 아닌 것은?

① 권상 동작
② 주행 동작
③ 기복 동작
④ 선회 동작

4-4. 타워크레인의 기초 및 상승 방법에 대한 설명으로 옳은 것은?

① 지반에 콘크리트 블록으로 고정시켜 설치하는 방법을 "고정형"이라 하며, 초고층 건물에 주로 사용한다.
② 건물 외부에 브래킷을 달아서 타워크레인을 상승하는 방법을 "매달기식 타워 기초"라 한다.
③ 타워크레인의 기초는 지내력과 관계없이 반드시 파일을 시공해야 한다.
④ 고층 건물 자체의 구조물에 지지하여 상승하는 방법을 "상승식"이라 한다.

|해설|
4-3
고정식 타워크레인은 콘크리트 등 고정된 기초에 설치하는 타워크레인이다.

정답 4-1 ③ 4-2 ② 4-3 ② 4-4 ④

1-2. 타워크레인 주요 구조의 특성

| 핵심이론 01 | 타워크레인 주요 구조의 특성(1)

① 타워 마스트(Tower Mast)
　㉠ 타워크레인을 지지해 주는 기둥(몸체) 역할을 하는 구조물로서 한 부재의 높이가 3~5m인 마스트를 볼트로 연결시켜 나가면서 설치 높이를 조정할 수 있다.
　㉡ 마스트 개수가 높이를 결정한다.
② 메인 지브(Main Jib)
　㉠ 선회 축을 중심으로 한 외팔보 형태의 구조물로서 지브의 길이, 즉 선회 반경에 따라 권상 하중이 결정된다.
　㉡ 풍 하중 및 중량의 감소를 위해 트러스 구조로 되어 있다.
　㉢ 트러스 내부에 트롤리 로프 안내를 위한 보조 풀리와 트롤리윈치 점검을 위한 보도가 설치된다.
③ 카운터 지브(Counter Jib)
　㉠ 타워크레인의 균형을 위해 메인 지브의 반대편에 설치되는 지브이다.
　㉡ 상부에 권상 장치와 균형추가 설치된다.
④ 카운터웨이트(Counterweight)
　㉠ 메인 지브의 길이에 따라 타워크레인의 균형을 유지한다.
　㉡ 카운터 지브에 설치하는 것으로, 여러 개의 철근 콘크리트 등으로 만들어진 블록이다.
※ 타워크레인의 주요 구조부(타워크레인의 구조·규격 및 성능에 관한 기준 제2조)
　• 지브 및 타워 등의 구조 부분
　• 원동기
　• 브레이크
　• 와이어로프
　• 주요 방호 장치
　• 훅 등의 달기 기구

- 원치, 균형추
- 설치기초
- 제어반 등

1-4

카운터웨이트(Counterweight)

메인 지브의 길이에 따라 크레인 균형 유지에 적합하도록 선정된 여러 개의 철근 콘크리트 등으로 만들어진 블록으로, 카운터 지브 측에 설치되며 이탈되거나 흔들리지 않도록 수직으로 견고히 고정된다.

정답 1-1 ③ 1-2 ② 1-3 ② 1-4 ② 1-5 ②

10년간 자주 출제된 문제

1-1. 다음 중 타워크레인의 주요 구조부가 아닌 것은?

① 설치기초
② 지브(Jib)
③ 수직사다리
④ 윈치, 균형추

1-2. 타워크레인의 항목 중 구조부와 거리가 먼 것은?

① 캣(타워) 헤드
② 권상 윈치
③ 지브
④ 마스트(타워 섹션)

1-3. 타워크레인 구조에서 기초 앵커 위쪽에서 운전실 아래까지의 구간에 위치하고 있지 않은 구조는?

① 베이직 마스트
② 카운터 지브
③ 타워 마스트
④ 텔레스코픽 케이지

1-4. 카운터웨이트의 역할에 대한 설명으로 적합한 것은?

① 메인 지브의 폭에 따라 크레인의 균형을 유지한다.
② 메인 지브의 길이에 따라 크레인의 균형을 유지한다.
③ 메인 지브의 높이에 따라 크레인의 균형을 유지한다.
④ 메인 지브의 속도에 따라 크레인의 균형을 유지한다.

1-5. 크레인의 균형을 유지하기 위하여 카운터 지브에 설치하는 것으로, 여러 개의 철근 콘크리트 등으로 만들어진 블록은?

① 메인 지브
② 카운터웨이트
③ 타이 바
④ 타워 헤드

|해설|

1-1

타워크레인의 주요 구조부

- 지브 및 타워 등의 구조 부분
- 원동기
- 브레이크
- 와이어로프
- 주요 방호 장치
- 훅 등의 달기 기구
- 윈치, 균형추
- 설치기초
- 제어반 등

핵심이론 02 | 타워크레인 주요 구조의 특성(2)

① 턴테이블(선회 장치)

    ㉠ 타워의 최상부에 위치하며, 메인 지브와 카운터 지브가 이 장치 위에 부착되고 캣 헤드가 고정된다.

    ㉡ 상·하 두 부분으로 구성되어 있으며 그 사이에 회전 테이블이 있다.

    ㉢ 턴테이블에는 선회 장치와 지브의 연결 지점 점검용 난간대가 설치되어 있다.

    ㉣ 선회 장치의 안전 조건

      • 선회 프레임 및 브래킷은 균열 또는 변형이 없을 것

      • 선회 시 선회 장치부에 이상음 또는 발열이 없을 것

      • 밸런스 웨이트는 견고하게 설치되어 있을 것

      • 상부 회전체 각 부분의 연결핀, 볼트 및 너트는 풀림 또는 탈락이 없을 것

      • 선회 시 인접 건축물 및 크레인 등과의 충돌이 발생되지 않도록 안전장치를 설치하는 등의 조치를 할 것

② 타이 바(Tie Bar)

    ㉠ 메인 지브와 카운터 지브를 캣 헤드에 연결하는 구조물이다.

    ㉡ 메인 지브 쪽 타이 바와 카운터 지브 쪽 타이 바로 구분된다.

    ㉢ 인장력이 크게 작용하는 부재로 화물 이동 작업에 사용하는 기계 장치와 거리가 멀다.

③ 캣 헤드(Cat Head)

    ㉠ 메인 지브와 카운터 지브의 타이 바를 상호 지탱하기 위해 설치되며 트러스 또는 A-프레임 구조로 되어 있다.

    ㉡ 크레인의 구성품 중 타워크레인에만 사용된다.

2-1. T형 타워크레인에서 마스트(Mast)와 캣 헤드(Cat Head) 사이에 연결되는 구조물의 명칭은?

① 지브
② 카운터 웨이트
③ 트롤리
④ 턴테이블(선회 장치)

2-2. 일반적인 타워크레인의 선회 장치에 대한 설명으로 틀린 것은?

① 타워의 최상부, 지브 아래에 부착된다.
② 운전 중 순간 정지 시 선회 브레이크를 해제한다.
③ 상, 하로 구성되고 턴테이블이 설치된다.
④ 운전을 마칠 때는 선회 브레이크를 해제한다.

2-3. 타워크레인의 선회 장치에 대한 설명으로 옳은 것은?

① 일반적으로 마스트의 가장 위쪽에 위치하고, 메인 지브와 카운터 지브가 선회 장치 위에 부착되며 캣 헤드가 고정된다.
② 메인 지브를 따라 훅에 걸린 화물을 수평으로 이동해 원하는 위치로 화물을 이동시킨다.
③ 선회 장치의 직상부에는 권상 장치와 균형추가 설치되어 작업 시 타워크레인의 안정성을 도모한다.
④ 선회 장치의 형식에는 유압식과 전동식이 있으며, 속도 변속이 안 되기 때문에 작업 시 안전을 확보할 수 있다.

2-4. 타워크레인에서 상·하 두 부분으로 구성되어 있으며, 그 사이에 회전 테이블이 위치하는 작업 장치는?

① 권상 장치
② 횡행 장치
③ 선회 장치
④ 주행 장치

2-5. 선회 장치의 안전 조건으로 맞지 않는 것은?

① 선회 프레임 및 브래킷은 균열 또는 변형이 없을 것
② 선회 시 선회 장치부에 이상음 또는 발열이 있을 것
③ 상부 회전체 각 부분의 연결핀, 볼트 및 너트는 풀림 또는 탈락이 없을 것
④ 선회 시 인접 건축물 등과의 충돌이 발생되지 않도록 안전장치를 설치하는 등의 조치를 할 것

2-6. 타워크레인에서 화물 이동 작업에 사용하는 기계 장치와 거리가 먼 것은?

① 연결 바(Tie Bar)
② 트롤리
③ 훅 블록
④ 권상 와이어로프

2-7. 크레인의 구성품 중 타워크레인에만 사용하는 것은?

① 새들　　　　　　　② 크래브
③ 권상 장치　　　　　④ 캣(Cat) 헤드

2-8. 메인 지브와 카운터 지브의 연결 바를 상호 지탱하기 위해 설치하는 것은?

① 카운터웨이트　　　② 캣 헤드
③ 트롤리　　　　　　④ 훅 블록

|해설|

2-2
선회 장치(Slewing Mechanism)
타워의 최상부에 위치하며, 메인 지브와 카운터 지브가 이 장치 위에 부착되고 캣 헤드가 고정된다. 그리고 상·하 두 부분으로 구성되어 있으며 그 사이에 회전 테이블이 있다. 이 장치에는 선회 장치와 지브의 연결 지점 점검용 난간대가 설치되어 있다.

2-5
안전을 위해 선회 시 선회 장치부에 이상음 또는 발열이 없어야 하며 밸런스 웨이트가 견고하게 설치되어 있어야 한다.

2-6
연결 바(Tie Bar)는 메인 지브와 카운터 지브를 캣 헤드에 연결하는 구조물로 인장력이 크게 작용하며 화물 이동 작업에 사용하는 기계 장치와 거리가 멀다.

정답 2-1 ④　2-2 ②　2-3 ①　2-4 ③　2-5 ②　2-6 ①　2-7 ④　2-8 ②

핵심이론 03 │ 타워크레인 주요 구조의 특성(3)

① 트롤리
　㉠ 메인 지브를 따라 이동되며, 권상 작업을 위한 선회 반경을 결정하는 횡행 장치이다.
　㉡ 권상 장치와 같이 전동기, 감속기, 브레이크, 드럼으로 구성되어 있다.

② 텔레스코픽 케이지
　㉠ 타워크레인의 마스트를 설치, 해체하기 위한 장치이다.
　㉡ 유압 실린더, 유압 모터, 플랫폼 및 가이드 레일 등이 부속되어 있다.

③ 훅 블록(Hook Block)
　㉠ 트롤리에서 내려진 와이어로프에 매달려 하물의 매달기에 사용되는 일반적인 기구이다.
　㉡ 중량물의 권상·권하 작업을 위해 와이어로프에 연결한 달기구이다.

3-1. 메인 지브를 이동하며 권상 작업을 위한 작업 반경을 결정하는 장치는?

① 트롤리
② 운전실
③ 방호 장치
④ 과부하 방지 장치

3-2. 텔레스코픽 케이지는 무슨 역할을 하는 장치인가?

① 권상 장치
② 선회 장치
③ 횡행 장치
④ 타워크레인의 마스트를 설치, 해체하기 위한 장치

3-3. 타워크레인의 마스트 상승 작업 시 지브의 균형을 유지하기 위하여 트롤리에 매다는 하중이 아닌 것은?

① 작업용 철근
② 밸런스 웨이트용 마스트
③ 텔레스코픽 케이지
④ 카운터웨이트

3-4. 다음 중 크레인의 훅 블록 또는 달기구의 구비 조건이 아닌 것은?

① 훅의 국부 마모는 원 치수의 10% 이내일 것
② 훅 블록에는 정격 하중이 표기되어 있을 것
③ 훅 부의 볼트, 너트 등은 풀림, 탈락이 없을 것
④ 훅 해지 장치는 균열, 변형 등이 없을 것

|해설|

3-1
트롤리
• 메인 지브를 따라 이동되며, 권상 작업을 위한 선회 반경을 결정하는 횡행 장치이다.
• 권상 장치와 같이 전동기, 감속기, 브레이크, 드럼으로 구성되어 있다.

3-4
훅의 국부 마모는 원 치수의 5% 이내일 것

정답 3-1 ① 3-2 ④ 3-3 ③ 3-4 ①

핵심이론 04 | 타워크레인 주요 구조의 특성(4)

① 유압 상승 장치

○ 유압 펌프와 실린더를 이용한 유압 구동 상승 장치로서 타워크레인의 설치, 상승 및 해체 시 사용된다.

○ 유압 실린더를 몇 차례 작동하여 실린더 스트로크(Stroke)에 의해 확보되는 공간에 새로운 타워를 끼워 넣어 높이를 높일 수 있다.

○ 텔레스코핑 유압 펌프가 작동 시에는 타워크레인의 작동을 해서는 안 된다.

※ 유압 상승 장치(건설기계 안전기준에 관한 규칙 제108조의2)

• 유압 상승 장치의 유압 펌프 배관 및 호스 연결 부분은 유압에 사용되는 기름이 새지 않는 구조여야 한다.

• 유압 상승 장치에는 유압의 과도한 상승을 방지하기 위한 안전 밸브를 갖추어야 한다.

• 유압 펌프, 유압 모터 및 제어 밸브는 급격한 부하 변동에 견딜 수 있는 구조여야 한다.

• 유압 상승 장치의 유압 배관은 사용 압력에 대하여 최소 3배 이상 견딜 수 있어야 한다.

② 운전실

○ 운전실은 상황을 볼 수 있는 위치인 선회 장치의 상부, 메인 지브의 바로 하부에 설치된다.

○ 내부에는 조종 레버, 비상 정지 버튼, 하중 지시계 등이 구비되어 있다. 다만, 원격 조종 장치를 사용하는 타입은 별도의 조종실이 없으며 지상에서 원격 조종을 한다.

○ 운전실 및 출입문은 견고한 구조로 되어 있다.

③ 타워크레인 점검, 보수 및 검사 실시를 위한 사다리의 설치기준(건설기계 안전기준에 관한 규칙 제122조)

  ㉠ 발판의 간격은 25cm 이상 35cm 이하로서 같은 간격일 것

  ㉡ 발판과 지브 또는 그 밖의 다른 물체와 수평 거리는 15cm 이상일 것

  ㉢ 발이 쉽게 미끄러지거나 빠지지 아니하는 구조일 것

  ㉣ 사다리의 높이가 15m를 초과하는 것은 10m 이내마다 계단참을 설치할 것

  ㉤ 사다리의 높이가 6m를 초과하는 것은 방호 울을 설치할 것(이 경우 방호 울은 지면에서 2.2m 이상 띄워야 한다)

  ㉥ 사다리의 통로는 추락 방지를 위하여 마스트의 각 단마다 지그재그로 배치하는 등 연속되지 아니한 구조일 것

  ㉦ 사다리의 전 길이에 걸쳐 발판의 단면 형상은 동일하여야 하며, 다각형 및 U자형 발판은 보행 면이 수평을 유지하도록 배치할 것

  ㉧ 발판의 지름은 20mm 이상 35mm 이하일 것

④ 마스트의 쉼 발판(건설기계 안전기준에 관한 규칙 제122조의2)

  ㉠ 마스트 쉼 발판은 마스트의 횡단 면적 전체에 작업자를 안전하게 지지할 수 있는 구조로 설치해야 한다.

  ㉡ 쉼 발판으로부터 높이 90cm 이상 120cm 이하의 지점에 난간대를 설치해야 한다. 다만, 마스트의 대각이나 수평 부재로 추락 방지 조치를 한 경우는 설치하지 않을 수 있다.

  ㉢ 쉼 발판으로부터 높이 10cm 이상의 발끝막이판을 설치해야 한다. 다만, 발끝막이판의 설치로 인해 근로자의 보행에 위험이 생기는 구조인 경우에는 설치하지 않을 수 있다.

⑤ 주행식 타워크레인의 계단 구조(건설기계 안전기준에 관한 규칙 제122조의2)

  ㉠ 경사도는 수평면에 대하여 75° 이하로 할 것

  ㉡ 발판의 높이는 30cm 이하로 하고 발판의 폭은 10cm 이상으로 할 것

  ㉢ 높이가 10m를 초과할 때는 7m마다 계단참을 설치할 것

  ㉣ 난간을 따라 손잡이를 설치할 것

10년간 자주 출제된 문제

타워크레인의 유압 실린더가 확장되면서 텔레스코핑 되고 있을 때 준수 사항으로 옳은 것은?

① 선회 작동만 할 수 있다.
② 트롤리 이동 동작만 할 수 있다.
③ 권상 동작만 할 수 있다.
④ 선회, 트롤리 이동, 권상 동작을 할 수 없다.

|해설|

텔레스코핑 유압 펌프가 작동 시에는 타워크레인의 작동을 해서는 안 된다.

정답 ④

제2절 기능 일반

1 타워크레인의 기본 원리

1-1. 기계 일반, 기초 이론에 관한 사항

핵심이론 01 │ 와이어로프의 구성

① 개념
  - ㉠ 크레인에서 물건을 매다는 도구로서 가장 많이 사용한다.
  - ㉡ 와이어로프의 구조는 소선, 스트랜드, 심강의 3가지로 대별된다.

② 소선
  - ㉠ KS D 3514에 따라 탄소강에 특수 열처리를 하여 사용하며 인장 강도는 $135{\sim}180\text{kgf/mm}^2$ 정도이다.
  - ㉡ 스트랜드를 구성하는 것을 소선이라 하며 스트랜드가 여러 개 모여 와이어로프를 형성한다.
  - ㉢ 같은 굵기의 와이어로프일지라도 소선이 가늘고 수가 많은 것이 유연성이 좋고 더 강하다.
  - ㉣ 일반적으로 크레인용 와이어로프에는 아연 도금한 소선은 사용하지 않으나 선박용이나 공중다리용 등으로 사용될 때가 있다.

③ 스트랜드(Strand, 가닥)
  - ㉠ 와이어로프에서 소선을 꼬아 합친 것. 밧줄 또는 연선이라고도 한다. 소선을 꼬아 합친 것으로 3줄에서 18줄까지 있으나 보통 6줄이 사용된다.
  - ㉡ 소선의 결합에는 점(点), 선(線), 면(面) 접촉 구조의 3가지가 있다.

④ 심강
  - ㉠ 심강의 사용 목적 : 충격 하중의 흡수, 부식 방지, 소선 사이의 마찰에 의한 마멸 방지 외에도 스트랜드의 위치를 올바르게 유지하는 데 있다.
  - ㉡ 심강에는 섬유심, 공심(강심), 와이어심 등이 있다.
    - 섬유심 : 와이어로프의 심강으로는 섬유심이 가장 많고, 철심을 사용할 수도 있다.
    - 공심 : 섬유심 대신에 스트랜드 한 줄을 심으로 하여 만든 로프이다. 절단 하중이 크고 변형되지 않으나 연성이 부족하여 반복적으로 굽힘을 받는 와이어에는 부적당하므로 정적인 작업에 사용된다.
    - 철심 : 섬유심 대신 와이어로프를 심으로 하여 꼰 것으로 각종 건설기계에서 파단력이 높은 로프가 요구되거나 변형되기 쉬운 곳에 사용된다. 특히, 열의 영향으로 강도가 저하되는데 이때 심강이 철심일 경우 $300℃$까지 사용이 가능하다.
  - ※ 타워크레인의 와이어로프는 철심이 들어 있는 것을 사용하여야 한다.

1-1. 와이어로프 구성으로 맞지 않는 것은?

① 심강   ② 랭 꼬임

③ 스트랜드   ④ 소선

1-2. 와이어로프에서 소선을 꼬아 합친 것은?

① 심강   ② 스트랜드

③ 소선   ④ 공심

1-3. 와이어로프(Wire Rope)의 소선에 대하여 설명한 것이다. 맞는 것은?

① 스트랜드를 구성하고 있는 소선의 결합에는 점(点), 선(線), 면(面), 정(井) 접촉 구조의 4가지가 있다.

② 소선의 역할은 충격 하중의 흡수, 부식 방지, 소선끼리의 마찰에 의한 마모 방지, 스트랜드(Strand)의 위치를 올바르게 하는 데 있다.

③ 와이어로프(Wire Rope)의 소선은 KS D 3514에 규정된 탄소강에 특수 열처리를 하여 사용하며 인장 강도는 135~180 kgf/mm^{2}이다.

④ 소선의 재질은 탄소강 단강품(KS D 3710)이나 기계구조용 탄소강(KS D 3517)이며 강도와 연성(延性)이 큰 것이 바람직하다.

1-4. 크레인용 와이어로프에 심강을 사용하는 목적을 설명한 것으로 틀린 것은?

① 충격 하중을 흡수한다.

② 소선끼리의 마찰에 의한 마모를 방지한다.

③ 충격 하중을 분산한다.

④ 부식을 방지한다.

1-5. 와이어로프의 심강을 3가지 종류로 구분한 것은?

① 섬유심, 공심, 와이어심

② 철심, 동심, 아연심

③ 섬유심, 랭심, 동심

④ 와이어심, 아연심, 랭심

1-6. 크레인용 일반 와이어로프(양질의 탄소강으로 가공한 것) 소선의 인장 강도[kgf/mm^2]는 보통 얼마 정도인가?

① 135~180kgf/mm^2

② 13.5~18kgf/mm^2

③ 10.3~10.8kgf/mm^2

④ 100~115kgf/mm^2

1-7. 철심으로 된 와이어로프의 내열 온도는 얼마인가?

① 100~200℃   ② 200~300℃

③ 300~400℃   ④ 700~800℃

1-8. 와이어로프의 열 영향에 의한 재질 변형의 한계는?

① 50℃   ② 100℃

③ 200~300℃   ④ 500~600℃

|해설|

1-3

① 스트랜드를 구성하고 있는 소선의 결합에는 점(点), 선(線), 면(面) 접촉 구조의 3가지가 있다.

② 심강의 역할은 충격 하중의 흡수, 부식 방지, 소선끼리의 마찰에 의한 마모 방지, 스트랜드(Strand)의 위치를 올바르게 하는 데 있다.

1-6

와이어로프의 재질은 탄소강이며 소선의 강도는 135~180kgf/mm^2 정도이다.

1-8

와이어로프의 열 영향을 문제로 삼는 것은 와이어로프의 심강이 섬유심이 아니라도 200~300℃ 정도가 한도이다.

정답 1-1 ②   1-2 ②   1-3 ③   1-4 ③   1-5 ①   1-6 ①   1-7 ②   1-8 ③

핵심이론 02 | 와이어로프의 규격 등

① 와이어로프의 표시
  ㉠ 와이어로프의 규격이 규정된 한국산업표준은 KS D 3514이다.
  ㉡ 와이어로프는 명칭, 구성기호, 꼬임(연법), 종별, 지름의 순으로 표시한다.
    예 와이어로프 구성기호 6 × 19
      • 굵은 가닥(스트랜드)이 6줄이고, 작은 소선 가닥이 19줄이다.
      • 19개선 6꼬임[6개의 묶음(연)]이다.
  ㉢ 와이어로프 구성의 표기 방법
    예
    > 6 × Fi(24) + IWRC B종 20mm

      • 6 : 스트랜드 수
      • Fi : 필러형(S : 스트랜드형, W : 워링톤형, Ws : 워링톤 실형)
      • 24 : 스트랜드 구성(소선 수)
      • IWRC : 심강의 종류
      • B종 : 소선의 인장 강도(종별)
      • 20mm : 와이어로프의 직경

② 와이어로프의 직경과 절단 하중
  와이어로프 제조 시 로프 지름 허용오차는 0~7%이며, 지름의 감소가 7% 이상 감소하거나 10% 이상 절단되면 와이어로프를 교환한다.

10년간 자주 출제된 문제

2-1. 와이어로프는 KS 규격 어디에 있는가?

① KS D
② KS H
③ KS B
④ KS A

2-2. 와이어로프 규격에서 "6호품 6 × 37 B종 보통 S 꼬임"에서 B종의 의미는?

① 소선의 굵기를 표시하는 기호이다.
② 소선의 재료가 황동(Brass)임을 표시한다.
③ 소선의 공칭 인장 강도의 구분을 의미한다.
④ 소선의 색채가 청색인 것을 의미한다.

2-3. 와이어로프 KS 규격에 '6 × 7', '6 × 24'라고 구성 표기가 되어 있다. 여기서 6은 무엇을 표시하는가?

① 6개의 묶음(연)
② 6개의 소선
③ 6개의 섬유
④ 6개의 클램프

2-4. 와이어로프 구성의 표기 방법이 틀린 것은?

> 6 × Fi(24) + IWRC B종 20mm

① 6 : 스트랜드 수
② 24 : 와이어로프 수
③ B종 : 소선의 인장 강도
④ 20mm : 와이어로프의 직경

|해설|

2-2
와이어로프의 호칭 방법
명칭, 구성 기호(스트랜드 수×소선 수), 인장 강도, 꼬임 방법, 종별 및 로프의 지름에 의한다.

2-3
기호 및 호칭

구성 기호	호 칭
6 × 7	7개선 6꼬임
6 × 24	24개선 6꼬임

정답 2-1 ① 2-2 ③ 2-3 ① 2-4 ②

핵심이론 03 | 와이어로프의 꼬임 형식

① 구분

    ㉠ 로프의 꼬임과 스트랜드의 꼬임의 관계에 따른 구분 : 보통 꼬임, 랭 꼬임

    ㉡ 와이어로프의 꼬임 방향에 따른 구분 : S 꼬임, Z 꼬임

S 꼬임	스트랜드를 오른쪽으로 꼰 것
Z 꼬임	스트랜드를 왼쪽으로 꼰 것

    ㉢ 소선의 종류에 따른 구분 : E종, A종

    ※ 보통 꼬임과 랭 꼬임 각각 S 꼬임과 Z 꼬임이 있다.

② 보통 꼬임

    ㉠ 소선의 꼬임과 스트랜드의 꼬임 방향이 반대인 것이다.

    ㉡ 외부와 접촉 면적이 작아서 마모는 크지만 킹크 발생이 적고 취급이 용이하다.

    ㉢ 보통 꼬임은 랭 꼬임에 비해서 소선 꼬기의 경사가 급하다.

    ㉣ 기계, 건설, 선박에 많이 사용되는 로프의 꼬임 모양이다.

    ㉤ 꼬임이 강하기 때문에 모양 변형이 적다.

③ 랭 꼬임

    ㉠ 로프의 꼬임 방향과 스트랜드의 꼬임 방향이 같은 꼬임이다.

    ㉡ 보통 꼬임에 비하여 소선과 외부와의 접촉면이 길고 킹크 발생이 크나 수명이 길다. 즉, 부분적 마모에 대한 저항성, 유연성, 피로에 대한 저항성이 우수하다.

    ㉢ 보통 꼬임보다 손상률이 적으며 장시간 사용에도 잘 견딘다.

    ㉣ 꼬임이 풀리기 쉬워 로프의 끝이 자유로이 회전하는 경우나 킹크가 생기기 쉬운 곳에는 적당하지 않다.

3-1. 그림과 같은 와이어로프의 꼬임 형식은?

① 보통 S 꼬임
② 랭 Z 꼬임
③ 보통 Z 꼬임
④ 랭 S 꼬임

3-2. 크레인용 와이어로프에 대한 설명 중 올바른 것은?

① 보통 꼬임은 랭 꼬임에 비해서 소선 꼬기의 경사가 완만하다.
② 꼬임이 되풀리는 경우가 적고 킹크가 생기는 경향이 적은 것이 보통 꼬임이다.
③ 와이어로프 직경의 허용차는 ±7%이다.
④ 크레인용 와이어로프는 주로 아연 도금을 한 파단 강도가 높은 것을 사용한다.

3-3. 취급이 용이하고 킹크 발생이 적어 기계, 건설, 선박에 많이 사용되는 로프의 꼬임 모양은?

① 랭 S 꼬임
② 보통 꼬임
③ 특수 꼬임
④ 랭 Z 꼬임

3-4. 와이어로프 꼬임 중 보통 꼬임의 장점이 아닌 것은?

① 휨성이 좋으며 벤딩 경사가 크다.
② Kink(킹크)가 잘 일어나지 않는다.
③ 꼬임이 강하기 때문에 모양 변형이 적다.
④ 국부적 마모가 심하지 않아 마모가 큰 곳에 사용 가능하다.

3-5. 와이어로프의 꼬임 방식에서 스트랜드와 로프의 꼬임 방향이 같은 꼬임은?

① 보통 꼬임
② 랭 꼬임
③ 요철 꼬임
④ 시브 꼬임

3-1

와이어로프의 꼬임

보통 Z 꼬임   보통 S 꼬임   랭 Z 꼬임   랭 S 꼬임

3-2

① 보통 꼬임은 랭 꼬임에 비해서 소선 꼬기의 경사가 급하다.
③ 와이어로프 직경의 허용오차는 0~7%이다.
④ 크레인용 와이어로프의 재질은 탄소강이며 인장 강도가 높은 것을 사용한다.

3-4

와이어로프 꼬임에 따른 비교

꼬임 구분	보통 꼬임(Regular-lay)	랭 꼬임(Lang-lay)
외관	소선과 로프 축은 평행이다.	소선과 로프 축은 각도를 가진다.
장점	• 휨성이 좋으며 벤딩 경사가 크다. • 킹크(Kink)가 잘 일어나지 않는다. • 꼬임이 강하기 때문에 모양 변형이 적다.	• 벤딩 경사가 적다. • 내구성이 우수하다. • 마모가 큰 곳에 사용이 가능하다.
단점	국부적 마모가 심하다.	킹크 또는 풀림이 쉽다.
용도	일반 제조 제품 산업용	광산 삭도(索道)용

정답 3-1 ③　3-2 ②　3-3 ②　3-4 ④　3-5 ②

① 시징(Seizing)

ㄱ 와이어의 절단 부분 양끝이 되풀리는 것을 방지하기 위하여 가는 철사로 묶는 것

ㄴ 와이어로프 끝의 시징 폭은 대체로 와이어로프 지름의 3배를 기준으로 한다.

ㄷ 와이어로프를 절단 또는 단말 가공 시 스트랜드나 소선의 꼬임을 방지하는 작업이다.

※ 줄걸이용 와이어로프를 엮어넣기로 고리를 만들려고 할 때 엮어넣는 적정 길이(Splice)는 와이어로프 지름의 30~40배이다.

② 합금 처리한 소켓(Socket) 고정(합금·아연 고정법)

ㄱ 가장 확실한 방법으로 와이어 끝을 소켓에 넣어 납땜 또는 아연으로 용착하는 방법이다.

ㄴ 와이어로프 끝의 단말 고정법 중 효율을 100% 유지할 수 있으며 줄걸이용에는 거의 사용하지 않는 방법이다.

ㄷ 지름이 32mm 이상의 굵은 와이어로프는 합금 고정이 양호하다.

ㄹ 합금 고정의 소켓 재질은 단조한 강철을 사용한다.

※ 합금 고정 : 와이어로프를 고정할 때, 가장 효율이 높고 양호한 고정 방법이다.

※ 와이어로프의 단말 가공 중 가장 효율적인 것 : 소켓(Socket)

③ 쐐기(Wedge) 고정법

ㄱ 끝을 시징한 와이어로프를 단조품으로 된 소켓 안에서 구부려 뒤집은 것 안에 쐐기를 넣어 고정시키는 방법이다.

ㄴ 잔류 강도는 65~70% 정도이다.

④ 클립(Clip) 고정법

ㄱ 가장 널리 사용되는 방법이다.

ㄴ 클립 간격은 로프 직경의 6배 이상, 수량은 최소 4개 이상이어야 한다.

ⓒ 클립의 새들(Saddle)은 로프의 힘이 걸리는 쪽에 있어야 한다.

ⓔ 로프에 하중을 걸기 전과 건 후에 단단하게 체결해야 한다.

ⓜ 안전을 위해 주기적으로 점검하고 죄어주어야 한다.

ⓗ 가능한 심블(Thimble)을 부착하여야 한다.

ⓢ 남은 부분을 시징(Seizing) 하고, 심블 접합부가 이탈되지 않도록 한다.

ⓞ 와이어로프 직경에 따른 클립 수

로프 직경[mm]	클립 수
16 이하	4개
16 초과 28 이하	5개
28 초과	6개 이상

※ 와이어로프를 클립 고정 시 로프의 직경이 30mm일 때 클립 수는 최소 6개는 되어야 한다.

⑤ 심블붙이 스플라이스(Eye Splice)법(엮어넣기)

㉠ 벌려끼우기와 감아끼우기의 방법이 있다.

㉡ 로프 엮어넣기의 엮는 정도는 와이어 지름의 30~40배가 적당하다.

⑥ 압축 고정법(파워 로크법, Power Lock)

㉠ 엮어넣기한 부분을 합금고리로 감싸거나 철재를 냉간 변형하여 고정한 것이다.

㉡ 강도는 100%이지만 350℃ 이상의 고온에서 한 번이라도 사용했을 때는 다시 사용하지 않는다.

※ 와이어로프 단말 고정 방법에 따른 이음 효율

단말 고정 방법	효율[%]
꼬아넣기법	70
합금 고정법	100
압축 고정법	90
클립 고정법	80
웨지 소켓법	80

4-1. 와이어로프를 절단 또는 단말 가공 시 스트랜드나 소선의 꼬임을 방지하는 작업은?

① 합금 고정법
② 시징(Seizing)
③ 쐐기 고정법
④ 압축 고정법

4-2. 와이어로프를 절단했을 때 꼬임이 풀리는 것을 방지하기 위한 시징은 직경의 몇 배가 적당한가?

① 1배
② 3배
③ 5배
④ 7배

4-3. 와이어로프의 클립(Clip) 체결 방법으로 올바르지 않은 것은?

① 가능한 한 심블(Thimble)을 부착하여야 한다.
② 클립의 새들은 로프의 힘이 걸리는 쪽에 있어야 한다.
③ 하중을 걸기 전에 단단하게 조여 주고 그 이후에는 조임이 필요 없다.
④ 클립 수량과 간격은 로프 직경의 6배 이상, 수량은 최소 4개 이상이어야 한다.

4-4. 클립 고정이 가장 적합하게 된 것은?

①
②
③
④

4-5. 와이어로프의 클립 고정법에서 클립 간격은 로프 직경의 몇 배 이상으로 장착하는가?

① 3배
② 6배
③ 9배
④ 12배

4-6. 와이어로프 단말 가공법 중 이음 효율이 가장 좋은 것은?

① 합금 및 아연 고정법
② 클립 고정법
③ 쐐기 고정법
④ 심블붙이 스플라이스법

4-7. 와이어로프의 단말 가공 중 가장 효율적인 것은?

① 심블(Thimble)
② 소켓(Socket)
③ 웨지(Wedge)
④ 클립(Clip)

4-8. 줄걸이용 와이어로프를 엮어넣기로 고리를 만들려고 할 때 엮어넣는 적정 길이(Splice)는 얼마인가?

① 와이어로프 지름의 5~10배
② 와이어로프 지름의 10~20배
③ 와이어로프 지름의 20~30배
④ 와이어로프 지름의 30~40배

|해설|

4-3
로프에 하중을 걸기 전과 건 후에 단단하게 체결해야 한다.

4-4
조립할 때 클립의 새들(Saddle) 방향은 인장력이 걸리는 긴 로프 쪽으로 채운다.

4-8
로프 엮어넣기의 엮는 적정 길이는 와이어 지름의 30~40배가 적당하다.

정답 4-1 ② 4-2 ② 4-3 ③ 4-4 ② 4-5 ② 4-6 ① 4-7 ② 4-8 ④

핵심이론 05 | 로프의 킹크

① 킹크(Kink)란 로프의 꼬임이 되돌아가거나 서로 걸려서 엉킴이 생기는 상태를 말한다.
② 킹크에는 (+)킹크와 (−)킹크가 있다.
③ (+)킹크는 꼬임이 강해지는 방향으로, (−)킹크는 꼬임이 풀리는 방향으로 생긴 것이다.
④ (+)킹크는 꼬임 방법의 Z와 S의 같은 방향으로 비틀림한 경우이고, 반대로 하면 (−)킹크가 된다.
⑤ 와이어로프를 킹크된 상태로 그냥 두면 절단 하중이 (+)킹크는 40% 감소되고, (−)킹크는 60% 감소된다.
⑥ 킹크 현상이 가장 발생하기 쉬운 경우 : 새로운 로프를 취급할 경우

※ 와이어로프 선정 시 주의 사항

• 용도에 따라 손상이 적게 생기는 것을 선정한다.
• 하중의 용량이 고려된 강도를 갖는 로프를 선정한다.
• 심강(Core)은 사용 용도에 따라 결정한다.
• 높은 온도에서 사용할 경우 철심 로프를 선정한다.

5-1. 와이어로프의 킹크 발생의 예로 맞는 것은?

① 절단킹크
② (−) 알파킹크
③ (+), (−) 킹크
④ (+) 알파킹크

5-2. 와이어로프의 절단 하중을 100%로 하였을 때 킹크(Kink)가 발생한 와이어로프의 절단 하중에 대한 설명 중 옳은 것은?

① 변화가 없다.
② 절단 하중은 증가한다. 즉, 더 절단되지 않는다.
③ 절단 하중은 감소한다. 즉, 더 쉽게 절단된다.
④ (+)킹크의 경우 절단 하중은 크게 증가하고, (−)킹크의 경우에는 절단 하중이 감소한다.

5-3. 킹크를 킹크된 상태로 그냥 둔 부분의 절단 하중 저하는?

① 완전한 Wire Rope의 45%
② 완전한 Wire Rope의 70%
③ 완전한 Wire Rope의 60%
④ 완전한 Wire Rope의 90%

5-4. 와이어로프에서 킹크가 발생될 경우 파단 하중 감소율은 어느 정도인가?

① 10%   ② 15%

③ 20%   ④ 40%

5-5. 와이어로프에 킹크 현상이 가장 발생하기 쉬운 경우는?

① 새로운 로프를 취급할 경우

② 새로운 로프를 교환 후 약 10회 작동하였을 경우

③ 로프가 사용 한도가 되었을 경우

④ 로프가 사용 한도를 지났을 경우

5-6. 와이어로프를 선정할 때 주의해야 할 사항이 아닌 것은?

① 용도에 따라 손상이 적게 생기는 것을 선정한다.

② 하중의 중량이 고려된 강도를 갖춘 로프를 선정한다.

③ 심강은 사용 용도에 따라 결정한다.

④ 높은 온도에서 사용할 경우 도금한 로프를 선정한다.

|해설|

5-5

새로운 로프는 유연성 부족으로 킹크 현상이 발생하기가 쉽다.

5-6

고온에서 사용되는 와이어로프는 철심 로프이고, 사용 환경상 부식이 우려되는 곳에서는 도금 로프를 사용해야 한다.

정답 5-1 ③ 5-2 ③ 5-3 ③ 5-4 ④ 5-5 ① 5-6 ④

핵심이론 06 | 와이어로프의 점검 등

① 와이어로프의 구조·규격 및 성능 점검사항(타워크레인의 구조·규격 및 성능에 관한 기준 제18조)

   ㉠ 한 가닥에서 소선(필러선을 제외)의 수가 10% 이상 절단되지 않을 것

   ㉡ 외부 마모에 의한 지름 감소는 호칭 지름의 7% 이하일 것

   ㉢ 킹크 및 부식이 없을 것

   ㉣ 단말 고정은 손상, 풀림, 탈락 등이 없고, 건설기계 안전기준에 관한 규칙 제107조 제1항 및 제2항에 적합할 것

   ㉤ 급유가 적정할 것

   ㉥ 소선 및 스트랜드가 돌출되지 않을 것

   ㉦ 국부적인 지름의 증가 및 감소가 없을 것

   ㉧ 부풀거나 바구니 모양의 변형이 없을 것

   ㉨ 꺾임 등에 의한 영구 변형이 없을 것

   ㉩ 와이어로프의 교체 시는 크레인 제작 당시의 규격과 동일한 것 또는 동등급 이상으로 할 것

   ※ 와이어로프 점검사항 : 마모, 소선의 절단, 비틀림, 로프 끝의 고정 상태, 꼬임, 변형, 녹, 부식, 이음매

② 와이어로프 사용상 특징

   ㉠ 고온에서 사용되는 로프는 절단되지 않아도 3개월 정도 지나면 교환한다.

   ㉡ 시브(도르래, 시브)의 직경은 작용하는 와이어로프 직경의 20배 이상이어야 한다.

   ㉢ 줄걸이 작업에 사용하는 후킹(Hooking)용 바(Bar)의 지름은 와이어로프 직경의 6배 이상을 적용한다.

6-1. 크레인에 사용되는 와이어로프의 사용 중 점검 항목으로 적합하지 않은 것은?

① 마모 상태
② 부식 상태
③ 소선의 인장 강도
④ 엉킴, 꼬임 및 킹크 상태

6-2. 와이어로프의 점검 사항이 아닌 것은?

① 소선의 단선 여부
② 킹크, 심한 변형, 부식 여부
③ 지름의 감소 여부
④ 지지 애자의 과다 파손 혹은 마모 여부

6-3. 와이어로프 사용에 대한 설명 중 가장 거리가 먼 것은?

① 길이 300mm 이내에서 소선이 10% 이상 절단되었을 때 교환한다.
② 고온에서 사용되는 로프는 절단되지 않아도 3개월 정도 지나면 교환한다.
③ 활차의 최소경은 로프 소선 직경의 6배이다.
④ 통상적으로 운반물과 접하는 부분은 나뭇조각 등을 사용하여 로프를 보호한다.

6-4. 줄걸이 작업에 사용하는 후킹용(Hooking) 핀 또는 봉의 지름은 줄걸이용 와이어로프 직경의 얼마 이상을 적용하는 것이 바람직한가?

① 1배 이상　　　　　② 2배 이상
③ 4배 이상　　　　　④ 6배 이상

|해설|

6-1
소선 및 스트랜드가 돌출되지 않을 것

6-2
와이어로프의 점검(작업 시작 전에 실시)
• 마모 : 로프 지름의 감소가 공칭 지름의 7%를 초과하는 것
• 소선의 절단 : 한 꼬임에서 끊어진 소선의 수가 10% 이상인 것
• 꼬이거나 심하게 변형(녹, 비틀림, 현저한 변형, 로프 끝 고정 부위 부분이 심한 것, 이음매가 있는 것) 또는 부식된 것
• 열과 전기 충격에 의해 손상된 것

정답 6-1 ③　6-2 ④　6-3 ③　6-4 ④

핵심이론 07 │ 와이어로프의 교체 시기 판정 기준

① 와이어로프의 사용금지 및 교환 기준(산업안전보건기준에 관한 규칙 제63조)
　㉠ 이음매가 있는 것
　㉡ 와이어로프의 한 꼬임[스트랜드(Strand)]에서 끊어진 소선[필러(Pillar)선은 제외]의 수가 10% 이상인 것
　㉢ 지름의 감소가 공칭 지름의 7%를 초과하는 것
　㉣ 꼬인 것
　㉤ 심하게 변형되거나 부식된 것
　㉥ 열과 전기충격에 의해 손상된 것
② 와이어로프의 소선이 마모되는 원인
　㉠ 내부 소선 : 과하중, 무리한 굽힘, 주유 불량인 경우 등
　㉡ 외부 소선 : 다른 물체와의 접촉 시, 활차 지름이 적을 때, 활차와 로프의 접촉 불량 등

7-1. 산업안전보건법 안전기준의 와이어로프에 대한 마모 및 교체 기준이다. 틀린 것은?

① 한 가닥에서 소선의 수가 10% 이상 절단된 것
② 소선 및 스트랜드의 돌출이 확인되는 것
③ 외부 마모에 의한 호칭 지름 감소가 7% 이상일 때
④ 킹크나 부식은 없어도 단말 고정을 한 것

7-2. 와이어로프(Wire Rope)의 마모 한도에 따른 교환 기준을 설명한 것으로 맞는 것은?

① 킹크(Kink)가 발생한 경우
② 로프에 그리스가 많이 발라진 경우
③ 마모로 직경의 감소가 공칭 직경의 3% 이상인 경우
④ 로프의 한 꼬임(스트랜드를 의미) 사이에서 소선 수의 7% 이상 소선이 절단된 경우

7-3. 와이어로프의 교체 한계 기준으로 적합한 것은?

① 지름의 감소가 공칭 지름의 12%를 초과한 것
② 지름의 감소가 공칭 지름의 10%를 초과한 것
③ 지름의 감소가 공칭 지름의 7%를 초과한 것
④ 지름의 감소가 공칭 지름의 3%를 초과한 것

7-4. 와이어로프의 교체 대상으로 틀린 것은?

① 소선수의 10% 이상 단선된 것
② 공칭 직경이 5% 감소된 것
③ 킹크된 것
④ 현저하게 변형되거나 부식된 것

7-5. 와이어 손상의 분류에 대한 설명으로 틀린 것은?

① 와이어는 사용 중 시브 및 드럼 등의 접촉에 의해 마모가 생기는데 이때 직경 감소가 7% 마모 시 교환한다.
② 사용 중 전체 소선 수의 50%가 단선되면 교환한다.
③ 과하중을 들어 올릴 경우 내·외층의 소선이 맞부딪치게 되어 피로 현상을 일으키게 된다.
④ 열의 영향으로 강도가 저하되는데 이때 심강이 철심일 경우 300℃까지 사용이 가능하다.

|해설|

7-4
지름의 감소가 공칭 지름의 7%를 초과하는 것

7-5
사용 중 소선의 단선이 전체 소선 수의 10% 이상이 되면 교환한다.

정답 7-1 ④ 7-2 ① 7-3 ③ 7-4 ② 7-5 ②

핵심이론 08 | 와이어로프의 관리

① 와이어로프(Wire Rope)의 취급 방법

㉠ 동일 부분을 반복하여 구부리지 않는다.
㉡ 예리한 모서리를 가진 물체에는 로프가 모서리에 직접 접촉되지 않도록 보조대를 사용한다.
㉢ 비틀어진 곳이 발견되면 반드시 바르게 고쳐서 사용한다.
㉣ 안전 기준에 명시된 부적격 상태의 와이어로프는 사용을 금지한다.
㉤ 와이어로프는 정기적으로 적절히 기름칠을 한다.
㉥ 고온에서 사용하거나 햇볕에 노출되는 곳, 염분, 산, 아황산가스 등이 있는 곳에서 사용 시는 주기적인 급유로 로프를 보호한다.

② 와이어로프의 보관상 주의 사항

㉠ 습기가 없고 통풍이 잘되며, 지붕이 있는 곳을 택한다.
㉡ 로프가 직접 지면에 닿지 않도록 침목 등으로 받쳐 30cm 이상의 틈을 유지, 보관한다.
㉢ 직사광선이나 고열, 해풍 등을 피한다.
㉣ 산이나 황산가스에 주의하여 부식 또는 그리스의 변질을 막는다.
㉤ 한 번 사용한 로프를 보관할 때는 표면에 묻은 모래, 먼지 및 오물 등을 제거하고 로프에 그리스를 바른 후 보관한다.
㉥ 눈에 잘 띄고 사용이 빈번한 장소에 보관한다.

8-1. 와이어로프의 내·외부 마모 방지 방법이 아닌 것은?

① 도유를 충분히 할 것
② 두드리거나 비비지 않도록 할 것
③ S 꼬임을 선택할 것
④ 드럼에 와이어로프를 바르게 감을 것

8-2. 와이어로프의 주유에 대한 것 중 가장 적당한 것은?

① 그리스를 와이어로프의 전체 길이에 충분히 칠한다.
② 그리스를 와이어로프에 칠할 필요가 없다.
③ 기계유를 로프의 심까지 충분히 적신다.
④ 그리스를 로프의 마모가 우려되는 부분만 칠하는 것이 좋다.

8-3. 와이어로프의 손질 방법에 대한 설명 중 틀린 것은?

① 와이어로프의 외부는 항상 기름칠을 하여 둔다.
② 킹크된 부분은 즉시 교체한다.
③ 비에 젖었을 때는 수분을 마른 걸레로 닦은 후 기름을 칠하여 둔다.
④ 와이어로프의 보관 장소는 직접 햇빛이 닿는 곳이 좋다.

|해설|

8-1
와이어로프 사용상 주의 사항
• 습기 및 산성 성분이 있는 곳에서 사용금지
• 와이어로프의 과하중 및 충격 사용금지
• 와이어로프를 드럼에 감을 때 가지런히 정렬할 것
• 극단적인 굴곡의 와이어로프 사용금지
• 와이어로프의 통로에 모래, 자갈 및 기타 장애물이 투입되지 않을 것
• 정격 하중 사용 및 안전수칙 준수
• 와이어로프의 부식을 방지하기 위하여 오일 등을 바를 것

8-2
와이어로프의 외주는 항상 기름을 칠해 두어야 한다.

8-3
와이어로프의 보관상 주의 사항
• 습기가 없고 지붕이 있는 곳을 택할 것
• 로프가 직접 지면에 닿지 않도록 침목 등으로 받쳐 30cm 이상의 틈을 유지 보관
• 직사광선이나 열, 해풍 등을 피할 것
• 산이나 황산가스에 주의하여 부식 또는 그리스의 변질을 막을 것
• 한 번 사용한 로프를 보관할 때는 표면에 묻은 모래, 먼지 및 오물 등을 제거 후 로프에 그리스를 바른 후 보관
• 눈에 잘 띄고 사용이 빈번한 장소에 보관

정답 **8-1** ③　**8-2** ①　**8-3** ④

핵심이론 09 | 드럼

① 와이어 드럼의 지름 D와 와이어로프 지름 d와의 양호한 비는 20 이상이다.
② 드럼의 크기는 가능한 한 로프의 전 길이를 1열에 감을 수 있는 것으로 한다.
③ 브레이크 드럼 림(Rim)의 마모 한도는 원 치수의 40% 이내여야 한다.
④ 드럼 홈 부위의 사용 마모 한도는 용접제 드럼의 경우 로프 지름의 20% 이내, 주철제 드럼의 경우 로프 지름의 25% 이내여야 한다.
⑤ 드럼 홈의 지름은 와이어로프의 공칭 지름보다 10% 크게 하는 것이 좋다.
⑥ 타워크레인의 권상 장치에서 달기 기구가 가장 아래쪽에 위치할 때 드럼에는 와이어로프가 최소한 2회 이상의 여유 감김이 있어야 한다.
⑦ 와이어로프의 감기
　㉠ 권상 장치 등의 드럼에 홈이 있는 경우 플리트(Fleet) 각도(와이어로프가 감기는 방향과 로프가 감겨지는 방향과의 각도)는 4° 이내여야 한다.
　㉡ 권상 장치 등의 드럼에 홈이 없는 경우 플리트 각도는 2° 이내여야 한다.
　㉢ 권상 장치 등의 드럼에 와이어로프를 여러 층으로 감는 경우 로프를 일정하게 감기 위하여 플랜지부에서의 플리트 각도는 4° 이내여야 한다.

9-1. 다음 중 드럼의 크기를 나타낸 것으로 가장 올바른 것은?

① 드럼 크기는 가능한 한 로프의 전 길이를 1열에 감을 수 있는 것으로 한다.
② 드럼 크기는 가능한 한 로프의 전 길이를 2열에 감을 수 있는 것으로 한다.
③ 드럼 크기는 로프의 전 길이를 3열에 감을 수 있는 것으로 한다.
④ 드럼 크기는 로프의 유효 길이를 2회 감을 수 있는 것으로 한다.

9-2. 드럼 홈의 지름은 와이어로프의 공칭 지름보다 몇 % 크게 하는 것이 좋은가?

① 10   ② 20

③ 30   ④ 40

9-3. 다음 설명 중에서 틀린 것은?

① 시브 플랜지의 마모 한도는 시브홈 바닥에서 플랜지의 30%이다.

② 와이어로프를 드럼에 장치하는 방법은 와이어가 벗겨지지 않게 고정구를 사용하여 볼트로 조인다.

③ 드럼 직경(D)과 와이어로프(d)와의 양호한 비율(D/d)은 20 이상이다.

④ 드럼에 와이어로프가 감길 때 와이어로프 방향과 드럼 홈 방향과의 각도는 2° 이내이다.

9-4. 타워크레인의 권상 장치에서 달기 기구가 가장 아래쪽에 위치할 때 드럼에는 와이어로프가 최소한 몇 회 이상의 여유 감김이 있어야 하는가?

① 1회   ② 2회

③ 3회   ④ 4회

9-5. 권상 장치의 와이어 드럼에 와이어로프가 감길 때 홈이 없는 경우의 플리트(Fleet) 허용 각도는?

① 4° 이내   ② 3° 이내

③ 2° 이내   ④ 1° 이내

|해설|

9-3

드럼에 와이어로프가 감길 때 와이어로프 방향과 드럼 홈 방향과의 각도는 4° 이내이다.

9-4

드럼은 훅의 위치가 가장 낮은 곳에 위치할 때 클램프 고정이 되지 않은 로프가 드럼에 2바퀴 이상 남아 있어야 하며, 훅의 위치가 가장 높은 곳에 위치할 때 해당 감김 층에 대하여 감기지 않고 남아 있는 여유가 1바퀴 이상인 구조여야 한다.

정답 9-1 ① 9-2 ① 9-3 ④ 9-4 ② 9-5 ③

핵심이론 10 │ 브레이크

① 권상장치 등의 브레이크 제작 및 안전 기준(위험기계·기구 안전인증 고시 [별표 2])

㉠ 권상 장치 및 기복 장치는 화물 또는 지브의 강하를 제동하기 위한 브레이크를 설치해야 한다. 다만, 수압 실린더, 유압 실린더, 공기압 실린더 또는 증기압 실린더를 사용하는 권상 장치 또는 기복 장치에 대해서는 그렇지 않다.

• 제동 토크 값(권상 또는 기복 장치에 2개 이상의 브레이크가 설치되어 있을 때는 각각의 브레이크 제동 토크 값을 합한 값)은 크레인의 정격 하중에 상당하는 하중을 권상 시 해당 크레인의 권상 또는 기복 장치의 토크 값(해당 토크 값이 2개 이상 있을 때는 그 값 중 최대의 값)의 1.5배 이상일 것

※ 권상 또는 기복 장치의 토크 값은 저항이 없는 것으로 계산한다. 다만, 해당 권상 또는 기복 장치에 75% 이하 효율의 웜, 웜 기어 기구가 채용되고 있는 경우에는 해당 기어 기구의 저항으로 발생하는 토크 값의 1/2에 상당하는 저항이 있는 것으로 계산한다.

• 인력에 의한 것일 때는 다음과 같이 할 것
  – 페달식의 스트로크 값은 30cm 이하, 수동식은 60cm 이하
  – 페달식은 30kg 이하, 수동식은 20kg 이하의 힘으로 작동
  – 래칫 폴 식을 구비

• 인력에 의한 것 이외에는 크레인의 동력이 제거되거나 차단되었을 때 자동적으로 작동하여야 하며, 제동 장치는 전원 공급에 문제가 생겼을 경우 하중이 흘러내리지 않을 것

② 크레인의 브레이크 검사 기준(안전검사 고시 [별표 2])

    ㉠ 브레이크는 작동 시 이상음, 이상 냄새가 없고 작동이 원활할 것

    ㉡ 라이닝은 편 마모가 없고, 마모량은 원 치수의 50% 이내일 것

    ㉢ 디스크(드럼)는 손상, 균열이 없고 마모량은 원 치수의 10% 이내일 것

    ㉣ 페달식 등 인력에 의한 브레이크는 페달의 유격 및 상판과의 간격이 적정할 것

    ㉤ 유량이 적정하고 배관 등에 기름 누설이 없으며 유압 발생 장치는 작동이 확실하고 부재의 마모와 손상이 없을 것

10년간 자주 출제된 문제

타워크레인의 동력이 차단되었을 때 권상 장치의 제동 장치는 어떻게 되어야 하는가?

① 자동적으로 작동해야 한다.
② 수동으로 작동시켜야 한다.
③ 자동적으로 해제되어야 한다.
④ 하중의 대소에 따라 자동적으로 해제 또는 작동해야 한다.

|해설|

인력에 의한 것 이외에는 크레인의 동력이 제거되거나 차단되었을 때 자동적으로 작동하여야 하며, 제동 장치는 전원 공급에 문제가 생겼을 경우 하중이 흘러내리지 않을 것

정답 ①

핵심이론 11 | 훅(Hook)

① 훅(Hook)의 작업 개시 전 점검 기준(운반하역 표준안전작업지침 제36조)

    ㉠ 마모 : 단면 지름의 감소가 원래 지름의 5%를 초과하여 마모된 것은 사용하여서는 아니 된다.

    ㉡ 균열 : 균열이 있는 것은 사용하여서는 아니 된다.

    ㉢ 흠 : 두부 및 만곡의 내측에 흠이 있는 것은 사용하여서는 아니 된다.

    ㉣ 늘어남, 변형 : 개구부가 원래 간격의 5%를 초과하여 늘어난 것은 사용하여서는 아니 된다.

    ㉤ 경화, 연화 : 장기간 사용에 따른 경화의 의심이 있는 것과 고열에 의해 연화의 의심이 있는 것은 사용하여서는 아니 된다.

② 훅의 재질 및 사용

    ㉠ 훅의 재질은 탄소강 단강품이나 기계구조용 탄소강이며 강도와 연성이 큰 것이 좋다.

    ㉡ 매다는 하중이 50ton 이하인 것은 한쪽 현수 훅을 사용하고 50ton 이상인 것은 양쪽 현수 훅을 사용한다.

    ㉢ 훅의 안전 계수는 5 이상이다.

③ 훅(Hook)의 입구가 벌어지는 변형량을 시험하는 방법

    ㉠ 훅에 정격 하중의 2배를 정 하중으로 작동시켜 입구의 벌어짐이 0.25% 이하여야 한다.

    ㉡ 훅의 파괴 시험은 정격 하중의 5배로 한다.

11-1. 혹의 점검은 작업 개시 전에 실시하여야 한다. 안전에 잘못된 사항은?

① 단면 지름의 감소가 원래 지름의 5% 이내일 것
② 균열이 없는 것을 사용할 것
③ 두부 및 만곡의 내측에 흠이 있는 것을 사용할 것
④ 개구부가 원래 간격의 5% 이내일 것

11-2. 혹에 대한 설명으로 틀린 것은?

① 혹에 사용하는 재료는 기계구조용 탄소강을 쓴다.
② 매다는 하중이 50ton 이상인 것에서는 양쪽 현수 혹이 많다.
③ 혹의 안전 계수는 5 이상이다.
④ 혹에 와이어로프가 걸리는 부분의 마모 자국 깊이가 2mm 정도 되면 교환하여야 한다.

|해설|

11-2
혹에 와이어로프가 걸리는 부분의 마모 깊이가 2mm 정도 되면 평활하게 다듬질하여 사용한다.

정답 11-1 ③ 11-2 ④

핵심이론 12 | 고장력 볼트

① 고장력 볼트(KS B 1010)의 개념

  ㉠ 보통 볼트에 비해 훨씬 높은 인장 강도를 지닌 볼트이다.

  ㉡ 철골구조 부재의 마찰 접합 또는 현장 용접 품질의 확보가 곤란할 때 사용된다.

  ㉢ 장점
  • 리베팅에 비해 소음이 적다.
  • 용접에 의한 화재의 위험성이 적다.
  • 불량 부분을 쉽게 수정할 수 있다.
  ※ 다만, 숙련공이 필요하다.

  ㉣ 고장력 볼트 머리의 문자, 숫자는 볼트의 기계적 성질에 따른 강도를 표시한 것이다.

  ㉤ 고장력 볼트의 조임 토크 값의 단위 : kgf · m, kgf · cm, N · m

  ㉥ 타워크레인 체결용 고장력 볼트와 너트는 동급 동 재질을 사용하여야 한다.

  ㉦ 타워크레인 체결용 고장력 볼트는 해당 규격에 따른 토크 렌치로 체결해야 한다.

② 고장력 볼트 F10T 기호의 의미

  ㉠ F : Friction Grip Joint(마찰접합용)

  ㉡ 10 : 최소 인장 강도의 1/10 표시[kgf/mm²]

  ㉢ T : 인장 강도

③ 타워크레인 체결용 고장력 볼트 '12.9'의 설명

  ㉠ 인장 강도가 120kgf/mm² 이상이며, 항복 강도가 인장 강도의 90% 이상이다.

12-1. 고장력 볼트 머리의 문자, 숫자는 무엇을 나타내는가?

① 볼트의 기계적 성질에 따른 강도를 표시한 것이다.
② 볼트의 길이를 표시한 것이다.
③ 볼트의 재질을 표시한 것이다.
④ 볼트의 모양을 표시한 것이다.

12-2. 타워크레인 체결용 고장력 볼트 12.9의 설명이다. 틀린 것은?

① 12.9라는 명기 중 앞의 숫자는 인장 강도를 말한다.
② 고장력 볼트와 너트는 동급 동 재질을 사용하여야 한다.
③ 고장력 볼트는 해당 규격에 따른 토크 렌치로 체결해야 한다.
④ 12.9 숫자 중 뒷자리는 전단 강도를 의미한다.

12-3. 타워크레인에서 사용하는 조립용 볼트는 대부분 12.9의 고장력 볼트를 사용하는데 이 숫자가 의미한 것으로 맞는 것은?

① 12 : 인장 강도가 120kgf/mm^{2}이다.
② 9 : 볼트의 등급이 9이다.
③ 12 : 보증 신뢰도가 120%이다.
④ 9 : 너트의 등급이 9이다.

12-4. 고장력 볼트의 조임 토크 값의 단위는?

① kg/m^3 ② kgf
③ kN   ④ kgf・m

| 해설 |

12-2, 12-3
고장력 볼트 12.9T 기호의 의미
인장 강도가 120kgf/mm^2 이상이며, 항복 강도가 인장 강도의 90% 이상인 고장력 볼트

12-4
토크 값의 단위 : kgf・m, kgf・cm, N・m

정답 12-1 ① 12-2 ④ 12-3 ① 12-4 ④

핵심이론 13 | 고장력 볼트의 체결

① 고장력 볼트 또는 핀 체결 부분(타워크레인 고장력 볼트의 연결 요소)
  ㉠ 슬루잉 플랫폼 – 볼 슬루잉 링 간
  ㉡ 볼 슬루잉 링 – 볼 슬루잉 링 서포트 간
  ㉢ 볼 슬루잉 서포트 – 타워 마스트 간
  ㉣ 볼 슬루잉 릴 서포트 – 타워 섹션 간
  ㉤ 타워 섹션 – 타워 섹션 간
  ㉥ 타워 섹션 – 베이스 타워 간
  ㉦ 베이스 타워 – 기초 앵커 간
  ㉧ 베이스 타워 – 언더 캐리지 간
  ㉨ 앞 지브 – 앞 지브 간
  ㉩ 뒤 지브 – 뒤 지브 간
  ㉪ 타이 바 – 타이 바 간
  ㉫ 타워 헤드 – 타이 바 간

② 타워크레인의 고장력 볼트 조임 방법과 관리 요령
  ㉠ 마스트 조임 시 토크 렌치를 사용한다.
  ㉡ 나사선과 너트에 그리스를 적당량 발라준다.
  ㉢ 볼트, 너트의 느슨함을 방지하기 위해 정기 점검을 한다.
  ㉣ 마스트와 마스트 사이의 체결은 볼트 머리를 아래에서 위로 체결한다(볼트의 헤드부가 전체 아래로 향하게 조립한다).
  ㉤ 조임 시 볼트, 너트, 와셔가 함께 회전하는 공회전이 발생한 경우에는 고장력 볼트를 새것으로 교체하여야 한다.
  ㉥ 한 번 사용했던 것은 재사용해서는 안 된다.
  ㉦ 고장력 볼트와 너트 나사부의 접촉면은 기름(몰리브덴 이황화물 함유)을 발라 조립한다.

※ 텔레스코픽 요크의 핀 또는 홀(Hole)의 변형 시 조치 사항
- 홀(Hole)이 변형된 마스트는 해체, 재사용하지 않는다.
- 휘거나 변형된 핀은 파기하여 재사용하지 않는다.
- 핀은 반드시 제작사에서 공급된 것으로 사용한다.

13-1. 고장력 볼트 또는 핀 체결 부분이 아닌 것은?

① 슬루잉 플랫폼 - 볼 슬루잉 링
② 볼 슬루잉 링 - 슬루잉 링 서포트
③ 볼 슬루잉 서포트 - 타워 마스트
④ 기초 앵커 고정 - 기초 앵커

13-2. 고장력 볼트와 너트 나사부의 접촉면 처리 중 가장 적합한 것은?

① 기어오일 도포
② 몰리브덴을 함유한 그리스 도포
③ 유압유 도포
④ 변속기오일 도포

13-3. 타워크레인의 고장력 볼트 조임 방법과 관리 요령이 아닌 것은?

① 마스트 조임 시 토크 렌치를 사용한다.
② 나사선과 너트에 그리스를 적당량 발라준다.
③ 볼트, 너트의 느슨함을 방지하기 위해 정기 점검을 한다.
④ 너트가 회전하지 않을 때까지 토크 렌치로 토크 값 이상으로 조인다.

13-4. 마스트와 마스트 사이에 체결되는 고장력 볼트의 체결 방법으로 옳은 것은?

① 볼트 머리를 위에서 아래로 체결
② 볼트 머리를 아래에서 위로 체결
③ 볼트 머리를 좌에서 우로 체결
④ 볼트 머리를 우에서 좌로 체결

|해설|

13-2
몰리브덴 그리스
이황화 몰리브덴(MoS_2)은 마찰부에 베어링 역할을 해주어 회전이나 마찰이 심한 곳에 적용되는 그리스이다.

13-3
조임 시 볼트, 너트, 와셔가 함께 회전하는 공회전이 발생한 경우에는 올바로 체결되지 않았으므로, 고장력 볼트를 새것으로 교체하여야 한다. 또한 한 번 사용했던 것은 재사용해서는 안 된다.

정답 13-1 ④ 13-2 ② 13-3 ④ 13-4 ②

① 윤활유의 구비 조건

    ㉠ 점도가 적당하고 유막이 강할 것

    ㉡ 온도에 따른 점도 변화가 적고 유성이 클 것

    ㉢ 인화점이 높고 발열이나 화염에 인화되지 않을 것

    ㉣ 중성이며, 베어링이나 금속을 부식시키지 않을 것

    ㉤ 사용 중에 변질되지 않을 것

    ㉥ 불순물이 잘 혼합되지 않을 것

    ㉦ 발생 열을 흡수하여 열전도율이 좋을 것

    ㉧ 내열, 내압성일 것

    ㉨ 가격이 저렴할 것

② 윤활유의 역할

    ㉠ 마찰 감소 윤활 작용

    ㉡ 피스톤과 실린더 사이의 밀봉 작용

    ㉢ 마찰열을 흡수, 제거하는 냉각 작용

    ㉣ 내부의 이물을 씻어 내는 청정 작용

    ㉤ 운동부의 산화 및 부식을 방지하는 방청 작용

    ㉥ 운동부의 충격 완화 및 소음 완화 작용 등

10년간 자주 출제된 문제

14-1. 선회 감속기에 사용되는 윤활유의 구비 조건으로 적합하지 않은 것은?

① 점도가 적당할 것
② 윤활성이 좋을 것
③ 유동성이 좋을 것
④ 비등점이 낮을 것

14-2. 선회 기어와 베어링 및 축 내 급유를 하는 주된 목적이 아닌 것은?

① 캐비테이션(공동화) 현상을 방지해 준다.
② 부분 마멸을 방지해 준다.
③ 동력 손실을 방지해 준다.
④ 냉각 작용을 한다.

|해설|

14-2
윤활 목적 : 마멸 방지, 동력 손실 방지, 냉각, 방청, 소음 완화, 응력 분산 등

정답 14-1 ④ 14-2 ①

---

① 주행 레일의 점검 기준(타워크레인의 구조ㆍ규격 및 성능에 관한 기준 제16조)

    ㉠ 주행 레일은 균열, 두부의 변형이 없을 것

    ㉡ 레일 부착 볼트는 풀림, 탈락이 없을 것

    ㉢ 연결 부위의 볼트 풀림 및 부판의 빠져나옴이 없을 것

    ㉣ 완충 장치는 손상 및 어긋남이 없어야 하며, 부착 볼트의 이완 및 탈락이 없을 것

    ㉤ 레일 측면의 마모는 원래 규격 치수의 10% 이내일 것

    ㉥ 연결부의 틈새는 5mm 이하일 것

    ㉦ 레일 연결부의 엇갈림은 상하 0.5mm 이하, 좌우 0.5 mm 이하일 것

    ㉧ 주행 레일의 스팬 편차 한계는 ±3mm 이내일 것

    ㉨ 주행 레일의 높이 편차는 기준면으로부터 최대 ±10mm 이내이고, 좌우 레일의 수평차는 10mm 이내, 레일의 구배량은 주행 길이 2m당 2mm를 초과하지 않을 것

    ㉩ 주행 레일의 진직도는 전 주행 길이에 걸쳐 최대 10mm 이내이고, 수평 방향의 휨 양은 주행 길이 2m당 ±1mm 이내일 것

② 횡행 레일의 점검 기준

    ㉠ 차륜 정지 장치는 균열, 손상 또는 탈락이 없을 것

    ㉡ 볼트는 탈락이 없어야 하며, 용접부에는 균열이 없을 것

    ㉢ 레일에는 균열, 변형, 측면의 마모 및 두부의 이상 마모가 없을 것

    ㉣ 좌우 횡행 레일의 중심 간 거리 편차 한계는 ±3mm 이내일 것

    ㉤ 좌우 횡행 레일의 수평차는 횡행 레일 중심 간 거리의 0.15% 이내이되 최대 10mm를 초과하지 않을 것

ⓗ 횡행 레일의 수평 방향의 휨 양은 횡행 길이 2m당 ±1mm 이내이며, 레일 연결부에서의 엇갈림이 없을 것

10년간 자주 출제된 문제

15-1. 주행식 타워크레인의 레일 점검 기준으로 틀린 것은?

① 연결부 틈새는 10mm 이하일 것
② 균열 및 두부의 변형이 없을 것
③ 레일 부착 볼트는 풀림 및 탈락이 없을 것
④ 완충 장치는 손상이나 어긋남이 없을 것

15-2. 주행 레일 측면의 마모는 원래 규격 치수의 얼마 이내여야 하는가?

① 30%   ② 25%
③ 20%   ④ 10%

|해설|

15-1
연결부의 틈새는 5mm 이하일 것

정답 15-1 ① 15-2 ④

핵심이론 16 | 레일의 정지 기구(위험기계·기구 안전인증 고시 [별표 2])

① 크레인의 횡행 레일에는 양 끝부분 또는 이에 준하는 장소에 완충 장치, 완충재 또는 해당 크레인 횡행 차륜 지름의 4분의 1 이상 높이의 정지 기구를 설치해야 한다.

② 크레인의 주행 레일에는 양 끝부분 또는 이에 준하는 장소에 완충 장치, 완충재 또는 해당 크레인 주행 차륜 지름의 2분의 1 이상 높이의 정지 기구를 설치해야 한다.

③ 크레인의 주행 레일에는 차륜 정지 기구에 도달하기 전의 위치에 리밋 스위치 등 전기적 정지 장치가 설치되어야 한다.

④ 횡행 속도가 매 분당 48m 이상인 크레인의 횡행 레일에는 차륜 정지 기구에 도달하기 전의 위치에 리밋 스위치 등 전기적 정지 장치가 설치되어야 한다.

⑤ 타워크레인 등은 트롤리 기구가 지브의 최대 바깥쪽과 안쪽에 접근 시 작동이 정지되는 트롤리 이동 한계 스위치 등의 정지 장치를 갖추어야 한다.

⑥ 선회 동작이 가능한 지브형 크레인 등은 바람의 영향으로 붕괴할 우려가 있는 경우에는 선회 브레이크를 해제하여 지브가 바람의 방향에 따라 회전할 수 있도록 하거나 적절한 설계적 방안이 고안되어야 한다.

⑦ 타워크레인 등 선회 장치를 갖는 크레인은 선회에 의한 구조 및 회전부와 고정 부분 사이의 전기 배선 등을 보호하기 위한 선회 각도 제한 스위치를 부착해야 한다. 다만, 구조상 부착하지 않아도 되는 경우는 예외로 할 수 있다.

※ 레일의 정지 기구 등(건설기계 안전기준에 관한 규칙 제120조)
  • 타워크레인의 횡행 레일에는 양 끝부분에 완충 장치, 완충재 또는 해당 타워크레인 횡행 차륜 지름의 4분의 1 이상 높이의 정지 기구를 설치하여야 한다.

- 횡행 속도가 매분당 48m 이상인 타워크레인의 횡행 레일에는 완충 장치, 완충재 및 정지 기구에 도달하기 전의 위치에 리밋 스위치 등 전기적 정지 장치를 설치하여야 한다.
- 주행식 타워크레인의 주행 레일에는 양 끝부분에 완충 장치, 완충재 또는 해당 타워크레인 주행 차륜 지름의 2분의 1 이상 높이의 정지 기구를 설치하여야 한다.
- 주행식 타워크레인의 주행 레일에는 완충 장치, 완충재 및 정지 기구에 도달하기 전의 위치에 리밋 스위치 등 전기적 정지 장치를 설치하여야 한다.

16-1. 주행용 타워크레인 레일 설치 내용 중 틀린 것은?

① 주행 레일에도 반드시 접지를 설치한다.
② 레일 양 끝에는 정지 장치(Buffer Stop)를 설치한다.
③ 콘크리트 슬리퍼를 사용한 레일 설치는 지내력에 상관없다.
④ 정지 장치 앞에는 전원 차단용 리밋 스위치를 설치한다.

16-2. 건설기계 안전기준에 관한 규칙에 규정된 레일의 정지 기구에 대한 내용에서 ( ) 안에 들어갈 말로 옳은 것은?

> 타워크레인의 횡행 레일 양 끝부분에는 완충 장치나 완충재 또는 해당 타워크레인 횡행 차륜 지름의 ( ) 이상 높이의 정지 기구를 설치하여야 한다.

① 2분의 1   ② 4분의 1
③ 6분의 1   ④ 8분의 1

|해설|

16-1
콘크리트 슬리퍼를 사용한 레일도 반드시 지내력 구조 검토에 따라 시공한다.

16-2
레일의 정지 기구 등(건설기계 안전기준에 관한 규칙 제120조)
① 타워크레인의 횡행 레일에는 양 끝부분에 완충 장치, 완충재 또는 해당 타워크레인 횡행 차륜 지름의 4분의 1 이상 높이의 정지 기구를 설치하여야 한다.
② 횡행 속도가 매 분당 48m 이상인 타워크레인의 횡행 레일에는 ①에 따른 완충 장치, 완충재 및 정지 기구에 도달하기 전의 위치에 리밋 스위치 등 전기적 정지 장치를 설치하여야 한다.
③ 주행식 타워크레인의 주행 레일에는 양 끝부분에 완충 장치, 완충재 또는 해당 타워크레인 주행 차륜 지름의 2분의 1 이상 높이의 정지 기구를 설치하여야 한다.
④ 주행식 타워크레인의 주행 레일에는 ③의 완충 장치, 완충재 및 정지 기구에 도달하기 전의 위치에 리밋 스위치 등 전기적 정지 장치를 설치하여야 한다.

정답 16-1 ③ 16-2 ②

> 현장 내 타워크레인 설치 위치 선정 → 지내력 확인 → 터파기 → 버림 콘크리트 타설 → 기초 앵커 세팅 및 접지 → 철근 배근 및 거푸집 조립 → 콘크리트 타설 → 양생

① 현장 내 타워크레인 설치 위치 선정
  ㉠ 작업 반경 및 권상 능력을 고려한다.
  ㉡ 설치 시뿐만 아니라 해체 장비 위치 및 운반 장비도 고려한다.
  ㉢ 기초 센터(Center)에서 건물벽까지는 제작처에서 제시하는 거리만큼 띄어서 설치한다.
② 지내력 확인
  ㉠ 크레인이 설치될 지면은 견고하며 하중을 충분히 지지할 수 있어야 한다.
  ㉡ 지내력은 2kgf/cm^2 이상(20ton/m^2 이상)이어야 하며, 그렇지 않을 경우는 콘크리트 파일 등을 항타한 후 재하시험(Loading Test)을 하고 그 위에 콘크리트 블록을 설치한다.
③ 터파기 : 기초 크기 확정
  ㉠ 가로 7m, 세로 7m, 깊이 1.5m로 기초 부위를 터파기 한다.
  ㉡ 현장 여건상 기초 바닥 고르기 되메우기를 할 때는 반드시 콤팩터 등으로 지반 다지기를 하여야 한다.
  ㉢ 설치 부위 지반의 지내력이 현저히 약할 때 파일 등으로 지반 보강 공사를 한다.
④ 버림 콘크리트 타설
  ㉠ 보통 강도 210kgf/cm^2의 콘크리트를 약 20cm 두께로 타설한다.
  ㉡ 타설 시 타워크레인 기초의 4개 기둥점의 수평 및 타워크레인 높이 기준점을 정확히 맞춘다.
  ㉢ 앵커 기초의 밀림 현상과 부양 현상을 방지할 수 있도록 말뚝과 타워크레인 앵커를 용접한다.

⑤ 기초 앵커 세팅 및 접지
  ㉠ 기초 앵커 전용의 템플릿을 사용하여 정확하게 위치를 잡는다.
  ㉡ 기초 앵커와 템플릿을 결합한다.
  ㉢ 결합 부분의 밀림 현상을 방지하기 위해 결합 부위 페인트를 벗겨낸다.
  ㉣ 레벨 게이지(Level Gauge)로 수평을 본 후 앵커 주위에 보조재를 넣고 다짐 작업을 한다.
  ㉤ 앵커(Fixing Anchor) 시공 시 기울기가 발생하지 않게 시공한다.
  ㉥ 접지를 실시하여야 한다(위험한 장소 및 지상 높이 20m 이상의 크레인에는 충분한 용량 및 강도를 가지는 피뢰 접지를 하여야 하며 접지 저항은 10Ω 이하일 것).
  ㉦ 반드시 현장담당자가 접지 저항값 등을 확인해야 한다.
  ※ 콤비 앵커 사용을 금지한다.
⑥ 철근 배근 및 거푸집 조립
  ㉠ 도면의 철근 규격, 가공 방법 등 표기(제작사 설치 매뉴얼에 따름)
  ㉡ 기초 앵커와 받침 앵글 또는 철근과의 결속은 완벽하게 실시
⑦ 콘크리트 타설 및 양생
  ㉠ 기초 콘크리트 타설 시 반드시 펌프카를 사용한다.
  ㉡ 기초 앵커용 콘크리트 블록의 강도는 일반적으로 $210{\sim}240\text{kgf/cm}^2$ 정도 유지될 수 있도록 선정한다.
  ㉢ 동절기에 콘크리트 양생 기간은 최소 10일 이상 필요하다.

17-1. 기초 앵커의 설치 순서가 가장 올바르게 나열된 것은?

① 현장 내 타워크레인 설치 위치 선정 → 지내력 확인 → 터파기 → 버림 콘크리트 타설 → 기초 앵커 세팅 및 접지 → 철근 배근 및 거푸집 조립 → 콘크리트 타설 → 양생

② 현장 내 타워크레인 설치 위치 선정 → 터파기 → 지내력 확인 → 버림 콘크리트 타설 → 기초 앵커 세팅 및 접지 → 철근 배근 및 거푸집 조립 → 콘크리트 타설 → 양생

③ 현장 내 타워크레인 설치 위치 선정 → 버림 콘크리트 타설 → 터파기 → 지내력 확인 → 기초 앵커 세팅 및 접지 → 철근 배근 및 거푸집 조립 → 콘크리트 타설 → 양생

④ 현장 내 타워크레인 설치 위치 선정 → 지내력 확인 → 터파기 → 철근 배근 및 거푸집 조립 → 기초 앵커 세팅 및 접지 → 콘크리트 타설 → 양생

17-2. 동절기에 기초 앵커를 설치할 경우 콘크리트 타설 작업 후의 콘크리트 양생 기간으로 가장 적절한 것은?

① 1일 이상   ② 3일 이상
③ 5일 이상   ④ 10일 이상

17-3. 기초 앵커를 설치하는 방법 중 옳지 않은 것은?

① 지내력은 접지압 이상 확보한다.
② 앵커 세팅의 수평도는 ±5mm로 한다.
③ 콘크리트 타설 또는 지반을 다짐한다.
④ 구조 계산 후 충분한 수의 파일을 항타한다.

17-4. 타워크레인 기초 앵커 설치 방법에 대한 설명으로 틀린 것은?

① 모든 기종에서 기초 지내력은 15ton/m^{2}이면 적합하다.
② 기종별 기초 규격은 매뉴얼 표준에 따라 시공한다.
③ 앵커(Fixing Anchor) 시공 시 기울기가 발생하지 않게 시공한다.
④ 콘크리트 타설 시 앵커(Anchor)가 흔들리지 않게 타설한다.

17-5. 기초 앵커 설치 시 재해 예방에 관한 사항으로 옳지 않은 것은?

① 1.5kgf/cm^2 이상의 지내력 확보
② 기초 크기 확정
③ 기초 앵커의 수평 레벨 확인
④ 콤비 앵커 사용 금지

|해설|

17-3
앵커(Fixing Anchor) 시공 시 기울기가 발생하지 않게 시공한다.

17-4
크레인이 설치될 지면은 견고하며 하중을 충분히 지지할 수 있어야 한다. 보통 지내력은 2kgf/cm^2 이상이어야 하며, 그렇지 않을 경우는 콘크리트 파일 등을 항타한 후 재하시험(載荷試驗, Loading Test)을 하고 그 위에 콘크리트 블록을 설치한다.

정답 17-1 ① 17-2 ④ 17-3 ② 17-4 ① 17-5 ①

핵심이론 18 | 기초 앵커 설치 시 주요 사항

① 타워크레인의 콘크리트 기초 앵커 설치 시 고려해야 할 사항
　　㉠ 타워의 설치 방향
　　㉡ 양중 크레인의 위치
　　㉢ 콘크리트 기초 앵커 설치 시의 지내력
　　㉣ 콘크리트 블록의 크기 및 강도
　　㉤ 기초 앵커의 레벨
　　㉥ 비상 정지 스위치, 경보기, 분전반 스위치 등의 작동 확인

② 타워크레인의 기초에 작용하는 하중

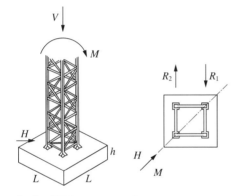

　　V : 수직 하중(Axial Load)
　　M : 모멘트(Load Tipping Moment)
　　H : 수평력(Horizontal Thrust)
　　R_1 : 압축력(Compressive Stress)
　　R_2 : 인장력(Tensile Stress)

③ 타워크레인 기초 앵커 확인 사항 : 구조검토서, 검사증명서, 자분탐상 검사보고서, 제작증명서 등

④ 타워크레인 기초 앵커 구조에 대한 특성
　　㉠ A Type : 인장 볼트 구조 앵커는 설치 레벨 조정이 가능하다.
　　㉡ B Type : 핀 및 전단 볼트형의 앵커는 조정이 어렵다.

18-1. 타워크레인의 콘크리트 기초 앵커 설치 시 고려해야 할 사항이 아닌 것은?
① 콘크리트 기초 앵커 설치 시의 지내력
② 콘크리트 블록의 크기
③ 콘크리트 블록의 형상
④ 콘크리트 블록의 강도

18-2. 타워크레인 최초 설치 시 반드시 검토해야 할 사항이 아닌 것은?
① 타워의 설치 방향
② 기초 앵커의 레벨
③ 양중 크레인의 위치
④ 갱 폼의 인양 거리

|해설|

18-2
기초 앵커 설치
• 정확한 수평보기 및 높이를 측정한 후 설치하여야 한다.
• 접지를 실시하여야 한다(위험한 장소 및 지상 높이 20m 이상의 크레인에는 충분한 용량 및 강도를 가지는 피뢰 접지를 하여야 하며 접지 저항은 10Ω 이하일 것).
• 철근 시공을 하여야 한다(제작사 설치 매뉴얼에 따라 도면의 철근 규격, 가공 방법 등을 표기).
• 기초 앵커 확인 사항으로 구조검토서, 검사증명서, 자분탐상 검사보고서, 제작증명서 등이 있다.

정답 18-1 ③　18-2 ④

1-2. 타워크레인 운전(조종)에 필요한 원리

핵심이론 01 | 힘과 모멘트 등

① 힘의 3요소 : 힘의 크기, 힘의 작용점, 힘의 작용 방향
② 1g의 물체에 작용하여 $1cm/s^2$의 가속도를 일으키는 힘의 단위 : 1dyn(다인)
③ 타워크레인의 기초에 작용하는 힘
　㉠ 작업 시 선회에 대한 슬루잉 모멘트가 기초에 전달된다.
　㉡ 타워크레인의 자중과 양중 하중은 수직력으로 기초에 전달된다.
　㉢ 카운터 지브와 메인 지브의 모멘트 차이에 의한 전도 모멘트가 기초에 전달된다.
　㉣ 풍속에 의해 타워크레인의 기초는 영향을 받는다.
④ 인양하고자 하는 화물의 중량을 계산할 때 보통 사용하는 철강류의 비중 : 약 8(7.85)
　※ 타워크레인 강재의 계산(타워크레인의 구조·규격 및 성능에 관한 기준 제4조)
　　• 종탄성 계수 : $21,000kgf/mm^2(206,000N/mm^2)$
　　• 횡탄성 계수 : $8,100kgf/mm^2(79,000N/mm^2)$
　　• 푸아송비 : 0.3
　　• 선팽창 계수 : 0.000012
　　• 비중 : 7.85
⑤ 힘의 모멘트
　㉠ 힘의 모멘트(M) = 힘(P) × 길이(L)
　㉡ 타워크레인의 선회 동작으로 인하여 타워 마스트에 발생하는 모멘트 : 비틀림 모멘트
⑥ 기타
　㉠ 비중 : 어떤 물질의 비중량(또는 밀도)을 물의 비중량(또는 밀도)으로 나눈 값
　㉡ 4℃의 순수한 물은 $1m^3$일 때 중량 : 1,000kg
　　$1m^3 = 1,000L = 1,000kg$

　㉢ 동력의 값
　　• 1PS = 75kg · m/s
　　• 1HP = 76kg · m/s = 746W
　　• 1kW = 102kg · m/s

10년간 자주 출제된 문제

1-1. 다음 중 힘의 3요소가 아닌 것은?
① 힘의 크기　　　　② 힘의 작용점
③ 힘의 작용 방향　　④ 힘의 균형

1-2. 1g의 물체에 작용하여 $1cm/s^2$의 가속도를 일으키는 힘의 단위는?
① 1dyn(다인)　　　② 1HP(마력)
③ 1ft(피트)　　　　④ 1lb(파운드)

1-3. 인양하고자 하는 화물의 중량을 계산할 때 일반적으로 사용하는 철강류의 비중은?
① 약 5　　　　　　② 약 6
③ 약 8　　　　　　④ 약 10

1-4. 힘의 모멘트 $M = P \times L$일 때 P와 L의 설명으로 맞는 것은?
① P = 힘, L = 길이
② P = 길이, L = 면적
③ P = 무게, L = 체적
④ P = 부피, L = 길이

1-5. 지브 크레인의 지브(붐) 길이(수평거리) 20m 지점에서 10ton의 하물을 줄걸이하여 인양하고자 할 때 이 지점에서 모멘트는 얼마인가?
① 20ton · m　　　　② 100ton · m
③ 200ton · m　　　　④ 300ton · m

1-6. 그림에서 P점에 몇 ton을 가해야 균형이 잡히겠는가?

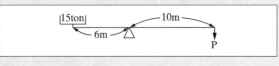

① 9　　　　　　　　② 8
③ 7　　　　　　　　④ 25

1-7. 타워크레인의 선회 동작으로 인하여 타워 마스트에 발생하는 모멘트는?

① 전단 모멘트 ② 좌굴 모멘트
③ 비틀림 모멘트 ④ 굽힘 모멘트

1-8. 어떤 물질의 비중량(또는 밀도)을 물의 비중량(또는 밀도)으로 나눈 값은?

① 비체적 ② 비중
③ 비질량 ④ 차원

1-9. 4℃의 순수한 물은 1m³일 때 중량이 얼마인가?

① 1,000kg ② 2,000kg
③ 3,000kg ④ 4,000kg

1-10. 동력의 값이 가장 큰 것은?

① 1PS ② 1HP
③ 1kW ④ 75kg · m/s

|해설|

1-1

힘의 3요소 : 힘의 크기, 힘의 작용점, 힘의 작용 방향

1-2

• dyn : 힘의 CGS 절대 단위로 질량 1g의 물체에 1cm/s²의 가속도가 생기는 힘의 강도를 말한다.
• 1HP(마력) : 동력이나 일률의 단위
• 1ft(피트) : 길이 단위
• 1lb(파운드) : 무게 단위, 힘의 단위

1-3

철강은 비중이 약 7.8로 상대적으로 높은 밀도를 가지고 있다.

1-4

힘의 모멘트(M) = 힘(P) × 길이(L)

1-5

힘의 모멘트(M) = 힘(P) × 길이(L)
∴ 20 × 10 = 200ton · m

1-6

15ton × 6m = 90ton/m이므로 90/10 = 9ton이다.

1-7

비틀림 모멘트
재료의 단면과 수직인 축을 회전축으로 하여 작용하는 어떤 점을 중심으로 회전시키려고 하는 힘이다.

1-8

• 비체적 : 단위 중량이 갖는 체적, 단위 질량당 체적 혹은 밀도의 역수로 정의된다.
• 비질량(밀도) : 물체의 단위 체적당 질량
• 차원 : 유체의 운동이나 자연계의 물리적 현상을 다루려면 물질이나, 변위 또는 시간의 특징을 구성하는 기본량이 필요하다. 이러한 기본량을 차원(Dimension)이라 한다.

정답 1-1 ④ 1-2 ① 1-3 ③ 1-4 ① 1-5 ③ 1-6 ① 1-7 ③ 1-8 ②
1-9 ① 1-10 ③

핵심이론 02 | 인양 물체의 중심

① 인양 물체의 중심 측정 시 준수사항(운반하역 표준안전
　작업지침 제21조)
　　㉠ 형상이 복잡한 물체의 무게중심을 목측하여 임시
　　　로 중심을 정하고 서서히 감아올려 지상 약 10cm
　　　지점에서 정지하고 확인한다. 이 경우에 매달린
　　　물체에 접근하지 않아야 한다.
　　㉡ 인양 물체의 중심이 높으면 물체가 기울거나 와이
　　　어로프나 매달기용 체인이 벗겨질 우려가 있으므
　　　로 중심은 될 수 있는 한 낮게 하여 매달도록 하여
　　　야 한다.
② 인양하는 중량물의 중심을 결정할 때 주의 사항
　　㉠ 중심이 중량물의 위쪽이나 전후좌우로 치우친 것
　　　은 특히 주의한다.
　　㉡ 중량물의 중심 판단은 정확히 한다.
　　㉢ 중량물의 중심 위에 훅을 유도한다.
　　㉣ 중량물의 중심은 가급적 낮게 한다.
　　㉤ 형상이 복잡한 물체의 무게중심을 확인한다.
　　㉥ 인양 물체를 서서히 올려 지상 약 30cm 지점에서
　　　정지하여 확인한다.
　　㉦ 인양 물체의 중심이 높으면 물체가 기울 수 있다.

2-1. 인양하는 중량물의 중심을 결정할 때 주의 사항으로 틀린
것은?
① 중심이 중량물의 위쪽이나 전후좌우로 치우친 것은 특히 주
　의할 것
② 중량물의 중심 판단은 정확히 할 것
③ 중량물의 중심 위에 훅을 유도할 것
④ 중량물 중심은 가급적 높일 것

2-2. 크레인으로 인양 시 물체의 중심을 측정하여 인양할 때에
대한 설명으로 잘못된 것은?
① 형상이 복잡한 물체의 무게중심을 확인한다.
② 인양 물체를 서서히 올려 지상 약 30cm 지점에서 정지하여
　확인한다.
③ 인양 물체의 중심이 높으면 물체가 기울 수 있다.
④ 와이어로프나 매달기용 체인이 벗겨질 우려가 있으면 되도
　록 높이 인양한다.

2-3. 그림과 같이 물건을 들어 올리려고 할 때 권상한 후에 어
떤 현상이 일어나는가?

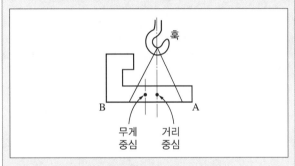

① 수평 상태가 유지된다.
② A쪽이 밑으로 기울어진다.
③ B쪽이 밑으로 기울어진다.
④ 무게중심과 훅 중심이 수직으로 만난다.

2-4. 다음 그림은 축의 무게중심 G를 나타내고 있다. A의 거리는?

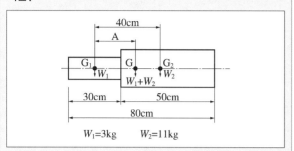

$W_1=3kg$ $W_2=11kg$

① 약 20cm   ② 약 25cm
③ 약 31cm   ④ 약 38cm

|해설|

2-1
매다는 물체의 중심을 가능한 한 낮게 한다.

2-2
인양 물체의 중심이 높으면 물체가 기울거나 와이어로프나 매달기용 체인이 벗겨질 우려가 있으므로 중심은 될 수 있는 한 낮게 하여 매달도록 하여야 한다.

2-3
B쪽이 무거우므로 B쪽이 밑으로 기울어진다.

2-4
$$A = \frac{W_2 L}{W_1 + W_2} = \frac{11 \times 40}{3 + 11} = 31.4cm$$

정답 2-1 ④   2-2 ④   2-3 ③   2-4 ③

핵심이론 03 | 타워크레인에 작용하는 하중(1)

① 하중의 작용 방향에 따른 분류
  ㉠ 수직 하중(사 하중, 축 하중) : 단면에 수직으로 작용하는 하중
    • 인장 하중 : 재료를 축 방향으로 잡아당기도록 작용하는 하중
    • 압축 하중 : 재료를 축 방향으로 누르도록 작용하는 하중
  ㉡ 전단 하중
    • 단면적에 평행하게 작용하는 하중이다.
    • 재료를 가위로 자르려는 것과 같이 작용하는 하중
  ㉢ 굽힘 하중 : 재료를 구부려서 휘어지도록 작용하는 하중
    ※ 좌굴 하중이란 기둥을 휘어지게 하는 하중이다.
  ㉣ 비틀림 하중 : 재료가 비틀어지도록 작용하는 하중
② 하중이 걸리는 속도에 의한 분류
  ㉠ 정 하중 : 시간과 더불어 크기가 변화되지 않거나 변화하여도 무시할 수 있는 하중으로 수직 하중과 전단 하중이 있다.
  ㉡ 동 하중 : 하중의 크기가 시간과 더불어 변화하며 계속적으로 반복되는 반복 하중과 하중의 크기와 방향이 바뀌는 교번 하중과 순간적으로 작용하는 충격 하중이 있다.
③ 타워크레인의 운전에 영향을 주는 안정도 설계 조건
  ㉠ 하중은 가장 불리한 조건으로 설계한다.
  ㉡ 안정도는 가장 불리한 값으로 설계한다.
    ※ 바람은 타워크레인의 안정에 가장 불리한 방향에서 불어올 것
  ㉢ 안정 모멘트 값은 전도 모멘트의 값 이상으로 한다.
  ㉣ 비 가동 시는 지브의 회전이 자유로워야 한다.

3-1. 하중의 종류 중 동 하중이 아닌 것은?

① 되풀이 하중   ② 교번 하중
③ 사 하중   ④ 충격 하중

3-2. 재료에 작용하는 하중의 설명으로 적합하지 않은 것은?

① 수직 하중이란 단면에 수직으로 작용하는 하중이며, 비틀림 하중과 압축 하중으로 구분할 수 있다.
② 전단 하중이란 단면적에 평행하게 작용하는 하중이다.
③ 굽힘 하중이란 보를 굽히게 하는 하중이다.
④ 좌굴 하중이란 기둥을 휘어지게 하는 하중이다.

3-3. 타워크레인의 운전에 영향을 주는 안정도 설계 조건을 설명한 것 중 틀린 것은?

① 하중은 가장 불리한 조건으로 설계한다.
② 안정도는 가장 불리한 값으로 설계한다.
③ 안정 모멘트 값은 전도 모멘트의 값 이하로 한다.
④ 비 가동 시는 지브의 회전이 자유로워야 한다.

|해설|

3-1
하중이 걸리는 속도에 의한 분류
• 정 하중 : 시간과 더불어 크기가 변화되지 않거나 변화하여도 무시할 수 있는 하중
• 동 하중 : 하중의 크기가 시간과 더불어 변화하며 계속적으로 반복되는 반복 하중과 하중의 크기와 방향이 바뀌는 교번 하중과 순간적으로 작용하는 충격 하중이 있다.

3-2
수직 하중(사 하중, 축 하중)
단면에 수직으로 작용하는 하중으로 인장 하중, 압축 하중이 있다.

3-3
안정도 모멘트 값은 전도 모멘트 값 이상이어야 한다.

정답 **3-1** ③   **3-2** ①   **3-3** ③

핵심이론 04 | 타워크레인에 작용하는 하중(2)

① 크레인 구조 부분의 계산에 사용하는 하중의 종류

㉠ 수직 정 하중 : 운전 중에 위치 및 크기가 변하지 않는 자중과 같은 수직 하중을 말한다.

㉡ 수직 동 하중 : 운전 중에 하중의 크기 및 위치가 변하는 수직 하중으로서 크레인 정격 하중에 훅, 버킷 등의 달기 기구 중량과 권상용 와이어로프의 중량을 더한 하중을 말한다.

㉢ 수평 동 하중 : 크레인의 주행, 횡행, 선회 동작에 의해 생기는 관성력, 원심력에 의한 하중을 말한다.

㉣ 열 하중 : 온도의 변화로 인해 부재가 열팽창하게 되는데 이를 억제할 때에 발생되는 하중을 말한다.

㉤ 풍 하중 : 크레인이 바람을 받음으로 인해 발생되는 하중을 말한다.

㉥ 충돌 하중 : 크레인이 완충 장치에 충돌될 때 발생하는 하중을 말한다.

㉦ 지진 하중

② 타워크레인에 작용하는 주요 하중

㉠ 타워크레인에서 기복 로프에 장력을 발생시키는 하중 : 지브(붐) 하중, 권상 하중, 훅 하중

㉡ 타워크레인의 앵커에 작용하는 하중 : 압축 하중, 좌굴 하중

㉢ 훅 및 달기 기구의 중량을 제외한 타워크레인이 들어 올릴 수 있는 최대 하중 : 정격 하중

㉣ 타워크레인으로 들어 올릴 수 있는 최대 하중 : 권상 하중

㉤ 한 줄에 걸리는 하중 $= \dfrac{\text{하중}}{\text{줄 수}} \times \text{조각도}$

※ 조각도 : 어떤 화물에 줄걸이를 할 때 훅에 걸린 와이어로프의 각도

4-1. 타워크레인 구조 부분 계산에 사용하는 하중의 종류가 아닌 것은?

① 굽힘 하중
② 좌굴 하중
③ 풍 하중
④ 파단 하중

4-2. 크레인 구조 부분의 지진 하중은 옥외에 단독으로 설치되는 것에 대하여 크레인 자중(권상하물 제외)의 몇 %에 상당하는 수평 하중을 지진 하중으로 고려하여야 하는가?

① 50%
② 25%
③ 15%
④ 5%

4-3. 타워크레인으로 들어 올릴 수 있는 최대 하중을 무슨 하중이라 하는가?

① 정격 하중
② 권상 하중
③ 끝단 하중
④ 동 하중

4-4. 15kW의 전동기로 12m/min의 속도로 권상할 경우 권상하중은?(단, 전동기를 포함한 크레인의 효율은 65%이다)

① 5ton
② 10ton
③ 15ton
④ 20ton

4-5. 타워크레인 정격 하중의 의미로서 가장 적합한 것은?

① 훅 및 달기 기구의 중량을 포함하여 타워크레인이 들어 올릴 수 있는 최대 하중
② 훅 및 달기 기구의 중량을 제외한 타워크레인이 들어 올릴 수 있는 최대 하중
③ 평상시 주로 취급하는 하물의 하중
④ 훅의 중량을 포함한 타워크레인이 들어 올릴 수 있는 최대 하중

4-6. 강재가 그림과 같이 좌·우 방향으로 하중을 받으면 그 폭은 어떻게 변화되려고 하는가?

① 변화 없음
② 감소함
③ 증가함
④ 감소 후 증가함

4-7. 4.8ton의 부하물을 4줄걸이(하중이 4줄에 균등하게 부하되는 경우)로 하여 60°로 매달았을 때 한 줄에 걸리는 하중은 약 몇 ton인가?

① 약 1.04ton
② 약 1.39ton
③ 약 1.45ton
④ 약 1.60ton

4-8. 가로 10m, 세로 1m, 높이 0.2m인 금속화물이 있다. 이것을 4줄걸이 30°로 들어 올릴 때 한 개의 와이어에 걸리는 하중은 약 얼마인가?(단, 금속의 비중은 7.8이다)

① 3.9ton
② 7.8ton
③ 4.04ton
④ 15.6ton

4-9. 크레인에서 그림과 같이 부하물(200ton)을 들어 올리려 할 때 당기는 힘은?(단, 마찰 저항이나 매다는 기구 자체의 무게는 없는 것으로 가정한다)

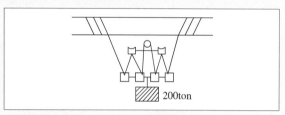

① 25ton
② 28.57ton
③ 40ton
④ 100ton

| 해설|

4-1

파단 하중

줄걸이 용구(와이어로프 등) 1개가 절단(파단)에 이를 때까지의 최대 하중을 말한다.

4-2

지진 하중

옥외에 단독으로 설치된 크레인에 한하여 크레인 자중(권상하물 제외)의 15%에 상당하는 수평 하중을 지진 하중으로 고려한다.

4-3

권상 하중이란 타워크레인이 지브의 길이 및 경사각에 따라 들어 올릴 수 있는 최대 하중을 말한다.

4-4

$$전동기\ 출력 = \frac{권상\ 하중 \times 권상\ 속도}{6.12 \times 권상기\ 효율}$$

$$15kW = \frac{x \times 12m/min}{6.12 \times 65} \times 100$$

$x ≒ 5ton$

4-5

정격 하중

크레인의 권상 하중에서 훅, 크래브 또는 버킷 등 달기 기구의 중량에 상당하는 하중을 뺀 하중을 말한다.

4-6

강재의 좌·우 방향으로 하중을 받으면 잡아당기는 작용이 되므로 폭은 감소한다.

4-7

$$한 \ 줄에 \ 걸리는 \ 하중 = \frac{하중}{줄 \ 수} \times 조각도 = \frac{4.8\text{ton}}{4줄} \times 1.155(60°)$$
$$= 1.386\text{ton}$$

4-8

가로 10m × 세로 1m × 높이 0.2m = 2m³이고, 비중이 7.8이므로 2m³ × 7.8 = 15.6ton이며, 4줄걸이를 하므로 $\frac{15.6\text{ton}}{4줄} = 3.9$이다. 여기서 30°의 각도에서는 한 줄에 걸리는 하중은 1.035배이므로 3.9 × 1.035 = 4.04ton이다.

4-9

$$8줄걸이 \ 당기는 \ 힘 = \frac{200}{8} = 25\text{ton}$$

정답 4-1 ④   4-2 ③   4-3 ②   4-4 ①   4-5 ②   4-6 ②   4-7 ②
4-8 ③   4-9 ①

핵심이론 05 | 타워크레인에 작용하는 힘

① 관성 : 물체가 외부로부터 힘을 받지 않을 때 처음의 운동 상태를 계속 유지하려는 성질

　예 선회 동작 중인 타워크레인은 선회 레버를 중립으로 놓아도 그 방향으로 더 선회하려는 성질을 보인다.

② 관성의 법칙 : 운동하고 있는 물체는 언제까지나 같은 속도로 운동을 계속하려고 하는 성질

③ 응력 : 부재에 하중이 가해지면 외력에 대응하는 내력이 부재 내부에서 발생하는 것

④ 물체 중량을 구하는 공식 : 비중 × 체적

> **[예제]**
> 가로 2m, 세로 2m, 높이 2m인 강괴(비중 8)의 무게는?
>
> **[풀이]**
> (가로 2m × 세로 2m × 높이 2m) × 비중 8 = 64ton

⑤ 원기둥 부피 공식

$$V = \pi \times r^2 \times h = \frac{\pi D^2 h}{4} \ (D : 직경, \ r : 반경, \ h : 높이)$$

> **[예제]**
> 지름이 2m, 높이가 4m인 원기둥 모양의 목재를 크레인으로 운반하고자 할 때 목재의 무게는 약 몇 kgf인가?(단, 목재의 1m³당 무게는 150kgf으로 간주한다)
>
> **[풀이]**
> 원기둥의 부피
> $$V = \pi \times r^2 \times h = 3.14 \times 1^2 \times 4 = 12.56\text{m}^3$$
> $$12.56 \times 150 = 1,884\text{kgf}$$

⑥ 기타 공식

　㉠ $안전 \ 계수 = \dfrac{절단 \ 하중}{안전 \ 하중}$

　㉡ 회전력 = 힘 × 거리

　㉢ $구심력 = \dfrac{질량 \times 선속도^2}{원운동의 \ 반경}$

㉣ 응력 = $\dfrac{\text{단면에 작용하는 힘}}{\text{단면적}}$

※ 응력은 막대의 단면에 작용하는 단위 면적당 힘 (F)이므로, 막대의 단면의 면적을 A라고 할 때 막대에 가해지는 응력 $\sigma = F/A$ 이다.

10년간 자주 출제된 문제

5-1. 타워크레인은 선회 동작 중 선회 레버를 중립으로 놓아도 그 방향으로 더 선회하려는 성질이 있는데, 이를 무엇이라 하는가?

① 관성　　　　　　② 휘성
③ 연성　　　　　　④ 점성

5-2. 운동하고 있는 물체는 언제까지나 같은 속도로 운동을 계속하려고 한다. 이러한 성질을 무엇이라고 하는가?

① 작용과 반작용의 법칙　　② 관성의 법칙
③ 가속도의 법칙　　　　　④ 우력의 법칙

5-3. 부재에 하중이 가해지면 외력에 대응하는 내력이 부재 내부에서 발생하는데, 이것을 무엇이라 하는가?(단위는 kgf/cm²)

① 응력　　　　　　② 변형
③ 하중　　　　　　④ 모멘트

5-4. 다음 공식 중 틀린 것은?

① 안전 계수 = $\dfrac{\text{절단 하중}}{\text{안전 하중}}$

② 회전력 = 힘 × 거리

③ 구심력 = $\dfrac{\text{질량} \times \text{선속도}^2}{\text{원운동의 반경}}$

④ 응력 = $\dfrac{\text{단면적}}{\text{압력}}$

|해설|

5-1

관성

물체가 외부로부터 힘을 받지 않을 때 처음의 운동 상태를 계속 유지하려는 성질

5-2

관성의 법칙

뉴턴의 운동법칙 중 제1법칙인 관성의 법칙은 외부에서 힘이 가해지지 않는 한 모든 물체는 자기의 상태를 그대로 유지하려고 하는 것이다.

5-3

응력

저항력을 내력이라고 하며 보통 저항력이 생기는 단면의 단위 면적당 내력의 크기를 말한다.

5-4

응력은 막대의 단면에 작용하는 단위 면적당 힘(F)이므로, 막대의 단면의 면적을 A라고 했을 때 막대에 가해지는 응력 $\sigma = F/A$ 이다.

정답 5-1 ①　5-2 ②　5-3 ①　5-4 ④

2 타워크레인의 작업 기능

2-1. 인상·인하

핵심이론 01 | 인상·인하의 기능

※ 위로 올리는 것을 인상, 권상, 인양, 양중으로, 내리는 것을 인하, 권하, 하역 등으로 쓴다.

① 크레인에서 권상·권하는 하물을 들어 올리거나 내리기 위한 장치를 말한다.

② 크레인을 보수 관리하는 데 중요한 부분 장치로 예방 보전이 가장 필요한 장치이다.

③ 권상 장치 등 : 와이어로프에 의하여 권상, 주행 및 횡행 등의 작동을 하는 장치이다.

　※ 권상 장치는 전동기, 브레이크, 감속기, 드럼, 와이어로프, 시브, 훅, 유압 상승 장치(유압 전동기, 유압 실린더, 유압 펌프 등) 등으로 구성되어 있다.

④ 동력은 전동기, 감속기, 드럼 순으로 전달되며 드럼의 회전에 의해 와이어로프가 감겨져 달기 기구에 매달린 하물이 권상된다.

⑤ 훅(Hook)은 더블 훅으로 구성(더블 트롤리)되며, 분리사용이 가능하다.

　㉠ 훅에는 일반적으로 1~3개의 시브로 구성된다.

　㉡ 훅에는 해지 장치가 부착되어 로프의 이탈을 방지한다.

　㉢ 권상용 시브에는 권상 로프 가이딩 시브, 최대 하중 스위치 시브, 메인 훅 블록 시브, 보조 훅 블록 시브 등이 설치된다.

⑥ 권상 장치에서의 속도는 하중이 가벼우면 빠르게, 무거우면 느리게 작동되게 한다.

⑦ 권상 장치에 사용되는 기어의 마모 한도 : 원 치수의 20~30%

10년간 자주 출제된 문제

권상 장치에 속하지 않는 것은?

① 와이어로프　　　　② 훅 블록
③ 플랫폼　　　　　　④ 시브

|해설|

대표적인 권상 장치
권상용 와이어로프, 권상용 드럼, 권상용 훅, 권상용 전동기, 권상용 감속기, 권상용 브레이크, 유압 상승 장치(유압 전동기, 유압 실린더, 유압 펌프 등), 권상용 시브 등이 있다.

정답 ③

① 크레인의 동작이 멈추면 자동적으로 브레이크가 닫히면서 정지되는 작동 구조이다.

 ※ 권상 장치의 속도 제어 방법 : 와전류 제동, 직류 발전 제동, 극변환 제동 등

② 권상 장치 및 기복 장치의 브레이크(건설기계 안전기준에 관한 규칙 제99조)

 ㉠ 권상 장치 및 기복 장치는 하물 또는 지브의 강하를 제동하기 위한 제동장치를 설치하여야 한다. 다만, 수압 실린더, 유압 실린더, 공기압 실린더 또는 증기압 실린더를 사용하는 권상 장치 및 기복 장치에 대하여는 그러하지 아니하다.

 ㉡ ㉠의 제동 장치는 다음의 기준에 맞아야 한다.

 • 제동 토크(Torque) 값(권상 또는 기복 장치에 2개 이상의 브레이크가 설치되어 있을 때는 각각의 브레이크 제동 토크 값을 합한 값)은 크레인의 정격 하중에 상당하는 하중을 권상 시 해당 크레인의 권상 또는 기복 장치의 토크 값(해당 토크 값이 2개 이상 있을 때는 그 값 중 최대의 값)의 1.5배 이상일 것

 • 타워크레인이 정격 하중을 들어 올릴 경우 기중 상태를 유지할 수 있는 제동 장치를 갖출 것

 • 타워크레인의 동력이 제거되거나 차단되었을 때 자동적으로 작동할 것

 • 전원 공급에 문제가 생겼을 경우에도 중량물이 떨어지지 아니할 것

 ㉢ 권상 장치 또는 기복 장치의 토크 값은 저항이 없는 것으로 계산한다. 다만, 해당 권상 장치 또는 기복 장치에 효율이 100분의 75 이하인 웜 및 웜기어 기구가 사용되고 있는 경우에는 해당 기어 기구의 저항으로 발생하는 토크 값의 2분의 1에 상당하는 저항이 있는 것으로 계산한다.

③ 타워크레인의 제동 장치

 ㉠ 주행식 타워크레인은 주행을 제동하기 위한 제동 장치를 설치하여야 한다. 이 경우 주행을 제동하기 위한 제동 토크 값은 전동기 정격 토크의 100분의 50 이상이어야 한다.

 ㉡ 타워크레인은 횡행을 제동하기 위한 제동 장치를 설치하여야 한다.

 ㉢ 타워크레인은 선회부의 회전을 제동하기 위한 제동 장치를 설치하여야 한다.

10년간 자주 출제된 문제

타워크레인 권상 장치의 속도 제어 방법으로 틀린 것은?

① 역 제동 　　　　② 와전류 제동
③ 발전 제동 　　　　④ 극변환 제동

|정답| ①

2-2. 횡행(트롤리 이동 작업)

핵심이론 01 | 횡행 장치 기능

① 횡행

ㄱ. 대차 및 달기 기구가 지브를 따라 이동하는 것을 말한다.

ㄴ. 트롤리가 메인 지브를 따라 이동하는 동작이다.

ㄷ. 일반적으로 횡행 운동 기능은 주행 기능에 대하여 직각이다.

② 횡행 장치

ㄱ. 하물을 달고 크레인 거더 위를 수평 방향으로 이동하는 대차를 크래브 또는 트롤리(Trolley)라 하고, 이 트롤리를 이동시키는 장치를 횡행 장치라 한다.

ㄴ. 권상 장치와 함께 크래브 안에 장치되어 있다.

ㄷ. 횡행 장치는 크래브를 이동시키는 역할을 하며, 모터, 브레이크, 감속기를 통하여 차륜을 구동한다.

ㄹ. 횡행 장치에는 메인 지브, 카운터 지브, 횡행용 트롤리, 트롤리 전동기, 트롤리 감속기, 트롤리 브레이크, 트롤리 로프, 트롤리 시브 등이 있다.

③ 트롤리

ㄱ. 트롤리는 메인 트롤리와 보조 트롤리로 구성된다.

ㄴ. 트롤리는 롤러와 시브로 구성되고, 주요 부재는 직사각관과 원형관이다.

ㄷ. 시브는 횡행 이동 목적에 따라 트롤리 아웃 시브, 트롤리 이너 시브 등이 설치되어 있다.

10년간 자주 출제된 문제

타워크레인에서 트롤리가 메인 지브를 따라 이동하는 동작은?

① 횡행 동작
② 주행 동작
③ 선회 동작
④ 기복 동작

정답 ①

핵심이론 02 | 주행 장치 기능

① 주행이란 2본의 레일 위에 설치되어 크레인 본체가 이동하는 것을 말한다.

② 주행 장치

ㄱ. 크레인 전체를 움직이기 위한 장치이다.

ㄴ. 주행 구동 장치에는 레일, 전동기, 감속기, 브레이크, 언더 캐리지, 센트럴 밸러스트 등이 있다.

ㄷ. 주행용 언더 캐리지에는 T타입과 R타입의 두 가지가 있다.

ㄹ. 언더 캐리지는 타워크레인 몸체를 받쳐 주는 것으로, 타워의 하중 일부를 스트럿(Struts)이 흡수할 수 있도록 해 준다.

ㅁ. 언더 캐리지의 설치 방법은 주행식과 고정식으로 설치할 수 있다.

10년간 자주 출제된 문제

타워크레인의 주행 구동 장치가 아닌 것은?

① 전동기
② 감속기
③ 브레이크
④ 미끄럼 방지 고정 장치

|해설|

미끄럼 방지 고정 장치는 방호 장치이다.

정답 ④

2-3. 선회, 기복

핵심이론 01 | 선회 장치 기능

① 선회란 수직축을 중심으로 지브가 회전 운동을 하는 것을 말한다. 즉, 인양물을 운반하기 위하여 턴테이블을 회전하여 메인 지브를 360° 회전하는 장치이다.

② 선회 장치
  ㉠ 마스트의 최상부에 위치하며 상·하 부분으로 되어 있다.
  ㉡ 메인 지브와 카운터 지브가 선회 장치 위에 부착되며 캣 헤드가 고정된다.
  ㉢ 최상부에 위치하여 선회하는 구조물로서 전동기를 통해 동작한다.
  ㉣ 상·하 두 부분 사이에 회전 테이블이 있다.
  ㉤ 운전 중 순간 정지 시는 선회 브레이크를 해제하지 않는다.
  ㉥ 운전을 마칠 때는 선회 브레이크를 해제한다.
  ㉦ 회전 테이블과 지브 연결 지점 점검용 난간대가 있다.
  ㉧ 선회 기능을 가진 대표적인 구성품에는 대표적으로 턴테이블, 슬루잉 링 서포트 및 감속기, 선회용 전동기, 선회용 브레이크 등이 있다.

③ 선회 브레이크
  ㉠ 컨트롤 전원을 차단한 상태에서 동작된다.
  ㉡ 지브를 바람에 따라 자유롭게 움직이게 한다.
  ㉢ 지상에서는 브레이크 해제 레버를 당겨서 작동시킨다.
  ㉣ 운전자가 크레인을 이탈하는 경우 타워크레인 지브가 자유롭게 선회할 수 있도록 선회 브레이크를 해제하여야 한다.

④ 선회 동작
  ㉠ 2대 이상이 근접하여 설치된 타워크레인에서 하물을 운반할 때 운전 시 가장 주의하여야 한다.

  ㉡ 하중이 지면 위에 있는 상태로 선회 동작을 금지하여야 한다.
  ㉢ 일반적인 타워크레인 조종 장치에서 선회 제어 조작 방법 : 운전석에 앉아 있을 때를 기준으로 왼쪽 좌우로 한다.
  ※ 무한 선회 구조의 타워크레인이 필수적으로 갖춰야 할 장치 : 집전 슬립링
  ※ 선회 장치의 동력 : 선회 장치의 동력은 슬립링(Slip Ring)과 같은 방식으로 공급해야 한다. 다만, 슬립링의 설치가 어려운 경우에는 지브 회전으로 인해 전원 케이블이 손상되지 않도록 선회 제한 장치를 설치해야 한다(건설기계 안전기준에 관한 규칙 제108조의3).

⑤ 선회 브레이크의 라이닝 마모 시 교체 시기
  ㉠ 라이닝은 편마모가 없고 마모량은 원 치수의 50% 이내일 것
  ㉡ 디스크의 마모량은 원 치수의 10% 이내일 것
  ㉢ 유량은 적정하고 기름 누설이 없을 것
  ㉣ 볼트, 너트는 풀림 또는 탈락이 없을 것

10년간 자주 출제된 문제

1-1. 일반적인 타워크레인의 선회 장치에 대한 설명으로 틀린 것은?
① 타워의 최상부, 지브 아래에 부착된다.
② 운전 중 순간 정지 시는 선회 브레이크를 해제한다.
③ 상·하로 구성되고 턴테이블이 설치된다.
④ 운전을 마칠 때는 선회 브레이크를 해제한다.

1-2. 타워크레인의 선회 장치를 설명하였다. 잘못된 것은?
① 트러스 또는 A-프레임 구조로 되어 있다.
② 메인 지브와 카운터 지브가 상부에 부착되어 있다.
③ 회전테이블과 지브 연결 지점 점검용 난간대가 있다.
④ 마스트의 최상부에 위치하며 상·하 부분으로 되어 있다.

1-3. 2대 이상이 근접하여 설치된 타워크레인에서 하물을 운반할 때 운전 시 가장 주의하여야 할 동작은?

① 권상 동작
② 권하 동작
③ 선회 동작
④ 트롤리 이동 동작

1-4. 일반적인 타워크레인 조종 장치에서 선회 제어 조작 방법은?(단, 운전석에 앉아 있을 때를 기준으로 한다)

① 왼쪽 상하
② 왼쪽 좌우
③ 오른쪽 상하
④ 오른쪽 좌우

1-5. 선회 브레이크를 설명한 것으로 틀린 것은?

① 컨트롤 전원을 차단한 상태에서 동작된다.
② 지브를 바람에 따라 자유롭게 움직이게 한다.
③ 바람이 불 경우 역방향으로 작동되는 것을 방지한다.
④ 지상에서는 브레이크 해제 레버를 당겨서 작동시킨다.

1-6. 무한 선회 구조의 타워크레인이 필수적으로 갖춰야 할 장치로 맞는 것은?

① 선회 제한 리밋 스위치
② 유체 커플링
③ 볼 선회 링기어
④ 집전 슬립링

1-7. 타워크레인 선회 브레이크의 라이닝 마모 시 교체 시기로 가장 적절한 것은?

① 원형의 20% 이내일 때
② 원형의 30% 이내일 때
③ 원형의 40% 이내일 때
④ 원형의 50% 이내일 때

|해설|

1-2
캣 헤드가 트러스 또는 A-프레임 구조로 되어 있다.

1-5
선회 브레이크는 작업 종료 후 레버를 풀어두면 바람에 따라 자유로이 이동 가능하다.

1-6
타워크레인 상부와 같이 선회하는 회전 부분에는 슬립링(Slip Ring)에 의한 방식도 급전 방식의 하나로 사용되고 있다.

정답 1-1 ② 1-2 ① 1-3 ③ 1-4 ② 1-5 ③ 1-6 ④ 1-7 ④

핵심이론 **02** │ 기복 장치 기능

① 기복의 개념
  ㉠ 타워크레인의 수직면에서 지브 각의 변화를 말한다.
  ㉡ 수평 기복(Level Luffing) : 화물의 높이가 자동적으로 일정하게 유지되도록 지브가 기복하는 것을 말한다.

② 크레인의 기복(Jib Luffing) 장치
  ㉠ 최고·최저각을 제한하는 구조로 되어 있다.
  ㉡ 지브의 기복각으로 작업 반경을 조절한다.
  ㉢ 최고 경계각을 차단하는 기계적 제한 장치가 있다.
  ㉣ 대표적인 구조 및 장치로 러핑형 지브, 기복용 유압 전동기, 기복용 감속기, 기복용 유압 실린더, 기복용 유압 펌프, 기복용 브레이크, 기복용 와이어로프, 기복용 드럼 등이 있다.

③ 타워크레인 메인 지브(앞 지브)의 절손 원인
  ㉠ 인접 시설물과의 충돌(다른 크레인 또는 전선과의 접촉)
  ㉡ 정격 하중 이상의 과부하
  ㉢ 지브와 달기 기구와의 충돌
  ㉣ 기복 와이어로프의 절단
  ㉤ 말뚝빼기 작업 및 수평 인장 작업
  ㉥ 안전장치의 고장에 의한 과하중

④ 기타 주요 사항
  ㉠ 기복(Luffing)형 타워크레인에서 양중물의 무게가 무거운 경우 선회 반경은 짧아진다.
  ㉡ 지브를 기복하였을 때 변하지 않는 것은 지브의 길이, 즉 선회 반경에 따라 권상용량이 결정된다.
  ㉢ 지브가 기복하는 장치를 갖는 크레인 등은 운전자가 보기 쉬운 위치에 해당 지브의 경사각 지시 장치를 구비하여야 한다.

2-1. 다음 중 타워크레인 운동에서 기복에 관한 설명이 맞는 것은?

① 타워크레인의 수직면에서 지브 각의 변화를 말한다.

② 타워크레인은 기복 운동을 할 수 없다.

③ 타워크레인이 달아 올린 화물을 상하로 이동하는 것을 기복 운동이라 한다.

④ 타워크레인에서 지브의 각이 변화해도 작업 반경은 일정하다.

2-2. 수평 기복(Level Luffing)이라 함은 무엇을 말하는가?

① 화물의 높이가 자동적으로 일정하게 유지되도록 지브가 기복하는 것을 말한다.

② 지브가 수평으로 유지되도록 하는 것을 말한다.

③ 지면에 놓은 화물을 수평으로 끌어당기는 것을 말한다.

④ 훅에 매달린 화물을 균형 상태를 유지하면서 선회하는 것을 말한다.

2-3. 지브를 기복하였을 때 변하지 않은 것은?

① 작업 반경

② 인양 가능한 하중

③ 지브의 길이

④ 지브의 경사각

2-4. 타워크레인 메인 지브(앞 지브)의 절손 원인으로 가장 적합한 것은?

① 호이스트 모터의 소손

② 트롤리 로프의 파단

③ 정격 하중의 과부하

④ 슬루잉 모터 소손

2-5. 지브가 기복하는 장치를 갖는 크레인 등은 운전자가 보기 쉬운 위치에 당해 지브의 (   ) 지시 장치를 구비하여야 한다. (   ) 안에 들어갈 내용으로 적합한 것은?

① 거리

② 하중

③ 속도

④ 경사각

|해설|

2-4

타워크레인 메인 지브의 절손 원인

• 인접 시설물과의 충돌

• 정격 하중 이상의 과부하

• 지브와 달기 기구와의 충돌

2-5

경사각 지시 장치의 제작 및 안전 기준(위험기계·기구 안전인증 고시 [별표 2])

지브가 기복하는 장치를 갖는 크레인 등은 운전자가 보기 쉬운 위치에 해당 지브의 경사각 지시 장치를 구비해야 한다.

정답 2-1 ① 2-2 ① 2-3 ③ 2-4 ③ 2-5 ④

1 전기 이론과 용어

1-1. 전기 일반

핵심이론 01 | 전기 기호 및 전압

① V(Volt) : 볼트는 전압의 단위다.

② W(Watt) : 와트는 전력의 단위다.

　　※ 1마력(PS)은 1초 동안에 75kg의 물건을 1m 옮기는데 드는 힘이다.

　　　1PS = 75kgf · m/s = 735W(Watt) = 0.735kW

③ A(Ampere) : 암페어는 전류의 단위다.

　　1A = 1,000mA(밀리암페어), 1mA = 0.001A = 1 × 10^{-3}A

④ Ω(Ohm) : 옴은 저항의 단위다.

> [예제]
> 저항이 10Ω일 경우 100V의 전압을 가할 때 흐르는 전류는?
>
> [풀이]
>
> $$전류[A] = \frac{전압[V]}{저항[\Omega]} = \frac{100}{10} = 10A$$

⑤ F(Farad) : 패럿은 콘덴서에 얼마나 전하가 저장되는지에 관한 단위이다.

⑥ 전압

　㉠ 전압의 종류

　　• 저압 : 직류 1.5kV 이하, 교류 1kV 이하인 것

　　• 고압 : 직류 1.5kV 초과 7kV 이하, 교류 1kV 초과 7kV 이하인 것

　　• 특고압 : 7kV를 초과한 것

　㉡ 전압이 높을수록 전력 손실이 적고 송전 효율은 높다.

　㉢ 전압을 측정할 때는 전압계를 사용한다.

㉣ 크레인에 가장 많이 사용되고 있는 전압은 440V이다.

㉤ 정격 전압이 220V인 전동기를 110V와 440V에 연결한 경우 예상되는 결과

　• 110V에 연결한 경우, 충분한 전류가 흐르지 못해 작동하지 않으며 전동기가 소손되지 않는다.

　• 440V에 연결한 경우, 전류의 과잉으로 전동기가 타 버린다.

1-1. 니크롬선의 저항이 20Ω인 전열기를 100V의 전선에 연결하였을 경우 전류는 몇 A인가?

① 2,000
② 5
③ 0.2
④ 10

1-2. 1A(암페어)를 mA로 나타내었을 때 맞는 것은?

① 100mA(밀리암페어)
② 1,000mA(밀리암페어)
③ 10,000mA(밀리암페어)
④ 10mA(밀리암페어)

1-3. 실제 현장에서 크레인에 가장 많이 사용되고 있는 전압은?

① 110V
② 220V
③ 440V
④ 550V

1-4. 다음 전압의 종류 중 저압에 해당하는 것은?

① 직류 7,000V 초과, 교류 600V 이하
② 직류 1,500V 초과, 교류 1,000V 이하
③ 직류 1,500V 이하, 교류 1,000V 이하
④ 직류 7,000V 이하, 교류 600V 이하

1-5. 전압의 종류에서 특별 고압은 최소 몇 V를 초과하는 것을 말하는가?

① 600V 초과
② 750V 초과
③ 7,000V 초과
④ 20,000V 초과

|해설|

1-1

$$전류[A] = \frac{전압[V]}{저항[\Omega]} = \frac{100}{20} = 5$$

1-5
전압의 종류에는 저압, 고압, 특고압이 있으며, 특고압은 7kV를 초과한 것이다.

정답 1-1 ② 1-2 ② 1-3 ③ 1-4 ③ 1-5 ③

핵심이론 02 | 전류 및 주요 법칙

① 전류의 3대 작용

㉠ 발열 작용 : 도체 안의 저항에 전류가 흐르면 열이 발생(전구, 예열 플러그, 전열기 등)

㉡ 화학 작용 : 전해액에 전류가 흐르면 화학 작용이 발생(축전지, 전기 도금 등)

㉢ 자기 작용 : 전선이나 코일에 전류가 흐르면 그 주위의 공간에 자기 현상 발생(전동기, 발전기, 경음기 등)

② 주요 법칙

㉠ 줄(Joule)의 법칙 : 전류에 의해 발생된 열은 도체의 저항과 전류의 제곱 및 흐르는 시간에 비례한다($= 0.24I^2RT$).

㉡ 옴(Ohm)의 법칙 : 전류의 세기는 그 양 끝의 전압에 비례하고 그 저항에 반비례한다.

※ 옴의 법칙 공식

$$E = IR, \ I = \frac{E}{R}, \ R = \frac{E}{I}$$

(E : 전압, I : 전류, R : 저항)

㉢ 플레밍(Fleming)의 법칙 - 오른손법칙과 왼손법칙이 있다.

• 오른손법칙 : 전자유도에 의해서 생기는 유도전류(誘導電流)의 방향을 나타내는 법칙

• 왼손법칙 : 전류가 흐르는 도선이 자기장 속을 통과해 힘을 받을 때 힘의 방향에 관한 법칙이다.

㉣ 키르히호프(Kirchhoff)의 법칙 - 전류에 관한 제1법칙과 전압에 관한 제2법칙이 있다.

• 제1법칙 : 전류가 흐르는 길에서 들어오는 전류와 나가는 전류의 합이 같다는 것이다.

• 제2법칙 : 회로에 가해진 전원의 전압과 소비되는 전압 강하의 합이 같다는 것이다.

2-1. 저항이 10Ω일 경우 100V의 전압을 가할 때 흐르는 전류는?

① 0.1A　　　　　　② 10A
③ 100A　　　　　　④ 1,000A

2-2. 전류에 의해 발생된 열은 도체의 저항과 전류의 제곱 및 흐르는 시간에 비례한다(= $0.24I^2RT$)는 법칙은?

① 옴(Ohm)의 법칙
② 플레밍(Fleming)의 법칙
③ 줄(Joule)의 법칙
④ 키르히호프(Kirchhoff)의 법칙

2-3. 발전기의 원리인 플레밍의 오른손법칙에서 엄지손가락은 무엇을 가리키는가?

① 도체의 운동 방향
② 자력선 방향
③ 전류의 방향
④ 전압의 방향

|해설|

2-1

옴의 법칙

$E = IR$, $I = \dfrac{E}{R}$, $R = \dfrac{E}{I}$ (단, E : 전압, I : 전류, R : 저항)

$I = \dfrac{100}{10} = 10\text{A}$

2-2

• 옴(Ohm)의 법칙 : 전류의 세기는 그 양 끝의 전압에 비례하고 그 저항에 반비례한다.
• 플레밍(Fleming)의 법칙 : 오른손법칙과 왼손법칙이 있다. 오른손법칙은 전자유도에 의해서 생기는 유도전류(誘導電流)의 방향을 나타내는 법칙이고, 왼손법칙은 전류가 흐르는 도선이 자기장 속을 통과해 힘을 받을 때 힘의 방향에 관한 법칙이다.
• 키르히호프(Kirchhoff)의 법칙 : 전류에 관한 제1법칙과 전압에 관한 제2법칙이 있다. 제1법칙은 전류가 흐르는 길에서 들어오는 전류와 나가는 전류의 합이 같다는 것이고, 제2법칙은 회로에 가해진 전원의 전압과 소비되는 전압 강하의 합이 같다는 것이다.

2-3
플레밍의 오른손법칙

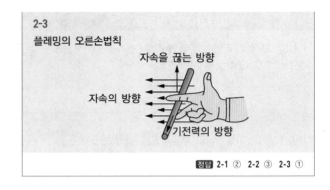

정답 2-1 ② 2-2 ③ 2-3 ①

핵심이론 03 | 저항 등

① 전기 저항
  ㉠ 물질 속을 전류가 흐르기 쉬운가 어려운가의 정도를 표시하며, 단위는 옴(Ω)이다.
  ㉡ 온도가 1℃ 상승하였을 때 저항값이 어느 정도 크게 되었는가의 비율을 표시하는 것을 그 저항의 온도 계수라 한다.
  ㉢ 도체의 저항은 그 길이에 비례하고 단면적에 반비례한다.
  ㉣ 도체의 접촉면에 생기는 접촉 저항이 크면 열이 발생하고 전류의 흐름이 떨어진다.
② 직류(DC, Direct Current)와 교류(AC, Alternating Current)의 차이점
  ㉠ 직류는 시간에 따라 전류의 방향이나 전압의 극성의 변화가 없다.
  ㉡ 직류는 전하의 이동 방향과 극성이 항상 일정하므로 안정성이 있다.
  ㉢ 직류는 일정한 출력 전압을 가지고 있으므로 측정이 용이하다.
  ㉣ 교류는 시간에 따라 전압의 크기와 전류 방향이 주기적으로 변화한다.
  ㉤ 교류는 전압의 크기가 (+)에서 (−)로 변화하므로 증폭이 용이하다.
  ㉥ 교류의 전류 진행 방향은 극성의 변화에 따라 변화한다.
  ※ 전압을 자유롭게 변화시키는 것이 가능하므로 크레인에서 교류 전류가 널리 사용된다.

① 제어반 내부에 설치된 안전장치

   누전 차단기(NFB), 전자 접촉기(Magnetic S/W), 한시 계전기(Timer)

② 수전반 또는 보호반 내에 설치된 직접적인 안전장치 : 주 나이프 스위치

   ※ 계기판 외부에 설치 : 누름단추 스위치와 표시등

③ 배전반 내에 설치된 직접적인 안전장치

   ㉠ 과전류 계전기 및 퓨즈

   ㉡ 제어 회로용 나이프 스위치 및 퓨즈

   ㉢ 단락 보호 장치

④ 주요 계전기

   ㉠ 과전류 계전기 : 선로 및 전기 기기를 보호해주는 계전기에서 과전류가 흐를 때 자동적으로 선로를 차단시키는 계전기

   ※ 과전류 계전기의 역할 및 특징

   • 온도 계전기이며 과전류 보호 기능이 있다.

   • 과전류에 의한 전동기 소손을 방지한다.

   • 외부 조합 CT(Current Transformer)가 필요 없다.

   ㉡ 역상 보호 계전기 : 권선의 변환 수리를 행하였을 때 잘못해서 계자의 회전 방향을 반대로 결선하여 역전될 경우 회로를 자동적으로 차단시키는 장치

   ㉢ 과부하 계전기 : 전동기 보호를 위하여 주로 사용하고 있는 계전기

   ※ 운전 중 전동기에 전원이 인가되지 않아 정지되었을 때 가장 먼저 점검하여야 할 것 : 과부하 계전기 동작 유무

⑤ 기타 주요 사항

   ㉠ 전동기 회로의 보호 장치 : 퓨즈, 차단기, 과전류 릴레이

   ㉡ 우리나라에서 가장 많이 사용되는 배전 방식 : 3상 4선식

   ㉢ 변압기는 전자 유도 작용의 원리를 이용한 전기 장지이다.

10년간 자주 출제된 문제

4-1. 변압기는 어떤 원리를 이용한 전기 장치인가?

① 전자 유도 작용

② 전류의 화학 작용

③ 정전 유도 작용

④ 전류의 발열 작용

4-2. 우리나라에서 가장 많이 사용되는 배전방식은?

① 3상 4선식

② 3상 3선식

③ 단상 5선식

④ 단상 6선식

|해설|

4-1

변압기는 전자 유도 작용에 의하여 한 편의 권선에 공급한 교류 전기를 다른 편의 권선에 동일 주파수의 교류 전기의 전압으로 변환시켜 주는 역할을 한다.

정답 4-1 ① 4-2 ①

1-2. 전기기계기구의 외함 구조

핵심이론 01 | 크레인 배선

① 배선 개요
  ㉠ 전동기에는 반드시 접지선을 연결할 것
  ㉡ 배선의 피복 상태는 손상, 파손, 탄화 부분이 없을 것
  ㉢ 배선의 단자 체결 부분은 전용의 단자를 사용하고 볼트 및 너트의 풀림 또는 탈락이 없을 것
② 배전반 등에서 각 분기 회로별로 측정한 배선의 절연 저항은 다음의 값 이상일 것
  ㉠ 대지 전압 150V 이하 : 0.1MΩ
  ㉡ 대지 전압 150V 초과 300V 이하 : 0.2MΩ
  ㉢ 사용 전압 300V 초과 400V 미만 : 0.3MΩ
  ㉣ 사용 전압 400V 이상 : 0.4MΩ
  ※ 전기식 건설기계의 절연 및 접지 저항 기준(건설기계 안전기준에 관한 규칙 [별표 4])

대지 전압	150V 미만	150V 이상 300V 미만	300V 이상 400V 미만	400V 이상
접지 저항	100Ω 이하			10Ω 이하
절연 저항	0.1MΩ 이상	0.2MΩ 이상	0.3MΩ 이상	0.4MΩ 이상

※ 타워크레인 배전함의 구성과 기능
  • 전동기를 보호 및 제어하고 전원을 개폐한다.
  • 철제 상자나 커버 및 난간 등을 설치한다.
  • 옥외에 두는 방수용 배전함은 양질의 절연재를 사용한다.

1-1. 타워크레인 배전함의 구성과 기능을 설명한 것으로 틀린 것은?
① 전동기를 보호 및 제어하고 전원을 개폐한다.
② 철제 상자나 커버 및 난간 등을 설치한다.
③ 옥외에 두는 방수용 배전함은 양질의 절연재를 사용한다.
④ 배전함의 외부에는 반드시 적색 표시를 하여야 한다.

1-2. 타워크레인에 사용되는 배선의 절연 저항 측정 기준으로 틀린 것은?
① 대지 전압이 150V 이하인 경우에는 0.1MΩ 이상
② 대지 전압이 150V 이상, 300V 이하인 경우에는 0.2MΩ 이상
③ 사용 전압이 300V 이상, 400V 미만인 경우에는 0.3MΩ 이상
④ 사용 전압이 400V 이하인 경우에는 0.4MΩ 이상

1-3. 440V용 전동기의 절연 저항은 최소 얼마 이상이어야 하는가?
① 0.04MΩ   ② 0.4MΩ
③ 4MΩ   ④ 40MΩ

|해설|

1-2, 1-3
배선의 절연 저항
• 대지 전압 150V 이하인 경우 0.1MΩ 이상일 것
• 대지 전압 150V 초과 300V 이하인 경우 0.2MΩ 이상일 것
• 사용 전압 300V 초과 400V 미만인 경우 0.3MΩ 이상일 것
• 사용 전압 400V 이상인 경우 0.4MΩ 이상일 것

정답 1-1 ④ 1-2 ④ 1-3 ②

① 전기기계기구의 외함 구조

ㄱ 폐쇄형으로 잠금 장치가 있어야 한다.

ㄴ 사용 장소에 적합한 구조여야 한다.

ㄷ 옥외 시 방수형이어야 한다.

ㄹ 옥외에 설치되는 타워크레인용 전기기계기구의 외함 구조 : 분진 방호가 가능하고 모든 방향에서 물이 뿌려졌을 때 침입하지 않는 구조

※ 크레인의 구조·규격 및 성능에 관한 기준 : 외함의 구조는 충전부가 노출되지 아니하도록 폐쇄형으로 잠금 장치가 있고 사용 장소에 적합한 구조일 것

② IP등급 방수 방진의 이해

ㄱ IP코드는 두 자리로 되어 있다.

예 IP65

• 첫 번째 자릿수 6 : 방진 등급으로 이물질과 먼지를 포함한 외부 분진에 대한 보호등급

• 두 번째 자릿수 5 : 방수 등급으로 물(빗물, 눈, 폭풍우)의 침입에 대한 보호등급

ㄴ 타워크레인용 전기기계기구 외함 구조는 운전실 등 옥내에 설치되는 일부분을 제외하고는 사용·설치 장소의 조건인 옥외에는 IP54 등급 분류가 적합하다.

2-1. 전기기계기구의 외함 구조로서 적당치 않은 것은?

① 충전부가 노출되어야 한다.

② 폐쇄형으로 잠금 장치가 있어야 한다.

③ 사용 장소에 적합한 구조여야 한다.

④ 옥외 시 방수형이어야 한다.

2-2. 타워크레인의 전동기, 제어반, 리밋 스위치, 과부하 방지 장치 등의 외함 구조는 방수 및 방진에 대하여 IP규격이 얼마 이상이어야 하는가?

① IP10   ② IP11

③ IP54   ④ IP67

2-3. 옥외에 설치되는 타워크레인용 전기기계기구의 외함 구조로 가장 적절한 것은?

① 분진 방호가 가능하고 모든 방향에서 물이 뿌려졌을 때 침입하지 않는 구조

② 소음 차단이 가능하고 모든 진동에 견딜 수 있는 구조

③ 고열 차단이 가능하고 겨울철 혹한기에 견딜 수 있는 구조

④ 선회 시 충격과 강풍에 견딜 수 있는 구조

|해설|

2-1

외함의 구조는 충전부가 노출되지 아니하도록 폐쇄형으로 잠금 장치가 있고 사용 장소에 적합한 구조일 것

2-3

옥외에 설치되는 타워크레인용 전기기계기구의 외함 구조는 방말형이다.

정답 2-1 ① 2-2 ③ 2-3 ①

핵심이론 03 | KS에 의한 전기 외함 구조 분류(조명 장치)

① 조명등과 항공 장애등의 외함 구조

방수의 종별	적용 장소
방적형	• 옥내에서 지하실, 냉방 덕트 밑, 지하도 등 • 건물 옆, 옥외에서 바람의 영향이 거의 없는 장소 (추녀 등) • 선박에서 파도를 직접 받지 않는 갑판 밑과 같은 장소 ※ 낙수에 대한 보호 : 수직으로부터(15° 이하) 떨어지는 물방울로부터 보호
방우형	• 집 옆, 옥외에서 비바람을 맞는 장소 • 도로 조명 장치, 큐비클식 고압 수전 설비 등 ※ 물분무에 대한 보호 : 수직으로부터(60°) 분사되는 액체로부터 보호
방말형	• 높은 철탑 위에 부착되는 항공 장애등처럼 옆 또는 대각선상의 바람을 맞는 장소 • 선박에서 직접 파도는 받지 않으나 물보라가 닿는 장소 ※ 물튀김에 대한 보호 : 모든 방향에서 분사되는 액체로부터 보호
방분류형	• 주기적으로 세정하는 자동차도로의 터널이나 차량 등을 세정하는 장소 ※ 물분사에 대한 보호 : 모든 방향에서 분사되는 낮은 수압의 물줄기로부터 보호
내수형	• 선박에서 갑판 위 등 파도를 직접 받는 장소 • 육상용 기기에는 적용시키지 않는다. ※ 강한 물분사에 대한 보호(폭풍우, 해일 상태 등) : 모든 방향에서 분사되는 높은 수압의 물줄기로부터 보호
방침형	• 수중 전용은 아니다. • 풀 사이드 등, 때로는 물속에 가라앉을 가능성이 있는 장소 ※ 일시적인 침수의 영향에 대한 보호 : 15cm~1m 깊이의 물속에서 보호
수중형	• 수중 전용의 장소(수상에서는 사용할 수가 없다) ※ 연속 침수의 영향에 대한 보호
방습형	• 욕실, 주방, 보일러실 등

② 크레인 조명장치의 제작 및 안전기준(타워크레인의 구조 · 규격 및 성능에 관한 기준 제20조)

㉠ 운전석의 조명 상태는 운전에 지장이 없을 것

㉡ 야간작업용 조명은 운전자 및 신호자의 작업에 지장이 없을 것

㉢ 옥외에 지상 60m 이상 높이로 설치되는 크레인에는 항공법에 따른 항공 장애등을 설치할 것

※ 옥외에 타워크레인 설치 시 항공등(燈)의 설치는 지상 높이가 최소 60m 이상일 때 설치한다.

1-3. 접지

핵심이론 01 | 접지 일반

① 접지의 개요

　㉠ 제어반은 접지하여야 한다.

　㉡ 방폭 지역의 저전압 전기기계의 접지 저항은 10Ω 이하로 하여야 한다.

　㉢ 프레임은 접지하여야 한다.

　㉣ 전동기, 제어반, 프레임 등은 접지하여 그 접지 저항이 400V 이하인 경우에는 100Ω 이하, 400V 초과인 경우에는 10Ω 이하여야 한다.

　※ 전기기계기구의 접지(산업안전보건기준에 관한 규칙 제302조)

　　전기를 사용하지 아니하는 설비 중 다음의 어느 하나에 해당하는 금속체

　　• 전동식 양중기의 프레임과 궤도

　　• 전선이 붙어 있는 비전동식 양중기의 프레임

　　• 고압(15,000V 초과 7,000V 이하의 직류 전압 또는 1,000V 초과 7,000V 이하의 교류 전압을 말한다) 이상의 전기를 사용하는 전기기계기구 주변의 금속제 칸막이·망 및 이와 유사한 장치

② 전선의 굵기를 결정하는 요인

　㉠ 경제성과 전선의 굵기

　㉡ 허용 전류 : 전선의 연속 허용 온도는 90℃를 기준으로 하고, 단시간 허용 전류와 연속 허용 전류로 구분

　㉢ 전압 강하

　㉣ 기계적 강도 : 인장 하중을 고려

　㉤ 코로나 방전 : 강심 알루미늄 전선 사용

　㉥ 부하 수용 예측

③ 접지선의 최소 단면적(위험기계·기구 안전인증 고시 [별표 2])

전원 공급용 전선의 단면적 (S [mm^2])	접지선의 최소 단면적 (S [mm^2])
$S \leq 16$	S
$16 < S \leq 35$	16
$S > 35$	$S/2$

1-1. 접지에 대한 설명으로 옳지 않은 것은?

① 프레임, 제어반은 접지하여야 한다.

② 방폭 지역의 저전압 전기기계의 접지 저항은 10Ω 이하로 하여야 한다.

③ 타워크레인은 특별 3종 접지로 10Ω 이하이다.

④ 전동기의 외함 접지는 400V 이하일 때 200Ω 이하로 하여야 한다.

1-2. 전선의 굵기를 결정하는 요인과 가장 거리가 먼 것은?

① 절연 저항 ② 허용 전류

③ 사용 주파수 ④ 기계적 강도

1-3. 4심 코드의 색 중 접지선의 색으로 옳은 것은?

① 녹색 ② 검정

③ 적색 ④ 백색

|해설|

1-1

전동기, 제어반, 프레임 등은 접지하여 그 접지 저항이 400V 이하인 경우에는 100Ω 이하, 400V 초과인 경우에는 10Ω 이하여야 한다.

1-3

4심 코드는 갈색, 흑색, 회색, 청색으로 구성되며 일반적으로 녹색-노란색은 접지선에 사용한다.

정답 1-1 ④ 1-2 ③ 1-3 ①

핵심이론 02 | 타워크레인 접지

① 접지선 선정 시 고려 사항
   ㉠ 전류 용량 : 접지선에 전류가 흐르면 Joule열이 발생하여 접지선의 피복과 소선을 용단시킬 수가 있으므로, 전기 통로로서의 기능을 만족하기 위하여 충분한 전류 용량을 가져야 한다.
   ㉡ 내구성(내식성) : 접지선은 지중에 매설되므로 접지선의 내부식성, 발열과 방열을 위한 온도 상승 한도 조건을 고려하여야 한다.
   ㉢ 도전율 : 도전율은 국부적으로 위험한 전위차가 발생하지 않을 정도여야 하나, 고장 전류에 의한 용단 및 기계적 강도면을 고려한 굵기이면 도전율은 충분하다고 할 수 있다.
   ㉣ 기계적 강도 : 전류에 의해 발생하는 전자 기계력에 견디며, 매설 시 접속 등을 고려한 충분한 기계적 강도를 가져야 한다.

② 타워크레인의 접지
   ㉠ 주행용 레일, 전동기 및 제어반 등에는 접지를 해야 한다.
   ㉡ 접지선은 베이직 마스트 하단에 접속한다.
   ㉢ 접지선은 GV 38mm² 이상을 접속한다.
   ㉣ 접지판 혹은 접지극과의 연결 도선은 동선을 사용할 경우 30mm² 이상, 알루미늄 선을 사용한 경우 50mm² 이상이어야 한다.
   ㉤ 전동기 외함, 제어반의 프레임 접지 저항
     • 사용 전압이 400V 이하일 때 100Ω 이하일 것
     • 전압이 400V를 초과할 때 10Ω 이하일 것
     • 방폭 지역의 저압 전기기계기구의 외함은 전압에 관계없이 10Ω 이하일 것
   ㉥ 타워크레인은 특별 3종 접지로 10Ω 이하이다.
   ㉦ 접지극은 기초공사 시 매립한다.

핵심이론 03 | 접지 공사

① 전압과 접지 저항

　㉠ KEC 적용 전 접지 방식과 적용 후 접지 방식 비교

접지 대상	현행 접지 방식	KEC 접지 방식
(특)고압설비	1종 : 접지 저항 10Ω	• 계통 접지 : TN, TT, IT 계통
600V 이하 설비	특 3종 : 접지 저항 10Ω	• 보호 접지 : 등전위본딩 등
400V 이하 설비	3종 : 접지 저항 100Ω	• 피뢰시스템 접지
변압기	2종 : 계산 필요	'변압기 중성점 접지'로 명칭 변경

　㉡ 전압의 종류

　　• 저압 : 직류 1.5kV 이하, 교류 1kV 이하인 것

　　• 고압 : 직류 1.5kV 초과 7kV 이하, 교류 1kV 초과 7kV 이하인 것

　　• 특고압 : 7kV를 초과한 것

② 마스트의 단면적이 300mm² 이상인 접지 공사의 예(타워크레인의 구조·규격 및 성능에 관한 기준 제20조)

　㉠ 지상 높이 20m 이상은 피뢰 접지를 하도록 한다.

　㉡ 접지 저항은 10Ω 이하를 유지하도록 한다.

　㉢ 접지판 혹은 접지극과의 연결도선은 동선을 사용할 경우 30mm² 이상, 알루미늄 선을 사용할 경우 50mm² 이상으로 한다.

　㉣ 피뢰도선과 피접지물 혹은 접지극과는 용접, 볼트 등에 의한 방법으로 견고히 체결하고 현저한 부식이 없는 재료를 사용한다.

　※ 옥외에 설치되는 타워크레인으로서 마스트 철구조물의 단면적이 300mm² 이내일 때에는 피뢰침 및 도선 등을 설치하여야 한다.

지상 높이 몇 m 이상의 타워크레인에 피뢰용 접지 공사를 하는가?

① 10m　　　② 20m
③ 30m　　　④ 40m

|해설|

크레인 접지 안전기준(위험기계·기구 안전인증 고시 [별표 2])
옥외에 설치되는 지상 높이 20m 이상의 타워, 지브 또는 갠트리 크레인 등으로서 마스트 철 구조물의 단면적이 300mm² 이내일 때에는 피뢰침 및 도선 등을 설치하여 접지해야 하며, 300mm² 이상이고 마스트의 연결 상태가 전기적으로 연속적일 경우에는 다음과 같이 피뢰용 접지 공사를 해야 한다.
• 접지 저항은 10Ω 이하일 것
• 접지판 혹은 접지극과의 연결도선은 동선을 사용할 경우 30mm² 이상, 알루미늄 선을 사용할 경우 50mm² 이상일 것
• 피뢰도선과 피접지물 혹은 접지극과는 용접, 볼트 등에 의한 방법으로 견고히 체결되고 현저한 부식이 없는 재료를 사용할 것

정답 ②

핵심이론 04 | 퓨즈

① 퓨즈가 끊길 때의 원인

  ㉠ 과부하가 걸렸을 때

  ㉡ 회전자의 권선이 단락되었을 때

  ㉢ 과전류가 흘렀을 때

  ※ 퓨즈가 끊어져서 다시 끼웠을 때도 끊어졌다면 합선 및 이상 여부(고장 개소)를 점검한다.

② 전장품을 안전하게 보호하는 퓨즈 사용법

  ㉠ 퓨즈가 없어도 임시로 철사 등을 사용하지 않는다.

  ㉡ 회로에 맞는 정격 용량의 퓨즈를 사용한다.

  ㉢ 오래되어 산화된 퓨즈는 미리 교환한다.

  ㉣ 과열되어 끊어진 퓨즈는 과열된 원인을 먼저 수리한다.

③ 기타 주요 사항

  ㉠ 과전류 보호용으로 차단기 또는 퓨즈 설치 시 차단 용량은 해당 전동기 등의 정격 전류에 대하여 차단기는 250%, 퓨즈는 300% 이하여야 한다.

  ㉡ 퓨즈 용량은 A로 표시한다.

  ㉢ 퓨즈는 스타팅 모터의 회로에는 쓰이지 않는다.

  ㉣ 퓨즈 설치 방법 : 직렬로 연결한다.

  ㉤ 퓨즈의 재질은 납과 주석의 합금이다.

10년간 자주 출제된 문제

4-1. 퓨즈가 끊어져서 다시 끼웠을 때도 끊어졌다면?

① 다시 한 번 끼워본다.
② 좀 더 굵은 선으로 끼운다.
③ 합선 및 이상 여부를 점검한다.
④ 좀 더 용량이 큰 퓨즈로 끼운다.

4-2. 방폭 구조로 된 전기 설비의 구비 조건이 아닌 것은?

① 시건 장치를 할 것
② 접지를 할 것
③ 환기가 잘되도록 할 것
④ 퓨즈를 사용할 것

4-3. 전장품을 안전하게 보호하는 퓨즈 사용법으로 틀린 것은?

① 퓨즈가 없으면 임시로 철사를 감아서 사용한다.
② 회로에 맞는 전류 용량의 퓨즈를 사용한다.
③ 오래되어 산화된 퓨즈는 미리 교환한다.
④ 과열되어 끊어진 퓨즈는 과열된 원인을 먼저 수리한다.

|해설|

4-1
전기 장치의 고장 개소를 찾아 수리한다.

4-2
③ 도선의 인입 방식을 정확히 채택할 것

4-3
퓨즈로 동선, 철사 등을 사용하면 전선의 과열이나 소손을 일으키는 등 매우 위험하므로 반드시 정격 용량의 규격품을 사용하여야 한다.

정답 4-1 ③ 4-2 ③ 4-3 ①

① 과전류 차단기의 개념

   ㉠ 일반적으로 제어반에 설치되는 기기이다.

   ㉡ 누전 발생 시 회로를 차단한다.

   ㉢ 과전류 발생 시 전로를 차단한다.

   ㉣ 구조는 배선용 차단기와 같다.

   ㉤ 개폐 기구를 겸해서 구비하고 있다.

   ㉥ 차단 용량은 해당 전동기 등의 정격 전류에 대하여 차단기는 250%, 퓨즈는 300% 이하일 것

② 과전류 차단기의 종류 : 배선용 차단기, 누전 차단기(과전류 차단 기능이 부착된 것), 퓨즈(나이프 스위치, 플러그 퓨즈 등)

③ 과전류 차단기에 요구되는 성능

   ㉠ 전동기의 기동 전류와 같이 단시간 동안 약간의 과전류에서는 동작하지 않아야 한다.

   ㉡ 과부하 등 적은 과전류가 장시간 지속하여 흘렀을 때 동작하여야 한다.

   ㉢ 과전류가 증가하면 단시간에 동작하여야 한다.

   ㉣ 큰 단락 전류가 흐를 때에는 순간적으로 동작하여야 한다.

   ㉤ 차단 시 발생하는 아크를 소호하여 폭발하지 않고 확실하게 차단할 수 있어야 한다.

   ※ 과전류 차단기는 적은 과전류가 장시간 계속 흘렀을 때 차단하고, 큰 과전류가 발생했을 때에는 단시간에 차단할 수 있어야 한다.

5-1. 과전류 차단기의 종류가 아닌 것은?

① 퓨즈(Fuse)

② 배선용 차단기

③ 저항기

④ 누전 차단기(과전류 차단 겸용인 경우)

5-2. 다음 중 과전류 차단기에 요구되는 성능에 해당되지 않는 것은?

① 전동기의 기동 전류와 같이 단시간 동안 약간의 과전류에서도 동작할 것

② 과전류가 장시간 계속 흘렀을 때 동작할 것

③ 과전류가 커졌을 때 단시간에 동작할 것

④ 큰 단락 전류가 흘렀을 때는 순간적으로 동작할 것

5-3. 과전류 차단기에 요구되는 성능에 관한 설명 중 맞는 것은?

① 과부하 등 적은 과전류가 장시간 계속 흘렀을 때 동작하지 않을 것

② 과전류가 작아졌을 때 단시간에 동작할 것

③ 큰 단락 전류가 흘렀을 때는 순간적으로 동작할 것

④ 전동기의 기동 전류와 같이 단시간 동안 약간의 과전류가 흘렀을 때 동작할 것

5-4. 과전류 차단기는 적은 과전류가 (A) 계속 흘렀을 때 차단하고, 큰 과전류가 발생했을 때에는 (B)에 차단할 수 있어야 한다. ( )에 알맞은 말로 짝지어진 것은?

① A : 장시간, B : 장시간

② A : 단시간, B : 단시간

③ A : 장시간, B : 단시간

④ A : 단시간, B : 장시간

5-5. 과전류 차단기에 대한 설명 중 틀린 것은?

① 제어반에 설치되는 기기이다.

② 누전 발생 시 회로를 차단한다.

③ 차단기 용량은 정격 전류에 대하여 250% 이상으로 한다.

④ 구조는 배선용 차단기와 같다.

|해설|

5-1

과전류 차단기의 종류

배선용 차단기, 누전 차단기(과전류 차단 기능이 부착된 것), 퓨즈(나이프 스위치, 플러그 퓨즈 등)

5-2

과전류 차단기에 요구되는 성능

• 전동기의 기동 전류와 같이 단시간 동안 약간의 과전류에서는 동작하지 않아야 한다.
• 과부하 등 적은 과전류가 장시간 지속하여 흘렀을 때 동작하여야 한다.
• 과전류가 증가하면 단시간에 동작하여야 한다.
• 큰 단락 전류가 흐를 때에는 순간적으로 동작하여야 한다.
• 차단 시 발생하는 아크를 소호하여 폭발하지 않고 확실하게 차단할 수 있어야 한다.

정답 5-1 ③ 5-2 ① 5-3 ③ 5-4 ③ 5-5 ③

핵심이론 06 | 배선용 차단기

① 배선용 차단기의 동작 방식에 따른 분류

> 열동(熱動)식, 열동전자(熱動電子)식, 전자(電磁)식, 전자(電子)식

- ㉠ 열동식 : 바이메탈의 열에 대한 변화(변형) 특성을 이용하여 작동하는 것으로, 직렬식(소용량), 병렬식(중, 대용량), CT식(교류 대용량) 등이 있다.
- ㉡ 열동전자식 : 열동식과 전자식 두 가지 작동요소를 갖는 것으로, 과부하 영역에서는 열동식 소자가 작동하고, 단락 등의 대전류 영역에서는 전자식 소자에 의해 단시간에 작동한다.
- ㉢ 전자(電磁)식 : 전자석에 의해 작동하는 것으로 작동 시간이 길어진다.
- ㉣ 전자(電子)식 : CT를 이용하여 소전류 영역에서는 장(長)시한, 대전류 영역에서는 단(短)시한, 단락 전류 영역에서는 순시에 작동한다.

② 배선용 차단기의 구조

개폐 기구, 과전류 트립 장치, 소호 장치, 접점, 단자를 일체로 하여 조합하여 넣은 몰드 케이스로 구성되어 있다.

③ 배선용 차단기의 규격

- ㉠ 정격 전류 1배의 전류로는 자동적으로 동작하지 아니할 것
- ㉡ 정격 전류의 구분에 따라 정격 전류의 1.25배 및 2배의 전류가 통과하였을 경우에는 배선용 차단기의 작동 전류 및 작동 시간표에서 명시한 시간 내에 자동적으로 동작할 것

④ 배선용 차단기의 특징

- ㉠ 과전류로 인하여 차단되었을 때 그 원인을 제거하면 즉시 재차 투입할 수 있으므로 반복해서 사용할 수 있다.
- ㉡ 개폐 기구를 겸하고, 접점의 개폐 속도가 일정하며 빠르다.

ⓒ 과전류가 1극(3선 중 1선)에만 흘러도 각 극이 동시에 트립되므로 결상 등과 같은 이상이 생기지 않는다[과전류가 1극(3선 중 1선)에만 흘러도 작동(차단)한다].

ⓓ 동작 후 복구 시 퓨즈와 같이 교환 시간이 걸리지 않고 예비품의 준비가 필요 없다.

10년간 자주 출제된 문제

6-1. 배선용 차단기의 기본 구조에 해당되지 않는 것은?

① 개폐 기구
② 과전류 트립 장치
③ 단자
④ 퓨즈

6-2. 배선용 차단기의 동작 방식에 따른 분류가 아닌 것은?

① 전자식
② 누전식
③ 열동전자식
④ 열동식

6-3. 다음 중 배선용 차단기(MCCB)에 대한 설명으로 옳은 것은?

① 부하 전류 차단이 불가능하다.
② 일반적으로 누전 보호 기능도 구비하고 있다.
③ 과전류가 1극에만 흘렀을 경우 결상과 같은 이상이 생긴다.
④ 과전류로 동작(차단)하였을 때 그 원인을 제거하면 즉시 재차 투입(On으로 한다)할 수 있으므로 반복 사용이 가능하다.

6-4. 배선용 차단기에 대한 설명으로 틀린 것은?

① 개폐 기구를 겸해서 구비하고 있다.
② 접점의 개폐 속도가 일정하고 빠르다.
③ 과전류 시 작동(차단)한 차단기는 반복해서 사용할 수가 없다.
④ 과전류가 1극(3선 중 1선)에만 흘러도 작동(차단)한다.

6-5. 배선용 차단기의 특징이 아닌 것은?

① 과전류로 동작(차단)하였을 때 그 원인을 제거하면 즉시 재차 투입할 수 있다.
② 접점의 개폐 속도가 일정하고 또한 빠르다.
③ 과전류가 2극 이상 흘러야 트립한다.
④ 동작 후 복구 시에 퓨즈와 같이 교환 시간이 걸리지 않는다.

6-6. 배선용 차단기는 퓨즈에 비하여 장점이 많은데, 그 장점이 아닌 것은?

① 개폐 기구를 겸하고, 개폐 속도가 일정하며 빠르다.
② 과전류가 1극에만 흘러도 각 극이 동시에 트립되므로 결상 등과 같은 이상이 생기지 않는다.
③ 전자 제어식 퓨즈이므로 복구 시에 교환 시간이 많이 소요된다.
④ 과전류로 동작하였을 때 그 원인을 제거하면 즉시 사용할 수 있다.

6-7. 저압 전로에 사용되는 배선용 차단기의 규격에 적합하지 않은 것은?

① 정격 전류 1배의 전류로는 자동적으로 동작하지 않을 것
② 정격 전류 1.25배의 전류가 통과하였을 경우는 배선용 차단기의 특성에 따른 동작 시간 내에 자동적으로 동작할 것
③ 정격 전류 2배의 전류가 통과하였을 경우는 배선용 차단기의 특성에 따른 동작 시간 내에 자동적으로 동작할 것
④ 배선용 차단기 동작 시간이 정격 전류의 2배 전류가 통과할 때가 정격 전류의 1.25배 전류가 통과할 때보다 더 길 것

|해설|

6-3
배선용 차단기의 특징
• 과전류로 인하여 차단되었을 때 그 원인을 제거하면 즉시 재차 투입할 수 있으므로 반복해서 사용할 수 있다.
• 접점의 개폐 속도가 일정하고 빠르다.
• 과전류가 1극에만 흘러도 각 극이 동시에 트립되므로 결상 등과 같은 이상이 생기지 않는다.
• 동작 후 복구 시 퓨즈와 같이 교환 시간이 걸리지 않고 예비품의 준비가 필요 없다.

6-4
과전류로 인하여 차단되었을 때 그 원인을 제거하면 즉시 재차 투입할 수 있으므로 반복해서 사용할 수 있다.

6-6
동작 후 복구 시 퓨즈와 같이 교환 시간이 걸리지 않고 예비품의 준비가 필요 없다.

정답 6-1 ④ 6-2 ② 6-3 ④ 6-4 ③ 6-5 ③ 6-6 ③ 6-7 ④

핵심이론 07 | 기타 전기 장치 주요 사항

① 전기 수전반에서 인입 전원을 받을 때의 내용
   ㉠ 기동 전력을 충분히 감안하여 수전 받아야 한다.
   ㉡ 인입 전원은 제원표를 참고하여 기동 전력을 감안한다.
   ㉢ 변압기를 설치하는 경우 방호망을 설치하여 작업자를 보호할 수 있도록 한다.
   ㉣ 타워크레인용으로 단독으로 가설하여 전압 강하가 발생하지 않도록 한다.

② 전기 안전 사항
   ㉠ 전기 장치는 반드시 접지하여야 한다.
   ㉡ 모든 계기 사용 시 최대 측정 범위를 초과하지 않도록 해야 한다.
   ㉢ 퓨즈는 용량이 맞는 것을 끼워야 한다.
   ㉣ 전선의 접속은 접촉 저항을 작게 하는 것이 좋다.
   ㉤ 스위치를 넣거나 끊는 것은 오른손으로 정확히 한다.
   ㉥ 퓨즈가 끊어졌다고 함부로 손을 대서는 안 된다.
   ㉦ 보호 덮개를 씌운 작업등을 사용한다.
   ㉧ 신호 점검 사항을 확인하고 스위치를 넣는다.
   ㉨ 전류계는 저항 부하에 대하여 직렬 접속한다.
   ㉩ 축전지 전원 결선 시 합선되지 않도록 유의해야 한다.
   ㉪ 절연된 전극이 접지되지 않도록 하여야 한다.

7-1. 타워크레인의 전기 장치가 아닌 것은?
① 전동기
② 치차류
③ 계전기
④ 저항기

7-2. 전기 장치에 관한 설명으로 틀린 것은?
① 계기 사용 시는 최대 측정 범위를 초과해서 사용하지 말아야 한다.
② 전류계는 부하에 병렬로 접속해야 한다.
③ 축전지 전원 결선 시는 합선되지 않도록 유의해야 한다.
④ 절연된 전극이 접지되지 않도록 하여야 한다.

7-3. 전기 수전반에서 인입 전원을 받을 때의 내용이 아닌 것은?
① 기동 전력을 충분히 감안하여 수전 받아야 한다.
② 지브의 길이에 따라서 기동 전력이 달라져야 한다.
③ 변압기를 설치하는 경우 방호망을 설치하여 작업자를 보호할 수 있도록 한다.
④ 타워크레인용으로 단독으로 가설하여 전압 강하가 발생하지 않도록 한다.

7-4. 수전반 또는 보호반 내에 설치된 직접적인 안전장치는?
① 주 전자 접촉기
② 주 나이프 스위치
③ 누름단추 스위치
④ 표시등

7-5. 다음 안전 사항 중 설명이 잘못된 것은?
① 전기 장치는 반드시 접지하여야 한다.
② 모든 계기 사용 시는 최대 측정 범위를 초과하지 않도록 해야 한다.
③ 퓨즈는 용량이 맞는 것을 끼워야 한다.
④ 전선의 접속은 접촉 저항을 크게 하는 것이 좋다.

|해설|

7-1
치차는 둘레에 일정한 간격으로 톱니가 박혀 있는 바퀴이다.

7-2
전류계는 저항 부하에 대하여 직렬 접속한다.

7-3
인입 전원은 제원표를 참고하여 기동 전력을 감안한다.

7-4
주 전자 접촉기는 제어반에 설치되어 있고 누름단추 스위치와 표시등은 계기판 외부에 설치되어 있으며, 주 나이프 스위치는 보호반(함) 내에 설치된다.

7-5
전선의 접속은 접촉 저항을 작게 하는 것이 좋다.

정답 7-1 ② 7-2 ② 7-3 ② 7-4 ② 7-5 ④

1 타워크레인의 방호 장치

1-1. 타워크레인의 방호 장치 종류 및 원리

핵심이론 01 | 타워크레인 방호 장치의 종류

① 과권상 및 권하 방지 장치(호이스트 리밋 장치) : 트롤리 및 지브의 충돌을 방지

② 과부하 방지 장치 : 권상 동작을 정지시키는 장치

③ 속도 제한 장치 : 사고 방지 및 권상 시스템(Hoist-system)을 보호

④ 바람에 대한 안전장치 : 역방향으로 작동되는 것을 방지

⑤ 비상 정지 장치 : 돌발 상황 시 제어 회로를 차단

⑥ 트롤리 내·외측 제어 장치(트롤리 리밋 장치) : 훅이 Jib Pivoting Section 및 Jib Head Section과의 충돌을 방지

⑦ 트롤리 로프 파손 안전장치 : Steel 와이어로프의 파손 시 트롤리 정지

⑧ 트롤리 정지 장치(Stopper) : 트롤리 최소 반경 또는 최대 반경으로 동작 시 트롤리 정지

⑨ 트롤리 로프 긴장(유지) 장치 : 로프의 처짐 시 장력을 주는 장치

⑩ 와이어로프 꼬임 방지 장치 : 호이스트 와이어로프의 꼬임에 의한 로프의 변형을 제거해주는 장치

⑪ 훅 해지 장치 : 와이어로프가 훅에서 이탈되는 것을 방지

⑫ 선회 브레이크 풀림 장치 : 타워크레인의 지브가 바람에 따라 자유롭게 움직이게 하는 장치

⑬ 선회 제한 리밋 스위치 : 주어진 범위 내에서만 선회 동작이 가능

⑭ 충돌 방지 장치 : 크레인 간의 충돌 방지

⑮ 접지 : 전기 충격 및 화재 등으로부터 기기와 인체를 보호하는 장치

10년간 자주 출제된 문제

1-1. 타워크레인의 방호 장치에 해당되는 것은?
① 카운터 지브
② 훅 블록
③ 선회 장치
④ 비상 정지 장치

1-2. T형(수평 지브형) 타워크레인의 방호 장치에 해당되지 않는 것은?
① 권과 방지 장치
② 과부하 방지 장치
③ 비상 정지 장치
④ 붐 전도 방지 장치

1-3. 타워크레인에 설치되어 있는 방호 장치의 종류가 아닌 것은?
① 충전 장치
② 과부하 방지 장치
③ 권과 방지 장치
④ 훅 해지 장치

1-4. 타워크레인 방호 장치와 연관성의 연결이 틀린 것은?
① 과부하 방지 장치 - 인양하물
② 권과 방지 장치 - 와이어로프
③ 충돌 방지 장치 - 주행, 선회
④ 훅 해지 장치 - 충돌 방지

|해설|

1-1
비상 정지 장치는 예기치 못한 상황이나 동작을 정지시켜야 할 상황이 발생하였을 때 작동하는 장치이다.

1-3
타워크레인의 방호 장치 종류
• 권상 및 권하 방지 장치 • 과부하 방지 장치
• 속도 제한 장치 • 바람에 대한 안전장치
• 비상 정지 장치 • 트롤리 내·외측 제어 장치
• 트롤리 로프 파손 안전장치 • 트롤리 정지 장치(Stopper)
• 트롤리 로프 긴장 장치 • 와이어로프 꼬임 방지 장치
• 훅 해지 장치 • 선회 제한 리밋 스위치
• 충돌 방지 장치 • 선회 브레이크 풀림 장치
• 접지

1-4
훅 해지 장치는 와이어로프가 훅에서 이탈되는 것을 방지하기 위한 장치이다.

정답 1-1 ④ 1-2 ④ 1-3 ① 1-4 ④

① 권상 및 권하 방지 장치

　㉠ 전원 회로의 제어를 통하여 타워크레인 화물을 운반하는 도중 훅이 지면에 닿거나 권상 작업 시 트롤리 및 지브와의 충돌을 방지하는 장치이다.

　㉡ 권상 제한 장치 : 훅 뭉치의 일부가 크레인의 고정된 구조물이나 다른 설정된 한계에 접촉을 제한하기 위한 장치를 말한다.

　㉢ 권하 제한 장치 : 로프가 드럼에 감겨 있어야 하는 최소 감김 수를 유지하기 위한 장치를 말한다.

　㉣ 일반적으로는 권상 드럼의 축에 리밋 스위치를 연결하여 과권상 및 과권하 시 자동으로 동력을 차단하는 구조이다.

　※ 주행 리밋 스위치는 주행용 타워크레인에만 부착되어 있다.

　㉤ 리밋 스위치 : 권상, 주행, 횡행 등 각 장치의 운동에 대한 과행을 방지하는 역할

　㉥ 리밋 스위치 종류

　　• 나사형 리밋 스위치

　　　– 드럼 회전에 연동해서 과권을 방지하도록 된 안전장치

　　　– 연동 장치에 의해 피드나사가 회전하면 그것과 맞물리는 너트(Nut)가 이동하여 개폐기의 레버를 움직여 접점에 개폐를 행하는 제한 스위치

　　• 작동식(중추식) 리밋 스위치

　　　– 훅이 과도하게 상승하여 중추에 직접 닿았을 때 작동되는 방식

　　　– 호이스트 등에 사용되며 훅의 상승에 의해 힌지 형식의 액추에이터를 들어 올리면 리밋 스위치가 작동되도록 하여 과권을 방지하는 장치

　　• 캠(Cam)형 리밋 스위치

　　　– 드럼과 연동되어 회전을 하고, 원판 모양으로 주위에 배치된 블록 및 오목 캠에 의해 스위치의 레버를 작동시키는 구조이다.

　　　– 크레인의 양정에서 상한을 제한하는 장치이다.

② 바람에 대한 안전장치

　㉠ 회전 모터가 작동할 때와 모터에 회전력이 생길 때까지는 약간의 시간이 경과하므로 바람이 불 경우 역방향으로 작동되는 것을 방지하는 장치이다.

　㉡ 회전 기어 브레이크 주변에 부착된 리밋 스위치에 의해 전원 회로를 제어한다.

10년간 자주 출제된 문제

2-1. 리밋 스위치의 설명으로 적합한 것은?
① 큰 전류가 흐를 경우 자동적으로 회로를 차단시키는 장치
② 로프의 권과를 방지하기 위한 장치
③ 운반물의 급강하를 방지하기 위한 장치
④ 운반물의 강하를 방지하기 위한 장치

2-2. 주행용 타워크레인에만 부착되어 있는 방호 장치는?
① 러핑 각도 지시계 　　② 주행 리밋 스위치
③ 러핑 권과 방지 장치 　④ 권상 권과 방지 장치

2-3. 권상ㆍ권하 방지 장치 리밋 스위치의 구성 요소가 아닌 것은?
① 캠 　　　　　　　　② 웜
③ 웜휠 　　　　　　　④ 권상 드럼

2-4. 중추식 리밋 스위치(Weight Type L/S)는 다음 중 어느 경우에 사용되는가?
① 훅의 과상승 방지 　　② 훅의 과하강 방지
③ 훅의 과주행 방지 　　④ 훅의 과부하 방지

|해설|
2-1
리밋 스위치
안전장치에 사용되는 것으로 횡행, 주행 등의 운동에 대한 과도한 진행을 방지하는 기구

정답 2-1 ② 　2-2 ② 　2-3 ④ 　2-4 ①

핵심이론 03 │ 타워크레인 과부하 방지 장치(1)

① 타워크레인의 각 지브 길이에 따라 정격 하중의 1.05배 이상 권상 시 과부하 방지 및 모멘트 리밋 장치가 작동하여 권상 동작을 정지시키는 장치이다.

② 작동 시 경보가 울리며 운전자 및 인근 작업자에게 경보를 주고 임의로 조정할 수 없도록 하여야 한다.

③ 과부하 방지 장치의 부착 시 요건(건설기계 안전기준에 관한 규칙 제112조)

타워크레인에는 다음의 기준에 맞는 과부하 방지 장치를 설치해야 한다. 다만, 안전밸브를 설치한 경우에는 그렇지 않다.

　㉠ 산업안전보건법에 따른 안전인증을 받은 것일 것
　㉡ 정격 하중의 1.05배를 들어 올릴 경우 경보와 함께 권상 동작(지브의 기복 동작을 포함)이 정지되고 부하를 증가시키는 동작이 불가능한 구조일 것
　㉢ 임의로 조정할 수 없도록 봉인되어 있을 것
　㉣ 접근하기 쉬운 장소에 설치하여야 하고, 과부하 시 조종사가 쉽게 경보를 들을 수 있을 것
　㉤ 과부하 방지 장치가 작동하면 과부하가 제거되고 해당 제어기가 중립 또는 정지 위치로 돌아갈 때까지 ㉡의 동작 상태를 유지할 것

④ 과부하 방지 장치 설치 장소

　㉠ 크레인 또는 호이스트(Hoist) 제어반 내부에는 설치를 금지한다.
　㉡ 잘 보이고 쉽게 점검할 수 있는 위치, 즉 통로 또는 제어반 외부에 설치하며 운전실이 있는 경우, 운전실 내에 설치하거나 경보 설비를 추가로 운전실 내에 설치한다.

3-1. 타워크레인 각 지브의 길이에 따라 정격 하중의 1.05배 이상 권상 시 작동하여 권상 동작을 정지시키는 장치는?

① 권상 및 권하 방지 장치
② 비상 정지 장치
③ 과부하 방지 장치
④ 트롤리 정지 장치

3-2. 크레인에 사용하는 과부하 방지 장치의 안전 점검 사항 중 틀린 것은?

① 과부하 방지 장치가 동작할 때는 경보음이 작동되어야 한다.
② 관계책임자 이외는 임의로 조정할 수 없도록 납봉인 등이 되어 있어야 한다.
③ 과부하 방지 장치의 동작 시 일정한 시간이 지나면 자동 복귀되어야 한다.
④ 과부하 방지 장치는 성능 검정을 필한 것이어야 한다.

3-3. 타워크레인 과부하 방지 장치의 구비 및 설치 조건으로 틀린 것은?

① 과부하 방지 장치는 대단히 중요하므로 아무나 볼 수 없도록 전기 패널 내부에 설치한다.
② 과부하 방지 장치의 동작은 정격 하중의 1.05배 이내에서 동작하도록 조정한다.
③ 동작 시 경보가 울려 운전자 및 인근 작업자에게 경고를 주고 임의로 조정할 수 없도록 봉인한다.
④ 과부하 방지 장치는 성능 검정 대상품이므로 성능 검정 합격품을 설치한다.

3-4. 과부하 방지 장치의 구비 조건이 아닌 것은?

① 안전인증을 받은 것일 것
② 정격 하중의 1.05배를 들어 올릴 경우 경보와 함께 권상 동작이 정지되고 부하를 증가시키는 동작이 불가능한 구조일 것
③ 과부하 시 운전자가 용이하게 조정할 수 있는 곳에 설치할 것
④ 임의로 조정할 수 없도록 봉인되어 있을 것

3-5. 과부하 방지 장치(안전밸브 제외)를 부착할 위치에 대하여 맞게 설명한 것은?

① 접근이 차단된 장소에 설치한다.
② 과부하 시 운전자가 용이하게 경보를 들을 수 있어야 한다.
③ 시험 시 풍속 8.3m/s를 초과하는 위치에 설치한다.
④ 가급적 운전실과 멀리 떨어진 곳에 설치한다.

3-6. 타워크레인에서 과부하 방지 장치 장착에 대한 것으로 틀린 것은?

① 접근이 용이한 장소에 설치될 것

② 타워크레인 제작 및 안전기준에 의한 성능 검정 합격품일 것

③ 정격 하중의 1.1배 권상 시 경보와 함께 권상 동작이 최저 속도로 주행될 것

④ 과부하 시 운전자가 용이하게 경보를 들을 수 있을 것

|해설|

3-2

과부하 방지 장치의 동작 시 그 원인이 해소되지 않은 상태에서 단순히 시간이 지남에 따라 자동 복귀되는 일이 없어야 한다.

※ 과부하 방지 장치는 크레인에 사용 시 정격 하중의 110% 이상의 하중이 부하되었을 때 자동적으로 권상, 횡행 및 주행 동작이 정지되면서 경보음을 발생하는 장치이다.

3-4

과부하 방지 장치의 구비 조건

① 산업안전보건법에 따른 안전인증을 받은 것일 것

② 정격 하중의 1.05배를 들어 올릴 경우 경보와 함께 권상 동작(지브의 기복 동작을 포함)이 정지되고 부하를 증가시키는 동작이 불가능한 구조일 것

③ 임의로 조정할 수 없도록 봉인되어 있을 것

④ 접근하기 쉬운 장소에 설치하여야 하고, 과부하 시 조종사가 쉽게 경보를 들을 수 있을 것

⑤ 과부하 방지 장치가 작동하면 과부하가 제거되고 해당 제어기가 중립 또는 정지 위치로 돌아갈 때까지 ②의 동작 상태를 유지할 것

3-6

정격 하중의 1.1배 권상 시 경보와 함께 권상 동작이 정지되고 횡행, 주행 동작 및 과부하를 증가시키는 동작이 불가능한 구조일 것. 다만, 지브형 크레인은 정격 하중의 1.05배 권상 시 경보와 함께 권상 동작이 정지되고 과부하를 증가시키는 동작이 불가능한 구조일 것

정답 3-1 ③ 3-2 ③ 3-3 ① 3-4 ③ 3-5 ② 3-6 ③

핵심이론 04 | 타워크레인 과부하 방지 장치(2)

① 기계식 과부하 방지 장치

　㉠ 기계·기구학적인 방법에 의하여 과부하 상태를 감지

　㉡ 3상 또는 유도 전동기를 사용하는 크레인을 보호

　㉢ 스프링의 탄성력을 이용한 정지형 안전장치

　㉣ 스프링의 정격 탄성력 이상으로 작동 시 내부의 마이크로 스위치 동작

　㉤ 압축 코일 스프링의 압축 변형량과 스위치 동작

　㉥ 인장 스프링의 인장 변형량과 스위치 동작

　㉦ 원환 링(다이나모미터링)과 그 내측에 조합한 판 스프링의 변형과 스위치 동작

　㉧ 구조가 간단하고 보수가 용이하며 반영구적이고 취급이 간편하여 별도의 동작 전원 불필요

　㉨ 완전 밀폐형으로 폭발성 또는 산 지역에서도 사용이 가능

② 전기식 과부하 방지 장치

　㉠ 권상 모터의 과전류를 감지하여 제어하는 방식

　㉡ 권상 모터가 동작할 때만 전류 변환기(CT)가 감지하여 동작

　㉢ 정지 상태에서는 과부하 감지 불가능(리프트, 곤돌라, 승강기 사용 불가)

　㉣ 설치가 용이하고 가격이 저렴하여 사업장에서 선호

③ 전자식 과부하 방지 장치

　㉠ 스트레인 게이지를 이용한 전자 감응 방식으로 과부하 상태 감지

　㉡ 스트레인 게이지(로드 셀)부 및 컨트롤부로 구성

　㉢ 로드 셀(인장형, 압축형, 샤프트 핀형)에 부착된 스트레인 게이지의 전기식 저항값의 변화에 따라 동작 감지

　㉣ 로드 셀의 제조 능력에 따라 감지 능력의 성능 결정

　㉤ 변형량을 단위로 환산하여 보여 줌

　㉥ 정확한 측정이 가능하나 가격이 비쌈

4-1. 과부하 방지 장치(Overload Limiter)에 대한 설명으로 적합한 것은?

① 크레인으로 화물을 들어 올릴 때 최대 허용 하중(적정 하중) 이상이 되면 과적재를 알리면서 자동으로 운반 작업을 중단시켜 과적에 의한 사고를 예방하는 방호 장치이다.
② 과부하 방지 장치는 작동하는 방법에 따라 모터 전자식, 부하식, 기계식으로 분류된다.
③ 기계식은 권상 모터에 공급되는 전류값의 변화에 따라 과전류를 감지하여 제어하는 방식이다.
④ 전기식은 스프링, 방진고무 등의 처짐을 이용하여 마이크로 스위치를 동작시켜 제어하는 방식이다.

4-2. 타워크레인의 기계식 과부하 방지 장치 원리에 해당되지 않는 것은?

① 압축 코일 스프링의 압축 변형량과 스위치 동작
② 인장 스프링의 인장 변형량과 스위치 동작
③ 와이어로프의 시잔량과 스위치 동작
④ 원환 링(다이나모미터링)과 그 내측에 조합한 판스프링의 변형과 스위치 동작

4-3. 타워크레인의 전자식 과부하 방지 장치의 동작 방식으로 적합하지 않은 것은?

① 인장형 로드 셀
② 압축형 로드 셀
③ 샤프트 핀형 로드 셀
④ 외팔보

4-4. 전자식 과부하 방지 장치를 설명한 것으로 옳은 것은?

① 내부의 마이크로 스위치를 동작하여 운전 상태를 정지하는 안전장치이다.
② 변화되는 중량을 아날로그로 표시, 편의성을 향상시켰으며 가격도 저렴하다.
③ 스트레인 게이지의 전자식 저항값의 변화에 따라 아주 민감하게 동작하는 방호 장치이다.
④ 감지 방법은 하중의 방향에 따라 인장 로드 셀 방법, 압축 로드 셀 방법이 있다.

|해설|

4-1
② 과부하 방지 장치에는 과부하를 감지하는 방법에 따라 기계식, 전기식 및 전자식 과부하 방지 장치로 구분된다.
③ 기계식은 스프링, 방진고무 등의 처짐을 이용하여 마이크로 스위치를 동작시켜 제어하는 방식이다.
④ 전기식은 권상 모터의 전류값의 변화에 따라 과전류를 감지하여 제어하는 방식이다.

4-4
전자식 과부하 방지 장치
• 스트레인 게이지(로드 셀), 컨트롤 부분으로 구성되어 있으며, 크레인으로 화물을 권상 시 최대 허용 하중(정격 하중 110%) 이상이 되면 과적재를 알리면서 자동으로 운반 작업을 중단시켜 과적에 의한 사고를 예방하는 장치이다.
• 변화되는 중량을 디지털로 표시하여 알려 줄 수 있는 아주 편리한 안전장치이지만, 가격이 비싸다는 단점이 있다.
• 로드 셀에 부착되어 있는 스트레인 게이지의 전기식 저항값의 변화에 따라 아주 민감하게 동작하는 신호 장치이다.

정답 4-1 ① 4-2 ③ 4-3 ④ 4-4 ④

핵심이론 05 │ 비상 정지 장치

① 비상 정지 장치의 개념

　㉠ 동작 시 예기치 못한 상황이나 동작을 멈추어야 할 상황이 발생되었을 때 정지시키는 장치로서 모든 제어 회로를 차단시키는 구조로 한다.

　㉡ 비상 정지용 누름 버튼은 적색으로 머리 부분이 돌출되고 수동 복귀되는 형식을 사용하여야 한다.

　※ 비상 정지 장치(건설기계 안전기준에 관한 규칙 제118조)

　　타워크레인에는 조종사가 비상시에 조작이 가능한 위치에 다음의 기준에 맞는 비상 정지 스위치를 설치하여야 한다.

　　• 비상 정지 스위치를 작동한 경우에는 타워크레인에 공급되는 동력이 차단되도록 할 것

　　• 비상 정지 스위치의 복귀로 비상 정지 조작 직전의 동작이 자동으로 되지 아니할 것

　　• 비상 정지용 누름 버튼은 붉은색으로 표시하고, 머리 부분이 돌출되며 수동 복귀되는 구조일 것

② 비상 정지 회로 구성

　㉠ 스위치 접점의 형식은 순시 접점을 사용하고 평상 시 닫힘 상태를 유지하다가 비상 정지용 버튼을 조작하면 열림 상태를 유지하고, 복귀하고자 하여 수동으로 버튼을 다시 조작하면 닫힘 상태를 유지하는 잠금형이어야 한다.

　㉡ 비상 정지 누름 버튼을 누른 후 버튼을 잡아당겨 원위치로 복귀시키더라도 자동으로 크레인 권상, 권하, 주행 등의 작동이 되어서는 아니 되며 운전 조작을 처음부터 시작하도록 제어 구성을 하여야 한다.

10년간 자주 출제된 문제

5-1. 타워크레인 동작 시 예기치 못한 상황이 발생했을 때 긴급히 정지하는 장치는?

① 트롤리 내외측 제어 장치
② 트롤리 정지 장치
③ 속도 제한 장치
④ 비상 정지 장치

5-2. 주행 중 동작을 멈추어야 할 긴급한 상황일 때 가장 먼저 해야 할 것은?

① 충돌 방지 장치 작동
② 권상, 권하 레버 정지
③ 비상 정지 장치 작동
④ 트롤리 정지 장치 작동

│해설│

5-2
T형 타워크레인의 트롤리 이동 작업 중 갑자기 장애물을 발견했을 때 운전자는 비상 정지 스위치를 누른다.

정답 5-1 ④　5-2 ③

선회 브레이크 풀림 장치, 선회 제한 리 밋 스위치

① 선회 브레이크 풀림 장치

　　㉠ T/C의 모든 동작을 멈추고 비 가동 시에 선회 기어 브레이크 풀림 장치를 작동시켜 타워크레인의 지브가 바람에 따라 자유롭게 움직임으로써 타워크레인이 바람에 의해 영향을 받는 면적을 최소로 하여 타워크레인 본체를 보호하고자 설치된 장치이다.

　　㉡ 타워크레인 비 가동 시 지브가 바람에 따라 자유롭게 움직여 풍압에 의한 타워크레인 본체를 보호하고자 설치된 장치이다.

　　　• 크레인 본체가 바람의 영향을 최소로 받도록 한다.

　　　• 크레인 비 가동 시 선회 브레이크 풀림 장치를 작동시킨다.

　　　• 크레인 비 가동 시 지브가 바람 방향에 따라 자유롭게 선회하도록 한다.

　　　• 태풍 시 등에 크레인 본체를 보호하고자 설치된 장치이다.

② 선회 제한 리밋 스위치

　　선회 제한 리밋 스위치는 선회 장치 내에 부착되어 회전수를 검출하여 주어진 범위 내에서만 선회 동작이 가능토록 구성되어 있다.

　　㉠ 타워크레인의 선회 작업 구역을 제한하고자 할 때 사용한다.

　　㉡ 전기 공급 케이블 등이 과도하게 비틀리는 것을 방지하는 부품이다.

　　㉢ 선회하는 리밋은 양방향 1.5바퀴(540°)로 제한한다.

6-1. 타워크레인 비 가동 시 지브가 바람에 따라 자유롭게 움직여 풍압에 의한 타워크레인 본체를 보호하고자 설치된 장치는?

① 선회 브레이크 풀림 장치
② 충돌 방지 장치
③ 선회 제한 리밋 스위치
④ 와이어로프 꼬임 방지 장치

6-2. 선회 브레이크 풀림 장치 작동에 대한 설명으로 틀린 것은?

① 크레인 본체가 바람의 영향을 최소로 받도록 한다.
② 크레인 가동 시 선회 브레이크 풀림 장치를 작동시킨다.
③ 크레인 비 가동 시 지브가 바람의 방향에 따라 자유롭게 선회하도록 한다.
④ 태풍 시 등에 크레인 본체를 보호하고자 설치된 장치이다.

6-3. 타워크레인의 선회 작업 구역을 제한하고자 할 때 사용하는 안전장치는?

① 와이어로프 꼬임 방지 장치
② 선회 브레이크 풀림 장치
③ 선회 제한 리밋 스위치
④ 트롤리 로프 긴장 장치

6-4. 선회하는 리밋은 양방향 각각 얼마의 회전을 제한하는가?

① 2바퀴　　　　　② 1.5바퀴
③ 2.5바퀴　　　　④ 1바퀴

|해설|

6-2
크레인 비 가동 시 선회 브레이크 풀림 장치를 작동시킨다.

정답 6-1 ①　6-2 ②　6-3 ③　6-4 ②

1-2. 타워크레인의 방호 장치 점검 사항

핵심이론 01 | 과부하 방지 장치 점검

① 과부하 방지 장치 검사기준(안전검사 고시 [별표 2])
　㉠ 과부하 방지 장치는 정격 하중의 1.1배(타워크레인은 1.05배) 권상 시 경보와 함께 권상 동작이 정지되고 과부하를 증가시키는 동작이 되지 않을 것
　㉡ 하중 검출 장치는 다음과 같이 할 것
　　• 하중 검출기 구성 부품의 균열, 변형, 손상이 없을 것
　　• 텐션 로프의 풀림, 마모, 손상이 없을 것
　　• 계기판은 손상 또는 오염이 없고, 용이하게 계기판의 문자를 읽을 수 있을 것
　　• 계기판은 스위치를 작동시켜 스위치 및 지침의 움직임 또는 램프 및 경보음의 작동에 이상이 없을 것
② 과부하 방지 장치의 검사(트롤리의 이동에 따른 하중 초과 방지)
　㉠ 모멘트 과부하 차단 스위치 및 권상 과부하 차단 스위치의 작동 상태가 정상일 것
　㉡ 정격 하중의 1.05배 하중 적재 시 경보와 함께 작동이 정지될 것
　㉢ 과부하 시 운전자가 용이하게 경보를 들을 수 있을 것
　㉣ 권상 과부하 차단 스위치의 작동 상태가 정상일 것
　㉤ 성능 검정 대상품이므로 성능 검정 합격품인지 점검할 것

1-1. 타워크레인 방호 장치 점검 사항이 아닌 것은?
① 과부하 방지 장치의 점검
② 슬루잉 기어 손상 및 균열 점검
③ 모멘트 과부하 차단 스위치 작동 점검
④ 혹 상부와 시브와의 간격 점검

1-2. 방호 장치를 기계 설비에 설치할 때 철저히 조사해야 하는 항목이 맞게 연결된 것은?
① 방호 정도 – 어느 한계까지 믿을 수 있는지 여부
② 적용 범위 – 위험 발생을 경고 또는 방지하는 기능으로 할지 여부
③ 유지 관리 – 유지 관리를 하는 데 편의성과 적정성 여부
④ 신뢰도 – 기계 설비의 성능과 기능에 부합되는지 여부

1-3. 타워크레인의 과부하 방지 장치 검사에 대한 내용이 아닌 것은?
① 과부하 시 운전자가 용이하게 경보를 들을 수 있을 것
② 권상 과부하 차단 스위치의 작동 상태가 정상일 것
③ 정격 하중의 1.2배에 해당하는 하중 적재 시부터 경보와 함께 작동될 것
④ 성능 검정 대상품이므로 성능 검정 합격품인지 점검할 것

|해설|

1-3
과부하 방지 장치는 정격 하중의 1.1배(타워크레인은 1.05배) 권상 시 경보와 함께 권상 동작이 정지되고 과부하를 증가시키는 동작이 되지 않을 것

정답 1-1 ② **1-2** ③ **1-3** ③

권과 방지 장치 점검(건설기계 안전기준에 관한 규칙)

[건설기계 안전기준에 관한 규칙 제109조]

① 권상 장치 및 기복 장치에는 권과 방지 장치(捲過防止裝置)를 설치하여야 한다. 다만, 다음의 어느 하나에 해당하는 경우에는 그러하지 아니하다.

　㉠ 유압을 동력으로 사용하는 권상 장치 및 기복 장치

　㉡ 내연 기관을 동력으로 사용하는 권상 장치 및 기복 장치

　㉢ 마찰 클러치 방식 등 구조적으로 권과를 방지할 수 있는 권상 장치

② 권과 방지 장치의 성능 기준(규칙 제110조)

　㉠ 권과를 방지하기 위하여 자동적으로 전동기용 동력을 차단하고 작동을 제동하는 기능을 가질 것

　㉡ 혹 등 달기 기구의 상부(해당 달기 기구의 권상용 시브를 포함)와 이에 접촉할 우려가 있는 시브(경사진 시브는 제외) 및 트롤리 프레임 등의 하부와의 간격이 0.25m 이상(직동식 권과 방지 장치는 0.05m 이상) 되도록 조정할 수 있는 구조일 것

　㉢ 쉽게 점검할 수 있는 구조일 것

③ 권과 방지 장치 중 전기식의 기준(②의 성능 외의 요건)

　㉠ 접점, 단자, 배선, 그 밖에 전기가 통하는 부분(이하 통전 부분)의 외부 상자는 강판으로 제작되거나 견고한 구조일 것

　㉡ 통전 부분과 외부 상자 간의 절연 상태는 한국산업표준 C 4504(교류 전자 개폐기) 및 한국산업표준 C 4505(교류 전자 개폐기 조작용 스위치)에 따른 기준에 맞는 절연 효과를 가질 것

　㉢ 통전 부분의 외부 상자에는 보기 쉬운 위치에 정격 전압 및 정격 전류를 표시하거나 이를 적은 이름판을 부착할 것

　㉣ 물에 젖을 염려가 있는 조건 또는 분진 등이 날리는 조건에 설치하는 전선의 피복은 물 또는 분진 등에 의하여 열화(劣化)가 발생하지 아니할 것

　㉤ 접점이 개방되면 권과 방지 장치가 작동되는 구조로 할 것

　㉥ 통전 부분(동력을 직접 차단하는 구조인 것을 말한다)에 대한 온도 시험 결과는 한국산업표준 C 4504(교류 전자 개폐기)에 따른 기준에 맞을 것

④ 권과 방지 장치 검사 기준(안전검사 고시 [별표 2])

　㉠ 혹 등 달기 기구의 상부와 트롤리 프레임 등 접촉할 우려가 있는 것의 하부와의 간격을 정하여 0.25m 이상(직동식 권과 방지 장치는 0.05m 이상)이 되어야 하며 정상적으로 작동할 것

　㉡ 레버 등은 변형 또는 마모가 없을 것

⑤ 그 외 권과 방지 장치 검사 내용

　㉠ 권과 방지 장치 내부 캠의 조정 상태 및 동작 상태 확인

　㉡ 권과 방지 장치와 드럼 축의 연결 부분 상태 점검

2-1. 타워크레인에서 권과 방지 장치를 설치해야 되는 작업 장치만 고른 것은?

㉠ 권상 장치	㉡ 횡행 장치
㉢ 선회 장치	㉣ 주행 장치
㉤ 기복 장치	

① ㉠, ㉡　　　　　　② ㉠, ㉤
③ ㉠, ㉣　　　　　　④ ㉡, ㉢, ㉤

2-2. 권과 방지 장치의 다음 설명 중 (　) 안에 알맞은 것은?

권과 방지 장치는 훅의 달기 기구 상부와 접촉 우려가 있는 도르래와의 간격이 최소 (　) 이상일 것

① 10cm　　　　　　② 15cm
③ 25cm　　　　　　④ 30cm

2-3. 권과 방지 장치 검사에 대한 내용으로 틀린 것은?

① 권과를 방지하기 위하여 자동적으로 동력을 차단하고 작동을 정지시킬 수 있는지 확인
② 달기 기구(훅 등) 상부와 접촉 우려가 있는 시브(도르래)와의 간격이 최소 안전거리 이하로 유지되고 있는지 확인
③ 권과 방지 장치 내부 캠의 조정 상태 및 동작 상태 확인
④ 권과 방지 장치와 드럼 축의 연결 부분 상태 점검

|해설|

2-2, 2-3

훅 등 달기 기구의 상부와 접촉할 우려가 있는 것의 하부와의 간격이 0.25m 이상이 되어야 한다.

정답 2-1 ②　2-2 ③　2-3 ②

제5절　유압 이론

1 타워크레인의 유압 장치

1-1. 유압의 기초

핵심이론 01 유압의 특징

① 유압의 일반적인 성질
　㉠ 공기는 압력을 가하면 압축되지만 액체는 압축되지 않는다.
　㉡ 액체는 힘과 운동을 전달할 수 있다.
　㉢ 액체는 힘(작용력)을 증대 및 감소시킬 수 있다.

② 유압의 장점
　㉠ 소형으로 강력한 힘 또는 토크(Torque)를 낸다.
　㉡ 공기압과 비교하여 소형, 경량으로 출력이 크고, 응답성이 좋다.
　㉢ 에너지 축적이 가능하며, 안전장치가 간단하다.
　㉣ 고온이나 작업 환경이 열악한 곳에서도 사용할 수 있다.
　㉤ 전기, 전자와 간단하게 조합되고, 제어성이 우수하다.
　㉥ 속도 범위가 넓고, 무단 변속이 간단하며 원활하다.
　㉦ 진동이 적고, 내구성이 있으며, 원격 조작이 가능하다.

③ 유압의 단점
　㉠ 기름 누설의 위험이 있고, 소음이 크다.
　㉡ 기름의 온도 변화로 액추에이터의 속도가 변한다.
　㉢ 화재의 위험이 있고, 작동유의 오염 관리가 필요하다.
　㉣ 공기압 장치 등과 비교하여 배관 작업이 어렵다.
　㉤ 먼지나 녹에 대한 고려가 필요하다.

1-1. 유압의 특징 설명으로 틀린 것은?

① 액체는 압축률이 커서 쉽게 압축할 수 있다.
② 액체는 운동을 전달할 수 있다.
③ 액체는 힘을 전달할 수 있다.
④ 액체는 작용력을 증대시키거나 감소시킬 수 있다.

1-2. 액체의 일반적인 성질이 아닌 것은?

① 액체는 압축되지 않는다.
② 액체는 힘을 전달할 수 있다.
③ 액체는 힘을 증대시킬 수 없다.
④ 액체는 운동을 전달할 수 있다.

|해설|

1-1
기체는 압축성이 크나, 액체는 압축성이 작아 비압축성이다.

정답 1-1 ① 1-2 ③

|핵심이론 **02** | **파스칼의 원리와 베르누이의 정리**

① 유압 기기의 작동 원리(파스칼의 원리)

ㄱ 밀폐된 용기 속에 정지 유체의 일부에 가해지는 압력은 유체의 모든 부분에 동일한 힘으로 동시에 전달한다.

ㄴ 정지된 액체에 접하고 있는 면에 가해진 유체의 압력은 그 면에 수직으로 작용한다.

ㄷ 정지된 액체의 한 점에 있어서의 압력의 크기는 모든 방향으로 같게 작용한다.

※ 파스칼 원리의 응용

• 유압은 모든 방향으로 일정하게 전달된다.

• 액체는 작용력을 감소시킬 수 있다.

• 단면적 변화 시 힘을 증대시킬 수 있다.

• 액체는 운동을 전달할 수 있다.

• 공기는 압축되나 오일은 압축되지 않는다.

• 유체의 압력은 면에 대해 직각으로 작용한다.

② 베르누이 정리

ㄱ 흐름이 균일하거나 층류인 이상유체에 대한 에너지 보존 원리이다.

ㄴ 유체가 수평면에서 운동할 때, 즉 위치 에너지의 변화가 없는 경우 유체 압력의 감소는 유속의 증가를 뜻한다.

ㄷ 유속이 빠를수록 압력이 낮고, 유속이 느릴수록 압력이 높아지므로 압력을 측정하면 유속을 알 수 있다.

• 유압(P) = 유체에 작용하는 힘(W)/단면적(A)

• 유량의 단위 : L/min, GPM

• 유량 공식 = 면적 × 속도 = 체적/시간

10년간 자주 출제된 문제

파스칼의 원리에 대한 설명으로 틀린 것은?

① 유압은 면에 대하여 직각으로 작용한다.
② 유압은 모든 방향으로 일정하게 전달된다.
③ 유압은 각 부에 동일한 세기를 가지고 전달된다.
④ 유압은 압력 에너지와 속도 에너지의 변화가 없다.

정답 ④

핵심이론 03 | 유압·공기압 기호

① 유압 장치의 기호 회로도에 사용되는 유압 기호의 표시 방법

　㉠ 기호에는 흐름의 방향을 표시한다.

　㉡ 각 기기의 기호는 정상 상태 또는 중립 상태를 표시한다.

　㉢ 기호에는 각 기기의 구조나 작용 압력을 표시하지 않는다.

　㉣ 유압 장치 기호에도 회전 표시를 할 수 있다.

　※ 그림 회로도 : 유압 구성기기의 외관을 그림으로 표시한 회로도

② 주요 공유압 기호

정용량형 유압 펌프	가변용량 유압 펌프	유압 압력계	유압 동력원	어큐뮬레이터
공기유압 변환기	드레인 배출기	단동 실린더	체크 밸브	복동 가변식 전자 액추에이터

10년간 자주 출제된 문제

3-1. 유압 구성기기의 외관을 그림으로 표시한 회로도는?

① 기호 회로도
② 그림 회로도
③ 조합 회로도
④ 단면 회로도

3-2. 다음은 유압 회로의 일부를 표시한 것이다. A에는 무엇이 연결되어야 하겠는가?

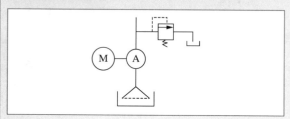

① 유압 실린더
② 오일 여과기
③ 펌프
④ 방향 제어 밸브

3-3. 유압 회로에서 다음 기호가 나타내는 것은?

① 가변 용량형 유압 펌프
② 정용량형 유압 펌프
③ 압축기 및 송풍기
④ 정용량형 유압 모터

정답 3-1 ② 3-2 ③ 3-3 ②

1-2. 유압 장치 구성

핵심이론 01 │ 유압 장치의 개념

① 유압 장치의 특징
- ㉠ 액체의 압력을 이용하여 기계적인 일을 시키는 것이다.
- ㉡ 유압 장치는 유압유의 압력 에너지를 이용하여 기계적인 일을 하는 것이다.
- ㉢ 유압 펌프는 기계적인 에너지를 유체 에너지로 바꿔준다.
- ㉣ 가압되는 유체는 저항이 최소인 곳으로 흐른다.
- ㉤ 유압력은 저항이 있는 곳에서 생성된다.
- ㉥ 유압 장치는 유압 탱크, 유압 액세서리, 유압 액추에이터(실린더, 모터), 펌프, 밸브 등으로 되어 있다.
- ㉦ 고장 원인을 발견하기 어렵고, 구조가 복잡하다.

② 압력의 개념
- ㉠ 절대 압력
  - 대기 압력은 대기가 가하는 압력으로 절대 압력에서 계기 압력을 뺀 압력이다.
  - 절대 압력은 대기 압력과 계기 압력을 합한 것이다.
  - 절대 압력은 완전 진공, 즉 절대 0압력을 기준으로 하여 측정한 압력이다.
  - ※ 완전 진공 : 밀폐된 용기 내에 기체 분자가 하나도 없거나 기체 분자의 운동 에너지가 0인 상태
- ㉡ 계기 압력(게이지 압력)
  - 계기 압력은 대기압을 "0"으로 기준하여 측정한 압력이다.
  - 계기 압력은 절대 압력과 국소 대기압과의 차를 측정하는 상대 압력이다.
  - 진공 압력은 대기압 이하의 압력, 즉 음(−)의 계기 압력이다.

- 진공 압력(Vacuum Pressure) 또는 음(-)의 계기 압력 : 대기압보다 낮은 압력
- 양(+)의 계기 압력 : 대기압보다 높은 압력
  ※ 절대 압력, 계기 압력, 대기압의 관계
    - 절대 압력 = 대기압 + 계기 압력
    - 절대 압력 = 대기압 - 진공 압력
    - 대기 압력 = 절대 압력 - 계기 압력

10년간 자주 출제된 문제

1-1. 유압 장치의 설명으로 맞는 것은?
① 물을 이용해서 전기적인 장점을 이용한 것
② 대용량의 화물을 들어 올리기 위해 기계적인 장점을 이용한 것
③ 기계를 압축시켜 액체의 힘을 모은 것
④ 액체의 압력을 이용하여 기계적인 일을 시키는 것

1-2. 유압 장치에 관한 설명으로 틀린 것은?
① 유압 펌프는 기계적인 에너지를 유체 에너지로 바꿔준다.
② 가압되는 유체는 저항이 최소인 곳으로 흐른다.
③ 유압력은 저항이 있는 곳에서 생성된다.
④ 고장 원인을 발견하기 쉽고 구조가 간단하다.

1-3. 압력에 대한 설명으로 틀린 것은?
① 대기 압력은 절대 압력과 계기 압력을 합한 것이다.
② 계기 압력은 대기압을 기준으로 한 압력이다.
③ 절대 압력은 완전 진공을 기준으로 한 압력이다.
④ 진공 압력은 대기압 이하의 압력, 즉 음(-)의 계기 압력이다.

|해설|

1-2
유압 장치는 구조가 복잡하여 고장 원인을 발견하기 어렵다.

1-3
대기 압력 = 절대 압력 - 계기 압력

정답 1-1 ④ 1-2 ④ 1-3 ①

핵심이론 02 | 유압 장치의 구성

① 유압 액추에이터 : 유압 펌프에서 송출된 압력 에너지를 기계적 에너지로 변환하는 것
② 유압 모터 : 유체의 압력 에너지에 의해서 회전 운동
③ 유압 실린더 : 유체의 압력 에너지에 의해서 직선 운동
   ※ 실린더의 구조 : 피스톤, 실린더 튜브, 헤드 커버, 피스톤 로드, 타이 로드 등
④ 유압 밸브(유압, 유량, 방향 제어)
   유압 실린더나 유압 모터에 공급되는 작동유의 압력, 유량, 방향을 바꾸어 힘의 크기, 속도, 방향을 목적에 따라 자유롭게 제어하는 것이다.
   ㉠ 압력 제어(압력 제어 밸브) : 일의 크기 결정 - 과부하의 방지 및 유압 기기 보호
   ㉡ 유량 제어(유량 제어 밸브) : 일의 속도 결정 - 액추에이터의 속도와 회전수 변화
   ㉢ 방향 제어(방향 제어 밸브) : 일의 방향 결정 - 역류 방지 작동유의 흐름 방지
⑤ 유압 펌프(압유 공급)
   ㉠ 유압 탱크에서 유압유를 흡입하고, 압축하여 유압 장치의 관로를 따라 액추에이터로 공급
   ㉡ 정토출량형 펌프 : 기어 펌프, 베인 펌프 등
   ㉢ 가변토출량형 : 피스톤 펌프, 베인 펌프 등
⑥ 유압 액세서리
   ㉠ 유압 장치의 보조적 역할을 한다.
   ㉡ 기름 냉각을 위한 쿨러, 압력계, 온도계 등 주변 기기
⑦ 유압 탱크
   ㉠ 유압유(기름)를 저장한다.
   ㉡ 유압유에 포함된 열의 발산, 공기의 제거, 응축수의 제거, 오염 물질의 침전 기능을 하고 유압 펌프와 구동 전동기 및 기타 구성 부품의 설치 장소를 제공한다.

⑧ 타워크레인 유압 장치 관리

㉠ 클라이밍 종료 후에는 램을 수축하여 둔다.

㉡ 오일 양의 상태 점검은 클라이밍 종료 후보다 시작 전에 하는 것이 더 좋다.

㉢ 유압 탱크 열화 방지를 위한 보호 조치를 한다.

10년간 자주 출제된 문제

2-1. 타워크레인에 사용되는 유압 장치의 주요 구성 요소가 아닌 것은?

① 유압 펌프　　　　　② 유압 실린더
③ 텔레스코픽 케이지　　④ 유압 탱크

2-2. 타워크레인 유압 장치에 관한 일반 사항으로 틀린 것은?

① 클라이밍 종료 후에는 램을 수축하여 둔다.
② 오일 양의 상태 점검은 클라이밍 시작 전보다 종료 후 하는 것이 더 좋다.
③ 유압 탱크 열화 방지를 위한 보호 조치를 한다.
④ 유압 장치는 유압 탱크, 실린더, 펌프, 램 등으로 되어 있다.

|해설|

2-1
텔레스코픽 케이지는 마스트를 연장 또는 해체 작업을 하기 위해 유압 장치 및 실린더가 부착되어 있는 구조의 마스트를 말한다.

2-2
오일 양의 상태 점검은 클라이밍 종료 후보다 시작 전에 하는 것이 더 좋다.

정답 2-1 ③　2-2 ②

1-3. 텔레스코핑 유압 장치

핵심이론 01 | 전동기

① 전동기의 개요

㉠ 전기 에너지를 기계 에너지로 바꾸는 장치를 전동기라 하며 직류 전동기와 교류 전동기가 있다.

㉡ 직류 전동기에는 직권·분권·복권(가동 복원, 차동 복원 전동기)·타여자 전동기가 있다.

㉢ 교류 전동기에는 권선형 유도 전동기와 농형 유도 전동기가 있다.

㉣ 전동기의 외형에 따라 개방형, 전폐형, 폐쇄 통풍형, 전폐 강제 통풍형, 방폭형 등이 있다.

㉤ 크레인용 전동기는 외형으로 볼 때 폐쇄 통풍형 또는 전폐형을 많이 사용한다.

② 전동기의 필요조건

㉠ 기동 회전력이 클 것

㉡ 속도 조정 및 역회전이 가능할 것

㉢ 기동, 정지 및 역회전 등에 대해 충분히 견딜 수 있는 구조일 것

㉣ 설치 면적이 제한되는 경우가 있으므로 용량에 비해 소형일 것

㉤ 전원을 얻기 쉬울 것

③ 전동기의 시간 정격

㉠ 명판 기재의 정격 출력으로 이상 없이 운전을 계속할 수 있는 시간

※ 전동기 평판에 220V, 100A 정격 1시간이라는 것은 220V, 100A 조건에서 1시간 연속 사용 가능하다는 것이다.

㉡ 정격 출력으로 운전할 때 온도 상승이 허용치에 달할 때까지의 시간을 뜻한다.

㉢ 주로 농형 전동기에서는 30분, 60분, 연속 등으로 표시된다.

㉣ 권선형 전동기에서는 %ED로 표시한다.

ⓜ 사용률 정격을 구하는 식

$$= \frac{운전\ 시간}{운전\ 시간 + 정지\ 시간} \times 100$$

ⓗ 전동기 운전 시 온도 상승은 50~60℃까지는 허용
된다.

1-1. 전동기의 시간 정격을 서술한 것 중 틀린 것은?

① 보증 수명 연수를 뜻한다.
② 정격 출력으로 운전할 때 온도 상승이 허용치에 달할 때까지
의 시간을 뜻한다.
③ 주로 농형 전동기에서는 30분, 60분, 연속 등으로 표시된다.
④ 권선형 전동기에서는 %ED로 표시한다.

**1-2. 크레인의 전동기는 그 사용 빈도에 따라 사용률 정격
(%ED)으로 표시한다. 사용률 정격을 구하는 식은?**

① $\dfrac{정지\ 시간}{운전\ 시간} \times 100$

② $\dfrac{운전\ 시간}{정지\ 시간} \times 100$

③ $\dfrac{운전\ 시간}{운전\ 시간 + 정지\ 시간} \times 100$

④ $\dfrac{정지\ 시간}{운전\ 시간 + 정지\ 시간} \times 100$

1-3. 전동기의 필요조건과 가장 거리가 먼 것은?

① 기동 회전력이 클 것
② 속도 조정 및 역회전이 가능할 것
③ 기동 속도가 빠르고, 용량에 비해 대형일 것
④ 기동, 정지 및 역회전 등에 대해 충분히 견딜 수 있는 구조
일 것

|해설|

1-1
시간 정격
명판 기재의 정격 출력으로 이상 없이 운전을 계속할 수 있는
시간을 시간 정격으로 하여 명판에 기재하고 있다. 이것은 정격
출력으로 연속하여 운전할 수 있다는 것이다.

정답 1-1 ① 1-2 ③ 1-3 ③

핵심이론 02 | 유압 펌프

① 유압 펌프의 개념

ⓐ 유압 탱크에서 오일을 흡입하여 유압 밸브로 이송
하는 기기이다.
ⓑ 원동기의 기계적 에너지를 유체 에너지로 변환하
는 기구이다.
ⓒ 작동유의 점도가 너무 높으면 소음이 발생한다.
ⓓ 유압 펌프의 크기는 주어진 압력과 토출량으로 표
시한다.
ⓔ 유압 펌프에서 토출량은 단위 시간에 유출하는 액
체의 체적을 의미한다.
ⓕ 엔진의 동력으로 구동된다.
ⓖ 엔진이 회전하는 동안에는 항상 회전한다.

② 유압 펌프의 종류
유압 펌프는 펌프 1회전당 유압유의 이송량을 변화시
킬 수 없는 정용량형 펌프와 변화시킬 수 있는 가변
용량형 펌프로 구분하며 기어 펌프, 베인 펌프, 피스톤
펌프 등이 사용된다.

ⓐ 기어 펌프
• 형식이나 구조가 간단하고 흡인력이 크나, 소음이
다소 발생한다. 펌프의 전체 효율은 약 85%이다.
• 외접 기어 펌프 : 전동기가 구동 기어에 회전력
전달(종동 기어 같이 회전, 틈으로 유압유 유입)
• 내접 기어 펌프 : 안쪽 기어 로터가 전동기에 의
해 회전, 바깥쪽 로터와 같이 회전(안쪽 로터의
모양에 따라 송출량 결정)

ⓑ 베인 펌프
• 일반적으로 가장 많이 쓰이는 진공 펌프로, 내부
구조가 로터 베인 및 실린더로 되어 있으며 로터
의 중심과 실린더의 중심은 편심되어 있다.
• 용량이 가장 큰 펌프이고 소음이 적으나 수명이
짧다.
• 전체 효율은 약 80%이다.

ⓒ 피스톤 펌프

- 피스톤 펌프는 고속 운전이 가능하여 비교적 소형으로도 고압, 고성능을 얻을 수 있다.
- 여러 개의 피스톤으로 고속 운전하므로 송출압의 맥동이 매우 작고 진동도 작다.
- 송출 압력은 100~300kgf/cm^{2}이고, 송출량은 10~50L/min 정도이다.
- 피스톤 펌프는 축 방향 피스톤 펌프와 반지름 방향 피스톤 펌프가 있다.
- 경사판의 경사각을 조절하여 유압유의 송출량을 조절한다.

※ 펌프의 형식별 분류

터보형	원심식 : 벌류트 펌프, 터빈 펌프
	사류식 : 벌류트 펌프, 터빈 펌프
	축류식 : 축류 펌프
용적형	왕복식 : 피스톤 펌프, 플런저 펌프, 다이어프램 펌프
	회전식 : 기어 펌프, 베인 펌프, 나사 펌프, 캠 펌프, 스크루 펌프
특수형	와류 펌프, 제트 펌프, 수격 펌프, 점성 펌프, 관성 펌프, 나사 펌프, 캠 펌프 등

10년간 자주 출제된 문제

2-1. 유압 탱크에서 오일을 흡입하여 유압 밸브로 이송하는 기기는?

① 액추에이터   ② 유압 펌프
③ 유압 밸브   ④ 오일 쿨러

2-2. 유압 펌프에 대한 설명으로 맞지 않는 것은?

① 원동기의 기계적 에너지를 유체 에너지로 변환하는 기구이다.
② 작동유의 점도가 너무 높으면 소음이 발생한다.
③ 유압 펌프의 크기는 주어진 속도와 토출 압력으로 표시한다.
④ 유압 펌프에서 토출량은 단위 시간에 유출하는 액체의 체적을 의미한다.

2-3. 유압 펌프의 종류에 해당하지 않는 것은?

① 기어식   ② 베인식
③ 플런저식   ④ 헬리컬식

2-4. 다음 중 유압 펌프의 분류에서 회전 펌프가 아닌 것은?

① 피스톤 펌프   ② 기어 펌프
③ 스크루 펌프   ④ 베인 펌프

|해설|

2-1
유압 펌프
오일 탱크에서 기름을 흡입하여 유압 밸브에서 소요되는 압력과 유량을 공급하는 장치이다.

2-2
유압 펌프의 크기는 주어진 압력과 토출량으로 표시한다.

2-3
톱니바퀴를 이용한 기어 펌프, 익형으로 펌프 작용을 시키는 베인 펌프, 피스톤을 사용한 플런저 펌프의 3종류가 대표적이다.

2-4
피스톤 펌프는 왕복식 펌프에 속한다. 회전 펌프에는 기어 펌프, 베인 펌프, 나사 펌프, 스크루 펌프 등이 있다.

정답 2-1 ②   2-2 ③   2-3 ④   2-4 ①

① 기어 펌프의 특징

　㉠ 구조가 간단하고 흡입 능력이 가장 크다.

　㉡ 다루기 쉽고 가격이 저렴하다.

　㉢ 정용량 펌프이다.

　㉣ 유압 작동유의 오염에 비교적 강한 편이다.

　㉤ 피스톤 펌프에 비해 효율이 떨어진다.

　㉥ 외접식과 내접식이 있다.

　㉦ 베인 펌프에 비해 소음이 비교적 크다.

　※ 기어식 유압 펌프에서 회전수가 변하면 오일 흐름 용량이 가장 크게 변화한다.

② 기어 펌프의 폐입 현상

　㉠ 외접식 기어 펌프에서 토출된 유량 일부가 입구 쪽으로 귀환하여 토출량 감소, 축동력 증가 및 케이싱 마모 등의 원인을 유발하는 현상이다.

　㉡ 폐입 현상은 소음과 진동 발생의 원인이 된다.

　㉢ 폐입된 부분의 기름은 압축이나 팽창을 받는다.

　㉣ 보통 기어 측면에 접하는 펌프 측판(Side Plate)에 릴리프 홈을 만들어 방지한다.

3-1. 유압 장치에서 기어 펌프의 특징이 아닌 것은?

① 구조가 다른 펌프에 비해 간단하다.

② 유압 작동유의 오염에 비교적 강한 편이다.

③ 피스톤 펌프에 비해 효율이 떨어진다.

④ 가변 용량형 펌프로 적당하다.

3-2. 기어 펌프의 폐입 현상에 대한 설명으로 틀린 것은?

① 폐입된 부분의 기름은 압축이나 팽창을 받는다.

② 폐입 현상은 소음과 진동 발생의 원인이 된다.

③ 기어의 맞물린 부분의 극간으로 기름이 폐입되어 토출 쪽으로 되돌려지는 현상이다.

④ 보통 기어 측면에 접하는 펌프 측판(Side Plate)에 릴리프 홈을 만들어 방지한다.

|해설|

3-1

플런저 펌프가 가변 용량형 펌프로 적당하다.

3-2

기어 펌프의 폐입 현상

외접식 기어 펌프에서 토출된 유량 일부가 입구 쪽으로 귀환하여 토출량 감소, 축동력 증가 및 케이싱 마모 등의 원인을 유발하는 현상

정답 3-1 ④　3-2 ③

① 종류

   ㉠ 레이디얼형 : 플런저가 회전축에 대하여 직각 방사
      형으로 배열된 형식

   ㉡ 액시얼형 : 플런저가 구동축 방향으로 작동하는
      형식

② 플런저(피스톤) 펌프의 특징

   ㉠ 효율이 가장 높다(가장 높은 압력을 발생시킨다).

   ㉡ 발생 압력이 고압이다.

   ㉢ 구조가 복잡하다.

   ㉣ 기어 펌프에 비해 최고 토출 압력이 높다.

   ㉤ 기어 펌프에 비해 소음이 적다.

   ㉥ 축은 회전 또는 왕복 운동을 한다.

   ㉦ 캠축에 의해 플런저를 상하 왕복 운동시킨다.

   ㉧ 높은 압력에 잘 견딘다.

   ㉨ 토출량의 변화 범위가 크다.

   ㉩ 가변 용량이 가능하다.

   ※ 피스톤 펌프나 기어 펌프 모두 고속 회전이 가능
      하다.

   ※ 가변 용량형 피스톤 펌프 : 회전수가 같을 때 펌프
      의 토출량이 변할 수 있다.

10년간 자주 출제된 문제

4-1. 일반적으로 유압 펌프 중 가장 고압, 고효율인 것은?

① 베인 펌프   ② 플런저 펌프
③ 2단 베인 펌프   ④ 기어 펌프

4-2. 피스톤 펌프의 특징으로 가장 거리가 먼 것은?

① 구조가 간단하고 값이 싸다.
② 효율이 높다.
③ 베어링에 부하가 크다.
④ 토출 압력이 높다.

|해설|

4-2
구조가 복잡한 것이 피스톤 펌프의 특징이다.

정답 4-1 ②   4-2 ①

핵심이론 05 | 베인 펌프

① 개념

　㉠ 베인(날개)이 원심력 또는 스프링의 장력에 의해 벽에 밀착되어 회전하면서 액체를 압송하는 형식

　㉡ 안쪽 날개가 편심된 회전축에 끼워져 회전하는 유압 펌프이다.

　㉢ 베인 펌프는 정용량형 펌프와 가변 용량형 펌프로 나뉜다.

　㉣ 정용량형 펌프에는 1단 펌프, 2단 펌프, 이중 펌프, 복합 펌프 등이 있다.

② 특징

　㉠ 맥동과 소음이 적다.

　㉡ 소형·경량이다.

　㉢ 간단하고 성능이 좋다.

　㉣ 토출 압력의 연동이 적고 수명이 길다.

　㉤ 카트리지 방식과 함께 호환성이 양호하고 보수가 용이하다(카트리지 교체로 정비 가능).

　㉥ 동일 마력 및 토출량에서 형상 치수가 최소이다.

　㉦ 급속 시동이 가능하다.

5-1. 베인 펌프의 일반적인 특성 설명 중 맞지 않는 것은?

① 맥동과 소음이 적다.

② 소형·경량이다.

③ 간단하고 성능이 좋다.

④ 수명이 짧다.

5-2. 다음 그림은 무엇을 나타내는가?

① 유압 펌프　　　　　② 작동유 탱크

③ 유압 실린더　　　　④ 유압 모터

5-3. 다음 유압 장치 중 타워크레인 상승 작업에 필요한 동력 (Power)과 관계가 먼 것은?

① 실린더 피스톤 헤드 지름

② 펌프 유량

③ 실린더 길이

④ 체크, 릴리프 밸브

|해설|

5-2

기호

명칭	기호		비고
펌프 및 모터	유압 펌프	공기압 모터	일반 기호

정답 5-1 ④　5-2 ①　5-3 ③

① 유압 펌프에서 오일이 토출하지 않는 원인
 ㉠ 펌프의 회전 방향과 원동기의 회전 방향이 반대로 되어 있다.
 ㉡ 흡입관 또는 스트레이너가 막히거나 공기가 흡입되고 있는 경우이다.
 ㉢ 작동유의 점도가 너무 큰 경우이다.
 ※ 유압 펌프에서 작동유의 점도가 낮으면 가장 양호하게 토출이 가능하다.
 ㉣ 펌프의 회전수가 부족하다.
 ㉤ 오일 탱크의 유면이 낮다.
 ㉥ 오일이 부족하다.

② 압력이 형성되지 않는 경우
 ㉠ 릴리프 밸브의 설정압이 잘못되었거나 작동 불량인 경우
 ㉡ 유압 회로 중 실린더 및 밸브에서 누설이 되고 있는 경우
 ㉢ 펌프 내부의 고장에 의해 압력이 새고 있는 경우
 ※ 유압 펌프의 유압이 상승하지 않을 시 점검 사항
  • 유압 회로의 점검
  • 릴리프 밸브의 점검
  • 유압 펌프 작동유 토출 점검

③ 유압이 규정 이상으로 높아지는 경우
 ㉠ 엔진의 회전 속도가 높다.
 ㉡ 윤활 회로의 어느 곳이 막혔다.
 ㉢ 오일의 점도가 지나치게 높다.
 ※ 유압 계통 설정압이 너무 높을 경우 유압 작동유의 온도가 상승한다.

④ 유압 펌프의 고장 현상
 ㉠ 샤프트실(Seal)에서 오일 누설이 있다.
 ㉡ 오일 배출 압력이 낮다.
 ㉢ 소음이 크게 된다.
 ㉣ 오일의 흐르는 양이나 압력이 부족하다.

⑤ 유압 펌프에서 소음이 나는 원인
 ㉠ 스트레이너가 막혀 흡입 용량이 너무 작아졌다.
 ㉡ 펌프 흡입관 접합부로부터 공기가 유입된다.
 ㉢ 엔진과 펌프 축 간의 편심 오차가 크다.
 ㉣ 오일 양이 부족하거나 점도가 너무 높다.
 ㉤ 오일 속에 공기가 들어 있다.
 ㉥ 펌프의 회전이 너무 빠르거나, 여과기가 너무 작다.
 ㉦ 공기 혼입의 영향(채터링 현상, 공동 현상 등), 펌프의 베어링 마모 등

10년간 자주 출제된 문제

6-1. 기어식 유압 펌프에서 소음이 나는 원인이 아닌 것은?
① 흡입 라인의 막힘
② 오일 양의 과다
③ 펌프의 베어링 마모
④ 오일의 과부족

6-2. 유압 펌프의 고장 현상이 아닌 것은?
① 전동 모터의 체결 볼트 일부가 이완되었다.
② 오일이 토출되지 않는다.
③ 이상 소음이 난다.
④ 유량과 압력이 부족하다.

|해설|

6-1
오일 양이 부족하면 소음이 나고 오일 양이 많으면 소음이 나지 않는다.

정답 6-1 ② 6-2 ①

핵심이론 07 │ 캐비테이션(공동 현상) 등

① 개념

　㉠ 유압 장치 내에 국부적인 높은 압력과 소음 진동이 발생하는 현상

　㉡ 작동유(유압유) 속에 용해 공기가 기포로 되어 있는 상태

　㉢ 오일 필터의 여과 입도가 너무 조밀하였을 때 가장 발생하기 쉬운 현상

　㉣ 유동하고 있는 액체의 압력이 국부적으로 저하되어 포화 증기나 기포가 발생하고, 이것들이 터지면서 소음이 발생하는 현상

② 캐비테이션(공동 현상) 발생 원인

　㉠ 흡입 필터가 막혀 있을 경우

　㉡ 흡입관의 굵기가 펌프 본체 흡입구보다 가늘 경우

　㉢ 유압 펌프를 규정 속도 이상으로 고속 회전을 시킬 경우

　※ 캐비테이션 현상이 발생되었을 때의 영향

　　• 체적 효율이 저하된다.

　　• 소음과 진동이 발생된다.

　　• 저압부의 기포가 과포화 상태가 된다.

　　• 내부에서 부분적으로 매우 높은 압력이 발생된다.

　　• 급격한 압력파가 형성된다.

　　• 액추에이터의 효율이 저하된다.

　　• 날개차 등에 부식을 일으켜 수명을 단축시킨다.

③ 유압 회로 내에서 공동 현상의 발생 시 처리 방법은 일정 압력을 유지시키는 것이다(압력 변화를 없앤다).

④ 유압 펌프의 흡입구에서 캐비테이션을 방지하기 위한 방법

　㉠ 흡입구의 양정을 1m 이하로 한다.

　㉡ 흡입관의 굵기를 유압 본체 연결구의 크기와 같은 것을 사용한다.

　㉢ 펌프의 운전 속도를 규정 속도 이상으로 하지 않는다.

　㉣ 오일 탱크의 오일 점도는 적정 점도가 유지되도록 한다.

⑤ 작동유에 수분이 혼입되었을 때의 영향은 작동유의 열화(온도 상승, 공기 유입 등), 공동 현상 등으로 유압기의 마모나 손상 등이 나타난다.

⑥ 유체의 관로에 공기가 침입할 때 일어나는 현상 : 공동 현상, 열화 촉진, 실린더 숨돌리기

　※ 숨돌리기 현상 : 공기가 실린더에 혼입되면 피스톤의 작동이 불량해져서 작동 시간의 지연을 초래하는 현상으로 오일 공급 부족과 서징이 발생

　※ 서지압(Surge Pressure) : 과도적으로 발생하는 이상 압력의 최댓값

⑦ 유압 장치의 금속 가루 또는 불순물을 제거하기 위한 것 : 필터, 스트레이너

7-1. 필터의 여과 입도 수(Mesh)가 너무 높을 때 발생할 수 있는 현상으로 가장 적절한 것은?

① 블로바이 현상이 생긴다.
② 맥동 현상이 생긴다.
③ 베이퍼 로크 현상이 생긴다.
④ 캐비테이션 현상이 생긴다.

7-2. 유압 회로 내에서 공동 현상이 생길 때 그 처치 방법은?

① 유압유의 압력을 높인다.
② 압력 변화를 없앤다.
③ 유압유의 온도를 높인다.
④ 과포화 상태로 만든다.

7-3. 유압 펌프의 흡입구에서 캐비테이션(공동 현상) 방지법이 아닌 것은?

① 오일 탱크의 오일 점도를 적당히 유지한다.
② 흡입구의 양정을 낮게 한다.
③ 흡입관의 굵기는 유압 펌프 본체 연결구의 크기와 같은 것을 사용한다.
④ 펌프의 운전 속도를 규정 속도 이상으로 한다.

|해설|

7-4

펌프의 운전 속도를 규정 속도 이상으로 하지 않는다.

정답 7-1 ④ 7-2 ② 7-3 ④

핵심이론 08 │ 유압 실린더

① 개요

　㉠ 실린더는 열에너지를 기계적 에너지로 변환하여 동력을 발생시킨다.

　㉡ 유체의 힘을 왕복 직선 운동으로 바꾸며, 단동식, 복동식, 다단식으로 나뉜다.

　　• 단동식 : 실린더의 한쪽으로만 유압을 유입·유출시킨다(피스톤형, 램형, 플런저형).

　　• 복동식 : 피스톤의 양쪽에 압유를 교대로 공급하여 양방향의 운동을 유압으로 작동시킨다(편로드형, 양로드형).

　　• 다단식 : 유압 실린더 내부에 또 다른 실린더를 내장하거나, 하나의 실린더에 몇 개의 피스톤을 삽입하는 방식이다.

　㉢ 유압 실린더의 작용은 파스칼의 원리를 응용한 것이다.

② 유압 실린더의 기본 구성 부품 : 실린더, 실린더 튜브, 피스톤, 피스톤 로드, 실(Seal), 실린더 패킹, 쿠션 기구 등

③ 유압 실린더에 대한 요구 사항

　㉠ 로드는 장비의 작업 환경 및 비활성 기간을 고려하여 부식으로부터 보호하여야 한다.

　㉡ 실린더에는 동력 손실이나 공급관 결함이 생겼을 때 작동을 중지할 수 있도록 정지 밸브가 있어야 한다.

　㉢ 정지 밸브는 위험한 과압을 유지할 수 있어야 한다.

　※ 유압 펌프에서 공급되는 오일의 양이 단위 시간당 증가하면 실린더의 속도는 빨라진다.

10년간 자주 출제된 문제

8-1. 다음 중 유압 실린더의 종류로 틀린 것은?

① 단동 실린더
② 복동 실린더
③ 다단 실린더
④ 회전 실린더

8-2. 유압 모터와 유압 실린더의 설명으로 옳은 것은?

① 둘 다 회전 운동을 한다.
② 모터는 직선 운동, 실린더는 회전 운동을 한다.
③ 둘 다 왕복 운동을 한다.
④ 모터는 회전 운동, 실린더는 직선 운동을 한다.

8-3. 유압 펌프에서 공급되는 오일의 양이 단위 시간당 증가하면 실린더의 속도는 어떻게 변화하는가?

① 빨라진다.
② 느려진다.
③ 일정하다.
④ 수시로 변한다.

|해설|

8-2
모터는 회전 운동, 실린더는 왕복 운동(직선 운동)을 한다.

정답 8-1 ④ 8-2 ④ 8-3 ①

| 핵심이론 **09** | 유압 실린더의 점검

① 유압 실린더의 움직임이 느리거나 불규칙할 때의 원인
  ㉠ 피스톤 양이 마모되었다.
  ㉡ 유압유의 점도가 너무 높다.
  ㉢ 회로 내에 공기가 혼입되고 있다.
  ㉣ 유압 회로 내에 유량이 부족하다.

② 유압 실린더에서 발생되는 실린더 자연 하강 현상 원인
  ㉠ 작동 압력이 낮은 때
  ㉡ 실린더 내부 마모
  ㉢ 컨트롤 밸브의 스풀 마모
  ㉣ 릴리프 밸브의 불량
  ※ 실린더 마멸의 원인 : 실린더와 피스톤의 접촉, 흡입 가스 중의 먼지와 이물 혼입, 연소 생성물에 의한 부식

③ 유압 실린더의 로드 쪽으로 오일이 누유되는 원인
  실린더 로드 패킹 손상, 더스트 실(Seal) 손상, 실린더 피스톤 로드의 손상, 실린더의 피스톤 로드에 녹이나 굴곡됨
  ※ 더스트 실 : 유압 장치에서 피스톤 로드에 있는 먼지 또는 오염 물질 등이 실린더 내로 혼입되는 것을 방지함과 동시에 오일의 누출을 방지
  ※ 쿠션 기구 : 유압 실린더에서 피스톤 행정이 끝날 때 발생하는 충격을 흡수하기 위해 설치하는 장치

④ 유압 실린더에 사용되는 패킹의 재질로서 갖추어야 할 조건
  ㉠ 운동체의 마모를 적게 할 것
  ㉡ 마찰 계수가 작을 것
  ㉢ 탄성력이 클 것
  ㉣ 오일 누설을 방지할 수 있을 것

9-1. 유압 실린더에 사용되는 패킹의 재질로서 갖추어야 할 조건이 아닌 것은?

① 운동체의 마모를 적게 할 것
② 마찰 계수가 클 것
③ 탄성력이 클 것
④ 오일 누설을 방지할 수 있을 것

9-2. 유압 실린더의 기름이 새는 원인이 아닌 것은?

① 유압 실린더의 피스톤 로드에 녹이나 있다.
② 유압 실린더의 피스톤 로드가 굴곡되어 있다.
③ 유압이 높다.
④ 글랜드 실(Gland Seal)이 손상되어 있다.

|해설|

9-1
마찰에 의한 마모가 적고, 마찰 계수가 작아야 한다.

정답 9-1 ② 9-2 ③

핵심이론 10 | 압력 제어 밸브

① 유압 회로
  ㉠ 유압의 기본 회로 : 오픈 회로, 클로즈 회로, 탠덤 회로
  ㉡ 유압 회로에 사용되는 3종류의 제어 밸브
    • 압력 제어 밸브 : 일의 크기 제어
    • 유량 제어 밸브 : 일의 속도 제어
    • 방향 제어 밸브 : 일의 방향 제어

② 압력 제어 밸브
  ㉠ 유압 장치의 과부하 방지와 유압 기기의 보호를 위하여 최고 압력을 규제하고 유압 회로 내의 필요한 압력을 유지하는 밸브
  ㉡ 유압 회로 내에서 유압을 일정하게 조절하여 일의 크기를 결정하는 밸브
  ㉢ 압력 제어 밸브의 작동 위치 : 펌프와 방향 전환 밸브
  ㉣ 압력 제어 밸브의 종류 : 릴리프 밸브, 감압 밸브, 시퀀스 밸브, 언로드 밸브, 카운터 밸런스 밸브

③ 회로 내의 압력을 설정치 이하로 유지하는 밸브 : 릴리프 밸브, 리듀싱 밸브, 언로드 밸브

④ 분기 회로에 사용되는 밸브 : 리듀싱 밸브, 시퀀스 밸브
  ※ 바이패스 밸브(Bypass Valve) : 기관의 엔진오일 여과기가 막히는 것을 대비해서 설치
  ※ 오일 펌프의 압력 조절 밸브를 조정하여 스프링 장력을 높게 하면 유압이 높아진다.

10-1. 유압 장치에 사용되는 제어 밸브의 3요소가 아닌 것은?

① 압력 제어 밸브
② 방향 제어 밸브
③ 속도 제어 밸브
④ 유량 제어 밸브

10-2. 유압 장치에서 제어 밸브의 3대 요소로 틀린 것은?

① 유압 제어 밸브 - 오일 종류 확인(일의 선택)
② 방향 제어 밸브 - 오일 흐름 바꿈(일의 방향)
③ 압력 제어 밸브 - 오일 압력 제어(일의 크기)
④ 유량 제어 밸브 - 오일 유량 조정(일의 속도)

10-3. 건설기계에서 유압을 조절하는 압력 제어 밸브(Pressure Control Valve)의 종류에 속하지 않는 것은?

① 릴리프 밸브
② 리듀싱 밸브
③ 시퀀스 밸브
④ 스풀 밸브

10-4. 압력 제어 밸브의 종류에 해당하지 않는 것은?

① 스로틀 밸브(교축 밸브)
② 리듀싱 밸브(감압 밸브)
③ 시퀀스 밸브(순차 밸브)
④ 언로드 밸브(무부하 밸브)

10-5. 작동에 의한 밸브의 종류가 아닌 것은?

① 시트 밸브
② 수동 조작 밸브
③ 전자 조작 밸브
④ 유·공압 조작 밸브

|해설|

10-4
스로틀 밸브(교축 밸브)는 유량 제어 밸브에 속한다.

10-5
조작 방식에 따라 인력 조작, 기계 조작, 전자 조작, 공기압 조작 등으로 분류된다.

정답 **10-1** ③ **10-2** ① **10-3** ④ **10-4** ① **10-5** ①

핵심이론 11 │ 릴리프 밸브

① 개념

　㉠ 유압 장치 내의 압력을 일정하게 유지하고, 최고 압력을 제한하여 회로를 보호해준다.

　㉡ 유압 회로에 흐르는 압력이 설정된 압력 이상으로 되는 것을 방지한다.

　㉢ 계통 내의 최대 압력을 설정함으로써 계통을 보호한다.

　㉣ 직동형, 평형 피스톤형 등의 종류가 있다.

　㉤ 펌프의 토출 측에 위치하여 회로 전체의 압력을 제어한다.

　㉥ 유압 회로에서 실린더로 가는 오일 압력을 조정한다.

　㉦ 릴리프 밸브는 유압 펌프와 제어 밸브 사이에 설치한다.

② 채터링(Chattering) 현상

　㉠ 릴리프 밸브 스프링의 장력이 약화될 때 발생될 수 있는 현상

　㉡ 유압기의 밸브 스프링 약화로 인해 밸브면에 생기는 강제진동과 고유진동의 쇄교로 밸브가 시트에 완전 접촉을 하지 못하고 바르르 떠는 현상

　㉢ 릴리프 밸브에서 볼(Ball)이 밸브의 시트(Seat)를 때려 소음을 발생시키는 현상

　※ 유압 라인에서 고압 호스가 자주 파열되는 주원인 : 릴리프 밸브의 불량

③ 기타 릴리프 밸브

　㉠ 메인 릴리프 밸브 : 유압으로 작동되는 작업 장치에서 작업 중 힘이 떨어지는 원인으로 가장 관계가 있다(압력 유지, 압력 조정 등).

　㉡ 과부하(포트) 릴리프 밸브 : 유압 장치의 방향 전환 밸브(중립 상태)에서 실린더가 외력에 의해 충격을 받았을 때 발생되는 고압을 릴리프시키는 밸브(충격 흡수, 과부하 방지 등)

※ 최대 압력 제한 회로 : 유압 회로 중 일을 하는 행정에서는 고압 릴리프 밸브로, 일을 하지 않을 때는 저압 릴리프 밸브로 압력 제어를 하여 작동 목적에 알맞는 압력을 얻는 회로

10년간 자주 출제된 문제

건설기계의 유압 회로에서 실린더로 가는 오일 압력을 조정하는 일반적인 밸브는?

① 릴레이 밸브   ② 리턴 밸브
③ 릴리프 밸브   ④ 시퀀스 밸브

|해설|

릴리프 밸브
회로의 압력이 밸브의 설정값에 도달하였을 때, 흐름의 일부 또는 전량을 기름 탱크 측으로 흘려보내서 회로 내의 압력을 설정값으로 유지하는 밸브

정답 ③

핵심이론 12 ┃ 기타 압력 제어 밸브

① 감압 밸브(리듀싱 밸브)
  ㉠ 유압 회로에서 입구에 압력을 가압하여 유압 실린더 출구 설정 압력 유압으로 유지하는 밸브
  ㉡ 유압 장치에서 회로 일부의 압력을 릴리프 밸브의 설정 압력 이하로 하고 싶을 때 사용
  ㉢ 출구(2차쪽)의 압력이 감압 밸브의 설정 압력보다 높아지면 밸브가 작동하여 유로를 닫음
  ㉣ 입구(1차쪽)의 주회로에서 출구(2차쪽)의 감압 회로로 유압유가 흐름
  ㉤ 분기 회로에서 2차측 압력을 낮게 할 때 사용
② 시퀀스 밸브
  ㉠ 유압 장치에서 두 개 이상 분기 회로의 실린더나 모터에 작동 순서를 부여하는 밸브
  ㉡ 액추에이터를 순서에 맞추어 작동시키기 위해 설치한 밸브
③ 무부하 밸브(언로드 밸브)
  ㉠ 유압 장치에서 고압 소용량, 저압 대용량 펌프를 조합 운전할 때, 작동압이 규정 압력 이상으로 상승 시 동력 절감을 하기 위해 사용하는 밸브
  ㉡ 유압 장치의 과열을 방지
④ 카운터밸런스 밸브
  ㉠ 한쪽 방향의 흐름에 설정된 배압을 발생시키고자 할 때 사용
  ㉡ 실린더가 중력으로 인하여 제어 속도 이상으로 낙하하는 것을 방지하는 밸브
  ㉢ 크롤러 굴삭기가 경사면에서 주행 모터에 공급되는 유량과 관계없이 자중에 의해 빠르게 내려가는 것을 방지
  ※ 유압 회로 내의 서지 압력(Surge Pressure) : 과도적으로 발생하는 이상 압력의 최댓값

12-1. 유압 장치에서 두 개 이상 분기 회로의 실린더나 모터에 작동 순서를 부여하는 밸브는?

① 시퀀스 밸브
② 안전 밸브
③ 릴리프 밸브
④ 감압 밸브

12-2. 한쪽 방향의 흐름에 설정된 배압을 부여하고 붐의 낙하 방지 등에 사용되는 밸브는?

① 시퀀스 밸브
② 언로드 밸브
③ 카운터밸런스 밸브
④ 감압 밸브

|해설|

12-1, 12-2
• 릴리프 밸브 : 유압 장치 내의 압력을 일정하게 유지하고, 최고 압력을 제한하여 회로를 보호해주는 밸브
• 감압 밸브(리듀싱 밸브) : 유압 회로에서 입구에 압력을 가압하여 유압 실린더 출구 설정 압력 유압으로 유지하는 밸브
• 무부하 밸브(언로드 밸브) : 유압 장치에서 고압 소용량, 저압 대용량 펌프를 조합 운전할 때, 작동압이 규정 압력 이상으로 상승 시 동력 절감을 위해 사용하는 밸브

정답 12-1 ① 12-2 ③

핵심이론 13 │ 유량 제어 밸브

① 개념
  ㉠ 유압 장치에서 작동체의 속도를 바꿔주는 밸브
  ㉡ 액추에이터의 운동 속도를 조정하기 위하여 사용되는 밸브

② 유량 제어 밸브 종류 : 스로틀 밸브(교축 밸브), 속도 제어 밸브, 급속 배기 밸브, 압력 보상형 유량 제어 밸브, 온도 보상형 유량 제어 밸브, 분류 밸브, 니들 밸브
  ㉠ 스톱 밸브 : 미소 유량을 조정하기가 어렵다.
  ㉡ 스로틀 밸브 : 교축 전후의 압력차가 증가해도 미소 유량을 조절하기가 용이하다.
  ㉢ 스로틀 체크 밸브 : 한쪽 방향으로의 흐름은 제어하고 역방향의 흐름은 제어가 불가능하다.
  ㉣ 니들 밸브 : 내경이 작은 파이프에서 미세한 유량을 조정한다.
  ㉤ 급속 배기 밸브 : 공압 실린더나 공기탱크 내의 공기를 급속히 방출할 필요가 있을 때나, 공압 실린더 속도를 증가시킬 필요가 있을 때 사용된다.
  ㉥ 압력 보상 유량 제어 밸브 : 유압 회로 내의 압력 변화가 있어도 동일한 유량을 유지할 수 있게 만든 밸브

③ 유량 제어 회로(속도 제어 회로)
  ㉠ 미터 인(Meter-In) 회로 : 유압 실린더 입구에 유량 제어 밸브를 설치하여 속도를 제어
    • 유압 제어 밸브를 실린더의 입구 측에 설치하고, 펌프에서 송출되는 여분의 유압은 릴리프 밸브를 통해서 펌프로 방유되는 속도 제어 회로
    • 액추에이터의 입구 쪽 관로에 설치한 유량 제어 밸브로 흐름을 제어하여 속도를 제어
  ㉡ 미터 아웃(Meter-Out) 회로 : 유압 실린더 출구에 유량 제어 밸브를 설치하여 속도를 제어하는 회로

ⓒ 블리드 오프(Bleed-Off) 회로 : 실린더와 병렬로 유량 제어 밸브를 설치하고, 그 출구를 기름 탱크에 접속하여 실린더 속도를 제어하는 회로

13-1. 내경이 작은 파이프에서 미세한 유량을 조정하는 밸브는?

① 압력 보상 밸브
② 니들 밸브
③ 바이패스 밸브
④ 스로틀 밸브

13-2. 유압 회로에서 속도 제어 회로가 아닌 것은?

① 블리드 오프
② 미터 아웃
③ 미터 인
④ 시퀀스

13-3. 유압 제어 밸브를 실린더의 입구 측에 설치하고, 펌프에서 송출되는 여분의 유압은 릴리프 밸브를 통해서 펌프로 방유하는 속도 제어 회로는?

① 미터 아웃 회로
② 블리드 오프 회로
③ 최대 압력 제한 회로
④ 미터 인 회로

|해설|

13-1
니들 밸브
• 작은 지름의 파이프에서 유량을 미세하게 조정하기에 적합하다.
• 부하의 변동(압력의 변화)에 따른 유량을 정확히 제어할 수 없다.

13-2
시퀀스 회로는 압력 제어 회로이다.

정답 13-1 ② 13-2 ④ 13-3 ④

| 핵심이론 **14** | 방향 제어 밸브 |

① 개념

  ㉠ 회로 내 유체의 흐르는 방향을 조절한다.

  ㉡ 유체의 흐름 방향을 한쪽으로만 허용한다.

  ㉢ 유압 실린더나 유압 모터의 작동 방향을 바꾸는 데 사용된다.

  ※ 방향 제어 밸브의 조작 방식으로 수동식, 기계식, 파일럿식, 전자식 등이 있다.

② 방향 제어 밸브의 종류 : 체크 밸브, 파일럿 조작 밸브, 방향 전환 밸브, 셔틀 밸브, 솔레노이드 밸브, 디셀러레이션 밸브, 매뉴얼 밸브(로터리형) 등

③ 방향 제어 밸브의 기능 : 공기압 회로에 있어서 실린더나 기타의 액추에이터로 공급하는 공기의 흐름 방향을 변환시키는 밸브

④ 방향 제어 밸브의 형식 : 포핏 형식, 로터리 형식, 스풀 형식이 있으며, 스풀 형식을 많이 사용

  ※ 스풀 형식 : 건설기계에서 유압 작동기(액추에이터)의 방향 전환 밸브로서 원통형 슬리브 면에 내접하여 축 방향으로 이동하여 유로를 개폐하는 형식의 밸브

    • 전환 밸브로 가장 널리 사용한다.
    • 스풀 축 방향의 정적 추력 평형을 얻게 된다.
    • 측압 평형을 쉽게 얻을 수 있다.
    • 각종 유압 흐름의 형식을 쉽게 설계할 수 있다.
    • 각종 조작 방식을 쉽게 적용시킬 수 있다.
    • 약간의 누유가 발생한다.

⑤ 체크 밸브

  ㉠ 유압 회로에서 역류를 방지하고 회로 내의 잔류 압력을 유지하는 밸브

  ㉡ 유압유의 흐름을 한쪽으로만 허용하고 반대 방향의 흐름을 제어하는 밸브

  ㉢ 유압 브레이크에서 잔압을 유지시키는 것

⑥ 유압 회로 내에 잔압을 설정해두는 이유

    ㉠ 브레이크 작동 지연을 방지

    ㉡ 베이퍼 록(베이퍼 로크)을 방지

    ㉢ 유압 회로 내의 공기 유입 방지

    ㉣ 휠 실린더의 오일 누설 방지

10년간 자주 출제된 문제

14-1. 유압 제어 밸브의 분류 중 방향 제어 밸브에 속하지 않는 것은?

① 셔틀 밸브
② 체크 밸브
③ 릴리프 밸브
④ 디셀러레이션 밸브

14-2. 작업 도중 엔진이 정지할 때 토크 변환기에서 오일의 역류를 방지하는 밸브는?

① 압력 조정 밸브
② 스로틀 밸브
③ 체크 밸브
④ 매뉴얼 밸브

14-3. 1개 출구와 2개 이상의 입구가 있고, 출구가 최고 압력 측 입구를 선택하는 기능이 있는 밸브는?

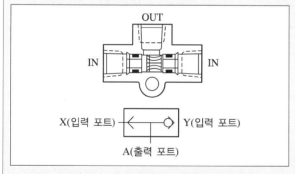

① 체크 밸브
② 방향 조절 밸브
③ 포트 밸브
④ 셔틀 밸브

14-4. 다음 유압 기호 중 체크 밸브를 나타낸 것은?

①
②
③
④

|해설|

14-1

릴리프 밸브는 압력 제어 밸브이다.

14-3

셔틀 밸브

출구 측 포트는 2개의 입구 측 포트 관로 중 고압 측과 자동적으로 접속되고, 동시에 저압 측 포트를 막아 항상 고압 측의 유압유만을 통과시키는 전환 밸브이다.

정답 14-1 ③ 14-2 ③ 14-3 ④ 14-4 ③

① 유압 작동유 탱크의 기능

    ㉠ 계통 내의 필요한 유량 확보(오일의 저장)

    ㉡ 차폐 장치(배플)에 의해 기포 발생 방지 및 소멸

    ㉢ 탱크 외벽의 방열에 의해 적정 온도 유지(온도 조정)

    ㉣ 작동유의 열 발산 및 부족한 기름 보충

    ㉤ 복귀유의 먼지나 녹, 찌꺼기 침전 역할

    ㉥ 격판을 설치하여 오일의 출렁거림 방지

② 유압 탱크의 구비 조건

    ㉠ 적당한 크기의 주유구 및 스트레이너를 설치한다.

    ㉡ 드레인(배출 밸브) 및 유면계를 설치한다.

    ㉢ 오일에 이물질이 혼입되지 않도록 밀폐되어야 한다.

    ㉣ 유면은 적정 위치 "F"에 가깝게 유지하여야 한다.

    ㉤ 발생한 열을 발산할 수 있어야 한다.

    ㉥ 공기 및 이물질을 오일로부터 분리할 수 있어야 한다.

    ㉦ 탱크의 크기가 정지할 때 되돌아오는 오일 양의 용량보다 크게 한다.

③ 기타 주요 사항

    ㉠ 유압 탱크는 경유로 세척한 다음 압축 공기로 불어 낸다.

    ㉡ 드레인 플러그 : 오일 탱크 내의 오일을 전부 배출 시킬 때 사용한다.

    ㉢ 스트레이너는 종이, 나뭇잎 등의 이물질이 압축기 내에 흡입되는 것을 방지하기 위해 유압 펌프의 흡입관에 설치한다.

    ㉣ 플래싱(Flashing) : 유압 회로 내의 이물질과 슬러지 등의 오염 물질을 회로 밖으로 배출시켜 회로를 깨끗하게 하는 것이다.

15-1. 유압 탱크의 구비 조건과 가장 거리가 먼 것은?

① 적당한 크기의 주유구 및 스트레이너를 설치한다.

② 드레인(배출 밸브) 및 유면계를 설치한다.

③ 오일에 이물질이 혼입되지 않도록 밀폐되어야 한다.

④ 오일 냉각을 위한 쿨러를 설치한다.

15-2. 유압 탱크 세척 시 사용하는 세척제로 가장 바람직한 것은?

① 엔진오일   ② 경유

③ 휘발유   ④ 시너

15-3. 유압 회로 내의 이물질과 슬러지 등의 오염 물질을 회로 밖으로 배출시켜 회로를 깨끗하게 하는 것을 무엇이라 하는가?

① 푸싱(Pushing)

② 리듀싱(Reducing)

③ 플래싱(Flashing)

④ 언로딩(Unloading)

|해설|

15-2

작동유 탱크는 경유로 세척한 다음 압축 공기로 불어낸다.

15-3

플래싱

유압 회로 내 이물질을 제거하는 것 외에도 작동유 교환 시 오래된 오일과 슬러지를 용해하여 오염물의 전량을 회로 밖으로 배출시켜 회로를 깨끗하게 하는 것

정답 15-1 ④   15-2 ②   15-3 ③

핵심이론 16 | 작동유의 성질 및 구비 조건

① 유압 작동유의 주요 역할
- ㉠ 부식을 방지한다.
- ㉡ 윤활 작용, 냉각 작용을 한다.
- ㉢ 압력 에너지를 이송한다(동력 전달 기능).
- ㉣ 필요한 요소 사이를 밀봉한다.

② 유압 작동유가 갖추어야 할 조건
- ㉠ 동력을 확실하게 전달하기 위한 비압축성일 것
- ㉡ 내연성, 점도 지수, 체적 탄성 계수 등이 클 것
- ㉢ 산화 안정성이 있을 것
- ㉣ 유동점·밀도, 독성, 휘발성, 열팽창 계수 등이 작을 것
- ㉤ 열전도율, 장치와의 결합성, 윤활성 등이 좋을 것
- ㉥ 발화점·인화점이 높고 온도 변화에 대해 점도 변화가 적을 것
- ㉦ 방청, 방식성이 있을 것
- ㉧ 비중이 낮아야 하고 기포의 생성이 적을 것
- ㉨ 강인한 유막을 형성할 것
- ㉩ 물, 먼지 등의 불순물과 분리가 잘될 것

③ 작동유의 특성
- ㉠ 운전, 온도에 따른 점도 변화를 최소로 줄이기 위하여 점도 지수는 높아야 한다.
- ㉡ 겨울철의 낮은 온도에서 충분히 유동을 보장하기 위하여 유동점이 낮아야 한다.
- ㉢ 마찰 손실을 최대로 줄이기 위한 점도가 있어야 한다.
- ㉣ 펌프, 실린더, 밸브 등의 누유를 최소로 줄이기 위한 점도가 있어야 한다.

10년간 자주 출제된 문제

유압 작동유가 갖추어야 할 성질이 아닌 것은?
① 온도에 의한 점도 변화가 적을 것
② 거품이 적을 것
③ 방청·방식성이 있을 것
④ 물·먼지 등의 불순물과 혼합이 잘 될 것

|해설|

외부로부터 침입한 불순물을 침전 분리시켜야 한다.

정답 ④

① 점도의 특성

  ㉠ 유압유 성질 중 가장 중요한 것은 점도이다.

  ㉡ 점성의 점도를 나타내는 척도이다.

  ㉢ 온도가 올라가면 점도는 낮아지고, 온도가 내려가면 점도는 높아진다.

  ㉣ 점도 지수는 온도에 따른 점도 변화 정도를 표시하는 것이다.

  ㉤ 점도 지수가 클수록 온도 변화의 영향을 덜 받는다.

  ㉥ 유압유에 점도가 서로 다른 2종류의 오일을 혼합하면 열화 현상이 발생한다.

② 유압 회로에서 유압유의 점도가 높을 때 발생될 수 있는 현상

  ㉠ 열 발생의 원인, 유압이 높아짐

  ㉡ 동력 손실 증가로 기계 효율의 저하

  ㉢ 소음이나 공동 현상 발생

  ㉣ 유동 저항의 증가로 인한 압력 손실의 증대

  ㉤ 관 내의 마찰 손실 증대에 의한 온도의 상승

  ㉥ 유압 기기가 활발하게 작동하지 않음

③ 유압 회로 내의 유압유 점도가 너무 낮을 때 생기는 현상

  ㉠ 내부 오일 누설의 증대

  ㉡ 압력 유지의 곤란

  ㉢ 유압 펌프, 모터 등의 용적 효율 저하

  ㉣ 기기 마모의 증대 및 수명 저하

  ㉤ 압력 발생 저하로 정확한 작동 불가

  ㉥ 펌프 효율 저하에 따른 온도 상승(누설에 따른 원인)

10년간 자주 출제된 문제

다음 중 유압 작동유의 점도가 너무 낮을 경우 발생되는 현상이 아닌 것은?

① 내부 누설 및 외부 누설

② 마찰 부분의 마모 증대

③ 정밀한 조절과 제어 곤란

④ 작동유의 응답성 저하

|해설|

점도가 너무 클 때 제어 밸브나 실린더의 응답성이 저하되어 작동이 활발하지 않게 된다.

정답 ④

핵심이론 18 | 유압유의 온도

① 일반적으로 작업 중 작동유의 최저, 최고 허용 온도는 약 40~80℃이다(80℃ 이상 과열 상태).

② 유압유의 온도가 상승하는 원인
- ㉠ 높은 열을 갖는 물체에 유압유가 접촉될 때
- ㉡ 고속 및 과부하로 연속 작업을 할 때
- ㉢ 오일 냉각기가 불량할 때
- ㉣ 유압유에 캐비테이션이 발생될 때
- ㉤ 높은 태양열이 작용할 때
- ㉥ 오일 점도·효율이 불량할 때
- ㉦ 유압유가 부족하거나 노화되었을 때
- ㉧ 안전밸브의 작동 압력이 너무 낮을 때
- ㉨ 릴리프 밸브가 닫힌 상태로 고장일 때
- ㉩ 오일 냉각기의 냉각핀이 오손되었을 때

③ 작동유 온도 상승 시의 영향
- ㉠ 열화를 촉진한다.
- ㉡ 오일 점도의 저하에 의해 누유되기 쉽다.
- ㉢ 유압 펌프 등의 효율이 저하된다.
- ㉣ 점도 저하로 인해 펌프 효율과 밸브류 기능이 저하될 수 있다.
- ㉤ 온도 변화에 의해 유압 기기가 열 변형되기 쉽다.
- ㉥ 유압유의 산화 작용을 촉진한다.
- ㉦ 작동 불량 현상이 발생한다.
- ㉧ 기계적인 마모가 발생할 수 있다.
- ㉨ 유막의 단절, 실(Seal)제의 노화 촉진 등이 있다.

| 유압이 낮아지거나 유압 장치에서 오일에 거품이 생기는 원인

① 유압이 낮아지는 원인

  ㉠ 엔진 베어링의 윤활 간극이 클 때

  ㉡ 오일 펌프가 마모되었거나 회로에서 오일이 누출될 때

  ㉢ 오일의 점도가 낮을 때

  ㉣ 오일 팬 내의 오일 양이 부족할 때

  ㉤ 유압 조절 밸브 스프링의 장력이 쇠약하거나 절손되었을 때

  ㉥ 엔진오일이 연료 등의 유입으로 현저하게 희석되었을 때

  ※ 유압 라인에서 압력에 영향을 주는 요소 : 유체의 흐름량·점도, 관로 직경의 크기

② 유압 장치에서 오일에 거품이 생기는 원인

  ㉠ 오일 탱크와 펌프 사이에서 공기가 유입될 때

  ㉡ 오일이 부족할 때

  ㉢ 펌프 축 주위의 토출 측 실(Seal)이 손상되었을 때

  ㉣ 유압 계통에 공기가 흡입되었을 때

③ 유압 작동유를 교환하는 판단 기준의 요소

  점도, 색, 수분 및 침전물, 흔들었을 때 거품이 없어지는 양상, 악취 등

④ 유압 작동유를 교환할 때의 주의 사항

  ㉠ 장비 가동을 완전히 멈춘 후에 교환한다.

  ㉡ 화기가 있는 곳에서 교환하지 않는다.

  ㉢ 유압 작동유가 냉각되기 전에 교환한다.

  ㉣ 수분이나 먼지 등의 이물질이 유입되지 않도록 한다.

  ㉤ 150시간마다 교환한다.

10년간 자주 출제된 문제

19-1. 엔진 윤활유의 압력이 높아지는 이유는?

① 윤활유량이 부족하다.
② 윤활유의 점도가 너무 높다.
③ 기관 내부의 마모가 심하다.
④ 윤활유 펌프의 성능이 좋지 않다.

19-2. 유압 장치에서 오일에 거품이 생기는 원인으로 가장 거리가 먼 것은?

① 오일 탱크와 펌프 사이에서 공기가 유입될 때
② 오일이 부족할 때
③ 펌프 축 주위의 토출 측 실(Seal)이 손상되었을 때
④ 유압유의 점도 지수가 클 때

|해설|

19-1
점도가 높으면 마찰력이 높아지기 때문에 압력이 높아진다.

19-2
유압유 점도 지수가 클수록 기계의 안전성에 견딜 수 있는 성질이 높다.

정답 19-1 ② 19-2 ④

핵심이론 20 | 액추에이터, 어큐뮬레이터

① 액추에이터(작업 장치)

　㉠ 유압유의 압력 에너지(힘)를 기계적 에너지(일)로 변환시키는 작용을 하는 장치

　㉡ 유압을 일로 바꾸는 장치

　㉢ 유압 펌프를 통하여 송출된 에너지를 직선 운동이나 회전 운동을 통하여 기계적 일을 하는 기기

　㉣ 액추에이터(Actuator)의 작동 속도는 유량에 의해 결정된다.

② 어큐뮬레이터(축압기)

　㉠ 유압 펌프에서 발생한 유압을 저장하고 맥동을 소멸시키는 장치

　㉡ 축압기의 기능 : 펌프 대용 및 안전장치의 역할, 에너지 보조, 유체의 맥동 감쇠, 충격 압력 흡수, 유압 에너지의 축적, 압력 보상, 부하 회로의 오일 누설 보상, 서지 압력 방지, 2차 유압 회로의 구동, 액체 수송(펌프 작용), 사이클 시간 단축

　㉢ 축압기의 종류 중 공기 압축형에는 피스톤식, 다이어프램식, 블래더식 등이 있다.

※ 질소

　• 기액식 어큐뮬레이터에 사용된다.

　• 유압 장치에 사용되는 블래더형 어큐뮬레이터(축압기)의 고무주머니 내에 주입된다.

---

① 오일 냉각기

　㉠ 작동유의 온도를 40~60℃ 정도로 유지시키고 열화를 방지하는 역할을 한다.

　㉡ 슬러지 형성을 방지하고 유막의 파괴를 방지한다.

② 오일 실(패킹)

　㉠ 각 오일 회로에서 오일이 외부로 누출되는 것을 방지하는 역할과 동시에 외부로부터 먼지, 흙 등의 이물질이 실린더에 침입되는 것을 방지한다.

　㉡ 구비 조건

　　• 저항력이 크고 금속면을 손상시키지 않을 것

　　• 내열성이 크고 내마멸성이 클 것

　　• 잘 끼워지고 피로 강도가 클 것

　㉢ 종류 : U패킹, O링, 더스트 실

　㉣ O링의 설치 시 주의 사항

　　• 실(Seal)을 꼬이지 않도록 한다.

　　• 실의 상태를 검사한다.

　　• 실에 작동유를 바른다.

　　• 실의 운동 면을 손상시키지 않는다.

　　※ 메커니컬 실 : 유압 장치에 사용되는 운동용 오일 실

③ 유압용 고무호스

　㉠ 진동이 있는 곳에 사용할 수 있다.

　㉡ 고무호스는 저압, 중압, 고압용의 3종류가 있다.

　㉢ 고무호스를 조립할 때는 비틀림이 없도록 한다.

　㉣ 고무호스 사용 내압은 적어도 5배의 안전 계수를 가져야 한다.

10년간 자주 출제된 문제

유압 기기에서 사용하는 배관으로 주로 링크 연결 부위의 움직이는 부분에 안전을 위하여 고압의 내구성이 강한 것으로 많이 사용하는 호스는?

① 플렉시블 호스
② PVC 밸브
③ 비닐호스
④ 동 파이프 호스

정답 ①

CHAPTER 02 타워크레인 점검

제1절 인양 작업 일반

1 인양 작업

1-1. 인양 작업 종류

핵심이론 01 인상, 인하 등 인양 작업

① 인상 이동 시

ㄱ. 근거리 이동 또는 장애물이 없는 경우는 가능한 한 낮은 위치로 인양물을 이동하여야 한다.

ㄴ. 지상에서 약간 떨어지면 매단 하물과 줄걸이 상태를 확인한다.

ㄷ. 인상 작업은 가능한 한 평탄한 위치에서 실시한다.

ㄹ. 화물이 흔들릴 때는 인상 후 이동 전에 반드시 흔들림을 정지시킨다.

ㅁ. 화물을 인상하는 경우에는 바로 상승시키지 말고 화물을 지면으로부터 약간 상승시켜 일단 멈추어 화물과 줄걸이 상태를 확인한 후 상승 작업을 한다.

ㅂ. 중량물을 인상할 경우에는 중량물 위에서 줄걸이 작업 후 상승 작업을 하고 측면에서 끌기·밀기 등의 이상 작업은 지양한다.

② 훅에 걸 때

ㄱ. 훅 해지 장치 기능을 확인하여야 한다.

ㄴ. 매다는 각도는 가능한 한 60° 이하로 한다.

ㄷ. 훅의 안쪽에 있는 와이어로프부터 순서에 맞게 걸어야 한다.

③ 인하 시(착지 전후 일단정지)

ㄱ. 받침목을 사용하여야 한다.

ㄴ. 매단 양중물 밑으로의 접근을 금지한다.

ㄷ. 손으로 양중물을 밀거나 잡아당기지 않도록 한다.

ㄹ. 둥근 양중물은 구름방지용 쐐기 사용 전후 일단 정지하여야 한다.

④ 줄걸이 용구 분리 및 작업 종료 시

ㄱ. 직경이 큰 와이어로프는 비틀림으로 흔들림 발생 우려가 커 주의하여야 한다.

ㄴ. 크레인으로 와이어로프를 잡아당겨 빼지 말아야 한다.

ㄷ. 원칙적으로 줄걸이 용구는 분리해서 정해진 장소에 보관하여야 한다.

ㄹ. 훅은 2m 이상 인상한 상태로 둔다.

1-1. 크레인 운전 조작의 주의 사항에 관한 설명으로 틀린 것은?

① 화물이 지면에서 떨어지는 순간에는 빠른 속도로 권상한다.

② 줄걸이 작업 위치까지 훅을 권하시킬 때에는 필요 이상으로 권하시키지 않는다.

③ 화물의 중심 위에 훅의 중심이 오도록 횡행, 주행 조작 등에 의해 위치를 결정한다.

④ 화물 위치에 크레인을 이동시킬 경우 훅을 지상의 설비 등에 부딪치지 않을 높이까지 권상하여 크레인을 수평 이동시킨다.

1-2. 타워크레인의 양중 작업에서 권상 작업을 할 때 지켜야 할 사항이 아닌 것은?

① 지상에서 약간 떨어지면 매단 하물과 줄걸이 상태를 확인한다.

② 권상 작업은 가능한 한 평탄한 위치에서 실시한다.

③ 타워크레인의 권상용 와이어로프의 안전율이 4 이상이 되는지 계산해 본다.

④ 하물이 흔들릴 때는 권상 후 이동 전에 반드시 흔들림을 정지시킨다.

|해설|

1-1

권상이나 권하 작업 모두 천천히 안전 상태를 확인하면서 하도록 한다.

정답 1-1 ① 1-2 ③

핵심이론 02 | 타워크레인의 금지 작업

① 하중이 지면 위에 있는 상태로 선회 동작을 금지하여야 한다.

② 파괴 목적으로 타워크레인 사용을 금지하여야 한다.

③ 하중의 끌어당김 작업을 금지하여야 한다.

④ 땅속에 박힌 하중의 인양 작업을 금지하여야 한다.
　예 나무뿌리, 전봇대, 파일, 콘크리트 타설 용품, 파일 슈 등

⑤ 불균형하게 매달린 하중 인양 작업을 금지하여야 한다.

⑥ 작업 반경 바깥으로 내려놓기 위해 하중을 흔드는 행위를 금지하여야 한다.

⑦ 지면에 훅 블록을 뉘어진 상태로 두어서는 아니 된다.

⑧ 인양 하중을 작업자 위로 통과시키는 행위는 절대 금지하여야 한다.

⑨ 인양 하중이 보이지 않을 경우 동작을 금지(단, 신호수가 있을 경우 예외)하여야 한다.

⑩ 하중이 지면 위에 있는 상태로 선회 동작을 금지하여야 한다.

⑪ 소형 자재·공구 등 인양 시 전용 양중함을 사용(마대 사용 지양)하여야 한다.

⑫ 마대 사용 시 양중 작업 중 파손에 의한 낙하물 발생 우려가 높으므로 양중 전용함을 사용한다.

⑬ (특)고압 전선 근처나 시야 사각지대의 경우는 감시자를 배치하여 사전에 정해진 신호 방법에 따라 신호·작업을 하여야 한다.

⑭ 충전 전로의 인근 작업 시에는 관련 규정에 따라 이동식 크레인을 충전 전로의 충전부로부터 충분한 거리를 이격하였는지 확인한다.

　※ 충전 전로 인근에서의 차량·기계장치 작업 시의 이격 거리(산업안전보건기준에 관한 규칙 제322조) 사업주는 충전 전로 인근에서 차량, 기계장치 등 (이하 차량 등)의 작업이 있는 경우에는 차량 등을 충전 전로의 충전부로부터 300cm 이상 이격시켜

유지시키되, 대지 전압이 50kV를 넘는 경우 이격시켜 유지하여야 하는 거리(이하 이격 거리)는 10kV 증가할 때마다 10cm씩 증가시켜야 한다. 다만, 차량 등의 높이를 낮춘 상태에서 이동하는 경우에는 이격 거리를 120cm 이상(대지 전압이 50kV를 넘는 경우에는 10kV 증가할 때마다 이격 거리를 10cm씩 증가)으로 할 수 있다.

10년간 자주 출제된 문제

2-1. 타워크레인의 정상 운전 작업으로 맞는 것은?

① 하중의 끌어당김 작업
② 박힌 하중 인양 작업
③ 최대 하강 속도로 내림 작업
④ 작업 반경 밖으로 내려놓기 위한 흔들기 작업

2-2. 타워크레인으로 양중 작업을 할 수 있는 것은?

① 어떤 물체를 파괴할 목적으로 하는 작업
② 벽체에서 완전히 분리된 갱 폼을 인양하는 작업
③ 하중을 땅에서 끌어당기는 작업
④ 땅속에 박힌 하중을 인양하는 작업

2-3. 타워크레인의 금지 작업으로 틀린 것은?

① 박힌 하중 인양 작업
② 지면을 따라 끌고 가는 작업
③ 파괴를 목적으로 하는 작업
④ 탈착된 갱 폼의 인양 작업

2-4. 타워크레인 인양 작업 시 금지 작업에 해당되지 않는 것은?

① 신호수가 없는 상태에서 하중이 보이지 않는 인양 작업
② 고층으로 하중을 인양하는 작업
③ 땅속에 박힌 하중을 인양하는 작업
④ 중심이 벗어나 불균형하게 매달린 하중 인양 작업

정답 2-1 ③ 2-2 ② 2-3 ④ 2-4 ②

핵심이론 03 | 일반적인 인양 작업

① 타워크레인을 운전하기 전에 조종사는 신호 등으로 작업자들에게 알려야 한다.
② 안전장치 이상 또는 경고등 작동 시 사용자 매뉴얼에 따른다.
③ 신호수의 신호에 따라 크레인을 조종하되 사각지대의 작업은 특별히 주의해야 한다.
④ 조종 장치는 영점에서 시작하여 서서히 조작하며, 급격한 시작과 제동을 하지 않는다.
⑤ 안전장치는 정상 상태로 유지시키고, 작업 중 이상이 발생하면 즉시 중지한다.
⑥ 중량물의 무게를 측정하는 방법으로 화물을 상승시키지 않는다.
⑦ 화물을 인상할 때에는 작업면으로부터 0.5m 정도 들어 올려 줄걸이 상태를 확인한 후 원하는 위치까지 상승시킨다.
⑧ 화물이나 훅 블록을 작업면 바닥으로 강하게 내려놓지 않아야 한다.
⑨ 감속 작업을 하여야 하는 경우
　㉠ 화물이 메인 지브에 약 5m 정도 접근했을 때
　㉡ 화물이 작업면 바닥에 약 1m 정도 접근했을 때
⑩ 화물을 든 상태로 지브를 선회하거나 트롤리를 이동시킬 때에는 화물의 하단이 주변 장애물보다 1m 이상 높아야 한다.
⑪ 휴식 시간 등 작업을 하지 않을 때에는 훅 블록에 화물을 걸어 두지 않아야 하며 훅 블록은 메인 지브 쪽에 가까이 위치시켜야 한다. 또한 조종 장치는 영점에 위치하여야 한다.
⑫ 작업 중 전원 계통에 이상이 발생하면 모든 전원을 차단하고 조종 장치는 영점에 위치시켜야 한다. 만약 화물을 들고 있는 상태라면 바닥으로 내리는 등 현장 관리자와 협의하여 적합한 조치를 취해야 한다.

⑬ 무게중심이 치우친 물건의 줄걸이

　　㉠ 들어 올릴 물건의 수평 유지를 위해 주 로프와 보조 로프의 길이가 다르게 한다.

　　㉡ 무게중심 바로 위에 훅이 오도록 유도한다.

　　㉢ 좌우 로프의 장력 차가 크지 않도록 주의한다.

3-1. 타워크레인의 양중 작업 방법에서 중심이 한쪽으로 치우친 하물의 줄걸이 작업 시 고려할 사항이 아닌 것은?

① 하물의 수평 유지를 위하여 주 로프와 보조 로프의 길이를 다르게 한다.

② 무게중심 바로 위에 훅이 오도록 유도한다.

③ 좌우 로프의 장력 차를 고려한다.

④ 와이어로프 줄걸이 용구는 안전율이 2 이상인 것을 선택 사용한다.

3-2. 타워크레인을 사용하여 아파트나 빌딩의 거푸집 폼 해체 시 안전 작업 방법으로 가장 적절한 것은?

① 작업 안전을 위해 이동식 크레인과 동시 작업을 시행한다.

② 타워크레인의 훅을 거푸집 폼에 걸고, 천천히 끌어당겨서 양중한다.

③ 거푸집 폼을 체인 블록 등으로 외벽과 분리한 후에 타워크레인으로 양중한다.

④ 타워크레인으로 거푸집 폼을 고정하고, 이동식 크레인으로 당겨 외벽에서 분리한다.

3-3. 타워크레인 운전자의 장비 점검 및 관리에 대한 설명으로 옳지 않은 것은?

① 각종 제한 스위치를 수시로 조정해야 한다.

② 간헐적인 소음 및 이상 징후 시 즉시 조치를 받아야 한다.

③ 작업 전후 기초 배수 및 침하 등의 상태를 점검한다.

④ 윤활부에 주기적으로 급유하고 발열체에 대해 점검한다.

|해설|

3-1

와이어로프 등 달기구의 안전 계수 기준(산업안전보건기준에 관한 규칙 제163조)

• 근로자가 탑승하는 운반구를 지지하는 달기와이어로프 또는 달기체인의 경우 : 10 이상

• 화물의 하중을 직접 지지하는 달기와이어로프 또는 달기체인의 경우 : 5 이상

• 훅, 섀클, 클램프, 리프팅 빔의 경우 : 3 이상

• 그 밖의 경우 : 4 이상

정답 3-1 ④　3-2 ③　3-3 ①

핵심이론 04 | 인양 작업 후 안전

① 화물을 모두 내리고 훅 블록은 메인 지브 쪽으로 최대한 상승시켜 둔다.

② 수평 지브 타입(T형) 타워크레인의 트롤리는 최소 작업 반경에 위치시키고, 러핑 지브 타입(L형)의 메인 지브 각도는 제작사의 매뉴얼에 따른다.

③ 선회 장치의 제동 장치는 풀어놔야 한다.

④ 모든 제어 장치는 영점에 위치시키고 전원을 끈다.

⑤ 각종 조명등은 아래와 같이 관리하여야 한다.

　㉠ 작업 종료 후 턴테이블에 설치된 작업등 전원 소켓을 해지한다.

　㉡ 설치된 작업등 전원 스위치를 점등 또는 소등한다.

　㉢ 누전 차단기 잠금 장치는 안전 관리자, 타워크레인 조종사 등이 관리한다.

　㉣ 작업등의 케이블은 기톱, 전열기구, 용접기, 다른 작업등 케이블 등과 함께 사용해서는 안 된다.

　㉤ 메인 지브 또는 카운터 지브에 많은 작업등은 지정 수량만 설치·사용한다.

　㉥ 작업등은 전구 보호망 고정 상태를 포함하여 점검하되 매월 1회 실시한다.

⑥ 타워크레인 하차

　㉠ 타워크레인 작업을 최종 점검한 후 하차하되, 내려올 때는 안전대, 안전모를 착용하여야 한다.

　㉡ 안전한 보행자 통로를 이용하여 하차한다.

　㉢ 크레인 조종사는 주변의 시설물이나 가설자재를 이용하여 하차해서는 안 된다.

⑦ 기타 작업이 종료되었을 때 정리정돈

　㉠ 원칙적으로 줄걸이 용구는 분리해 둔다.

　㉡ 줄걸이 와이어로프 굽힘 등의 변형은 교정하여 소정의 장소에 잘 보관한다.

4-1. 작업이 끝난 후 타워크레인을 정지시킬 때 운전자 유의 사항으로 거리가 먼 것은?

① 화물을 내리고 훅을 높이 올린 다음 트롤리를 최소 작업 반경으로 움직인다.

② 브레이크와 비상 리밋 스위치 작동 상태를 점검한다.

③ 슬루잉 기어의 회전을 자유롭게 하는 것에 유의한다.

④ 크레인이 레일에서 이탈하는 것을 방지하기 위하여 레일 클램프를 작동한다.

4-2. 타워크레인의 작업이 종료되었을 때 정리정돈 내용으로 잘못된 것은?

① 운전자에게는 반드시 종료 신호를 보낸다.

② 트롤리 위치는 지브 끝단, 혹은 최상단까지 권상시켜 둔다.

③ 원칙적으로 줄걸이 용구는 분리해 둔다.

④ 줄걸이 와이어로프 굽힘 등의 형은 교정하여 소정의 장소에 잘 보관한다.

4-3. 지브(러핑) 크레인의 휴지 시 지켜야 할 사항으로 옳은 것은?

① 바람의 반대 방향으로 정지시킨 후 선회 브레이크를 작동한다.

② 매뉴얼에 제시된 지브의 각도를 유지하고 선회 브레이크를 개방한다.

③ 카운터 지브가 무거우므로 지브를 최대한 눕혀 놓는다.

④ 건물의 튼튼한 곳에 줄걸이 와이어로 단단히 고정한다.

|해설|

4-2

작업 후 수평 지브 타입(T형) 타워크레인의 트롤리는 최소 작업 반경에 위치시키고, 러핑 지브 타입(L형)의 메인 지브 각도는 제작사의 매뉴얼에 따른다.

정답 4-1 ②　4-2 ②　4-3 ②

1-2. 인양 작업 보조 용구

핵심이론 01 │ 체인

① 체인의 개요
   ㉠ 벨트와 로프 전동은 마찰력에 의한 전동력이고 체인 전동은 체인과 휠의 이가 서로 물리는 힘으로 동력을 전달시킨다.
   ㉡ 고열물이나 수중 작업 시 와이어로프 대용으로 체인을 사용한다.
   ㉢ 체인에는 크게 링크 체인과 롤러 체인이 있다.
   ㉣ 체인의 특징 : 미끄럼이 없이 일정한 속도비를 얻을 수 있고, 내유·내습성·내열성이 크다.

② 링크 체인
   ㉠ 링크 체인은 신품 구입 시 단면 직경과 길이를 재어 두어야 한다.
   ㉡ 링크 체인은 링크가 균열되었을 때 용접하여 사용하면 안 된다.
   ㉢ 오래 사용 후 5개의 링크 길이가 처음보다 5% 이상 늘어났으면 사용하지 못한다.
   ㉣ 링크 단면 직경이 제조 당시보다 10% 이상 감소된 것은 사용하지 못한다.
   ㉤ 링크의 이음매가 벗겨질 수도 있다.

③ 롤러 체인
   ㉠ 크레인의 드럼과 리밋 스위치 간의 전동 장치에 주로 사용된다.
   ㉡ 떨어진 2축 사이의 전동 장치에 주로 사용하는 체인이다.
   ㉢ 롤러 체인의 내구성은 핀과 부시의 마모에 따라 결정된다.
   ㉣ 롤러 체인을 고리 모양으로 연결할 때 링크의 총수가 짝수여야 편리하며, 링크의 수가 홀수일 때 오프셋링크를 사용하여 연결한다.

④ 매다는 체인
   ㉠ 매다는 체인의 종류에는 스터드 체인, 롱 링크 체인, 숏 링크 체인 등이 있다.
   ※ 링크 체인이나 스터드 체인은 하역기계의 체인 블록이나 선박의 닻용에 쓰인다.
   ㉡ 장기 사용으로 연결 부분의 안쪽이 마모된다.
   ㉢ 매다는 체인에 균열이 있을 때에는 교환하여야 한다.
   ㉣ 안전 계수가 5 이상인 것을 사용하여야 한다.
   ㉤ 링 지름의 감소가 공칭 직경의 10%를 넘은 것은 교환한다.
   ㉥ 체인의 신장은 신품 구입 시보다 5%가 늘어나면 사용이 불가능하다.
   ※ 매다는 체인에서 점검해야 할 사항 : 마모, 변형, 균열, 윤활

⑤ 체인을 사용할 때 주의 사항
   ㉠ 비틀린 상태에서는 사용하지 말 것
   ㉡ 높은 곳에서 떨어뜨리지 말 것
   ㉢ 화물의 밑에 깔려 있는 체인은 강제로 뽑아내지 말 것
   ㉣ 영하의 온도에서 사용할 때는 충격이 가해지지 않도록 할 것
   ㉤ 체인의 지름에 따른 마모량이 10%이고 늘어나는 연신율(신장)이 5% 이상이면 교환하여야 한다.
   ㉥ 체인에 균열이 있는 것은 교환하여야 한다.
   ㉦ 절손된 체인을 볼트로 끼워서 사용하면 안 된다.

1-1. 체인의 종류에서 매다는 체인의 종류에 속하지 않는 것은?

① 숏 링크 체인(Short Link Chain)
② 롱 링크 체인(Long Link Chain)
③ 스터드 링크 체인(Stud Link Chain)
④ 롤러 체인(Roller Chain)

1-2. 떨어진 2축 사이의 전동에 주로 사용하는 체인은?

① 롱 링크 체인(Long Link Chain)
② 숏 링크 체인(Short Link Chain)
③ 롤러 체인(Roller Chain)
④ 스터드 체인(Stud Chain)

1-3. 크레인에서 리밋 스위치의 전동에 쓰이는 일반적인 체인은?

① 롤러 체인
② 롱 링크 체인
③ 숏 링크 체인
④ 스터드 체인

1-4. 체인에 대한 설명으로 틀린 것은?

① 고열물이나 수중, 해중 작업에서 사용한다.
② 매다는 체인의 종류에는 스터드 체인, 롱 링크 체인, 숏 링크 체인 등이 있다.
③ 롤러 체인을 고리 모양으로 연결할 때 링크의 층수가 짝수여야 편리하며, 링크의 수가 짝수일 때 오프셋링크를 사용하여 연결한다.
④ 체인의 신장은 신품 구입 시보다 5%가 늘어나면 사용이 불가능하다.

1-5. 체인에 대한 설명 중 틀린 것은?

① 고온이나 수중 작업 시 와이어로프 대용으로 체인을 사용한다.
② 떨어진 두 축의 전동 장치에는 주로 링크 체인을 사용한다.
③ 롤러 체인의 내구성은 핀과 부시의 마모에 따라 결정된다.
④ 체인에는 크게 링크 체인과 롤러 체인이 있다.

1-6. 매다는 체인의 설명 중 틀린 것은?

① 장기 사용으로 연결 부분의 안쪽이 마모된다.
② 균열이 있을 경우에는 전기용접으로 보수하여 재사용하는 것이 좋다.
③ 링크의 이음매가 벗겨질 수도 있으므로 유의하여야 한다.
④ 링크의 단면 직경이 제조 시보다 10% 이상 감소한 것은 사용할 수 없다.

1-7. 줄걸이 체인의 사용 한도에 대한 설명 중 틀린 것은?

① 안전 계수가 5 이상인 것
② 지름의 감소가 공칭 직경의 10%를 넘지 않은 것
③ 변형 및 균열이 없는 것
④ 연신이 제조 당시 길이의 10%를 넘지 않은 것

1-8. 권상용 체인으로 적합한 것은 링크 단면의 지름 감소가 해당 체인의 제조 시보다 몇 % 이하여야 하는가?

① 5
② 10
③ 15
④ 20

|해설|

1-1
매다는 체인의 종류에는 숏 링크 체인, 롱 링크 체인, 스터드 링크 체인 등이 있다.

1-3
롤러 체인은 크레인의 드럼과 리밋 스위치 간의 전동 장치에 주로 사용된다.

1-6
매다는 체인에 균열이 있을 때에는 교환하여야 한다.

1-7
권상용 체인의 사용 한도(건설기계 안전기준에 관한 규칙 제105조)
• 안전율은 5 이상일 것
• 연결된 5개의 링크를 측정하여 연신율이 제조 당시 길이의 5% 이하일 것(습동면의 마모량 포함)
• 링크 단면의 지름 감소가 제조 당시 지름의 10% 이하일 것
• 균열 및 부식이 없을 것
• 깨지거나 홈 모양의 결함이 없을 것
• 심한 변형이 없을 것

1-8
링크 단면의 지름 감소가 해당 체인의 제조 시보다 10% 이하여야 한다.

정답 1-1 ④ 1-2 ③ 1-3 ① 1-4 ③ 1-5 ② 1-6 ② 1-7 ④ 1-8 ②

① 섬유 벨트의 장점

   ㉠ 취급이 용이하다.

   ㉡ 충격 흡수, 유연성이 좋다.

   ㉢ 화물을 손상시키지 않는다.

   ㉣ 와이어로프나 체인보다 가볍다.

② 벨트 취급에 대한 안전사항

   ㉠ 벨트 교환 시 회전을 완전히 멈춘 상태에서 한다.

   ㉡ 벨트의 회전을 정지시킬 때 손으로 잡지 않는다.

   ㉢ 벨트를 풀리에 걸 때 회전을 중지시키고 건다.

   ㉣ 벨트에는 적당한 장력을 유지하도록 한다.

   ㉤ 회전하는 벨트는 스스로 회전이 멈출 때까지 기다린 후 정비한다.

   ㉥ 고무벨트에는 기름이 묻지 않도록 한다.

   ㉦ 벨트 풀리가 있는 부분은 덮개를 한다.

   ㉧ 벨트의 이음새는 돌기가 없는 구조로 한다.

   ※ 작은 상처에도 급격히 강도가 저하되므로 마찰을 피하고, 날카로운 각에 보호대를 사용하며, 고온에서의 사용을 금한다.

2-1. 줄걸이 작업 시 섬유 벨트의 장점이 아닌 것은?

① 취급이 용이하다.
② 제작이 간단하며 값이 많이 싸다.
③ 하물을 손상시키지 않는다.
④ 와이어로프나 체인보다 가볍다.

2-2. 섬유 로프 또는 섬유 벨트를 크레인 등에 사용할 수 있는 것은?

① 꼬임이 끊어진 것
② 물기가 있는 것
③ 심하게 손상된 것
④ 심하게 부식된 것

2-3. 벨트 취급에 대한 안전사항 중 틀린 것은?

① 벨트 교환 시 회전을 완전히 멈춘 상태에서 한다.
② 벨트의 회전을 정지시킬 때 손으로 잡는다.
③ 벨트에는 적당한 장력을 유지하도록 한다.
④ 고무벨트에는 기름이 묻지 않도록 한다.

2-4. 벨트를 풀리에 걸 때는 어떤 상태에서 하여야 하는가?

① 저속 상태   ② 고속 상태
③ 정지 상태   ④ 중속 상태

2-5. 벨트의 안전사항과 가장 거리가 먼 것은?

① 벨트 교환은 정지 상태에서 한다.
② 벨트 풀리가 있는 부분은 덮개를 한다.
③ 벨트의 이음새는 돌기가 있는 구조로 한다.
④ 회전하는 벨트는 스스로 회전이 멈출 때까지 기다린 후 정비한다.

|해설|

2-1
단점으로 제작이 복잡하고 값이 고가이다.

2-2
꼬이거나 심하게 변형되거나 부식된 와이어로프를 달비계에 사용해서는 안 된다(산업안전보건기준에 관한 규칙 제63조).

정답 2-1 ②   2-2 ②   2-3 ②   2-4 ③   2-5 ③

핵심이론 03 | 섀클, 클램프

① 섀클

섀클(Shackle)이라 함은 연강 환봉을 U자형으로 구부리고 입이 벌려 있는 쪽에 환봉 핀을 끼워서 고리로 하는 것이며, 로프의 끝부분이나 달기체인 등의 연결 고리에 연결하여 물체를 들어 올릴 때 사용하는 기구를 말한다.

㉠ 앵커(Anchor) 형식에서 안전 작업 하중(SWL)을 확인하여야 한다.

㉡ 섀클에 표시된 등급, 사용 하중 등을 확인한 후 사용한다.

㉢ 섀클은 반드시 사용 하중 이하의 하중에서 사용한다.

㉣ 섀클의 볼트 · 너트 및 핀은 규정의 것을 사용한다.

㉤ 아크 스트라이크가 일어나는 사용법을 따라서는 안 된다.

㉥ 섀클을 다른 부재에 용접하여 사용해서는 안 된다.

㉦ 영구 변형된 섀클을 사용해서는 안 된다.

㉧ 볼트 · 너트 및 둥근 플러그를 사용하는 형식의 섀클은 반드시 분할 핀을 사용하여야 한다.

㉨ 섀클의 볼트 또는 핀에 세로 방향 하중을 초과하는 하중이 작용하는 사용법을 따라서는 안 된다.

㉩ 섀클핀이 회전하는 상태로 인양해서는 안 된다.

㉪ 섀클로 철판을 세워서 매달지 말아야 한다.

※ 섀클(Shackle)에 각인된 SWL의 의미 : SWL(Safe Working Load) 안전 작업 하중

② 클램프(고정구)

㉠ 와이어로프를 드럼(Drum)에 설치할 때, 와이어로프가 벗겨지지 않도록 클램프를 사용하여 볼트로 조인다.

㉡ 클램프 종류

• 수평형 : 권상 하중을 감아 올린 상태에서 개구부가 수평으로 되는 것으로, 주로 철판, 철구조물 등 수평 인양에 사용되나 수직 인양을 해서는 안 된다.

• 수직형 : 권상 하중을 감아 올린 상태에서 개구부가 수직이 되는 것으로 주로 철판, 철구조물 등 수직 인양에 사용되나, 턴 오버(Turn Over) 등을 해서는 안 된다.

※ 턴 오버(Turn Over) 작업

철판의 이음 용접을 앞뒤에 실시할 경우나 탑재 작업을 위해 상하부 위치 변동이 필요한 경우 크레인 1대 또는 2대 이상을 사용하여 뒤집는 작업을 말한다.

※ 세로 인양 작업에는 수직용 클램프, 가로 인양 작업에는 수평용 클램프를 사용(공용 클램프도 있음)

※ 스크루형 클램프 : 선박 건조 작업 시 레버블록의 축 길이로 사용되며 피벗 클램프라고도 한다.

3-1. 타워크레인의 양중 작업 보조 용구로 사용하는 클립(Clip) 체결 방법이 틀린 것은?

① 클립의 새들은 로프에 힘이 걸리는 쪽에 있을 것
② 클립의 간격은 로프 직경의 6배 이상으로 할 것
③ 클립 수는 로프 직경에 따라 다르지만, 최소 2개 이상으로 할 것
④ 가능한 한 심블(Thimble)을 부착할 것

3-2. 줄걸이 용구에 해당하지 않는 것은?

① 슬링 와이어로프   ② 섬유 벨트
③ 받침대   ④ 섀클

3-3. 크레인 줄걸이 작업용 보조 용구의 기능에 해당되는 것은?

① 한 줄에 걸리는 장력을 높인다.
② 줄걸이 용구와 인양물을 보호한다.
③ 줄걸이 각도를 낮추어 준다.
④ 로프의 늘어짐 현상을 줄인다.

3-4. 화물을 들어 올릴 때 주의 사항으로 거리가 먼 것은?

① 매단 화물 위에는 절대로 타지 말 것
② 섀클로 철판을 세워서 매달 것
③ 줄을 거는 위치는 무게중심보다 낮게 한다.
④ 조금씩 감아올려서 로프 등의 팽팽한 정도를 반드시 확인하여야 한다.

3-5. 섀클(Shackle)에 각인된 SWL의 의미는?

① 안전 작업 하중
② 제작회사의 마크
③ 절단 하중
④ 재질

3-6. 줄걸이 작업에서 섀클(Shackle)을 사용하기 전에 확인하여야 할 조건으로 가장 거리가 먼 것은?

① 섀클의 허용 인양 하중을 확인하여야 한다.
② 섀클의 재질을 확인하여야 한다.
③ 나사부 및 핀(Pin)의 상태를 확인하여야 한다.
④ 앵커(Anchor) 형식에서 안전 작업 하중(SWL)을 확인하여야 한다.

3-7. 와이어로프를 드럼(Drum)에 설치할 때, 와이어로프가 벗겨지지 않도록 무엇을 사용하여 볼트로 조이는가?

① 너트   ② 클램프(고정구)
③ 섀클   ④ 링크

3-8. 수평 클램프로 안전하게 수평 상태로 운반하기 곤란한 것은?

① H형 철강   ② L형 철강
③ T형 철강   ④ 철근

|해설|

3-1
클립 수량과 간격은 로프 직경의 6배 이상, 수량은 최소 4개 이상일 것

3-2
크레인 등의 줄걸이에는 화물 질량, 형상 등에 따라 와이어로프, 인양 체인, 벨트 슬링과 같은 것을 사용하는 경우 외에도 훅, 섀클, 인양 클램프 등을 연결해 사용할 때가 있다.

3-4
섀클로 철판을 세워서 매달지 말 것

3-6
섀클에 표시된 등급, 사용 하중 등을 확인한 후 사용한다.

3-8
수직형 클램프는 부재(형강 등)를 수직으로 들어 올릴 때만 사용하고, 부재의 형강부를 수평으로 들어 올릴 때에는 수평형 클램프를 사용한다.

정답 3-1 ③   3-2 ③   3-3 ②   3-4 ②   3-5 ①   3-6 ②   3-7 ②   3-8 ④

2 운전(조종) 개요 및 요령

2-1. 운전(조종) 자격 및 의무

핵심이론 01 | 타워크레인의 운전 자격

① 타워크레인 운전·설치·해체 자격

구분	산업안전보건법	건설기계관리법
타워크레인 조종 작업	국가기술자격법에 따른 타워크레인운전기능사의 자격(유해·위험 작업의 취업 제한에 관한 규칙 [별표 1]) – 조종석이 설치되지 않은 정격 하중 5ton 이상의 무인 타워크레인을 포함	• 3ton 이상 타워크레인(타워크레인운전기능사) • 3ton 미만 타워크레인(무인) – 소형건설기계 조종 교육(20시간) 이수 후 타워크레인 조종면허 발급
타워크레인 설치(타워크레인을 높이는 작업을 포함)·해체 작업	1) 국가기술자격법에 따른 판금제관기능사 또는 비계기능사의 자격 2) 이 규칙에서 정하는 해당 교육기관에서 교육(144시간)을 이수하고 수료시험에 합격한 사람으로서 다음의 어느 하나에 해당하는 사람 – 수료시험 합격 후 5년이 경과하지 않은 사람 – 이 규칙에서 정하는 해당 교육기관에서 보수교육(36시간)을 이수한 후 5년이 경과하지 않은 사람	–

② 운전수 역할

    ㉠ 작업 전에 크레인을 점검하여 작업지휘자에게 결과 보고

    ㉡ 크레인 운전

    ㉢ 크레인 이상 발견 시 상황 보고

핵심이론 02 | 크레인 운전자의 의무 및 준수 사항

① 재해 방지를 위해 크레인 사용 전에 점검한다.

② 타워크레인 구동 부분의 윤활이 정상인가 확인한다.

③ 작동 전 브레이크의 작동 상태가 정상인가 확인한다.

④ 타워크레인의 각종 안전장치의 이상 유무를 확인한다.

⑤ 고장 중의 기기에는 반드시 표시를 한다.

⑥ 정전 시는 전원을 Off 위치로 한다.

⑦ 장비에 특이 사항이 있을 시 교대자에게 설명한다.

⑧ 안전 운전에 영향을 미칠 수 있는 결함 발견 시 작업을 중지한다.

⑨ 운전석을 이석할 때는 크레인의 훅을 최대한 위로 올리고 지브 안쪽으로 이동시킨다.

⑩ 운반물이 흔들리거나 회전하는 상태로 운반해서는 안 된다.

⑪ 운반물을 작업자 상부로 운반해서는 안 된다.

⑫ 순간 풍속이 초당 15m를 초과하는 경우에는 운전 작업을 중지하여야 한다.

⑬ 대형 하물을 권상할 때는 신호자의 신호에 의하여 운전한다.

⑭ 운전석을 비울 때에는 주전원을 끈다.

⑮ 크레인 인양 하중표에 따라 화물을 들어 올린다.

⑯ 훅 블록이 지면에 뉘어진 상태로 운전하지 않는다.

⑰ 풍압 면적과 크레인 자중을 증가시킬 수 있는 다른 물체를 부착하지 않아야 한다.

10년간 자주 출제된 문제

2-1. 크레인 운전 시의 기본적인 주의 사항으로 틀린 것은?

① 화물을 권상한 채로 운전석을 이탈하지 않는다.

② 신호자와 공동 작업을 할 때는 줄걸이 작업 불량이나 신호 불량을 확인한 경우에도 신호에 따라서 운전한다.

③ 크레인을 사용하여 작업자를 운반하거나 또는 작업자를 권상한 채 작업해서는 안 된다.

④ 크레인 운전사 자신이 권상 화물 위에 타거나 권상 화물 위에서 작업해서는 안 된다.

2-2. 크레인 운전 조작에 관한 주의 사항으로 틀린 것은?

① 일상 점검 및 운전 전 점검이 완료되어 이상 없음이 판명되었을 때 운전에 필요한 조작을 한다.

② 훅이 크게 흔들릴 경우는 권상 작업을 해서는 안 된다.

③ 권상 하물을 다른 작업자의 머리 위로 통과시키기 위해서 경보를 울린다.

④ 화물을 권상하는 경우 권상 하물이 지면에서 약 20cm 떨어진 후에 일단정지시켜 권상 하물의 중심 및 밸런스를 확인한다.

2-3. 크레인 운전자의 의무 사항으로 볼 수 없는 것은?

① 재해 방지를 위해 크레인 사용 전 점검

② 장비에 특이 사항이 있을 시 교대자에게 설명

③ 기어 박스의 오일 양 및 마모 기어의 정비

④ 안전 운전에 영향을 미칠 만한 결함 발견 시 작업 중지

2-4. 운전자 안전 수칙을 설명한 것 중 틀린 것은?

① 운반물이 흔들리거나 회전하는 상태로 운반해서는 안 된다.

② 운반물은 작업자 상부로 운반할 수 없으며 직각 운전을 원칙으로 한다.

③ 운전석을 이석할 때는 크레인을 정지 위치로 이동시킨 후 훅을 최대한 내려놓는다.

④ 옥외 크레인은 강풍이 불어올 경우 운전 및 옥외 점검 정비를 제한한다.

2-5. 타워크레인 운전자의 안전 수칙으로 부적합한 것은?

① 30m/s 이하의 바람이 불 때까지는 크레인 운전을 계속할 수 있다.

② 운전석을 이석할 때는 크레인의 훅을 최대한 위로 올리고 지브 안쪽으로 이동시킨다.

③ 운반물이 흔들리거나 회전하는 상태로 운반해서는 안 된다.

④ 운반물을 작업자 상부로 운반해서는 안 된다.

2-6. 타워크레인의 운전자가 안전 운전을 위해 준수할 사항이 아닌 것은?

① 타워크레인 구동 부분의 윤활이 정상인가 확인한다.

② 타워크레인의 해체 일정을 확인한다.

③ 브레이크의 작동 상태가 정상인가 확인한다.

④ 타워크레인의 각종 안전장치의 이상 유무를 확인한다.

2-7. 타워크레인의 안전 운전 작업으로 부적합한 것은?

① 고장 난 기기에는 반드시 표시를 할 것
② 정전 시는 전원을 Off 위치로 할 것
③ 대형 하물을 권상할 때는 신호자의 신호에 의하여 운전할 것
④ 잠깐 운전석을 비울 경우에는 컨트롤러를 On한 상태에서 비울 것

2-8. 타워크레인 주요 구동부의 작동 방법으로 틀린 것은?

① 작동 전 브레이크 등을 시험한다.
② 크레인 인양 하중표에 따라 화물을 들어 올린다.
③ 운전석을 비울 때에는 주전원을 끈다.
④ 사각지대 화물은 경사지게 끌어올린다.

2-9. 올바른 운전이 모두 선택된 것은?

┌───┐
│ ㉠ 훅 블록이 지면에 뉘어진 상태로 운전하지 않았음 │
│ ㉡ 풍압 면적과 크레인 자중을 증가시킬 수 있는 다른 물체를 │
│   부착하지 않았음 │
│ ㉢ 완성 검사가 끝나기 전에 사용하지 않았음 │
│ ㉣ 하중을 사람 머리 위로 통과시키지 않았음 │
└───┘

① ㉠, ㉡, ㉢   ② ㉡, ㉢, ㉣
③ ㉠, ㉡, ㉣   ④ ㉠, ㉡, ㉢, ㉣

|해설|

2-1
줄걸이 작업 불량이나 신호 불량을 확인한 경우에는 즉시 운전을 멈춘다.

2-2
운반물을 작업자 머리 위로 운반해서는 안 된다.

2-4
운전석을 이석할 때는 훅은 최대한 올려놓은 상태여야 한다.

2-7
운전석을 비울 때에는 주전원을 끈다.

2-8
비스듬히 물건을 끌어올리거나 훅으로 대차를 이동시키는 행위는 금지한다.

정답 2-1 ② 2-2 ③ 2-3 ③ 2-4 ③ 2-5 ① 2-6 ② 2-7 ④
2-8 ④ 2-9 ④

핵심이론 03 | 운전자의 안전 점검 사항

① 가동 전 안전 점검 사항
  ㉠ 전동기 및 브레이크 계통
  ㉡ 윤활 상태, 와이어로프 및 시브 상태
  ㉢ 볼트 및 너트(핀 포함) 고정 상태, 균형추 파손 여부 및 고정 상태
  ㉣ 작업 구간 장애물 여부
  ㉤ 훅 및 줄걸이 와이어로프 등 줄걸이 용구 상태
  ㉥ 각종 리밋 스위치 작동 상태
  ㉦ 카운터 지브 위 자재 및 공구 등의 정리 및 보관(바람에 날려 떨어지지 않도록)

② 시운전 시 안전 점검 사항
  ㉠ 예비 시험
  ㉡ 무부하 작동 시험 : 전기 및 기계 장치 단계별 2회 이상 확인

③ 가동 시 안전 점검 사항
  ㉠ 경보 장치(경고음) 작동 유무 확인
  ㉡ 훅 블록을 지면에 내려놓지 않도록 주의
  ㉢ 순간 풍속 15m/s 초과 시 작업 중지

④ 장비 이상 발생 시 조치 사항
  ㉠ 즉각적인 모든 동작 중지
  ㉡ 관리자에게 즉시 보고
  ㉢ 이상 상태가 해소된 후 시운전 단계를 거쳐 재작동
  ㉣ 교대 시 관련 내용 인수·인계 철저
  ※ 타워크레인의 트롤리 이동 중 기계 장치에서 이상음이 날 경우에는 즉시 작동을 멈추고 점검한다.

⑤ 타워크레인의 운전 속도
  ㉠ 주행은 가능한 한 저속으로 한다.
  ㉡ 위험물 운반 시에는 가능한 한 저속으로 운전한다.
  ㉢ 권상 작업 시 양정이 짧은 것은 느리게, 긴 것은 빠르게 운전한다.

※ 양정(Lift) : 혹, 그래브, 버킷 등의 달기구를 유효하게 올리고 내리는 것이 가능한 상한과 하한과의 수직 거리를 말한다.

ⓔ 권상 작업 시 화물의 하중이 가벼우면 빠르게, 무거우면 느리게 운전한다.

10년간 자주 출제된 문제

3-1. 타워크레인의 트롤리 이동 중 기계 장치에서 이상음이 날 경우 적절한 조치법은?

① 트롤리 이동을 멈추고 열을 식힌 후 계속 작업한다.
② 속도가 너무 빠르지 않나 확인한다.
③ 즉시 작동을 멈추고 점검한다.
④ 작업 종료 후 조치한다.

3-2. 타워크레인 운전 및 정비 수칙 중 바르지 못한 것은?

① 국가가 인정하는 자격 소지자에 의해서 운전되어야 한다.
② 운전자의 시선은 언제나 지브 또는 붐 선단을 직시하여야 한다.
③ 하중이 지면에 있는 상태로 선회하지 말아야 한다.
④ 크레인 정비 지침을 지켜야 하며 전체 시스템에 대한 주기적인 검사를 하여야 한다.

정답 3-1 ③ **3-2** ②

3 운전(조종) 요령

3-1. 인상, 인하 작업

| 핵심이론 01 | 타워크레인 인상(권상) 작업

① 권상 작업 시 슬링 로프, 섀클, 줄걸이 체결 상태 등을 점검한다.
② 화물 중심선에 혹이 위치하도록 한다.
③ 로프가 충분한 장력이 걸릴 때까지 서서히 권상한다.
④ 권상하고자 하는 화물은 매다는 각도를 원칙적으로 60° 이하로 하고, 최대 각도는 90° 이하를 유지한다.
⑤ 매단 화물이 지상에서 약간 떨어지면 일단 정지하여 화물의 안정 및 줄걸이 상태를 재확인한다.
⑥ 화물은 권상 이동 경로를 생각하여 지상 2m 이상의 높이에서 운반하도록 한다.
⑦ 운전실에서 보이지 않는 곳의 작업은 신호수의 수신호나 무선 신호에 의해서 작업한다.
⑧ 무게중심 위로 혹을 유도하고 화물의 무게중심을 낮추어 흔들림이 없도록 작업한다.
⑨ 줄걸이 작업자는 권상 화물 직하부를 피해서 권상 화물의 이상 여부를 관찰한다.
⑩ 줄걸이 작업자는 안전하면서도 타워크레인 운전자가 잘 보이는 곳에 위치하여 목적지까지 화물을 유도한다.
⑪ 중량물을 권상할 경우에는 중량물 위에서 줄걸이 작업 후 상승 작업을 하고 측면에서 끌기・밀기 등의 이상 작업은 지양한다.
※ 정격 속도(Rated Speed) : 정격 하중에 상당하는 하중을 크레인에 매달고 권상, 주행, 선회 또는 횡행할 수 있는 최고 속도를 말한다.

1-1. 올바른 권상 작업 형태는?

① 지면에서 끌어당김 작업
② 박힌 하중 인양 작업
③ 사람 머리 위를 통과한 상태 작업
④ 신호수가 있을 경우 보이지 않는 곳의 물체 이동 작업

1-2. 권상 작업의 정격 속도에 관한 설명 중 옳은 것은?

① 크레인의 정격 하중에 상당하는 하중을 매달고 권상할 수 있는 최고 속도를 말한다.
② 크레인의 권상 하중에 상당하는 하중을 매달고 권상할 수 있는 최고 속도를 말한다.
③ 크레인의 권상 하중에 상당하는 하중을 매달고 권상할 수 있는 평균 속도를 말한다.
④ 크레인의 정격 하중에 상당하는 하중을 매달고 권상할 수 있는 평균 속도를 말한다.

1-3. 타워크레인의 권상 작업으로 가장 좋은 방법은?

① 훅은 짐의 권상 위치에 정확히 맞추고 주행과 횡행을 동시에 작동한다.
② 줄걸이 와이어로프가 완전히 힘을 받아 팽팽해지면 일단정지한다.
③ 권상 작동은 흔들릴 위험이 없으므로 항상 최고 속도로 운전한다.
④ 훅을 짐의 중심 위치에 정확히 맞추었으면 권상을 계속하여 2m 이상 높이에서 맞춘다.

1-4. 타워크레인의 일반적인 양중 작업에 대한 설명으로 틀린 것은?

① 화물 중심선에 훅이 위치하도록 한다.
② 로프가 장력을 받으면 바로 주행을 시작한다.
③ 로프가 충분한 장력이 걸릴 때까지 서서히 권상한다.
④ 화물은 권상 이동 경로를 생각하여 지상 2m 이상의 높이에서 운반하도록 한다.

1-5. 타워크레인 권상 작업의 각 단계별 유의 사항으로 틀린 것은?

① 권상 작업 시 슬링 로프, 섀클, 줄걸이 체결 상태 등을 점검한다.
② 줄걸이 작업자는 권상 화물 직하부에서 권상 화물의 이상 여부를 관찰한다.
③ 매단 화물이 지상에서 약간 떨어지면 일단 정지하여 화물의 안정 및 줄걸이 상태를 재확인한다.
④ 줄걸이 작업자는 안전하면서도 타워크레인 운전자가 잘 보이는 곳에 위치하여 목적지까지 화물을 유도한다.

1-6. 타워크레인의 안전한 권상 작업 방법으로 옳지 않은 것은?

① 운전실에서 보이지 않는 곳의 작업은 신호수의 수신호나 무선 신호에 의해서 작업한다.
② 무게중심 위로 훅을 유도하고 화물의 무게중심을 낮추어 흔들림이 없도록 작업한다.
③ 권상하고자 하는 화물을 지면에서 살짝 들어 올려 안정 상태를 확인한 후 작업한다.
④ 권상하고자 하는 화물은 매다는 각도를 30°로 하고, 반드시 4줄로 매달아 작업한다.

|해설|

1-4
저속으로 천천히 권상시키고 와이어로프가 인장력을 받기 시작할 때에는 일단 정지한다.

1-5
끌어올리는 물건 밑으로 절대 들어가지 않는다.

1-6
매다는 각도는 원칙적으로 60° 이하로 하고, 최대 각도는 90° 이하를 유지한다. 외줄걸이를 금하고 2줄 또는 4줄걸이를 이용한다.

정답 1-1 ④ 1-2 ① 1-3 ② 1-4 ② 1-5 ② 1-6 ④

① 권하할 때는 일시에 내리지 말고 착지 전에 침목 위에서 일단정지하여 안전을 확인한다.
② 화물의 흔들림을 정지시킨 후에 권하한다.
③ 화물을 내려놓아야 할 위치와 침목 상태(수평도, 지내력 등)를 확인한다.
④ 화물의 권하 위치 변경이 필요할 경우에는 매단 상태에서 침목 위치를 수정하고, 화물을 보조 용구를 이용하여 천천히 잡아당겨 적당한 위치에 내려놓는다.
⑤ 둥근 물건을 내려놓을 때에는 굴러가는 것을 방지하기 위하여 쐐기 등을 사용한다.
⑥ 철근 다발을 지상으로 내려놓을 때는 지면에 닿기 전 20cm 정도까지 내린 다음 일단 정지 후 서서히 내린다.

10년간 자주 출제된 문제

2-1. 타워크레인으로 철근 다발을 지상으로 내려놓을 때 가장 적합한 운전 방법은?
① 철근 다발이 지면에 가까워지면 권하 속도를 서서히 증가시킨다.
② 권하 시의 속도는 항상 권상 속도와 같은 속도로 운전한다.
③ 철근 다발의 흔들림이 없다면 속도에 관계없이 작업해도 좋다.
④ 지면에 닿기 전 20cm 정도까지 내린 다음 일단 정지 후 서서히 내린다.

2-2. 타워크레인을 이용하여 화물을 권하 및 착지시키려 할 때 틀린 것은?
① 권하할 때는 일시에 내리지 말고 착지 전에 침목 위에서 일단정지하여 안전을 확인한다.
② 화물의 흔들림을 정지시킨 후에 권하한다.
③ 화물을 내려놓아야 할 위치와 침목 상태(수평도, 지내력 등)를 확인한다.
④ 화물의 권하 위치 변경이 필요할 경우에는 매단 상태에서 침목 위치를 수정하고, 화물을 천천히 손으로 잡아당겨 적당한 위치에 내려놓는다.

2-3. 권하 작업의 속도에 대한 설명 중 가장 옳은 것은?
① 올릴 때의 속도와 같이한다.
② 가능한 한 최대 속도로 한다.
③ 훅의 진동이 없으면 빨리 내려도 된다.
④ 적당한 높이까지 내린 후 천천히 내린다.

2-4. 타워크레인의 중량물 권하 작업 시 착지 방법으로 잘못된 것은?
① 중량물 착지 바로 전 줄걸이 로프가 인장력을 받고 있는 상태에서 일단정지하여 안전을 확인한 후 착지시킨다.
② 중량물은 지상 바닥에 직접 놓지 말고 받침목 등을 사용한다.
③ 내려놓을 위치를 변경할 때에는 중량물을 손으로 직접 밀거나 잡아당겨 수정한다.
④ 둥근 물건을 내려놓을 때에는 굴러가는 것을 방지하기 위하여 쐐기 등을 사용한다.

|해설|

2-2
화물을 내려놓을 때는 손을 쓰지 않고 보조 용구를 사용한다.

2-3
적당한 높이까지 내린 다음 일단정지 후 서서히 내린다.

정답 2-1 ④ 2-2 ④ 2-3 ④ 2-4 ③

3-2. 횡행 작업(트롤리 이동 작업), 선회 작업

핵심이론 01 │ 횡행 작업(트롤리 이동 작업)

① 타워크레인에서 올바른 트롤리 작업
- ㉠ 지브의 양 끝단에서는 저속으로 운전한다.
- ㉡ 트롤리를 이용하여 화물의 흔들림을 잡는다.
- ㉢ 역동작은 반드시 정지 후 동작한다.
- ㉣ 인양된 화물이 심하게 흔들리지 않도록 급한 조종은 피하고 속도를 단계적으로 조종하며, 특히 스토퍼에 트롤리가 닿지 않도록 주의한다.

② 타워크레인으로 작업 시 중량물의 흔들림(회전) 방지 조치
- ㉠ 길이가 긴 것이나 대형 중량물은 이동 중 회전하여 다른 물건과 접촉할 우려가 있는 경우 반드시 가이 로프로 유도한다.
- ㉡ 작업 장소 및 매단 중량물에 따라서는 여러 개의 가이 로프로 유도할 수 있다.
- ㉢ 일반적으로 기중기로 물건을 들어 올리거나 내릴 때 흔들리거나 꼬이는 것을 방지하고 방향을 잡기 위해 가이 로프를 사용하는 것이 좋다.
- ㉣ 중량물을 유도하는 가이 로프는 주로 섬유 벨트를 이용하는 것이 좋다.
- ㉤ 화물을 매단 상태에서 트롤리를 이동(횡행)하다 정지할 때 트롤리가 앞뒤로 흔들리면서 정지할 경우에는 브레이크 밀림이 없도록 라이닝 상태를 점검하고 간극을 조정한다.

핵심이론 02 | 선회 작업

① 선회 작업 방법 안전
  ㉠ 선회 브레이크는 선회 작동이 완전히 정지된 후에
    만 사용한다.
  ㉡ 슬루잉 작동 시 주의 사항
    • 무리하고 급작스런 조작을 하지 않는다(단계별
      로 천천히 조작한다).
    • 레버를 살짝 조작하여 화물이 지브와 같이 회전
      하는지 확인하고 작업한다.
    • 선회 동작을 하기 전에 충돌할 수 있는 곳이 있는
      지를 확인한다.
    • 화물 인양 후에는 트롤리를 안쪽으로 이동시키고
      선회함으로써 장비에 무리가 가지 않도록 한다.

② 타워크레인 작업 중 운반 화물에 발생하는 진동
  ㉠ 화물이 무거울수록 진폭이 크다.
  ㉡ 권상 로프가 길수록 진폭이 크다.
  ㉢ 선회 작업 시 가속도가 클수록 진폭이 크다.
  ㉣ 권상 로프가 길수록 진동 주기가 길다.
  ㉤ 화물의 무게와 진동 주기는 관계가 없다.

③ 화물 진동 방지 방법
  ㉠ 경사지게 끌어당기거나 중심 위치가 맞지 않은 채
    로 권상한 경우에는 반드시 화물의 진동이 일어나
    므로 와이어로프가 긴장 상태로 될 때까지는 인칭
    으로 운전한다.
  ㉡ 로프가 긴장 상태가 된 위치에서 일단정지한 후
    다시 한번 무게의 중심 위치를 확인하고 나서 지면
    에서 떨어지게 한다.
  ㉢ 주행, 횡행 또는 선회 동작이 정격 속도에 달할
    때까지 짧게, 짧게 인칭 운전을 반복하여 화물의
    진동이 발생하지 않도록 운전한다.

10년간 자주 출제된 문제

2-1. 선회 작업 방법을 올바르게 설명한 것은?
① 목표한 지점을 지나치게 되면 즉시 비상 브레이크로 제동
  한다.
② 바람이 심할 때는 브레이크 제동을 이용하여 반발력 선회를
  한다.
③ 측면에 붙어 있는 경량의 선회 작업을 떼어낸다.
④ 선회 브레이크는 선회 작동이 완전히 정지된 후에만 사용
  한다.

**2-2. 타워크레인 작업 중 운반 화물에 발생하는 진동을 설명한
것 중 틀린 것은?**
① 화물이 무거우면 진폭이 크다.
② 화물이 무거우면 진동 주기가 짧다.
③ 선회 작업 시 가속도가 클수록 진폭이 크다.
④ 로프가 길수록 진동 주기가 길다.

**2-3. 타워크레인을 선회 중인 방향과 반대되는 방향으로 급조
작할 때 파손될 위험이 가장 큰 곳은?**
① 릴리프 밸브
② 액추에이터
③ 디스크 브레이크 에어 캡
④ 링 기어 또는 피니언 기어

|해설|
2-2
화물의 무게와 진동 주기는 관계가 없다.
2-3
링 기어 또는 피니언 기어는 모터 구동 회전하는 부분에 연결되어
캠과 함께 회전한다.

정답 2-1 ④ 2-2 ② 2-3 ④

3-3. 기복 작업

| 핵심이론 01 | 기복 작업

① 타워크레인 본체의 전도 원인
- ㉠ 정격 하중 이상의 과부하
- ㉡ 지지 보강의 파손 및 불량
- ㉢ 시공상 결함과 지반 침하
- ㉣ 기초(Foundation)의 강도 부족
- ㉤ 지브의 설치 해체 시 무게중심의 이동으로 인한 균형 상실
- ㉥ 안전장치의 고장에 의한 과하중
- ㉦ 보조 로프(Guy Rope)의 파손, 불량

② 크레인 본체 낙하 원인
- ㉠ 클라이밍 장치의 상승 시 작업 순서 무시
- ㉡ 펜던트의 용접 상태 및 고정용 볼트 체결 상태 불량
- ㉢ 지브 연결 고정핀의 체결 상태 불량
- ㉣ 권상 및 승강용 와이어로프 절단
- ※ 타워크레인을 선회 중인 방향과 반대되는 방향으로 급조작할 때 파손될 위험이 가장 큰 곳은 링기어 또는 피니언 기어이다.
- ※ 선회 속도가 0.81rev/min으로 표시되었을 경우 의미 : 타워크레인 선회 속도는 1분당 0.81회전한다.

③ 타워크레인 지브에서 이동 요령
- ㉠ 지브에서 이동할 때는 한 명씩 이동
- ㉡ 지브 내부의 보도 이용
- ㉢ 트롤리의 점검대를 이용한 이동
- ㉣ 안전로프에 안전대를 사용하여 이동

1-1. 타워크레인 본체의 전도 원인으로 거리가 먼 것은?
① 정격 하중 이상의 과부하
② 지지 보강의 파손 및 불량
③ 시공상 결함과 지반 침하
④ 선회 장치 고장

1-2. 선회 속도가 0.81rev/min으로 표시되었다. 올바른 설명은?
① 타워크레인 선회 속도는 1분당 0.81m이다.
② 타워크레인 선회 속도는 1분당 0.81cm이다.
③ 타워크레인 선회 속도는 1분당 0.81회전한다.
④ 타워크레인 선회 속도는 1분당 0.81분 걸린다.

1-3. 타워크레인 지브에서 이동 요령 중 안전에 어긋나는 것은?
① 2인 1조로 이동
② 지브 내부의 보도 이용
③ 트롤리의 점검대를 이용한 이동
④ 안전로프에 안전대를 사용하여 이동

정답 1-1 ④ 1-2 ③ 1-3 ①

① 주행 시작 시 필히 경보를 울려야 한다.

② 급격한 주행으로 인해 달려 있는 짐이 흔들리지 않도록 운전해야 한다.

③ 주행과 동시에 운반물을 권상 또는 권하하면 안 된다.

④ 위험물을 운반할 때는 사이렌을 연속적으로 작동하여야 한다.

⑤ 신호수의 신호에 의하여 운전해야 한다. 단, 비상시 급정지는 그렇지 않다.

⑥ 마그넷 크레인 운전 시 정전이 되면 운반물을 3분 이내에 안전한 장소에 권하하고 각 컨트롤러를 중립 위치로 하고 주전원을 차단한다.

   ※ 마그넷 크레인(Magnet Crane)에 있어서 최소 정전 보증 시간 : 10분 이상

⑦ 항상 짐의 중량과 크기를 염두에 두고, 장애물 대처 방안과 충분한 여유를 가지고 운전한다.

⑧ 안전 커버를 벗긴 채로 운전하는 것을 금한다.

⑨ 권상 시 매다는 용구가 팽팽해지면 일단정지 후 신호에 따라 올리며 짐이 지면에서 떨어졌을 때 다시 정지하여 확인한다.

⑩ 신호나 줄걸이 상태가 불확실하다고 생각되면 운전 작업을 중지한다.

⑪ 크레인으로 중량물 운반 시 일반적으로 안전한 높이는 지상으로부터 2m이다.

2-1. 주행 운전 방법으로 틀린 것은?

① 주행 시작 시 필히 경보를 울려야 한다.

② 진행 중인 방향에 위험물의 유무를 확인하여 주행한다.

③ 급격한 주행으로 인해 달려 있는 짐이 흔들리지 않도록 운전해야 한다.

④ 정지 위치에 도달할 때까지 주행을 작동시켰다가 브레이크를 사용 정지한다.

2-2. 크레인의 주행에 대한 설명으로 틀린 것은?

① 급격한 주행을 하지 말 것

② 주행과 동시에 운반물을 권상 또는 권하시키지 말 것

③ 운반물 위에 사람이 타고 있을 때에는 주행을 서서히 할 것

④ 주행로 상에 장애물이 있을 때에는 주행을 멈출 것

2-3. 크레인의 안전한 운전 방법으로 틀린 것은?

① 항상 짐의 중량과 크기를 염두에 두고, 장애물 대처 방안과 충분한 여유를 가지고 운전한다.

② 안전 커버를 벗긴 채로 운전하는 것을 금한다.

③ 리밋 스위치가 있으면 리밋 스위치에 의존하는 운전을 한다.

④ 현장 작업자와 운전자와의 연락 미비로 인한 사고가 발생할 우려가 있으므로 항상 세심한 주의를 한다.

| 해설 |

2-1
크레인을 주행 운전할 때는 천천히 안전을 확인하면서 정지 위치까지 작동시키도록 한다.

2-2
걸어 올리는 화물 위에 사람이 타고 있을 때는 운전을 멈춘다.

2-3
주행, 횡행, 권상 장치에 제한 개폐기가 설치되어 있어도 충분히 주의해서 운전해야 한다.

정답 2-1 ④ 2-2 ③ 2-3 ③

핵심이론 03 | 기타 타워크레인 안전 작업

① 타워크레인 중량물 운반 시 주의 사항

  ㉠ 안전장치를 해지하고 작업을 해서는 안 된다.

  ㉡ 정격 하중을 초과하여 물체를 들어 올리지 않는다.

  ㉢ 하중을 경사지게 당겨서는 안 된다.

  ㉣ 화물을 운반할 경우에는 운전 반경 내를 확인한다.

  ㉤ 무거운 물건을 상승시킨 채 오랫동안 방치하지 않는다.

  ㉥ 운반기계의 동요로 파괴의 우려가 있는 짐은 반드시 로프로 묶는다.

  ㉦ 균형이 잡히지 않은 평면 위의 화물은 인양하면 안 된다.

  ㉧ 신호수의 신호에 따라 작업한다.

  ㉨ 가벼운 짐이라도 외줄로 매달아서는 안 된다.

  ㉩ 구멍이 없는 둥근 것을 매달 때는 로프를 +자 무늬로 한다.

  ㉪ 한 현장에서 여러 대의 타워크레인 동시 작업 시 오직 신호수(작업 지휘자)에 의해서만 작업이 실시되도록 관리하여야 한다.

  ㉫ 매달린 화물이 불안전하다고 생각될 때는 작업을 중지한다.

② 원목처럼 길이가 긴 화물을 외줄 달기 슬링 용구를 사용하여 크레인으로 물건을 안전하게 달아 올릴 때의 방법

  ㉠ 슬링을 거는 위치를 한쪽으로 약간 치우치게 묶고 화물의 중량이 많이 걸리는 방향을 아래쪽으로 향하게 들어 올린다.

  ㉡ 제한 용량 이상을 달지 않는다.

  ㉢ 수직으로 달아 올린다.

  ㉣ 신호에 따라 움직인다.

3-1. 중량물 운반 시 안전 사항으로 틀린 것은?

① 크레인은 규정 용량을 초과하지 않는다.

② 화물을 운반할 경우에는 운전 반경 내를 확인한다.

③ 무거운 물건을 상승시킨 채 오랫동안 방치하지 않는다.

④ 흔들리는 화물은 사람이 승차하여 붙잡도록 한다.

3-2. 크레인으로 물건을 운반할 때 주의 사항으로 틀린 것은?

① 규정 무게보다 약간 초과할 수 있다.

② 적재물이 떨어지지 않도록 한다.

③ 로프 등 안전 여부를 항상 점검한다.

④ 선회 작업 시 사람이 다치지 않도록 한다.

3-3. 타워크레인에서 일반적인 작업 사항으로 틀린 것은?

① 작업이 종료된 후 훅(Hook)은 크레인 메인 지브의 하단부 정도까지 올려놓는다.

② 물건을 운반하지 않을 때는 훅에 와이어를 건 채로 이동해서는 안 된다.

③ 모가 난 짐을 운반 시는 규정보다 약한 와이어를 사용한다.

④ 화물의 중량 및 중심의 목측(目測)은 가능한 한 정확히 해야 한다.

|해설|

3-2

규정 무게보다 초과하여 적재하지 않는다.

3-3

모가 난 짐을 운반 시에는 모서리 부분에 고무나 가죽 등으로 된 보조구를 사용한다.

정답 3-1 ④ 3-2 ① 3-3 ③

４ 줄걸이 및 신호 체계

4-1. 줄걸이 용구 확인

| 핵심이론 01 | 줄걸이 용구 선정

① 줄걸이 용구 등의 선정 시 유의 사항
- ㉠ 운반물 : 질량, 중심, 크기, 재질, 수량, 특수성(고열, 액체, 유해, 강성, 망가짐)
- ㉡ 용구 사용 방법 : 거는 방법, 인양 위치, 인양 각도, 하중 분포, 용구의 접촉 부분, 반전 방향(중심 위치, 지지 위치), 용구의 미끄러짐
- ㉢ 용구 선정

줄걸이 용구	보호구	보조구
• 종류, 형식 • 용량 • 부피 • 길이 • 개수	• 화물의 보호 • 용구의 보호	• 받침대 • 크기 • 개수 • 강도 • 유도 로프

- ㉣ 줄걸이 용구 : 와이어로프, 섬유 벨트, 체인, 체인 블록, 클램프, 해커, 섀클, 고리 볼트, 리프팅 마그넷, 천칭, 전용 인양 도구
- ㉤ 반송 경로 : 장애물, 받침대, 놓는 방법
- ㉥ 사용 크레인 : 정격 하중, 인양대, 사용 하중

② 크레인의 양중 작업용 보조 용구의 구성과 역할
- ㉠ 보조대는 각진(폼, 빔, 합판 등) 자재의 양중에 사용한다.
- ㉡ 로프에는 고무나 비닐 등을 씌워서 사용한다.
- ㉢ 물품 모서리에 대는 것은 가죽류와 동판 등이 쓰인다.
- ㉣ 보조대나 받침대는 줄걸이 용구 및 물품을 보호한다.

③ 크레인 줄걸이 작업용 보조 용구의 기능 : 줄걸이 용구와 인양물을 보호한다.

10년간 자주 출제된 문제

1-1. 양중 용구를 사용할 때의 주의 사항과 관련 없는 것은?
① 용구의 접촉 개소
② 하중 분포
③ 하중물의 내구성
④ 인양물의 반전 방향

1-2. 다음 중 양중 작업에 필요한 보조 용구가 아닌 것은?
① 턴버클   ② 섬유 벨트
③ 수직 클램프   ④ 섀클

1-3. 크레인의 양중 작업용 보조 용구의 구성과 역할 설명으로 틀린 것은?
① 보조대는 덩치가 큰 물건에만 사용한다.
② 로프에는 고무나 비닐 등을 씌워서 사용한다.
③ 물품 모서리에 대는 것은 가죽류와 동판 등이 쓰인다.
④ 보조대나 받침대는 줄걸이 용구 및 물품을 보호한다.

| 해설 |

1-2
줄 자체 길이가 길어지면 턴버클을 사용해서 길이나 장력을 조절한다.

정답 1-1 ③ 1-2 ① 1-3 ①

① 와이어로프와 매다는(호이스트) 공구의 강도 및 안전율

　⊙ 권상용 와이어로프의 안전율은 5 이상으로 한다. 산업안전기준에 의하면 줄걸이용 체인, 섀클, 와이어로프, 훅 및 링의 안전 계수는 5 이상이다.

　⊙ 안전율(안전 계수)은 절단 하중을 사용 하중으로 나눈 값이다.

　　• 안전율 $= \dfrac{\text{절단 하중}}{\text{안전(정격) 하중}}$

　　• 안전율(S)

　　　$=$ 가닥 수(N) × 로프의 파단력(P)/달기 하중(Q)

　　　$=$ 로프의 절단 하중 ÷ 로프에 걸리는 최대 허용 하중

　⊙ 권상에 있어서 새로운 로프를 교환 후 전 하중을 걸지 말고 1/2 하중 정도로 수 회 고르기 운전을 행한 후 사용한다.

② 와이어로프의 안전율

　⊙ 와이어로프 등 달기구의 안전율(위험기계·기구 안전인증 고시 [별표 2], 산업안전보건기준에 관한 규칙 제163조)

와이어로프의 종류	안전율
• 권상용 와이어로프 • 지브의 기복용 와이어로프 • 횡행용 와이어로프 및 케이블 크레인의 주행용 와이어로프 ※ 화물의 하중을 직접 지지하는 달기와이어로프 또는 달기체인의 경우 : 5 이상	5.0
• 지브의 지지용 와이어로프 • 보조 로프 및 고정용 와이어로프	4.0
• 케이블 크레인의 주 로프 및 레일로프 ※ 훅, 섀클, 클램프, 리프팅 빔의 경우 : 3 이상	2.7
• 운전실 등 권상용 와이어로프 ※ 근로자가 탑승하는 운반구를 지지하는 달기와이어로프 또는 달기체인 : 10 이상	10.0

　⊙ 권상용 및 지브의 기복용 와이어로프에 있어서 달기기구 및 지브의 위치가 가장 아래쪽에 위치할 때 드럼에 2바퀴 이상 감기어 남아 있어야 한다.

　⊙ 상시 온도가 80℃ 이상인 고열 장소에서 사용하는 크레인의 와이어로프(다만, 차열판을 설치하는 등의 방법으로 80℃ 이하에서 사용되는 로프는 제외) 및 드럼에 다층으로 감기는 와이어로프는 철심이 들어있는 와이어로프를 사용해야 한다.

　⊙ 타워크레인의 훅을 상승할 때 줄걸이용 와이어로프에 장력이 걸리면 일단 정지하고 확인할 사항

　　• 줄걸이용 와이어로프에 걸리는 장력은 균등한지 확인한다.

　　• 매달린 물건이 미끄러져 떨어질 위험은 없는지 확인한다.

　　• 와이어로프가 미끄러지고, 보호대가 벗겨질 우려는 없는지 확인한다.

※ 와이어로프의 안전율은 정격 하중에 훅, 블록 및 로프 중량까지를 고려하여 정한다.

2-1. 크레인에 사용되는 와이어로프의 안전율 계산 방법은?

① $S = (N \times P)/Q$
② $S = (Q \times P)/N$
③ $S = N \times P \times Q$
④ $S = (Q \times N)/P$

2-2. 와이어로프의 안전율을 계산하는 방법으로 맞는 것은?

① 로프의 절단 하중 ÷ 로프에 걸리는 최대 허용 하중
② 로프의 절단 하중 ÷ 로프에 걸리는 최소 허용 하중
③ 로프에 걸리는 최대 하중 ÷ 로프의 절단 하중
④ 로프에 걸리는 최소 허용 하중 ÷ 로프의 절단 하중

2-3. 무게가 1,000kgf인 물건을 로프 1개로 들어 올린다고 가정할 때 안전 계수는?(단, 로프의 파단 하중은 2,000kgf이다)

① 0.5
② 2.0
③ 1.0
④ 4.0

2-4. 와이어로프의 안전 계수가 5이고 절단 하중이 20,000 kgf일 때 안전 하중은?

① 6,000kgf
② 5,000kgf
③ 4,000kgf
④ 2,000kgf

2-5. 안전 계수가 6이고, 안전 하중이 30ton인 기중기 와이어로프의 절단 하중은 몇 ton인가?

① 5ton
② 36ton
③ 120ton
④ 180ton

2-6. 와이어로프의 안전율에 대한 설명으로 옳은 것은?

① 보조 로프 및 고정용 와이어로프의 안전율은 6이다.
② 권상용 와이어로프의 안전율은 5이다.
③ 지브 지지용 와이어로프의 안전율은 6이다.
④ 횡행용 와이어로프 및 케이블 크레인의 주행용 와이어로프의 안전율은 7이다.

2-7. 와이어로프는 달기구 및 지브의 위치가 가장 아래쪽에 위치할 때 드럼에 최소한 몇 회 이상 감겨 있어야 하는가?

① 1회
② 2회
③ 5~6회
④ 7회

2-8. 줄걸이용 와이어로프에 장력이 걸리면 일단정지하고 줄걸이 상태를 점검, 확인할 때 해당 사항이 아닌 것은?

① 줄걸이용 와이어로프에 걸리는 장력이 균등하게 작용하는가
② 줄걸이용 와이어로프에 안전율은 4 이상 되는가
③ 하물이 붕괴 또는 추락할 우려는 없는가
④ 줄걸이용 와이어로프가 이탈 또는 보호대가 벗겨질 우려는 없는가

|해설|

2-1
와이어로프의 안전율(S) = 가닥 수(N) × 로프의 파단력(P) / 달기 하중(Q)

2-3
안전 계수 = 절단 하중 / 안전 하중
= 2,000 / 1,000
= 2

2-4
안전 계수 = 절단 하중 / 안전 하중
$5 = 20,000/x$
$x = 4,000\text{kgf}$

2-5
안전 계수 = 절단 하중 / 안전 하중
$6 = x/30$
$x = 180\text{ton}$

2-7
권상용 및 지브의 기복용 와이어로프에 있어서 달기구 및 지브의 위치가 가장 아래쪽에 위치할 때 드럼에 2회 이상 감기는 여유가 있어야 한다.

정답 2-1 ① 　2-2 ① 　2-3 ② 　2-4 ③ 　2-5 ④ 　2-6 ② 　2-7 ② 　2-8 ②

핵심이론 03 | 줄걸이 용구의 폐기 기준(운반 하역 표준 안전 작업 지침)

① 체인의 폐기 기준(제33조)
  ⊙ 링의 단면 지름의 감소가 원래 지름의 10%를 초과하여 마모된 것
  ⓛ 균열, 흠이 있는 것
  ⓒ 접합부가 이탈될 염려가 있는 것
  ⓔ 전장이 원래 길이의 5%를 초과하여 늘어난 것
  ⓜ 뒤틀림 등 변형이 현저한 것

② 섬유 로프 폐기 기준(제34조)
  ⊙ 스트랜드가 절단된 것
  ⓛ 심하게 손상된 것
  ⓒ 부식이 있는 것

③ 링(Ring)의 폐기 기준(제35조)
  ⊙ 단면 지름의 감소가 원래 지름의 10%를 초과하여 마모된 것
  ⓛ 균열, 흠이 있는 것
  ⓒ 접합부가 이탈될 우려가 있는 것
  ⓔ 전장이 원래 길이의 5%를 초과하여 늘어난 것

④ 훅(Hook)의 폐기 기준(제36조)
  ⊙ 단면 지름의 감소가 원래 지름의 5%를 초과하여 마모된 것
  ⓛ 균열이 있는 것
  ⓒ 두부 및 만곡의 내측에 흠이 있는 것
  ⓔ 개구부가 원래 간격의 5%를 초과하여 늘어난 것
  ⓜ 장기간 사용에 따른 경화의 의심이 있는 것, 고열에 의해 연화의 의심이 있는 것

⑤ 섀클(Shackle)의 폐기 기준(제37조)
  ⊙ 원래 직경의 10% 이상 마모된 것
  ⓛ 균열이 있는 것
  ⓒ 핀의 구부림이 지점 간격의 10%를 넘는 것
  ⓔ 마모된 것
  ⓜ 불완전한 것

4-2. 줄걸이 작업 방법

핵심이론 01 | 줄걸이 방법

① 훅의 줄걸이 방법
  ㉠ 눈걸이 : 모든 줄걸이 작업은 눈걸이를 원칙으로 한다.
  ㉡ 반걸이 : 미끄러지기 쉬우므로 엄금한다(가장 위험).
  ㉢ 짝감아걸이 : 가는 와이어로프일 때(14mm 이하) 사용하는 줄걸이 방법이다.
  ㉣ 짝감아걸이 나머지 돌림 : 4가닥 걸이로서 꺾어 돌림을 할 때 사용한다.
  ㉤ 어깨걸이 : 굵은 와이어로프일 때(16mm 이상) 사용한다.
  ㉥ 어깨걸이 나머지 돌림 : 4가닥 걸이로서 꺾어 돌림을 할 때 사용하는 줄걸이 방법이다.

반걸이	짝감아걸이	어깨걸이	눈걸이

② 줄걸이 작업
  ㉠ 1줄걸이는 화물이 회전할 위험이 있다. 화물이 회전하는 경우 로프 꼬임이 풀려 약하게 된다.
  ㉡ 1줄걸이 시 가능한 한 아이(Eye)에 슬링(Sling)을 통과시키지 말고, 2줄을 꺾어서 걸면 화물이 안정된다.
  ㉢ 2줄걸이는 긴 환봉 등의 줄걸이 작업 시 주로 활용한다.

③ 와이어로프 줄걸이 방법
  ㉠ 줄걸이 각도는 60° 이내로 하며 30~45° 이내로 하는 것이 좋다.
  ㉡ 여러 개를 동시에 매달 때는 일부가 떨어지는 일이 없도록 한다.
  ㉢ 밑에 쌓인 것을 들어낼 때는 반드시 위에 있는 것을 들어내고 나서 들어낸다.

  ㉣ 가까운 운반 거리라도 매단 짐 위에는 절대로 타면 안 된다.
  ㉤ 중량물의 중심 위치를 고려한다.
  ㉥ 줄걸이 와이어로프가 미끄러지지 않도록 한다.
  ㉦ 날카로운 모서리가 있는 중량물은 보호대를 사용한다.
  ㉧ 둥근 물건은 2중 걸이를 하여 미끄러지지 않도록 한다.

④ 주권과 보권을 동시에 사용하여 작업하지 않는다.

1-2
어깨걸이 나머지 돌림은 4가닥 걸이로서 꺾어 돌림을 할 때 사용하는 줄걸이 방법이다.

1-3
훅의 줄걸이 방법
• 반걸이 : 미끄러지기 쉬우므로 엄금한다.
• 짝감아걸이 : 가는 와이어로프일 때(14mm 이하) 사용하는 줄걸이 방법이다.
• 어깨걸이 : 굵은 와이어로프일 때(16mm 이상) 사용한다.
• 눈걸이 : 모든 줄걸이 작업은 눈걸이를 원칙으로 한다.

1-4
① 한 줄로 매달면 중심이 잡히지 않아 위험하다.
② 반걸이는 미끄러지기 쉽다.
④ 가는 와이어로프일 때는 짝감아걸이를 한다.

정답 1-1 ④ 1-2 ④ 1-3 ③ 1-4 ③

핵심이론 02 │ 줄걸이 작업 시 주의 사항(1)

① 여러 개를 동시에 매달 때는 일부가 떨어지는 일이 없도록 한다.
② 매다는 각도는 60° 이내로 한다.
③ 매단 짐 위에는 올라타지 않는다.
④ 핀 사용 시에는 절대 빠지지 않도록 한다.
⑤ 줄걸이 와이어로프가 미끄러지지 않도록 한다.
⑥ 날카로운 모서리가 있는 중량물은 보호대를 사용한다.
⑦ 인양 작업 시 지면에 있는 보조자는 보조구를 사용하여 와이어로프에 매달린 하물이 흔들리지 않게 하여야 한다.
⑧ 줄걸이 작업 중에 불안이나 의문이 있으면, 다시 한 번 고쳐 작업하고 안전을 확인한다.
⑨ 권상 화물 밑에는 절대로 들어가지 않는다.
⑩ 흩어질 수 있는 화물은 잘 묶은 상태로 만들어 줄걸이를 한다.
⑪ 권상 시 줄걸이 와이어로프가 장력을 받아 팽팽해지면 일단 정지한 후 운전한다.
⑫ 짐을 전도시킬 때는 가급적 주위를 넓게 하여 실시한다.
⑬ 전도 작업 도중 중심이 달라질 때는 와이어로프 등이 미끄러지지 않도록 한다.
⑭ 훅 상승 시는 화물을 지면에서 이격한 후 안전이 확인되면 고속으로 인양해도 된다.
※ 로프의 1줄 길이는 200m를 표준으로 한다.
※ 와이어로프 줄걸이 작업자가 작업을 실시할 때 고려해야 할 사항 : 양중물의 무게, 중심점, 형상, 권상 위치, 리프팅 빔 등의 확인과 양중물 보호 및 작업 안전 측면에서 줄걸이 용구 선정

2-1. 줄걸이 작업 시 주의 사항으로 틀린 것은?

① 여러 개를 동시에 매달 때는 일부가 떨어지는 일이 없도록 한다.
② 반드시 매다는 각도는 90° 이상으로 한다.
③ 매단 짐 위에는 올라타지 않는다.
④ 핀 사용 시에는 절대 빠지지 않도록 한다.

2-2. 크레인으로 중량물을 인양하기 위해 줄걸이 작업을 할 때의 주의 사항으로 틀린 것은?

① 중량물의 중심 위치를 고려한다.
② 줄걸이 각도를 최대한 크게 해준다.
③ 줄걸이 와이어로프가 미끄러지지 않도록 한다.
④ 날카로운 모서리가 있는 중량물은 보호대를 사용한다.

2-3. 타워크레인 인양 작업 시 줄걸이 안전사항으로 적합하지 않은 것은?

① 신호수는 원칙적으로 1인이다.
② 신호수는 타워크레인 조종사가 잘 확인할 수 있도록 정확한 위치에서 행한다.
③ 2인 이상이 고리 걸이 작업을 할 때는 상호 간에 복창소리를 주고받으며 진행한다.
④ 인양 작업 시 지면에 있는 보조자는 와이어로프를 손으로 꼭 잡아 하물이 흔들리지 않게 하여야 한다.

2-4. 타워크레인으로 목재품의 자재를 운반코자 할 때에 줄걸이 작업이 완료되었다면 운전자가 가장 안전하게 권상 작업을 한 것은?

① 혹을 하물의 중심 위치에 맞추었으면 권상을 계속하여 5m 높이에서 일단 정지한다.
② 권상 작동은 하물이 흔들리지 않으므로 항상 최고 속도로 운전한다.
③ 줄걸이 와이어로프가 장력을 받아 팽팽해지면 일단 정지한 후 운전한다.
④ 혹을 하물의 중심 위치에 정확히 맞추고 권상과 선회를 동시에 작동한다.

2-5. 혹 상승 시 작업 방법으로 옳은 것은?

① 권상 후에도 타워의 흔들림이 멈출 때까지 저속으로 인양한다.
② 화물을 지면에서 이격한 후 안전이 확인되면 고속으로 인양해도 된다.
③ 화물이 경량일 때에는 타워에 미치는 영향이 미미하므로 저속은 생략해도 된다.
④ 화물이 인양된 후에는 권과 방지 장치가 작동할 때까지 계속 인양한다.

2-6. 줄걸이 작업 시 짐을 매달아 올릴 때 주의 사항으로 맞지 않는 것은?

① 매다는 각도는 60° 이내로 한다.
② 짐을 전도시킬 때는 가급적 주위를 넓게 하여 실시한다.
③ 큰 짐 위에 작은 짐을 얹어서 짐이 떨어지지 않도록 한다.
④ 전도 작업 도중 중심이 달라질 때는 와이어로프 등이 미끄러지지 않도록 한다.

| 해설 |

2-3
와이어로프가 인장력을 받고 있는 동안에 잡아당길 필요가 있을 경우에는 직접 손으로 하지 말고 보조구를 사용하여야 한다.

2-4
줄걸이 로프를 확인할 때는 로프가 텐션을 받을 때까지 서서히 인양하여 로프가 장력을 다 받을 때 일단 정지하여 로프의 상태를 점검한다.

2-6
큰 짐 위에 작은 짐을 얹어서 매달면 작은 짐은 떨어지기 쉬우므로 떨어지지 않도록 매어두는 것이 좋다.

정답 2-1 ② 2-2 ② 2-3 ④ 2-4 ③ 2-5 ② 2-6 ③

① 정지 시 역 브레이크는 되도록 쓰지 않는다.
② 가능한 한 매다는 물체의 중심을 낮게 한다.
③ 정격 하중을 넘는 무게의 짐을 매달지 않는다.
④ 한 가닥으로 중량물을 인양하지 않는다.
⑤ 무게중심의 바로 위에 훅을 유도한다.
⑥ 무게중심이 전후좌우로 치우치지 않게 한다.
⑦ 형상이 복잡한 물체의 무게중심을 확인한다.
⑧ 인양 물체를 서서히 올려 지상 약 30cm 지점에서 정지하여 확인한다.
⑨ 와이어로프나 매달기용 체인이 벗겨질 우려가 있으면 되도록 낮게 인양한다.
⑩ 상례적으로 정해진 짐의 전문적인 줄걸이 용구를 만들어 작업한다.
⑪ 짐의 중량 판단에 자신이 없을 때는 상급자에게 문의하여 작업한다.
※ 줄걸이 작업 시 양중물의 중심을 잘못 잡았을 경우 발생할 수 있는 현상
　• 양중물이 생각지도 않은 방향으로 간다.
　• 매단 양중물이 회전하여 로프가 비틀어진다.
　• 양중물이 한쪽 방향으로 쏠려 넘어진다.

10년간 자주 출제된 문제

3-1. 와이어로프 작업자가 줄걸이 작업을 실시할 때 짐의 중량에 따른 안전 작업 방법이 아닌 것은?
① 짐의 중량을 어림짐작하여 작업한다.
② 정격 하중을 넘는 무게의 짐을 매달지 않는다.
③ 상례적으로 정해진 짐의 전문적인 줄걸이 용구를 만들어 작업한다.
④ 짐의 중량 판단에 자신이 없을 때는 상급자에게 문의하여 작업한다.

3-2. 줄걸이 작업 시 짐의 무게중심에 대하여 주의할 사항으로 틀린 것은?
① 짐의 무게중심 판단은 정확히 할 것
② 짐의 무게중심은 가급적 높이도록 할 것
③ 무게중심의 바로 위에 훅을 유도할 것
④ 무게중심이 짐의 위쪽에 있는 것이나 전후좌우로 치우친 것은 주의할 것

3-3. 크레인으로 인양 시 물체의 중심을 측정하여 인양하여야 한다. 다음 중 잘못된 것은?
① 형상이 복잡한 물체의 무게중심을 확인한다.
② 인양 물체를 서서히 올려 지상 약 30cm 지점에서 정지하여 확인한다.
③ 인양 물체의 중심이 높으면 물체가 기울 수 있다.
④ 와이어로프나 매달기용 체인이 벗겨질 우려가 있으면 되도록 높이 인양한다.

3-4. 줄걸이 작업자가 양중물의 중심을 잘못 잡아 훅에 로프를 걸었을 때 발생할 수 있는 것과 관계가 없는 것은?
① 양중물이 생각하지도 않은 방향으로 간다.
② 매단 양중물이 회전하여 로프가 비틀어진다.
③ 크레인에 전혀 영향이 없다.
④ 양중물이 한쪽 방향으로 쏠려 넘어진다.

|해설|

3-1
짐의 모양과 크기, 재료 등을 고려하여야 하며 어설픈 눈짐작에 의한 과도한 하중은 크레인 등에 손상을 주거나 다른 사고를 유발시킬 수 있어 주의하여야 한다.

3-3
가능한 한 매다는 물체의 중심을 낮게 할 것

정답 3-1 ① 　3-2 ② 　3-3 ④ 　3-4 ③

① 목표에 근접하면 최고 속도에서 단계별 저속 운전을
실시한다.

② 적당한 위치에 화물을 내려놓기 위해 흔들림 없이 내
린다.

③ 장애물과의 충돌 위험이 예상되면 즉시 작업을 중지
한다.

④ 부피가 큰 화물을 내릴 때에는 풍속, 풍향에 특히 주의
한다.

⑤ 훅을 분리할 때는 가능한 한 낮은 위치에서 훅을 유도
하여 분리한다.

⑥ 직경이 큰 와이어로프는 비틀림이 작용하여 흔들림이
생기기 때문에 흔들리는 방향에 주의한다.

⑦ 크레인 등으로 와이어로프를 잡아당겨 빼지 않는다.

⑧ 손으로 빼기 곤란한 대형 와이어로프를 크레인 등으로
빼야 할 때는 천천히 신호를 하면서 신중히 작업한다.

⑨ 화물을 인양하던 중 화물이 낙하하였을 때의 원인

　㉠ 줄걸이 상태 불량

　㉡ 권상용 와이어로프의 절단

　㉢ 지브와 달기 기구의 충돌

　㉣ 줄걸이용 와이어로프가 훅으로부터 이탈

※ 줄걸이 작업과 달기 용구의 적정성 확인

　• 인양 물건의 중량 및 중심 위치를 측정하여 줄걸
이 작업을 한다.

　• 줄걸이 로프를 확인할 때는 로프가 텐션을 받을
때까지 서서히 인양하여 로프가 장력을 다 받을
때 일단 정지하여 로프의 상태를 점검한다.

　• 로프의 직경, 손상 유무 등을 확인하여 안전성을
검토한다.

　• 달아 올리거나 내리는 체인, 섬유 로프, 섬유 벨
트, 또는 훅, 섀클 등의 줄걸이 작업 용구는 적정
한 것인지 확인한다.

4-1. 타워크레인에서 훅 하강 작업 시 준수 사항으로 틀린 것은?

① 목표에 근접하면 최고 속도에서 단계별 저속 운전을 실시
한다.

② 적당한 위치에 화물을 내려놓기 위해 흔들어서 내린다.

③ 장애물과의 충돌 위험이 예상되면 즉시 작업을 중지한다.

④ 부피가 큰 화물을 내릴 때에는 풍속, 풍향에 특히 주의한다.

**4-2. 타워크레인으로 훅을 하강시켜 줄걸이 용구를 분리할 때
의 작업 방법으로 잘못된 것은?**

① 훅을 분리할 때는 가능한 한 낮은 위치에서 훅을 유도하여
분리한다.

② 직경이 큰 와이어로프는 비틀림이 작용하여 흔들림이 생기
기 때문에 1인이 작업하는 것이 좋다.

③ 크레인 등으로 와이어로프를 잡아당겨 빼지 않는다.

④ 손으로 빼기 곤란한 대형 와이어로프를 크레인 등으로 빼야
할 때는 천천히 신호를 하면서 신중히 작업한다.

**4-3. 타워크레인의 설치를 위한 인양물 권상 작업 중 화물의 낙
하 요인이 아닌 것은?**

① 인양물의 재질과 성능

② 잘못된 줄걸이(인양줄) 작업

③ 지브와 달기 기구의 충돌

④ 권상용 로프의 절단

정답 4-1 ②　4-2 ②　4-3 ①

핵심이론 05 | 줄걸이 장력, 안전율 등

① 줄걸이 각도에 따른 장력

30°는 1.035배, 45°는 약 1.070배, 60°는 1.155배, 90°는 1.414배, 120°는 2.000배로 각이 커질수록 한 줄에 걸리는 장력이 커진다.

매단 각도	장력
0°	1.000배
30°	1.035배
60°	1.155배
90°	1.414배
120°	2.000배

② 한 줄에 걸리는 장력을 구하는 계산 공식

(짐의 무게 / 와이어의 수) ÷ (sin 와이어의 각도)

③ 안전율 = (와이어로프의 절단 하중×로프의 줄 수× 시브의 효율) / 권상 하중

④ 중량

　㉠ 물체의 중량은 비중×체적으로 구하며, 체적을 m^3로 하면 톤(ton)이 되고 cm^3로 하면 그램(g)이 된다.

　㉡ 중량 = 가로(cm)×세로(cm)×높이(cm)×$\dfrac{비중}{1,000}$

　㉢ 환봉의 중량 구하는 공식 = 단면적×길이×비중

⑤ 안전 하중(최대 하중) = $\dfrac{절단 하중}{안전 계수}$

10년간 자주 출제된 문제

5-1. 크레인에서 줄걸이 와이어로프를 이용해 화물을 양중할 때 줄걸이 각도에 따라 와이어로프에 걸리는 하중이 다르다. 줄걸이 로프에 가장 장력이 작게 걸리는 각도는?

① 30°
② 60°
③ 90°
④ 120°

5-2. 동일 조건에서 2줄걸기 작업의 줄걸이 각도 α 중 로프에 장력이 가장 크게 걸리는 각도는?

① α = 30°일 때
② α = 60°일 때
③ α = 90°일 때
④ α = 120°일 때

5-3. 줄걸이 와이어로프에 짐을 매달았을 때 한 줄에 걸리는 장력을 구하는 계산 공식으로 적합한 것은?

① (짐의 무게 / 와이어의 수) ÷ (sin 와이어의 각도)
② (짐의 무게 / 와이어의 수) × (sin 와이어의 각도)
③ (짐의 무게 / 와이어의 수) ÷ (cos 와이어의 각도)
④ (짐의 무게 / 와이어의 수) ÷ (tan 와이어의 각도)

5-4. 로프 한 개로 2줄걸이로 하여 1,000kg의 짐을 90°로 걸어 올렸을 때 한 줄에 걸리는 무게[kg]는?

① 250
② 500
③ 707
④ 6,930

5-5. 아래 그림과 같이 무게가 2ton인 물건을 로프로 걸어 올릴 때 로프에 걸리는 무게는?

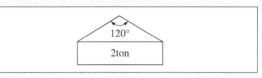

① 1ton
② 1.035ton
③ 1.4ton
④ 2ton

5-6. 정격 하중 100ton의 크레인을 제작한다면 6×24 직경이 20mm인 와이어로프를 몇 가닥으로 해야 하는가?(단, 와이어로프 절단 하중 20ton, 안전 계수는 5로 한다)

① 5가닥
② 10가닥
③ 20가닥
④ 26가닥

5-7. 40ton의 부하물이 있다. 이 부하물을 들어 올리기 위해서는 20mm 직경의 와이어로프를 몇 가닥으로 해야 하는가?(단, 20mm 와이어의 절단 하중은 20ton이며 안전 계수는 7로 하고, 와이어 자체의 무게는 0으로 계산한다)

① 2가닥(2줄걸이)
② 8가닥(8줄걸이)
③ 14가닥(14줄걸이)
④ 20가닥(20줄걸이)

5-8. 절단 하중이 1,200kgf인 와이어로프를 2줄걸이로 해서 600kgf의 화물을 인양할 때 이 와이어로프의 안전율은 얼마인가?

① 3
② 4
③ 5
④ 6

5-9. 와이어로프 줄걸이 작업자가 작업을 실시할 때 고려해야 할 사항과 가장 거리가 먼 것은?

① 짐의 중량　　　　　② 짐의 중심
③ 짐의 부피　　　　　④ 짐을 매는 방법

5-10. 물체의 중량을 구하는 공식으로 맞는 것은?

① 비중×넓이　　　　　② 무게×길이
③ 넓이×체적　　　　　④ 비중×체적

5-11. 직경이 500mm이고, 길이가 1m인 환봉을 크레인으로 운반하고자 할 때, 이 환봉의 무게는?(단, 환봉의 비중은 8.7)

① 1.70kgf　　　　　② 17.0kgf
③ 170.8kgf　　　　　④ 1,708kgf

5-12. 가로 2m, 세로 2m, 높이 2m인 강괴(비중 8)의 무게는?

① 6ton　　　　　② 16ton
③ 32ton　　　　　④ 64ton

5-13. 아래 그림과 같은 강괴를 들어 올릴 때 중량은?(단, 비중 7.85)

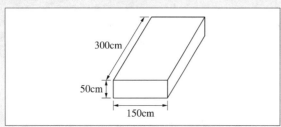

① 약 2,250kgf　　　　　② 약 9,000kgf
③ 약 17,663kgf　　　　　④ 약 26,493kgf

| 해설 |

5-1
줄걸이 각도의 조각도는 30°는 1.035배, 45°는 약 1.070배, 60°는 1.155배, 90°는 1.414배, 120°는 2.000배로 각이 커질수록 한 줄에 걸리는 장력이 커진다.

5-4
$$한 줄에 걸리는 하중 = \frac{하중}{줄 수} \times 조각도 = \frac{1,000}{2} \times 1.414(90°)$$
$$= 707kgf$$

5-5
$$한 줄에 걸리는 하중 = \frac{하중}{줄 수} \times 조각도 = \frac{2}{2} \times 2.000(120°)$$
$$= 2ton$$

5-6
$$최대 하중 = \frac{절단 하중}{안전 계수} = \frac{20}{5} = 4$$
$$\frac{100ton}{4} = 25줄걸이가 된다.$$

5-7
안전율 = (와이어로프의 절단 하중×로프의 줄 수×시브의 효율) / 권상 하중
$$7 = (20 \times x) / 40$$
로프의 줄 수 = 14가닥

5-8
안전율 = (와이어로프의 절단 하중×로프의 줄 수×시브의 효율) / 권상 하중
$$= (1,200 \times 2) / 600$$
$$= 4$$

5-9
줄걸이 용구 및 보조구의 선정
• 화물의 질량, 중심, 형상, 권상 위치, 크레인의 달기구 등의 확인
• 화물의 보호에 대한 줄걸이 방법 검토
• 최적의 줄걸이 용구와 보조 도구(보호구) 선정

5-11
환봉의 중량 구하는 공식
= 단면적×길이×비중
$$= \pi \times (0.25m)^2 \times 1m \times 8.7 ≒ 1.70824m^3 \rightarrow 1,708.24kgf \ (1m^3 ≒ 1,000kgf)$$

※ 원 단면적 공식 $= \pi \times r^2 = \pi \times \dfrac{D^2}{4}$

5-12
$$중량 = 가로(cm) \times 세로(cm) \times 높이(cm) \times \frac{비중}{1,000}$$
$$= 200 \times 200 \times 200 \times \frac{8}{1,000} = 64,000kgf = 64ton$$

5-13
$$중량 = 가로(cm) \times 세로(cm) \times 높이(cm) \times \frac{비중}{1,000}$$
$$= 300 \times 50 \times 150 \times \frac{7.85}{1,000} = 17,662.5kgf$$

정답 5-1 ①　5-2 ④　5-3 ①　5-4 ③　5-5 ④　5-6 ④　5-7 ③　5-8 ②
5-9 ③　5-10 ④　5-11 ④　5-12 ④　5-13 ③

4-3. 신호 체계 및 신호 방법 확인

핵심이론 01 | 크레인 작업 표준 신호 지침

① 신호 방법 : 신호자와 운전자 간의 거리가 멀어서 수신호의 식별이 어려울 때에는 깃발에 의한 신호 또는 무전기를 사용한다.

② 신호 방법 게시 : 사업주는 크레인을 사용하여 작업을 할 때에 신호 방법을 상기 작업장과 운전석 옆에 게시 또는 비치하여 근로자로 하여금 알게 하여야 한다.

③ 신호 방법 교육 : 사업주는 크레인의 운전자 및 신호자를 신규로 채용하거나 교체할 때는 신호 방법에 대한 교육을 실시토록 하여야 한다.

④ 신호자 지정

　㉠ 신호자는 해당 작업에 대하여 충분한 경험이 있는 자로서 해당 작업기계 1대에 1인을 지정토록 하여야 한다.

　㉡ 여러 명이 동시에 운반물을 훅에 매다는 작업을 할 때에는 작업책임자가 신호자가 되어 지휘토록 하여야 한다.

⑤ 신호자의 복장 : 신호자는 운전자와 작업자가 잘 볼 수 있도록 붉은색 장갑 등 눈에 잘 띄는 색의 장갑을 착용토록 하여야 하며, 신호 표지를 몸에 부착토록 하여야 한다.

1-1. 신호수에 대한 설명이다. 틀린 것은?

① 특별히 구분될 수 있는 복장 및 식별 장치를 갖춰야 한다.
② 소정의 신호수 교육을 받아 신호 내용을 숙지해야 한다.
③ 현장의 각 공정별로 한 사람씩 차출하여 신호수로 시킨다.
④ 신호수는 항상 크레인의 동작을 볼 수 있어야 한다.

1-2. 신호수가 준수해야 할 사항으로 틀린 것은?

① 신호수는 지정된 신호 방법으로 신호한다.
② 두 대의 타워크레인으로 동시 작업 시 두 사람의 신호수가 동시에 신호한다.
③ 신호수는 그 자신이 신호수로 구별될 수 있도록 눈에 잘 띄는 표시를 한다.
④ 신호 장비는 밝은 색상이며 신호수에게만 적용되는 특수 색상으로 한다.

|해설|

1-2
운전자에 대한 신호는 반드시 정해진 한 사람의 신호수가 한다.

정답 1-1 ③　1-2 ②

① 신호수 작업 안전

 ㉠ 신호는 반드시 1명의 신호자만을 선임하여 신호하
  도록 하여야 한다.

 ㉡ 신호수는 재킷, 안전모 등을 착용하여 일반 작업자
  와 구별해야 한다.

 ㉢ 소정의 신호수 교육을 받아 신호 내용을 숙지해야
  한다.

 ㉣ 신호수는 항상 크레인의 동작을 볼 수 있어야 한다.

 ㉤ 신호수는 절도 있는 동작으로 간단명료하게 한다.

 ㉥ 신호자는 운전자가 보기 쉽고 안전한 장소에 위치
  하여야 한다.

 ㉦ 신호수는 안전거리를 확보한 상태에서 권상화물
  이 가장 잘 보이는 곳에서 신호한다.

 ㉧ 신호자는 통행로 부근의 안전을 항상 확인하여야
  한다.

 ㉨ 늘 정해진 신호법에 따라 명료하게 크레인 운전자
  에게 신호한다.

 ㉩ 신호수는 신호 업무를 전담하여야 한다(줄걸이 작
  업 등 타 작업 병행 금지).

 ㉪ 신호자는 신호뿐 아니라 줄걸이 작업을 숙지함과
  동시에 크레인 등의 정격 하중, 이동 범위, 운전
  성능을 충분히 이해해야 한다.

② 운전자 작업 안전

 ㉠ 신호를 접수한 운전자와 통신한 사람은 서로 완전
  하게 이해하였는지를 확인하여야 한다.

 ㉡ 신호수와 운전자 간의 거리가 멀어서 수신호의 식
  별이 어려울 때에는 깃발에 의한 신호 또는 무전기
  를 사용한다.

 ㉢ 운전수는 신호수의 신호가 불분명할 때는 운전을
  하지 말아야 한다.

 ㉣ 비상시에는 신호에 관계없이 중지한다.

③ 기타 신호 안전

 ㉠ 통신 및 육성 메시지는 단순, 간결, 명확해야 한다.

 ㉡ 무선 통신을 통한 교신이 만족스럽지 않다면 수신
  호를 한다.

 ㉢ 신호 수단으로 손, 깃발, 호각 등을 이용한다.

 ㉣ 화물은 늘 수직으로 인양한다. 비스듬히 인양해서
  는 안 된다.

 ㉤ 걸이 작업 시작 전에 물체를 적재할 장소를 파악해
  두어야 한다.

 ㉥ 화물에 대한 줄걸이가 완전히 끝난 것을 확인하고
  권상 신호를 한다.

 ㉦ 권상 시에 줄걸이용 와이어로프가 충분히 팽팽해
  지면 일단 정지하고, 줄걸이용 와이어로프 거는
  방법이 안전한지 확인한 뒤 다시 권상 신호를 한다.

 ㉧ 화물을 운반하는 방향, 내리는 위치를 크레인 운전
  자에게 명시하고 되도록 앞에서 신호를 한다.

 ㉨ 권하 시에는 바닥면(받침목)에서 $10 \sim 20\text{cm}$ 정도
  의 높이에서 일단 정지하고 안전하게 착상할 수
  있는지 확인한 뒤 다시 미동 권하 신호를 한다.

 ㉩ 줄걸이 작업이 종료되면 훅을 2m 이상의 높이로
  감아올리고 나서 줄걸이 작업자, 신호자, 크레인
  운전자가 서로 줄걸이 작업 완료를 확인한다.

 ㉪ 물체의 반전 및 전도 작업을 할 때의 준수 사항
  • 작업 공간을 넓게 확보할 것
  • 중심을 이동할 때 와이어로프 등의 느슨함이나
   미끄럼 유무를 주시하면서 서서히 할 것
  • 반전할 때 물체가 미끄러지지 않도록 지점에 막
   대기를 끼울 것
  • 물체의 되돌림을 방지하기 위해 중심이 지점의
   반대 측에 완전히 기울어진 후에 와이어로프 등
   을 늦출 것

 ※ 타워크레인 운전 중 위험 상황이 발생한 상태에서
  생소한 사람이 정지 신호를 보내 왔다면 운전자는
  무조건 정지시키고 난 후 확인한다.

※ 크레인 작업 시의 조치(산업안전보건기준에 관한 규칙 제146조)

사업주는 타워크레인을 사용하여 작업을 하는 경우 타워크레인마다 근로자와 조종 작업을 하는 사람 간에 신호 업무를 담당하는 사람을 각각 두어야 한다.

10년간 자주 출제된 문제

2-1. 신호수가 준수해야 할 사항으로 틀린 것은?

① 신호수는 지정된 신호 방법으로 신호한다.
② 두 대의 타워크레인으로 동시 작업 시 두 사람의 신호수가 동시에 신호한다.
③ 신호수는 그 자신이 신호수로 구별될 수 있도록 눈에 잘 띄는 표시를 한다.
④ 신호 장비는 밝은 색상이며 신호수에게만 적용되는 특수 색상으로 한다.

2-2. 타워크레인 작업 시 신호 기준의 원칙으로 틀린 것은?

① 통신 및 육성 메시지는 단순, 간결, 명확해야 한다.
② 신호수는 운전자의 신호 이해 여부와 관계없이 약속에 의한 신호만 하면 된다.
③ 신호수와 운전자 간의 거리가 멀어서 수신호의 식별이 어려울 때에는 깃발에 의한 신호 또는 무전기를 사용한다.
④ 무선 통신을 통한 교신이 만족스럽지 않다면 수신호를 한다.

2-3. 타워크레인 신호와 관련된 사항으로 틀린 것은?

① 운전수가 정확히 인지할 수 있는 신호를 사용한다.
② 신호가 불분명할 때는 즉시 운전 중지한다.
③ 비상시에는 신호에 관계없이 중지한다.
④ 두 사람 이상이 신호를 동시에 한다.

2-4. 타워크레인 작업 시의 신호 방법으로 바람직하지 않은 것은?

① 신호 수단으로 손, 깃발, 호각 등을 이용한다.
② 신호는 절도 있는 동작으로 간단명료하게 한다.
③ 신호자는 운전자가 보기 쉽고 안전한 장소에 위치하여야 한다.
④ 운전자에 대한 신호는 신호의 정확한 전달을 위하여 최소한 2인 이상이 한다.

2-5. 타워크레인 작업에서 신호에 대한 설명으로 맞는 것은?

① 신호수는 재킷, 안전모 등을 착용하여 일반 작업자와 구별해야 한다.
② 타워크레인 운전 중 신호 장비는 신호수의 의도에 따라 변경될 수 있다.
③ 1대의 타워크레인에는 2인 이상의 신호수가 있어야 하며, 각기 다른 식별 방법을 제시하여야 한다.
④ 신호 장비는 우천 시 변경되어도 무방하다.

2-6. 다음 중 신호에 관련된 사항으로 틀린 것은?

① 신호수는 한 사람이어야 한다.
② 신호가 불분명할 때는 즉시 중지한다.
③ 비상시엔 신호에 관계없이 중지한다.
④ 복수 이상이 신호를 동시에 한다.

2-7. 크레인 권상 작업 시 신호수와 운전수의 작업 방법을 설명한 것으로 틀린 것은?

① 신호수는 안전거리를 확보한 상태에서 가능한 한 하중 가까이서 신호를 하는 것이 좋다.
② 신호수는 운전수가 잘 보이는 곳에서 신호를 하는 것이 좋다.
③ 신호수는 하중의 흔들림을 방지하기 위해 훅 바로 위의 와이어를 잡고 신호하는 것이 좋다.
④ 운전수는 신호수의 신호가 불분명할 때는 운전을 하지 말아야 한다.

2-8. 타워크레인으로 권상 작업 시 무전 신호수와 운전원의 작업 방법이 틀린 것은?

① 운전원은 신호수의 신호가 불명확한 경우에는 운전을 하지 않는다.
② 신호수는 안전거리를 확보한 상태에서 권상 하물이 가장 잘 보이는 곳에서 신호한다.
③ 신호수는 하물의 흔들림을 방지하기 위하여 훅 바로 위의 줄걸이 와이어를 잡고 신호한다.
④ 무전 신호 메시지는 단순·간결·명확하여야 한다.

2-9. 타워크레인에서 안전 작업을 위해 신호할 때 주의 사항이 아닌 것은?

① 신호수는 절도 있는 동작으로 간단명료하게 한다.
② 운전자가 보기 쉽고 안전한 장소에서 실시한다.
③ 운전자에 대한 신호는 반드시 정해진 한 사람의 신호수가 한다.
④ 신호수는 항상 운전자에게만 주시하고 줄걸이 작업자의 행동을 별로 중요시하지 않아도 된다.

2-10. 타워크레인 운전 중 위험 상황이 발생한 상태에서 생소한 사람이 정지 신호를 보내 왔다면 운전자는 어떻게 하는 것이 가장 좋은가?

① 운전자가 주위를 확인하고 정지한다.
② 무조건 정지시키고 난 후 확인한다.
③ 신호수가 아니므로 무시하고 운전한다.
④ 정해진 신호수가 정지 신호를 보낼 때까지 그대로 작업한다.

|해설|

2-1
운전자에 대한 신호는 반드시 정해진 한 사람의 신호수가 한다.

2-5
신호자는 운전자와 작업자가 잘 볼 수 있도록 붉은색 장갑 등 눈에 잘 띄는 색의 장갑을 착용토록 하여야 하며, 신호 표지를 몸에 부착토록 하여야 한다.

2-6
신호는 반드시 1명의 신호자만을 선임하여 신호하도록 하여야 한다.

2-7
줄걸이 작업 후 로프를 잡은 상태로 작업 신호를 하지 않는다.

2-10
비상시엔 신호에 관계없이 중지한다.

정답 2-1 ② 2-2 ② 2-3 ④ 2-4 ④ 2-5 ① 2-6 ④ 2-7 ③
2-8 ③ 2-9 ④ 2-10 ②

핵심이론 03 | 육성 신호

① 육성 신호
　㉠ 통신 및 육성 신호는 간결, 단순, 명료해야 한다.
　㉡ 신호를 접수한 운전자와 통신한 사람은 서로 완전하게 이해하였는지 상호 확인하여야 한다.
　㉢ 다른 작업 지역이 시끄럽다면 육성 신호보다 무전 통신을 권장한다.
　㉣ 무전 통신 사용이 교신에 있어 만족스럽지 못하다면 수신호로 해야 한다.
② 작업 전 걸이자 및 보조자가 관계자와 협의해야 할 작업 내용
　㉠ 좁은 장소나 장애물이 있는 장소에서의 걸이
　㉡ 트럭이나 대차상에서의 걸이
　㉢ 물체를 반전, 전도시키기 위한 걸이
　㉣ 긴 물체, 중량물, 이형물 등의 걸이
　※ 크레인을 운전할 때 안전 운전을 위하여 가장 중요한 것 : 운전자와 신호수와의 신호

3-1. 다음 중 육성 신호 메시지 중 틀린 것은?

① 간결
② 단순
③ 명확
④ 중복

3-2. 타워크레인의 육성 신호 방법에 대한 설명이다. 잘못된 것은?

① 육성 신호는 간결, 단순하여야 한다.
② 명확성보다는 소리의 크기가 중요하다.
③ 시끄러운 지역에서는 무선 통신(무진기)이 효과적이다.
④ 운전자와 통신자는 이해 여부를 상호 확인한다.

3-3. 육성 신호에 대한 설명으로 옳지 않은 것은?

① 육성 메시지는 간결, 단순, 명확하여야 한다.
② 긴 물체, 중량물 등의 작업에서는 육성 신호를 사용해야 한다.
③ 소음이 심한 작업 지역에서는 육성보다는 무선 통신을 권장한다.
④ 신호를 접수한 운전자와 통신한 사람은 서로 완전하게 이해하였는지를 확인하여야 한다.

|해설|

3-1
통신 및 육성 메시지는 단순, 간결, 명확해야 한다.

3-3
긴 물체, 중량물, 이형물 등의 걸이 등은 걸이자 및 보조자는 관계자와 작업 내용 등에 대하여 협의하여야 한다.

정답 3-1 ④ 3-2 ② 3-3 ②

| 핵심이론 04 | 무선 신호

① 무전기 신호

   ㉠ 작업 전에 무전기 상태를 확인하기 위하여 다른 작업자와 통신을 한다.

   ㉡ 표준어를 사용하고 비속어, 은어 등을 사용하지 않는다.

   ㉢ 무전기는 지정된 작업자만 사용할 수 있어야 한다.

   ㉣ 무전 신호는 용건을 간단하게 전하도록 한다.

   ㉤ 상대방이 신호를 인지하지 못하였을 경우를 제외하고 신호를 반복하지 않는다.

② 무선 신호 기타 주요 사항

   ㉠ 조용한 지역에서 활용된다.

   ㉡ 무선 통신이 만족하지 못하면 수신호로 한다.

   ㉢ 통신 및 육성은 간결, 단순, 명확해야 한다.

   ㉣ 작업 시작 전 신호수와 운전자 간에 작업의 형태를 사전에 협의하여 숙지한다.

   ㉤ 공유 주파수를 사용함으로써 짧고 명확한 의사 전달이 되어야 한다.

   ㉥ 운전자와 신호수 간에 완전한 이해가 이루어진 것을 상호 확인해야 한다.

   ※ 우리나라에서 사용되고 있는 전력계통의 상용 주파수 : 60Hz

4-1. 우리나라(한국)에서 사용되고 있는 전력계통의 상용 주파수는?

① 50Hz   ② 60Hz

③ 70Hz   ④ 80Hz

4-2. 타워크레인 작업을 위한 무전기 신호의 요건이 아닌 것은?

① 간결   ② 단순

③ 명확   ④ 중복

4-3. 신호수가 무전기를 사용할 때 주의할 점으로 틀린 것은?

① 메시지는 간결, 단순, 명확해야 한다.

② 신호수의 입장에서 신호한다.

③ 무전기 상태를 확인한 후 교신한다.

④ 은어, 속어, 비어를 사용하지 않는다.

4-4. 타워크레인의 작업 신호 중 무선 통신에 관한 설명으로 틀린 것은?

① 조용한 지역에서 활용된다.

② 무선 통신이 만족하지 못하면 수신호로 한다.

③ 통신 및 육성은 간결, 단순, 명확해야 한다.

④ 수신호와 꼭 함께 무선 통신을 하도록 한다.

4-5. 무전기를 이용하여 신호를 할 때 옳지 않은 것은?

① 혼선 상태일 때는 일방적으로 크게 말한다.

② 작업 시작 전 신호수와 운전자 간에 작업의 형태를 사전에 협의하여 숙지한다.

③ 공유 주파수를 사용함으로써 짧고 명확한 의사 전달이 되어야 한다.

④ 운전자와 신호수 간에 완전한 이해가 이루어진 것을 상호 확인해야 한다.

|해설|

4-1

한국에서 주로 사용되는 교류 전원의 상용 주파수는 60Hz이다.

정답 4-1 ②   4-2 ④   4-3 ②   4-4 ④   4-5 ①

핵심이론 05 | 수신호

① 수신호에 대한 요구 조건

  ㉠ 신호는 사용에 알맞고 크레인 운전사에게 충분히 이해되어야 한다.

  ㉡ 신호는 오해를 피하기 위해 명확하고 간결하여야 한다.

  ㉢ 불특정한 한 팔 신호는 어떤 팔을 사용해도 수용되어야 한다(좌우 방향을 가리키는 것은 특정한 신호이다).

  ㉣ 신호수의 준수사항

    • 안전한 곳에 위치하여야 한다.

    • 운전자를 명확히 볼 수 있어야 한다.

    • 하물 또는 장비를 명확하게 볼 수 있어야 한다.

  ㉤ 운전자에게 수신호를 보내는 사람은 한 사람이어야 한다. 예외는 비상 멈춤 신호뿐이다.

  ㉥ 적용 가능한 경우, 신호를 조합하여 사용할 수 있다.

② 수신호

  ㉠ 운전자가 신호수의 육성 경고를 정확하게 들을 수 없을 경우 반드시 수신호를 해야 한다.

  ㉡ 신호를 주는 사람을 신호수라고 부르며, 크레인을 운전하는 운전자에게 수신호로써 동작 지시를 제공한다.

  ㉢ 신호수는 위험에 노출되지 않게 크레인 동작에 항상 주목해야 한다.

  ㉣ 신호수는 전적으로 그의 주의력을 집중하여 크레인 동작에 필요한 신호에만 전념하고 인접 지역 작업자들의 안전에 최대한 신경을 써야 한다.

  ㉤ 크레인 운전자가 신호수가 요구한 동작 지시를 안전 문제로 이행할 수 없을 경우에는 진행 중인 크레인을 일시중지하고 수정된 작업을 지시한다.

  ㉥ 고시된 표준 신호 방법을 준수하여 작업한다.

※ 타워크레인 작업 시 수신호 기준서를 제공받을 사람 : 조종사, 신호수, 인양 작업 수행원

5-1. 크레인 운전 중 작업 신호에 대한 설명으로 가장 알맞은 것은?

① 운전자가 신호수의 육성 신호를 정확히 들을 수 없을 때는 반드시 수신호가 사용되어야 한다.
② 신호수는 위험을 감수하고서라도 그 임무를 수행하여야 한다.
③ 신호수는 전적으로 크레인 동작에 필요한 신호에만 전념하고, 인접 지역의 작업자는 무시하여도 좋다.
④ 운전자가 안전 문제로 작업을 이행할 수 없을지라도 신호수의 지시에 의해 운전하여야 한다.

5-2. 수신호에 대한 설명이다. 올바른 것은?

① 타워 기종마다 매뉴얼에 있는 수신호 방법을 따른다.
② 현장의 공동 작업자와 신호 방법을 사전에 정한다.
③ 고시된 표준 신호 방법을 준수하여 작업한다.
④ 경험과 지식이 있으면 신호를 무시해도 상관없다.

5-3. 타워크레인 작업 시 수신호 기준서를 제공받을 필요가 없는 사람은?

① 조종사　　　　　② 정비기사
③ 신호수　　　　　④ 인양 작업 수행원

정답 5-1 ①　5-2 ③　5-3 ②

핵심이론 06 | 신호 방법–수신호, 호각 신호

(1) 크레인의 공통적 표준 신호 방법

* 호각 부는 방법
── 아주 길게,　── 길게,　──── 짧게,　==== 강하고 짧게

운전 구분	1. 운전자 호출	2. 주권 사용	3. 보권 사용	4. 운전 방향 지시
수신호	호각 등을 사용하여 운전자와 신호자의 주의를 집중시킨다.	주먹을 머리에 대고 떼었다 붙였다 한다.	팔꿈치에 손바닥을 떼었다 붙였다 한다.	집게손가락으로 운전 방향을 가리킨다.
호각 신호	아주 길게　아주 길게	짧게　　　길게	짧게　　　길게	짧게　　　길게

운전 구분	5. 위로 올리기	6. 천천히 조금씩 위로 올리기	7. 아래로 내리기	8. 천천히 조금씩 아래로 내리기
수신호	집게손가락을 위로 해서 수평 원을 크게 그린다.	한 손을 지면과 수평하게 들고 손바닥을 위쪽으로 하여 2, 3회 적게 흔든다.	팔을 아래로 뻗고(손끝이 지면을 향함) 2, 3회 적게 흔든다.	한 손을 지면과 수평하게 들고 손바닥을 지면 쪽으로 하여 2, 3회 적게 흔든다.
호각 신호	길게　　　길게	짧게　　　짧게	길게　　　길게	짧게　　　짧게

운전 구분	9. 수평 이동	10. 물건 걸기	11. 정지	12. 비상 정지
수신호	손바닥을 움직이고자 하는 방향의 정면으로 하여 움직인다.	양쪽 손을 몸 앞에 대고 두 손을 깍지 낀다.	한 손을 들어 올려 주먹을 쥔다.	양손을 들어 올려 크게 2, 3회 좌우로 흔든다.
호각 신호	강하게　　　짧게	길게　　　짧게	아주 길게	아주 길게　아주 길게

운전구분	13. 작업 완료	14. 뒤집기	15. 천천히 이동	16. 기다려라
수신호	거수경례 또는 양손을 머리 위에 교차시킨다.	양손을 마주보게 들어서 뒤집으려는 방향으로 2, 3회 절도 있게 역전시킨다.	방향을 가리키는 손바닥 밑에 집게손가락을 위로 해서 원을 그린다.	오른손으로 왼손을 감싸 2, 3회 적게 흔든다.
호각신호	아주 길게	길게　　짧게	짧게　　길게	길게

운전구분	17. 신호 불명	18. 기중기의 이상 발생
수신호	운전자는 손바닥을 안으로 하여 얼굴 앞에서 2, 3회 흔든다.	운전자는 사이렌을 울리거나 한쪽 손의 주먹을 다른 손의 손바닥으로 2, 3회 두드린다.
호각신호	짧게　　　　　　짧게	강하게　　　　　　짧게

(2) 붐이 있는 크레인 작업 시의 신호 방법

* 호각 부는 방법
── 아주 길게, ─ 길게, －－－－ 짧게, ＝＝＝＝ 강하고 짧게

운전구분	1. 붐 위로 올리기	2. 붐 아래로 내리기
수신호	팔을 펴 엄지손가락을 위로 향하게 한다.	팔을 펴 엄지손가락을 아래로 향하게 한다.
호각신호	짧게　　　　　　짧게	짧게　　　　　　짧게

운전구분	3. 붐을 올려서 짐을 아래로 내리기	4. 붐을 내리고 짐은 올리기	5. 붐을 늘리기	6. 붐을 줄이기
수신호	엄지손가락을 위로 해서 손바닥을 오므렸다 폈다 한다.	팔을 수평으로 뻗고 엄지손가락을 밑으로 해서 손바닥을 폈다 오므렸다 한다.	두 주먹을 몸 허리에 놓고 두 엄지손가락을 밖으로 향한다.	두 주먹을 몸 허리에 놓고 두 엄지손가락을 서로 안으로 마주 보게 한다.
호각신호	짧게　　　길게	짧게　　　길게	강하게　　짧게	길게　　　길게

(3) Magnetic 크레인 사용 작업 시의 신호 방법

* 호각 부는 방법
── 아주 길게, ─ 길게, －－－－ 짧게, ＝＝＝＝ 강하고 짧게

운전구분	1. 마그넷 붙이기	2. 마그넷 떼기
수신호	양쪽 손을 몸 앞에다 대고 꽉 낀다.	양손을 몸 앞에서 측면으로 벌린다(손바닥은 지면으로 향하도록 한다).
호각신호	길게　　　　　　짧게	길게

※ 주요 신호

　㉠ 주먹을 머리에 대고 떼었다 붙였다 하는 신호 :
　　주권 사용

　㉡ 오른손을 뻗어서 하늘을 향해 원을 그리는 수신
　　호 : 훅을 상승시켜라.

　㉢ 팔을 아래로 뻗고 집게손가락을 아래로 향해서
　　수평 원을 그리는 신호 : 훅을 아래로 내리기

　㉣ 양쪽 손을 몸 앞에 두고 두 손을 깍지 끼는
　　신호 : 물건 걸기

　㉤ 신호자가 한 손을 들어 올려 주먹을 쥐는 신호 :
　　운전 정지

　㉥ 양손을 머리 위로 올려 크게 2~3회 좌우로 흔
　　드는 신호 : 비상 정지

　㉦ 거수경례 또는 양손을 머리 위에서 교차시키는
　　신호 : 작업 완료

　㉧ 오른손으로 왼손을 감싸고 2~3회 흔드는 신
　　호 : 기다려라

　㉨ 운전자가 손바닥을 안으로 하여 얼굴 앞에서
　　2~3회 흔드는 신호 : 신호 불명

　㉩ 운전자가 경보기를 울리거나 한쪽 손의 주먹을
　　다른 손의 손바닥으로 2~3회 두드린 신호 :
　　이상 발생

　㉪ 붐이 있는 크레인에서 팔을 펴 엄지손가락을
　　위로 향하게 하는 신호 : 붐 위로 올리기

　㉫ Magnetic 크레인 신호에서 양손을 몸 앞에다
　　대고 꽉 끼는 신호 : 마그넷 붙이기

6-1. 주먹을 머리에 대고 떼었다 붙였다 하는 신호는 무슨 뜻
인가?

① 운전자 호출
② 천천히 조금씩 위로 올리기
③ 크레인 이상 발생
④ 주권 사용

6-2. 오른손을 뻗어서 하늘을 향해 원을 그리는 수신호는 무엇
을 뜻하는가?

① 훅 와이어가 심하게 꼬였다.
② 훅에 매달린 화물이 흔들린다.
③ 원을 그리는 방향으로 선회하라.
④ 훅을 상승시켜라.

6-3. 신호법 중에서 팔을 아래로 뻗고 집게손가락을 아래로 향
해서 수평 원을 그리는 신호는 무슨 신호인가?

① 천천히 조금씩 올리기　　② 아래로 내리기
③ 천천히 이동　　　　　　④ 운전 방향 제시

6-4. 타워크레인의 표준 신호 방법에서 양쪽 손을 몸 앞에 두고
두 손을 깍지 끼는 것은 무엇을 뜻하는가?

① 물건 걸기　　　　　　　② 수평 이동
③ 비상 정지　　　　　　　④ 주권 사용

6-5. 신호자가 한 손을 들어 올려 주먹을 쥔 상태는 무슨 신호
를 나타내는 것인가?

① 작업 종료　　　　　　　② 운전 정지
③ 비상 정지　　　　　　　④ 운전자 호출

6-6. 신호수가 양손을 머리 위로 올려 크게 2~3회 좌우로 흔
드는 동작을 하였다면 무슨 뜻인가?

① 고속으로 선회　　　　　② 고속으로 주행
③ 운전자 호출　　　　　　④ 비상 정지

6-7. 크레인 운전 신호 방법 중 거수 경례 또는 양손을 머리 위
에서 교차시키는 것은 무엇을 뜻하는가?

① 수평 이동　　　　　　　② 기다려라
③ 크레인의 이상 발생　　　④ 작업 완료

6-8. 오른손으로 왼손을 감싸고 2~3회 흔드는 신호 방법은 무슨 뜻인가?

① 천천히 이동　　　　② 기다려라
③ 신호 불명　　　　　④ 기중기 이상 발생

6-9. 운전자가 손바닥을 안으로 하여 얼굴 앞에서 2~3회 흔드는 신호는 무슨 뜻인가?

① 작업 완료　　　　　② 신호 불명
③ 줄걸이 작업 미비　　④ 기중기 이상 발생

6-10. 운전자가 경보기를 울리거나 한쪽 손의 주먹을 다른 손의 손바닥으로 2~3회 두드릴 경우의 수신호 내용은?

① 신호 불명　　　　　② 이상 발생
③ 기다려라　　　　　④ 물건 걸기

6-11. 기복(Luffing)하는 타워크레인의 지브(Jib 또는 Boom)를 위로 올리고자 수신호 할 때의 신호 방법으로 적합한 것은?

① 팔을 펴 엄지손가락을 위로 향하게 한다.
② 팔을 펴 엄지손가락을 아래로 향하게 한다.
③ 두 주먹을 몸 허리에 놓고 두 엄지손가락을 서로 안으로 마주 보게 한다.
④ 두 주먹을 몸 허리에 놓고 두 엄지손가락을 밖으로 향하게 한다.

6-12. Magnetic 크레인 신호에서 양손을 몸 앞에다 대고 꽉 끼는 신호는 무엇을 뜻하는가?

① 마그넷 붙이기　　　② 정지
③ 기다려라　　　　　④ 신호 불명

|해설|

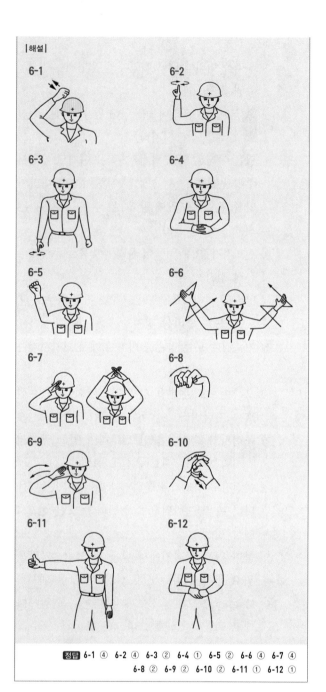

정답 6-1 ④　6-2 ④　6-3 ②　6-4 ①　6-5 ②　6-6 ④　6-7 ④
6-8 ②　6-9 ②　6-10 ②　6-11 ①　6-12 ①

설치 · 해체 작업 시 운전(조종)

1 설치 · 해체 작업 시 운전(조종)

1-1. 설치작업 시 조종 준수사항

| 핵심이론 01 | 작업 전 준비 및 최종 점검 사항

① 설치 계획 작성 및 협의 : 작업 계획서를 작성하여 검토 후 해체 3일 전까지 현장으로 제출한다. 설치책임자, 해체 작업 코디네이터, 현장관리자(공사팀, 안전)가 참석하여 안전 작업 협의(설치 3일 전까지)

 ※ 작업 계획서의 작성

 타워크레인의 설치 · 조립 · 해체 작업을 하는 때에는 다음의 사항이 모두 포함된 작업 계획서를 작성하고 이를 준수하여야 한다.

 • 타워크레인의 종류 및 형식
 • 설치 · 조립 및 해체 순서
 • 작업 도구 · 장비 · 가설 설비 및 방호 설비
 • 작업 인원의 구성 및 작업 근로자의 역할 범위
 • 타워크레인의 지지(산업안전보건기준에 관한 규칙 제142조) 규정에 의한 지지 방법

② 설치 작업 코디네이터 : 설치 경험이 풍부한 경험자를 선정하여 작업 시작에서 종료 시까지 안전 작업 확인, 현장안전관리자와 협조 등

③ 설치 당일 점검 사항

 ㉠ 지휘 계통의 명확화 : 역할 분담 지시, 설치 매뉴얼 등

 ㉡ 작업자 안전 교육 : 매뉴얼 작업 준수, 개인 보호 용구 착용 등

 ㉢ 줄걸이, 공구 안전 점검 : 적절한 줄걸이(슬링) 용구 선정, 볼트, 너트, 고정핀 등의 개수 확인, 각이 진 부재는 완충재를 대고 권상 작업 실시, 긴 부재의 권상 시는 보조 로프를 사용 등

 ㉣ 크레인 운전자와 공조 체계 확인 : 신호 방법, 크레인 위치, 설치자와 책임자의 상호 연락 방법(무전기 등)

 ㉤ 타워크레인 주변 출입 통제

 ㉥ 기상 확인 : 우천, 강풍 시 작업 중지[최대 설치 작업 풍속 준수, 36km/h(10m/s) 이내]

 ㉦ 기타 : 출역 인원 확인 및 신체 컨디션 점검(전날 음주 영향, 피로, 두통 등)

1-1. 타워크레인 설치 당일 작업 전 준비 사항 및 최종 점검 사항이 아닌 것은?

① 줄거리 공구 등 안전 점검
② 작업자 안전 교육
③ 지휘 계통 확립
④ 설치 계획서 작성

1-2. 설치 작업 시작 전 착안 사항이 아닌 것은?

① 기상 확인
② 역할 분담 지시
③ 줄걸이, 공구 안전 점검
④ 타워크레인 기종 선정

1-3. 타워크레인의 설치 해체 작업 시 안전 대책이 아닌 것은?

① 지휘계통의 명확화
② 추락 재해 방지
③ 풍속 확인
④ 크레인 성능과 디자인

|해설|

1-2
타워크레인 기종 선정은 설치 작업 계획서에 포함될 사항이다.

1-3
타워크레인 설치 · 해체 작업 시 안전 대책
• 지휘계통의 명확화
• 추락 재해 방지 대책 수립 : 안전대 사용
• 비래 · 낙하 방지
• 보조 로프의 사용
• 적절한 줄걸이(슬링) 용구 선정
• 볼트, 너트, 고정핀 등의 개수 확인
• 각이 진 부재는 완충재를 대고 권상 작업 실시
• 최대 설치 · 해체 작업 풍속 준수 : 36km/h(10m/s) 이내

정답 1-1 ④ 1-2 ④ 1-3 ④

핵심이론 02 | 작업 전 선정 조건 및 확인 사항

① 타워크레인 설치에서 이동식 크레인 선정 시 고려 사항
   ㉠ 최대 권상 높이(H)
   ㉡ 가장 무거운 부재 중량(W)
   ㉢ 선회 반경(R)

② 타워크레인의 설치 작업 전 조종사가 확인해야 되는 설치 계획 사항
   ㉠ 기종 선정 적합성 여부를 확인한다.
   ㉡ 설치할 타워크레인의 종류 및 형식을 파악한다.
   ㉢ 설치할 타워크레인의 설치 장소, 장애물 및 기초 앵커 상태를 확인한다.
   ㉣ 인입 전원 확인
   ㉤ 풍속

③ 타워크레인 작업 전 조종사가 점검해야 할 사항
   ㉠ 타워크레인의 균형 유지 여부
   ㉡ 타워크레인의 작업 반경별 정격 하중
   ㉢ 와이어로프의 설치 상태와 손상 유무
   ㉣ 브레이크의 작동 상태
   ㉤ 기타 안전장치의 작동 상태

2-1. 타워크레인 설치, 해체 시 이동 크레인의 선정 조건에 해당되지 않는 것은?

① 최대 권상 높이
② 가장 무거운 부재의 중량
③ 이동식 크레인 선회 반경
④ 건축물의 높이

2-2. 타워크레인의 설치 작업 전 조종사가 확인해야 되는 설치 계획 사항으로 틀린 것은?

① 기종 선정 적합성 여부를 확인한다.
② 타워크레인의 균형 유지 여부를 확인한다.
③ 설치할 타워크레인의 종류 및 형식을 파악한다.
④ 설치할 타워크레인의 설치 장소, 장애물 및 기초 앵커 상태를 확인한다.

2-3. 타워크레인 작업 전 조종사가 점검해야 할 사항이 아닌 것은?

① 마스트의 직진도 및 기초의 수평도
② 타워크레인의 작업 반경별 정격 하중
③ 와이어로프의 설치 상태와 손상 유무
④ 브레이크의 작동 상태

|해설|

2-1
이동식 크레인의 선정
설치·조립·해체하여야 할 타워크레인의 크기 및 종류에 따라 이동식 크레인을 선정하여야 하며, 이때 최대 권상 높이, 가장 무거운 부재의 중량, 이동식 크레인의 작업 반경을 반드시 검토해야 한다.

2-3
타워크레인 작업 전 조종사가 점검해야 할 사항
• 조종사는 작업 전에 반드시 타워크레인의 제원을 확인하고 준비하여야 한다.
• 안전장치의 작동 상태를 확인하여야 한다.
※ 마스트의 직진도 및 기초의 수평도는 설치 과정에서 확인해야 할 사항이다.

정답 2-1 ④ 2-2 ② 2-3 ①

핵심이론 03 | 타워크레인 설치 작업 시 안전 대책

① 타워크레인의 설치·해체 작업 시 추락 및 낙하에 대한 예방 대책

ㄱ 해당 매뉴얼에서 인양 무게중심과 슬링 포인트를 확인한다.

ㄴ 볼트나 핀의 낙하 방지를 위해서 반드시 철선 등으로 고정한다.

ㄷ 이동식 크레인의 용량 선정 시 반드시 인양 여유를 감안해서 선정한다.

ㄹ 설치 작업 시, 상하 이동 중 추락 방지를 위해 전용 안전벨트를 사용한다.

ㅁ 텔레스코픽 케이지의 상·하부 발판을 이용하여 발판에서 작업을 한다.

ㅂ 텔레스코픽 케이지를 마스트의 각 부재 등에 심하게 부딪치지 않도록 주의한다.

② 타워크레인 설치 시 비래 및 낙하 방지를 위한 안전 조치

ㄱ 위험 작업 범위 내 인원 및 차량 출입 금지

ㄴ 볼트 및 너트 등 작은 물건은 준비된 주머니나 공구통 사용

ㄷ 작업 전 낙하·비래 방지 조치에 관한 사항을 숙지

③ 타워크레인 설치 작업 시 인입 전원의 안전 대책

ㄱ 타워크레인용 단독 메인 케이블 전선을 사용한다.

ㄴ 타워크레인 전원에서 용접기 및 공기 압축기 등을 연결하여 사용하지 않는다.

ㄷ 케이블이 긴 경우 전압 강하를 감안하여 케이블을 선정한다.

ㄹ 변압기 주위에 방호망을 설치하고 출입구를 만들어 관계자 이외에는 출입을 금지시킨다.

ㅁ 전압은 380V로 공급한다.

ㅂ 220V, 380V인 경우를 대비하여 항상 트랜스포머를 장비와 함께 이동시킨다.

④ 타워크레인 상승 작업(마스트 연장 작업) 중 타워크레인 붕괴 예방 대책
- ㉠ 제작사의 작업 지시서에 의한 작업 순서의 준수
- ㉡ 상승 작업 중 권상, 트롤리 이동 및 선회 동작 등 일체의 작동 금지
- ㉢ 연결핀, 볼트 등의 풀림 또는 변형 유무
- ㉣ 마스트, 지브, 타이 바 등 주요 구조부의 균열 또는 손상 유무
- ㉤ 용접 부위의 균열 또는 부식 유무

3-1. 타워크레인의 설치·해체 작업 시 추락 및 낙하에 대한 예방 대책으로 반드시 준수해야 할 사항 중 틀린 것은?

① 해당 매뉴얼에서 인양 무게중심과 슬링 포인트를 확인한다.
② 설치·해체 시 각 부재의 유도용 로프는 반드시 와이어로프만을 사용한다.
③ 볼트나 핀의 낙하 방지를 위해서 반드시 철선 등으로 고정한다.
④ 이동식 크레인의 용량 선정 시는 반드시 인양 여유를 감안해서 선정한다.

3-2. 타워크레인 설치 시 비래 및 낙하 방지를 위한 안전 조치가 아닌 것은?

① 작업 범위 내 통행금지
② 운반 주머니 이용
③ 보조 로프 사용
④ 공구통 사용

3-3. 타워크레인의 설치 작업 중 추락 및 낙하 위험에 따른 대책에 해당하지 않는 것은?

① 설치 작업 시 상·하 이동 중 추락 방지를 위해 전용 안전벨트를 사용한다.
② 텔레스코픽 케이지의 상·하부 발판을 이용하여 발판에서 작업을 한다.
③ 기초 앵커 볼트 조립 시에는 반드시 안전벨트를 착용한 후 작업에 임한다.
④ 텔레스코픽 케이지를 마스트의 각 부재 등에 심하게 부딪치지 않도록 주의한다.

3-4. 타워크레인 설치 작업 시 인입 전원의 안전 대책에 대한 설명으로 틀린 것은?

① 타워크레인용 단독 메인 케이블 전선을 사용한다.
② 케이블이 긴 경우 전압 강하를 감안하여 케이블을 선정한다.
③ 작업이 용이하게 타워크레인 전원에서 용접기 및 공기 압축기를 연결하여 사용한다.
④ 변압기 주위에 방호망을 설치하고 출입구를 만들어 관계자 이외에는 출입을 금지시킨다.

3-5. 타워크레인의 마스트 상승 작업 중 발생되는 붕괴 재해에 대한 예방 대책이 아닌 것은?

① 핀이나 볼트 체결 상태 확인
② 주요 구조부의 용접 설계 검토
③ 제작사의 작업 지시서에 의한 작업 순서 준수
④ 상승 작업 중에는 권상, 트롤리 이동 및 선회 등 일체의 작동 금지

|해설|

3-1
긴 부재의 권상 시 안전하게 사용을 위한 유도 로프를 사용하고 부재의 중량에 적합한 줄걸이 용구를 선택하여 사용하여야 한다.

3-2
타워크레인 설치 시 비래 및 낙하 방지를 위한 안전 조치
- 위험 작업 범위 내 인원 및 차량 출입을 금지한다.
- 볼트 및 너트 등 작은 물건은 준비된 주머니나 공구통을 사용한다.
- 작업 전에 낙하·비래 방지 조치에 관한 사항을 숙지한다.

3-5
타워크레인 상승 작업 중 붕괴를 예방하기 위해 용접 부위의 균열 또는 부식 유무를 확인한다.

정답 3-1 ② 3-2 ③ 3-3 ③ 3-4 ③ 3-5 ②

핵심이론 04 | 설치 작업 순서

타워크레인 설치 협의	설치 크레인 위치 및 현장 주변 사항 최종 확인
↓	
기초 앵커 설치	기종별 매뉴얼 참조, 필요시 기초 보강 실시 기초 콘크리트 양생 : 6~7일 정기 검사 신청 및 접수
↓	
베이직 마스트 설치	베이직 마스트와 기초 앵커를 정확히 수직으로 맞춘 후 고정 실시
↓	
텔레스코픽 케이지 설치	텔레스코픽 측면에 설치 케이지(Cage) 발판 및 유압 펌프 설치 작업
↓	
운전실 설치	메인 케이블 설치
↓	
캣(타워) 헤드 설치	필요시 항공등, 풍속계를 조립하여 설치
↓	
카운터 지브 설치	무게중심을 확인한 후 권상 작업, 타이 바의 연결 상태를 반드시 확인
↓	
권상 장치 설치	권상 장치는 가능한 한 지상에서 카운터 지브에 조립하여 설치
↓	
메인 지브 설치	트롤리 장치 및 타이 바 등을 조립 설치, 슬링 위치 확인(무게중심 고려)
↓	
카운터웨이트 설치	카운터웨이트 중량 확인, 해당 매뉴얼을 참조
↓	
트롤리 주행용 와이어로프 설치	트롤리 주행용 와이어로프 설치
↓	
권상용 와이어로프 설치	로프 설치 후에는 로프 이탈 방지 장치 설치
↓	
텔레스코핑 작업	권상(Hoist) 및 트롤리 와이어로프 설치 → 브레이싱(Bracing) 및 전용 프레임 준비 작업
↓	
로드 세팅(Load Setting) 작업, 정기 검사 준비 작업	

타워크레인 설치 작업 순서로 옳은 것은?

① 기초 앵커 설치 → 베이직 마스트 설치 → 텔레스코픽 케이지 설치 → 운전실 설치 → 캣(타워) 헤드 설치 → 지브 설치 → 카운터웨이트 설치 → 와이어로프 설치 → 텔레스코핑 작업

② 기초 앵커 설치 → 베이직 마스트 설치 → 캣(타워) 헤드 설치 → 텔레스코픽 케이지 설치 → 운전실 설치 → 지브 설치 → 카운터웨이트 설치 → 와이어로프 설치 → 텔레스코핑 작업

③ 기초 앵커 설치 → 베이직 마스트 설치 → 텔레스코픽 케이지 설치 → 운전실 설치 → 지브 설치 → 캣(타워) 헤드 설치 → 카운터웨이트 설치 → 와이어로프 설치 → 텔레스코핑 작업

④ 기초 앵커 설치 → 베이직 마스트 설치 → 텔레스코픽 케이지 설치 → 지브 설치 → 운전실 설치 → 캣(타워) 헤드 설치 → 카운터웨이트 설치 → 와이어로프 설치 → 텔레스코핑 작업

|해설|

기초 앵커 설치 → 베이직 마스트 설치 → 텔레스코픽 케이지 설치 → 운전실 설치 → 캣(타워) 헤드 설치 → 카운터 지브 설치 → 권상 장치 설치 → 메인 지브 설치 → 카운터웨이트 설치

정답 ①

크레인 조립 등의 작업 시 조치 사항

사업주는 크레인의 설치·조립·수리·점검 또는 해체 작업을 하는 경우 다음의 조치를 하여야 한다(산업안전보건기준에 관한 규칙 제141조).

① 작업 순서를 정하고 그 순서에 따라 작업을 할 것
② 작업을 할 구역에 관계 근로자가 아닌 사람의 출입을 금지하고 그 취지를 보기 쉬운 곳에 표시할 것
③ 비, 눈, 그 밖에 기상 상태의 불안정으로 날씨가 몹시 나쁜 경우에는 그 작업을 중지시킬 것
④ 작업 장소는 안전한 작업이 이루어질 수 있도록 충분한 공간을 확보하고 장애물이 없도록 할 것
⑤ 들어 올리거나 내리는 기자재는 균형을 유지하면서 작업을 하도록 할 것
⑥ 크레인의 성능, 사용 조건 등에 따라 충분한 응력(應力)을 갖는 구조로 기초를 설치하고 침하 등이 일어나지 않도록 할 것
⑦ 규격품인 조립용 볼트를 사용하고 대칭되는 곳을 차례로 결합하고 분해할 것

10년간 자주 출제된 문제

5-1. 다음 보기에서 타워크레인 설치·해체 작업에 관한 설명으로 옳은 것을 모두 골라 나열한 것은?

|보기|
㉠ 작업 순서는 시계 방향으로 한다.
㉡ 작업 구역에는 관계 근로자의 출입을 금지하고 그 취지를 항상 크레인 상단 좌측에 표시한다.
㉢ 폭풍·폭우 및 폭설 등의 악천후 작업에서 위험이 미칠 우려가 있을 때에는 해당 작업을 중지한다.
㉣ 작업 장소는 안전한 작업이 이루어질 수 있도록 충분한 공간을 확보하고 장애물이 없도록 한다.
㉤ 크레인의 능력, 사용 조건에 따라 충분한 내력을 갖는 구조의 기초를 설치하고 지반 침하 등이 일어나지 않도록 한다.

① ㉠, ㉡, ㉢, ㉣, ㉤
② ㉢, ㉣, ㉤
③ ㉠, ㉡, ㉢
④ ㉡, ㉢, ㉣

5-2. 타워크레인 해체 작업 중 유의 사항이 아닌 것은?

① 작업자는 반드시 안전모 등 안전장구를 착용하여야 한다.
② 우천 시에도 작업한다.
③ 안전 교육 후 작업에 임한다.
④ 와이어로프를 검사한다.

5-3. 크레인 조립·해체 시의 작업 준수 사항이 아닌 것은?

① 작업 순서를 정하고 그 순서에 의하여 작업을 실시한다.
② 작업 장소는 안전한 작업이 이루어질 수 있도록 충분한 공간을 확보한다.
③ 들어 올리거나 내리는 기자재는 균형을 유지하면서 작업한다.
④ 조립용 볼트는 나란히 차례대로 결합하고 분해한다.

|해설|

5-1
조립 등의 작업 시 조치 사항(산업안전보건기준에 관한 규칙 제141조)
• 작업 순서를 정하고 그 순서에 따라 작업을 할 것
• 작업을 할 구역에 관계 근로자가 아닌 사람의 출입을 금지하고 그 취지를 보기 쉬운 곳에 표시할 것
• 비, 눈, 그 밖에 기상 상태의 불안정으로 날씨가 몹시 나쁜 경우에는 그 작업을 중지시킬 것
• 작업 장소는 안전한 작업이 이루어질 수 있도록 충분한 공간을 확보하고 장애물이 없도록 할 것
• 들어 올리거나 내리는 기자재는 균형을 유지하면서 작업을 하도록 할 것
• 크레인의 성능, 사용 조건 등에 따라 충분한 응력(應力)을 갖는 구조로 기초를 설치하고 침하 등이 일어나지 않도록 할 것
• 규격품인 조립용 볼트를 사용하고 대칭되는 곳을 차례로 결합하고 분해할 것

5-2
비·눈 그 밖의 기상 상태(천둥, 번개, 돌풍 등)의 불안정으로 인하여 날씨가 몹시 나쁠 때에도 그 작업을 중지시킨다.

5-3
규격품인 조립용 볼트를 사용하고 대칭되는 곳을 순차적으로 결합하고 분해한다.

정답 5-1 ② 5-2 ② 5-3 ④

핵심이론 06 | 타워크레인 설치 시 조립 방법

① 기초 앵커 – 베이직 마스트 – 일반 마스트

　㉠ 기초 앵커부의 수평 레벨을 확인한다.

　㉡ 기초 앵커에 베이직 마스트를 정확히 설치한다.

② 베이직 마스트 – 텔레스코픽 케이지

　㉠ 베이직 마스트의 위에서 아래로 텔레스코픽 케이지를 설치한다.

　㉡ 텔레스코핑 유압 장치가 텔레스코픽 케이지 측면에 설치되도록 한다.

③ 운전실 – 텔레스코픽 케이지

　㉠ 텔레스코픽 케이지를 운전실 하부에 핀으로 조립한다.

　㉡ 운전실을 마스트에 부착하고 타워 헤드를 운전석 위에 부착한다.

④ 캣(타워) 헤드 – 운전실 프레임 상부

　㉠ 유지 보수용 플랫폼과 방호 울이 설치된 수직사다리를 부착한다.

　㉡ 헤드 부분의 카운터 지브 쪽에 가이 로드(Guy Rods)를 설치한다.

　㉢ 헤드 부분의 메인 지브 쪽에 타이 바(Tie Bar) 연결 핀을 설치한다.

　㉣ 과부하 방지용 리밋 스위치(Limit Switch)가 자유롭게 움직이는지 점검하고 장애물이 있는 경우에는 장애물을 제거한다.

　㉤ 이동식 크레인을 사용하여 캣 헤드를 들어 운전실 프레임 상부에 핀으로 연결시킨다.

⑤ 카운터 지브 – 권상 장치

　㉠ 카운터 지브를 들어 올려 선회 플랫폼에 연결한다.

　㉡ 카운터 지브의 설치 위치는 텔레스코핑 유압 장치 쪽에 설치한다.

　㉢ 카운터웨이트는 반드시 메인 지브 설치 후 부착한다.

　㉣ 메인 지브 길이에 따라 카운터 지브에 카운터웨이트를 설치한다.

⑥ 메인 지브 – 트롤리 장치 및 타이 바

　㉠ 메인 지브의 타이 바를 설치한다.

　㉡ 첫 번째 지브 부분에 트롤리를 끼워 넣고 트롤리 와이어로프를 설치한다.

　㉢ 이동식 크레인으로 지브를 들어 올려 캣 헤드 하부에 설치한다.

　㉣ 트롤리 장치에 전원 공급 케이블을 연결한다.

　㉤ 권상 와이어로프를 설치한다.

　㉥ 모든 리밋 스위치를 조절하고 점검한다.

10년간 자주 출제된 문제

6-1. 타워크레인 설치 시 상호 체결 부분에 해당하는 곳으로 옳은 것은?

① 슬루잉 플랫폼 – 기초 앵커
② 타워 마스트 – 타워 헤드
③ 타워 베이직 마스트 – 기초 앵커
④ 기초 앵커 – 카운터 지브

6-2. 타워크레인 설치 시 서로 조립되는 것 중 틀린 것은?

① 베이직 마스트 – 기초 앵커
② 카운터 지브 – 권상 장치
③ 균형추 – 타워 헤드
④ 메인 지브 – 트롤리 장치 및 타이 바

|해설|

6-1

베이직 마스트와 기초 앵커를 정확히 일렬로 맞춘 후 고정한다.
① 슬루잉(선회) 플랫폼 – 카운터 지브
② 운전실 프레임 상부 – 타워 헤드
④ 권상 장치와 균형추(카운터웨이트) – 카운터 지브

6-2

카운터 지브에 권상 장치와 균형추가 설치된다.

정답 6-1 ③　6-2 ③

① 마스트 연장 작업 전 운전자가 반드시 조치 또는 확인해야 할 사항
- ㉠ 작업 방법 및 절차서
- ㉡ 새로 설치될 마스트의 지브 방향 정렬
- ㉢ 턴테이블과 가이드 섹션과의 핀 고정 여부
- ㉣ 주위의 타 장비와의 충돌 및 간섭 여부

② 클라이밍 타입의 타워크레인 설치 작업 전 검토 사항
- ㉠ 클라이밍 타워크레인의 설계 개요 검토
- ㉡ 클라이밍 타워크레인 가설 지지 프레임의 구성 검토
- ㉢ 클라이밍 부재 및 접합부 검토
- ㉣ 프레임 간격과 철골조 높이를 비교하여 크레인의 높이 검토
- ㉤ 상승 위치의 보강 빔과 설치 기종의 클라이밍 프레임 간격 검토
- ㉥ 옥탑층에 시설물을 설치하기 전에는 크레인 해체를 원칙으로 검토
- ※ 클라이밍 : 상승식 타워크레인에서 기시공된 건축물을 지지하고 크레인 몸체 전체가 올라가는 방식을 말한다.

③ 작업 준비
- ㉠ 텔레스코픽 케이지의 유압 장치와 카운터 지브의 위치는 동일 방향으로 맞춘다.
- ㉡ 텔레스코핑 작업 전 올릴 마스트를 메인 지브 방향으로 운반한다.
- ㉢ 전원 공급 케이블을 텔레스코핑 장치에 연결한다.
- ㉣ 유압 펌프의 오일 양과 모터의 회전 방향을 점검한다.
- ㉤ 유압 장치의 압력과 유압 실린더의 작동 상태를 점검한다.
- ㉥ 텔레스코핑 작업 중 에어 벤트는 열어 둔다.

- ㉦ 올리고자 하는 마스트를 롤러에 끼워 가이드 레일 위에 올려놓는다.
  - 타워크레인의 메인 지브 길이에 따라 기종 매뉴얼에서 제시하는 하중을 들어 트롤리를 메인 지브의 안쪽 또는 바깥쪽으로 이동시키면서 타워크레인 좌·우 지브의 균형을 유지한다.
    - ※ 타워크레인의 마스트 상승 작업 시 지브의 균형을 유지하기 위하여 트롤리에 매다는 하중 : 밸런스 웨이트용 마스트, 작업용 철근, 카운터웨이트
- ◎ 균형을 유지하기 위해 트롤리를 천천히 움직여야 한다.
  - 선회 링 서포트 볼트 구멍과 마스트 구멍의 일치 상태 또는 가이드 롤러가 마스트에 접촉하는 상태로 균형 여부를 확인할 수 있다.
  - 텔레스코핑 작업 전에는 좌·우 균형을 일치시키는 것이 중요하다.
    - ※ 제작 메이커에서 지정하는 무게를 권상하여 지브 위치로 트롤리를 이동하면서 균형을 유지한다.

10년간 자주 출제된 문제

7-1. 마스트 연장 작업(텔레스코핑)의 준비 사항에 해당하지 않는 것은?
① 텔레스코픽 케이지의 유압 장치가 있는 방향에 카운터 지브가 위치하도록 한다.
② 유압 펌프의 오일 양과 유압 장치의 압력을 점검한다.
③ 과부하 방지 장치의 작동 상태를 점검한다.
④ 유압 실린더의 작동 상태를 점검한다.

7-2. 타워크레인 마스트의 텔레스코픽(Telescopic) 작업 전에 준비할 사항으로 맞지 않는 것은?
① 유압 장치와 카운터 지브의 위치는 동일 방향으로 맞춘다.
② 유압 실린더는 연장 작업 전 절대 작동을 금한다.
③ 추가할 마스트는 메인 지브 방향으로 운반한다.
④ 유압 장치의 오일 양, 모터 회전 방향을 확인한다.

7-3. 텔레스코핑 작업 준비 사항 중 유압 장치에 관한 설명으로 틀린 것은?

① 에어 벤트(Air Vent)를 닫는다.
② 유압 실린더의 작동 상태 및 모터의 회전 방향을 점검한다.
③ 유압 장치의 압력과 오일 양을 점검한다.
④ 유압 실린더와 카운터 지브를 동일한 방향으로 한다.

7-4. 타워크레인의 텔레스코핑 작업 전 유압 장치 점검 사항이 아닌 것은?

① 유압 탱크의 오일 레벨을 점검한다.
② 유압 모터의 회전 방향을 점검한다.
③ 유압 펌프의 작동 압력을 점검한다.
④ 유압 장치의 자중을 점검한다.

7-5. 마스트 연장 작업 전 운전자가 반드시 조치 또는 확인해야 할 사항과 관계가 먼 것은?

① 새로 설치될 마스트의 지브 방향 정렬
② 턴테이블과 가이드 섹션과의 핀 고정 여부
③ 연장 작업에 참여한 작업자의 건강 진단 여부
④ 주위의 타 장비와의 충돌 및 간섭 여부

|해설|

7-1
타워크레인 설치 조립 시에는 과부하 방지 장치가 작동하는지 점검해야 하지만 텔레스코핑 시에는 그렇지 않다.

7-2
작업 준비 시 유압 실린더의 작동 상태를 점검해야 한다.

7-3
텔레스코핑 작업 중 에어 벤트는 열어둔다.

7-4
유압 장치의 압력을 점검한다.

정답 7-1 ③ 7-2 ② 7-3 ① 7-4 ④ 7-5 ③

핵심이론 08 │ 타워크레인 텔레스코핑 작업

① 마스트 상승 작업(텔레스코핑) 시 반드시 준수해야 할 사항

 ㉠ 텔레스코핑 작업은 해당 위치에서 순간 풍속이 10m/s를 초과하면 작업을 중지한다.

 ㉡ 유압 실린더와 카운터 지브가 동일한 방향에 놓이도록 한다.

 ㉢ 선회 링 서포트와 마스트 사이의 체결 볼트를 푼다.

  • 텔레스코픽 케이지와 선회 링 서포트는 핀으로 조립되어 있어야 한다.

  • 텔레스코픽 케이지가 선회 링 서포트와 정상적으로 조립되어 있지 않은 상태에서 선회하여서는 안 된다.

 ㉣ 텔레스코핑 작업 중 선회, 트롤리 이동 및 권상 작업 등 일체의 작동을 금지한다.

 ※ 마스트를 올려 정확히 안착 후 볼트 또는 핀으로 체결을 완료할 때까지는 어떤 이유로도 선회 및 주행 작동을 해서는 안 된다.

 ㉤ 제조자 및 설치 업체에서 작성한 표준 작업 절차에 의해 작업해야 한다.

 ㉥ 마스트 기둥과 가이드 롤러 사이에는 적정 간격이 필요하다.

 ㉦ 가이드 슈를 고정했다면 크레인을 움직이지 않는다.

② 텔레스코핑 작업 방법

 ㉠ 타워크레인의 구조 및 종류에 따라 작업 방법에 다소 차이가 있기 때문에 반드시 해당 매뉴얼을 참고하여 작업한다.

 ㉡ 텔레스코픽 케이지는 4개의 핀 또는 볼트로 연결되는데 설치가 용이하도록 보조핀이 있는 경우가 있으므로 텔레스코핑 작업 시 사용하고 작업이 종료되면 정상 핀 또는 볼트로 교체해야 한다.

 ㉢ 보조핀이 체결된 상태에서는 어떠한 권상 작업도 해서는 안 된다.

② 텔레스코핑 유압 펌프가 작동 시에는 타워크레인의 작동을 해서는 안 된다.
⑩ 마스트를 체결하는 핀은 정확히 조립하고, 볼트 체결인 경우는 토크 렌치 등으로 해당 토크 값이 되도록 체결한다.
⑪ 설치가 완료되면 작업책임자는 설치 확인서를 받아야 한다.
④ 추가할 마스트는 메인 지브 방향으로 운반한다.
⑥ 텔레스코핑 작업에서 유압 전동기가 역방향으로 회전 시는 전동기의 상을 변경한다.

10년간 자주 출제된 문제

8-1. 타워크레인의 설치 작업 중 텔레스코픽 케이지를 올리고 있을 때 할 수 있는 작업은?
① 지브를 회전시키는 것
② 지브의 트롤리를 움직이는 것
③ 훅을 권상, 권하시키는 것
④ 유압 펌프의 동작을 계속 유지하는 것

8-2. 텔레스코핑 작업에 관한 내용으로 틀린 것은?
① 텔레스코핑 작업 중 선회 동작 금지
② 연결 볼트 또는 연결핀을 체결하기 전에는 크레인의 동작을 금지
③ 연결 볼트 체결 시는 토크 렌치 사용
④ 유압 실린더가 상승 중에 트롤리를 전·후로 이동

8-3. 텔레스코핑(상승 작업) 시 관련 설명으로 틀린 것은?
① 마스트 기둥과 가이드 롤러 사이에는 적정 간격이 필요하다.
② 텔레스코핑(상승 작업) 전 지브와 카운터 지브가 45° 각도를 유지한 상태에서 트롤리를 움직여야 한다.
③ 가이드 슈를 고정했다면 크레인을 움직이지 않는다.
④ 텔레스코핑(상승 작업) 전 반드시 좌·우 평형 상태를 이루어야 한다.

8-4. 텔레스코핑 작업에서 유압 전동기가 역방향으로 회전 시 적절한 조치 방법은?
① 유압 실린더를 수리한다.
② 유압 펌프를 수리한다.
③ 10분간 휴지 후 작동한다.
④ 전동기의 상을 변경한다.

8-5. 다음 중 마스트 연장 작업(텔레스코핑) 시 반드시 준수해야 할 사항이 아닌 것은?
① 반드시 제조자 및 설치 업체에서 작성한 표준 작업 절차에 의해 작업해야 한다.
② 텔레스코핑 작업 시 타워크레인 양쪽 지브의 균형 유지는 반드시 준수해야 한다.
③ 텔레스코핑 작업 시 유압 실린더 위치는 카운터 지브의 반대 방향이어야 한다.
④ 텔레스코핑 작업은 반드시 제한 풍속(순간 최대 풍속 : 10m/s)을 준수해야 한다.

8-6. 타워크레인의 유압 실린더가 확장되면서 텔레스코핑 되고 있을 때 준수 사항으로 옳은 것은?
① 선회 작동만 할 수 있다.
② 트롤리 이동 동작만 할 수 있다.
③ 권상 동작만 할 수 있다.
④ 선회, 트롤리 이동, 권상 동작을 할 수 없다.

8-7. 마스트 연장 작업 시 준수 사항으로 틀린 것은?
① 순간 풍속 10m/s 이내에서 실시한다.
② 선회 링 서포트와 마스트 사이의 체결 볼트를 푼다.
③ 작업 중에 선회 및 트롤리 이동을 한다.
④ 텔레스코픽 케이지와 선회 링 서포트는 핀으로 조립한다.

8-8. 마스트 상승 작업에서 메인 지브와 카운터 지브의 균형 유지 방법이 옳은 것은?
① 작업 전 레일을 조정하여 균형을 유지한다.
② 작업 시 권상 작업을 통하여 균형을 유지한다.
③ 작업 시 선회 작업을 통하여 균형을 유지한다.
④ 작업 전 하중을 인양하여 트롤리의 위치를 조정하면서 균형을 유지한다.

8-9. 마스트 연장 작업(텔레스코핑) 시 양쪽 지브의 균형을 유지하는 방법이 아닌 것은?
① 카운터 지브에 있는 밸러스트(균형추)를 내려놓는 방법
② 제작 메이커에서 지정하는 무게를 권상하여 지브 위치로 트롤리를 이동하면서 균형을 유지하는 방법
③ 자체 마스트를 권상하여 지브 위치로 트롤리를 이동하면서 균형을 유지하는 방법
④ 지브 위치로 트롤리를 이동하면서 균형을 유지하는 방법

8-10. 타워크레인의 설치, 해체 작업 시 순간 제한 풍속은?

① 10m/s
② 20m/s
③ 30m/s
④ 40m/s

8-11. 타워크레인의 작업(양중 작업)을 제한하는 풍속의 기준은?

① 평균 풍속이 12m/s 초과
② 순간 풍속이 12m/s 초과
③ 평균 풍속이 15m/s 초과
④ 순간 풍속이 15m/s 초과

8-12. 타워크레인의 마스트 연장(텔레스코핑) 작업 시 준수 사항이 아닌 것은?

① 작업 과정 중 실린더 받침대의 지지 상태를 확인한다.
② 실린더 작동 전에는 반드시 타워크레인 상부의 균형 상태를 확인한다.
③ 유압 실린더의 동작 상태를 확인하면서 진행한다.
④ 비상 정지 장치의 작동 상태를 점검한다.

8-13. 마스트 연장 작업(텔레스코핑) 시 안전핀 사용에 대한 설명으로 틀린 것은?

① 케이지에 연결된 안전핀은 텔레스코핑 시에만 사용하여야 한다.
② 텔레스코핑 작업이 완료되면 즉시 정상 핀으로 교체되어야 한다.
③ 텔레스코핑 시 현장 상황이 급하면 안전핀을 생략하고 권상 작업을 하여도 된다.
④ 정상 핀으로 교체되기 전에는 타워크레인의 정상 작업은 금지하여야 한다.

8-14. 타워크레인을 건물 내부에서 클라이밍 작업으로 설치하고자 할 때, 클라이밍 프레임으로 건물을 고정하는 데 반드시 몇 개를 사용하여야 하는가?

① 1개
② 2개
③ 3개
④ 5개

8-15. 클라이밍 시 안전핀 사용 중 틀린 것은?

① 케이지와 연결된 안전핀은 클라이밍 시만 사용
② 클라이밍 작업 후는 정상 핀으로 교체
③ 정상 핀으로 교체 전에는 작업 금지
④ 안전핀은 2개소만 핀으로 고정

|해설|

8-2
텔레스코핑 작업 시에는 선회, 트롤리 이동, 권상 작업 등을 해서는 안 된다.

8-3
텔레스코픽 케이지의 유압 장치가 있는 방향에 카운터 지브가 위치하도록 카운트 지브의 방향을 맞춘다.

8-5
유압 실린더와 카운터 지브가 동일한 방향에 놓이도록 한다.

8-8
균형을 유지하기 위해 트롤리를 천천히 움직여야 하며, 선회 링 서포트 볼트 구멍과 마스트 구멍의 일치 상태 또는 가이드 롤러가 마스트에 접촉하는 상태로 균형 여부를 확인할 수 있으며, 텔레스코핑 작업 전에는 좌우 균형을 일치시키는 것이 중요하다.

8-10
타워크레인의 설치·조립·해체 작업은 해당 작업 위치에서 순간 풍속이 10m/s를 초과하는 경우에는 중지한다.

8-11
강풍 시 타워크레인 작업 중지 기준(산업안전보건기준에 관한 규칙 제37조)
사업주는 순간풍속이 10m/s를 초과하는 경우 타워크레인의 설치·수리·점검 또는 해체 작업을 중지하여야 하며, 순간 풍속이 15m/s를 초과하는 경우에는 타워크레인의 운전 작업을 중지하여야 한다.

8-12
비상 정지 장치는 비상사태에 사용한다.

8-13
텔레스코픽 케이지는 4개의 핀 또는 볼트로 연결되는데, 설치가 용이하도록 보조핀이 있는 경우가 있으므로 텔레스코핑 작업 시 사용하고 작업이 종료되면 정상 핀 또는 볼트로 교체해야 한다.

정답 8-1 ④ 8-2 ③ 8-3 ② 8-4 ④ 8-5 ③ 8-6 ④ 8-7 ③ 8-8 ④
8-9 ① 8-10 ① 8-11 ④ 8-12 ④ 8-13 ③ 8-14 ② 8-15 ④

핵심이론 09 | 텔레스코픽 케이지 설치

① 조립

　㉠ 플랫폼을 볼트로 견고하게 부착한다.

　㉡ 텔레스코픽 케이지 두 부분을 핀으로 체결한다.

　㉢ 텔레스코핑 유압 장치의 펌프와 모터, 텔레스코픽 슈(Shoe)가 있는 램(Ram), 서포트 슈와 플랫폼을 텔레스코픽 케이지에 설치한다.

　㉣ 텔레스코픽 케이지 쪽으로 흔들리지 않게 텔레스코픽 슈와 서포트 슈를 견고히 고정시킨다.

　㉤ 가이드 레일 또는 가이드 바를 부착한다.

　㉥ 텔레스코픽 케이지의 롤러가 자유롭게 구동하는지 점검하고 장애물이 있을 경우에 제거한다.

② 설치

　㉠ 지상에서 조립을 완전히 끝낸 후 이동식 크레인을 사용하여 한꺼번에 들어 올려 베이직 마스트의 위에서 아래로 설치한다.

　㉡ 텔레스코픽 케이지를 지상에서 조립하여 한꺼번에 설치하는 방법과 베이직 마스트에 직접 조립하는 방법이 있으나, 설치 현장의 여건을 감안하여 선택하도록 한다.

③ 유의 사항

　㉠ 플랫폼이 떨어지지 않도록 견고히 조립한다.

　㉡ 텔레스코핑 유압 장치가 텔레스코픽 케이지 측면에 설치되도록 한다.

　㉢ 슈가 흔들리는 것을 방지하는 고정 장치를 설치한다.

10년간 자주 출제된 문제

9-1. 텔레스코픽 케이지 설치 방법에 대한 내용으로 틀린 것은?

① 베이직 마스트에 아래에서 위로 설치한다.

② 플랫폼이 떨어지지 않도록 단단히 조인다.

③ 슈가 흔들리는 것을 방지하고 고정 장치를 제거한다.

④ 텔레스코핑 유압 장치는 마스트의 텔레스코핑 사이드에 설치되도록 한다.

9-2. 마스트 연장 시 균등하고 정확하게 볼트 조임을 할 수 있는 공구는?

① 토크 렌치　　　　② 해머 렌치

③ 복스 렌치　　　　④ 에어 렌치

정답 9-1 ①　9-2 ①

핵심이론 10 │ 타워크레인 검사

① 검사의 종류(건설기계관리법)
  ㉠ 신규 등록 검사
    • 타워크레인을 신규로 등록할 때 실시하는 검사
    • 최초 1회만 실시
    • 건설기계를 취득한 날로부터 2개월 이내 신청
  ㉡ 정기 검사
    • 건설공사용 건설기계로서 3년의 범위에서 국토교통부령으로 정하는 검사 유효 기간이 끝난 후에 계속하여 운행하려는 경우에 실시하는 검사
    ※ 타워크레인 정기 검사 유효 기간 : 6개월
    • 검사 유효 기간 만료일 전후 31일 이내 신청. 타워크레인을 이동 설치하는 경우에는 이동 설치 후 검사에 소요되는 기간 전
  ㉢ 구조 변경 검사
    • 타워크레인의 주요 구조를 변경하거나 개조한 경우 실시하는 검사
    • 사유 발생 시마다 실시
    • 구조 변경(개조)한 날로부터 20일 이내(타워크레인의 주요 구조부를 변경 또는 개조하는 경우에는 변경 또는 개조 후 검사에 소요되는 기간 전)
  ㉣ 수시 검사
    • 성능이 불량하거나 사고가 자주 발생하는 건설기계의 안전성 등을 점검하기 위하여 수시로 실시하는 검사와 타워크레인 소유자의 신청을 받아 실시하는 검사
    • 성능 점검 명령을 받은 날로부터 즉시 신청
    ※ 수시 검사를 명령하려는 때에는 수시 검사를 받아야 할 날부터 10일 이전에 건설기계 소유자에게 건설기계 수시 검사 명령서를 교부해야 한다.

  ※ 타워크레인 설치 후(신규 등록, 이설 포함) 하중 시험을 할 때 하중과 위치의 기준
    정격 하중의 105% → 검사 시 하중 시험은 지브의 외측단에 적용한다.
② 안전 검사
  ㉠ 크레인(이동식 크레인은 제외한다) : 사업장에 설치가 끝난 날부터 3년 이내에 최초 안전 검사를 실시하되, 그 이후부터 2년마다(건설현장에서 사용하는 것은 최초로 설치한 날부터 6개월마다)(산업안전보건법 시행규칙 제126조)
  ㉡ 안전 검사의 면제 : 건설기계관리법 신규 등록 검사, 정기 검사 및 수시 검사를 받은 경우(안전 검사 주기에 해당하는 시기의 검사로 한정한다)
③ 자율 안전 검사
  ㉠ 안전 검사 주기의 2분의 1에 해당하는 주기(크레인 중 건설 현장 외에서 사용하는 크레인의 경우에는 6개월)마다 검사를 할 것(산업안전보건법 시행규칙 제132조)
  ㉡ 자율 검사 프로그램의 유효 기간은 2년으로 한다(산업안전보건법 제98조).

10년간 자주 출제된 문제

10-1. 타워크레인 관련법상 안전 검사 주기로 맞는 것은?

① 1월에 1회 이상
② 3월에 1회 이상
③ 6월에 1회 이상
④ 12월에 1회 이상

10-2. 타워크레인 설치 후 하중 시험을 할 때 하중과 위치의 기준으로 옳은 것은?

① 정격 하중의 110% → 지브의 외측단
② 최고 하중의 105% → 최대 하중 양중 지점
③ 정격 하중의 105% → 지브의 외측단
④ 최고 하중의 110% → 최대 하중 양중 지점

|해설|

10-1
자율 안전 검사
• 안전 검사 주기의 2분의 1에 해당하는 주기(크레인 중 건설 현장 외에서 사용하는 크레인의 경우에는 6개월)마다 검사를 할 것
• 자율 검사 프로그램의 유효 기간은 2년으로 한다.

정답 10-1 ③ 10-2 ③

핵심이론 11 │ 타워크레인 설치·해체 작업자 교육 시간

① 타워크레인 설치·해체 자격 취득 시 : 144시간(보수 교육의 경우에는 36시간)

② 특별 안전 보건 교육
  ㉠ 타워크레인 신호 업무 작업을 제외한 작업에 종사하는 일용근로자 : 2시간 이상
  ㉡ 타워크레인 신호 작업에 종사하는 일용근로자 : 8시간 이상

> 타워크레인을 사용하는 작업 시 신호 업무를 하는 작업의 교육 내용
> • 타워크레인의 기계적 특성 및 방호 장치 등에 관한 사항
> • 화물의 취급 및 안전 작업 방법에 관한 사항
> • 신호 방법 및 요령에 관한 사항
> • 인양 물건의 위험성 및 낙하·비래·충돌 재해 예방에 관한 사항
> • 인양물이 적재될 지반의 조건, 인양 하중, 풍압 등이 인양물과 타워크레인에 미치는 영향
> • 그 밖에 안전·보건 관리에 필요한 사항

  ㉢ 일용근로자를 제외한 근로자
    • 16시간 이상(최초 작업에 종사하기 전 4시간 이상 실시하고 12시간은 3개월 이내에서 분할하여 실시 가능)
    • 단기간 작업 또는 간헐적 작업인 경우에는 2시간 이상
    ※ 타워크레인 설치(상승 포함) 및 해체 작업자가 특별 안전 보건 교육을 이수해야 하는 최소 시간 : 2시간 이상

10년간 자주 출제된 문제

타워크레인 설치(상승 포함) 및 해체 작업자가 특별 안전 보건 교육을 이수해야 하는 최소 시간은?

① 1시간 이상   ② 2시간 이상
③ 3시간 이상   ④ 4시간 이상

정답 ②

1-2. 해체 작업 시 조종 준수 사항

핵심이론 01 | 타워크레인 해체 작업 준비 및 하강 작업

① 타워크레인 해체 - 준비 작업
  - ㉠ 텔레스코핑 유압 실린더 방향과 카운터 지브가 동일한 방향이 되도록 한다.
  - ㉡ 유압 펌프 및 유압 실린더를 점검한다.
  - ㉢ 순간 풍속이 해당 작업 위치에서 10m/s를 초과하는지 확인한다.
  - ㉣ 주변 현장의 여건을 확인하여 위험 요소나 장애물들은 확실히 제거한다.
  - ㉤ 해체 작업 순서를 결정(기종별 매뉴얼에 의한 작업 순서 검토)한다.
  - ㉥ 위험 요인 파악 및 작업자 교육(고소 작업 시 주의 사항 숙지, 기중기 작업 계획 숙지, 볼트, 핀 체결·해체 보관 방법 숙지)을 실시한다.

② 마스트 하강 작업(텔레스코핑 작업의 역순)
  - ㉠ 텔레스코픽 케이지와 선회 링 서포트를 반드시 핀 또는 볼트로 체결해야 한다.
  - ㉡ 해체 마스트와 선회 링 서포트 연결을 푼다.
  - ㉢ 해체 마스트와 마스트 연결을 푼다.
  - ※ 해체할 마스트와 하단 마스트의 연결 볼트 또는 핀을 푼다.
  - ㉣ 해체 마스트에 가이드 레일의 롤러를 끼워 넣는다.
  - ㉤ 실린더를 약간 올려 실린더 슈와 서포트 슈가 각각 마스트상의 텔레스코픽 웨브에 안착되도록 하고, 마스트가 선회 링 서포트와 갭이 생기고 가이드 레일에 안착되도록 한다.
  - ㉥ 해체 마스트를 가이드 레일 밖으로 밀어 낸다.
  - ㉦ 훅으로 마스트를 들고 트롤리를 움직여 메인 지브와 카운터 지브의 평형을 맞춘다.
  - ㉧ 실린더를 하강하여 선회 링 서포트와 마스트를 핀 또는 볼트로 체결한다.
  - ㉨ 훅으로 해체 마스트를 지상으로 내려놓는다.

  - ㉩ ㉠~㉨을 반복하여 베이직 마스트 위치에 오게 한다.
  - ※ 타워크레인 해체 작업 시 가장 선행되어야 할 사항은 메인 지브와 카운터 지브의 평행 유지이다.

10년간 자주 출제된 문제

1-1. 타워크레인 해체 작업 시 가장 선행되어야 할 사항은?
① 마스트와 볼 선회 링 서포트 연결 볼트를 푼다.
② 마스트와 마스트 체결 볼트를 푼다.
③ 카운터 지브의 해체 및 정리한다.
④ 메인 지브와 카운터 지브의 평행을 유지한다.

1-2. 타워크레인 마스트 하강 작업 중 마지막 작업 순서에 해당하는 것은?
① 마스트와 볼 선회 링 서포트 연결 볼트를 푼다.
② 마스트와 마스트 체결 볼트를 푼다.
③ 실린더를 약간 올려 마스트에 롤러를 조립한다.
④ 마스트를 가이드 레일 밖으로 밀어낸다.

1-3. 타워크레인 마스트 해체 작업 중 틀린 것은?
① 처음에는 최상부 마스트와 선회 링 서포트 볼트 또는 핀을 푼다.
② 해체 마스트에 롤러를 끼워 넣는다.
③ 해체 마스트는 가이드 레일 밖으로 밀어낸다.
④ 선회 링 서포트와 기초볼트를 푼다.

1-4. 타워크레인의 마스트를 해체하고자 할 때 실시하는 작업이 아닌 것은?
① 마스트와 턴테이블 하단의 연결 볼트 또는 핀을 푼다.
② 해체할 마스트와 하단 마스트의 연결 볼트 또는 핀을 푼다.
③ 마스트에 가이드 레일의 롤러를 끼워 넣는다.
④ 마스트를 가이드 레일의 안쪽으로 밀어 넣는다.

1-5. 타워크레인의 마스트 해체 작업 과정에 대한 설명으로 틀린 것은?
① 메인 지브와 카운터 지브의 평형을 유지한다.
② 마스트와 선회 링 서포트 연결 볼트를 푼다.
③ 마스트에 롤러를 끼운 후 마스트 간의 체결 볼트를 조인다.
④ 마스트를 가이드 레일 밖으로 밀어낸다.

| 해설 |

1-3
텔레스코픽 케이지와 선회 링 서포트를 반드시 핀 또는 볼트로 체결해야 한다.

1-4
마스트를 가이드 레일 밖으로 밀어낸다.

1-5
해체 마스트와 마스트 연결을 푼 후 해체 마스트에 롤러를 끼워 넣는다.

정답 1-1 ④ 1-2 ④ 1-3 ④ 1-4 ④ 1-5 ③

핵심이론 02 │ 타워크레인 해체 작업 과정 등

① 타워크레인 해체 작업 전 운전자가 확인할 사항
  ㉠ 해체 작업 순서
  ㉡ 해체되는 장비의 구조 및 기능
  ㉢ 해체 작업 안전 지침
  ㉣ 해체 작업 중 타워크레인의 균형 유지 여부를 확인
  ㉤ 해체 업장에 작업자 이외의 자가 출입하는지의 여부를 확인
  ㉥ 신호자와 줄걸이 작업자의 배치 상태 및 의견 교환이 되는지를 확인

② 작업책임자의 직무
  ㉠ 작업 계획서에 의하여 작업 방법과 작업 근로자를 배치하고 해당 작업을 지휘 감독한다.
  ㉡ 재료의 결함 유무 또는 기구 및 공구의 기능을 점검하고 불량품을 제거한다.
  ㉢ 작업 중 안전대 및 안전모의 착용 상태를 감시한다.
  ㉣ 설치·조립·해체 작업 범위 내의 위험 구역에 작업자의 출입을 금지한다.
  ㉤ 설치 작업 계획서의 내용에 관하여 안전 교육 실시 여부를 확인한다.

③ 타워크레인 해체 작업 과정(분리 작업)
  ㉠ 카운터 지브에 설치된 카운터웨이트를 완전히 분리한다.
  ㉡ 메인 지브를 분리한 후 카운터 지브에서 권상 장치를 분리한다.
  ㉢ 카운터 지브를 분리한 후 캣(타워) 헤드를 분리한다.
  ㉣ 운전실을 분리한다.
  ㉤ 베이직 마스트에서 텔레스코픽 케이지를 분리한다.
  ㉥ 베이직 마스트를 분리한다.
  ㉦ 주변 정리를 한다.

10년간 자주 출제된 문제

2-1. 마스트를 분리한 후 가장 올바른 하강 운전 방법은?

① 지상 바닥에 고속으로 내린다.
② 지상 바닥에 중속으로 스윙하면서 내린다.
③ 바닥에 긴급히 내린다.
④ 바닥에 놓기 전 일단 정지 후, 저속으로 내린다.

2-2. 타워크레인 해체 작업 과정에 대한 설명으로 틀린 것은?

① 지브를 분리하기 전에 카운터웨이트를 해체한다.
② 마지막 순서로 운전실을 해체한다.
③ 운전실보다 타워 헤드를 먼저 해체한다.
④ 카운터 지브에서 권상 장치를 해체한다.

2-3. 타워크레인의 상부 구조부 해체 작업에 해당하지 않는 것은?

① 카운터 지브에서 권상 기어를 분리한다.
② 타워 헤드를 분리한다.
③ 메인 지브에서 텔레스코핑 장치를 분리한다.
④ 카운터웨이트를 분해한다.

|해설|

2-2
끝으로 베이직 마스트를 분리한다.

2-3
베이직 마스트에서 텔레스코픽 케이지를 분리한다.

정답 2-1 ④ 2-2 ② 2-3 ③

핵심이론 03 | 해체 작업 시 운전 준수 사항

① 해체 작업 시 주전원을 차단한다.

② 해체 작업 중 양쪽 지브의 균형 유지 여부를 확인한다.

③ 상부 마스트가 선회 링 서포트와 볼트 및 핀으로 연결될 때까지 절대로 회전을 시키면 안 된다.

④ 마스트 핀이 체결되지 않은 상태에서 선회 동작은 금한다.

⑤ 미스트를 내릴 때는 지상 작업자를 대피시킨다.

⑥ 순간 풍속 10m/s를 초과할 때에는 즉시 작업을 중지한다.

⑦ 해체 작업 시 반드시 숙련된 적정 인원을 배치하고 작업책임자를 지정, 상주해야 한다.

⑧ 해체 작업자는 반드시 안전모를 착용하고, 안전벨트를 착용해야 한다.

⑨ 해체 작업은 해체 작업 지침과 안전 작업 지침에 의해 실시해야 한다.

⑩ 해체 작업 후 주변 정리정돈을 깨끗이 정리해야 한다.

⑪ 해체 작업 범위 내의 위험 구역에 작업자의 출입을 금지한다.

⑫ 타워크레인의 해체 작업 시 운전은 팀의 선임자가 운전 자격이 있어야 할 수 있다.

⑬ 마스트를 분리한 후 하강 운전 방법은 바닥에 놓기 전 일단 정지 후, 저속으로 내린다.

3-1. 타워크레인의 해체 작업 시 안전 운전 준수 사항으로 가장 중요한 것은?

① 타워크레인의 상부 마스트가 선회 링 서포트와 볼트 및 핀으로 연결될 때까지 절대로 회전을 시키면 안 된다.
② 타워크레인의 해체 작업 시 운전은 팀의 선임자가 운전 자격이 없어도 할 수 있다.
③ 해체 작업 시 운전석의 전원은 항상 "On" 상태로 하며 필요시 즉시 조작할 수 있도록 되어야 한다.
④ 해체 작업 시는 풍속의 영향을 받지 않기 때문에 풍속은 고려할 필요가 없다.

3-2. 타워크레인 해체 작업 시 운전자가 숙지해야 할 사항이 아닌 것은?

① 해체 작업 순서
② 해체되는 장비의 구조 및 기능
③ 해체를 돕는 크레인의 구조와 기능
④ 해체 작업 안전 지침

3-3. 마스트 상승 및 해체 작업을 할 때 특히 주의해야 할 사항에 해당되는 것은?

① 크레인의 균형을 유지한다.
② 컨트롤러의 성능을 확보한다.
③ 볼트의 상태를 점검한다.
④ 관련 작업자와 자주 통화한다.

3-4. 타워크레인 해체 작업 시 준수 사항으로 틀린 것은?

① 비상 정지 장치는 비상사태에 사용한다.
② 지브의 균형은 해체 작업과는 연관성이 없다.
③ 마스트를 내릴 때는 지상 작업자를 대피시킨다.
④ 순간 풍속 10m/s를 초과할 때에는 즉시 작업을 중지한다.

3-5. 타워크레인의 해체 작업 시 일반적인 유의 사항이 아닌 것은?

① 해체 작업 시 반드시 숙련된 적정 인원을 배치하고 작업 책임자를 지정, 상주시켜야 한다.
② 해체 작업자는 반드시 안전모를 착용하고, 안전벨트는 볼트 및 핀 제거 시만 착용해야 한다.
③ 해체 작업은 해체 작업 지참과 안전 작업 지침에 의해 실시해야 한다.
④ 해체 작업 후 주변을 깨끗이 정리정돈해야 한다.

3-6. 타워크레인 구조물 해체 작업 시 올바른 운전 방법이 아닌 것은?

① 해체 작업 시 주전원을 차단한다.
② 해체 작업 중 양쪽 지브의 균형 유지 여부를 확인한다.
③ 슬루잉 링 서포트와 베이직 마스트 연결 시 약간 선회를 한다.
④ 마스트 핀이 체결되지 않은 상태에서 선회 동작은 금한다.

| 해설 |

3-2

타워크레인의 설치·조립·해체 작업을 하는 때에는 다음의 사항이 모두 포함된 작업 계획서를 작성하고 이를 준수하여야 한다.
• 타워크레인의 종류 및 형식
• 설치·조립 및 해체 순서
• 작업 도구·장비·가설 설비 및 방호 설비
• 작업 인원의 구성 및 작업 근로자의 역할 범위
• 타워크레인의 지지(산업안전보건기준에 관한 규칙 제142조) 규정에 의한 지지 방법
※ 작업 계획서를 작성한 때에는 그 내용을 작업 근로자에게 주지시켜야 한다.

3-4

들어 올리거나 내리는 기자재는 균형을 유지하면서 작업을 실시한다.

3-5

해체 작업자는 반드시 안전모와 안전벨트를 착용해야 한다.

3-6

타워크레인의 상부 마스트가 선회 링 서포트와 볼트 및 핀으로 연결될 때까지 절대로 회전을 시키면 안 된다.

정답 3-1 ① 3-2 ③ 3-3 ① 3-4 ② 3-5 ② 3-6 ③

1-3. 벽체 지지·고정 방식

핵심이론 01 | 연 소

① 벽체 지지·고정 방식의 개념

  ㉠ 벽체 지지·고정 방식은 타워크레인의 마스트를 건축물 등의 벽체에 견고하게 지지·고정하는 방식이다.

  ㉡ 타워크레인을 자립고(Free Standing)보다 높게 설치할 경우 필요한 마스트의 고정 및 지지 방식이다.

  ※ 타워크레인의 고정(건설기계 안전기준에 관한 규칙 제125조의2)

   • 타워크레인을 자립고를 초과하는 높이로 설치하는 경우에는 건축물의 벽체에 지지하는 것을 원칙으로 한다. 다만, 타워크레인을 벽체에 지지할 수 없는 등 부득이한 경우에는 와이어로프로 지지할 수 있다.

   • 타워크레인을 벽체에 지지하는 경우에는 다음의 사항을 모두 준수하여야 한다.

    – 타워크레인 제작사의 설치 작업 설명서에 따라 기종별·모델별 설계 및 제작기준에 맞는 자재 및 부품을 사용하여 설치할 것

    – 콘크리트 구조물에 고정시키는 경우에는 매립하거나 관통하는 등의 방법으로 충분히 지지되도록 할 것

    – 건축 중인 시설물에 지지하는 경우에는 같은 시설물의 구조적 안정성에 영향이 없도록 할 것

② 현장의 여건과 타워크레인의 설치 위치에 따라 다음과 같이 분류한다.

  ㉠ 지지대 3개 방식 : 건물과의 이격 거리에 관계없이 주로 많이 사용

  ㉡ A-프레임과 지지대 1개 방식 : 건물과의 이격 거리가 크지 않으며 연결 지점 수를 줄이기 위해 사용

  ㉢ A-프레임과 로프 2개 방식 : 건물과의 이격 거리가 크지 않을 때 사용

  ㉣ 지지대 2개와 로프 2개 방식 : 각 연결점의 위치가 타워크레인 중심과 대칭이 되도록 사용

  ※ 현장에 설치된 타워크레인이 두 대 이상으로 중첩되는 경우의 최소 안전 이격 거리 : 2m

  ※ 타워크레인 지지·고정 방식 비교표

구분	벽체 지지(Wall Bracing) 방식	와이어로프 지지(Wire Rope Guying) 방식
설치 방법	건물 벽체에 지지 프레임 및 간격 지지대로 고정	와이어로프로 지면 또는 콘크리트 구조물 등에 고정
장점	건물 벽체에 고정하며 작업이 용이하고 안정성이 높음	동시에 여러 장소에서 작업이 가능하여 장비 사용 효율이 높고, 설치 비용이 저렴
단점	작업 반경이 작아서 장비 사용 효율이 낮고, 설치 비용이 고가	벽체 고정에 비하여 작업이 어렵고 안정성이 낮음

1-1. 현장에 설치된 타워크레인이 두 대 이상으로 중첩되는 경우의 최소 안전 이격 거리는 얼마인가?

① 1m
② 2m
③ 3m
④ 4m

1-2. 타워크레인을 자립고(Free Standing)보다 높게 설치할 경우 필요한 마스트의 고정 및 지지 방식으로 옳은 것은?

① 벽체 지지 방법
② H-빔 지지 방법
③ 브래킷 지지 방법
④ 콘크리트 블록 지지 방법

1-3. 타워크레인의 지지 · 고정 방식 중에서 건물과의 이격 거리가 크지 않으며 연결 지점 수를 줄이기 위해 사용하는 방식은?

① A-프레임과 지지대 1개 방식
② A-프레임과 로프 2개 방식
③ 지지대 3개 방식
④ 지지대 2개와 로프 2개 방식

|해설|

1-1
현장에 두 대 이상의 타워크레인이 설치되어 상호 겹침이 예상되는 근접 설치된 크레인과 최소 2m의 안전거리를 준수한다.

1-2
타워크레인 등이 자립고(Free Standing) 이상의 높이로 설치되는 경우에는 건축물 등의 벽체에 지지하거나 와이어로프에 의하여 지지해야 한다.

정답 1-1 ② 1-2 ① 1-3 ①

핵심이론 02 | 와이어로프 지지 · 고정 방식

① 와이어로프 지지 · 고정 방식의 개념

  ㉠ 와이어로프 지지 · 고정 방식은 타워크레인 설치 장소의 주변에 적당한 지지물이 없거나, 고심도의 지하층 바닥에 타워크레인을 설치하는 경우에 사용한다.

  ㉡ 지지할 벽체가 없는 등 부득이한 경우에는 와이어로프에 의하여 지지할 수 있다.

※ 타워크레인의 고정(건설기계 안전기준에 관한 규칙 제125조의2)

  타워크레인을 와이어로프로 지지하는 경우에는 다음의 사항을 모두 준수하여야 한다.

  • 와이어로프를 고정하기 위한 전용 지지 프레임은 타워크레인 제작사의 설계 및 제작 기준에 맞는 자재 및 부품을 사용하여 표준방법으로 설치할 것

  • 와이어로프 설치 각도는 수평면에서 60° 이내로 하고, 지지점은 4개 이상으로 하며, 같은 각도로 설치할 것

  • 와이어로프 고정 시 턴버클 또는 긴장 장치, 클립, 새클 등은 한국산업규격 제품 또는 한국산업규격이 없는 부품의 경우에는 이에 준하는 규격품을 사용하고, 설치된 긴장 장치, 클립 등이 이완되지 아니하도록 하며, 사용 시에도 충분한 강도와 장력을 유지하도록 할 것

  • 작업용 와이어로프와 지지 고정용 와이어로프는 적정한 거리를 유지할 것

② 와이어로프 지지 · 고정 방식의 분류

　㉠ 4줄 정방향 지지 · 고정 방식 : 일반적으로 가장 많이 사용되는 방법으로 타워크레인 회전에 의해 발생하는 선회 토크를 전달시키지 못하므로 타워크레인 설치 높이가 엄격히 제한되는 방식

　㉡ 8줄 대각 방향 지지 · 고정 방식 : 와이어로프의 인장력을 이용해 토크를 전달시키는 방법으로 각각의 로프는 독립적으로 연결되어야 하며, 회전 및 비틀림 모멘트 등에 강하여 가장 구조적으로 장점을 가진 방식

　㉢ 8줄 정방향 지지 · 고정 방식 : 앵커 위치 배치만 다를 뿐 8줄 대각 방향 지지 · 고정 방식과 동일한 방법으로 각각의 로프를 독립적으로 연결하는 방식

　㉣ 6줄 혼합 방향 지지 · 고정 방식 : 앵커 위치를 4군데로 할 수 없는 특수한 경우에 사용되며, 시공에 특히 유의해야 하는 방식

③ 와이어로프 지지 방식의 특징

　㉠ 설치 · 해체 공정이 빠르다.

　㉡ 관리 양호 시 재사용이 가능하다.

　㉢ 시공자의 숙달된 인지도가 요구된다.

　㉣ 인장력에만 저항한다(인장 하중이 발생한다).

2-1. 타워크레인의 와이어로프 지지 고정 방식에서 중요하지 않은 것은?

① 작업자 숙련도　　　② 지지 각도
③ 프레임 재질　　　　④ 지브 종류

2-2. 타워크레인을 와이어로프로 지지 및 고정하였을 경우의 효과가 아닌 것은?

① 설치 · 해체 공정이 빠르다.
② 재사용이 가능하다.
③ 비틀림에도 효과적이다.
④ 인장력에만 저항한다.

|해설|

2-1
와이어로프 지지 · 고정 시에는 반드시 전용 프레임을 사용하여 균등하게 하중을 걸어야 하며 프레임이 흘러내리지 않도록 지지 장치를 고정시킨다.

2-2
와이어로프 지지 방식의 특징
• 설치 공정이 빨리 진행된다.
• 해체 공정이 빨리 진행된다.
• 시공자의 숙달된 인지도가 요구된다.
• 관리 양호 시 재사용 가능하다.
• 인장 하중이 발생한다.

정답 2-1 ④　2-2 ③

타워크레인을 와이어로프로 지지하는 경우 준수할 사항(산업안전보건기준에 관한 규칙)

① 산업안전보건기준에 관한 규칙 제142조 제2항 제1호 또는 제2호의 조치를 취할 것

> ※ 규칙 제142조 제2항 제1호 또는 제2호
> 1. 산업안전보건법 시행규칙에 따른 서면심사에 관한 서류(건설기계관리법에 따른 형식승인서류를 포함한다) 또는 제조사 설치 작업설명서 등에 따라 설치할 것
> 2. 1.의 서면심사 서류 등이 없거나 명확하지 아니한 경우에는 국가기술자격법에 따른 건축구조·건설기계·기계안전·건설안전기술사 또는 건설안전분야 산업안전지도사의 확인을 받아 설치하거나 기종별·모델별 공인된 표준방법으로 설치할 것

② 와이어로프를 고정하기 위한 전용 지지 프레임을 사용할 것

③ 와이어로프 설치 각도는 수평면에서 60° 이내로 하되, 지지점은 4개소 이상으로 하고, 같은 각도로 설치할 것

④ 와이어로프와 그 고정 부위는 충분한 강도와 장력을 갖도록 설치하고, 와이어로프를 클립·새클(Shackle, 연결 고리) 등의 고정 기구를 사용하여 견고하게 고정시켜 풀리지 아니하도록 하며, 사용 중에는 충분한 강도와 장력을 유지하도록 할 것

⑤ 와이어로프가 가공 전선(架空電線)에 근접하지 않도록 할 것

⑥ 지지 와이어로프의 안전율은 4 이상인지 여부를 확인한다.

⑦ 긴장 장치의 아이(Eye) 부분은 와이어로프의 인장력에 충분한 강도를 가진 기초 고정 블록(Deadman)에 고정한다.

⑧ 와이어로프를 마스트에 직접 감아서 새클로 채워주는 형태의 지지·고정이 되지 않도록 현장 관계자는 철저히 관리 감독하여야 한다.

⑨ 기타 와이어 가잉으로 고정할 때 준수해야 할 사항

　㉠ 등각에 따라 4-6-8가닥으로 지지 및 고정이 가능하다.

　㉡ 가잉용 와이어의 코어는 섬유심이 바람직하다.

　㉢ 와이어 긴장은 장력 조절 장치 또는 턴버클을 사용한다.

　㉣ 클립의 새들은 로프의 힘이 많이 걸리는 쪽에 있어야 한다.

　※ 와이어 가잉 작업 시 소용되는 부재 및 부품
　　• 전용 프레임, 와이어 클립, 장력 조절 장치
　　• 와이어 가잉 시 턴버클, 긴장 장치, 클립, 새클 등은 규격품을 사용한다.

3-1. 타워크레인을 자립고(自立高) 이상의 높이로 설치하는 경우 와이어로프 지지 방법으로 맞지 않는 것은?

① 와이어로프를 고정하기 위한 전용 지지 프레임을 사용할 것
② 와이어로프의 설치 각도는 수평면에서 75° 이내로 할 것
③ 와이어로프의 고정 부위는 충분한 강도와 장력을 갖도록 설치할 것
④ 와이어로프가 가공 전선에 근접하지 않도록 할 것

3-2. 타워크레인을 와이어로프로 지지하는 경우 준수할 사항으로 틀린 것은?

① 와이어로프를 고정하기 위한 전용 지지 프레임을 사용할 것
② 와이어로프의 설치 각도는 수평면에서 60° 이내로 할 것
③ 와이어로프의 지지점은 2개소 이상 등각도로 설치할 것
④ 와이어로프가 가공 전선에 근접하지 않도록 할 것

3-3. 와이어 가잉 작업 시 소용되는 부재 및 부품이 아닌 것은?

① 전용 프레임
② 와이어 클립
③ 장력 조절 장치
④ 브레이싱 타이 바

3-4. 와이어 가잉 클립 결속 시 준수 사항으로 옳은 것은?

① 클립의 새들은 로프의 힘이 많이 걸리는 쪽에 있어야 한다.
② 클립의 새들은 로프의 힘이 적게 걸리는 쪽에 있어야 한다.
③ 클립의 너트 방향을 설치 수의 1/2씩 나누어 조임한다.
④ 클립의 너트 방향을 아래, 위로 교차되게 조임한다.

3-5. 와이어 가잉으로 고정할 때 준수해야 할 사항이 아닌 것은?

① 등각에 따라 4-6-8가닥으로 지지 및 고정이 가능하다.
② 30~90°의 안전 각도를 유지한다.
③ 가잉용 와이어의 코어는 섬유심이 바람직하다.
④ 와이어 긴장은 장력 조절 장치 또는 턴버클을 사용한다.

|해설|

3-2
와이어로프 설치 각도는 수평면에서 60° 이내로 하되, 지지점은 4개소 이상으로 하고, 같은 각도로 설치할 것

3-3
와이어 가잉 시 턴버클, 클립, 새클 등은 규격품을 사용한다.
※ 타이 바(Tie Bar) : 메인 지브와 카운터 지브를 지지하면서 각기 캣(타워) 헤드에 연결해주는 바(Bar)로서 기능상 매우 중요하며, 인장력이 크게 작용하는 부재이다.

3-5
마스트와 와이어로프의 고정 각도는 30~60° 이내로 설치하는 것이 바람직하며, 가장 이상적인 각도는 45°이다.

정답 3-1 ② 3-2 ③ 3-3 ④ 3-4 ① 3-5 ②

CHAPTER 03 타워크레인 안전관리

제1절 안전관리

1 안전보호구 착용 및 안전장치 확인

1-1. 안전보호구

핵심이론 01 | 보호구

① 안전인증대상 기계·기구 등
 ㉠ 추락 및 감전 위험 방지용 안전모, 안전화, 안전장갑, 안전대
 ※ 장갑을 착용하면 안 되는 작업 : 선반 작업, 드릴 작업, 목공 기계 작업, 연삭 작업, 제어 작업 등
 ㉡ 방진 마스크(분진이 많은 작업장), 방독 마스크(유해 가스 작업장), 송기 마스크(산소 결핍 작업장)
 ㉢ 전동식 호흡 보호구, 보호복
 ㉣ 차광(遮光) 및 비산물(飛散物) 위험 방지용 보안경
 ㉤ 용접용 보안면, 방음용 귀마개 또는 귀덮개
② 보안경
 ㉠ 보안경을 착용하는 이유
  • 유해 약물의 침입을 막기 위해
  • 비산되는 칩에 의한 부상을 막기 위해
  • 유해 광선으로부터 눈을 보호하기 위해
 ㉡ 종류
  • 차광 보안경 : 자외선, 적외선, 가시광선이 발생하는 장소(전기 아크 용접)에서 사용
  • 유리 보안경 : 미분, 칩, 기타 비산물로부터 눈을 보호하기 위한 것
  • 플라스틱 보안경 : 미분, 칩, 액체 약품 등 기타 비산물로부터 눈을 보호하기 위한 것

③ 보호구의 구비 조건
 ㉠ 착용이 간편할 것
 ㉡ 작업에 방해가 안 될 것
 ㉢ 위험·유해 요소에 대한 방호 성능이 충분할 것
 ㉣ 재료의 품질이 양호할 것
 ㉤ 구조와 끝마무리가 양호할 것
 ㉥ 외양과 외관이 양호할 것
④ 보호구 선택 시 주의 사항
 ㉠ 사용 목적에 적합해야 한다.
 ㉡ 품질이 좋아야 한다.
 ㉢ 쓰기 쉽고, 손질하기 쉬워야 한다.
 ㉣ 사용자에게 잘 맞아야 한다.

1-1. 먼지가 많이 발생하는 건설기계 작업장에서 사용하는 마스크로 가장 적합한 것은?

① 산소 마스크　　　　② 가스 마스크
③ 방독 마스크　　　　④ 방진 마스크

1-2. 안전한 작업을 위해 보안경을 착용하여야 하는 작업은?

① 엔진 오일 보충 및 냉각수 점검 작업
② 제동 등 작동 점검 시
③ 장비의 하체 점검 작업
④ 전기 저항 측정 및 배선 점검 작업

1-3. 유해 광선이 있는 작업장에 보호구로 가장 적절한 것은?

① 보안경　　　　　　② 안전모
③ 귀마개　　　　　　④ 방독 마스크

1-4. 다음은 검정 대상 보호구이다. 해당하지 않는 것은?

① 안전 양말　　　　　② 안전 장갑
③ 보안경　　　　　　④ 안전모

1-5. 보호구가 갖추어야 할 구비 조건 중 거리가 먼 것은?

① 구조가 복잡할 것
② 재료의 품질이 우수할 것
③ 착용이 간판할 것
④ 작업에 방해가 되지 않을 것

1-6. 점화 플러그(Plug) 청소기를 사용할 때 보안경을 사용하는 가장 큰 이유는?

① 빛이 너무 세기 때문에
② 빛이 너무 밝기 때문에
③ 빛이 자주 깜박거리기 때문에
④ 모래알이 눈에 들어가기 때문에

1-7. 다음 중 안전 보호구가 아닌 것은?

① 안전모　　　　　　② 안전화
③ 안전 가드레일　　　④ 안전 장갑

1-8. 아크 용접에서 눈을 보호하기 위한 보안경 선택으로 맞는 것은?

① 도수 안경　　　　　② 방진 안경
③ 차광용 안경　　　　④ 실험실용 안경

|해설|

1-1
방진 마스크는 공기 중에 부유하고 있는 물질, 즉 고체인 분진이나 흄 또는 안개와 같은 액체 입자의 흡입을 방지하기 위하여 사용하는 것이다.

1-2
물체가 날아 흩어질 위험이 있는 작업 시 보안경을 착용한다.

1-3
보안경을 착용하는 이유
• 유해 약물의 침입을 막기 위해
• 비산되는 칩에 의한 부상을 막기 위해
• 유해 광선으로부터 눈을 보호하기 위해

1-4, 1-7
보호구(산업안전보건법 시행령 제74조)
• 추락 및 감전 위험 방지용 안전모
• 안전화
• 안전 장갑
• 방진 마스크
• 방독 마스크
• 송기(送氣) 마스크
• 전동식 호흡 보호구
• 보호복
• 안전대
• 차광(遮光) 및 비산물(飛散物) 위험 방지용 보안경
• 용접용 보안면
• 방음용 귀마개 또는 귀덮개

1-5
구조가 간단하여 쓰기 쉽고, 손질하기 쉬워야 한다.

1-8
차광 보안경
자외선, 적외선, 가시광선이 발생하는 장소(전기 아크 용접)에서 사용

정답 **1-1** ④　**1-2** ③　**1-3** ①　**1-4** ①　**1-5** ①　**1-6** ④　**1-7** ③　**1-8** ③

작업별 보호구(산업안전보건기준에 관한 규칙 제32조)

① 안전모 : 물체가 떨어지거나 날아올 위험 또는 근로자가 추락할 위험이 있는 작업
  ⊙ 추락에 의한 위험 방지
  ⓒ 머리 부위 감전에 의한 위험 방지
  ⓒ 물체의 낙하 또는 비래에 의한 위험 방지

② 안전대(安全帶) : 높이 또는 깊이 2m 이상의 추락할 위험이 있는 장소에서 하는 작업

③ 안전화 : 물체의 낙하·충격, 물체에의 끼임, 감전 또는 정전기의 대전(帶電)에 의한 위험이 있는 작업

④ 보안경 : 물체가 흩날릴 위험이 있는 작업

⑤ 보안면 : 용접 시 불꽃이나 물체가 흩날릴 위험이 있는 작업

⑥ 절연용 보호구 : 감전의 위험이 있는 작업

⑦ 방열복 : 고열에 의한 화상 등의 위험이 있는 작업

⑧ 방진 마스크 : 선창 등에서 분진(粉塵)이 심하게 발생하는 하역 작업

⑨ 방한모·방한복·방한화·방한 장갑 : 섭씨 영하 18℃ 이하인 급냉동어창에서 하는 하역 작업

⑩ 승차용 안전모 : 물건을 운반하거나 수거·배달하기 위하여 도로교통법에 따른 이륜자동차를 운행하는 작업 또는 원동기장치자전거를 운행하는 작업

2-1. 감전되거나 전기 화상을 입을 위험이 있는 곳에서 작업할 때 작업자가 착용해야 할 것은?
① 구명구   ② 보호구
③ 구명조끼   ④ 비상벨

2-2. 안전모의 관리 및 착용 방법으로 틀린 것은?
① 큰 충격을 받은 것은 사용을 피한다.
② 사용 후 뜨거운 스팀으로 소독하여야 한다.
③ 정해진 방법으로 착용하고 사용하여야 한다.
④ 통풍을 목적으로 모체에 구멍을 뚫어서는 안 된다.

2-3. 낙하 또는 물건의 추락에 의해 머리의 위험을 방지하는 보호구는?
① 안전대   ② 안전모
③ 안전화   ④ 안전 장갑

2-4. 작업별 안전 보호구의 착용이 잘못 연결된 것은?
① 그라인딩 작업 - 보안경
② 10m 높이에서 작업 - 안전벨트
③ 산소 결핍 장소에서의 작업 - 공기 마스크
④ 아크 용접 작업 - 도수가 있는 렌즈 안경

|해설|

2-2
안전모의 세척 후에 안전모에 대한 살균 및 소독 처리는 허용 가능하다. 다만, 소독 및 살균 처리 시에 반드시 안전모의 구조 및 성능에 문제가 없는 일반적인 소독 및 살균 처리를 해야 한다.

2-3
물체가 떨어지거나 날아올 위험 또는 근로자가 추락할 위험이 있는 작업 시에는 안전모를 착용한다.

2-4
용접 시 불꽃이나 물체가 흩날릴 위험이 있는 작업 시에는 보안면을 착용한다.
※ 도수 렌즈 보안경 지급 대상
  • 근시, 원시 혹은 난시인 노동자가 차광 보안경 및 유리 보안경을 착용해야 하는 장소에서 작업하는 경우
  • 빛이나 비산물 및 기타 유해 물질로부터 눈을 보호함과 동시에 시력을 교정하기 위한 경우

정답 2-1 ②   2-2 ②   2-3 ②   2-4 ④

1-2. 안전장치

핵심이론 01 | 트롤리 관련 안전장치

① 트롤리 내·외측 제어 장치
- ㉠ 메인 지브에 설치된 트롤리가 지브 내측의 운전실에 충돌 및 지브 외측 끝에서 벗어나는 것을 방지하기 위한 내·외측의 시작(끝) 지점에서 전원 회로를 제어한다.
- ㉡ 트롤리 동작 시 훅이 Jib Pivoting Section 및 Jib Head Section과의 충돌을 방지하기 위한 장치이다.
- ※ 트롤리 이동 내·외측 제어 장치의 제어 위치 : 지브 섹션의 시작과 끝 지점

② 트롤리 로프 긴장 장치
- ㉠ 트롤리 로프 사용 시 로프의 처짐이 크면 트롤리 위치 제어가 정확하지 못하므로 트롤리 로프의 한쪽 끝을 드럼으로 감아서 장력을 주는 장치이다.
- ㉡ 와이어로프의 긴장을 유지하여 정확한 위치를 제어한다.
- ㉢ 연신율에 의해 느슨해진 와이어로프를 수시로 긴장시킬 수 있는 장치이다.
- ㉣ 정·역방향으로 와이어로프의 드럼 감김 능력을 원활하게 한다.

③ 트롤리 로프 파단 안전장치
- ㉠ 트롤리 주행에 사용되는 철강(Steel) 와이어로프의 파손 시 트롤리를 멈추게 하는 장치이다.
- ㉡ 반동 베어링(Reaction Bearing)이 아래로 처지면서 안전 레버(Safety Lever)가 90° 선회되어 지브의 하단부 구조물에 걸리게 한다.

④ 트롤리 정지 장치 : 트롤리 최소 반경 또는 최대 반경으로 동작 시 트롤리의 충격을 흡수하는 고무 완충재로서 트롤리를 강제로 정지시키는 역할을 한다.
- ※ 트롤리 주행 장치 : 트롤리 주행 장치는 정격 하중 상태에서 지브를 따라 이동이 가능해야 한다(건설기계 안전기준에 관한 규칙 제120조의5).

1-1. 트롤리 이동 내·외측 제어 장치의 제어 위치로 맞는 것은?
① 지브 섹션의 중간
② 지브 섹션의 시작과 끝 지점
③ 카운터 지브 끝 지점
④ 트롤리 정지 장치

1-2. 타워크레인의 트롤리에 관련된 안전장치가 아닌 것은?
① 와이어로프 꼬임 방지 장치
② 트롤리 정지 장치
③ 트롤리 로프 안전장치
④ 트롤리 내·외측 제한 장치

1-3. 타워크레인에서 트롤리 로프의 처짐을 방지하는 장치는?
① 트롤리 로프 안전장치
② 트롤리 로프 긴장 장치
③ 트롤리 로프 정지 장치
④ 트롤리 내·외측 제어 장치

1-4. 트롤리 로프 긴장 장치의 기능에 관한 설명으로 틀린 것은?
① 와이어로프의 긴장을 유지하여 정확한 위치를 제어한다.
② 연신율에 의해 느슨해진 와이어로프를 수시로 긴장시킬 수 있는 장치이다.
③ 화물이 흔들리는 것을 와이어로프 긴장을 이용하여 조절하는 기능을 한다.
④ 정·역방향으로 와이어로프의 드럼 감김 능력을 원활하게 한다.

1-5. 트롤리 로프의 안전장치에 대한 설명으로 옳은 것은?
① 트롤리 로프의 올바른 선정을 위한 장치
② 트롤리 로프 파손 시 트롤리를 멈추게 하는 장치
③ 트롤리 로프의 긴장을 유지하는 장치
④ 트롤리 로프의 성능을 보호하는 장치

1-6. 타워크레인 트롤리 전·후 작업 중 이동 불량 상태가 생기는 원인이 아닌 것은?
① 트롤리 모터의 소손
② 전압의 강하가 클 때
③ 트롤리 정지 장치 불량
④ 트롤리 감속기 웜 기어의 불량

1-1

트롤리 이동 내·외측 제어 장치

메인 지브에 설치된 트롤리가 지브 내측의 운전실에 충돌 및 지브 외측 끝에서 벗어나는 것을 방지하기 위한 내·외측의 시작(끝) 지점에서 전원 회로를 제어한다.

1-2

타워크레인의 트롤리에 관련된 안전장치

- 트롤리 로프 긴장 장치
- 트롤리 정지 장치
- 트롤리 로프 파단 안전장치
- 트롤리 내·외측 제한 장치

1-3

트롤리 로프 긴장 장치

트롤리 로프 사용 시 로프의 처짐이 크면 트롤리 위치 제어가 정확하지 못하므로 트롤리 로프의 한쪽 끝을 드럼으로 감아서 장력을 주는 장치이다.

1-5

②는 트롤리 이동에 사용되는 와이어로프 파단 시 트롤리를 멈추게 하는 장치이다.

1-6

트롤리 정지 장치

트롤리 최소 반경 또는 최대 반경으로 동작 시 트롤리의 충격을 흡수하는 고무 완충재로서 트롤리를 강제로 정지시키는 역할을 한다.

정답 1-1 ② 1-2 ① 1-3 ② 1-4 ③ 1-5 ② 1-6 ③

핵심이론 02 | 기타 안전장치

① 속도 제한 장치 : 권상 속도 단계별로 정하여진 정격 하중을 초과하여 타워크레인 운전 시 사고 방지 및 권상 시스템(Hoist-system)을 보호하는 장치로서 전원 회로를 제어한다.

② 와이어로프 꼬임 방지 장치 : 권상 또는 권하 시 권상 로프(Hoist Rope)에 하중이 걸릴 때 호이스트 와이어로프의 꼬임에 의한 로프의 변형을 제거해주는 장치로서 내부에 스러스트 베어링(Thrust Bearing)이 들어 있는 축 방향 회전 장치이다.

③ 충돌 방지 장치

ㄱ 타워크레인의 작업 반경이 다른 크레인과 겹치는 구역 안에서 작업할 때 크레인 간의 충돌을 자동으로 방지하도록 하는 안전장치이다.

ㄴ 특히 동일 궤도상을 주행하는 타워크레인이 두 대 이상 설치되어 있을 때 크레인 상호 간 근접으로 인한 충돌을 방지하는 장치이다.

④ 훅 해지 장치

ㄱ 와이어로프가 훅에서 이탈되는 것을 방지하기 위한 장치이다.

ㄴ 훅에는 와이어로프 등이 이탈되는 것을 방지하기 위하여 해지 장치가 부착되어야 한다.

ㄷ 훅 해지 장치의 종류에는 웨이트식, 스프링식 등이 있다.

ㄹ 훅 해지 장치는 항상 유효한 상태를 유지하여야 한다.

ㅁ 전용 달기 기구로서 작업자의 도움 없이 짐걸이가 가능하며 작업 경로에 작업자의 접근이 없는 경우는 훅 해지 장치를 설치하지 않을 수 있다.

⑤ 접지 : 접지의 목적은 번개, 갑작스런 고전압 신호, 의도되지 않은 합선(특히 고전압 도체와의 합선), 전기 장비와 신체의 접촉 등으로 생기는 전기 충격 및 화재 등으로부터 기기와 인체를 보호하는 것이다.

10년간 자주 출제된 문제

2-1. 시브 외경과 이탈 방지용 플레이트 간격으로 가장 적합한 것은?

① 3mm   ② 6mm

③ 9mm   ④ 12mm

2-2. 크레인에서 훅에 걸린 와이어로프가 이탈하지 못하도록 설치된 안전장치는?

① 훅 해지 장치   ② 권과 방지 장치

③ 과부하 방지 장치   ④ 충격 하중

2-3. 크레인의 훅에 해지 장치를 설치하는 이유는?

① 무게중심의 조정

② 줄걸이 용구의 이탈 방지

③ 인양 각도의 조정

④ 줄걸이 용구의 미끄럼 방지

|해설|

2-1

와이어로프 이탈 방지 장치

시브(Sheave) 외경과 이탈 방지용 플레이트와의 간격을 3mm 정도로 띄어 와이어로프의 이탈을 방지한다.

2-2

훅 해지 장치

줄걸이 용구인 와이어로프 슬링 또는 체인, 섬유 벨트 슬링 등을 훅에 걸고 작업 시 이탈하지 않도록 방지하는 장치이다.

2-3

훅에는 와이어로프 등이 이탈되는 것을 방지하는 해지 장치가 부착되어야 한다.

정답 2-1 ①   2-2 ①   2-3 ②

---

2 위험요소 확인

2-1. 안전표시

핵심이론 01 | 안전보건표지

① 안전보건표지

  ㉠ 안전보건표지의 종류 : 금지표지, 경고표지, 지시표지, 안내표지(산업안전보건법)

  ㉡ 안전표지의 종류 : 주의표지, 규제표지, 지시표지, 보조표지, 노면표시(도로교통법)

  ㉢ 산업안전 녹색 표지 부착 위치 : 작업복의 우측 어깨, 안전완장, 안전모의 좌·우면

② 안전보건표지 색 및 용도(산업안전보건법 시행규칙 [별표 8])

  ㉠ 빨간색(금지 – 원형)

   • 금지 : 정지 신호, 소화설비 및 그 장소, 유해 행위의 금지

   • 경고 : 화학 물질 취급 장소에서의 유해·위험 경고

  ㉡ 노란색(경고 – 삼각형, 마름모) : 화학 물질 취급 장소에서의 유해·위험 경고 이외의 위험 경고, 주의표지 또는 기계 방호물

  ㉢ 파란색(지시 – 원형) : 특정 행위의 지시 및 사실의 고지

  ㉣ 녹색(안내 – 원형, 사각형) : 비상구 및 피난소, 사람 또는 차량의 통행 표지

  ㉤ 흰색 : 파란색 또는 녹색에 대한 보조색

  ㉥ 검은색 : 문자 및 빨간색 또는 노란색에 대한 보조색

  ※ 적색 원형을 바탕으로 만들어지는 안전 표지판 : 금지표시

1-1. 안전보건표지의 종류가 아닌 것은?

① 금지표지　　　　② 허가표지
③ 경고표지　　　　④ 지시표지

1-2. 산업안전보건법령상 안전보건표지에서 색채와 용도가 옳지 않게 짝지어진 것은?

① 파란색 – 지시　　② 녹색 – 안내
③ 노란색 – 위험　　④ 빨간색 – 금지, 경고

1-3. 작업 현장에서 사용되는 안전표지 색으로 잘못 짝지어진 것은?

① 빨간색 – 방화 표시
② 노란색 – 충돌·추락 주의 표시
③ 녹색 – 비상구 표시
④ 보라색 – 안전 지도 표시

| 해설 |

1-1
산업안전보건법상 안전보건표지의 종류 : 금지표지, 경고표지, 지시표지, 안내표지

1-2
노란색 – 경고

1-3
녹색 – 안전 지도 표시, 보라색 – 방사능 위험 표시

정답 1-1 ②　1-2 ③　1-3 ④

핵심이론 02 | 안전보건표지의 종류

금지표지	경고표지	지시표지	안내표지
출입금지	낙하물 경고	보안경 착용	응급구호 표지
차량 통행금지	인화성 물질 경고	안전복 착용	비상구
물체 이동 금지	산화성 물질 경고	방독 마스크 착용	녹십자 표지
보행 금지	몸 균형 상실 경고	안전모 착용	들 것
사용 금지	폭발성 물질 경고		
	고압 전기 경고		
	방사성 물질 경고		

2-1. 적색 원형을 바탕으로 만들어지는 안전 표지판은?

① 경고표지　　　　　② 안내표지
③ 지시표지　　　　　④ 금지표지

2-2. 다음 중 안내표지에 속하지 않는 것은?

① 녹십자 표지　　　② 응급구호 표지
③ 비상구　　　　　　④ 출입 금지

2-3. 안전보건표지의 종류에서 지시표지에 해당되는 것은?

① 차량 통행금지　　② 고온 경고
③ 안전모 착용　　　④ 출입 금지

2-4. 안전보건표지의 종류와 형태에서 그림의 표지로 맞는 것은?

① 안전복 착용　　　② 안전모 착용
③ 보안면 착용　　　④ 출입 금지

2-5. 안전보건표지의 종류와 형태에서 그림의 안전 표지판이 나타내는 것은?

① 보행 금지　　　　② 작업 금지
③ 출입 금지　　　　④ 사용 금지

|해설|

2-1
경고표지 – 노랑, 안내표지 – 녹색, 지시표지 – 파랑

2-2
출입금지는 금지표지에 속한다.

2-3
①, ④는 금지표지이고 ②는 경고표지이다.

2-4
안전보건표지

안전복 착용	안전모 착용	보안면 착용	출입 금지

정답 2-1 ④　2-2 ④　2-3 ③　2-4 ②　2-5 ④

2-2. 안전수칙

핵심이론 01 | 타워크레인 작업 제한 등 안전수칙

① 철골 작업의 제한 기준(산업안전보건기준에 관한 규칙 제383조)
  ㉠ 풍속이 10m/s 이상인 경우
  ㉡ 강우량이 1mm/h 이상인 경우
  ㉢ 강설량이 1cm/h 이상인 경우

② 타워크레인 작업 제한 풍속 기준(산업안전보건기준에 관한 규칙 제37조, 제143조)
  ㉠ 순간 풍속 10m/s 초과 시 타워크레인 설치·수리·점검 또는 해체 작업 중지
  ㉡ 순간 풍속 15m/s 초과 시 타워크레인 운전 작업 중지
  ㉢ 순간 풍속 30m/s를 초과하는 바람 통과 후에는 작업 개시 전 각 부위 이상 유무 점검

③ 옥외에 설치된 주행 타워크레인의 이탈 방지 장치를 작동시켜야 하는 경우 : 순간 풍속이 30m/s를 초과하는 바람이 불어올 우려가 있는 경우(산업안전보건기준에 관한 규칙 제140조)

④ 주행용 원동기의 제작 및 안전 기준(건설기계 안전기준에 관한 규칙 제120조의4)
  ㉠ 옥외에 설치된 주행식 타워크레인은 미끄럼 방지 고정 장치가 설치된 위치까지 16m/s 풍속의 바람이 불 때에도 주행할 수 있는 원동기를 설치하여야 한다.
  ㉡ 작업 바닥면에서 펜던트 스위치 또는 무선 원격 제어기를 조작하여 하물과 운전자가 함께 이동하는 주행식 타워크레인의 주행 속도는 45m/min 이하여야 한다.

10년간 자주 출제된 문제

1-1. 옥외에 설치된 주행식 타워크레인에서 순간 풍속이 얼마 이상이면 레일 이탈 방지 장치를 설치하여야 하는가?

① 10m/s   ② 15m/s
③ 20m/s   ④ 30m/s

1-2. 옥외에 설치된 주행 타워크레인은 미끄럼 방지 고정 장치가 설치된 위치까지 매초 (   )의 풍속을 가진 바람이 불 때에도 주행할 수 있는 원동기를 설치하여야 한다. (   )에 알맞은 것은?

① 12m   ② 14m
③ 16m   ④ 18m

|해설|

1-1
폭풍에 의한 이탈 방지(산업안전보건기준에 관한 규칙 제140조)
사업주는 순간 풍속이 30m/s를 초과하는 바람이 불어올 우려가 있는 경우 옥외에 설치되어 있는 주행 크레인에 대하여 이탈 방지 장치를 작동시키는 등 이탈 방지를 위한 조치를 하여야 한다.

1-2
주행용 원동기의 제작 및 안전 기준(건설기계 안전기준에 관한 규칙 제120조의4)
옥외에 설치된 주행식 타워크레인은 미끄럼 방지 고정 장치가 설치된 위치까지 16m/s 풍속의 바람이 불 때에도 주행할 수 있는 원동기를 설치하여야 한다.

정답 1-1 ④ 1-2 ③

① 태풍 시기가 아닐 경우에는 타워크레인의 자립 가능 높이보다 마스트를 초과하여 작업을 하지 않아야 한다.

　㉠ 바람의 속도는 풍속계로 측정한다.

　㉡ 풍속계는 한 지역에 여러 대의 타워크레인이 설치된 경우는 그 지역 내에서 가장 높게 설치된 타워크레인에 설치한다.

　㉢ 최대 풍속이란 지상 10m의 높이에서 하루 중 임의의 10분간 평균값 중에서 최댓값을 말하며 최대 평균 풍속이라고도 한다.

　※ 풍속계(건설기계 안전기준에 관한 규칙 제114조의2) 타워크레인의 고정된 구조물 중 가장 높은 곳에 다음의 기준에 적합한 풍속계를 설치해야 한다.

　　• 산업안전보건기준에 관한 규칙 제37조 제2항(사업주는 순간 풍속이 10m/s를 초과하는 경우 타워크레인의 설치 · 수리 · 점검 또는 해체 작업을 중지하여야 하며, 순간 풍속이 15m/s를 초과하는 경우에는 타워크레인의 운전 작업을 중지하여야 한다)에 따라 타워크레인의 운전 작업을 중지해야 하는 순간 풍속이 되었을 때 이를 조종사가 시각 또는 청각 등으로 쉽게 확인할 수 있는 구조일 것

　　• 바람의 방향에 따라 움직이는 풍속계의 경우에는 풍향을 알 수 있는 표시를 부착할 것

　　• 측정할 수 있는 풍속의 범위를 표시부에 명시할 것

② 타워크레인의 작업 반경별 정격 하중 이내에서 양중 작업을 하여야 한다.

③ 강풍의 영향을 감소시키기 위하여 간판 등 크레인에 불필요한 구조물은 부착하지 않는다.

④ 기초의 부등 침하 방지를 위하여 지하수 및 지표수의 유입을 차단해야 한다.

⑤ 운전자가 크레인을 이탈하는 경우 타워크레인 지브가 자유롭게 선회할 수 있도록 선회 브레이크를 해제하여야 한다.

⑥ 하중이 지면 위에 있는 상태로 선회 동작을 금지하여야 한다.

⑦ 불균형하게 매달린 하중 인양 작업을 금지하여야 한다.

⑧ 작업 반경 바깥으로 내려놓기 위해 하중을 흔드는 행위를 금지하여야 한다.

⑨ 지면에 훅 블록을 뉘어진 상태로 두어서는 아니 된다.

⑩ 소형 자재 · 공구 등 인양 시 전용 양중함을 사용(마대 사용 지양)하여야 한다.

※ 마대 사용 시 양중 작업 중 파손에 의한 낙하물 발생 우려가 높다.

⑪ (특)고압 전선 근처나 시야 사각지대의 경우는 감시자를 배치하여 사전에 정해진 신호 방법에 따라 신호 · 작업을 하여야 한다.

10년간 자주 출제된 문제

타워크레인 작업 시 사고 방지를 위한 조치로 틀린 것은?

① 태풍 시기가 아닐 경우에는 타워크레인의 자립 가능 높이보다 마스트를 1개 초과하여 작업을 실시할 수 있다.

② 타워크레인의 작업 반경별 정격 하중 이내에서 양중 작업을 하여야 한다.

③ 강풍의 영향을 감소시키기 위하여 간판 등 크레인에 불필요한 구조물은 부착하지 않는다.

④ 기초의 부등 침하 방지를 위하여 지하수 및 지표수의 유입을 차단해야 한다.

|해설|

태풍 시기가 아닐 경우에는 타워크레인의 자립 가능 높이보다 마스트를 초과하여 작업을 하지 않아야 한다.

※ 타워크레인 작업 풍속의 측정 : 바람의 속도는 풍속계로 측정한다. 풍속계는 한 지역에 여러 대의 타워크레인이 설치된 경우는 그 지역 내에서 가장 높게 설치된 타워크레인에 설치한다. 최대 풍속(최대 평균 풍속)은 지상 10m의 높이에서 하루 중 임의의 10분간 평균값 중에서 최댓값으로 구한다.

정답 ①

2-3. 위험 요소

핵심이론 01 산업안전의 개념

① 산업안전의 의의
- ㉠ 인도주의가 바탕이 된 인간 존중(안전제일 이념)
- ㉡ 기업의 경제적 손실 예방(재해로 인한 인적 및 재산 손실의 예방)
- ㉢ 생산성의 향상 및 품질 향상(안전 태도 개선 및 안전 동기 부여)
- ㉣ 대외 여론 개선으로 신뢰성 향상(노사 협력의 경영 태세 완성)
- ㉤ 사회복지의 증진(경제성의 향상)

② 산업안전 주요 사항
- ㉠ 안전제일에서 가장 먼저 선행되어야 할 이념 : 인명 보호
- ㉡ 안전 관리의 목적 : 인명의 존중, 생산성의 향상, 경제성의 향상
- ㉢ 안전 관리의 가장 중요한 업무 : 사고 발생 가능성의 제거
- ㉣ 산업재해 : 생산 활동 중 신체 장애와 유해 물질에 의한 중독 등으로 작업성 질환에 걸려 나타나는 장애
- ㉤ 산업안전을 통한 기대 효과 : 근로자와 기업의 발전 도모
- ㉥ 안전수칙 : 산업안전에서 근로자가 안전하게 작업을 할 수 있는 세부 작업 행동 지침

③ 주요 용어 정리
- ㉠ 재해 : 사고의 결과로 인하여 인간이 입는 인명 피해와 재산상의 손실이다.
- ㉡ 낙하, 비래 : 물건이 주체가 되어 사람이 맞은 경우
- ㉢ 충돌 : 사람이 정지물에 부딪힌 경우
- ㉣ 전도 : 사람이 평면상으로 넘어졌을 때를 말함(과소, 미끄러짐 포함)
- ㉤ 추락 : 사람이 건축물, 비계, 기계, 사다리, 계단, 경사면, 나무 등에서 떨어지는 것

10년간 자주 출제된 문제

1-1. 산업안전의 의의가 아닌 것은?
① 인도주의
② 대외 여론 개선
③ 생산 능률의 저해
④ 기업의 경제적 손실 방지

1-2. 다음 중 안전의 제일 이념에 해당하는 것은?
① 품질 향상
② 재산 보호
③ 인간 존중
④ 생산성 향상

1-3. 사고의 결과로 인하여 인간이 입는 인명 피해와 재산상의 손실을 무엇이라 하는가?
① 재해   ② 안전
③ 사고   ④ 부상

1-4. 산업재해의 분류에서 사람이 평면상으로 넘어졌을 때(미끄러짐 포함)를 말하는 것은?
① 낙하   ② 충돌
③ 전도   ④ 추락

|해설|

1-1
안전 관리의 목적
- 인도주의가 바탕이 된 인간 존중(안전제일 이념)
- 기업의 경제적 손실 예방(재해로 인한 인적 및 재산 손실의 예방)
- 생산성의 향상 및 품질 향상(안전 태도 개선 및 안전 동기 부여)
- 대외 여론 개선으로 신뢰성 향상(노사 협력의 경영 태세 완성)
- 사회복지의 증진(경제성의 향상)

1-2
안전의 제일 이념은 인도주의가 바탕이 된 인간 존중이다.

1-3
재해란 안전사고의 결과로 일어난 인명과 재산의 손실이다.

1-4

- 낙하, 비래 : 물건이 주체가 되어 사람이 맞은 경우
- 충돌 : 사람이 정지물에 부딪힌 경우
- 전도 : 사람이 평면상으로 넘어졌을 때를 말함(과속, 미끄러짐 포함)
- 추락 : 사람이 건축물, 비계, 기계, 사다리, 계단, 경사면, 나무 등에서 떨어지는 것

정답 1-1 ③ 1-2 ③ 1-3 ① 1-4 ③

핵심이론 02 │ 산업재해의 원인

① 산업재해의 직접 원인

불안전한 상태 − 물적 원인	불안전한 행동 − 인적 원인
㉠ 물(공구, 기계 등) 자체 결함	㉠ 위험 장소 접근, 출입
㉡ 안전 방호 장치 결함	㉡ 안전장치의 기능 제거
㉢ 복장, 보호구의 결함	㉢ 복장, 보호구의 잘못된 사용
㉣ 물의 배치, 작업 장소 결함	㉣ 기계 기구 잘못된 사용
㉤ 작업 환경의 결함	㉤ 운전 중인 기계 장치의 손질
㉥ 생산 공정의 결함	㉥ 불안전한 속도 조작
㉦ 경계 표시, 설비의 결함	㉦ 위험물 취급 부주의
	㉧ 불안전한 상태 방치
	㉨ 불안전한 자세 동작
	㉩ 감독 및 연락 불충분
	㉪ 안전구 미착용

② 간접 원인

㉠ 교육적·기술적 원인(개인적 결함)

㉡ 관리적 원인(사회적 환경, 유전적 요인)

※ 재해 발생 원인의 크기 비교

불안전 행위 > 불안전 조건 > 불가항력

③ 재해의 복합 발생 요인

㉠ 환경의 결함 : 환기, 조명, 온도, 습도, 소음 및 진동

㉡ 시설의 결함 : 구조 불량, 강도 불량, 노화, 정비 불량, 방호 미비

㉢ 사람의 결함 : 지시 부족, 지도 무시, 미숙련, 과로, 태만

※ 건설 산업 현장에서 재해가 자주 발생하는 주요 원인 : 안전 의식 부족, 안전 교육 부족, 작업 자체의 위험성, 작업량 과다, 작업자의 방심 등

2-1. 산업재해는 직접 원인과 간접 원인으로 구분되는데 다음 직접 원인 중에서 인적 불안전 행위가 아닌 것은?

① 작업 태도 불안전　　② 위험한 장소의 출입
③ 기계의 결함　　④ 작업자의 실수

2-2. 산업재해 발생 원인 중 직접 원인에 해당하는 것은?

① 유전적인 요소　　② 사회적 환경
③ 불안전한 행동　　④ 인간의 결함

2-3. 불안전한 행동으로 인한 산업재해가 아닌 것은?

① 불안전한 자세　　② 안전구 미착용
③ 방호 장치 결함　　④ 안전장치 기능 제거

2-4. 산업재해의 간접 원인 중 기초 원인에 해당하지 않는 것은?

① 관리적 원인　　② 학교 교육적 원인
③ 사회적 원인　　④ 신체적 원인

2-5. 재해 발생 원인으로 가장 높은 비율을 차지하는 것은?

① 사회적 환경　　② 불안전한 작업 환경
③ 작업자의 성격적 결함　　④ 작업자의 불안전한 행동

|해설|

2-1
공구, 기계 등의 자체 결함은 불안전한 상태에 해당한다.

2-2
불안전한 행동은 사고의 직접 원인 중 인적 원인이다.

2-3
방호 장치 결함은 불안전한 상태로 인한 산업재해이다.

2-4
간접 원인
- 교육적·기술적 원인(개인적 결함)
- 관리적 원인(사회적 환경, 유전적 요인)

정답 2-1 ③　2-2 ③　2-3 ③　2-4 ④　2-5 ④

핵심이론 03 | 재해 조사

① 일반적인 재해 조사 방법

　㉠ 재해 현장은 변경되기 쉬우므로 재해 발생 후 최대한 빠른 시간 내에 조사를 실시할 것

　㉡ 물적 증거를 수집해서 보관할 것

　㉢ 재해 현장의 상황을 기록으로 보관하기 위해 사진 촬영을 할 것

　㉣ 목격자와 사업장 책임자의 협력하에 조사를 추진할 것

　㉤ 가능한 한 피해자의 이야기를 많이 들을 것

　㉥ 자신이 처리할 수 없다고 판단되는 특수한 재해나 대형 재해의 경우는 전문가에게 조사를 의뢰할 것

② 타워크레인 재해 조사 순서

　㉠ 1단계 : 사실 확인 단계

　　• Man : 피해자 및 공동 작업자의 인적 사항

　　• Machine : 레이아웃, 안전장치, 재료, 보호구

　　• Method(Media) : 작업명, 작업 형태, 작업 인원, 작업 자세, 작업 장소

　　• Management : 지도, 교육 훈련, 점검, 보고

　㉡ 2단계 : 직접 원인과 문제점 파악

　　• 사내 제반 기준에 비추어 파악

　　• 물적 원인(불안전 상태)

　　• 인적 원인(불안전 행동)

　　• 작업의 관리 감독

　㉢ 3단계 : 기본 원인과 근본적 문제점 파악

　　• 4M에 의한 기본 원인 파악(불안전 상태 및 불안전 행동의 배후 원인)

　　• 근본적 문제 : 기본적 원인의 배후에 있는 문제

　　• Fishbone Diagram(특성 요인도) 등의 방법 사용

　㉣ 4단계 : 대책 수립

　　• 최선의 효과가 기대되는 대책

　　• 유사 재해 방지 대책의 수립

　　• 실시 계획의 수립

3-1. 다음 중 일반적인 재해 조사 방법으로 적절하지 않은 것은?

① 현장의 물리적 흔적을 수집한다.
② 재해 조사는 사고 종결 후에 실시한다.
③ 재해 현장은 사진 등으로 촬영하여 보관하고 기록한다.
④ 목격자, 현장 책임자 등 많은 사람들에게 사고 당시의 상황을 듣는다.

3-2. 타워크레인 재해 조사 순서 중 제1단계 확인에서 사람에 관한으로 맞는 것은?

① 작업명과 내용
② 재해자의 인적 사항
③ 작업자의 자세
④ 단독 혹은 공동 작업 여부

|해설|

3-1
일반적인 재해 조사 방법
• 재해 현장은 변경되기 쉬우므로 재해 발생 후 최대한 빠른 시간 내에 조사를 실시할 것
• 물적 증거를 수집해서 보관할 것
• 재해 현장의 상황을 기록으로 보관하기 위해 사진 촬영을 할 것
• 목격자와 사업장 책임자의 협력하에 조사를 추진할 것
• 가능한 한 피해자의 이야기를 많이 들을 것
• 자신이 처리할 수 없다고 판단되는 특수한 재해나 대형 재해의 경우는 전문가에게 조사를 의뢰할 것

정답 3-1 ② 3-2 ②

핵심이론 04 | 하인리히 재해 사고 발생과 대책

① 하인리히 재해 사고 발생 5단계
  ㉠ 사회적 환경 및 유전적 요소(선천적 결함)
  ㉡ 개인적인 결함(인간의 결함)
  ㉢ 불안전한 행동 및 불안전한 상태(물리적, 기계적 위험)
  ㉣ 사고(화재나 폭발, 유해 물질 노출 발생)
  ㉤ 재해(사고로 인한 인명, 재산 피해)

② 하인리히 사고 방지 대책 5단계
  ㉠ 제1단계 : 안전 조직
  ㉡ 제2단계 : 사실의 발견
    • 사실의 확인 : 사람, 물건, 관리, 재해 발생 경과
    • 조치 사항 : 자료 수집, 작업 공정 분석 및 위험 확인, 점검 검사 및 조사
  ㉢ 제3단계 : 분석 평가
  ㉣ 제4단계 : 시정책의 선정
  ㉤ 제5단계 : 시정책의 적용(3E-교육, 기술, 규제 적용)

③ 재해 발생 과정에서 하인리히 연쇄 반응 이론의 발생 순서
  사회적 환경과 선천적 결함 → 개인적 결함 → 불안전 행동 → 사고 → 재해

※ 산업재해를 예방하기 위한 재해 예방 4원칙
  • 예방 가능의 원칙 : 천재지변을 제외한 모든 인재는 예방이 가능하다.
  • 손실 우연의 원칙 : 사고의 결과 손실의 유무 또는 대소는 사고 당시의 조건에 따라 우연적으로 발생한다.
  • 원인 연계의 원칙 : 사고에는 반드시 원인이 있고 원인은 대부분 복합적 연계 원인이다.
  • 대책 선정의 원칙 : 사고의 원인이나 불안전 요소가 발견되면 반드시 대책을 선정하여 실시하여야 한다.

4-1. 하인리히의 재해 발생 과정을 열거하였다. 맞는 것은?

① 개인적 결함 – 불안전 행동 – 사회적·선천적 결함 – 재해 – 사고
② 사회적·선천적 결함 – 개인적 결함 – 불안전 행동 – 사고 – 재해
③ 재해 – 사회적·선천적 결함 – 개인적 결함 – 사고 – 불안전 행동
④ 불안전 행동 – 개인적 결함 – 사회적·선천적 결함 – 사고 – 재해

4-2. 다음 중 하인리히 사고 예방 대책 5단계 중 그 대상이 아닌 것은?

① 사실의 발견   ② 분석 평가
③ 시정 방법의 선정   ④ 엄격한 규율의 책정

4-3. 산업재해를 예방하기 위한 재해 예방 4원칙으로 적당치 못한 것은?

① 대량 생산의 원칙   ② 예방 가능의 원칙
③ 원인 계기의 원칙   ④ 대책 선정의 원칙

|해설|

4-1
하인리히 재해 사고 발생 5단계
• 사회적 환경 및 유전적 요소(선천적 결함)
• 개인적인 결함(인간의 결함)
• 불안전한 행동 및 불안전한 상태(물리적, 기계적 위험)
• 사고(화재나 폭발, 유해 물질 노출 발생)
• 재해(사고로 인한 인명, 재산 피해)

4-2
하인리히 사고 방지 대책 5단계
• 제1단계 : 안전 조직
• 제2단계 : 사실의 발견
• 제3단계 : 분석 평가
• 제4단계 : 시정책의 선정
• 제5단계 : 시정책의 적용

4-3
산업재해를 예방하기 위한 재해 예방 4원칙
• 예방 가능의 원칙
• 손실 우연의 원칙
• 원인 연계의 원칙
• 대책 선정의 원칙

정답 4-1 ② 4-2 ④ 4-3 ①

핵심이론 05 │ 기타 안전 사항

① 건설기계 작업 시 주의 사항
  ㉠ 운전석을 떠날 경우에는 기관을 정지한다.
  ㉡ 작업 시에는 항상 사람의 접근에 특별히 주의한다.
  ㉢ 주행 시에는 가능한 한 평탄한 지면으로 주행한다.
  ㉣ 후진 시에는 후진 전 사람 및 장애물 등을 확인한다.

② 공동 작업으로 물건을 들어 이동할 때의 안전
  ㉠ 힘의 균형을 유지하여 이동할 것
  ㉡ 불안전한 물건은 드는 방법에 주의할 것
  ㉢ 보조를 맞추어 들도록 할 것
  ㉣ 운반 도중 상대방에게 무리하게 힘을 가하지 말 것

③ 기타 주요 사항
  ㉠ 건설기계 장비의 운전 중에도 계기판을 점검해야 한다.
  ㉡ 작업 중 안전사고가 발생했을 경우 우선적으로 기계 전원을 끈다.
  ㉢ 밀폐된 공간에서 엔진을 가동할 때 가장 주의해야 할 사항 : 배출 가스 중독
  ㉣ 납산 배터리 액체(황산 액체)를 취급할 때는 신체 보호를 위해서는 고무로 만든 옷이 가장 적합하다.

5-1. 작업장에서 공동 작업으로 물건을 들어 이동할 때 잘못된 것은?

① 힘의 균형을 유지하여 이동할 것
② 불안전한 물건은 드는 방법에 주의할 것
③ 보조를 맞추어 들도록 할 것
④ 운반 도중 상대방에게 무리하게 힘을 가할 것

5-2. 건설기계 장비의 운전 중에도 안전을 위하여 점검하여야 하는 것은?

① 계기판 점검
② 냉각수 양 점검
③ 팬 벨트 장력 점검
④ 타이어 압력 측정 및 점검

5-3. 밀폐된 공간에서 엔진을 가동할 때 가장 주의해야 할 사항은?

① 소음으로 인한 추락
② 배출 가스 중독
③ 진동으로 인한 작업병
④ 작업 시간

5-4. 다음 중 납산 배터리 액체를 취급하는 데 가장 적합한 것은?

① 고무로 만든 옷
② 가죽으로 만든 옷
③ 무명으로 만든 옷
④ 화학 섬유로 만든 옷

|해설|

5-1
2인 이상이 작업할 때는 힘센 사람과 약한 사람과의 균형을 잡는다.

5-2
기계가 제대로 작동하는지 확인하기 위해 표시판이나 계기판 등을 살펴본다.

5-3
밀폐된 기관실 공간에 통풍 장치를 가동시켜야 한다. 배기가스에는 독성이 있어 호흡기 질환 발생 위험과 엔진의 효율에도 큰 영향이 있다.

5-4
납산 배터리 액체(황산 액체)를 취급할 때는 신체 보호를 위해 고무로 만든 옷이 가장 적합하다.

정답 5-1 ④ 5-2 ① 5-3 ② 5-4 ①

핵심이론 06 | 작업 복장

① 안전 작업을 위한 복장 착용 상태

㉠ 주머니가 적고 팔이나 발이 노출되지 않는 것이 좋다.

㉡ 상의의 소매나 바지 자락 끝부분이 안전하고 작업하기 편리하게 잘 처리된 것을 선정한다.

㉢ 상의 작업복 옷자락은 하의 속으로 집어넣어야 한다.

㉣ 하의 작업복 바지 자락은 안전화 속에 집어넣거나 발목에 밀착이 가능하도록 조일 수 있는 구조여야 한다.

㉤ 작업복은 몸에 알맞고 동작이 편해야 한다.

㉥ 착용자의 연령, 성별을 감안하여 적절한 스타일을 선정한다.

㉦ 작업복은 항상 깨끗한 상태로 입어야 한다.

㉧ 땀을 닦기 위한 수건이나 손수건을 허리나 목에 걸고 작업해서는 안 된다.

㉨ 옷소매 폭이 너무 넓지 않은 것이 좋고, 단추가 달린 것은 되도록 피한다.

㉩ 화기 사용 장소에서는 방염성·불연성의 것을 사용하도록 한다.

㉪ 착용자의 작업 안전에 중점을 두고 선정한다.

㉫ 물체 추락의 우려가 있는 작업장에서는 안전모를 착용해야 한다.

㉬ 기계 주위에서 작업할 때는 넥타이를 매지 않으며 너풀거리거나 찢어진 바지를 입지 않는다.

6-1. 운반 및 하역 작업 시 착용 복장 및 보호구로 적합하지 않은 것은?

① 상의 작업복의 소매는 손목에 밀착되는 작업복을 착용한다.

② 하의 작업복은 바지 끝부분을 안전화 속에 넣거나 밀착되게 한다.

③ 방독면, 방화 장갑을 항상 착용하여야 한다.

④ 유해, 위험물 취급 시 방호할 수 있는 보호구를 착용한다.

6-2. 안전 작업은 복장의 착용 상태에 따라 달라진다. 다음에서 권장 사항이 아닌 것은?

① 땀을 닦기 위한 수건이나 손수건을 허리나 목에 걸고 작업해서는 안 된다.

② 옷소매 폭이 너무 넓지 않은 것이 좋고, 단추가 달린 것은 되도록 피한다.

③ 물체 추락의 우려가 있는 작업장에서는 안전모를 착용해야 한다.

④ 복장을 단정하게 하기 위해 넥타이는 꼭 매야 한다.

6-3. 안전한 작업을 하기 위하여 작업 보강을 선정할 때 유의 사항으로 가장 거리가 먼 것은?

① 화기 사용 장소에서는 방염성, 불연성의 것을 사용하도록 한다.

② 착용자의 취미, 기호 등에 중점을 두고 선정한다.

③ 작업복은 몸에 맞고 동작이 편하도록 제작한다.

④ 상의의 소매나 바지 자락 끝부분이 안전하고 작업하기 편리하게 잘 처리된 것을 선정한다.

|해설|

6-1

인체에 해로운 가스가 발생하는 작업장에서는 방독면, 마스크 등의 보호구를 사용한다.

6-2

기계 주위에서 작업할 때는 넥타이를 매지 않으며 너풀거리거나 찢어진 바지를 입지 않는다.

6-3

작업복은 작업의 안전에 중점을 둔다.

정답 6-1 ③　6-2 ④　6-3 ②

---

3 작업 안전

3-1. 작업 안전 등

핵심이론 01 | 안전 점검

① 안전 점검의 종류와 실시 방법

일상 점검	• 산업 현장에서 작업 전, 작업 중에 실시하는 점검 • 작업자 스스로가 점검표에 의해 점검 　예 볼트 · 너트 점검, 전기 스위치, 작업자의 복장 상태, 가동 중 이상 소음 등
특별 점검	• 천재지변이나 이상 사태 발생 시 감독자나 관리자가 기계, 기구의 기능상 유무 점검 • 기계나 설비가 정지된 상태에서의 정밀 점검
정기 점검	• 회사 내에서 주기적으로 정기 점검(주간, 월간, 연간 점검 등) • 기계나 설비가 정지된 상태에서의 정밀 점검
임시 점검	비정기적 점검

② 안전 점검을 실시할 때 유의 사항

　㉠ 안전 점검을 한 내용은 상호 이해하고 공유할 것

　㉡ 안전 점검 시 과거에 안전사고가 발생하지 않았던 부분도 점검할 것

　㉢ 과거에 재해가 발생한 곳에는 그 요인이 없어졌는지 확인할 것

　㉣ 안전 점검이 끝나면 강평을 실시하여 안전 사항을 주지할 것

　㉤ 점검자의 능력에 적응하는 점검 내용을 활용할 것

1-1. 안전 점검의 종류에 해당되지 않는 것은?

① 수시 점검　　　　② 정기 점검

③ 특별 점검　　　　④ 구조 점검

1-2. 안전 점검 실시 시 유의 사항 중 맞지 않는 것은?

① 점검한 내용은 상호 이해하고 협조하여 시정책을 강구할 것

② 안전 점검이 끝나면 강평을 실시하고 사소한 사항은 묵인할 것

③ 과거에 재해가 발생한 곳에는 그 요인이 없어졌는지 확인할 것

④ 점검자의 능력에 적응하는 점검 내용을 활용할 것

1-3. 안전 점검의 일상 점검표에 포함되어 있는 항목이 아닌 것은?

① 전기 스위치
② 작업자의 복장 상태
③ 가동 중 이상 소음
④ 폭풍 후 기계의 기능상 이상 유무

1-4. 주행(Travelling) 타워의 상시 점검 사항이 아닌 것은?

① 레일 지반의 평탄성
② 레일 클램프의 이상 유무
③ 주행 레일의 규격
④ 주행로의 장애물

|해설|

1-1

안전 점검의 종류

• 일상 점검
• 특별 점검
• 정기 점검
• 임시 점검

1-2

안전 점검을 실시할 때 유의 사항

• 안전 점검을 한 내용은 상호 이해하고 공유할 것
• 안전 점검 시 과거에 안전사고가 발생하지 않았던 부분도 점검할 것
• 과거에 재해가 발생한 곳에는 그 요인이 없어졌는지 확인할 것
• 안전 점검이 끝나면 강평을 실시하여 안전 사항을 주지할 것
• 점검자의 능력에 적응하는 점검 내용을 활용할 것

1-3

일상 점검

• 산업 현장에서 작업 전, 작업 중에 실시하는 점검
• 작업자 스스로가 점검표에 의해 점검
  예 볼트·너트 점검, 전기 스위치, 작업자의 복장 상태, 가동 중 이상 소음 등

정답 1-1 ④ 1-2 ② 1-3 ④ 1-4 ③

핵심이론 02 | 작업 표준 및 작업장 안전 등

① 작업 표준의 목적 : 작업의 효율화, 위험 요인의 제거, 손실 요인의 제거

② 산업 공장에서 재해의 발생을 줄이기 위한 방법
  ㉠ 폐기물은 정해진 위치에 모아둔다.
  ㉡ 공구는 소정의 장소에 보관한다.
  ㉢ 소화기 근처에 물건을 적재하지 않는다.
  ㉣ 통로나 창문 등에 물건을 세워 놓아서는 안 된다.

③ 작업장에서 지켜야 할 준수 사항
  ㉠ 작업장에서 급히 뛰지 말 것
  ㉡ 불필요한 행동을 삼갈 것
  ㉢ 공구를 전달할 경우 던지지 말 것
  ㉣ 대기 중인 차량엔 고임목을 고여 둘 것
  ㉤ 공구는 기름을 면 걸레로 깨끗이 닦아서 사용한다.
  ㉥ 작업복과 안전장구는 반드시 착용한다.
  ㉦ 각종 기계를 불필요하게 공회전시키지 않는다.
  ㉧ 기계의 청소나 손질은 운전을 정지시킨 후 실시한다.
  ㉨ 자신의 안전과 타인의 안전을 고려한다.
  ㉩ 작업에 임해서는 일에만 집중하여 작업한다.
  ㉪ 작업장 환경 조성을 위해 노력한다.
  ㉫ 작업 안전 사항을 준수한다.

  ※ 작업자가 작업 안전상 꼭 알아야 할 사항 : 안전 규칙 및 수칙, 1인당 작업량, 기계기구의 성능

2-1. 산업 공장에서 재해의 발생을 줄이기 위한 방법 중 틀린 것은?

① 폐기물은 정해진 위치에 모아둔다.
② 공구는 소정의 장소에 보관한다.
③ 소화기 근처에 물건을 적재한다.
④ 통로나 창문 등에 물건을 세워 놓아서는 안 된다.

2-2. 다음 중 작업 표준의 목적에 해당하는 것은?

① 위험 요인의 제거　　　② 경영자의 이해
③ 작업 방식의 검토　　　④ 설비의 적정화 및 정리정돈

2-3. 현장에서 작업자가 작업 안전상 꼭 알아야 할 사항은?

① 장비의 가격
② 종업원의 작업 환경
③ 종업원의 기술 정도
④ 안전 규칙 및 수칙

2-4. 작업장에서 지켜야 할 준수 사항이 아닌 것은?

① 작업장에서 급히 뛰지 말 것
② 불필요한 행동을 삼갈 것
③ 공구를 전달할 경우 시간 절약을 위해 가볍게 던질 것
④ 대기 중인 차량엔 고임목을 고여 둘 것

2-5. 작업장의 안전수칙 중 틀린 것은?

① 공구는 오래 사용하기 위하여 기름을 묻혀서 사용한다.
② 작업복과 안전장구는 반드시 착용한다.
③ 각종 기계를 불필요하게 공회전시키지 않는다.
④ 기계의 청소나 손질은 운전을 정지시킨 후 실시한다.

|해설|

2-1
소화기는 작업자가 쉽게 찾아 사용할 수 있도록 배치되어야 한다.

2-2
작업 표준의 목적
• 작업의 효율화
• 위험 요인의 제거
• 손실 요인의 제거

2-3
작업자가 작업 안전상 꼭 알아야 할 사항
안전 규칙 및 수칙, 1인당 작업량, 기계기구의 성능 등

2-4
작업 중 공구를 던지면 공구 파손과 안전상 위험을 초래한다.

2-5
사용한 공구는 면 걸레로 깨끗이 닦아서 공구상자 또는 공구보관함에 넣어 지정된 곳에 보관한다.

정답 2-1 ③ 2-2 ① 2-3 ④ 2-4 ③ 2-5 ①

핵심이론 03 | 운반 작업 시 지켜야 할 사항

① 운반 작업은 가능한 한 장비를 사용하는 것이 좋다.
② 인력으로 운반 시 무리한 자세로 장시간 취급하지 않도록 한다.
③ 인력으로 운반 시 보조구를 사용하되 몸에서 가깝게 하고, 허리 위치에서 하중이 걸리게 한다.
④ 드럼통과 봄베 등을 굴려서 운반해서는 안 된다.
⑤ 공동 운반에서는 서로 협조하여 작업한다.
⑥ 긴 물건은 앞쪽을 위로 올린다.
⑦ 무리한 몸가짐으로 물건을 들지 않는다.
⑧ 정밀한 물품을 쌓을 때는 상자에 넣도록 한다.
⑨ 기름이 묻은 장갑을 끼고 하지 않는다.
⑩ 지렛대를 이용한다.
⑪ 2인 이상이 작업할 때 힘센 사람과 약한 사람과의 균형을 잡는다.
⑫ 약하고 가벼운 것을 위에, 무거운 것을 아래에 쌓는다.
⑬ 운전차에 물건을 실을 때 무거운 물건의 중심 위치는 하부에 오도록 적재한다.

3-1. 무거운 짐을 이동할 때 적당하지 않은 것은?

① 힘겨우면 기계를 이용한다.
② 기름이 묻은 장갑을 끼고 한다.
③ 지렛대를 이용한다.
④ 2인 이상이 작업할 때는 힘센 사람과 약한 사람과의 균형을 잡는다.

3-2. 물품을 운반할 때 주의할 사항으로 틀린 것은?

① 가벼운 화물은 규정보다 많이 적재하여도 된다.
② 안전사고 예방에 가장 유의한다.
③ 정밀한 물품을 쌓을 때는 상자에 넣도록 한다.
④ 약하고 가벼운 것을 위에 무거운 것을 밑에 쌓는다.

3-3. 운반 작업 시 지켜야 할 사항으로 맞는 것은?

① 운반 작업은 장비를 사용하기보다 가능한 많은 인력을 동원하여 하는 것이 좋다.
② 인력으로 운반 시 무리한 자세로 장시간 취급하지 않도록 한다.
③ 인력으로 운반 시 보조구를 사용하되 몸에서 멀리 떨어지게 하고, 가슴 위치에서 하중이 걸리게 한다.
④ 통로 및 인도에 가까운 곳에서는 빠른 속도로 벗어나는 것이 좋다.

|해설|

3-1
기름 묻은 장갑을 끼고 무거운 물건을 이동하면 미끄러져 사고를 유발할 수 있다.

3-3
무리한 자세로 물건을 들지 않는다.

정답 3-1 ② 3-2 ① 3-3 ②

3-2. 기타 안전 사항

| 핵심이론 01 | 전기 작업 시 안전 사항

① 전기 작업에서 안전 작업
  ㉠ 퓨즈는 규정된 알맞은 것을 끼울 것
  ㉡ 전선이나 코드의 접속부는 절연물로써 완전히 피복하여 둘 것
  ㉢ 스위치 조작은 오른손으로 할 것
  ㉣ 전선의 연결부는 되도록 저항을 적게 해야 한다.
  ㉤ 전지 장치는 반드시 접지하여야 한다.
  ㉥ 퓨즈 교체 시에는 규정 용량을 사용한다.
  ㉦ 계측기는 최대 측정 범위를 초과하지 않도록 해야 한다.

② 전기 기구를 취급하여 작업을 할 때
  ㉠ 전원 플러그를 끼울 때 사용 전압을 확인하고 한다.
  ㉡ 퓨즈가 끊어졌다고 함부로 손을 대어서는 안 된다.
  ㉢ 덮개를 씌운 이동 전등을 사용한다.
  ㉣ 전기 기구의 스위치가 Off인지 확인하고 플러그에 연결한다.

③ 전기 부품의 스파크 발생 원인
  ㉠ 접촉면이 거칠 때 많다.
  ㉡ 주파수가 높을수록 많다.
  ㉢ 접촉점 간의 전압이 높을 때 많다.
  ㉣ 전기스파크는 교류보다 직류에서 많이 발생한다.
  ㉤ 전로(電路)를 닫을 때보다 열 때가 많다.
  ㉥ 접촉점을 흐르는 전류가 많을수록 많다.

1-1. 제어기에서 전기 접촉자의 면이 거칠 경우, 자주 일어나는 전기적인 현상은?

① 스파크가 일어난다.
② 회전력이 커진다.
③ 핸들이 무거워진다.
④ 기동이 잘된다.

1-2. 전기의 스파크가 많은 경우로 옳지 않은 것은?

① 전로(電路)를 닫을 때보다 열 때가 많다.
② 접촉점을 흐르는 전류가 많을수록 많다.
③ 접촉점 간의 전압이 낮을수록 많다.
④ 접촉면의 요철이 심할수록 자주 일어난다.

1-3. 다음 전기 부품의 점검 중 불꽃(Spark) 발생의 대비책이 아닌 것은?

① 스위치의 접촉면에 먼지나 이물질이 없도록 한다.
② 전원 차단 시에는 반드시 메인(Main) 측에서 부하 측 순서로 행한다.
③ 스위치류의 개폐는 급속히 행한다.
④ 접촉면을 매끄럽게 유지한다.

1-4. 크레인에서 전기스파크가 일어났을 때 어떤 조치를 제일 먼저 취해야 하는가?

① 퓨즈를 끊는다.
② 메인 스위치를 Off로 한다.
③ 레버를 급속히 정위치로 한다.
④ 전동기 스위치를 끈다.

|해설|

1-3
전기 불꽃 예방 대책으로 스파크(Spark) 등의 불꽃이 외부로 누출되지 않는 밀폐된 스위치를 사용하고 용접기 등은 안전한 장소 또는 옥외에서 사용하며, 위험이 감지되는 장소에서는 반드시 방폭형 기기를 사용하여야 한다.

정답 1-1 ① 1-2 ③ 1-3 ② 1-4 ②

핵심이론 02 | 전기 화재

① 전기 화재의 원인 : 단락(합선), 과전류, 누전, 절연 불량, 불꽃 방전(스파크), 접속부 과열 등
   ※ 전기 화재를 일으키는 원인 중 비중이 가장 큰 것은 단락(합선)이다.

② 전기 안전 작업
   ㉠ 정전기가 발생하는 부분은 접지한다.
   ㉡ 물기가 있는 손으로 전기 스위치를 조작하지 않는다.
   ㉢ 전기 장치 수리는 담당자가 아니면 하지 않는다.
   ㉣ 변전실 고전압의 스위치를 조작할 때는 절연판 위에서 한다.
   ㉤ 감전 사고에 주의한다. 특히 물이 묻은 손으로 작업해서는 안 된다.

③ 전기 누전(감전) 재해 방지 조치 사항 4가지
   ㉠ (보호)접지
   ㉡ 이중 절연 구조의 전동기계, 기구의 사용
   ㉢ 비접지식 전로의 채용
   ㉣ 감전 방지용 누전 차단기 설치

2-1. 전기 화재의 원인이 아닌 것은?

① 단락에 의한 발화
② 과전류에 의한 발화
③ 정전기에 의한 발화
④ 단선에 의한 발화

2-2. 전기 화재를 일으키는 원인 중 비중이 가장 큰 것은?

① 과전류
② 단락(합선)
③ 지락
④ 절연 불량

2-3. 전기 안전 작업 중 틀린 것은?

① 정전기가 발생하는 부분은 접지한다.
② 물기가 있는 손으로 전기 스위치를 조작하여도 무방하다.
③ 전기 장치 수리는 담당자가 아니면 하지 않는다.
④ 변전실 고전압의 스위치를 조작할 때는 절연판 위에서 한다.

2-4. 전기 기기에 의한 감전 사고를 막기 위하여 필요한 설비로 가장 중요한 것은?

① 접지 설비
② 방폭등 설비
③ 고압계 설비
④ 대지 전위 상승 설비

정답 2-1 ④   2-2 ②   2-3 ②   2-4 ①

핵심이론 03 | 감전 사고 발생 시 조치 사항

① 감전자 구출 : 전원을 차단하거나 접촉된 충전부에서 감전자를 분리하여 안전지역으로 대피

② 감전자 상태 확인
  ㉠ 큰소리로 소리치거나 볼을 두드려서 의식 확인
  ㉡ 입, 코에 손을 대어 호흡 확인
  ㉢ 손목이나 목 옆 동맥을 짚어 맥박 확인
  ㉣ 추락 시에는 출혈이나 골절 유무 확인
  ㉤ 의식 불명이나 심장 정지 시에는 즉시 응급조치 실시

③ 응급조치
  ㉠ 기도 확보 : 바르게 눕히고 턱을 당기고 머리를 젖혀 기도 확보, 입속의 이물질 제거 및 혀를 꺼냄
  ㉡ 인공호흡 : 매분 12~15회, 30분 이상 지속
  ※ 인공호흡 소생률 : 1분 이내 실시 95%, 3분 이내 실시 75%, 4분 이내 실시 50%, 5분 이내 실시 25%. 4분 이내에 최대한 빨리 인공호흡을 시작하는 것이 중요하다.
  ㉢ 심장 마사지 : 심장이 정지한 경우에는 인공호흡과 함께 동시 진행(심폐소생술)
  ※ 흉골 사이를 매초 1회 정도(인공호흡 1회에 5번 정도) 압박함
  ㉣ 회복 자세 : 감전자가 편안하도록 머리, 목을 펴고 사지는 약간 굽혀 회복 자세를 취함

④ 감전자 구출 후 구급대에 지원 요청하고, 주변 안전을 확보하여 2차 재해를 예방

3-1. 감전 재해 사고 발생 시 취해야 할 행동 순서가 아닌 것은?

① 피해자가 지닌 금속체가 전선 등에 접촉되었는가를 확인한다.
② 설비의 전기 공급원 스위치를 내린다.
③ 전원을 끄지 못했을 때는 고무장갑이나 고무장화를 착용하고 피해자를 구출한다.
④ 피해자 구출 후 상태가 심할 경우 인공호흡 등 응급조치를 한 후 작업에 임하도록 한다.

3-2. 감전 사고로 의식 불명인 환자에게 적절한 응급조치는 어느 것인가?

① 전원을 차단하고, 인공호흡을 시킨다.
② 전원을 차단하고, 찬물을 준다.
③ 전원을 차단하고, 온수를 준다.
④ 전기 충격을 가한다.

3-3. 감전 사고 방지책과 관계가 먼 것은?

① 고압의 전류가 흐르는 부분은 표시하여 주의를 준다.
② 전기 작업을 할 때는 절연용 보호구를 착용한다.
③ 정전 시에는 제일 먼저 퓨즈를 검사한다.
④ 스위치의 개폐는 오른손으로 하고 물기가 있는 손으로 전기 장치나 기구에 손을 대지 않는다.

| 해설 |

3-1
감전으로 의식 불명인 경우는 감전 사고를 발견한 사람이 즉시 환자에게 인공호흡을 시행하여 우선 환자가 의식을 되찾게 한 다음, 의식을 회복하면 즉시 가까운 병원으로 후송하여야 한다.

정답 3-1 ④ 3-2 ① 3-3 ③

핵심이론 04 | 전기 장치 정비 또는 사용 시 유의 사항

① 전기 장치를 정비할 경우 안전 수칙
  ㉠ 원동기의 기동 및 정지는 서로 신호에 의거한다.
  ㉡ 전압계는 병렬 접속하고, 전류계는 직렬 접속한다.
  ㉢ 축전지 케이블은 전장용 스위치를 모두 Off 상태에서 분리한다.
  ㉣ 배선 연결 시에는 부하 측으로부터 전원 측으로 접속하고 스위치는 Off로 한다.
  ㉤ 고장 난 기기에는 반드시 표식을 한다.
  ㉥ 전기 장치의 배선 작업에서 작업 시작 전에 제일 먼저 접지선을 제거한다.
  ㉦ 감전되거나 전기 화상을 입을 위험이 있는 작업 시 보호구를 착용해야 한다.
  ㉧ 변속기 탈착 작업 등은 반드시 보안경을 착용한다.
  ㉨ 절연되어 있는 부분을 세척제로 세척하지 않는다.

② 작업 중 전기가 정전되었을 때 해야 할 일
  ㉠ 정전 시는 반드시 스위치를 Off한다.
  ㉡ 기계의 스위치를 끊고, 주위의 공구를 정리한다.
  ㉢ 경우에 따라서는 메인 스위치도 끊는다.
  ㉣ 절삭 공구는 일감에서 떼어 낸다.

4-1. 전기 장치를 정비할 경우 안전 수칙으로 바르지 못한 것은?

① 절연되어 있는 부분을 세척제로 세척한다.
② 전압계는 병렬 접속하고, 전류계는 직렬 접속한다.
③ 축전지 케이블은 전장용 스위치를 모두 Off 상태에서 분리한다.
④ 배선 연결 시에는 부하 측으로부터 전원 측으로 접속하고 스위치는 Off로 한다.

4-2. 전기 장치의 배선 작업에서 작업 시작 전에 제일 먼저 조치해야 할 사항은?

① 코일 1차선을 제거한다.
② 고압 케이블을 제거한다.
③ 접지선을 제거한다.
④ 배터리 비중을 측정한다.

4-3. 안전 관리상 감전의 위험이 있는 곳의 전기를 차단하여 수리 점검할 때의 조치와 관계가 없는 것은?

① 스위치에 통전 장치를 한다.
② 기타 위험에 대한 방지 장치를 한다.
③ 스위치에 안전장치를 한다.
④ 통전 금지 기간에 관한 사항이 있을 시 필요한 곳에 게시한다.

|해설|

4-3

전원을 차단하여 정전으로 시행하는 작업 시 통전 장치를 하면 안 된다.

정답 4-1 ① 4-2 ③ 4-3 ①

핵심이론 05 | T형 타워크레인 가스 일반

① LP 가스의 특성

　㉠ 주성분은 프로판 가스이다.
　㉡ 액체 상태일 때 피부에 닿으면 동상의 우려가 있다.
　㉢ 누출 시 공기보다 무거워 바닥에 체류하기 쉽다.
　㉣ 원래 무색·무취이나 누출 시 쉽게 발견하도록 부취제를 첨가한다.
　㉤ 가스 누설 검사는 비눗물에 의한 기포 발생 여부를 확인한다.

② 각종 가스 용기의 도색 구분

가스의 종류	도색 구분	가스의 종류	도색 구분
산소	녹색	아세틸렌	황색
수소	주황색	액화 염소	갈색
액화 탄산가스	청색	액화 암모니아	백색
LPG (액화 석유가스)	밝은 회색	그 밖의 가스	회색

③ 가연성 가스 저장실의 안전 사항

　㉠ 휴대용 손전등 외의 등화를 휴대하지 아니할 것
　㉡ 통과 통 사이 고임목 이용
　㉢ 인화 물질, 담뱃불 휴대 출입 금지
　㉣ 옥내에 전등 스위치가 있을 경우 스위치 작동 시 스파크 발생에 의한 화재 및 폭발 우려가 있다.

④ 액화 천연가스

　㉠ LNG라고 하며 메탄이 주성분이다.
　㉡ 가연성으로 폭발의 위험성이 있다.
　㉢ 기체 상태는 공기보다 가볍다.
　㉣ 기체 상태로 배관을 통하여 수요자에게 공급된다.

5-1. 가스 용접 장치에서 산소 용기의 색은?

① 청색   ② 황색

③ 적색   ④ 녹색

5-2. 다음 보기에서 가스 용접기에 사용되는 용기의 도색이 옳게 연결된 것을 모두 고른 것은?

㉠ 산소 – 녹색
㉡ 수소 – 흰색
㉢ 아세틸렌 – 황색

① ㉠, ㉡

② ㉡, ㉢

③ ㉠, ㉢

④ ㉠, ㉡, ㉢

5-3. 가스 용접 시 사용되는 산소용 호스는 어떤 색인가?

① 적색   ② 황색

③ 녹색   ④ 청색

5-4. 가연성 가스 저장실의 안전 사항으로 옳은 것은?

① 기름걸레를 이용하여 통과 통 사이에 끼워 충격을 적게 한다.

② 휴대용 전등을 사용한다.

③ 담뱃불을 가지고 출입한다.

④ 조명등은 백열등으로 하고 실내에 스위치를 설치한다.

5-5. 가스가 새어 나오는 것을 검사할 때 가장 적합한 것은?

① 비눗물을 발라 본다.

② 순수한 물을 발라 본다.

③ 기름을 발라 본다.

④ 촛물을 대어 본다.

5-6. 가스 누설 검사에 가장 좋고 안전한 것은?

① 아세톤   ② 성냥불

③ 순수한 물   ④ 비눗물

|해설|

5-1

각종 가스 용기의 도색 구분

가스의 종류	도색 구분	가스의 종류	도색 구분
산소	녹색	아세틸렌	황색
수소	주황색	액화 염소	갈색
액화 탄산가스	청색	액화 암모니아	백색
LPG (액화 석유가스)	밝은 회색	그 밖의 가스	회색

5-3

가스 용접에 쓰이는 호스 도색

• 산소용 : 흑색 또는 녹색

• 아세틸렌용 : 적색

5-4

가연성 가스를 저장하는 곳에는 휴대용 손전등 외의 등화를 휴대하지 아니한다.

5-5

가스 누설 시험은 비눗물을 사용한다.

5-6

가스 누설 검사는 비눗물에 의한 기포 발생 여부로 확인한다.

정답 5-1 ④   5-2 ③   5-3 ③   5-4 ②   5-5 ①   5-6 ④

핵심이론 06 | 아세틸렌가스 용접

① 아세틸렌가스 용기의 취급 방법

　㉠ 용기는 반드시 세워서 보관할 것

　㉡ 전도, 전락 방지 조치를 할 것

　㉢ 충전 용기와 빈 용기는 명확히 구분하여 각각 보관할 것

　㉣ 용기의 보관 온도는 40℃ 이하로 할 것

② 아세틸렌가스 용접

　㉠ 토치에 점화시킬 때에는 아세틸렌 밸브를 먼저 열고 다음에 산소 밸브를 연다.

　㉡ 산소 누설 시험에는 비눗물을 사용한다.

　㉢ 토치 끝으로 용접물의 위치를 바꾸면 안 된다.

　㉣ 용접 가스를 들이 마시지 않도록 한다.

　㉤ 아세틸렌가스 용접 기구들은 이동이 쉽고 설비비가 저렴하나, 불꽃의 온도와 열효율이 낮은 것이 단점이다.

③ 전기 용접 작업 시 용접기에 감전이 될 경우

　㉠ 발밑에 물이 있을 때

　㉡ 몸에 땀이 배어 있을 때

　㉢ 옷이 비에 젖어 있을 때

6-1. 산소 용접 시 안전 수칙으로 옳은 것은?

① 용접 작업 시 반드시 투명 안경을 사용한다.

② 작업 후는 산소 밸브를 먼저 닫고 아세틸렌 밸브를 닫는다.

③ 점화 시에는 산소 밸브를 먼저 열고 아세틸렌 밸브를 연다.

④ 점화는 성냥불이나 담뱃불로 해도 무관하다.

6-2. 아세틸렌가스 용기의 취급 방법 중 틀린 것은?

① 용기의 온도는 60℃로 유지할 것

② 용기는 반드시 세워서 보관할 것

③ 전도, 전락 방지 조치를 할 것

④ 충전 용기와 빈 용기는 명확히 구분하여 각각 보관할 것

6-3. 아세틸렌 용접 장치를 사용하여 용접 또는 절단할 때에는 아세틸렌 발생기로부터 (   ) 이내, 발생기실로부터 (   ) 이내의 장소에서는 흡연 등의 불꽃이 발생하는 행위를 금지하여야 한다. (   ) 안에 차례로 들어갈 거리는?

① 3m, 1m　　　　　② 5m, 3m

③ 8m, 4m　　　　　④ 10m, 5m

6-4. 산소 아세틸렌가스 용접에서 토치의 점화 시 작업의 우선순위 설명으로 올바른 것은?

① 토치의 아세틸렌 밸브를 먼저 연다.

② 토치의 산소 밸브를 먼저 연다.

③ 산소 밸브와 아세틸렌 밸브를 동시에 연다.

④ 혼합가스 밸브를 먼저 연 다음 아세틸렌 밸브를 연다.

6-5. 작업장에서 용접 작업의 유해 광선으로 눈에 이상이 생겼을 때 적절한 조치로 맞는 것은?

① 손으로 비빈 후 과산화수소수로 치료한다.

② 냉수로 씻어낸 냉수포를 얹거나 병원에서 치료한다.

③ 알코올로 씻는다.

④ 뜨거운 물로 씻는다.

|해설|

6-1

① 용접 작업 시 적당한 차광 안경을 사용한다.

③ 점화 시에는 토치의 아세틸렌 밸브를 열고 난 다음 산소 밸브를 열어 점화한다.

④ 점화는 성냥불이나 담뱃불로 하지 않는다.

6-2

용기 온도는 40℃ 이하로 유지하며 보호 캡을 씌운다.

6-3

아세틸렌 용접 장치의 관리 등(산업안전보건기준에 관한 규칙 제290조)

사업주는 아세틸렌 용접 장치를 사용하여 금속의 용접·용단(溶斷) 또는 가열 작업을 하는 경우에 다음의 사항을 준수하여야 한다.

- 발생기(이동식 아세틸렌 용접 장치의 발생기는 제외한다)의 종류, 형식, 제작업체명, 매 시 평균 가스 발생량 및 1회 카바이드 공급량을 발생기실 내의 보기 쉬운 장소에 게시할 것
- 발생기실에는 관계 근로자가 아닌 사람이 출입하는 것을 금지할 것
- 발생기에서 5m 이내 또는 발생기실에서 3m 이내의 장소에서는 흡연, 화기의 사용 또는 불꽃이 발생할 위험한 행위를 금지시킬 것
- 도관에는 산소용과 아세틸렌용의 혼동을 방지하기 위한 조치를 할 것
- 아세틸렌 용접 장치의 설치 장소에는 적당한 소화설비를 갖출 것
- 이동식 아세틸렌 용접 장치의 발생기는 고온의 장소, 통풍이나 환기가 불충분한 장소 또는 진동이 많은 장소 등에 설치하지 않도록 할 것

6-4

토치에 점화할 때는 먼저 아세틸렌 밸브만 열고 전용의 점화용 라이터를 이용하여 점화시킨 후 산소 밸브를 조금씩 열어 센서 불꽃을 조절한다.

6-5

유해 광선으로 눈에 이상이 생겼을 때는 응급치료로서 냉찜질을 한 다음 치료를 받는다.

정답 6-1 ② 6-2 ① 6-3 ③ 6-4 ① 6-5 ②

핵심이론 07 | 아크 용접기의 감전 방지

① 교류 아크 용접기 : 금속 전극(피복 용접봉)과 모재 사이에서 아크를 내어 모재의 일부를 녹임과 동시에 전극봉 자체도 선단부터 녹아 떨어져 모재와 융합하여 용접하는 장치이다.

② 감전 사고 방지 대책
  ㉠ 자동 전격 방지 장치 사용
  ㉡ 절연 용접봉 홀더 사용
  ※ 아크 용접기의 감전 위험성은 2차 무부하 상태 홀더 등 충전부에 접촉하는 경우 감전 위험이 높으므로 절연 홀더를 사용한다.
  ㉢ 적정한 케이블의 사용
  ㉣ 2차측 공통선의 연결
  ㉤ 절연 장갑의 사용
  ㉥ 용접기의 외함은 반드시 접지

③ 용접 작업 시 지켜야 하는 일반적인 주의 사항
  ㉠ 아크의 길이는 가능한 한 짧게 한다.
  ㉡ 날씨가 추워서 적당한 예열을 한 후 용접한다.
  ㉢ 전류는 언제나 적정 전류를 선택한다.
  ㉣ 홀더는 항상 파손되지 않은 것을 사용한다.
  ㉤ 용접 시에는 소화수 및 소화기를 준비한다.
  ㉥ 아세틸렌 누출 검사 시에는 비눗물을 사용하여 검사한다.
  ㉦ 아크 용접 시 용접에서 발생되는 빛 속에 강한 자외선과 적외선이 눈의 각막을 상하게 하므로 빛을 가려야 한다.
  ㉧ 중요 부분이 비드의 시작점과 끝점에 오도록 하면 안 된다.
  ※ 자동 전격 방지 장치 : 용접 작업 시에만 주회로를 형성하고 그 외에는 출력 측 2차 무부하 전압을 저하시키는 장치로 아크 발생을 정지시켰을 때 0.1초 이내에 용접기의 출력 측 무부하 전압을 자동적으로 25V 이하의 안전 전압으로 강하시키는 장치이다.

7-1. 아크 용접기의 감전 방지를 위해 사용되는 장치는?

① 중성점 접지
② 2차 권선 방지기
③ 리밋 스위치
④ 전격 방지기

7-2. 아크 용접 시 용접에서 발생되는 빛을 가리는 이유는?

① 빛이 너무 밝기 때문에 눈이 나빠질 염려가 있어서
② 빛이 너무 세기 때문에 피부가 탈 염려가 있어서
③ 빛이 자주 깜박거리기 때문에 화재의 위험이 있어서
④ 빛 속에 강한 자외선과 적외선이 눈의 각막을 상하게 하므로

7-3. 교류 아크 용접기의 감전 방지용 방호 장치에 해당하는 것은?

① 2차 권선 장치
② 자동 전격 방지기
③ 전류 조절 장치
④ 전자 계전기

7-4. 매다는 체인에 균열이 발생한 경우 용접하여 사용할 수 있는가?

① 사용할 수 있다.
② 사용하면 안 된다.
③ 체인의 여유가 없는 불가피한 경우 1회에 한하여 용접하여 사용할 수도 있다.
④ 일반적으로 미소한 균열일 경우 용접 사용이 가능하다.

7-5. 진동 장애의 예방 대책이 아닌 것은?

① 실외 작업을 한다.
② 저진동 공구를 사용한다.
③ 진동업무를 자동화한다.
④ 방진 장갑과 귀마개를 착용한다.

|해설|

7-3
전격의 방지를 위해서는 전격 방지기를 설치하거나, 용접기 주변이나 작업 중 물이 용접기기에 닿지 않도록 주의해야 한다.

7-4
체인에 균열이 있는 것은 교환하여야 한다.

7-5
진동 작업 환경 개선 대책

전신 진동	• 진동 노출의 방지 및 저감 (진동이 더 적은 작업 방법 및 장비를 선택, 진동 노출 시간 및 정도의 제한, 적절한 작업 시간 및 휴식 시간 제공 등) • 근로자에 대한 정보 제공 및 교육 (기계적 진동 노출을 최소화하는 방법, 건강 관리 방법, 안전한 작업 습관 등)
국소 진동	• 공학적 대책 (저진동형 기계 또는 장비 사용, 진동 수공구를 적절히 유지 보수하고 진동이 많이 발생하는 기구는 교체) • 작업 방법 개선 (진동 공구 사용 시간 단축 및 휴식 시간 부여, 진동 공구와 비진동 공구를 교대로 사용하도록 직무 배치, 손잡이는 살살 잡도록 교육) • 보호 장비 지급 (진동 방지 장갑 착용, 손잡이 등에 진동을 감쇠시키는 재질 사용, 체온 저하 및 말초 혈관 수축 예방을 위한 방한복 착용 등) • 근로자 교육 (인체에 미치는 영향, 증상, 진동 장해 예방법, 보호 장비 착용법 등)

정답 7-1 ④ 7-2 ④ 7-3 ② 7-4 ② 7-5 ①

핵심이론 08 | 화재 안전

① 연소의 3요소 : 불(점화원), 공기(산소), 가연물(가연성 물질)

  ⊙ 점화원 분류
- 기계적 점화원 : 충격, 마찰, 단열 압축 등
- 전기적 점화원 : 정전기 등
- 열적 점화원 : 나화, 고열 표면, 용융물, 용접 불꽃 등
- 자연 발화 : 쓰레기 등

  ⓒ 자연 발화성 및 금수성 물질

  칼륨, 나트륨, 알킬알루미늄, 알킬리튬, 황린, 알칼리금속(칼륨 및 나트륨을 제외) 및 알칼리토금속, 유기금속 화합물(알킬알루미늄, 알킬리튬을 제외), 금속의 수소화물, 금속의 인화물, 칼슘 또는 알루미늄의 탄화물

② 연소 조건

  ⊙ 산화되기 쉬운 것일수록 타기 쉽다.

  ⓒ 열전도율이 적은 것일수록 타기 쉽다.

  ⓒ 발열량이 클수록 타기 쉽다.

  ⓒ 산소와의 접촉면이 클수록 타기 쉽다.

③ 화재 분류(KS B 6259)

  ⊙ A급 화재 : 보통 잔재의 작열에 의해 발생하는 연소에서 보통 유기 성질의 고체 물질을 포함한 화재

  ⓒ B급 화재 : 액체 또는 액화할 수 있는 고체를 포함한 화재 및 가연성 가스 화재

  ⓒ C급 화재 : 통전 중인 전기 설비를 포함한 화재

  ⓒ D급 화재 : 금속을 포함한 화재

10년간 자주 출제된 문제

8-1. 연소의 3요소에 해당되지 않는 것은?

① 물   ② 공기

③ 점화원   ④ 가연물

8-2. 화재의 분류 기준에서 휘발유(액상 또는 기체상의 연료성 화재)로 인해 발생한 화재는?

① A급 화재   ② B급 화재

③ C급 화재   ④ D급 화재

8-3. 화재의 분류에서 전기 화재에 해당되는 것은?

① A급 화재   ② B급 화재

③ C급 화재   ④ D급 화재

8-4. 작업 중 화재 발생의 점화 원인이 될 수 있는 것과 가장 거리가 먼 것은?

① 부주의로 인한 담뱃불

② 과부하로 인한 전기 장치의 과열

③ 전기 배선 합선

④ 연료유의 자연 발화

8-5. 다음 중 자연 발화성 및 금수성 물질이 아닌 것은?

① 탄소   ② 나트륨

③ 칼륨   ④ 알킬알루미늄

|해설|

8-1
- 연소의 3요소 : 가연물, 산소 공급원, 점화원
- 연소의 4요소 : 가연물, 산소 공급원, 점화원, 연쇄 반응

8-2

화재 분류(KS B 6259)
- A급 화재 : 보통 잔재의 작열에 의해 발생하는 연소에서 보통 유기 성질의 고체 물질을 포함한 화재
- B급 화재 : 액체 또는 액화할 수 있는 고체를 포함한 화재 및 가연성 가스 화재
- C급 화재 : 통전 중인 전기 설비를 포함한 화재
- D급 화재 : 금속을 포함한 화재

8-4

점화원 분류
- 기계적 점화원 : 충격, 마찰, 단열 압축 등
- 전기적 점화원 : 정전기 등
- 열적 점화원 : 나화, 고열 표면, 용융물, 용접 불꽃 등
- 자연 발화 : 쓰레기 등

정답 8-1 ①   8-2 ②   8-3 ③   8-4 ④   8-5 ①

① 소화 작업의 기본 요소

    ㉠ 가연 물질을 제거한다.

    ㉡ 산소 공급을 차단한다.

    ㉢ 점화원을 발화점 이하의 온도로 낮춘다.

    ㉣ 화재가 일어나면 화재 경보를 한다.

    ㉤ 배선 부근에 물을 뿌릴 때에는 전기가 통하는지 확인 후에 한다.

    ㉥ 가스 밸브를 잠그고 전기 스위치를 끈다.

    ㉦ 카바이드 및 유류에는 모래를 뿌려 소화한다.

    ㉧ 소화기 사용 시 바람을 등지고 위쪽에서 아래쪽을 향해 실시한다.

    ※ 화재가 진행된 현장에서 제일 먼저 취하여야 할 조치는 인명 구조이다.

② 가동하고 있는 엔진에서 화재가 발생하였을 때 불을 끄기 위한 조치 방법

    ㉠ 점화원을 차단한다.

    ㉡ 엔진 시동 스위치를 끄고 ABC 소화기를 사용한다.

③ 소화기 사용 순서

    ㉠ 안전핀 걸림 장치를 제거한다.

    ㉡ 안전핀을 뽑는다.

    ㉢ 불이 있는 곳으로 노즐을 향하게 한다.

    ㉣ 손잡이를 움켜잡아 분사한다.

④ 유류 화재 시 소화 방법

    ㉠ B급 화재 소화기를 사용한다.

    ㉡ ABC 소화기를 사용한다.

    ㉢ 방화 커튼을 이용하여 화재를 진압한다.

    ㉣ 모래를 사용하여 화재를 진압한다.

    ㉤ CO_2 소화기를 이용하여 화재를 진압한다.

    ※ 유류 화재 시 기름과 물은 섞이지 않아 기름이 물을 타고 화재가 더 확산되어 위험하다.

⑤ 전기 화재 소화 시 가장 좋은 소화기 : 이산화탄소

    ㉠ 분말 소화기 : 유류, 가스

    ㉡ 이산화탄소 소화기 : 유류, 전기

    ㉢ 포 소화기 : 보통 가연물, 위험물

    ※ 건조사 : 건조된 모래며 질식 작용으로 일반, 유류, 전기, 금속 화재에 적응한다.

10년간 자주 출제된 문제

9-1. 소화 작업의 기본 요소가 아닌 것은?

① 연료를 기화시키면 된다.

② 점화원을 냉각시키면 된다.

③ 가연 물질을 제거하면 된다.

④ 산소를 차단하면 된다.

9-2. 방화 대책의 구비 사항으로 가장 거리가 먼 것은?

① 소화기구

② 스위치 표시

③ 방화벽 및 스프링클러

④ 방화사

9-3. 소화 작업의 기본 요소가 아닌 것은?

① 가연 물질을 제거하면 된다.

② 산소를 차단하면 된다.

③ 점화원을 제거시키면 된다.

④ 연료를 기화시키면 된다.

9-4. 소화하기 힘들 정도로 화재가 진행된 현장에서 제일 먼저 취하여야 할 조치 사항으로 가장 올바른 것은?

① 소화기 사용

② 화재 신고

③ 인명 구조

④ 경찰서에 신고

9-5. 가동하고 있는 엔진에서 화재가 발생하였다. 불을 끄기 위한 조치 방법으로 올바른 것은?

① 원인 분석을 하고, 모래를 뿌린다.

② 포소화기를 사용 후, 엔진 시동 스위치를 끈다.

③ 엔진 시동 스위치를 끄고, ABC 소화기를 사용한다.

④ 엔진을 급가속하여 팬의 강한 바람을 일으켜 불을 끈다.

9-6. 화재가 발생하여 초기 진화를 위해 소화기를 사용하고자 할 때, 소화기 사용 순서를 바르게 나열한 것은?

> ㉠ 안전핀을 뽑는다.
> ㉡ 안전핀 걸림 장치를 제거한다.
> ㉢ 손잡이를 움켜잡아 분사한다.
> ㉣ 불이 있는 곳으로 노즐을 향하게 한다.

① ㉠ → ㉡ → ㉢ → ㉣
② ㉢ → ㉠ → ㉡ → ㉣
③ ㉣ → ㉡ → ㉢ → ㉠
④ ㉡ → ㉠ → ㉣ → ㉢

9-7. 소화 방식의 종류 중 주된 작용이 질식 소화에 해당하는 것은?

① 강화액
② 호스 방수
③ 에어 폼
④ 스프링클러

9-8. 유류 화재 시 소화 방법으로 부적절한 것은?

① 모래를 뿌린다.
② 다량의 물을 부어 끈다.
③ ABC 소화기를 사용한다.
④ B급 화재 소화기를 사용한다.

9-9. 유류로 발생한 화재에 부적합한 소화기는?

① 포 소화기
② 이산화탄소 소화기
③ 물 소화기
④ 탄산수소염류 소화기

9-10. 가스 및 인화성 액체에 의한 화재 예방 조치로 틀린 것은?

① 가연성 가스는 대기 중에 자주 방출시킬 것
② 인화성 액체의 취급은 폭발 한계의 범위를 초과한 농도로 할 것
③ 배관 또는 기기에서 가연성 증기의 누출 여부를 철저히 점검할 것
④ 화재를 진화하기 위한 방화 장치는 위급 상황 시 눈에 잘 띄는 곳에 설치할 것

|해설|

9-2
방화 대책으로 소화기구 비치 및 위치 표시, 방화벽의 설치, 스프링클러 설치, 대피로 설치 및 표시, 방화사 및 방화수 비치 등이 있다.

9-3
소화의 원리는 연소의 반대 개념으로서 연소의 4요소인 가연물, 산소, 열(점화 에너지), 연쇄 반응이 성립되지 못하게 제어하는 것으로서 냉각, 질식, 제거, 억제 등 4가지 방법이 있다. 이들 중 냉각, 질식, 제거 소화는 물리적 소화이나, 억제(연쇄 반응 차단) 소화는 화학적 소화이다.

9-4
화재 진압 활동의 기본은 소화 및 연소 방지 활동에 의한 재산 피해의 경감과 인명 구조 활동에 의한 생명·신체의 보호이다.

9-5
ABC 소화기에 표시된 A는 일반 화재(목재, 섬유류, 종이, 플라스틱 등), B는 유류 화재(휘발유, 콩기름 등), C는 전기 화재(전기설비, 전기기구 등)에 효율적으로 사용이 가능하다는 표시이다.

9-6
소화기 사용 순서
1. 안전핀 걸림 장치를 제거한다.
2. 안전핀을 뽑는다.
3. 불이 있는 곳으로 노즐을 향하게 한다.
4. 손잡이를 움켜잡아 분사한다.

9-7
질식소화
산소 차단, 유화 소화(포 소화기 등)와 피복 소화(분말 소화기, CO_2 소화기 등)

9-8
기름으로 인한 화재의 경우 기름과 물은 섞이지 않기 때문에 기름이 물을 타고 더 확산된다.

9-10
대부분의 액체 위험물은 증발이 쉽고, 연소 하한계가 낮아 밀폐된 공간에서는 약간의 공기와 혼합하여도 연소 범위에 도달하게 된다.

정답 9-1 ① 9-2 ② 9-3 ④ 9-4 ③ 9-5 ③ 9-6 ④
9-7 ③ 9-8 ② 9-9 ③ 9-10 ②

① 재해 : 사고의 결과로 인하여 인간이 입는 인명 피해와 재산상의 손실
② 재해 발생 시 조치 순서 : 운전 정지 → 피해자 구조 → 응급처치 → 2차 재해 방지
③ 응급처치 실시자의 준수 사항
　㉠ 의식 확인이 불가능하여도 생사를 임의로 판정하지 않는다.
　㉡ 원칙적으로 의약품의 사용은 피한다.
　㉢ 정확한 방법으로 응급처치를 한 후에 반드시 의사의 치료를 받도록 한다.
　㉣ 환자 관찰 순서 : 의식 상태 → 호흡 상태 → 출혈 상태 → 구토 여부 → 기타 골절 및 통증 여부
④ 화상을 입었을 때 응급조치 : 빨리 찬물에 담갔다가 아연화연고를 바른다.
※ 전도 : 사람이 평면상으로 넘어지는 경우(미끄러짐 포함)
※ 재해 조사 목적 : 적절한 예방 대책을 수립하기 위하여

10년간 자주 출제된 문제

10-1. 사고로 인하여 위급한 환자가 발생하였다. 의사의 치료를 받기 전까지 응급처치를 실시할 때 응급처치 실시자의 준수 사항으로 가장 거리가 먼 것은?
① 사고 현장 조사를 실시한다.
② 원칙적으로 의약품의 사용은 피한다.
③ 의식 확인이 불가능하여도 생사를 임의로 판정하지 않는다.
④ 정확한 방법으로 응급처치를 한 후 반드시 의사의 치료를 받도록 한다.

10-2. 다음은 재해가 발생하였을 때 조치 요령이다. 조치 순서로 맞는 것은?

| ㉠ 운전 정지 | ㉡ 2차 재해 방지 |
| ㉢ 피해자 구조 | ㉣ 응급처치 |

① ㉠ → ㉢ → ㉡ → ㉣
② ㉠ → ㉢ → ㉣ → ㉡
③ ㉢ → ㉣ → ㉠ → ㉡
④ ㉢ → ㉣ → ㉡ → ㉠

10-3. 구급처치 중에서 환자의 상태를 확인하는 사항과 가장 거리가 먼 것은?
① 의식　　　　② 상처
③ 출혈　　　　④ 격리

10-4. 화상을 입었을 때 응급조치 중 가장 옳은 것은?
① 빨리 찬물에 담갔다가 아연화연고를 바른다.
② 빨리 메틸알코올에 담근다.
③ 빨리 옥도정기를 바른다.
④ 빨리 아연화연고를 바르고 붕대를 감는다.

10-5. 안전 작업 사항으로 잘못된 것은?
① 전기 장치는 접지를 하고, 이동식 전기기구는 방호 장치를 한다.
② 엔진에서 배출되는 일산화탄소에 대비한 통풍 장치를 설치한다.
③ 담뱃불은 발화력이 약하므로 제한 장소 없이 흡연해도 무방하다.
④ 주요 장비 등은 조작자를 지정하여 누구나 조작하지 않도록 한다.

| 해설 |

10-3
부상자나 환자를 발견하면 우선 출혈 정도나 구토물, 의식, 호흡, 맥박의 유무를 관찰한다.

10-5
담뱃불은 발화력이 강하므로 제한 장소에서만 흡연해야 한다.

정답 10-1 ① 10-2 ② 10-3 ④ 10-4 ① 10-5 ③

4 장비 안전 관리

4-1. 장비 안전 관리, 일상 점검표

핵심이론 01 | 장비 안전 관리(타워크레인의 성능 유지·관리)

구분	점검 내용
안전인증	• 안전인증(KC S)을 받았는지 여부 확인 • 동력으로 구동되는 정격 하중 2ton 이상 크레인(호이스트 포함)이 해당 • 건설기계관리법의 적용을 받는 기중기는 대상이 아님 • 산업안전보건법 제83조, 제87, 위험기계·기구 안전인증 고시 제2016-29호
안전검사	• 안전검사(설치한 날부터 6개월마다)를 받았는지 여부 확인 • 동력으로 구동되는 정격 하중 2ton 이상 크레인(호이스트 포함)이 해당 • 건설기계관리법에 따라 6개월마다 정기 검사를 받은 경우는 안전검사 면제 • 산업안전보건법 제93조, 안전검사 고시 제2019-16호
와이어 로프 또는 체인 상태	• 와이어로프 또는 체인 손상 여부 확인 • 이음매가 있는 와이어로프, 지름의 감소가 공칭 지름의 7%를 초과하는 와이어로프 등은 사용 금지 • 제조된 때 길이의 5%를 초과하거나 링의 지름이 10%를 초과하여 감소한 체인 등은 사용 금지 • 산업안전보건기준에 관한 규칙(약칭 : 안전보건규칙) 제166조, 167조
줄걸이 용구	• 줄걸이 용구 손상 여부 확인 • 훅·섀클·클램프 및 링 등의 철구로서 변형 또는 균열이 있는 것은 사용 금지 • 꼬임이 끊어지거나 심하게 손상·부식된 섬유 로프 또는 섬유 벨트 사용 금지 • 산업안전보건기준에 관한 규칙 제168조, 제169조
훅 해지 장치	• 훅 해지 장치 부착 여부 확인 • 해지 장치를 부착한 크레인을 사용하여야 함 • 산업안전보건기준에 관한 규칙 제137조
방호 장치 부착 및 정상 작동	• 방호 장치 정상 작동 여부 확인 • 과부하 방지 장치, 권과 방지 장치, 비상 정지 장치 및 제동 장치 정상 작동 여부 확인 • 산업안전보건기준에 관한 규칙 제134조

구분	점검 내용
지지 방법 검토 내용 및 적용 여부 확인	• 자립고 이상에서 벽체 지지 방법 준수 여부 확인 • 서면 심사(형식 승인) 서류 또는 제조사의 설치 작업 설명서 등에 따라 설치 • 서면 심사(형식 승인) 서류 등이 없거나 명확하지 않은 경우 건축구조·건설기계기술사 등의 확인을 받아 설치하거나 기종별·모델별로 공인된 표준방법에 따라 설치 • 콘크리트 구조물 고정 시 매립, 관통 등의 방법으로 충분히 지지 • 건축물인 시설물에 지지하는 경우 시설물의 구조적 안정성에 영향이 없도록 할 것 • 산업안전보건기준에 관한 규칙 제142조

핵심이론 02 | 일상 점검표

점검 항목	점검 방법
과부하 방지 장치	작동 시 경보음과 함께 권상 및 하중이 증가하는 동작이 차단될 것
권과 방지 장치	훅이 최상부에 도달하기 전에 경보음과 함께 작동이 정지될 것
비상 정지 장치	버튼을 누르면 동력이 차단되고 버튼은 적색의 수동 복귀형일 것
기복 제한 장치	러핑 크레인의 지브 경사각 범위를 정상적으로 제어할 것
선회 제한 장치	선회 각도 초과 시 제한 장치가 작동하여 선회 동작이 차단될 것
레버 안전 장치	조종 레버의 조작을 방지할 수 있도록 센서 등이 정상 작동될 것
트롤리 및 레일	트롤리가 횡행하는 레일의 상태는 양호하고 각 부의 이상이 없을 것
훅 및 시브	훅 해지 장치는 탈락 등의 이상이 없고, 시브(도르래)의 회전이 원활할 것
와이어로프	와이어로프는 소선 파단, 마모, 킹크 등의 이상이 없이 양호할 것
와이어로프 이탈 방지	드럼에서 단말까지 이탈의 우려 없이 제조사의 기준을 준수하여 설치될 것
소켓 및 단말 처리	웨지 소켓 규격 등 와이어로프 단말 처리 방법은 기준에 맞을 것
브레이크 및 클러치	브레이크, 클러치 및 운전장치 등은 기능이 정상일 것
주요 구조부	주요 구조부의 변형, 손상 및 조립부, 작동부에 이상이 없고 소화기가 설치되어 있을 것

10년간 자주 출제된 문제

타워크레인의 일상 점검에 대한 설명으로 옳지 않은 것은?

① 과부하 방지 장치 : 작동 시 경보음과 함께 권상 및 하중이 증가하는 동작이 차단되어야 한다.
② 권과 방지 장치 : 훅이 최상부에 도달하면 경보음이 울리고 정지되어야 한다.
③ 비상 정지 장치 : 버튼을 누르면 동력이 차단되고 버튼은 적색의 수동 복귀형이어야 한다.
④ 선회 제한 장치 : 선회 각도 초과 시 제한 장치가 작동하여 선회 동작이 차단되어야 한다.

|해설|

권과 방지 장치 : 훅이 최상부에 도달하기 전에 경보음과 함께 작동이 정지되어야 한다.

정답 ②

4-2. 작업 계획서, 장비 안전 관리 교육

핵심이론 01 | 작업 계획서

[사전 조사 및 작업 계획서의 작성 등(산업안전보건기준에 관한 규칙 제38조)]

① 사업주는 다음의 작업을 하는 경우 근로자의 위험을 방지하기 위하여 [별표 4]에 따라 해당 작업, 작업장의 지형·지반 및 지층 상태 등에 대한 사전 조사를 하고 그 결과를 기록·보존해야 하며, 조사 결과를 고려하여 [별표 4]의 구분에 따른 사항을 포함한 작업 계획서를 작성하고 그 계획에 따라 작업을 하도록 해야 한다.

㉠ 타워크레인을 설치·조립·해체하는 작업
㉡ 차량계 하역 운반 기계 등을 사용하는 작업(화물자동차를 사용하는 도로상의 주행 작업은 제외)
㉢ 차량계 건설 기계를 사용하는 작업
㉣ 화학 설비와 그 부속 설비를 사용하는 작업
㉤ 제318조에 따른 전기 작업(해당 전압이 50V를 넘거나 전기 에너지가 250VA를 넘는 경우로 한정)
㉥ 굴착면의 높이가 2m 이상이 되는 지반의 굴착 작업
㉦ 터널 굴착 작업
㉧ 교량(상부 구조가 금속 또는 콘크리트로 구성되는 교량으로서 그 높이가 5m 이상이거나 교량의 최대 지간 길이가 30m 이상인 교량으로 한정한다)의 설치·해체 또는 변경 작업
㉨ 채석 작업
㉩ 구축물, 건축물, 그 밖의 시설물 등의 해체 작업
㉪ 중량물의 취급 작업
㉫ 궤도나 그 밖의 관련 설비의 보수·점검 작업
㉬ 열차의 교환·연결 또는 분리 작업

② 사업주는 ①에 따라 작성한 작업 계획서의 내용을 해당 근로자에게 알려야 한다.

③ 사업주는 항타기나 항발기를 조립·해체·변경 또는 이동하는 작업을 하는 경우 그 작업 방법과 절차를 정하여 근로자에게 주지시켜야 한다.

④ 사업주는 ①~ⓔ의 작업에 모터카(Motor Car), 멀티플 타이 탬퍼(Multiple Tie Tamper), 밸러스트 콤팩터 (Ballast Compactor, 철도 자갈 다짐기), 궤도 안정기 등의 작업 차량을 사용하는 경우 미리 그 구간을 운행하는 열차의 운행 관계자와 협의하여야 한다.

※ 작업 계획서의 작성(산업안전보건기준에 관한 규칙 [별표 4])

타워크레인의 설치·조립·해체 작업을 하는 때에는 다음의 사항이 모두 포함된 작업 계획서를 작성하고 이를 준수하여야 한다.

• 타워크레인의 종류 및 형식
• 설치·조립 및 해체 순서
• 작업 도구·장비·가설 설비 및 방호 설비
• 작업 인원의 구성 및 작업 근로자의 역할 범위
• 타워크레인의 지지(산업안전보건기준에 관한 규칙 제142조) 규정에 의한 지지 방법

10년간 자주 출제된 문제

타워크레인 설치 시 작업 계획서에 포함해야 할 사항과 거리가 먼 것은?
① 타워크레인의 종류 및 형식
② 중량물의 취급 방법
③ 작업 도구·장비·가설 설비 및 방호 설비
④ 타워크레인의 지지 규정에 의한 지지 방법

|해설|

타워크레인의 설치·조립·해체 작업 시 작업 계획서에 포함되어야 할 사항
• 타워크레인의 종류 및 형식
• 설치·조립 및 해체 순서
• 작업 도구·장비·가설 설비 및 방호 설비
• 작업 인원의 구성 및 작업 근로자의 역할 범위
• 타워크레인의 지지(산업안전보건기준에 관한 규칙 제142조) 규정에 의한 지지 방법

정답 ②

| 핵심이론 02 | 장비 안전 관리 교육

설치 작업(상승 작업 포함) 시 받아야 할 안전 교육
① 타워크레인 설치 시 근로자 특별 안전 교육
  ㉠ 교육 내용
    • 붕괴·추락 및 재해 방지에 관한 사항
    • 설치·해체 순서 및 안전 작업 방법에 관한 사항
    • 부재의 구조·재질 및 특성에 관한 사항
    • 신호 방법 및 요령에 관한 사항
    • 이상 발생 시 응급조치에 관한 사항
    • 그 밖에 안전·보건 관리에 필요한 사항
  ㉡ 교육 시간 : 2시간
② 타워크레인 신호수 교육
  ㉠ 교육 내용
    • 타워크레인의 기계적 특성 및 방호 장치 등에 관한 사항
    • 화물의 취급 및 안전 작업 방법에 관한 사항
    • 신호 방법 및 요령에 관한 사항
    • 인양 물건의 위험성 및 낙하·비래·충돌 등 재해 예방에 관한 사항
    • 인양물이 적재될 지반의 조건, 인양 하중, 풍압 등이 인양물과 타워크레인에 미치는 영향
    • 그 밖에 안전·보건 관리에 필요한 사항
  ㉡ 교육 시간 : 8시간

10년간 자주 출제된 문제

타워크레인 설치 시 근로자 특별 안전 교육 내용 등으로 옳지 않은 것은?
① 붕괴·추락 및 재해 방지에 관한 사항
② 부재의 구조·재질 및 특성에 관한 사항
③ 신호 방법 및 요령에 관한 사항
④ 교육 시간은 8시간이다.

|해설|

타워크레인 설치 시 근로자 특별 안전 교육은 2시간, 타워크레인 신호수 교육은 8시간이다.

정답 ④

4-3. 기계·기구 및 공구에 관한 사항

| 핵심이론 01 | 수공구 사용 및 보관

① 수공구 사용 시 안전 수칙

    ㉠ 사용 전에 충분한 사용법을 숙지하고 익히도록 한다.

    ㉡ KS 품질규격에 맞는 것을 사용한다.

    ㉢ 무리한 힘이나 충격을 가하지 않아야 한다.

    ㉣ 손이나 공구에 묻은 기름, 물 등을 닦아 사용한다.

    ㉤ 수공구는 손에 잘 잡고 떨어지지 않게 작업한다.

    ㉥ 공구는 기계나 재료 등의 위에 올려놓지 않는다.

    ㉦ 정확한 힘으로 조여야 할 때는 토크 렌치를 사용한다.

    ㉧ 수공구를 용도 이외에는 사용하지 않는다.

    ㉨ 작업에 적합한 수공구를 이용한다.

    ㉩ 수공구를 사용하기 전에 기름 등의 이물질을 제거하고 반드시 이상 유무를 확인한다.

    ㉪ 수공구를 가지고 사다리 등의 높은 곳을 오를 때는 호주머니에 넣지 않고 반드시 수공구 주머니에 공구를 넣어 몸에 장착한 후 운반한다.

    ㉫ 공구를 전달할 경우 던지지 않는다.

    ㉬ 주위를 정리정돈한다.

    ㉭ 보안경 등 작업에 알맞은 보호구를 착용하고 작업한다.

② 수공구의 보관 및 관리

    ㉠ 공구는 통풍이 잘되는 보관 장소에 종류별로 보관한다.

    ㉡ 사용한 수공구는 방치하지 말고 소정의 장소에 보관한다.

    ㉢ 날이 있거나 뾰족한 물건은 위험하므로 뚜껑을 씌워둔다.

    ㉣ 수분과 습기는 숫돌을 깨거나 부서뜨릴 수 있어 습기가 없는 곳에 보관한다.

    ㉤ 사용한 공구는 면 걸레로 깨끗이 닦아서 보관한다.

    ㉥ 파손 공구는 교환하고 청결한 상태에서 보관한다.

    ㉦ 기계의 청소나 손질은 운전을 정지시킨 후 실시한다.

10년간 자주 출제된 문제

1-1. 수공구 사용 시 주의 사항이 아닌 것은?

① 작업에 알맞은 공구를 선택하여 사용한다.
② 공구는 사용 전에 기름 등을 닦은 후 사용한다.
③ 공구는 올바른 방법으로 사용한다.
④ 개인이 만든 공구를 일반적인 작업에 사용한다.

1-2. 작업을 위한 공구 관리의 요건으로 가장 거리가 먼 것은?

① 공구별로 장소를 지정하여 보관할 것
② 공구는 항상 최소 보유량 이하로 유지할 것
③ 공구 사용 점검 후 파손된 공구는 교환할 것
④ 사용한 공구는 항상 깨끗이 한 후 보관할 것

1-3. 수공구를 사용하여 일상 정비를 할 경우의 필요 사항으로 가장 부적합한 것은?

① 수공구를 서랍 등에 정리할 때는 잘 정돈한다.
② 수공구는 작업 시 손에서 놓치지 않도록 주의한다.
③ 용도 외의 수공구는 사용하지 않는다.
④ 작업성을 빠르게 하기 위해서 장비 위에 놓고 사용하는 것이 좋다.

1-4. 안전 관리상 수공구와 관련한 내용으로 가장 적합하지 않은 것은?

① 공구를 사용한 후 녹슬지 않도록 반드시 오일을 바른다.
② 작업에 적합한 수공구를 이용한다.
③ 공구는 목적 이외의 용도로 사용하지 않는다.
④ 사용 전에 이상 유무를 반드시 확인한다.

1-5. 수공구 사용 시 안전사고 원인에 해당되지 않는 것은?

① 힘에 맞지 않는 공구를 사용하였다.
② 수공구의 성능을 알고 선택하였다.
③ 사용 방법이 미숙하였다.
④ 사용 공구의 점검 및 정비를 소홀히 하였다.

|해설|

1-1

작업의 형태, 대상물의 특성, 작업자의 체력 등을 고려하여 공구의 종류와 크기를 선택한다.

1-4

공구는 사용 전에 기름 등을 닦은 후 사용한다.

정답 1-1 ④ 1-2 ② 1-3 ④ 1-4 ① 1-5 ②

핵심이론 02 | 해머 작업에서의 안전 수칙

① 장갑을 끼고 해머 작업을 하지 말 것

② 해머 작업 중에는 수시로 해머 상태(자루의 헐거움)를 점검할 것

③ 해머로 공동 작업을 할 때에는 호흡을 맞출 것

④ 열처리된 재료는 해머 작업을 하지 말 것

⑤ 해머로 타격할 때에는 처음과 마지막에는 힘을 많이 가하지 말 것

⑥ 타결 가공하려는 곳에 시선을 고정시킬 것

⑦ 해머의 타격면에 기름을 바르지 말 것

⑧ 해머로 녹슨 것을 때릴 때에는 반드시 보안경을 쓸 것

⑨ 대형 해머로 작업할 때에는 자기 역량에 알맞은 것을 사용할 것

⑩ 타격면이 찌그러진 것은 사용하지 말 것

⑪ 손잡이가 튼튼한 것을 사용할 것

⑫ 작업 전에 주위를 살필 것

⑬ 기름 묻은 손으로 작업하지 말 것

⑭ 해머를 사용하여 상향(上向) 작업을 할 때에는 반드시 보호 안경을 착용할 것

2-1. 해머 작업의 안전 수칙으로 틀린 것은?

① 목장갑을 끼고 작업한다.
② 해머를 사용하기 전 주위를 살핀다.
③ 해머 머리가 손상된 것은 사용하지 않는다.
④ 불꽃이 생길 수 있는 작업에는 보호 안경을 착용한다.

2-2. 수공구를 사용할 때 안전 수칙으로 바르지 못한 것은?

① 톱 작업은 밀 때 절삭되게 작업한다.
② 줄 작업으로 생긴 쇳가루는 브러시로 떨어낸다.
③ 해머 작업은 미끄러짐을 방지하기 위해서 반드시 면장갑을 끼고 한다.
④ 조정 렌치는 조정 조가 있는 부분이 힘을 받지 않게 하여 사용한다.

2-3. 해머(Hammer) 작업에 대한 내용으로 잘못된 것은?

① 작업자가 서로 마주보고 두드린다.
② 녹슨 재료 사용 시 보안경을 사용한다.
③ 타격 범위에 장해물이 없도록 한다.
④ 작게 시작하여 차차 큰 행정으로 작업하는 것이 좋다.

2-4. 해머 작업 시 틀린 것은?

① 장갑을 끼지 않는다.
② 작업에 알맞은 무게의 해머를 사용한다.
③ 해머는 처음부터 힘차게 때린다.
④ 자루가 단단한 것을 사용한다.

|해설|

2-2
장갑을 끼고 작업할 수 없는 작업
선반 작업, 해머 작업, 그라인더 작업, 드릴 작업, 농기계정비

2-3
해머 작업 시 작업자와 마주 보고 일을 하면 사고의 우려가 있다.

정답 2-1 ① 2-2 ③ 2-3 ① 2-4 ③

핵심이론 03 | 스패너(렌치)의 사용법

① 스패너의 입이 너트의 치수에 맞는 것을 사용해야 한다.
② 스패너 자루에 파이프를 이어서 사용해서는 안 된다.
③ 스패너 등을 해머 대신에 써서는 안 된다.
④ 볼트, 너트를 풀거나 조일 때 규격에 맞는 것을 사용한다.
⑤ 렌치를 잡아당길 수 있는 위치에서 작업하도록 한다.
⑥ 파이프 렌치는 한쪽 방향으로만 힘을 가하여 사용한다.
⑦ 파이프 렌치를 사용할 때는 정지 상태를 확실히 할 것
⑧ 렌치는 몸 쪽으로 당기면서 볼트, 너트를 풀거나 조인다.
⑨ 공구 핸들에 묻은 기름은 잘 닦아서 사용한다.
⑩ 녹이 생긴 볼트나 너트에는 오일을 넣어 스며들게 한 다음 돌린다.
⑪ 지렛대용으로 사용하지 않는다.
⑫ 장시간 보관할 때에는 방청제를 바르고 건조한 곳에 보관한다.
⑬ 스패너와 너트가 맞지 않을 때 쐐기를 넣어 사용해서는 안 된다.
⑭ 조정 렌치는 고정 조가 있는 부분으로 힘을 가해지게 하여 사용한다.
⑮ 파이프 렌치는 반드시 둥근 물체에만 사용한다.

3-1. 스패너 작업 방법으로 옳은 것은?

① 몸 쪽으로 당길 때 힘이 걸리도록 한다.
② 볼트 머리보다 큰 스패너를 사용하도록 한다.
③ 스패너 자루에 조합 렌치를 연결해서 사용하여도 된다.
④ 스패너 자루에 파이프를 끼워서 사용한다.

3-2. 스패너 작업 방법으로 안전상 옳은 것은?

① 스패너로 볼트를 조일 때는 앞으로 당기고 풀 때는 뒤로 민다.
② 스패너의 입이 너트의 치수보다 조금 큰 것을 사용한다.
③ 스패너 사용 시 몸의 중심을 항상 옆으로 한다.
④ 스패너로 조이고 풀 때는 항상 앞으로 당긴다.

3-3. 수공구인 렌치를 사용할 때 지켜야 할 안전 사항으로 옳은 것은?

① 볼트를 풀 때는 지렛대 원리를 이용하여 렌치를 밀어서 힘이 받도록 한다.
② 볼트를 조일 때는 렌치를 해머로 쳐서 조이면 강하게 조일 수 있다.
③ 렌치 작업 시 큰 힘으로 조일 경우 연장대를 끼워서 작업한다.
④ 볼트를 풀 때는 렌치 손잡이를 당길 때 힘이 받도록 한다.

3-4. 수공구 취급 시 안전에 관한 사항으로 틀린 것은?

① 해머 자루의 해머 고정 부분 끝에 쐐기를 박아 사용 중 해머가 빠지지 않도록 한다.
② 렌치 사용 시 본인의 몸 쪽으로 당기지 않는다.
③ 스크루 드라이버 사용 시 공작물을 손으로 잡지 않는다.
④ 스크레이퍼 사용 시 공작물을 손으로 잡지 않는다.

|해설|

3-1
스패너나 렌치를 사용할 때는 항상 몸 쪽으로 당기면서 작업을 한다.

3-4
스패너나 렌치는 몸 쪽으로 당기면서 볼트, 너트를 풀거나 조인다.

정답 3-1 ① 3-2 ④ 3-3 ④ 3-4 ②

핵심이론 04 | 각종 렌치의 사용법

① 토크 렌치

　㉠ 볼트 등을 조일 때 조이는 힘을 측정하기 위하여 쓰는 렌치이다.

　㉡ 볼트, 너트, 작은 나사 등의 조임에 필요한 토크를 주기 위한 체결용 공구이다.

　㉢ 사용법 : 오른손은 렌치 끝을 잡고 돌리고, 왼손은 지지점을 누르고 게이지 눈금을 확인한다.

② 조정 렌치

　㉠ 멍키 렌치라고도 호칭하며 제한된 범위 내에서 어떠한 규격의 볼트나 너트에도 사용할 수 있다.

　㉡ 볼트 머리나 너트에 꼭 끼워서 잡아당기며 작업을 한다.

③ 오픈 렌치

　㉠ 연료 파이프 피팅 작업에 사용한다.

　㉡ 디젤기관을 예방 정비하는 데 고압 파이프 연결 부분에서 연료가 샐 때 사용한다.

④ 소켓 렌치

　㉠ 다양한 크기의 소켓을 바꾸어가며 작업할 수 있도록 만든 렌치이다.

　㉡ 큰 힘으로 조일 때 사용한다.

　㉢ 오픈 렌치와 규격이 동일하다.

　㉣ 사용 중 잘 미끄러지지 않는다.

　㉤ 볼트와 너트는 가능한 한 소켓 렌치로 작업한다.

⑤ 복스 렌치

　㉠ 공구의 끝부분이 볼트나 너트를 완전히 감싸게 되어 있는 형태의 렌치를 말한다.

　㉡ 6각 볼트와 너트를 조이고 풀 때 가장 적합한 공구이다.

　㉢ 볼트 머리나 너트 주위를 완전히 감싸기 때문에 사용 중 미끄러질 위험성이 적은 렌치이다.

⑥ 엘(L) 렌치

6각형 봉을 L자 모양으로 구부려서 만든 렌치이다.

※ 실린더 헤드 등 면적이 넓은 부분에서 볼트는 중심에서 외측을 향하여 대각선으로 조인다.

4-1. 볼트나 너트를 조이고 풀 때 사항으로 틀린 것은?

① 규정 토크를 2~3회 나누어 조인다.
② 볼트와 너트는 규정 토크로 조인다.
③ 토크 렌치를 사용한다.
④ 규정 이상의 토크로 조이면 나사부가 손상된다.

4-2. 토크 렌치의 가장 올바른 사용법은?

① 렌치 끝을 한 손으로 잡고 돌리면서 눈은 게이지 눈금을 확인한다.
② 렌치 끝을 양손으로 잡고 돌리면서 눈은 게이지 눈금을 확인한다.
③ 왼손은 렌치 중간 지점을 잡고 돌리며 오른손은 지지점을 누르고 게이지 눈금을 확인한다.
④ 오른손은 렌치 끝을 잡고 돌리며 왼손은 지지점을 누르고 눈은 게이지 눈금을 확인한다.

4-3. 복스 렌치가 오픈 렌치보다 많이 사용되는 이유는?

① 값이 싸며 적은 힘으로 작업할 수 있다.
② 가볍고 양손으로 사용할 수 있다.
③ 파이프 피팅 조임 등 작업 용도가 다양하여 많이 사용된다.
④ 볼트, 너트 주위를 완전히 감싸게 되어 사용 중 미끄러지지 않는다.

4-4. 보기의 조정 렌치 사용상 안전 수칙 중 옳은 것은?

> ㉠ 잡아당기며 작업한다.
> ㉡ 조정 조에 당기는 힘이 많이 가해지도록 한다.
> ㉢ 볼트 머리나 너트에 꼭 끼워서 작업을 한다.
> ㉣ 조정 렌치 자루에 파이프를 끼워서 작업을 한다.

① ㉠, ㉡   ② ㉠, ㉢
③ ㉡, ㉢   ④ ㉡, ㉣

4-5. 볼트나 너트를 죄거나 푸는 데 사용하는 각종 렌치(Wrench)에 대한 설명으로 틀린 것은?

① 조정 렌치 : 멍키 렌치라고도 호칭하며, 제한된 범위 내에서 어떠한 규격의 볼트나 너트에도 사용할 수 있다.
② 엘 렌치 : 6각형 봉을 "L"자 모양으로 구부려서 만든 렌치이다.
③ 복스 렌치 : 연료 파이프 피팅 작업에 사용한다.
④ 소켓 렌치 : 다양한 크기의 소켓을 바꿔가며 작업할 수 있도록 만든 렌치이다.

4-6. 연료 파이프의 피팅을 풀 때 가장 알맞은 렌치는?

① 소켓 렌치   ② 복스 렌치
③ 오픈 엔드 렌치   ④ 탭 렌치

4-7. 오픈 엔드 렌치 사용 방법으로 틀린 것은?

① 입(Jaw)이 변형된 것은 사용하지 않는다.
② 볼트는 미끄러지 않도록 단단히 끼워 밀 때 힘이 작용되도록 한다.
③ 연료 파이프 피팅을 풀고 조일 때 사용한다.
④ 자루에 파이프를 끼워 사용하지 않는다.

4-8. 렌치의 사용이 적합하지 않은 것은?

① 둥근 파이프를 조일 때는 파이프 렌치를 사용한다.
② 렌치는 적당한 힘으로 볼트와 너트를 조이고 풀어야 한다.
③ 오픈 렌치는 파이프 피팅 작업에 사용한다.
④ 토크 렌치는 큰 토크를 필요로 할 때만 사용한다.

|해설|

4-2
토크 렌치의 사용 방법
• 오른손은 렌치 끝을 잡고 돌리고, 왼손은 지지점을 누르고 게이지 눈금을 확인한다.
• 핸들을 잡고 몸 안쪽으로 잡아당긴다.
• 손잡이에 파이프를 끼우고 돌리지 않도록 한다.
• 조임력은 규정값에 정확히 맞도록 한다.
• 볼트나 너트를 조일 때 조임력을 측정한다.

4-3
복스 렌치는 6각 볼트·너트를 조이고 풀 때 가장 적합한 공구이고 오픈 엔드 렌치는 볼트나 너트를 감싸는 부분의 양쪽이 열려 있어 연료 파이프의 피팅(Fitting) 및 브레이크 파이프의 피팅 등을 풀거나 조일 때 사용하는 렌치이다.

4-4

조정 렌치

멍키 렌치라고도 호칭하며, 제한된 범위 내에서 어떠한 규격의 볼트나 너트에도 사용할 수 있다.

4-5

연료 파이프 피팅 작업에는 끝부분이 열린 오픈 렌치를 사용한다.

4-7

오픈 엔드 렌치는 볼트나 너트를 감싸는 부분의 양쪽이 열려 있어 연료 파이프의 피팅(Fitting) 및 브레이크 파이프의 피팅 등을 풀거나 조일 때 사용하는 렌치로 항상 당겨서 작업하도록 한다.

4-8

정확한 힘으로 조여야 할 때는 토크 렌치를 사용한다.

정답 4-1 ③ 4-2 ④ 4-3 ④ 4-4 ② 4-5 ③ 4-6 ③ 4-7 ② 4-8 ④

① 드라이버(Driver)의 사용법

  ㉠ 드라이버에 충격 압력을 가하지 말아야 한다.

  ㉡ 자루가 쪼개졌거나 또한 허술한 드라이버는 사용하지 않는다.

  ㉢ 드라이버의 끝을 항상 양호하게 관리하여야 한다.

  ㉣ 드라이버를 정으로 대신하여 사용하지 않는다.

  ㉤ 드라이버 날 끝이 나사 홈의 너비와 길이에 맞는 것을 사용한다.

  ㉥ (−) 드라이버 날 끝은 평범한 것이어야 한다.

  ㉦ 이가 빠지거나 둥글게 된 것은 사용하지 않는다.

  ㉧ 강하게 조여 있는 작은 공작물이라도 손으로 잡고 조이지 않는다.

  ㉨ 전기 작업 시 절연된 손잡이로 된 드라이버를 사용한다.

  ㉩ 작은 크기의 부품인 경우 바이스(Vise)에 고정시키고 작업하는 것이 좋다.

  ㉠ 날 끝이 수평이어야 한다.

  ㉡ 수공구는 처음과 끝에 과격하게 힘을 주지 않고 서서히 힘을 가하여 사용한다.

② 정비용 일반 공구의 사용

  ㉠ 드라이버(Driver) : 나사를 죄거나 푸는 데 사용하며 일반적으로 일자(−)형과 십자(+)형이 있다.

  ㉡ 마이크로미터 : 1/100mm까지 잴 수 있는 기계이다.

  ㉢ 플라이어 : 정식 명칭은 슬립 조인트 플라이어(Slip Joint Pliers)로 집는 기능에 충실하면서 철선을 꼬거나 굽힐 때, 혹은 자를 때 쓴다.

  ㉣ 플라스틱 해머 : 같은 용도에 쓰이는 것으로 나무 해머, 구리 해머, 고무 해머 등이 있으며 모두 표면에 상처가 나지 않도록 하는 작업에 사용한다.

  ※ 스크루(Screw) 또는 머리에 틈이 있는 볼트를 박거나 뺄 때 사용하는 스크루 드라이버의 크기는 손잡이를 제외한 길이로 표시한다.

5-1. 다음 중 드릴머신으로 구멍을 뚫을 때 일감 자체가 가장 회전하기 쉬운 때는 어느 때인가?

① 구멍을 처음 뚫기 시작할 때
② 구멍을 중간쯤 뚫었을 때
③ 처음과 끝 구멍을 뚫었을 때
④ 구멍을 거의 뚫었을 때

5-2. 드라이버 사용 시 주의할 점으로 틀린 것은?

① 규격에 맞는 드라이버를 사용한다.
② 드라이버는 지렛대 대신으로 사용하지 않는다.
③ 클립(Clip)이 있는 드라이버는 옷에 걸고 다녀도 무방하다.
④ 잘 풀리지 않는 나사는 플라이어를 이용하여 강제로 뺀다.

5-3. 마이크로미터를 보관하는 방법으로 틀린 것은?

① 습기가 없는 곳에 보관한다.
② 직사광선에 노출되지 않도록 한다.
③ 앤빌과 스핀들을 밀착시켜 둔다.
④ 측정 부분이 손상되지 않도록 보관함에 보관한다.

5-4. 다음 중 드라이버 사용 방법으로 틀린 것은?

① 날 끝 홈의 폭과 깊이가 같은 것을 사용한다.
② 전기 작업 시 자루는 모두 금속으로 되어 있는 것을 사용한다.
③ 날 끝이 수평이어야 하며 둥글거나 빠진 것은 사용하지 않는다.
④ 작은 공작물이라도 한 손으로 잡지 않고 바이스 등으로 고정하고 사용한다.

5-5. 일반 드라이버 사용 시 안전 수칙으로 틀린 것은?

① 정을 대신할 때는 (-) 드라이버를 이용한다.
② 드라이버에 충격 압력을 가하지 말아야 한다.
③ 자루가 쪼개졌거나 허술한 드라이버는 사용하지 않는다.
④ 드라이버의 날 끝은 항상 양호하게 관리하여야 한다.

5-6. 장갑을 끼면 안전상 가장 적합하지 않은 작업은?

① 전기용접 작업
② 해머 작업
③ 타이어 교환 작업
④ 건설기계 운전

5-7. 안전 관리상 장갑을 끼면 위험할 수 있는 작업은?

① 드릴 작업
② 줄 작업
③ 용접 작업
④ 판금 작업

5-8. 드릴(Drill) 기기를 사용하여 작업할 때 착용을 금지하는 것은?

① 안전화
② 장갑
③ 작업모
④ 작업복

|해설|

5-2
플라이어는 물건을 일시적으로 잡거나 철심을 구부리는 데 쓴다.

5-3
앤빌과 스핀들은 접촉시키지 말고 간격을 띄워 보관한다.

5-4
전기 작업 시에는 절연된 자루를 사용한다.

5-5
드라이버를 정으로 대신하여 사용하면 드라이버가 손상된다.

5-6
해머 작업 시 장갑을 사용하면 해머의 진동으로 손이 미끄러져 사고 우려가 있다.

5-7
장갑은 선반 작업, 드릴 작업, 목공 기계 작업, 연삭 작업, 해머 작업 등을 할 때 착용하면 불안전한 보호구이다.

5-8
드릴은 고속 회전하므로 장갑을 끼고 작업을 해서는 안 된다.

정답 5-1 ④ 5-2 ④ 5-3 ③ 5-4 ② 5-5 ① 5-6 ② 5-7 ① 5-8 ②

① 전동 공구 및 벨트 사용 시 유의 사항

  ㉠ 작업복 등이 말려드는 위험이 주로 존재하는 기계 및 기구 회전축, 커플링, 벨트 등을 주의한다.

  ※ 회전 부분(기어, 벨트, 체인) 등은 신체의 접촉을 방지하기 위하여 반드시 커버를 씌워둔다.

  ㉡ 동력 전달 장치 중 재해가 가장 많이 일어날 수 있는 것 : 벨트, 풀리

  ㉢ 회전하는 공구는 적정 회전수로 사용한다. 너무 과부하가 걸리지 않도록 한다.

  ㉣ 공기 밸브의 작동은 서서히 열고 닫는다.

② 구동 벨트에 대한 점검 사항

  ㉠ 구동 벨트 장력은 약 10kgf의 엄지손가락 힘으로 눌렀을 때 헐거움이 약 12~20mm여야 한다.

  ㉡ 장력이 너무 세면 베어링이 조기에 마모된다.

  ㉢ 장력이 너무 약하면 물 펌프의 회전 속도가 느려 엔진이 과열된다.

  ㉣ 벨트는 풀리의 홈 바닥 면에 닿지 않게 설치한다.

③ 기타 주요 사항

  ㉠ 전동 공구의 리드선은 기계 진동이 있을 시 쉽게 끊어지지 않아야 한다.

  ㉡ 기관에서 압축 압력 저하가 70% 이하이면 해체 정비를 해야 한다.

  ㉢ 공압 공구 사용 시 무색 보안경을 착용한다.

  ㉣ 공압 공구 사용 중 고무호스가 꺾이지 않도록 주의한다.

  ㉤ 호스는 공기 압력을 견딜 수 있는 것을 사용한다.

  ㉥ 공기 압축기의 활동부는 윤활유 상태를 점검한다.

  ※ TPS, ISC Servo 등은 솔벤트로 세척하지 않는다.

10년간 자주 출제된 문제

6-1. 동력 전달 장치에서 가장 재해가 많이 발생할 수 있는 장치는?

① 기어   ② 커플링
③ 벨트   ④ 차축

6-2. 전동 공구 및 전기기계의 안전 대책으로 잘못된 것은?

① 전기기계류는 사용 장소와 환경에 적합한 형식을 사용하여야 한다.
② 운전, 보수 등을 위한 충분한 공간이 확보되어야 한다.
③ 리드선은 기계 진동이 있을 시 쉽게 끊어질 수 있어야 한다.
④ 조작부는 작업자의 위치에서 쉽게 조작이 가능한 위치여야 한다.

|해설|

6-1
벨트는 회전 부위에서 노출되어 있어 재해 발생률이 높으나 기어나 커플링은 대부분 케이스 내부에 있다.

정답 6-1 ③ 6-2 ③

핵심이론 07 | 에어 컴프레셔, 벨트 등

① 에어 컴프레서의 안전 사항

ㄱ. 벽에서 30cm 이상 떨어지게 설치할 것

ㄴ. 실온이 40℃ 이상 되는 고온 장소에 설치하지 말 것

ㄷ. 타 기계 설비와의 이격 거리는 1.5m 이상 유지할 것

ㄹ. 급유 및 점검 등이 용이한 장소에 설치할 것

ㅁ. 컴프레서의 압축된 공기의 물 빼기를 할 때는 저압 상태에서 배수 플러그를 조심스럽게 푼다.

② 벨트 취급에 대한 안전 사항

ㄱ. 벨트를 걸 때나 벗길 때에는 기계가 정지한 상태에서 한다.

ㄴ. 벨트의 회전이 완전히 멈춘 상태에서 손으로 잡아야 한다.

ㄷ. 벨트의 적당한 장력을 유지하도록 한다.

ㄹ. 벨트에 기름이 묻지 않도록 한다.

ㅁ. 회전하고 있는 벨트나 기어에 필요 없는 접근을 금한다.

ㅂ. 동력을 전달하기 위한 벨트를 회전하는 풀리에 손으로 걸지 않는다.

ㅅ. 벨트의 이음쇠는 돌기가 없는 구조로 한다.

ㅇ. 벨트가 풀리에 감겨 돌아가는 부분은 커버나 덮개를 설치한다.

7-1. 에어 컴프레서의 설치 시 준수해야 할 안전 사항으로 틀린 것은?

① 벽에서 30cm 이상 떨어지지 않게 설치할 것

② 실온이 40℃ 이상 되는 고온 장소에 설치하지 말 것

③ 타 기계 설비와의 이격 거리는 1.5m 이상 유지할 것

④ 급유 및 점검 등이 용이한 장소에 설치할 것

7-2. 벨트에 대한 안전 사항으로 틀린 것은?

① 벨트의 이음쇠는 돌기가 없는 구조로 한다.

② 벨트를 걸 때나 벗길 때에는 기계가 정지한 상태에서 한다.

③ 벨트가 풀리에 감겨 돌아가는 부분은 커버나 덮개를 설치한다.

④ 바닥면으로부터 2m 이내에 있는 벨트는 덮개를 제거한다.

7-3. 벨트를 풀리에 걸 때는 어떤 상태에서 걸어야 하는가?

① 회전을 중지시킨 후 건다.

② 저속으로 회전시키면서 건다.

③ 중속으로 회전시키면서 건다.

④ 고속으로 회전시키면서 건다.

|해설|

7-1

건축물의 벽면에 근접하여 설치할 경우는 벽에서 30cm 이상 떨어져 있을 것

7-2

벨트의 회전부에는 안전 덮개가 견고히 설치되어야 한다.

7-3

벨트 교환 시 회전을 완전히 멈춘 상태에서 한다.

정답 7-1 ① 7-2 ④ 7-3 ①

1-1. 산업안전보건법령

| 핵심이론 01 | 타워크레인 관련 규정 |

구분	산업안전보건법	건설기계관리법
주관부처	고용노동부	국토교통부
제조 · 수입 적용 기준	• 위험 · 기계기구 안전 인증고시	• 건설기계안전기준에 관한 규칙 • 타워크레인의 구조 · 규격 및 성능에 관한 기준
검사 주기	• 사업장에 설치가 끝난 날부터 3년 이내에 최초 안전검사를 실시하고 그 이후부터 2년마다, 건설현장에서 사용하는 것은 최초로 설치한 날부터 6개월마다 (산업안전보건법 시행규칙)	• 설치 이후 정기 검사 6개월마다(건설기계관리법 시행규칙)
운전 자격	• 타워크레인운전기능사의 자격(유해 · 위험 작업의 취업 제한에 관한 규칙 – 조종석이 설치되지 않은 정격 하중 5ton 이상의 무인 타워크레인을 포함) • 5ton 미만 무인 타워크레인(안전보건규칙 – 무선 원격 제어기 또는 펜던트 스위치를 취급하는 근로자에게는 작동요령 등 안전 조작에 관한 사항을 충분히 주지시킬 것	• 3ton 이상 타워크레인(타워크레인 운전기능사) • 3ton 미만 타워크레인(무인) – 소형 건설기계 조종 교육(20시간) 이수 후 타워크레인 조종 면허 발급
기타 주요 사항	• 타워크레인 운전자의 취업 제한에 관하여 규정 : 산업안전보건법 – 유해 · 위험 작업의 취업 제한에 관한 규칙 • 조종석이 설치되지 않은 정격 하중 5ton 이상의 무인 타워크레인(지상 리모컨)의 운전 자격을 규정하고 있는 법규 : 유해 · 위험 작업의 취업 제한에 관한 규칙 • 유해 · 위험 취업 제한에 관한 규칙에서 자격 등의 취득을 위한 지정교육기관으로 허가받고자 할 경우 허가권자 : 관할 지방고용노동관서의 장	

1-1. 다음 중 타워크레인 운전자의 취업 제한에 관하여 규정하고 있는 법률은?

① 산업안전보건법 : 유해 · 위험 작업의 취업 제한에 관한 규칙
② 하도급 거래공정화에 관한 법률 : 표준계약서
③ 산업안전보건법 : 산업안전기준에 관한 규칙
④ 건설산업기본법 : 건설기계관리법

1-2. 조종석이 설치되지 않은 정격 하중 5ton 이상의 무인 타워크레인(지상 리모컨)의 운전 자격을 규정하고 있는 법규는?

① 건설기계관리법 시행규칙
② 산업안전보건기준에 관한 규칙
③ 유해 · 위험 작업의 취업 제한에 관한 규칙
④ 건설기계 안전기준에 관한 규칙

1-3. 유해 · 위험 작업의 취업 제한에 관한 규칙에 의하여, 타워크레인 조종 업무의 적용 대상에서 제외되는 것은?

① 조종석이 설치된 정격 하중이 1ton인 타워크레인
② 조종석이 설치된 정격 하중이 2ton인 타워크레인
③ 조종석이 설치된 정격 하중이 3ton인 타워크레인
④ 조종석이 설치되지 않은 정격 하중 3ton인 타워크레인

| 해설 |

1-3
국가기술자격법에 따른 타워크레인운전기능사 자격
타워크레인 조종 작업(조종석이 설치되지 않은 정격 하중 5ton 이상의 무인 타워크레인을 포함한다)

정답 1-1 ① 1-2 ③ 1-3 ④

핵심이론 02 | 사다리식 통로 등의 구조(산업안전보건 기준에 관한 규칙 제24조)

① 사업주는 사다리식 통로 등을 설치하는 경우 다음의 사항을 준수하여야 한다.

    ㉠ 견고한 구조로 할 것

    ㉡ 심한 손상·부식 등이 없는 재료를 사용할 것

    ㉢ 발판의 간격은 일정하게 할 것

    ㉣ 발판과 벽과의 사이는 15cm 이상의 간격을 유지할 것

    ㉤ 폭은 30cm 이상으로 할 것

    ㉥ 사다리가 넘어지거나 미끄러지는 것을 방지하기 위한 조치를 할 것

    ㉦ 사다리의 상단은 걸쳐놓은 지점으로부터 60cm 이상 올라가도록 할 것

    ㉧ 사다리식 통로의 길이가 10m 이상인 경우에는 5m 이내마다 계단참을 설치할 것

    ㉨ 사다리식 통로의 기울기는 75° 이하로 할 것. 다만, 고정식 사다리식 통로의 기울기는 90° 이하로 하고, 그 높이가 7m 이상인 경우에는 다음의 구분에 따른 조치를 할 것

      • 등받이울이 있어도 근로자 이동에 지장이 없는 경우 : 바닥으로부터 높이가 2.5m 되는 지점부터 등받이울을 설치할 것

      • 등받이울이 있으면 근로자가 이동이 곤란한 경우 : 한국산업표준에서 정하는 기준에 적합한 개인용 추락 방지 시스템을 설치하고 근로자로 하여금 한국산업표준에서 정하는 기준에 적합한 전신안전대를 사용하도록 할 것

    ㉩ 접이식 사다리 기둥은 사용 시 접히거나 펼쳐지지 않도록 철물 등을 사용하여 견고하게 조치할 것

    ※ 기계와 기계 사이 또는 기계와 다른 설비와의 사이에 설치하는 통로의 너비 : 80cm 이상

10년간 자주 출제된 문제

관련법상 작업장에 사다리식 통로를 설치할 때 준수해야 할 사항으로 틀린 것은?

① 견고한 구조로 할 것

② 발판의 간격은 일정하게 할 것

③ 사다리가 넘어지거나 미끄러지는 것을 방지하기 위한 조치를 할 것

④ 사다리식 통로의 길이가 10m 이상인 때에는 접이식으로 설치할 것

|해설|

사다리식 통로의 길이가 10m 이상인 경우에는 5m 이내마다 계단참을 설치할 것

정답 ④

① 방호 조치가 필요한 기계·기구의 유해·위험 요소(산업안전보건법 제80조)

  ㉠ 작동 부분에 돌기 부분이 있는 것

  ㉡ 동력 전달 부분 또는 속도 조절 부분이 있는 것

  ㉢ 회전기계에 물체 등이 말려 들어갈 부분이 있는 것

② 유해하거나 위험한 기계·기구 요소에 대한 방호조치 (산업안전보건법 시행규칙 제98조)

  ㉠ 작동 부분의 돌기 부분은 묻힘형으로 하거나 덮개를 부착할 것

  ㉡ 동력 전달 부분 및 속도 조절 부분에는 덮개를 부착하거나 방호망을 설치할 것

  ㉢ 회전기계의 물림점(롤러나 톱니바퀴 등 반대 방향의 두 회전체에 물려 들어가는 위험점)에는 덮개 또는 울을 설치할 것

③ 방호 조치 해체 등에 필요한 조치(산업안전보건법 시행규칙 제99조)

  ㉠ 방호 조치를 해체하려는 경우 : 사업주의 허가를 받아 해체할 것

  ㉡ 방호 조치 해체 사유가 소멸된 경우 : 방호 조치를 지체 없이 원상으로 회복시킬 것

  ㉢ 방호 조치의 기능이 상실된 것을 발견한 경우 : 지체 없이 사업주에게 신고할 것

④ 방호 장치의 조정(산업안전보건기준에 관한 규칙 제134조)

사업주는 다음의 양중기에 과부하 방지 장치, 권과 방지 장치(捲過防止裝置), 비상 정지 장치 및 제동 장치, 그 밖의 방호 장치[승강기의 파이널 리밋 스위치(Final Limit Switch), 속도조절기, 출입문 인터로크(Interlock) 등을 말한다]가 정상적으로 작동될 수 있도록 미리 조정해 두어야 한다.

  ㉠ 크레인   ㉡ 이동식 크레인

  ㉢ 리프트   ㉣ 곤돌라

  ㉤ 승강기

3-1. 산업안전보건법상 방호 조치에 대한 근로자의 준수 사항에 해당되지 않는 것은?

① 방호 조치를 임의로 해체하지 말 것

② 방호 조치를 조정하여 사용하고자 할 때는 상급자의 허락을 받아 조정할 것

③ 사업주의 허가를 받아 방호 조치를 해체한 후, 그 사유가 소멸된 때에는 지체 없이 원상으로 회복시킬 것

④ 방호 조치의 기능이 상실된 것을 발견한 때에는 지체 없이 사업주에게 신고할 것

3-2. 산업안전보건기준에 관한 규칙에 의거해 크레인 사용 전에 정상 작동될 수 있도록 조정해 두어야 하는 방호 장치가 아닌 것은?

① 과부하 방지 장치   ② 슬루잉 장치

③ 권과 방지 장치   ④ 비상 정지 장치

3-3. 리프트(Lift)의 방호 장치가 아닌 것은?

① 해지 장치   ② 출입문 인터로크

③ 권과 방지 장치   ④ 과부하 방지 장치

3-4. 위험 기계 기구에 설치하는 방호 장치가 아닌 것은?

① 하중 측정 장치   ② 급정지 장치

③ 역화 방지 장치   ④ 자동 전격 방지 장치

3-5. 인터로크 장치를 설치하는 목적으로 맞는 것은?

① 서로 상반되는 동작이 동시에 동작되지 않도록 하기 위하여

② 전기스파크의 발생을 방지하기 위하여

③ 전자 접속 용량을 조절하기 위하여

④ 전원을 안정적으로 공급하기 위하여

|해설|

3-5
인터로크 장치
기계의 각 작동 부분 상호 간을 전기적, 기계적, 기름 및 공기 압력으로 연결해서 각 작동 부분이 정상으로 작동하기 위한 조건이 만족되지 않을 경우 자동적으로 그 기계를 작동할 수 없도록 하는 기구를 말한다.

정답 3-1 ② 3-2 ② 3-3 ① 3-4 ① 3-5 ①

① 방호 방법

　㉠ 격리형 방호 장치 : 위험한 작업점과 작업자 사이에 서로 접근되어 일어날 수 있는 재해를 방지하기 위해 차단벽이나 망을 설치하는 원리

　㉡ 위치 제한형 방호 장치 : 위험을 초래할 가능성이 있는 기계에서 작업자나 직접 그 기계와 관련되어 있는 조작자의 신체 부위가 위험 한계 밖에 있도록 의도적으로 기계의 조작 장치를 기계에서 일정 거리 이상 떨어지게 설치해 놓고, 조작하는 두 손 중에서 어느 하나가 떨어져도 기계의 동작을 멈추게 하는 장치

　㉢ 포집형(덮개형) 방호 장치 : 위험원에 대한 방호 장치로 연삭숫돌 등이 파괴되어 비산할 때 회전 방향으로 튀어나오는 비산 물질을 포집하거나 막아주는 장치

　㉣ 접근 거부형 방호 장치 : 작업자의 신체 부위가 위험 한계 내로 접근하면 기계 동작 위치에 설치해 놓은 기계적 장치가 접근하는 손이나 팔 등의 신체 부위를 안전한 위치로 밀거나 당겨내는 안전장치

② 방호 장치의 일반 원칙

　㉠ 작업 방해의 제거

　㉡ 작업점의 방호

　㉢ 외관상의 안전화

　㉣ 기계 특성에의 적합성

4-1. 작업점 외에 직접 사람이 접촉하여 말려들거나 다칠 위험이 있는 장소를 덮어씌우는 방호 장치는?

① 격리형 방호 장치
② 위치 제한형 방호 장치
③ 포집형 방호 장치
④ 접근 거부형 방호 장치

4-2. 방호 장치의 일반 원칙으로 옳지 않은 것은?

① 작업 방해 요소 제거
② 작업점 방호
③ 외관상 안전
④ 기계 특성에의 부적합성

|해설|

4-1

방호 방법

• 격리형 방호 장치 : 위험한 작업점과 작업자 사이에 서로 접근되어 일어날 수 있는 재해를 방지하기 위해 차단벽이나 망을 설치하는 원리를 이용

• 위치 제한형 방호 장치 : 위험을 초래할 가능성이 있는 기계에서 작업자나 직접 그 기계와 관련되어 있는 조작자의 신체 부위가 위험 한계 밖에 있도록 의도적으로 기계의 조작 장치를 기계에서 일정 거리 이상 떨어지게 설치해 놓고, 조작하는 두 손 중에서 어느 하나가 떨어져도 기계의 동작을 멈추게 하는 장치

• 포집형(덮개형) 방호 장치 : 위험원에 대한 방호 장치로 연삭숫돌 등이 파괴되어 비산할 때 회전 방향으로 튀어나오는 비산 물질을 포집하거나 막아주는 장치

• 접근 거부형 방호 장치 : 작업자의 신체 부위가 위험 한계 내로 접근하면 기계 동작 위치에 설치해 놓은 기계적 장치가 접근하는 손이나 팔 등의 신체 부위를 안전한 위치로 밀거나 당겨내는 안전장치

정답 4-1 ①　4-2 ④

1-2. 건설기계관리법령

핵심이론 01 | **목적 및 용어의 정의**

① 목적 : 건설기계의 등록·검사·형식승인 및 건설기계사업과 건설기계 조종사 면허 등에 관한 사항을 정하여 건설기계를 효율적으로 관리하고 건설기계의 안전도를 확보하여 건설공사의 기계화를 촉진함을 목적으로 한다.

② 용어 정의

　㉠ 건설기계 : 건설공사에 사용할 수 있는 기계로서 대통령령으로 정하는 것을 말한다.

　㉡ 건설기계 사업 : 건설기계 대여업, 건설기계 정비업, 건설기계 매매업 및 건설기계 해체재활용업을 말한다.

　㉢ 건설기계 대여업 : 건설기계의 대여를 업(業)으로 하는 것을 말한다.

　㉣ 건설기계 정비업 : 건설기계를 분해·조립 또는 수리하고 그 부분품을 가공 제작·교체하는 등 건설기계를 원활하게 사용하기 위한 모든 행위(경미한 정비 행위 등 국토교통부령으로 정하는 것은 제외한다)를 업으로 하는 것을 말한다.

　㉤ 건설기계 매매업 : 중고(中古) 건설기계의 매매 또는 그 매매의 알선과 그에 따른 등록사항에 관한 변경 신고의 대행을 업으로 하는 것을 말한다.

　㉥ 건설기계 형식 : 건설기계의 구조·규격 및 성능 등에 관하여 일정하게 정한 것을 말한다.

핵심이론 02 | 건설기계의 등록

① 등록 등(건설기계관리법 시행령 제3조)

    ⊙ 건설기계를 등록하려는 건설기계의 소유자는 건설기계 등록신청서(전자문서로 된 신청서를 포함)에 건설기계 소유자의 주소지 또는 건설기계의 사용 본거지를 관할하는 특별시장·광역시장·도지사 또는 특별자치도지사(시·도지사)에게 제출하여야 한다.

    ⓒ 건설기계 등록 신청은 건설기계를 취득한 날(판매를 목적으로 수입된 건설기계의 경우에는 판매한 날을 말한다)부터 2월 이내에 하여야 한다. 다만, 전시·사변 기타 이에 준하는 국가비상사태하에 있어서는 5일 이내에 신청하여야 한다.

② 건설기계를 등록신청할 때의 첨부 서류

    ⊙ 건설기계의 출처를 증명하는 다음의 서류

      • 건설기계 제작증(국내에서 제작한 건설기계)

      • 수입면장 등 수입 사실을 증명하는 서류(수입한 건설기계의 경우에 한한다)

    ※ 타워크레인의 경우 건설기계제작증을 추가로 제출하여야 한다.

      • 매수증서(행정기관으로부터 매수한 건설기계)

    ⓒ 건설기계의 소유자임을 증명하는 서류

    ⓒ 건설기계 제원표

    ⓔ 자동차손해배상 보장법에 따른 보험 또는 공제의 가입을 증명하는 서류

① 건설기계 조종사 면허(건설기계관리법 제26조)

　㉠ 건설기계를 조종하려는 사람은 시장·군수 또는 구청장에게 건설기계 조종사 면허를 받아야 한다. 다만, 국토교통부령으로 정하는 건설기계를 조종하려는 사람은 도로교통법 제80조에 따른 운전면허를 받아야 한다.

　㉡ ㉠에 따른 건설기계 조종사 면허는 국토교통부령으로 정하는 바에 따라 건설기계의 종류별로 받아야 한다.

　㉢ ㉠에 따른 건설기계 조종사 면허를 받으려는 사람은 국가기술자격법에 따른 해당 분야의 기술자격을 취득하고 적성 검사에 합격하여야 한다.

　㉣ 국토교통부령으로 정하는 소형 건설기계의 건설기계 조종사 면허의 경우에는 시·도지사가 지정한 교육기관에서 실시하는 소형 건설기계의 조종에 관한 교육과정의 이수로 ㉢의 국가기술자격법에 따른 기술자격의 취득을 대신할 수 있다.

　㉤ 건설기계 조종사 면허증의 발급, 적성검사의 기준, 그 밖에 건설기계 조종사 면허에 필요한 사항은 국토교통부령으로 정한다.

② 타워크레인의 이름판 등(건설기계 안전기준에 관한 규칙 제124조)

　㉠ 타워크레인에는 다음의 사항을 표시한 이름판을 조종실 또는 제어반에 고정하거나 설치해야 하며, 그 안에 표시된 내용은 누구나 쉽게 인지할 수 있어야 한다.
　　• 정격 하중 및 형식명
　　• 제작 연도
　　• 제작자
　　• 제작 일련번호

　㉡ 조종실에는 지브 길이별 정격 하중 표시판(Load Chart)을 부착하고, 지브에는 조종사가 잘 보이는 곳에 구간별 정격 하중 및 거리 표시판을 부착하여야 한다. 다만, 조종실에 설치된 모니터로 구간별 정격 하중 및 거리를 확인할 수 있는 경우에는 지브에 구간별 정격 하중 및 거리 표시판을 부착하지 아니할 수 있다.

　㉢ 마스트 및 지브 등 주요 구조부의 잘 보이는 곳에 제작 일련번호를 각인하여야 한다.

　㉣ ㉢에 따른 각인은 지워지거나 부식 등으로 인하여 식별이 어려워져서는 아니 된다.

3-1. 건설기계 안전기준에 관한 규칙에서 ( ) 안에 들어갈 말로 알맞은 것은?

> 조종실에는 지브 길이별 정격 하중 표시판(Load Chart)을 부착하고, 지브에는 조종사가 잘 보이는 곳에 구간별 ( ) 및 ( )을(를) 부착하여야 한다.

① 정격 하중, 거리 표시판
② 안전 하중, 정격 하중 표시판
③ 지브 길이, 거리 표시판
④ 지브 길이, 정격 하중 표시판

3-2. 타워크레인 운전 업무에 필요한 자격증(면허)은 어느 법에 근거한 것인가?

① 근로기준법　　　　② 건설기계관리법
③ 산업안전보건법　　④ 건설표준하도급법

|해설|

3-1
이름판 등(건설기계 안전기준에 관한 규칙 제124조)
조종실에는 지브 길이별 정격 하중 표시판(Load Chart)을 부착하고, 지브에는 조종사가 잘 보이는 곳에 구간별 정격 하중 및 거리 표시판을 부착하여야 한다. 다만, 조종실에 설치된 모니터로 구간별 정격 하중 및 거리를 확인할 수 있는 경우에는 지브에 구간별 정격 하중 및 거리 표시판을 부착하지 아니할 수 있다.

정답 3-1 ①　3-2 ②

핵심이론 04 | 건설기계 조종사의 면허 취소·정지

시장·군수 또는 구청장은 다음에 해당하는 경우에는 국토교통부령으로 정하는 바에 따라 건설기계 조종사 면허를 취소하거나 1년 이내의 기간을 정하여 면허의 효력을 정지시킬 수 있다(건설기계관리법 제28조).

① 반드시 취소해야 하는 사유
- ㉠ 거짓이나 그 밖의 부정한 방법으로 건설기계 조종사 면허를 받은 경우
- ㉡ 건설기계 조종사 면허의 효력정지기간 중 건설기계를 조종한 경우
- ㉢ 정기적성검사를 받지 아니하고 1년이 지난 경우
- ㉣ 정기적성검사 또는 수시적성검사에서 불합격한 경우

② 정지 또는 취소 사유
- ㉠ 건설기계 조종상의 위험과 장해를 일으킬 수 있는 마약·대마·향정신성의약품 또는 알코올중독자, 정신질환자 또는 뇌전증환자로서 국토교통부령으로 정하는 사람, 앞을 보지 못하는 사람, 듣지 못하는 사람, 그 밖에 국토교통부령으로 정하는 장애인 중 어느 하나에 해당하게 된 경우
- ㉡ 건설기계의 조종 중 고의 또는 과실로 중대한 사고를 일으킨 경우
- ㉢ 국가기술자격법에 따른 해당 분야의 기술자격이 취소되거나 정지된 경우
- ㉣ 건설기계 조종사 면허증을 다른 사람에게 빌려준 경우
- ㉤ 술에 취하거나 마약 등 약물을 투여한 상태 또는 과로·질병의 영향이나 그 밖의 사유로 정상적으로 조종하지 못할 우려가 있는 상태에서 건설기계를 조종한 경우

③ 술에 취하거나 마약 등 약물을 투여한 상태에서 조종한 경우 면허 취소 사유(건설기계관리법 시행규칙 [별표 22])
- ㉠ 술에 취한 상태(혈중 알코올 농도 0.03% 이상 0.08% 미만)에서 건설기계를 조종하다가 사고로 사람을 죽게 하거나 다치게 한 경우
- ㉡ 술에 만취한 상태(혈중 알코올 농도 0.08% 이상)에서 건설기계를 조종한 경우
- ㉢ 2회 이상 술에 취한 상태에서 건설기계를 조종하여 면허 효력 정지를 받은 사실이 있는 사람이 다시 술에 취한 상태에서 건설기계를 조종한 경우
- ㉣ 약물(마약, 대마, 향정신성 의약품 및 유해화학물질 관리법 시행령 제25조에 따른 환각물질을 말한다)을 투여한 상태에서 건설기계를 조종한 경우
- ※ 면허 효력 정지 60일 : 술에 취한 상태에서 건설기계를 조종한 경우

④ 건설기계의 조종 중 고의 또는 과실로 중대한 사고를 일으킨 경우의 취소·정지 처분 기준(건설기계관리법 시행규칙 [별표 22])
- ㉠ 인명 피해
  - 고의로 인명 피해(사망·중상·경상 등을 말한다)를 입힌 경우 : 취소
  - 과실로 다음의 범위의 중대재해가 발생한 경우 : 취소
    - 사망자가 1명 이상 발생한 재해
    - 3개월 이상의 요양이 필요한 부상자가 동시에 2명 이상 발생한 재해
    - 부상자 또는 직업성 질병자가 동시에 10명 이상 발생한 재해
  - 그 밖의 인명피해를 입힌 경우
    - 사망 1명마다 : 면허 효력 정지 45일
    - 중상 1명마다 : 면허 효력 정지 15일
    - 경상 1명마다 : 면허 효력 정지 5일

ⓛ 재산 피해
  • 피해 금액 50만원마다 : 면허 효력 정지 1일(90일을 넘지 못함)
ⓒ 건설기계의 조종 중 고의 또는 과실로 가스공급시설을 손괴하거나 가스공급시설의 기능에 장애를 입혀 가스의 공급을 방해한 때 : 면허 효력 정지 180일

4-1. 건설기계 조종사 면허의 취소 사유에 해당되지 않는 것은?

① 건설기계 조종사 면허증을 다른 사람에게 빌려 준 경우
② 건설기계 조종사 면허의 효력정지기간 중 건설기계를 조종한 경우
③ 거짓이나 그 밖의 부정한 방법으로 건설기계 조종사 면허를 받은 경우
④ 등록이 말소된 건설기계를 조종한 때

4-2. 건설기계 조종사 면허의 취소 · 정지 처분 기준 중 면허 취소에 해당되지 않는 것은?

① 고의로 인명 피해를 입힌 때
② 과실로 3개월 이상의 요양이 필요한 부상자가 동시에 2명 이상 발생한 재해
③ 과실로 사망자가 1명 이상 발생한 재해
④ 1천만원 이상 재산 피해를 입힌 재해

|해설|

4-1
등록이 말소된 건설기계를 사용하거나 운행한 자는 2년 이하의 징역이나 2천만원 이하의 벌금에 처한다(건설기계관리법 제40조).

4-2
건설기계의 조종 중 고의 또는 과실로 재산 피해를 입힌 경우 피해 금액 50만원마다 면허 효력이 1일 정지되며 90일을 넘지 못한다(건설기계관리법 시행규칙 [별표 22]).

정답 4-1 ④ 4-2 ④

교육이란 사람이 학교에서 배운 것을 잊어버린 후에 남은 것을 말한다.

– 알버트 아인슈타인 –

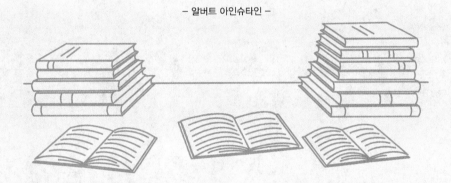

PART 02

과년도+최근 기출복원문제

#기출유형 확인   #상세한 해설   #최종점검 테스트

01 선회하는 리밋은 양방향 각각 얼마의 회전을 제한 하는가?

① 2바퀴

② 1.5바퀴

③ 2.5바퀴

④ 1바퀴

해설
선회하는 리밋은 1.5바퀴(540°)로 제한한다.

03 모멘트 $M = P \times L$일 때, P와 L의 설명으로 맞 는 것은?

① P : 힘, L : 길이

② P : 길이, L : 면적

③ P : 무게, L : 체적

④ P : 부피, L : 넓이

해설
힘의 모멘트(M) = 힘(P) × 길이(L)

02 유압 탱크에서 오일을 흡입하여 유압 밸브로 이송 하는 기기는?

① 액추에이터

② 유압 펌프

③ 유압 밸브

④ 오일 쿨러

해설
유압 펌프
오일 탱크에서 기름을 흡입하여 유압 밸브에서 소요되는 압력과 유량을 공급하는 장치이다.

04 타워크레인의 전자식 과부하 방지 장치의 동작 방 식으로 적합하지 않은 것은?

① 인장형 로드 셀

② 압축형 로드 셀

③ 샤프트 핀형 로드 셀

④ 외팔보형 로드 셀

05 권상 장치의 와이어 드럼에 와이어로프가 감길 때 홈이 없는 경우의 플리트(Fleet) 허용 각도는?

① 4° 이내   ② 3° 이내
③ 2° 이내   ④ 1° 이내

해설
와이어로프의 감기
- 권상 장치 등의 드럼에 홈이 있는 경우 플리트(Fleet) 각도(와이어로프가 감기는 방향과 로프가 감겨지는 방향과의 각도)는 4° 이내여야 한다.
- 권상 장치 등의 드럼에 홈이 없는 경우 플리트 각도는 2° 이내여야 한다.

06 다음 중 과전류 차단기가 아닌 것은?

① 절연 케이블
② 퓨즈
③ 배선용 차단기
④ 누전 차단기

해설
과전류 차단기의 종류
배선용 차단기, 누전 차단기(과전류 차단 기능이 부착된 것), 퓨즈(나이프 스위치, 플러그 퓨즈 등)

07 타워크레인의 지브가 바람에 의해 영향을 받는 면적을 최소화하여 타워크레인 본체를 보호하는 방호 장치는?

① 충돌 방지 장치
② 와이어로프 이탈 방지 장치
③ 트롤리 정지 장치
④ 선회 브레이크 풀림 장치

해설
선회 브레이크 풀림 장치
타워크레인의 지브가 바람에 따라 자유롭게 움직여 타워크레인이 바람에 의해 영향을 받는 면적을 최소로 하여 타워크레인 본체를 보호하고자 설치된 장치이다.

08 배선용 차단기는 퓨즈에 비하여 장점이 많은데, 그 장점이 아닌 것은?

① 개폐 기구를 겸하고, 개폐 속도가 일정하며 빠르다.
② 과전류가 1극에만 흘러도 각 극이 동시에 트립되므로 결상 등과 같은 이상이 생기지 않는다.
③ 전자 제어식 퓨즈이므로 복구 시에 교환 시간이 많이 소요된다.
④ 과전류로 동작하였을 때 그 원인을 제거하면 즉시 사용할 수 있다.

해설
동작 후 복구 시 퓨즈와 같이 교환 시간이 걸리지 않고 예비품의 준비가 필요 없다.

09 타워크레인의 선회 브레이크 라이닝이 마모되었을 때 교체 시기로 가장 적절한 것은?

① 원형의 50% 이내일 때
② 원형의 60% 이내일 때
③ 원형의 70% 이내일 때
④ 원형의 80% 이내일 때

해설
타워크레인 선회 브레이크의 라이닝 마모 시 교체 시기
• 라이닝은 편마모가 없고 마모량은 원 치수의 50% 이내일 것
• 디스크의 마모량은 원 치수의 10% 이내일 것
• 유량은 적정하고 기름 누설이 없을 것
• 볼트, 너트는 풀림 또는 탈락이 없을 것

11 크레인 높이가 높아지게 되면 항공 장애등을 설치하여야 하는데, 그 설치 높이로 맞는 것은?

① 옥외에 지상 20m 이상 높이로 설치되는 크레인
② 옥외에 지상 30m 이상 높이로 설치되는 크레인
③ 옥외에 지상 40m 이상 높이로 설치되는 크레인
④ 옥외에 지상 60m 이상 높이로 설치되는 크레인

해설
크레인의 조명장치 제작 및 안전기준(위험기계·기구 안전인증 고시 [별표 2])
• 운전석의 조명 상태는 운전에 지장이 없을 것
• 야간작업용 조명은 운전자 및 신호자의 작업에 지장이 없을 것
• 옥외에 지상 60m 이상 높이로 설치되는 크레인에는 항공법에 따른 항공 장애등을 설치할 것

10 4℃의 순수한 물은 1m³일 때 중량이 얼마인가?

① 1,000kg
② 2,000kg
③ 3,000kg
④ 4,000kg

해설
물의 단위환산
$1m^3 = 1,000L = 1,000kg$

12 타워크레인의 주요 구조부가 아닌 것은?

① 지브 및 타워
② 와이어로프
③ 방호 울
④ 설치기초

해설
방호 울
타워크레인 진입 방지책으로 타워 설치 후 하부로 떨어지는 것을 방지하고 타 작업자가 올라가지 못하게 하는 데에 목적이 있다.

9 ① 10 ① 11 ④ 12 ③ **정답**

13 타워크레인 위의 조명등과 항공 장애등의 외함 구조는 어떤 형식인가?

① 방우형
② 내수형
③ 방말형
④ 수중형

해설
③ 방말형 : 타워크레인 위의 조명등, 항공 장애등(燈)
① 방우형 : 옥외에서 비바람을 맞는 장소
② 내수형 : 선박에서 갑판 위 등 파도를 직접 받는 장소
④ 수중형 : 수중 전용의 장소

14 전압의 종류에서 특별 고압은 최소 몇 V를 초과하는 것을 말하는가?

① 600V 초과
② 750V 초과
③ 7,000V 초과
④ 200,000V 초과

해설
전압의 종류
• 저압 : 직류 1.5kV 이하, 교류 1kV 이하인 것
• 고압 : 직류 1.5kV 초과 7kV 이하, 교류 1kV 초과 7kV 이하인 것
• 특고압 : 7kV를 초과한 것

15 타워크레인의 텔레스코핑 작업 전 유압 장치 점검 사항이 아닌 것은?

① 유압 탱크의 오일 레벨을 점검한다.
② 유압 모터의 회전 방향을 점검한다.
③ 유압 펌프의 작동 압력을 점검한다.
④ 유압 장치의 자중을 점검한다.

해설
유압 장치의 압력을 점검한다.

16 기초 앵커를 설치하는 방법 중 옳지 않은 것은?

① 지내력은 접지압 이상 확보한다.
② 콘크리트 타설 또는 지반을 다짐한다.
③ 구조 계산 후 충분한 수의 파일을 항타한다.
④ 앵커 세팅 수평도는 ±5mm로 한다.

해설
앵커(Fixing Anchor) 시공 시 기울기가 발생하지 않게 시공한다.

17 타워크레인의 사용 전압에 따른 접지 종류 및 허용 접지 저항에 대한 내용으로 틀린 것은?

① 저압 400V 미만은 제3종 접지이고, 접지 저항이 100Ω 이하이다.

② 저압 400V 이상은 특별 제3종 접지이고, 접지 저항이 10Ω 이하이다.

③ 고압(특별 고압)은 제1종 접지이고, 접지 저항이 10Ω 이하이다.

④ 저압 400V 이상은 특별 제3종 접지이고, 접지 저항이 100Ω 이하이다.

> **해설**
> 접지공사
>
> | 구분 | 접지 공사 | 접지 저항값 |
> | --- | --- | --- |
> | 400V 미만 저압 기계기구 | 제3종 | 100Ω 이하 |
> | 400V 이상 저압 기계기구 | 특별 제3종 | 10Ω 이하 |
> | 고압 또는 특고압 기계기구 | 제1종 | 10Ω 이하 |
>
> ※ KEC(한국전기설비규정)의 적용으로 종별 접지공사가 폐지되어 문제 성립되지 않음(2021.01.19.)

18 크레인의 기복(Jib Luffing) 장치에 대한 설명으로 틀린 것은?

① 최고·최저각을 제한하는 구조로 되어 있다.

② 크레인의 높이를 조절하는 기계 장치이다.

③ 지브의 기복각으로 작업 반경을 조절한다.

④ 최고 경계각을 차단하는 기계적 제한 장치가 있다.

19 유압의 특징에 대한 설명으로 틀린 것은?

① 액체는 압축률이 커서 쉽게 압축할 수 있다.

② 액체는 운동을 전달할 수 있다.

③ 액체는 힘을 전달할 수 있다.

④ 액체는 작용력을 증대시키거나 감소시킬 수 있다.

> **해설**
> 기체는 압축성이 크나, 액체는 압축성이 작아 비압축성이다.

20 타워크레인에서 정격 하중 이상의 하중을 부과하여 권상하려고 할 때 권상 동작을 정지시키는 안전 장치는?

① 과권 방지 장치

② 과부하 방지 장치

③ 과속도 방지 장치

④ 과트림 방지 장치

21 타워크레인으로 중량물을 운반하는 방법 중 가장 적합한 운전 방법은?

① 전 하중 전속력 운전
② 시동 후 급출발 운전
③ 정격 하중 정속 운전
④ 빈번한 정지 후 급속 운전

해설
정격 하중을 초과하여 물체를 들어 올리지 않는다.

22 선회 브레이크를 설명한 것으로 틀린 것은?

① 컨트롤 전원을 차단한 상태에서 동작된다.
② 지브를 바람에 따라 자유롭게 움직이게 한다.
③ 바람이 불 경우 역방향으로 작동되는 것을 방지한다.
④ 지상에서는 브레이크 해제 레버를 당겨서 작동시킨다.

해설
선회 브레이크는 작업 종료 후 레버를 풀어두면 바람에 따라 자유롭게 이동 가능하다.

23 타워크레인 작업에서 신호에 대한 설명으로 맞는 것은?

① 신호수는 재킷, 안전모 등을 착용하여 일반 작업자와 구별해야 한다.
② 타워크레인 운전 중 신호 장비는 신호수의 의도에 따라 변경될 수 있다.
③ 1대의 타워크레인에는 2인 이상의 신호수가 있어야 하며, 각기 다른 식별 방법을 제시하여야 한다.
④ 신호 장비는 우천 시 변경되어도 무방하다.

해설
신호자는 운전자와 작업자가 잘 볼 수 있도록 붉은색 장갑 등 눈에 잘 띄는 색의 장갑을 착용토록 하여야 하며, 신호 표지를 몸에 부착토록 하여야 한다.

24 오른손을 뻗어서 하늘을 향해 원을 그리는 수신호는 무엇을 뜻하는가?

① 훅 와이어가 심하게 꼬였다.
② 훅에 매달린 화물이 흔들린다.
③ 원을 그리는 방향으로 선회하라.
④ 훅을 상승시켜라.

해설

25 타워크레인 운전자의 장비 점검 및 관리에 대한 설명으로 옳지 않은 것은?

① 각종 제한 스위치를 수시로 조정해야 한다.
② 간헐적인 소음 및 이상 징후에 즉시 조치를 받아야 한다.
③ 작업 전후 기초 배수 및 침하 등의 상태를 점검한다.
④ 윤활부에 주기적으로 급유하고 발열체에 대해 점검한다.

26 타워크레인의 일반적인 양중 작업에 대한 설명으로 틀린 것은?

① 화물 중심선에 혹이 위치하도록 한다.
② 로프가 장력을 받으면 바로 주행을 시작한다.
③ 로프가 충분한 장력이 걸릴 때까지 서서히 권상한다.
④ 화물은 권상 이동 경로를 생각하여 지상 2m 이상의 높이에서 운반하도록 한다.

해설
줄걸이 로프를 확인할 때는 로프가 텐션을 받을 때까지 서서히 인양하여 로프가 장력을 다 받을 때 일단 정지하여 로프의 상태를 점검한다.

27 트롤리 이동 내·외측 제어 장치의 제어 위치로 맞는 것은?

① 지브 섹션의 중간
② 지브 섹션의 시작과 끝 지점
③ 카운터 지브 끝 지점
④ 트롤리 정지 장치

해설
트롤리 내·외측 제어 장치
메인 지브에 설치된 트롤리가 지브 내측의 운전실에 충돌 및 지브 외측 끝에서 벗어나는 것을 방지하기 위한 내·외측의 시작(끝) 지점에서 전원 회로를 제어한다.

28 줄걸이 작업에 사용하는 후킹용 핀 또는 봉의 지름은 줄걸이용 와이어로프 직경의 얼마 이상을 적용하는 것이 바람직한가?

① 1배 이상
② 2배 이상
③ 4배 이상
④ 6배 이상

해설
줄걸이 작업에 사용하는 후킹(Hooking)용 바(Bar)의 지름은 와이어로프 직경의 6배 이상을 적용할 것(KOSHA GUIDE M-186-2015 크레인 달기기구 및 줄걸이 작업용 와이어로프의 작업에 관한 기술지침 참고)

25 ① 26 ② 27 ② 28 ④ **정답**

29 크레인 운전 중 작업 신호에 대한 설명으로 가장 알맞은 것은?

① 운전자가 신호수의 육성 신호를 정확히 들을 수 없을 때는 반드시 수신호가 사용되어야 한다.
② 신호수는 위험을 감수하고서라도 그 임무를 수행하여야 한다.
③ 신호수는 전적으로 크레인 동작에 필요한 신호에만 전념하고, 인접 지역의 작업자는 무시하여도 좋다.
④ 운전자가 안전 문제로 작업을 이행할 수 없을지라도 신호수의 지시에 의해 운전하여야 한다.

30 타워크레인의 작업(양중 작업)을 제한하는 풍속의 기준은?

① 평균 풍속이 12m/s 초과
② 순간 풍속이 12m/s 초과
③ 평균 풍속이 15m/s 초과
④ 순간 풍속이 15m/s 초과

해설
악천후 및 강풍 시 작업 중지(산업안전보건기준에 관한 규칙 제37조)
• 사업주는 비·눈·바람 또는 그 밖의 기상 상태의 불안정으로 인하여 근로자가 위험해질 우려가 있는 경우 작업을 중지하여야 한다. 다만, 태풍 등으로 위험이 예상되거나 발생되어 긴급 복구 작업을 필요로 하는 경우에는 그러하지 아니하다.
• 사업주는 순간 풍속이 10m/s를 초과하는 경우 타워크레인의 설치·수리·점검 또는 해체 작업을 중지하여야 하며, 순간 풍속이 15m/s를 초과하는 경우에는 타워크레인의 운전 작업을 중지하여야 한다.

31 타워크레인의 양중 작업에서 권상 작업을 할 때 지켜야 할 사항이 아닌 것은?

① 지상에서 약간 떨어지면 매단 화물과 줄걸이 상태를 확인한다.
② 권상 작업은 가능한 한 평탄한 위치에서 실시한다.
③ 타워크레인의 권상용 와이어로프의 안전율이 4 미만이어야 한다.
④ 권상된 화물이 흔들릴 때는 이동 전에 반드시 흔들림을 정지시킨다.

32 굵은 와이어로프(지름 16mm 이상)일 때 가장 적합한 줄걸이 방법은?

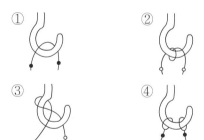

해설
줄걸이 방법

반걸이	짝감아걸이	어깨걸이	눈걸이
미끄러지기 쉬우므로 엄금한다.	가는 와이어로프일 때(14mm 이하) 사용하는 줄걸이 방법이다.	굵은 와이어로프일 때(16mm 이상) 사용한다.	모든 줄걸이 작업은 눈걸이를 원칙으로 한다.

33 크레인용 와이어로프에 심강을 사용하는 목적을 설명한 것으로 틀린 것은?

① 충격 하중을 흡수한다.
② 소선끼리의 마찰에 의한 마모를 방지한다.
③ 충격 하중을 분산한다.
④ 부식을 방지한다.

해설
심강의 사용 목적
충격 하중의 흡수, 소선 사이의 마찰에 의한 마멸 방지, 부식 방지, 스트랜드의 위치를 올바르게 유지하는 데 있다.

35 크레인으로 하중을 취급할 때 다음 그림 중 로프의 장력 T의 값이 가장 크게 요구되는 것은?

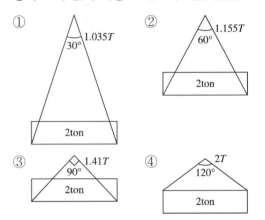

해설
매단 각도에 따른 로프의 장력

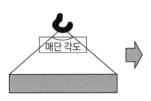

매단 각도	장력
0°	1.000배
30°	1.035배
60°	1.155배
90°	1.414배
120°	2.000배

34 타워크레인의 권상 작업으로 가장 좋은 방법은?

① 훅은 짐의 권상 위치에 정확히 맞추고 주행과 횡행을 동시에 작동한다.
② 줄걸이 와이어로프가 완전히 힘을 받아 팽팽해지면 일단 정지한다.
③ 권상 작동은 흔들릴 위험이 없으므로 항상 최고 속도로 운전한다.
④ 훅을 짐의 중심 위치에 정확히 맞추었으면 권상을 계속하여 2m 이상 높이에서 맞춘다.

36 크레인에 사용되는 와이어로프의 안전율 계산 방법은?

① $S = (N \times P) / Q$
② $S = (Q \times P) / N$
③ $S = N \times P \times Q$
④ $S = (Q \times N) / P$

해설
와이어로프의 안전율(S) = $\dfrac{\text{가락 수}(N) \times \text{로프의 파단력}(P)}{\text{달기 하중}(Q)}$

37 시징(Seizing)은 와이어로프 지름의 몇 배를 기준으로 하는가?

① 1배   ② 3배
③ 5배   ④ 7배

해설
시징
• 와이어의 절단부분 양끝이 되풀리는 것을 방지하기 위하여 가는 철사로 묶는 것
• 와이어로프 끝의 시징 폭은 대체로 로프 지름의 2~3배가 적당

38 크레인에 사용되는 와이어로프의 사용 중 점검 항목으로 적합하지 않은 것은?

① 마모 상태
② 부식 상태
③ 소선의 인장 강도
④ 엉킴, 꼬임 및 킹크 상태

해설
와이어로프 점검 사항
• 마모 정도 : 지름을 측정하되 전장에 걸쳐 많이 마모된 곳, 하중이 가해지는 곳 등을 여러 개소 측정한다.
• 단선 유무 : 단선의 수와 그 분포 상태, 즉 동일 소선 및 스트랜드에서의 단선 개소 등을 조사한다.
• 부식 정도 : 녹이 슨 정도와 내부의 부식 유무를 조사한다.
• 주유 상태 : 와이어로프 표면상의 주유 상태와 윤활유가 내부에 침투된 상태를 조사한다.
• 연결 개소와 끝부분의 이상 유무 : 삽입된 끝부분이 풀려 있는지의 유무와 연결부의 조임 상태를 조사한다.
• 기타 이상 유무 : 엉킴의 흔적 유무와 꼬임 상태에 이상이 있는가를 조사한다.

39 다음 보기에서 타워크레인 설치·해체 작업에 관한 설명으로 옳은 것을 모두 고르면?

┤보기├

㉠ 작업 순서는 시계 방향으로 한다.
㉡ 작업 구역에는 관계 근로자의 출입을 금지하고 그 취지를 항상 크레인 상단 좌측에 표시한다.
㉢ 폭풍·폭우 및 폭설 등의 악천후 작업에서 위험이 미칠 우려가 있을 때에는 당해 작업을 중지한다.
㉣ 작업 장소는 안전한 작업이 이루어질 수 있도록 충분한 공간을 확보하고 장애물이 없도록 한다.
㉤ 크레인의 능력, 사용 조건에 따라 충분한 내력을 갖는 구조의 기초를 설치하고 지반 침하 등이 일어나지 않도록 한다.

① ㉠, ㉡, ㉢, ㉣, ㉤
② ㉢, ㉣, ㉤
③ ㉠, ㉡, ㉢
④ ㉡, ㉢, ㉣

해설
조립 등의 작업 시 조치 사항(산업안전보건기준에 관한 규칙 제141조)
사업주는 크레인의 설치·조립·수리·점검 또는 해체 작업을 하는 경우 다음의 조치를 하여야 한다.
• 작업 순서를 정하고 그 순서에 따라 작업을 할 것
• 작업을 할 구역에 관계 근로자가 아닌 사람의 출입을 금지하고 그 취지를 보기 쉬운 곳에 표시할 것
• 비, 눈, 그 밖에 기상 상태의 불안정으로 날씨가 몹시 나쁜 경우에는 그 작업을 중지시킬 것
• 작업 장소는 안전한 작업이 이루어질 수 있도록 충분한 공간을 확보하고 장애물이 없도록 할 것
• 들어 올리거나 내리는 기자재는 균형을 유지하면서 작업을 하도록 할 것
• 크레인의 성능, 사용 조건 등에 따라 충분한 응력(應力)을 갖는 구조로 기초를 설치하고 침하 등이 일어나지 않도록 할 것
• 규격품인 조립용 볼트를 사용하고 대칭되는 곳을 차례로 결합하고 분해할 것

40 고온에서 사용되는 와이어로프는?

① 철심 로프

② 마심 로프

③ 철심 또는 마심 로프

④ 마심에 도금한 로프

해설

철심

섬유심 대신 와이어로프를 심으로 하여 꼰 것으로 각종 건설기계에서 파단력이 높은 로프가 요구되거나 변형되기 쉬운 곳에 사용된다. 특히, 열의 영향으로 강도가 저하되는데, 이때 심강이 철심일 경우 300℃까지 사용이 가능하다.

41 와이어로프 사용 시 일반적으로 나타나는 현상이 아닌 것은?

① 마모 및 부식에 의한 로프의 단면적 감소

② 표면 경화 및 부식에 의한 로프의 질적 변화

③ 충격 또는 과하중

④ 장기간 사용으로 인한 로프의 길이 감소

42 수직 볼트를 사용하는 마스트의 볼트 체결 방법으로 맞는 것은?

① 대각선 방향으로 아래에서 위로 향하게 조립한다.

② 볼트의 헤드부가 전체 위로 향하게 조립한다.

③ 볼트의 헤드부가 전체 아래로 향하게 조립한다.

④ 왼쪽부터 하나씩 아래에서 위로 향하게 조립한다.

43 타워크레인의 와이어로프 지지 고정 방식에서 중요하지 않은 것은?

① 작업자 숙련도

② 지지 각도

③ 프레임 재질

④ 지브 종류

해설

와이어로프 지지·고정 시에는 반드시 전용 프레임을 사용하여 균등하게 하중을 걸어야 하며 프레임이 흘러내리지 않도록 지지 장치를 고정시킨다.

44 타워크레인 설치(상승 포함), 해체 작업자가 특별 안전 보건 교육을 이수해야 하는 최소 시간은?

① 1시간 이상
② 2시간 이상
③ 3시간 이상
④ 4시간 이상

45 타워크레인 검사 중 근로자 대표의 요구가 있는 경우에 근로자 대표를 입회시켜야 하는 검사는?

① 완성 검사
② 설계 검사
③ 성능 검사
④ 자체 검사

46 타워크레인의 클라이밍 작업 시 사전 검토 단계에 반드시 포함하여야 할 사항이 아닌 것은?

① 클라이밍 타워크레인의 설계 개요
② 클라이밍 타워크레인 가설 지지 프레임의 구성
③ 카운터 지브의 밸러스트 중량 가감 여부
④ 클라이밍 부재 및 접합부

47 마스트 연장 작업 시 준수 사항으로 틀린 것은?

① 순간 풍속 10m/s 이내에서 실시한다.
② 선회 링 서포트와 마스트 사이의 체결 볼트를 푼다.
③ 작업 중에 선회 및 트롤리 이동을 한다.
④ 텔레스코픽 케이지와 선회 링 서포트는 핀으로 조립한다.

> **해설**
> 텔레스코픽 케이지가 선회 링 서포트와 정상적으로 조립되어 있지 않은 상태에서 선회하여서는 안 된다.

48 타워크레인의 설치·해체 작업 시 안전 대책이 아닌 것은?

① 지휘 계통의 명확화
② 추락 재해 방지
③ 풍속 확인
④ 크레인 성능과 디자인

> **해설**
> 타워크레인 설치·해체 작업 시 안전 대책
> • 지휘 계통의 명확화
> • 추락 재해 방지 대책 수립 : 안전대 사용
> • 최대 설치·해체 작업 풍속 준수 : 36km/h(10m/s) 이내
> • 비래·낙하 방지
> • 보조 로프의 사용
> • 적절한 줄걸이(슬링) 용구 선정
> • 볼트, 너트, 고정핀 등의 개수 확인
> • 각이 진 부재는 완충재를 대고 권상 작업 실시

49 타워크레인 최초 설치 시 반드시 검토해야 할 사항이 아닌 것은?

① 타워의 설치 방향
② 기초 앵커의 레벨
③ 양중 크레인의 위치
④ 갱 폼의 인양 거리

51 목재, 종이, 석탄 등 일반 가연물의 화재는 어떤 화재로 분류하는가?

① A급 화재   ② B급 화재
③ C급 화재   ④ D급 화재

해설
화재의 등급

구분	A급 화재	B급 화재	C급 화재	D급 화재
명칭	일반 화재	유류·가스 화재	전기 화재	금속 화재
가연물	목재, 종이, 섬유, 석탄 등	각종 유류 및 가스	전기 기기, 기계, 전선 등	Mg 분말, Al 분말 등
유효 소화 효과	냉각 효과	질식 효과	질식, 냉각 효과	질식 효과
적용 소화제	• 물 • 산·알칼리 소화기 • 강화액 소화기	• 포 소화기 • CO_2 소화기 • 분말 소화기 • 증발성 액체 소화기 • 할론1211 • 할론1301	• 유기성 소화기 • CO_2 소화기 • 분말 소화기 • 할론1211 • 할론1301	• 건조사 • 팽창 진주암

50 타워크레인 메인 지브(앞 지브)의 절손 원인으로 가장 적합한 것은?

① 호이스트 모터의 소손
② 트롤리 로프의 파단
③ 정격 하중의 과부하
④ 슬루잉 모터 소손

해설
타워크레인 메인 지브의 절손 원인
• 인접 시설물과의 충돌
• 정격 하중 이상의 과부하
• 지브와 달기 기구와의 충돌

52 소화하기 힘들 정도로 화재가 진행된 현장에서 제일 먼저 취하여야 할 조치 사항으로 가장 올바른 것은?

① 소화기 사용
② 화재 신고
③ 인명 구조
④ 경찰서에 신고

해설
화재 진압 활동의 기본은 소화 및 연소 방지 활동에 의한 재산 피해의 경감과 인명 구조 활동에 의한 생명·신체의 보호이다.

53 건설기계 작업 시 주의 사항으로 틀린 것은?

① 운전석을 떠날 경우에는 기관을 정지한다.

② 작업 시에는 항상 사람의 접근에 특별히 주의한다.

③ 주행 시에는 가능한 한 평탄한 지면으로 주행한다.

④ 후진 시에는 후진 후 사람 및 장애물 등을 확인한다.

해설
후진 시에는 후진 전 사람 및 장애물 등을 확인한다.

54 방호 장치의 일반 원칙으로 옳지 않은 것은?

① 작업 방해 요소 제거

② 작업점 방호

③ 외관상 안전

④ 기계 특성에의 부적합성

해설
방호 장치의 일반 원칙
• 작업 방해 요소 제거
• 작업점의 방호
• 외관상의 안전화
• 기계 특성에의 적합성

55 현장에서 작업자가 작업 안전상 꼭 알아두어야 할 사항은?

① 장비의 가격

② 종업원의 작업 환경

③ 종업원의 기술 정도

④ 안전 규칙 및 수칙

해설
작업자가 작업 안전상 꼭 알아두어야 할 사항
• 안전 규칙 및 수칙
• 1인당 작업량
• 기계기구의 성능 등

56 다음 중 안전 보호구가 아닌 것은?

① 안전모   ② 안전화

③ 안전 가드레일   ④ 안전장갑

해설
보호구(산업안전보건법 시행령 제74조)
• 추락 및 감전 위험 방지용 안전모
• 안전화
• 안전장갑
• 방진 마스크
• 방독 마스크
• 송기(送氣) 마스크
• 전동식 호흡 보호구
• 보호복
• 안전대
• 차광(遮光) 및 비산물(飛散物) 위험 방지용 보안경
• 용접용 보안면
• 방음용 귀마개 또는 귀덮개

57 보안경을 착용하는 이유로 틀린 것은?

① 유해 약물의 침입을 막기 위해

② 떨어지는 중량물을 피하기 위해

③ 비산되는 칩에 의한 부상을 막기 위해

④ 유해 광선으로부터 눈을 보호하기 위해

보안경의 종류
- 차광 보안경 : 자외선, 적외선, 가시광선이 발생하는 장소(전기 아크 용접)에서 사용
- 유리 보안경 : 미분, 칩, 기타 비산물로부터 눈을 보호하기 위해 사용
- 플라스틱 보안경 : 미분, 칩, 액체 약품 등 기타 비산물로부터 눈을 보호하기 위해 사용

59 도로에 가스 배관을 매설할 때 지켜야 할 사항으로 잘못된 것은?

① 자동차 등의 하중에 대해 영향을 적게 받는 곳에 매설한다.

② 배관은 외면으로부터 도로 밑의 다른 매설물과 0.1m 이상 거리를 유지한다.

③ 포장된 차도에 매설하는 경우 배관 외면과 노반 최하부와의 거리는 0.5m 이상으로 한다.

④ 배관의 외면에서 도로 경계까지는 1m 이상의 수평거리를 유지한다.

배관은 외면으로부터 도로 밑의 다른 매설물과 0.3m 이상 거리를 유지한다.

58 사고의 결과로 인하여 인간이 입는 인명 피해와 재산상의 손실을 무엇이라 하는가?

① 재해   ② 안전

③ 사고   ④ 부상

재해란 안전사고의 결과로 일어난 인명과 재산의 손실이다.

60 수공구 사용 시 주의 사항이 아닌 것은?

① 작업에 알맞은 공구를 선택하여 사용한다.

② 공구는 사용 전에 기름 등을 닦은 후 사용한다.

③ 공구는 올바른 방법으로 사용한다.

④ 개인이 만든 공구를 일반적인 작업에 사용한다.

작업의 형태, 대상물의 특성, 작업자의 체력 등을 고려하여 공구의 종류와 크기를 선택한다.

01 주행식 타워크레인의 레일 점검 기준으로 틀린 것은?

① 연결부 틈새는 10mm 이하일 것
② 균열 및 두부의 변형이 없을 것
③ 레일 부착 볼트는 풀림 및 탈락이 없을 것
④ 완충 장치는 손상이나 어긋남이 없을 것

해설
연결부의 틈새는 5mm 이하일 것

02 기초 앵커를 콘크리트로 고정시키는 타워크레인으로, 철골 구조물 건축과 아파트 공사 등에 적합한 형식은?

① 주행식   ② 고정식
③ 유압식   ④ 상승식

해설
고정식 타워크레인은 콘크리트 등 고정된 기초에 설치하는 타워크레인이다.

03 타워크레인의 운전에 영향을 주는 안정도 설계 조건에 대한 설명으로 틀린 것은?

① 하중은 가장 불리한 조건으로 설계한다.
② 안정도는 가장 불리한 값으로 설계한다.
③ 안정 모멘트 값은 전도 모멘트의 값 이하로 한다.
④ 비 가동 시는 지브의 회전이 자유로워야 한다.

해설
안정도 모멘트 값은 전도 모멘트 값 이상이어야 한다.

04 주행용 타워크레인에만 부착되어 있는 방호 장치는?

① 러핑 각도 지시계
② 주행 리밋 스위치
③ 러핑 권과 방지 장치
④ 권상 권과 방지 장치

05 드롤리 로프 안전장치에 대한 설명으로 옳은 것은?

① 트롤리 로프의 올바른 선정을 위한 장치
② 트롤리 로프 파손 시 트롤리를 멈추게 하는 장치
③ 트롤리 로프의 긴장을 유지하는 장치
④ 트롤리 로프의 성능을 보호하는 장치

해설
트롤리 로프 파단 안전장치
트롤리 주행에 사용되는 와이어로프의 파손 시 트롤리를 멈추게 하는 장치로서 반동 베어링이 아래로 처지면서 안전 레버가 90° 선회되어 지브의 하단부 구조물에 걸리게 한다.

06 텔레스코핑 작업 준비 사항 중 유압 장치에 관한 설명으로 틀린 것은?

① 에어 벤트(Air Vent)를 닫는다.
② 유압 실린더의 작동 상태 및 모터의 회전 방향을 점검한다.
③ 유압 장치의 압력과 오일 양을 점검한다.
④ 유압 실린더와 카운터 지브를 동일한 방향으로 한다.

해설
텔레스코핑 작업 중 에어 벤트는 열어 둔다.

07 유압 실린더에 대한 요구 사항이 아닌 것은?

① 단동 실린더를 사용하는 경우 로드의 수축 안전을 보장하여야 한다.
② 로드는 장비의 작업 환경 및 비활성 기간을 고려하여 부식으로부터 보호하여야 한다.
③ 실린더에는 동력 손실이나 공급관 결함이 생겼을 때 작동을 중지할 수 있도록 정지 밸브가 있어야 한다.
④ 정지 밸브는 위험한 과압을 유지할 수 있어야 한다.

해설
단동식이나 복동식의 어느 형식이든 오일의 누출을 방지하기 위한 패킹이나 개스킷이 설치되어 있다.

08 타워크레인의 접지에 대한 설명으로 옳은 것은?

① 주행용 레일에는 접지가 필요 없다.
② 전동기 및 제어반에는 접지가 필요 없다.
③ 접지판과의 연결 도선으로 동선을 사용할 경우 그 단면적은 $30mm^2$ 이상이어야 한다.
④ 타워크레인 접지 저항은 녹색 연동선을 사용하며 20Ω 이상이다.

해설
접지판 혹은 접지극과의 연결 도선은 동선을 사용할 경우 $30mm^2$ 이상, 알루미늄 선을 사용한 경우 $50mm^2$ 이상일 것

09 고정식 지브형 타워크레인이 할 수 있는 동작이 아닌 것은?

① 권상 동작
② 주행 동작
③ 기복 동작
④ 선회 동작

10 타워크레인의 트롤리와 관련된 안전장치가 아닌 것은?

① 트롤리 내외측 위치 제어 장치
② 트롤리 로프 파손 안전장치
③ 트롤리 정지 장치
④ 트롤리 각도 제한 장치

11 타워크레인의 전기 장치가 아닌 것은?

① 전동기
② 치차류
③ 계전기
④ 저항기

해설
치차는 둘레에 일정한 간격으로 톱니가 박혀 있는 바퀴이다.

12 옥외에 설치되는 타워크레인용 전기기계기구의 외함 구조로 가장 적절한 것은?

① 분진 방호가 가능하고 모든 방향에서 물이 뿌려졌을 때 침입하지 않는 구조
② 소음 차단이 가능하고 모든 진동에 견딜 수 있는 구조
③ 고열 차단이 가능하고 겨울철 혹한기에 견딜 수 있는 구조
④ 선회 시 충격과 강풍에 견딜 수 있는 구조

해설
옥외에 설치되는 타워크레인용 전기기계기구의 외함 구조는 방말형이다.

13 크레인의 균형을 유지하기 위하여 카운터 지브에 설치하는 것으로, 여러 개의 철근 콘크리트 등으로 만들어진 블록은?

① 메인 지브
② 카운터웨이트
③ 타이 바
④ 타워 헤드

해설
카운터웨이트(Counterweight)
메인 지브의 길이에 따라 크레인 균형 유지에 적합하도록 선정된 여러 개의 철근 콘크리트 등으로 만들어진 블록으로, 카운터 지브 측에 설치되며 이탈되거나 흔들리지 않도록 수직으로 견고히 고정된다.

14 유압 장치에 사용되는 제어 밸브의 3요소가 아닌 것은?

① 압력 제어 밸브
② 방향 제어 밸브
③ 유량 제어 밸브
④ 가속도 제어 밸브

해설
유압 제어 밸브의 종류
• 압력 제어 밸브 : 일의 크기 결정
• 유량 제어 밸브 : 일의 속도 결정
• 방향 제어 밸브 : 일의 방향 결정

15 동력의 값이 가장 큰 것은?

① 1PS   ② 1HP
③ 1kW   ④ 75kg · m/s

해설
1PS = 75kg · m/s
1HP = 76kg · m/s = 746W
1kW = 102kg · m/s

16 전기 수전반에서 인입 전원을 받을 때의 내용이 아닌 것은?

① 기동 전력을 충분히 감안하여 수전 받아야 한다.
② 지브의 길이에 따라서 기동 전력이 달라져야 한다.
③ 변압기를 설치하는 경우 방호망을 설치하여 작업자를 보호할 수 있도록 한다.
④ 타워크레인용으로 단독으로 가설하여 전압 강하가 발생하지 않도록 한다.

해설
인입 전원은 제원표를 참고하여 기동 전력을 감안한다.

17 저압 전로에 사용되는 배선용 차단기의 규격에 적합하지 않은 것은?

① 정격 전류 1배의 전류로는 자동적으로 동작하지 않을 것
② 정격 전류 1.25배의 전류가 통과하였을 경우는 배선용 차단기의 특성에 따른 동작 시간 내에 자동적으로 동작할 것
③ 정격 전류 2배의 전류가 통과하였을 경우는 배선용 차단기의 특성에 따른 동작 시간 내에 자동적으로 동작할 것
④ 배선용 차단기 동작 시간이 정격 전류의 2배 전류가 통과할 때가 정격 전류의 1.25배 전류가 통과할 때보다 더 길 것

해설
저압전로에 사용하는 배선용 차단기의 시설(전기설비기술기준의 판단기준 제38조)
• 정격 전류 1배의 전류로는 자동적으로 동작하지 아니할 것
• 정격 전류의 구분에 따라 정격 전류의 1.25배 및 2배의 전류가 통과하였을 경우에는 배선용 차단기의 작동 전류 및 작동 시간표에서 명시한 시간 내에 자동적으로 동작할 것

18 동 하중에 해당하지 않는 것은?

① 위치 하중　　　　② 반복 하중
③ 교번 하중　　　　④ 충격 하중

하중이 걸리는 속도에 의한 분류
· 정 하중 : 시간과 더불어 크기가 변화되지 않거나 변화하여도 무시할 수 있는 하중으로 수직 하중과 전단 하중이 있다.
· 동 하중 : 하중의 크기가 시간과 더불어 변화하며 계속적으로 반복되는 반복 하중과 하중의 크기와 방향이 바뀌는 교번 하중과 순간적으로 작용하는 충격 하중이 있다.

19 과전류 차단기의 종류가 아닌 것은?

① 퓨즈(Fuse)
② 배선용 차단기
③ 저항기
④ 누전 차단기(과전류 차단 겸용인 경우)

과전류 차단기의 종류
배선용 차단기, 누전 차단기(과전류 차단 기능이 부착된 것), 퓨즈(나이프 스위치, 플러그 퓨즈 등)

20 타워크레인의 설치 방법에 따른 분류가 아닌 것은?

① 선회형　　　　② 주행형
③ 상승형　　　　④ 고정형

타워크레인의 설치 방법에 따른 분류
· 고정식 : 콘크리트 기초에 고정된 앵커와 타워의 부분들을 직접 조립하는 형식이다.
· 상승식 : 건축 중인 구조물에 설치하는 크레인으로서 구조물의 높이가 증가함에 따라 자체의 상승 장치에 의하여 수직 방향으로 상승시킬 수 있는 타워크레인을 말한다.
· 주행식 : 지면 또는 구조물에 레일을 설치하여 타워크레인 자체가 레일을 타고 이동 및 정지하면서 작업할 수 있는 타워크레인을 말한다.

21 타워크레인의 작업신호 중 무선 통신에 관한 설명으로 틀린 것은?

① 조용한 지역에서 활용된다.
② 무선 통신이 만족스럽지 못하면 수신호로 한다.
③ 통신 및 육성은 간결, 단순, 명확해야 한다.
④ 수신호와 꼭 함께 무선 통신을 하도록 한다.

운전자가 신호수의 육성 경고를 정확하게 들을 수 없을 경우 반드시 수신호를 해야 한다.

22 타워크레인 양중 작업 시 줄걸이 작업자의 기본적인 자세로 바람직하지 않은 것은?

① 줄걸이 작업 중에 불안이나 의문이 있으면, 다시 한 번 고쳐 작업하고 안전을 확인한다.
② 화물의 결속이 불안정할 경우에는 작업자 중 한 사람이 화물 위에 올라가 관찰하면서 화물을 권상한다.
③ 권상 화물 밑에는 절대로 들어가지 않는다.
④ 흩어질 수 있는 화물은 잘 묶은 상태로 만들어 줄걸이를 한다.

해설
매단 짐 위에는 절대로 타지 말 것

23 작업이 끝난 후 타워크레인을 정지시킬 때의 운전자 유의 사항으로 거리가 먼 것은?

① 화물을 내리고 훅을 높이 올린 다음 트롤리를 최소 작업 반경으로 움직인다.
② 브레이크와 비상 리밋 스위치 작동 상태를 점검한다.
③ 슬루잉 기어의 회전을 자유롭게 하는 것에 유의한다.
④ 크레인이 레일에서 이탈하는 것을 방지하기 위하여 레일 클램프를 작동한다.

24 크레인으로 지상의 화물을 들어 올릴 때 올바른 방법은?

① 무거운 화물은 들어 올리기 전에 트롤리를 화물의 위치보다 타워 가까이에 이동시켜 들어 올린다.
② 화물과 훅의 중심이 맞지 않을 때는 양중하면서 조절을 한다.
③ 균형이 잡히지 않은 평면 위의 화물은 인양하면 안 된다.
④ 시야에서 벗어난 화물을 들어 올릴 때에는 지브의 기울기로 판단한다.

25 타워크레인으로 훅을 하강시켜 줄걸이 용구를 분리할 때의 작업 방법으로 잘못된 것은?

① 훅을 분리할 때는 가능한 한 낮은 위치에서 훅을 유도하여 분리한다.
② 직경이 큰 와이어로프는 비틀림이 작용하여 흔들림이 생기기 때문에 1인이 작업하는 것이 좋다.
③ 크레인 등으로 와이어로프를 잡아당겨 빼지 않는다.
④ 손으로 빼기 곤란한 대형 와이어로프를 크레인 등으로 빼야 할 때는 천천히 신호를 하면서 신중히 작업한다.

해설
직경이 큰 와이어로프는 비틀림에 의해 작용 흔들림이 발생하므로 흔들리는 방향에 주의한다.

26 붐이 있는 크레인 작업에서 다음과 같은 수신호는 무엇을 뜻하는가?

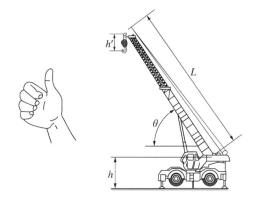

① 붐 위로 올리기
② 붐 아래로 내리기
③ 붐을 올리고 짐은 아래로 내리기
④ 붐은 내리고 짐은 올리기

해설
붐이 있는 크레인에서 팔을 펴 엄지손가락을 위로 향하게 하는 신호 : 붐 위로 올리기

27 타워크레인 작업 시 신호수에 대한 설명으로 틀린 것은?

① 특별히 구분될 수 있는 복장 및 식별 장치를 갖춰야 한다.
② 소정의 신호수 교육을 받아 신호 내용을 숙지해야 한다.
③ 현장의 각 공정별로 한 사람씩 차출하여 신호수로 배치한다.
④ 신호수는 항상 크레인의 동작을 볼 수 있어야 한다.

해설
신호자는 해당 작업에 대하여 충분한 경험이 있는 자로서 해당 작업기계 1대에 1인을 지정토록 하여야 한다.

28 트롤리의 기능을 옳게 설명한 것은?

① 와이어로프에 매달려 권상 작업을 한다.
② 카운터 지브에 설치되어 크레인의 균형을 유지한다.
③ 메인 지브에서 전후 이동하며, 작업 반경을 결정하는 횡행 장치이다.
④ 마스트의 높이를 높이는 유압구동 장치이다.

29 타워크레인 설치 및 해체 작업에서 마스트를 상승 또는 하강할 때 안전한 운전 방법은?

① 카운터 지브 방향으로 약간 기울도록 평형 상태를 조정한다.
② 마스트 전 길이에 걸쳐 수직도 상태를 유지한다.
③ 마스트 상승 또는 하강 시 선회 운전을 금한다.
④ 마스트 상승 또는 하강 중이라도 필요시에는 트롤리를 이용하여 균형을 조정한다.

30 타워크레인 운전 업무에 필요한 자격증(면허)은 어느 법에 근거한 것인가?

① 근로기준법　　　② 건설기계관리법
③ 산업안전보건법　　④ 건설표준하도급법

해설
건설기계 조종사 면허(건설기계관리법 제26조)
① 건설기계를 조종하려는 사람은 시장·군수 또는 구청장에게 건설기계 조종사 면허를 받아야 한다. 다만, 국토교통부령으로 정하는 건설기계를 조종하려는 사람은 도로교통법 제80조에 따른 운전면허를 받아야 한다.
② ①에 따른 건설기계 조종사 면허는 국토교통부령으로 정하는 바에 따라 건설기계의 종류별로 받아야 한다.
③ ①에 따른 건설기계 조종사 면허를 받으려는 사람은 국가기술자격법에 따른 해당 분야의 기술자격을 취득하고 적성검사에 합격하여야 한다.
④ 국토교통부령으로 정하는 소형 건설기계의 건설기계 조종사 면허의 경우에는 시·도지사가 지정한 교육기관에서 실시하는 소형 건설기계의 조종에 관한 교육과정의 이수로 ③의 국가기술자격법에 따른 기술자격의 취득을 대신할 수 있다.
⑤ 건설기계 조종사 면허증의 발급, 적성검사의 기준, 그 밖에 건설기계조종사면허에 필요한 사항은 국토교통부령으로 정한다.

31 아래 그림과 같이 무게가 2ton인 물건을 로프로 걸어 올릴 때 로프에 걸리는 무게는?

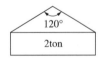

① 1ton　　　　　② 1.035ton
③ 1.4ton　　　　④ 2ton

해설
한 줄에 걸리는 하중 $= \dfrac{하중}{줄\ 수} \times 조각도$

$\qquad = \dfrac{2}{2} \times 2.000(120°) = 2\text{ton}$

32 와이어로프의 꼬임 방식에서 스트랜드와 로프의 꼬임 방향이 같은 꼬임은?

① 보통 꼬임　　　② 랭 꼬임
③ 요철 꼬임　　　④ 시브 꼬임

해설
랭 꼬임
• 로프의 꼬임 방향과 스트랜드의 꼬임 방향이 같은 꼬임이다.
• 보통 꼬임에 비하여 소선과 외부와의 접촉 길이가 길고 부분적 마모에 대한 저항성, 유연성, 피로에 대한 저항성이 우수하다.
• 보통 꼬임보다 손상률이 적으며 장시간 사용에도 잘 견딘다.
• 꼬임이 풀리기 쉬워 로프의 끝이 자유로이 회전하는 경우나 킹크가 생기기 쉬운 곳에는 적당하지 않다.

33 지름이 2m, 높이가 4m인 원기둥 모양의 목재를 크레인으로 운반하고자 할 때 목재의 무게는 약 몇 kgf인가?(단, 목재의 1m³당 무게는 150kgf으로 간주한다)

① 542　　　　　② 942
③ 1,584　　　　④ 1,884

해설
원기둥의 부피 $V = \pi \times r^2 \times h = 3.14 \times 1^2 \times 4 = 12.56\text{m}^3$
$12.56 \times 150 = 1,884\text{kgf}$
※ 원기둥 부피 공식
$\quad V = \pi \times r^2 \times h = \dfrac{\pi D^2 h}{4}$ (D : 직경, r : 반경, h : 높이)

34 크레인 권상 작업 시 신호수와 운전수의 작업 방법을 설명한 것으로 틀린 것은?

① 신호수는 안전거리를 확보한 상태에서 가능한 한 하중 가까서 신호를 하는 것이 좋다.

② 신호수는 운전수가 잘 보이는 곳에서 신호를 하는 것이 좋다.

③ 신호수는 하중의 흔들림을 방지하기 위해 훅 바로 위의 와이어를 잡고 신호하는 것이 좋다.

④ 운전수는 신호수의 신호가 불분명할 때는 운전을 하지 말아야 한다.

해설
줄걸이 작업 후 로프를 잡은 상태로 작업 신호를 하지 않는다.

35 와이어로프 구성으로 맞지 않는 것은?

① 심강   ② 랭 꼬임
③ 스트랜드   ④ 소선

해설
와이어로프의 구조
• 소선(Wire) : 스트랜드를 구성하는 강선
• 심강(Core) : 스트랜드를 구성하는 가장 중심의 소선
• 스트랜드(Strand, 가닥) : 복수의 소선 등을 꼰 로프의 구성 요소로 밧줄 또는 연선이라고도 한다.

36 철심으로 된 와이어로프의 내열 온도는 얼마인가?

① 100~200℃
② 200~300℃
③ 300~400℃
④ 700~800℃

해설
심강이 철심일 경우 300℃까지 사용이 가능하다.

37 오른손으로 왼손을 감싸고 2~3회 흔드는 신호 방법은 무슨 뜻인가?

① 천천히 이동
② 기다려라
③ 신호불명
④ 기중기 이상 발생

38 매다는 체인에 균열이 발생한 경우 용접하여 사용할 수 있는가?

① 사용할 수 있다.

② 사용하면 안 된다.

③ 체인의 여유가 없는 불가피한 경우 1회에 한하여 용접하여 사용할 수도 있다.

④ 일반적으로 미소한 균열일 경우 용접 사용이 가능하다.

해설
체인에 균열이 있는 것은 교환하여야 한다.

39 그림과 같이 물건을 들어 올리려고 할 때 권상한 후에 어떤 현상이 일어나는가?

① 수평 상태가 유지된다.

② A쪽이 밑으로 기울어진다.

③ B쪽이 밑으로 기울어진다.

④ 무게중심과 훅 중심이 수직으로 만난다.

해설
B쪽이 무거우므로 B쪽이 밑으로 기울어진다.

40 와이어로프의 클립 고정법에서 클립 간격은 로프 직경의 몇 배 이상으로 장착하는가?

① 3배   ② 6배

③ 9배   ④ 12배

해설
클립 수량과 간격은 로프 직경의 6배 이상, 수량은 최소 4개 이상일 것

41 와이어로프를 선정할 때 주의해야 할 사항이 아닌 것은?

① 용도에 따라 손상이 적게 생기는 것을 선정한다.

② 하중의 중량이 고려된 강도를 갖춘 로프를 선정한다.

③ 심강은 사용 용도에 따라 결정한다.

④ 높은 온도에서 사용할 경우 도금한 로프를 선정한다.

해설
고온에서 사용되는 와이어로프는 철심 로프이고, 사용 환경상 부식이 우려되는 곳에서는 도금 로프를 사용해야 한다.

42 산업안전기준에 관한 규칙상 타워크레인을 와이어로프로 지지할 때 사업주의 준수 사항에 해당하지 않는 것은?

① 와이어로프 설치 각도는 수평면에서 60° 이내로 할 것
② 와이어로프가 가공전선에 근접하지 않도록 할 것
③ 와이어로프는 지상의 이동용 고정 장치에서 신속히 해체할 수 있도록 고정할 것
④ 와이어로프의 고정 부위는 충분한 강도와 장력을 갖도록 설치할 것

해설
타워크레인의 지지(산업안전보건기준에 관한 규칙 제142조)
와이어로프와 그 고정 부위는 충분한 강도와 장력을 갖도록 설치하고, 와이어로프를 클립·섀클(Shackle, 연결 고리) 등의 고정기구를 사용하여 견고하게 고정시켜 풀리지 아니하도록 하며, 사용 중에는 충분한 강도와 장력을 유지하도록 할 것

43 타워크레인의 마스트를 해체하고자 할 때 실시하는 작업이 아닌 것은?

① 마스트와 턴테이블 하단의 연결 볼트 또는 핀을 푼다.
② 해체할 마스트와 하단 마스트의 연결 볼트 또는 핀을 푼다.
③ 마스트에 가이드 레일의 롤러를 끼워 넣는다.
④ 마스트를 가이드 레일의 안쪽으로 밀어 넣는다.

해설
마스트를 가이드 레일 밖으로 밀어낸다.

44 마스트 연장 작업 전 운전자가 반드시 조치 또는 확인해야 할 사항과 관계가 먼 것은?

① 새로 설치될 마스트의 지브 방향 정렬
② 턴테이블과 가이드 섹션과의 핀 고정 여부
③ 연장 작업에 참여한 작업자의 건강 진단 여부
④ 주위의 타 장비와의 충돌 및 간섭 여부

45 타워크레인 본체의 전도 원인으로 거리가 먼 것은?

① 정격 하중 이상의 과부하
② 지지 보강의 파손 및 불량
③ 시공상 결함과 지반 침하
④ 접지 상태 불량

해설
타워크레인 본체의 전도 원인
• 정격 하중 이상의 과부하
• 지지 보강의 파손 및 불량
• 시공상 결함과 지반 침하
• 기초(Foundation) 강도 부족
• 지브의 설치 해체 시 무게중심의 이동으로 인한 균형 상실
• 안전장치의 고장에 의한 과하중
• 보조 로프(Guy Rope)의 파손, 불량

46 타워크레인 설치, 해체 시 이동 크레인의 선정조건에 해당되지 않는 것은?

① 최대 권상 높이
② 가장 무거운 부재의 중량
③ 이동식 크레인 선회 반경
④ 건축물의 높이

47 방호 장치를 기계 설비에 설치할 때 철저히 조사해야 하는 항목이 맞게 연결된 것은?

① 방호 정도 - 어느 한계까지 믿을 수 있는지 여부
② 적용 범위 - 위험 발생을 경고 또는 방지하는 기능으로 할지 여부
③ 유지 관리 - 유지 관리를 하는 데 편의성과 적정성 여부
④ 신뢰도 - 기계 설비의 성능과 기능에 부합되는지 여부

48 텔레스코픽 케이지는 무슨 역할을 하는 장치인가?

① 권상 장치
② 선회 장치
③ 타워크레인의 마스트를 설치, 해체하기 위한 장치
④ 횡행 장치

해설
텔레스코픽 케이지
마스트를 연장 또는 해체 작업을 하기 위해 유압 장치 및 실린더가 부착되어 있는 구조의 마스트를 말한다.

49 타워크레인 동작 시 예기치 못한 상황이 발생했을 때 긴급히 정지하는 장치는?

① 트롤리 내외측 제어 장치
② 트롤리 정지 장치
③ 속도 제한 장치
④ 비상 정지 장치

50 동력 장치에서 가장 재해가 많이 발생할 수 있는 장치는?

① 기어
② 커플링
③ 벨트
④ 차축

해설
벨트는 회전 부위에서 노출되어 있어 재해 발생률이 높으나 기어나 커플링은 대부분 케이스 내부에 있다.

51 유해·위험 작업의 취업 제한에 관한 규칙에 의하여, 타워크레인 조종 업무의 적용 대상에서 제외되는 것은?

① 조종석이 설치된 정격 하중이 1ton인 타워크레인
② 조종석이 설치된 정격 하중이 2ton인 타워크레인
③ 조종석이 설치된 정격 하중이 3ton인 타워크레인
④ 조종석이 설치되지 않은 정격 하중 3ton인 타워크레인

해설
타워크레인 조종 작업(조종석이 설치되지 않은 정격 하중 5ton 이상의 무인타워크레인을 포함한다)을 하려면 국가기술자격법에 따른 타워크레인운전기능사의 자격을 갖춰야 한다(유해·위험작업의 취업 제한에 관한 규칙 [별표 1]).

52 안전보건표지의 종류가 아닌 것은?

① 금지표지
② 허가표지
③ 경고표지
④ 지시표지

해설
산업안전보건법상 안전보건표지의 종류 : 금지표지, 경고표지, 지시표지, 안내표지

53 작업장의 정리정돈에 대한 설명으로 틀린 것은?

① 사용이 끝난 공구는 즉시 정리한다.
② 공구 및 재료는 일정한 장소에 보관한다.
③ 폐자재는 지정된 장소에 보관한다.
④ 통로 한쪽에 물건을 보관한다.

해설
통로는 우선적으로 확보한다.

54 유류로 발생한 화재에 부적합한 소화기는?

① 포 소화기
② 이산화탄소 소화기
③ 물 소화기
④ 탄산수소염류 소화기

해설
기름으로 인한 화재의 경우 기름과 물은 섞이지 않기 때문에 기름이 물을 타고 더 확산되어버린다.

55 다음 중 안내표지에 속하지 않는 것은?

① 녹십자표지

② 응급구호표지

③ 비상구

④ 출입금지

해설
출입금지는 금지표지에 속한다.

56 용접 작업과 같이 불티나 유해 광선이 나오는 작업을 할 때 착용해야 할 보호구는?

① 차광 안경

② 방진 안경

③ 산소마스크

④ 보호 마스크

해설
광선을 막아주는 차광 보호구, 먼지를 막는 방진 안경이 있고, 차광 보호구에는 보안경과 보안면이 있다.

57 산업안전의 의의가 아닌 것은?

① 인도주의

② 대외 여론 개선

③ 생산 능률의 저해

④ 기업의 경제적 손실 방지

해설
안전 관리의 목적
• 인도주의가 바탕이 된 인간 존중(안전제일 이념)
• 기업의 경제적 손실 예방(재해로 인한 인적 및 재산 손실의 예방)
• 생산성의 향상 및 품질 향상(안전 태도 개선 및 안전 동기 부여)
• 대외 여론 개선으로 신뢰성 향상(노사 협력의 경영 태세 완성)
• 사회복지의 증진(경제성의 향상)

58 건설 산업 현장에서 재해를 예방하는 방법으로 옳지 않은 것은?

① 해머의 타격면이 찌그러진 것은 사용하지 않는다.

② 타격할 때 처음은 큰 타격을 가하고 점차 작은 타격을 가한다.

③ 공동 작업 시 주위를 살피면서 공작물의 위치를 주시한다.

④ 장갑을 끼고 작업하지 말아야 하며 자루가 빠지지 않게 한다.

해설
처음부터 큰 힘을 주어 작업하지 않고, 처음에는 서서히 타격한다.

59 리프트(Lift)의 방호 장치가 아닌 것은?

① 해지 장치

② 출입문 인터로크

③ 권과 방지 장치

④ 과부하 방지 장치

해설

방호 장치의 조정(산업안전보건기준에 관한 규칙 제134조)
사업주는 다음의 양중기에 과부하 방지 장치, 권과 방지 장치(捲過防止裝置), 비상 정지 장치 및 제동 장치, 그 밖의 방호 장치[(승강기의 파이널 리밋 스위치(Final Limit Switch), 속도 조절기, 출입문 인터로크(Interlock) 등을 말한다]가 정상적으로 작동될 수 있도록 미리 조정해 두어야 한다.
• 크레인
• 이동식 크레인
• 리프트
• 곤돌라
• 승강기

60 재해 사고의 직접 원인으로 옳은 것은?

① 유전적인 요소

② 성격 결함

③ 사회적 환경 요인

④ 불안전한 행동 및 상태

해설

불안전한 행동 및 상태는 사고의 직접 원인 중 인적 원인에 속한다.

01 어떤 물질의 비중량(또는 밀도)을 물의 비중량(또는 밀도)으로 나눈 값은?

① 비체적
② 비중
③ 비질량
④ 차원

해설

비중 : 어떤 물질의 비중량(또는 밀도)을 물의 비중량(또는 밀도)으로 나눈 값

• 비체적 : 단위 중량이 갖는 체적, 단위 질량당 체적 혹은 밀도의 역수로 정의된다.

• 비질량(밀도) : 물체의 단위 체적당 질량

• 차원 : 유체의 운동이나 자연계의 물리적 현상을 다루려면 물질이나, 변위 또는 시간의 특징을 구성하는 기본량이 필요하다. 이러한 기본량을 차원(Dimension)이라 한다.

02 유압 탱크 세척 시 사용하는 세척제로 가장 바람직한 것은?

① 엔진오일
② 경유
③ 휘발유
④ 시너

해설

작동유 탱크는 경유로 세척한 다음 압축 공기로 불어낸다.

03 권과 방지 장치 검사에 대한 내용으로 틀린 것은?

① 권과를 방지하기 위하여 자동적으로 동력을 차단하고 작동을 정지시킬 수 있는지 확인

② 달기 기구(훅 등) 상부와 접촉 우려가 있는 시브(도르래)와의 간격이 최소 안전거리 이하로 유지되고 있는지 확인

③ 권과 방지 장치 내부 캠의 조정 상태 및 동작 상태 확인

④ 권과 방지 장치와 드럼 축의 연결 부분 상태 점검

해설

훅 등 달기 기구의 상부와 트롤리 프레임 등 접촉할 우려가 있는 것의 하부와의 간격을 측정하여 0.25m 이상(직동식 권과 방지 장치는 0.05m 이상)이 되어야 하며 정상적으로 작동할 것

04 타워크레인에서 들어 올릴 수 있는 최대 하중은?

① 권상 하중
② 정격 하중
③ 인양 하중
④ 양중 하중

해설

권상 하중이란 타워크레인이 지브의 길이 및 경사각에 따라 들어 올릴 수 있는 최대의 하중을 말한다.

05 과전류 차단기에 요구되는 성능에 관한 설명 중 틀린 것은?

① 전동기의 시동 전류와 같이 단시간 동안 약간의 과전류가 흘렀을 때에도 동작할 것

② 과부하 등 낮은 과전류가 장시간 계속 흘렀을 때에도 동작할 것

③ 과전류가 커졌을 때에도 동작할 것

④ 큰 단락 전류가 흘렀을 때는 순간적으로 동작할 것

해설
과전류 차단기에 요구되는 성능
• 전동기의 기동전류와 같이 단시간 동안 약간의 과전류에서는 동작하지 않아야 한다.
• 과부하 등 적은 과전류가 장시간 지속하여 흘렀을 때 동작하여야 한다.
• 과전류가 증가하면 단시간에 동작하여야 한다.
• 큰 단락전류가 흐를 때에는 순간적으로 동작하여야 한다.
• 차단 시 발생하는 아크를 소호하여 폭발하지 않고 확실하게 차단할 수 있어야 한다.

06 타워크레인 방호 장치의 종류에 해당하지 않는 것은?

① 권과 방지 장치　　② 과부하 방지 장치

③ 훅 해지 장치　　　④ 조향 장치

해설
타워크레인 방호 장치의 종류
• 권상 및 권하 방지 장치　• 과부하 방지 장치
• 속도 제한 장치　　　　• 바람에 대한 안전장치
• 비상 정지 장치　　　　• 트롤리 내·외측 제어 장치
• 트롤리 로프 파손 안전장치　• 트롤리 정지 장치(Stopper)
• 트롤리 로프 긴장 장치　• 와이어로프 꼬임 방지 장치
• 훅 해지 장치　　　　　• 선회 제한 리밋 스위치
• 충돌방지 장치　　　　• 선회 브레이크 풀림 장치
• 접지

07 트롤리 로프 안전장치의 설명으로 옳은 것은?

① 메인 지브에 설치된 트롤리가 지브 내측의 운전실에 충돌하는 것을 방지하는 장치이다.

② 동작 시 예기치 못한 상황이나 동작을 멈추어야 할 상황이 발생하였을 때 정지시키는 장치이다.

③ 트롤리가 최소 반경 또는 최대 반경에서 동작 시 트롤리의 충격을 흡수하는 장치이다.

④ 트롤리 이동에 사용되는 와이어로프 파단 시 트롤리를 멈추게 하는 장치이다.

08 러핑(Luffing)형 타워크레인에서 일반적으로 많이 사용하는 지브의 경사각은?

① 10~60°

② 20~70°

③ 20~90°

④ 30~80°

09 크레인에서 트롤리 장치가 필요 없는 형식은?

① 해머 헤드 크레인
② 케이블 크레인
③ 러핑형 타워크레인
④ T형 타워크레인

해설
러핑형 타워크레인은 지브를 상하로 움직여 작업물을 인양할 수 있는 크레인이다.

10 타워크레인에서 화물 이동 작업에 사용하는 기계 장치와 거리가 먼 것은?

① 연결 바(Tie Bar)
② 트롤리
③ 훅 블록
④ 권상 와이어로프

해설
타이 바(Tie Bar)
메인 지브와 카운터 지브를 지지하면서 각기 캣(타워) 헤드에 연결해 주는 바(Bar)로서 기능상 매우 중요하며, 인장력이 크게 작용하는 부재이다.

11 과전류 차단기에 대한 설명 중 틀린 것은?

① 일반적으로 제어반에 설치한다.
② 과전류 발생 시 전로를 차단한다.
③ 차단기의 차단 용량은 정격 전류의 250%를 초과하여야 한다.
④ 접지선이 아닌 전로에 직렬로 연결한다.

12 산업안전보건기준에 관한 규칙에 의거해 크레인 사용 전에 정상 작동될 수 있도록 조정해 두어야 하는 방호 장치가 아닌 것은?

① 과부하 방지 장치   ② 슬루잉 장치
③ 권과 방지 장치   ④ 비상 정지 장치

해설
방호 장치의 조정(산업안전보건기준에 관한 규칙 제134조)
사업주는 다음의 양중기에 과부하 방지 장치, 권과 방지 장치(捲過防止裝置), 비상 정지 장치 및 제동 장치, 그 밖의 방호 장치[(승강기의 파이널 리밋 스위치(Final Limit Switch), 속도조절기, 출입문 인터로크(Interlock) 등을 말한다]가 정상적으로 작동될 수 있도록 미리 조정해 두어야 한다.
• 크레인
• 이동식 크레인
• 리프트
• 곤돌라
• 승강기

13 플레밍의 오른손법칙에서 엄지손가락은 무엇을 가리키는가?

① 도체의 운동 방향
② 자력선 방향
③ 전류의 방향
④ 전압의 방향

해설
플레밍의 오른손법칙
• 도체가 운동하여 자속을 끊었을 때 기전력의 방향을 알 수 있는 법칙(발전기의 원리)
• 직선 도체에 발생하는 기전력

자속을 끊는 방향
자속의 방향
기전력의 방향

14 압력에 대한 설명으로 틀린 것은?

① 대기 압력은 절대 압력과 계기 압력을 합한 것이다.
② 계기 압력은 대기압을 기준으로 한 압력이다.
③ 절대 압력은 완전 진공을 기준으로 한 압력이다.
④ 진공 압력은 대기압 이하의 압력, 즉 음(-)의 계기 압력이다.

해설
대기 압력은 절대 압력에서 계기 압력을 뺀 것이다.

15 기복형 타워크레인에서 기복 로프에 장력을 발생시키는 하중이 아닌 것은?

① 지브(붐) 자중
② 권상 하중
③ 훅 하중
④ 기복 윈치 자중

16 타워크레인의 선회 장치에 대한 설명으로 옳은 것은?

① 일반적으로 마스트의 가장 위쪽에 위치하고, 메인 지브와 카운터 지브가 선회 장치 위에 부착되며 캣 헤드가 고정된다.
② 메인 지브를 따라 훅에 걸린 화물을 수평으로 이동해 원하는 위치로 화물을 이동시킨다.
③ 선회 장치의 직상부에는 권상 장치와 균형추가 설치되어 작업 시 타워크레인의 안정성을 도모한다.
④ 선회 장치의 형식에는 유압식과 전동식이 있으며, 속도 변속이 안 되기 때문에 작업 시 안전을 확보할 수 있다.

17 기계 장치에서 많이 사용하는 유압 장치의 구성품 중 제어 밸브의 3요소에 해당하지 않는 것은?

① 압력 제어 밸브
② 방향 제어 밸브
③ 속도 제어 밸브
④ 유량 제어 밸브

18 기복 장치가 있는 타워크레인을 주로 사용하는 장소는?

① 대단위 아파트 건설 현장 등 작업 장소가 넓은 곳
② 도시 지역 고층 건물 공사 등 작업 장소가 협소한 곳
③ 교량의 주탑 공사장으로 바람이 많이 부는 곳
④ 작업 반경 내에 장애물이 없는 곳

해설
붐 작동 방식에 따른 타워크레인 구분

명칭	특징
T-Tower Crane	• 타워크레인의 일반적 형태 • 반경 내에 장애물이 없을 경우, 주변 현황에 간섭이 없을 경우 사용
Luffing Crane	• 도심지 공사에 주로 사용되며, 지상권 침해가 우려되는 경우 사용 • 반경 내 장애물이 존재할 경우 사용

19 타워크레인에 사용되는 유압 장치의 주요 구성요소가 아닌 것은?

① 유압 펌프
② 유압 실린더
③ 텔레스코픽 케이지
④ 유압 탱크

해설
텔레스코픽 케이지는 마스트를 연장 또는 해체 작업을 하기 위해 유압 장치 및 실린더가 부착되어 있는 구조의 마스트를 말한다.

20 기어 펌프의 폐입 현상에 대한 설명으로 틀린 것은?

① 폐입된 부분의 기름은 압축이나 팽창을 받는다.
② 폐입 현상은 소음과 진동 발생의 원인이 된다.
③ 기어의 맞물린 부분의 극간으로 기름이 폐입되어 토출 쪽으로 되돌려지는 현상이다.
④ 보통 기어 측면에 접하는 펌프 측판(Side Plate)에 릴리프 홈을 만들어 방지한다.

해설
폐입 현상
외접식 기어 펌프에서 토출된 유량 일부가 입구 쪽으로 귀환하여 토출량 감소, 축동력 증가 및 케이싱 마모 등의 원인을 유발하는 현상

21 달기 기구의 중량을 제외한 하중을 무엇이라 하는가?

① 끝단 하중
② 정격 하중
③ 임계 하중
④ 수직 하중

해설
정격 하중
크레인의 권상 하중에서 훅, 크래브 또는 버킷 등 달기 기구의 중량에 상당하는 하중을 뺀 하중을 말한다. 다만, 지브가 있는 크레인 등으로서 경사각의 위치, 지브의 길이에 따라 권상 능력이 달라지는 것은 그 위치에서의 권상 하중에서 달기 기구의 중량을 뺀 나머지 하중을 말한다.

22 타워크레인에서 훅 하강 작업 시 준수 사항으로 틀린 것은?

① 목표에 근접하면 최고 속도에서 단계별 저속 운전을 실시한다.
② 적당한 위치에 화물을 내려놓기 위해 흔들어서 내린다.
③ 장애물과의 충돌 위험이 예상되면 즉시 작업을 중지한다.
④ 부피가 큰 화물을 내릴 때에는 풍속, 풍향에 특히 주의한다.

해설
정해진 위치에 내려놓기 직전에 일단 정지 후 천천히 바닥에 내려놓는다.

23 타워크레인 트롤리에 대한 설명으로 옳은 것은?

① 선회할 수 있는 모든 장치를 말한다.
② 권상 위치와 조립되어 이동할 수 있는 장치이다.
③ 메인 지브를 따라 이동하며 권상 작업을 위한 선회 반경을 결정하는 횡행 장치이다.
④ 지브를 원하는 각도로 들어 올릴 수 있는 장치이다.

24 타워크레인 메인 지브의 절손 원인과 거리가 먼 것은?

① 인접 시설물과의 충돌
② 트롤리의 이동
③ 정격 하중 이상의 과부하
④ 지브와 달기 기구와의 충돌

25 신호수의 무전기 사용 시 주의할 점으로 틀린 것은?

① 메시지는 간결, 단순, 명확해야 한다.
② 신호수의 입장에서 신호한다.
③ 무전기 상태를 확인한 후 교신한다.
④ 은어, 속어, 비어를 사용하지 않는다.

해설
작업 시작 전 신호수와 운전자 간에 작업의 형태를 사전에 협의하여 숙지한다.

26 타워크레인의 마스트 텔레스코핑(상승 작업) 시 크레인의 균형을 잡고 안전하게 작업하는 방법으로 옳은 것은?

① 타워크레인 제작사에서 정하는 무게를 들고 주어진 반경으로 이동시키는 방법
② 카운터웨이트를 일시적으로 증대시키는 방법
③ 트롤리를 지브의 최대 끝단에 고정시키는 방법
④ 카운터웨이트를 일시적으로 증대하고, 트롤리를 운전실에 가장 가까운 쪽으로 고정하는 방법

해설
타워크레인의 메인 지브 길이에 따라 기종 매뉴얼에서 제시하는 하중을 들어 트롤리를 메인 지브의 안쪽 또는 바깥쪽으로 이동시키면서 타워크레인의 좌·우 지브의 균형을 유지한다.

27 신호수가 양손을 머리 위로 올려 크게 2~3회 좌우로 흔드는 동작을 하였다면 무슨 뜻인가?

① 고속으로 선회
② 고속으로 주행
③ 운전자 호출
④ 비상 정지

28 타워크레인을 이용하여 화물을 권하 및 착지시키려 할 때 틀린 것은?

① 권하할 때는 일시에 내리지 말고 착지 전에 침목 위에서 일단 정지하여 안전을 확인한다.
② 화물의 흔들림을 정지시킨 후에 권하한다.
③ 화물을 내려놓아야 할 위치와 침목 상태(수평도, 지내력 등)를 확인한다.
④ 화물의 권하 위치 변경이 필요할 경우에는 매단 상태에서 침목 위치를 수정하고, 화물을 천천히 손으로 잡아당겨 적당한 위치에 내려놓는다.

해설
상시 와이어로프를 손으로 잡지 말 것

29 신호수가 준수해야 할 사항으로 틀린 것은?

① 신호수는 지정된 신호 방법으로 신호한다.

② 두 대의 타워크레인으로 동시 작업할 때는 화물 좌우에서 두 사람의 신호수가 동시에 신호한다.

③ 신호수는 그 자신이 신호수로 구별될 수 있도록 눈에 잘 띄는 표시를 한다.

④ 신호 장비는 밝은 색상이며 신호수에게만 적용되는 특수 색상으로 한다.

해설
운전자에 대한 신호는 반드시 정해진 한 사람의 신호수가 한다.

30 옥외에 설치되는 주행식 타워크레인이 레일 위를 주행할 때 주행 저항의 요소가 아닌 것은?

① 회전 저항   ② 구배 저항

③ 가속 저항   ④ 윤활 저항

해설
건설기계가 주행 또는 작업을 위해 구동할 때는 회전 저항, 구배 저항, 가속 저항, 공기 저항 등을 받게 되므로 이들 저항 합계보다 더 큰 힘을 가져야만 기계는 비로소 움직이게 된다.
• 회전 저항 : 건설기계가 노면 또는 지면을 굴러갈 때 받는 저항
• 구배 저항 : 건설기계가 구배 있는 경사지를 올라갈 때 필요한 견인력은 그 구배에 비례해 감소한다. 이때에 증가되는 힘을 구배 저항이라 한다.
• 가속 저항 : 기계를 감속, 가속 시의 관성 저항
• 공기 저항 : 주행 시 차량이 전면으로 받는 공기 저항

31 다음 중 크레인을 운전할 때 안전 운전을 위하여 가장 중요한 것은?

① 운전실 내의 정리정돈 상태

② 주행로 상의 장애물 대처 방법

③ 운전자와 신호수와의 신호

④ 권상 상한 거리

32 와이어로프의 내·외부 마모 방지 방법이 아닌 것은?

① 도유를 충분히 할 것

② 두드리거나 비비지 않도록 할 것

③ S 꼬임을 선택할 것

④ 드럼에 와이어로프를 바르게 감을 것

33 줄걸이 작업자가 양중물의 중심을 잘못 확인하고 훅에 로프를 걸었을 때 발생할 수 있는 것과 관계가 없는 것은?

① 양중물이 생각지도 않은 방향으로 간다.
② 매단 양중물이 회전하여 로프가 비틀어진다.
③ 크레인에 전혀 영향이 없다.
④ 양중물이 한쪽 방향으로 쏠려 넘어진다.

34 주먹을 머리에 대고 떼었다 붙였다 하는 신호는 무슨 뜻인가?

① 운전자 호출
② 천천히 조금씩 위로 올리기
③ 크레인 이상 발생
④ 주권 사용

해설

35 힘의 모멘트 $M = P \times L$일 때 P와 L의 설명으로 맞는 것은?

① P = 힘, L = 길이
② P = 길이, L = 면적
③ P = 무게, L = 체적
④ P = 부피, L = 길이

해설
힘의 모멘트(M) = 힘(P) × 길이(L)

36 와이어로프 안전율에 대한 설명으로 옳은 것은?

① 보조 로프 및 고정용 와이어로프의 안전율은 6이다.
② 권상용 와이어로프의 안전율은 5이다.
③ 지브 지지용 와이어로프의 안전율은 6이다.
④ 횡행용 와이어로프 및 케이블 크레인의 주행용 와이어로프의 안전율은 7이다.

해설
안전율(위험기계 · 기구 안전인증 고시 [별표 2], 산업안전보건기준에 관한 규칙 제163조)

와이어로프의 종류	안전율
• 권상용 와이어로프 • 지브의 기복용 와이어로프 • 횡행용 와이어로프 및 케이블 크레인의 주행용 와이어로프 ※ 화물의 하중을 직접 지지하는 달기와이어로프 또는 달기체인의 경우 : 5 이상	5.0
• 지브의 지지용 와이어로프 • 보조 로프 및 고정용 와이어로프	4.0
케이블 크레인의 주 로프 및 레일로프 ※ 훅, 섀클, 클램프, 리프팅 빔의 경우 : 3 이상	2.7
운전실 등 권상용 와이어로프 ※ 근로자가 탑승하는 운반구를 지지하는 달기와이어로프 또는 달기체인 : 10 이상	10.0

37 와이어로프의 점검 사항이 아닌 것은?

① 소선의 단선 여부

② 킹크, 심한 변형, 부식 여부

③ 지름의 감소 여부

④ 지지 애자의 과다 파손 혹은 마모 여부

해설

와이어로프의 점검은 작업 시작 전에 실시하여야 하며 다음 기준에 따라야 한다.

검사 항목	검사 결과	처치
마모	로프 지름의 감소가 공칭 지름의 7%를 초과하여 마모된 것은 사용하여서는 아니 된다.	폐기
소선의 절단	와이어로프의 한 가닥에서 소선의 수가 10% 이상 절단된 것은 사용하여서는 아니 된다.	폐기
비틀림	비틀어진 로프를 사용하여서는 아니 된다.	폐기
로프 끝의 고정 상태	로프 끝의 고정이 불완전한 것은 바꾸고 고정 부위의 변형이 두드러진 것은 사용하여서는 아니 된다.	폐기
꼬임	꼬임이 있는 것은 사용하여서는 아니 된다.	폐기
변형	변형이 현저한 것은 사용하여서는 아니 된다.	폐기
녹, 부식	녹, 부식이 현저히 많은 것은 사용하여서는 아니 된다.	폐기
이음매	이음매가 있는 것은 사용하여서는 아니 된다.	폐기

38 와이어로프의 손상 상태로 가장 거리가 먼 것은?

① 부식

② 마모

③ 피로

④ 굴곡

39 안전 계수가 6이고, 안전 하중이 30ton인 기중기 와이어로프의 절단 하중은 몇 ton인가?

① 5ton ② 36ton

③ 120ton ④ 180ton

해설

$$안전 \ 계수 = \frac{절단 \ 하중}{안전 \ 하중}$$

$$6 = \frac{x}{30}$$

$$x = 180ton$$

40 클립 고정이 가장 적합하게 된 것은?

①

②

③

④

41 조종석이 설치되지 않은 정격 하중 5ton 이상의 무인 타워크레인(지상 리모컨)의 운전 자격을 규정하고 있는 법규는?

① 건설기계관리법 시행규칙
② 산업안전보건기준에 관한 규칙
③ 유해·위험 작업의 취업 제한에 관한 규칙
④ 건설기계 안전기준에 관한 규칙

해설
타워크레인 관련 작업을 위한 자격·면허·경험 또는 기능(유해·위험작업의 취업 제한에 관한 규칙 [별표 1])

작업	자격·면허·기능 또는 경험
타워크레인 조종 작업 (조종석이 설치되지 않은 정격 하중 5ton 이상의 무인 타워크레인을 포함한다)	국가기술자격법에 따른 타워크레인운전기능사의 자격
타워크레인 설치(타워크레인을 높이는 작업을 포함한다. 이하 같다)·해체 작업	• 국가기술자격법에 따른 판금제관 기능사 또는 비계기능사의 자격 • 이 규칙에서 정하는 해당 교육기관에서 교육을 이수하고 수료시험에 합격한 사람으로서 다음의 어느 하나에 해당하는 사람 　－ 수료시험 합격 후 5년이 경과하지 않은 사람 　－ 이 규칙에서 정하는 해당 교육기관에서 보수교육을 이수한 후 5년이 경과하지 않은 사람

42 주행식 타워크레인의 주행 레일 설치에 대한 설명으로 틀린 것은?

① 주행 레일에도 반드시 접지를 설치한다.
② 레일 양끝에는 정지 장치(Buffer Stop)를 설치한다.
③ 해당 타워크레인 주행 차륜 지름 4분의 1 이상 높이의 정지 기구를 설치한다.
④ 정지 기구에 도달하기 전의 위치에 리밋 스위치 등 전기적 정지 장치를 설치한다.

해설
크레인의 주행 레일에는 양 끝부분 또는 이에 준하는 장소에 완충장치, 완충재 또는 해당 크레인 주행 차륜 지름의 2분의 1 이상 높이의 정지 기구를 설치해야 한다.

43 타워크레인의 마스트 해체 작업 과정에 대한 설명으로 틀린 것은?

① 메인 지브와 카운터 지브의 평형을 유지한다.
② 마스트와 선회 링 서포트 연결 볼트를 푼다.
③ 마스트에 롤러를 끼운 후 마스트 간의 체결 볼트를 조인다.
④ 마스트를 가이드 레일 밖으로 밀어낸다.

해설
해체 마스트와 마스트 연결을 푼 후 해체 마스트에 롤러를 끼워 넣는다.

44 타워크레인 해체 작업 과정에 대한 설명으로 틀린 것은?

① 지브를 분리하기 전에 카운터웨이트를 해체한다.

② 마지막 순서로 운전실을 해체한다.

③ 운전실보다 타워 헤드를 먼저 해체한다.

④ 카운터 지브에서 권상 장치를 해체한다.

45 텔레스코핑 작업 시 순간 풍속이 초당 얼마를 초과하면 작업을 중단해야 하는가?

① 10m ② 8m

③ 5m ④ 2m

46 마스트 연장 작업 시 주의 사항으로 틀린 것은?

① 제조사가 제시한 작업 절차를 준수한다.

② 작업 전에 반드시 타워크레인의 균형을 유지한다.

③ 마지막 마스트를 안착한 후, 볼트를 체결하기 전에 시범적 선회 작동을 한다.

④ 작업 중 트롤리의 이동 및 권상 작업 등 일체의 작동을 금지한다.

47 타워크레인의 설치 · 해체 작업 시의 주의 사항과 가장 거리가 먼 것은?

① 해당 매뉴얼에서 인양 무게중심과 슬링 포인트를 확인한다.

② 설치 · 해체 시 각 부재의 유도용 로프는 반드시 와이어로프만을 사용한다.

③ 사용 중인 공구는 낙하방지를 위해 연결 끈 등을 부착해 둔다.

④ 이동식 크레인은 반드시 인양 여유를 감안하여 적절한 용량의 크레인을 선정한다.

48 타워크레인 설치 작업 중 운진자가 확인할 사항이 아닌 것은?

① 설치 작업 중 타워크레인의 균형 유지 여부를 확인한다.

② 설치 작업장에 작업자 이외의 자가 출입하는지의 여부를 확인한다.

③ 설치 작업 계획서의 내용에 관하여 안전교육 실시 여부를 확인한다.

④ 신호자와 줄걸이 작업자의 배치 상태 및 의견 교환이 되는지를 확인한다.

해설
작업 계획서에 의하여 작업 방법과 작업 근로자를 배치하고 해당 작업을 지휘 감독한다.

49 타워크레인을 와이어로프로 지지하는 경우 준수할 사항으로 틀린 것은?

① 와이어로프를 고정하기 위한 전용 지지 프레임을 사용할 것

② 와이어로프의 설치 각도는 수평면에서 60° 이내로 할 것

③ 와이어로프의 지지점은 2개소 이상 등각도로 설치할 것

④ 와이어로프가 가공 전선에 근접하지 않도록 할 것

해설
와이어로프 설치 각도는 수평면에서 60° 이내로 하되, 지지점은 4개소 이상으로 하고, 같은 각도로 설치할 것

50 타워크레인의 유압 실린더가 확장되면서 텔레스코핑 되고 있을 때 준수 사항으로 옳은 것은?

① 선회 작동만 할 수 있다.

② 트롤리 이동 동작만 할 수 있다.

③ 권상 동작만 할 수 있다.

④ 선회, 트롤리 이동, 권상 동작을 할 수 없다.

해설
텔레스코핑 유압 펌프가 작동 시에는 타워크레인의 작동을 해서는 안 된다.

51 해머 작업의 안전 수칙으로 틀린 것은?

① 목장갑을 끼고 작업한다.

② 해머를 사용하기 전 주위를 살핀다.

③ 해머 머리가 손상된 것은 사용하지 않는다.

④ 불꽃이 생길 수 있는 작업에는 보호 안경을 착용한다.

해설
장갑을 끼면 위험할 수 있는 작업 : 선반 작업, 해머 작업, 그라인더 작업, 드릴 작업 등

48 ③ 49 ③ 50 ④ 51 ① **정답**

52 크레인 작업 방법으로 틀린 것은?

① 경우에 따라서는 수직 방향으로 달아 올린다.
② 신호수의 신호에 따라 작업한다.
③ 제한 하중 이상의 것은 달아 올리지 않는다.
④ 항상 수평으로 달아 올려야 한다.

53 가스 및 인화성 액체에 의한 화재 예방 조치로 틀린 것은?

① 가연성 가스는 대기 중에 자주 방출시킬 것
② 인화성 액체의 취급은 폭발 한계의 범위를 초과한 농도로 할 것
③ 배관 또는 기기에서 가연성 증기의 누출 여부를 철저히 점검할 것
④ 화재를 진화하기 위한 방화 장치는 위급 상황 시 눈에 잘 띄는 곳에 설치할 것

해설
대부분의 액체 위험물은 증발이 쉽고, 연소 하한계가 낮아 밀폐된 공간에서는 약간의 공기와 혼합하여도 연소 범위에 도달하게 된다.

54 폭발의 우려가 있는 가스 또는 분진이 발생하는 장소에서 지켜야 할 사항으로 틀린 것은?

① 화기 사용 금지
② 인화성 물질 사용 금지
③ 점화원이 될 수 있는 기계 사용 금지
④ 불연성 재료 사용 금지

55 불안전한 행동으로 인한 산업재해가 아닌 것은?

① 불안전한 자세
② 안전구 미착용
③ 방호 장치 결함
④ 안전장치 기능 제거

해설
방호 장치 결함은 불안전한 상태로 인한 산업재해이다.

56 스패너 작업 방법으로 안전상 옳은 것은?

① 스패너로 볼트를 조일 때는 앞으로 당기고 풀 때는 뒤로 민다.
② 스패너의 입이 너트의 치수보다 조금 큰 것을 사용한다.
③ 스패너 사용 시 몸의 중심을 항상 옆으로 한다.
④ 스패너로 조이고 풀 때는 항상 앞으로 당긴다.

57 엔진 오일을 급유하면 안 되는 부위는?

① 건식 공기 청정기
② 크랭크 축 저널 베어링 부위
③ 피스톤 링 부위
④ 차동 기어 장치

59 안전모의 관리 및 착용 방법으로 틀린 것은?

① 큰 충격을 받은 것은 사용을 피한다.
② 사용 후 뜨거운 스팀으로 소독하여야 한다.
③ 정해진 방법으로 착용하고 사용하여야 한다.
④ 통풍을 목적으로 모체에 구멍을 뚫어서는 안 된다.

해설
안전모의 세척 후에 안전모에 대한 살균 및 소독처리는 허용 가능하다. 다만, 소독 및 살균처리 시에 반드시 안전모의 구조 및 성능에 문제가 없는 일반적인 소독 및 살균처리를 해야 한다.

58 작업점 외에 직접 사람이 접촉하여 말려들거나 다칠 위험이 있는 장소를 덮어씌우는 방호 장치는?

① 격리형 방호 장치
② 위치 제한형 방호 장치
③ 포집형 방호 장치
④ 접근 거부형 방호 장치

해설
방호 방법
① 격리형 방호 장치 : 위험한 작업점과 작업자 사이에 서로 접근되어 일어날 수 있는 재해를 방지하기 위해 차단벽이나 망을 설치하는 장치
② 위치 제한형 방호 장치 : 위험을 초래할 가능성이 있는 기계에서 작업자나 직접 그 기계와 관련되어 있는 조작자의 신체 부위가 위험한계 밖에 있도록 의도적으로 기계의 조작 장치를 기계에서 일정 거리 이상 떨어지게 설치해 놓고, 조작하는 두 손 중에서 어느 하나가 떨어져도 기계의 동작을 멈추게 하는 장치
③ 포집형(덮개형) 방호 장치 : 위험원에 대한 방호 장치로 연삭숫돌 등이 파괴되어 비산될 때 회전 방향으로 튀어나오는 비산물질을 포집하거나 막아주는 장치
④ 접근 거부형 방호 장치 : 작업자가 신체 부위가 위험한계 내로 접근하면 기계 동작 위치에 설치해 놓은 기계적 장치가 접근하는 손이나 팔 등의 신체 부위를 안전한 위치로 밀거나 당겨내는 안전장치

60 적색 원형을 바탕으로 만들어지는 안전 표지판은?

① 경고표시
② 안내표시
③ 지시표시
④ 금지표시

해설
안전보건표지의 종류별 형태

금지표지	경고표지		지시표지	안내표지

57 ① 58 ① 59 ② 60 ④ 정답

01 부재에 하중이 가해지면 외력에 대응하는 내력이 부재 내부에서 발생하는데, 이것을 무엇이라 하는가?(단위는 kgf/cm²)

① 응력
② 변형
③ 하중
④ 모멘트

해설
응력
저항력을 내력이라고 하며 보통 저항력이 생기는 단면의 단위 면적당 내력의 크기를 말한다.

02 타워크레인을 자립고(自立高) 이상의 높이로 설치하는 경우 와이어로프 지지 방법으로 맞지 않는 것은?

① 와이어로프를 고정하기 위한 전용 지지 프레임을 사용할 것
② 와이어로프의 설치 각도는 수평면에서 75° 이내로 할 것
③ 와이어로프의 고정 부위는 충분한 강도와 장력을 갖도록 설치할 것
④ 와이어로프가 가공 전선에 근접하지 않도록 할 것

해설
와이어로프 설치 각도는 수평면에서 60° 이내로 하되, 지지점은 4개소 이상으로 하고, 같은 각도로 설치할 것

03 유압 펌프의 종류에 해당하지 않는 것은?

① 기어식
② 베인식
③ 플런저식
④ 헬리컬식

해설
톱니바퀴를 이용한 기어 펌프, 익형으로 펌프 작용을 시키는 베인 펌프, 피스톤을 사용한 플런저 펌프의 3종류가 대표적이다.

04 건설기계 안전 기준에 관한 규칙에서 (   ) 안에 들어갈 말로 알맞은 것은?

조종실에는 지브 길이별 정격 하중 표시판(Load Chart)을 부착하고, 지브에는 조종사가 잘 보이는 곳에 구간별 (   ) 및 (   )을(를) 부착하여야 한다.

① 정격 하중, 거리 표시판
② 안전 하중, 정격 하중 표시판
③ 지브 길이, 거리 표시판
④ 지브 길이, 정격 하중 표시판

해설
이름판 등(건설기계 안전기준에 관한 규칙 제124조 제2항)
조종실에는 지브 길이별 정격 하중 표시판(Load Chart)을 부착하고, 지브에는 조종사가 잘 보이는 곳에 구간별 정격 하중 및 거리 표시판을 부착하여야 한다. 다만, 조종실에 설치된 모니터로 구간별 정격 하중 및 거리를 확인할 수 있는 경우에는 지브에 구간별 정격 하중 및 거리 표시판을 부착하지 아니할 수 있다.

05 옥외에 설치된 주행식 타워크레인에서 순간 풍속이 얼마를 초과할 때 폭풍에 의한 이탈 방지 조치를 해야 하는가?

① 10m/s
② 15m/s
③ 20m/s
④ 30m/s

해설
순간 풍속이 30m/s를 초과하는 바람이 불어올 우려가 있는 경우 옥외에 설치되어 있는 주행 크레인에 대하여 이탈 방지 장치를 작동시키는 등 이탈 방지를 위한 조치를 하여야 한다.

06 기계나 장치에 사용하는 유압의 이점이 아닌 것은?

① 액체는 압축할 수 있다.
② 액체는 운동을 전달할 수 있다.
③ 액체는 힘을 전달할 수 있다.
④ 액체는 작용력을 증대시키거나 감소시킬 수 있다.

해설
기체는 압축성이 크나, 액체는 압축성이 작아 비압축성이다.

07 주어진 범위 내에서만 선회가 가능하도록 하며, 전기 공급 케이블 등이 과도하게 비틀리는 것을 방지하는 부품은?

① 와이어로프 꼬임 방지 장치
② 선회 브레이크 풀림 장치
③ 와이어로프 이탈 방지 장치
④ 선회 제한 리밋 스위치

해설
선회 제한 리밋 스위치
선회 제한 리밋 스위치는 선회 장치 내에 부착되어 회전수를 검출하여 주어진 범위 내에서만 선회 동작이 가능토록 구성되어 있다.

08 과전류 차단기는 적은 과전류가 (A) 계속 흘렀을 때 차단하고, 큰 과전류가 발생했을 때에는 (B)에 차단할 수 있어야 한다. (   )에 알맞은 말로 짝지어진 것은?

① A : 장시간, B : 장시간
② A : 단시간, B : 단시간
③ A : 장시간, B : 단시간
④ A : 단시간, B : 장시간

해설
과전류 차단기에 요구되는 성능
• 전동기의 기동전류와 같이 단시간 동안 약간의 과전류에서는 동작하지 않아야 한다.
• 과부하 등 적은 과전류가 장시간 지속하여 흘렀을 때 동작하여야 한다.
• 과전류가 증가하면 단시간에 동작하여야 한다.
• 큰 단락전류가 흐를 때에는 순간적으로 동작하여야 한다.
• 차단 시 발생하는 아크를 소호하여 폭발하지 않고 확실하게 차단할 수 있어야 한다.

09 선회 장치의 안전 조건으로 맞지 않는 것은?

① 선회 프레임 및 브래킷은 균열 또는 변형이 없을 것

② 선회 시 선회 장치부에 이상음 또는 발열이 있을 것

③ 상부 회전체 각 부분의 연결핀, 볼트 및 너트는 풀림 또는 탈락이 없을 것

④ 선회 시 인접 건축물 등과의 충돌이 발생되지 않도록 안전장치를 설치하는 등의 조치를 할 것

해설
크레인의 선회 장치 제작 및 안전기준(위험기계·기구 안전인증 고시 [별표 2])
• 선회 프레임 및 브래킷은 균열 또는 변형이 없을 것
• 선회 시 선회 장치부에 이상음 또는 발열이 없을 것
• 밸런스 웨이트는 견고하게 설치되어 있을 것
• 상부 회전체의 각 부분 연결핀, 볼트 및 너트는 풀림 또는 탈락이 없을 것
• 선회 시 근접 설치된 각 크레인 및 인접건축물 등과 충돌이 발생되지 않도록 안전장치를 설치하는 등의 조치를 할 것

10 선회 감속기에 사용되는 윤활유의 구비 조건으로 적합하지 않은 것은?

① 점도가 적당할 것

② 윤활성이 좋을 것

③ 유동성이 좋을 것

④ 비등점이 낮을 것

해설
윤활유의 구비 조건
• 점도가 적당하고 유막이 강할 것
• 온도에 따른 점도 변화가 적고 유성이 클 것
• 인화점이 높고 발열이나 화염에 인화되지 않을 것
• 중성이며, 베어링이나 금속을 부식시키지 않을 것
• 사용 중에 변질되지 않을 것
• 불순물이 잘 혼합되지 않을 것
• 발생 열을 흡수하여 열전도율이 좋을 것
• 내열, 내압성일 것
• 가격이 저렴할 것

11 타워크레인 배전함의 구성과 기능을 설명한 것으로 틀린 것은?

① 전동기를 보호 및 제어하고 전원을 개폐한다.

② 철제 상자나 커버 및 난간 등을 설치한다.

③ 옥외에 두는 방수용 배전함은 양질의 절연재를 사용한다.

④ 배전함의 외부에는 반드시 적색 표시를 하여야 한다.

12 타워크레인 구조에서 기초 앵커 위쪽에서 운전실 아래까지의 구간에 위치하고 있지 않은 구조는?

① 베이직 마스트

② 카운터 지브

③ 타워 마스트

④ 텔레스코픽 케이지

해설
카운터 지브(Counter Jib)
크레인 전·후방의 균형 유지를 위하여 메인 지브의 반대편에 설치되는 지브로서 균형추(카운터웨이트)와 윈치를 사용한 권상 장치가 설치된다.

13 주행 중 동작을 멈추어야 할 긴급한 상황일 때 가장 먼저 해야 할 것은?

① 충돌 방지 장치 작동
② 권상, 권하 레버 정지
③ 비상 정지 장치 작동
④ 트롤리 정지 장치 작동

해설
비상 정지 장치
동작 시 예기치 못한 상황이나 동작을 멈추어야 할 상황이 발생되었을 때 정지시키는 장치로서 모든 제어 회로를 차단시키는 구조로 한다.

14 동절기에 기초 앵커를 설치할 경우 콘크리트 타설 작업 후의 콘크리트 양생 기간으로 가장 적절한 것은?

① 1일 이상
② 3일 이상
③ 5일 이상
④ 10일 이상

해설
콘크리트 타설 작업 후, 양생 기간은 약 7~10일 정도 해야 하며 균열이 가지 않도록 2~3일 정도에 한 번씩 양수를 하는 것이 좋다.

15 1개 출구와 2개 이상의 입구가 있고, 출구가 최고 압력 측 입구를 선택하는 기능이 있는 밸브는?

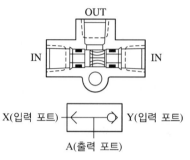

① 체크 밸브   ② 방향 조절 밸브
③ 포트 밸브   ④ 셔틀 밸브

해설
셔틀 밸브
출구 측 포트는 2개의 입구 측 포트 관로 중 고압 측과 자동적으로 접속되고, 동시에 저압 측 포트를 막아 항상 고압 측의 유압유만을 통과시키는 전환 밸브이다.

16 타워크레인에서 권상 시 트롤리와 훅(Hook)이 충돌하는 것을 방지하는 장치는?

① 권과 방지 장치
② 속도 제한 장치
③ 충돌 방지 장치
④ 비상 정지 장치

해설
권과 방지 장치
크레인으로 권상 작업 시 훅이 과도하게 올라가 트롤리 프레임 또는 호이스트 드럼에 부딪혀 와이어로프 파단으로 인한 하물의 추락을 방지하는 장치이다. 크레인의 파손으로 인한 낙하 재해를 예방하는 역할을 한다.

17 텔레스코핑 작업에 관한 내용으로 틀린 것은?

① 텔레스코핑 작업 중 선회 동작 금지
② 연결 볼트 또는 연결핀을 체결하기 전에는 크레인의 동작을 금지
③ 연결 볼트 체결 시는 토크 렌치 사용
④ 유압 실린더가 상승 중에 트롤리를 전·후로 이동

해설
텔레스코핑(Telescoping) 작업
마스트를 연장 또는 해체 작업을 하기 위해 유압 장치 및 실린더가 동작하고 있는 상태를 말한다.

18 저항이 10Ω일 경우 100V의 전압을 가할 때 흐르는 전류는?

① 0.1A   ② 10A
③ 100A   ④ 1,000A

해설
$$전류[A] = \frac{전압[V]}{저항[\Omega]} = \frac{100}{10} = 10A$$

19 타워크레인의 과부하 방지 장치 검사에 대한 내용이 아닌 것은?

① 과부하 시 운전자가 용이하게 경보를 들을 수 있을 것
② 권상 과부하 차단 스위치의 작동 상태가 정상일 것
③ 정격 하중의 1.2배에 해당하는 하중 적재 시부터 경보와 함께 작동될 것
④ 성능 검정 대상품이므로 성능 검정 합격품인지 점검할 것

해설
과부하 방지 장치는 정격 하중의 1.1배(타워크레인은 1.05배) 권상 시 경보와 함께 권상 동작이 정지되고 과부하를 증가시키는 동작이 되지 않을 것

20 타워크레인의 구조부에 관한 설명 중 잘못된 것은?

① 타워 마스트(Tower Mast) - 타워크레인을 지지해 주는 기둥(몸체) 역할을 하는 구조물로서 한 부재의 높이가 3~5m인 마스트를 볼트로 연결시켜 나가면서 설치 높이를 조정할 수 있다.
② 메인 지브(Main Jib) - 선회 축을 중심으로 한 외팔보 형태의 구조물로서 지브의 길이에 따라 권상 하중이 결정되며, 상부에 권상 장치와 균형추가 설치된다.
③ 트롤리(Trolley) - T형 타워크레인의 메인 지브를 따라 이동하며 권상 작업을 위한 선회 반경을 결정하는 횡행 장치이다.
④ 훅 블록(Hook Block) - 트롤리에서 내려진 와이어로프에 매달려 화물의 매달기에 필요한 일반적인 매달기 기구이다.

해설
메인 지브는 선회 반경에 따라 권상 하중이 결정된다. 카운터 지브에 권상 장치와 균형추가 설치된다.

21 타워크레인의 표준 신호 방법에서 양쪽 손을 몸 앞에 두고 두 손을 깍지 끼는 것은 무엇을 뜻하는가?

① 물건 걸기
② 수평 이동
③ 비상 정지
④ 주권 사용

해설
물건 걸기 : 양쪽 손을 몸 앞에 대고 두 손을 깍지 낀다.

22 무전기를 이용하여 신호를 할 때 옳지 않은 것은?

① 혼선 상태일 때는 일방적으로 크게 말한다.
② 작업 시작 전 신호수와 운전자 간에 작업의 형태를 사전에 협의하여 숙지한다.
③ 공유 주파수를 사용함으로써 짧고 명확한 의사 전달이 되어야 한다.
④ 운전자와 신호수 간에 완전한 이해가 이루어진 것을 상호 확인해야 한다.

23 타워크레인의 운전 속도에 대한 설명으로 틀린 것은?

① 주행은 가능한 한 저속으로 한다.
② 위험물 운반 시에는 가능한 한 저속으로 운전한다.
③ 권상 작업 시 양정이 짧은 것은 빠르게, 긴 것은 느리게 운전한다.
④ 권상 작업 시 화물의 하중이 가벼우면 빠르게, 무거우면 느리게 운전한다.

해설
권상 장치는 양정이 짧은 것이 느리고 긴 것이 빠르다.

24 타워크레인에서 트롤리 로프의 처짐을 방지하는 장치는?

① 트롤리 로프 안전장치
② 트롤리 로프 긴장 장치
③ 트롤리 로프 정지 장치
④ 트롤리 내·외측 제어 장치

해설
트롤리 로프 긴장 장치
트롤리 로프 사용 시 로프의 처짐이 크면 트롤리 위치 제어가 정확하지 못하므로 트롤리 로프의 한쪽 끝을 드럼으로 감아서 장력을 주는 장치이다.

25 타워크레인의 중량물 권하 작업 시 착지 방법으로 잘못된 것은?

① 중량물 착지 바로 전 줄걸이 로프가 인장력을 받고 있는 상태에서 일단 정지하여 안전을 확인한 후 착지시킨다.

② 중량물은 지상 바닥에 직접 놓지 말고 받침목 등을 사용한다.

③ 내려놓을 위치를 변경할 때에는 중량물을 손으로 직접 밀거나 잡아당겨 수정한다.

④ 둥근 물건을 내려놓을 때에는 굴러가는 것을 방지하기 위하여 쐐기 등을 사용한다.

> **해설**
> 와이어로프가 인장력을 받고 있는 동안에 잡아당길 필요가 있을 경우에는 직접 손으로 하지 말고 보조구를 사용하여야 한다.

26 지브를 기복하였을 때 변하지 않는 것은?

① 작업 반경
② 인양 가능한 하중
③ 지브의 길이
④ 지브의 경사각

> **해설**
> 지브의 길이, 즉 선회 반경에 따라 권상용량이 결정된다.

27 타워크레인에서 안전 작업을 위해 신호할 때 주의 사항이 아닌 것은?

① 신호수는 절도 있는 동작으로 간단명료하게 한다.

② 신호는 운전자가 보기 쉽고 안전한 장소에서 실시한다.

③ 운전자에 대한 신호는 반드시 정해진 한 사람의 신호수가 한다.

④ 신호수는 항상 운전자에게만 주시하면서 신호한다.

> **해설**
> 신호수는 전적으로 그의 주의력을 집중하여 크레인 동작에 필요한 신호에만 전념하고 인접지역의 작업자들의 안전에 최대한 신경을 써야 한다.

28 타워크레인의 훅을 상승할 때 줄걸이용 와이어로프에 장력이 걸리면 일단 정지하고 확인할 사항이 아닌 것은?

① 줄걸이용 와이어로프에 걸리는 장력이 균등한지 확인

② 화물이 붕괴될 우려는 없는지 확인

③ 보호대가 벗겨질 우려는 없는지 확인

④ 권과 방지 장치는 정상 작동하는지 확인

> **해설**
> 훅 상승 시 줄걸이용 와이어로프에 장력이 걸릴 때 점검할 사항
> • 줄걸이용 와이어로프에 걸리는 장력은 균등한지 점검한다.
> • 매달린 물건이 미끄러져 떨어질 위험은 없는지 점검한다.
> • 와이어로프가 미끄러지고, 보호대가 벗겨질 우려는 없는지 점검한다.

29 트롤리의 방호 장치가 아닌 것은?

① 완충 스토퍼

② 와이어로프 꼬임 방지 장치

③ 와이어로프 긴장 장치

④ 저고속 차단 스위치

해설
와이어로프 꼬임 방지 장치
권상 또는 권하 시 권상 로프(Hoist Rope)에 하중이 걸릴 때 호이스트 와이어로프의 꼬임에 의한 로프의 변형을 제거해주는 장치로서 내부에 스러스트 베어링(Trust Bearing)이 들어있는 축 방향 회전 장치이다.

30 타워크레인 작업 시 사고 방지를 위한 조치로 틀린 것은?

① 태풍 시기가 아닐 경우에는 타워크레인의 자립 가능 높이보다 마스트를 1개 초과하여 작업을 실시할 수 있다.

② 타워크레인의 작업 반경별 정격 하중 이내에서 양중 작업을 하여야 한다.

③ 강풍의 영향을 감소시키기 위하여 간판 등 크레인에 불필요한 구조물은 부착하지 않는다.

④ 기초의 부등 침하 방지를 위하여 지하수 및 지표수의 유입을 차단해야 한다.

해설
타워크레인을 자립고(自立高) 이상의 높이로 설치하는 경우 건축물 등의 벽체에 지지하도록 하여야 한다. 다만, 지지할 벽체가 없는 등 부득이한 경우에는 와이어로프에 의하여 지지할 수 있다.

31 와이어로프 사용에 대한 설명 중 가장 거리가 먼 것은?

① 길이 300mm 이내에서 소선이 10% 이상 절단되었을 때 교환한다.

② 고온에서 사용되는 로프는 절단되지 않아도 3개월 정도 지나면 교환한다.

③ 활차의 최소경은 로프 소선 직경의 6배이다.

④ 통상적으로 운반물과 접하는 부분은 나뭇조각 등을 사용하여 로프를 보호한다.

해설
활차(도르래, 시브)의 직경은 작용하는 와이어로프 직경의 20배 이상이어야 한다.

32 크레인용 와이어로프에 대한 설명 중 틀린 것은?

① 와이어로프의 구조는 스트랜드와 심강으로 구분한다.

② 와이어로프 클립 고정 시 로프 직경이 30mm일 때 클립 수가 최소 4개는 되어야 한다.

③ 와이어로프의 심강으로는 섬유심이 가장 많다.

④ 와이어로프의 심강으로 철심으로 사용할 수 있다.

해설
와이어로프 직경에 따른 클립 수

로프 직경[mm]	클립 수
16 이하	4개
16 초과 28 이하	5개
28 초과	6개 이상

33 와이어로프의 열 영향에 의한 재질 변형의 한계는?

① 50℃ ② 100℃

③ 200~300℃ ④ 500~600℃

심강이 철심일 경우 300℃까지 사용이 가능하다.

35 지름이 2m, 길이가 4m인 철재 원기둥을 줄걸이하여 인양하고자 할 때 이 기둥의 무게는 얼마인가? (단, 철의 비중은 7.8이다)

① 62.4ton ② 74.8ton

③ 81.6ton ④ 97.9ton

원기둥의 부피 $V = \pi \times r^2 \times h = 3.14 \times 1^2 \times 4 = 12.56\text{m}^3$
$$= 12.56 \times 7.8 ≒ 97.9\text{ton}$$

34 훅걸이 중 가장 위험한 것은?

① 눈걸이 ② 어깨걸이

③ 이중걸이 ④ 반걸이

훅의 줄걸이 방법
- 눈걸이 : 모든 줄걸이 작업은 눈걸이를 원칙으로 한다.
- 반걸이 : 미끄러지기 쉬우므로 엄금한다.
- 짝감아걸이 : 가는 와이어로프일 때(14mm 이하) 사용하는 줄걸이 방법이다.
- 짝감아걸이 나머지 돌림 : 4가닥 걸이로서 꺾어 돌림을 할 때 사용한다.
- 어깨걸이 : 굵은 와이어로프일 때(16mm 이상) 사용한다.
- 어깨걸이 나머지 돌림 : 4가닥 걸이로서 꺾어 돌림을 할 때 사용하는 줄걸이 방법이다.

36 와이어로프 단말 가공법 중 이음 효율이 가장 좋은 것은?

① 클립 고정법

② 합금 및 아연 고정법

③ 쐐기 고정법

④ 심블붙이 스플라이스법

와이어로프 단말 고정 방법에 따른 이음 효율

단말 고정법	효율[%]
꼬아넣기법	70
합금 고정법	100
압축 고정법	90
클립 고정법	80
웨지 소켓법	80

37 와이어로프 KS 규격에 '6×7', '6×24'라고 구성 표기가 되어 있다. 여기서 6은 무엇을 표시하는가?

① 6개의 묶음(연)
② 6개의 소선
③ 6개의 섬유
④ 6개의 클램프

해설
기호 및 호칭

구성 기호	호칭
6×7	7개선 6꼬임
6×24	24개선 6꼬임

38 4.8ton의 부하물을 4줄걸이로 하여 60°로 매달았을 때 한 줄에 걸리는 하중은 약 몇 ton인가?

① 0.69
② 1.23
③ 1.39
④ 1.46

해설
한 줄에 걸리는 하중 $= \dfrac{\text{하중}}{\text{줄 수}} \times \text{조각도}$

$= \dfrac{4.8\text{ton}}{4줄} \times 1.155(60°) = 1.386\text{ton}$

39 크레인 운전 신호 방법 중 거수경례 또는 양손을 머리 위에서 교차시키는 것은 무엇을 뜻하는가?

① 수평 이동
② 기다려라
③ 크레인의 이상 발생
④ 작업 완료

해설
작업 완료 : 거수경례 또는 양손을 머리 위에 교차시킨다.

40 와이어로프 줄걸이 방법에 관한 설명 중 옳지 않은 것은?

① 각이 진 예리한 물건 옮길 때는 로프가 손상되지 않도록 보호대를 사용하여 보호한다.
② 둥근 물건은 이중걸이를 하여 미끄러지지 않도록 한다.
③ 줄걸이 각도의 60° 이내이며, 되도록 30~45° 이내로 하는 것이 좋다.
④ 주권과 보권을 동시에 사용하여 작업한다.

41 기중기 운전 시 주의 사항으로 거리가 먼 것은?

① 하중을 경사지게 당겨서는 안 된다.

② 안전장치를 해지하고 작업을 해서는 안 된다.

③ 정격 하중의 1.6배까지는 초과하여 작업을 할 수 있다.

④ 작업 개시 전에 이상 유무를 점검한 후 작업에 임해야 한다.

해설
정격 하중을 초과하여 물체를 들어 올리지 않는다.

42 기초 앵커 설치 시 재해 예방에 관한 사항으로 옳지 않은 것은?

① 1.5kgf/cm² 이상의 지내력 확보

② 기초 크기 확정

③ 기초 앵커의 수평 레벨 확인

④ 콤비 앵커 사용 금지

해설
크레인이 설치될 지면은 견고하며 하중을 충분히 지지할 수 있어야 한다. 보통 지내력은 2kgf/cm² 이상이어야 하며, 그렇지 않을 경우는 콘크리트 파일 등을 항타한 후 재하시험(載荷試驗, Loading Test)을 하고 그 위에 콘크리트 블록을 설치한다.

43 마스트 상승 작업에서 메인 지브와 카운터 지브의 균형 유지 방법이 옳은 것은?

① 작업 전 레일을 조정하여 균형을 유지한다.

② 작업 시 권상 작업을 통하여 균형을 유지한다.

③ 작업 시 선회 작업을 통하여 균형을 유지한다.

④ 작업 전 하중을 인양하여 트롤리의 위치를 조정하면서 균형을 유지한다.

해설
균형을 유지하기 위해 트롤리를 천천히 움직여야 하며, 선회 링 서포트 볼트 구멍과 마스트 구멍의 일치 상태 또는 가이드 롤러가 마스트에 접촉하는 상태로 균형 여부를 확인할 수 있으며, 텔레스코핑 작업 전에는 좌 · 우 균형을 일치시키는 것이 중요하다.

44 산업안전보건법상 방호 조치에 대한 근로자의 준수 사항에 해당되지 않는 것은?

① 방호 조치를 임의로 해체하지 말 것

② 방호 조치를 조정하여 사용하고자 할 때는 상급자의 허락을 받아 조정할 것

③ 사업주의 허가를 받아 방호 조치를 해체한 후, 그 사유가 소멸된 때에는 지체 없이 원상으로 회복시킬 것

④ 방호 조치의 기능이 상실된 것을 발견한 때에는 지체 없이 사업주에게 신고할 것

해설
방호 조치 해체 등에 필요한 조치(산업안전보건법 시행규칙 제99조)
• 방호 조치를 해체하려는 경우 : 사업주의 허가를 받아 해체할 것
• 방호 조치 해체 사유가 소멸된 경우 : 방호 조치를 지체 없이 원상으로 회복시킬 것
• 방호 조치의 기능이 상실된 것을 발견한 경우 : 지체 없이 사업주에게 신고할 것

45 와이어 가잉 클립 결속 시의 준수 사항으로 옳은 것은?

① 클립의 새들은 로프의 힘이 많이 걸리는 쪽에 있어야 한다.

② 클립의 새들은 로프의 힘이 적게 걸리는 쪽에 있어야 한다.

③ 클립의 너트 방향을 설치 수의 1/2씩 나누어 조임 한다.

④ 클립의 너트 방향을 아래, 위 교차가 되게 조임 한다.

47 타워크레인 해체 작업 중 유의 사항이 아닌 것은?

① 작업자는 반드시 안전모 등 안전장구를 착용하여야 한다.

② 우천 시에도 작업한다.

③ 안전 교육 후 작업에 임한다.

④ 와이어로프를 검사한다.

해설

비·눈 그 밖의 기상 상태(천둥, 번개, 돌풍 등)의 불안정으로 인하여 날씨가 몹시 나쁠 때에도 그 작업을 중지시킨다.

46 타워크레인 설치 당일 작업 전 준비 사항 및 최종 점검 사항이 아닌 것은?

① 줄거리 공구 등 안전 점검

② 작업자 안전 교육

③ 지휘 계통 확립

④ 설치 계획서 작성

48 타워크레인의 설치를 위한 인양물 권상 작업 중 화물 낙하 요인이 아닌 것은?

① 인양물의 재질과 성능

② 잘못된 줄걸이(인양줄) 작업

③ 지브와 달기 기구와의 충돌

④ 권상용 로프의 절단

49 마스트 상승 작업(텔레스코핑) 시 반드시 준수해야 할 사항이 아닌 것은?

① 제조자 및 설치 업체에서 작성한 표준 작업 절차에 의해 작업해야 한다.

② 텔레스코핑 작업 시 타워크레인 양쪽 지브의 균형 유지는 반드시 유지해야 한다.

③ 텔레스코핑 작업 시 유압 실린더 위치는 카운터 지브의 반대 방향이어야 한다.

④ 텔레스코핑 작업은 반드시 제한 풍속(순간 최대 풍속 : 10m/s)을 준수해야 한다.

해설
유압 실린더와 카운터 지브가 동일한 방향에 놓이도록 한다.

50 크레인 조립·해체 시의 작업 준수 사항이 아닌 것은?

① 작업 순서를 정하고 그 순서에 의하여 작업을 실시한다.

② 작업 장소는 안전한 작업이 이루어질 수 있도록 충분한 공간을 확보한다.

③ 들어 올리거나 내리는 기자재는 균형을 유지하면서 작업한다.

④ 조립용 볼트는 나란히 차례대로 결합하고 분해한다.

해설
규격품인 조립용 볼트를 사용하고 대칭되는 곳을 순차적으로 결합하고 분해한다.

51 벨트에 대한 안전 사항으로 틀린 것은?

① 벨트의 이음쇠는 돌기가 없는 구조로 한다.

② 벨트를 걸 때나 벗길 때에는 기계가 정지한 상태에서 한다.

③ 벨트가 풀리에 감겨 돌아가는 부분은 커버나 덮개를 설치한다.

④ 바닥면으로부터 2m 이내에 있는 벨트는 덮개를 제거한다.

해설
벨트의 회전부에는 안전 덮개가 견고히 설치되어야 한다.

52 관련법상 작업장에 사다리식 통로를 설치할 때 준수해야 할 사항으로 틀린 것은?

① 견고한 구조로 할 것

② 발판의 간격은 일정하게 할 것

③ 사다리가 넘어지거나 미끄러지는 것을 방지하기 위한 조치를 할 것

④ 사다리식 통로의 길이가 10m 이상인 때에는 접이식으로 설치할 것

해설
사다리식 통로의 길이가 10m 이상인 경우에는 5m 이내마다 계단참을 설치할 것

53 수공구 사용 시 유의 사항으로 맞지 않는 것은?

① 무리하게 취급하지 않는다.

② 토크 렌치는 볼트를 풀 때 사용한다.

③ 사용법을 숙지하여 사용한다.

④ 공구를 사용하고 나면 일정한 장소에 관리 보관한다.

해설
토크 렌치는 볼트, 너트, 작은 나사 등의 조임에 필요한 토크를 주기 위한 체결용 공구이다.

54 소화 방식의 종류 중 주된 작용이 질식소화에 해당하는 것은?

① 강화액   ② 호스 방수

③ 에어 폼   ④ 스프링클러

해설
질식소화
산소 차단, 유화소화(포 소화기 등)와 피복소화(분말 소화기, CO_2 소화기 등)

55 소화 설비 선택 시 고려하여야 할 사항이 아닌 것은?

① 작업의 성질

② 작업자의 성격

③ 화재의 성질

④ 작업장의 환경

56 중량물 운반 시 안전 사항으로 틀린 것은?

① 크레인은 규정 용량을 초과하지 않는다.

② 화물을 운반할 경우에는 운전 반경 내를 확인한다.

③ 무거운 물건을 상승시킨 채 오랫동안 방치하지 않는다.

④ 흔들리는 화물은 사람이 승차하여 붙잡도록 한다.

해설
들어 올릴 물건 위에 근로자 탑승 운반 금지

57 작업을 위한 공구 관리의 요건으로 가장 거리가 먼 것은?

① 공구별로 장소를 지정하여 보관할 것
② 공구는 항상 최소 보유량 이하로 유지할 것
③ 공구 사용 점검 후 파손된 공구는 교환할 것
④ 사용한 공구는 항상 깨끗이 한 후 보관할 것

58 가스 용접 시 사용되는 산소용 호스는 어떤 색인가?

① 적색   ② 황색
③ 녹색   ④ 청색

해설
가스 용접에 쓰이는 호스 도색
• 산소용 : 흑색 또는 녹색
• 아세틸렌용 : 적색

59 산업안전보건법령상 안전보건표지에서 색채와 용도가 옳지 않게 짝지어진 것은?

① 파란색 - 지시
② 녹색 - 안내
③ 노란색 - 위험
④ 빨간색 - 금지, 경고

해설
안전보건표지의 색도 기준 및 용도(산업안전보건법 시행규칙[별표 8])

색채	용도	사용례
빨간색	금지	정지 신호, 소화 설비 및 그 장소, 유해 행위의 금지
	경고	화학 물질 취급 장소에서의 유해·위험 경고
노란색	경고	화학 물질 취급 장소에서의 유해·위험 경고 이외의 위험 경고, 주의 표지 또는 기계 방호물
파란색	지시	특정 행위의 지시 및 사실의 고지
녹색	안내	비상구 및 피난소, 사람 또는 차량의 통행 표지
흰색		파란색 또는 녹색에 대한 보조색
검은색		문자 및 빨간색 또는 노란색에 대한 보조색

60 공장 내 작업 안전 수칙으로 옳은 것은?

① 기름걸레나 인화 물질은 철제 상자에 보관한다.
② 공구나 부속품을 닦을 때에는 휘발유를 사용한다.
③ 차가 잭에 의해 올라가 있을 때는 직원 외에 차내 출입을 삼간다.
④ 높은 곳에서 작업할 때는 훅을 놓치지 않게 잘 잡고 체인 블록을 이용한다.

01 유압 장치의 설명으로 맞는 것은?

① 물을 이용해서 전기적인 장점을 이용한 것

② 대용량의 화물을 들어 올리기 위해 기계적인 장점을 이용한 것

③ 기계를 압축시켜 액체의 힘을 모은 것

④ 액체의 압력을 이용하여 기계적인 일을 시키는 것

해설
유압 장치는 유압유의 압력 에너지를 이용하여 기계적인 일을 하는 것이다.

03 텔레스코픽 장치 조작 시 사전 점검 사항으로 적합하지 않은 것은?

① 유압 장치의 오일 양을 점검한다.

② 전동기의 회전 방향을 점검한다.

③ 유압 장치의 압력을 점검한다.

④ 선회 장치의 회전 방향을 점검한다.

해설
모터의 회전 방향을 점검한다.

02 타워크레인의 동력이 차단되었을 때 권상 장치의 제동 장치는 어떻게 되어야 하는가?

① 자동적으로 작동해야 한다.

② 수동으로 작동시켜야 한다.

③ 자동적으로 해제되어야 한다.

④ 하중의 대소에 따라 자동적으로 해제 또는 작동해야 한다.

04 타워크레인의 앵커에 작용하는 하중을 바르게 나열한 것은?

① 인장 하중, 전단 하중

② 전단 하중, 좌굴 하중

③ 압축 하중, 인장 하중

④ 압축 하중, 좌굴 하중

05 화물을 매단 상태에서 트롤리를 이동(횡행)하다 정지할 때 트롤리가 앞뒤로 흔들리면서 정지할 경우의 조치 사항으로 옳은 것은?

① 브레이크 밀림이 없도록 라이닝 상태를 점검하고 간극을 조정한다.
② 물건의 무게중심 때문에 가끔 발생하는 것으로 천천히 운전하면 무시해도 된다.
③ 트롤리 이송용 와이어로프의 장력을 느슨하게 조정한다.
④ 트롤리의 횡행 제한 리밋 설치 위치를 재조정한다.

06 기복(Luffing)형 타워크레인의 장점과 거리가 먼 것은?

① 기복 시에도 경쾌한 운전이 가능하다.
② 간섭이 심한 작업 현장에도 사용할 수 있다.
③ 기복하면서 화물도 동시에 상하로 이동한다.
④ 작업 반경 내에 장애물이 있어도 어느 정도 작업할 수 있다.

> **해설**
> T형 타워크레인은 지브가 고정되어 있는데 비하여, L(Luffing Jib)형은 고공권 침해 또는 타 건물에 간섭이 있을 경우 선택되는 장비로 지브를 상하로 움직여 작업물을 인양할 수 있다.

07 크레인 관련 용어 설명으로 적합하지 않은 것은?

① 타워크레인이란 수직 타워의 상부에 위치한 지브를 선회시키는 크레인을 말한다.
② 권상 하중이란 들어 올릴 수 있는 최대의 하중을 말한다.
③ 기복이란 수직면에서 지브 각의 변화를 말하며, T형 타워크레인에만 해당하는 용어이다.
④ 호이스트란 훅이나 기타 달기 기구 등을 사용하여 화물을 권상 및 횡행하거나, 권상 동작만을 행하는 양중기를 말한다.

> **해설**
> 기복(Luffing)이란 수직면에서 지브 각의 변화를 말하며, L형 타워크레인에만 해당하는 용어이다.

08 유압 펌프에 대한 설명으로 맞지 않는 것은?

① 원동기의 기계적 에너지를 유체 에너지로 변환하는 기구이다.
② 작동유의 점도가 너무 높으면 소음이 발생한다.
③ 유압 펌프의 크기는 주어진 속도와 토출 압력으로 표시한다.
④ 유압 펌프에서 토출량은 단위 시간에 유출하는 액체의 체적을 의미한다.

> **해설**
> 유압 펌프의 용량 표시 : 주어진 압력과 그때의 토출량으로 표시

09 배선용 차단기의 동작 방식에 따른 분류가 아닌 것은?

① 전자식

② 누전식

③ 열동전자식

④ 열동식

해설

배선용 차단기의 동작 방식에 따른 분류

열동(熱動)식, 열동전자(熱動電子)식, 전자(電磁)식, 전자(電子)식

11 유압 회로 내의 이물질과 슬러지 등의 오염 물질을 회로 밖으로 배출시켜 회로를 깨끗하게 하는 것을 무엇이라 하는가?

① 푸싱(Pushing)

② 리듀싱(Reducing)

③ 플래싱(Flashing)

④ 언로딩(Unloading)

해설

플래싱

유압 회로 내 이물질을 제거하는 것 외에도 작동유 교환 시 오래된 오일과 슬러지를 용해하여 오염물의 전량을 회로 밖으로 배출시켜 회로를 깨끗하게 하는 것

10 타워크레인의 설치 방법에 따른 분류로 옳지 않은 것은?

① 고정형(Stationary Type)

② 상승형(Climbing Type)

③ 천칭형(Balance Type)

④ 주행형(Travelling Type)

해설

기초부

타워크레인 설치를 위한 최하단의 지반으로서 고정식, 주행식, 상승식 3가지로 구분된다.

12 옥외에 설치된 주행 타워크레인의 이탈 방지 장치를 작동시켜야 하는 경우는?

① 순간 풍속이 초당 10m를 초과하는 바람이 불어올 우려가 있는 경우

② 순간 풍속이 초당 20m를 초과하는 바람이 불어올 우려가 있는 경우

③ 순간 풍속이 초당 30m를 초과하는 바람이 불어올 우려가 있는 경우

④ 순간 풍속이 초당 5m를 초과하는 바람이 불어올 우려가 있는 경우

해설

순간 풍속이 30m/s를 초과하는 바람이 불어올 우려가 있는 경우 옥외에 설치되어 있는 주행 크레인에 대하여 이탈 방지 장치를 작동시키는 등 이탈 방지를 위한 조치를 하여야 한다.

13 타워크레인의 전동기 외함은 접지를 해야 하는데, 사용 전압이 440V일 경우의 접지 저항은 몇 Ω 이하여야 하는가?

① 10Ω   ② 20Ω
③ 50Ω   ④ 100Ω

해설
전동기 외함, 제어반의 프레임 등은 접지하여 그 접지 저항은 400V 이하일 때 100Ω 이하, 400V 초과일 때 10Ω 이하여야 한다. 단, 방폭 지역의 저압 전기기계·기구의 외함은 전압에 관계 없이 10Ω 이하여야 한다.

14 권상 작업의 정격 속도에 관한 설명 중 옳은 것은?

① 크레인의 정격 하중에 상당하는 하중을 매달고 권상할 수 있는 최고 속도를 말한다.
② 크레인의 권상 하중에 상당하는 하중을 매달고 권상할 수 있는 최고 속도를 말한다.
③ 크레인의 권상 하중에 상당하는 하중을 매달고 권상할 수 있는 평균 속도를 말한다.
④ 크레인의 정격 하중에 상당하는 하중을 매달고 권상할 수 있는 평균 속도를 말한다.

15 타워크레인의 안전한 권상 작업 방법으로 옳지 않은 것은?

① 운전실에서 보이지 않는 곳의 작업은 신호수의 수신호나 무선 신호에 의해서 작업한다.
② 무게중심 위로 훅을 유도하고 화물의 무게중심을 낮추어 흔들림이 없도록 작업한다.
③ 권상하고자 하는 화물을 지면에서 살짝 들어 올려 안정 상태를 확인한 후 작업한다.
④ 권상하고자 하는 화물은 매다는 각도를 30°로 하고, 반드시 4줄로 매달아 작업한다.

해설
매다는 각도는 원칙적으로 60° 이하로 하고, 최대 각도는 90° 이하를 유지한다. 외줄걸이를 금하고 2줄 또는 4줄걸이를 이용한다.

16 타워크레인에 사용되는 배선의 절연 저항 측정 기준으로 틀린 것은?

① 대지 전압이 150V 이하인 경우에는 0.1MΩ 이상
② 대지 전압이 150V 초과, 300V 이하인 경우에는 0.2MΩ 이상
③ 사용 전압이 300V 초과, 400V 미만인 경우에는 0.3MΩ 이상
④ 사용 전압이 400V 이하인 경우에는 0.4MΩ 이상

해설
크레인 배선의 절연 저항 검사기준(안전검사 고시 [별표 2])
• 대지 전압 150V 이하인 경우 0.1MΩ 이상
• 대지 전압 150V 초과 300V 이하인 경우 0.2MΩ 이상
• 사용 전압 300V 초과 400V 미만인 경우 0.3MΩ 이상
• 사용 전압 400V 이상인 경우 0.4MΩ 이상일 것

17 과부하 방지 장치는 성능 검정 대상품이므로 성능 검정 합격품에 (　)자 마크를 부착한다. (　)에 알맞은 말은?

① "안"　　　　　　② "전"
③ "품"　　　　　　④ "정"

19 카운터웨이트의 역할에 대한 설명으로 적합한 것은?

① 메인 지브의 폭에 따라 크레인의 균형을 유지한다.
② 메인 지브의 길이에 따라 크레인의 균형을 유지한다.
③ 메인 지브의 높이에 따라 크레인의 균형을 유지한다.
④ 메인 지브의 속도에 따라 크레인의 균형을 유지한다.

해설
카운터웨이트(Counterweight)
메인 지브의 길이에 따라 크레인 균형 유지에 적합하도록 선정된 여러 개의 철근 콘크리트 등으로 만들어진 블록으로, 카운터 지브 측에 설치되며 이탈되거나 흔들리지 않도록 수직으로 견고히 고정된다.

20 타워크레인의 방호 장치 종류가 아닌 것은?

① 권상 및 권하 방지 장치
② 풍압 방지 장치
③ 과부하 방지 장치
④ 훅 해지 장치

해설
타워크레인의 방호 장치 종류
• 권상 및 권하 방지 장치　　• 과부하 방지 장치
• 속도 제한 장치　　　　　　• 바람에 대한 안전장치
• 비상 정지 장치　　　　　　• 트롤리 내·외측 제어 장치
• 트롤리 로프 파손 안전장치　• 트롤리 정지 장치(Stopper)
• 트롤리 로프 긴장 장치　　　• 와이어로프 꼬임 방지 장치
• 훅 해지 장치　　　　　　　• 선회 제한 리밋 스위치
• 충돌 방지 장치　　　　　　• 선회 브레이크 풀림 장치
• 접지

18 타워크레인은 선회 동작 중 선회 레버를 중립으로 놓아도 그 방향으로 더 선회하려는 성질이 있는데, 이를 무엇이라 하는가?

① 관성　　　　　　② 휘성
③ 연성　　　　　　④ 점성

해설
관성
물체가 외부로부터 힘을 받지 않을 때 처음의 운동 상태를 계속 유지하려는 성질

21 크레인 작업 표준 신호 지침에서 비상 정지 신호 방법은?

① 한 손을 들어 올려 주먹을 쥔다.

② 거수경례 또는 양손을 머리 위에 교차시킨다.

③ 양손을 들어 올려 크게 2~3회 좌우로 흔든다.

④ 팔꿈치에 손가락을 떼었다 붙였다 한다.

23 운전자가 손바닥을 안으로 하여 얼굴 앞에서 2~3회 흔드는 신호는 무슨 뜻인가?

① 작업 완료

② 신호 불명

③ 줄걸이 작업 미비

④ 크레인 이상 발생

해설

신호 불명 : 운전자는 손바닥을 안으로 하여 얼굴 앞에서 2, 3회 흔든다.

22 타워크레인 작업 중 운반 화물에 발생하는 진동을 설명한 것 중 틀린 것은?

① 화물이 무거우면 진폭이 크다.

② 화물이 무거우면 진동 주기가 짧다.

③ 선회 작업 시 가속도가 클수록 진폭이 크다.

④ 로프가 길수록 진동 주기가 길다.

해설

화물의 무게와 진동 주기는 관계가 없다.

24 타워크레인을 사용하여 철골 조립 작업 시 악천후로 작업을 중단해야 하는 기준 강우량은?

① 시간당 0.1mm 이상

② 시간당 0.2mm 이상

③ 시간당 0.5mm 이상

④ 시간당 1.0mm 이상

해설

철골 작업의 제한(산업안전보건기준에 관한 규칙 제383조)
사업주는 다음의 어느 하나에 해당하는 경우에 철골 작업을 중지하여야 한다.

• 풍속이 10m/s 이상인 경우

• 강우량이 1mm/h 이상인 경우

• 강설량이 1cm/h 이상인 경우

25 타워크레인 작업 시 신호 기준의 원칙으로 틀린 것은?

① 통신 및 육성 메시지는 단순, 간결, 명확해야 한다.

② 신호수는 운전자의 신호 이해 여부와 관계없이 약속에 의한 신호만 하면 된다.

③ 신호수와 운전자 간의 거리가 멀어서 수신호의 식별이 어려울 때에는 깃발에 의한 신호 또는 무전기를 사용한다.

④ 무선 통신을 통한 교신이 만족스럽지 않다면 수신호를 한다.

> **해설**
> 신호를 접수한 운전자와 통신한 사람은 서로 완전하게 이해하였는지를 확인하여야 한다.

26 트롤리 로프 긴장 장치의 기능에 관한 설명으로 틀린 것은?

① 와이어로프의 긴장을 유지하여 정확한 위치를 제어한다.

② 연신율에 의해 느슨해진 와이어로프를 수시로 긴장시킬 수 있는 장치이다.

③ 화물이 흔들리는 것을 와이어로프 긴장을 이용하여 조절하는 기능을 한다.

④ 정·역방향으로 와이어로프의 드럼 감김 능력을 원활하게 한다.

> **해설**
> **트롤리 로프 긴장 장치**
> 트롤리 로프 사용 시 로프의 처짐이 크면 트롤리 위치 제어가 정확하지 못하므로 트롤리 로프의 한쪽 끝을 드럼으로 감아서 장력을 주는 장치이다.

27 타워크레인 주요 구동부의 작동 방법으로 틀린 것은?

① 작동 전 브레이크 등을 시험한다.

② 크레인 인양 하중표에 따라 화물을 들어 올린다.

③ 운전석을 비울 때에는 주전원을 끈다.

④ 사각지대 화물은 경사지게 끌어올린다.

> **해설**
> 비스듬히 물건을 끌어올리거나 훅으로 대차를 이동시키는 행위는 금지한다.

28 일반적인 타워크레인 조종 장치에서 선회 제어 조작 방법은?(단, 운전석에 앉아 있을 때를 기준으로 한다)

① 왼쪽 상하

② 왼쪽 좌우

③ 오른쪽 상하

④ 오른쪽 좌우

29 타워크레인의 금지 작업으로 틀린 것은?

① 박힌 하중 인양 작업

② 지면을 따라 끌고 가는 작업

③ 파괴를 목적으로 하는 작업

④ 탈착된 갱 폼의 인양 작업

해설

타워크레인의 금지 작업

• 파일 등 땅에 박힌 하중 인양 작업

• 운전석 쪽으로 끌어당김 작업

• 작업자 위를 통과하는 작업

• 시야를 벗어난 작업(신호수가 있을 경우 예외)

• 불균형하게 매달린 하중의 이송 작업

• 하중이 지면에 있을 때의 선회 동작

• 다른 구조물의 파괴 목적으로 사용

• 훅 블록이 지면에 뉘어진 상태

30 훅 상승 시 작업 방법으로 옳은 것은?

① 권상 후에도 타워의 흔들림이 멈출 때까지 저속으로 인양한다.

② 화물을 지면에서 이격한 후 안전이 확인되면 고속으로 인양해도 된다.

③ 화물이 경량일 때에는 타워에 미치는 영향이 미미하므로 저속은 생략해도 된다.

④ 화물이 인양된 후에는 권과 방지 장치가 작동할 때까지 계속 인양한다.

31 마그네틱 크레인 신호에서 양손을 몸 앞에다 대고 꽉 끼는 신호는 무엇을 뜻하는가?

① 마그넷 붙이기   ② 정지

③ 기다려라   ④ 신호 불명

해설

마그넷 붙이기 : 양쪽 손을 몸 앞에다 대고 꽉 낀다.

32 다음 공식 중 틀린 것은?

① 안전 계수 = $\dfrac{\text{절단 하중}}{\text{안전 하중}}$

② 회전력 = 힘 × 거리

③ 구심력 = $\dfrac{\text{질량} \times \text{선속도}^2}{\text{원운동의 반경}}$

④ 응력 = $\dfrac{\text{단면적}}{\text{압력}}$

해설

응력은 막대의 단면에 작용하는 단위 면적당 힘(F)이므로,

응력 = $\dfrac{(\text{압력} = \text{힘})}{\text{단면적}}$ 이다.

33 크레인 작업에 관한 설명 중 틀린 것은?

① 가벼운 짐이라도 외줄로 매달아서는 안 된다.

② 구멍이 없는 둥근 것을 매달 때는 로프를 +자 무늬로 한다.

③ 부득이 두 대의 크레인으로 협력 작업을 할 때는 지휘자가 꼭 한 사람이어야 하며, 신호수는 크레인 한 대에 1명씩 필요하다.

④ 운전자는 줄걸이 상태가 좋지 않다고 판단되면 그 작업을 하지 않아야 한다.

해설
한 현장에서 여러 대의 타워크레인 동시 작업 시 오직 신호수(작업지휘자)에 의해서만 작업이 실시되도록 관리하여야 한다.

34 줄걸이용 와이어로프를 엮어넣기로 고리를 만들려고 할 때 엮어넣는 적정 길이(Splice)는 얼마인가?

① 와이어로프 지름의 5~10배

② 와이어로프 지름의 10~20배

③ 와이어로프 지름의 20~30배

④ 와이어로프 지름의 30~40배

해설
로프의 엮어넣기의 엮는 적정 길이는 와이어 지름의 30~40배가 적당하다.

35 크레인 안전 작업을 위한 신호상 주의 사항이 아닌 것은?

① 신호수는 절도 있는 동작으로 간단명료하게 신호한다.

② 운전자에 대한 신호는 반드시 정해진 한 사람의 신호수가 한다.

③ 신호수는 항상 운전자에게만 주시하고 줄걸이 작업자의 행동은 별로 중요시하지 않아도 된다.

④ 운전자를 보기 쉽고 안전한 장소에서 실시한다.

36 와이어로프의 안전율을 계산하는 방법으로 맞는 것은?

① 로프의 절단 하중 ÷ 로프에 걸리는 최대 허용 하중

② 로프의 절단 하중 ÷ 로프에 걸리는 최소 허용 하중

③ 로프에 걸리는 최대 하중 ÷ 로프의 절단 하중

④ 로프에 걸리는 최소 허용 하중 ÷ 로프의 절단 하중

37 크레인용 일반 와이어로프(양질의 탄소강으로 가공한 것) 소선의 인장 강도(kgf/mm²)는 보통 얼마 정도인가?

① 135~180kgf/mm²

② 13.5~18kgf/mm²

③ 10.3~10.8kgf/mm²

④ 100~115kgf/mm²

해설
와이어로프의 재질은 탄소강이며 소선의 강도는 135~180kgf/mm² 정도이다.

38 가로 2m, 세로 2m, 높이 2m인 강괴(비중 8)의 무게는?

① 6ton

② 16ton

③ 32ton

④ 64ton

해설
(가로 2m × 세로 2m × 높이 2m) × 비중 8 = 64ton

39 와이어로프 손상의 주된 원인은?

① 마모, 부식

② 표면의 도유

③ 로프 보관 장소의 통풍

④ 로프 표면에 부착된 수분을 제거하기 위한 마른 걸레질

40 줄걸이 용구를 선정하여 줄걸이할 경우 줄걸이 장력이 가장 적게 걸리는 인양 각도는?

① 45°

② 60°

③ 90°

④ 120°

해설
줄걸이 각도의 조각도
30°는 1.035배, 45°는 약 1.070배, 60°는 1.155배, 90°는 1.414배, 120°는 2.000배로 각이 커질수록 한 줄에 걸리는 장력이 커진다.

41 산업재해의 간접 원인 중 기초 원인에 해당하지 않는 것은?

① 관리적 원인

② 학교 교육적 원인

③ 사회적 원인

④ 신체적 원인

해설
간접 원인
• 교육적 · 기술적 원인(개인적 결함)
• 관리적 원인(사회적 환경, 유전적 요인)

42 타워크레인의 해체 작업 시 안전 대책에 해당하지 않는 것은?

① 지휘 명령 계통의 명확화
② 중량물 낙하 방지
③ 추락 재해 방지
④ 단일 작업에서 1대 이상의 크레인 사용

해설
타워크레인 설치·해체 작업 시 안전 대책
• 지휘 계통의 명확화
• 추락 재해 방지 대책 수립 : 안전대 사용
• 비래·낙하 방지
• 보조 로프의 사용
• 적절한 줄걸이(슬링) 용구 선정
• 볼트, 너트, 고정핀 등의 개수 확인
• 각이 진 부재는 완충재를 대고 권상 작업 실시
• 최대 설치·해체 작업 풍속 준수 : 36km/h(10m/s) 이내

44 와이어 가잉 작업 시 소용되는 부재 및 부품이 아닌 것은?

① 전용 프레임
② 와이어 클립
③ 장력 조절 장치
④ 브레이싱 타이 바

해설
타이 바(Tie Bar)
메인 지브와 카운터 지브를 지지하면서 각기 캣(타워) 헤드에 연결해주는 바(Bar)로서 기능상 매우 중요하며, 인장력이 크게 작용하는 부재이다.

43 타워크레인의 유압 실린더가 확장되면서 텔레스코핑 되고 있을 때 준수 사항으로 옳은 것은?

① 선회 작동만 할 수 있다.
② 트롤리 이동 동작만 할 수 있다.
③ 권상 동작만 할 수 있다.
④ 선회, 트롤리 이동, 권상 동작을 모두 할 수 없다.

해설
텔레스코핑 유압 펌프가 작동 시에는 타워크레인의 작동을 해서는 안 된다.

45 타워크레인 마스트의 텔레스코픽(Telescopic) 작업 전에 준비할 사항으로 맞지 않는 것은?

① 유압 장치와 카운터 지브의 위치는 동일 방향으로 맞춘다.
② 유압 실린더는 연장 작업 전 절대 작동을 금한다.
③ 추가할 마스트는 메인 지브 방향으로 운반한다.
④ 유압 장치의 오일 양, 모터 회전 방향을 확인한다.

해설
유압 실린더의 작동 상태를 점검한다.

46 타워크레인의 상부 구조부 해체 작업에 해당하지 않는 것은?

① 카운터 지브에서 권상 기어를 분리한다.
② 타워 헤드를 분리한다.
③ 메인 지브에서 텔레스코핑 장치를 분리한다.
④ 카운터웨이트를 분해한다.

해설
베이직 마스트에서 텔레스코픽 케이지를 분리한다.

47 건물 내 클라이밍 타입 타워크레인의 설치 작업 전 검토 사항이 아닌 것은?

① 프레임 간격과 철골조 높이를 비교하여 크레인의 높이를 검토한다.
② 상승 위치의 보강 빔과 설치 기종의 클라이밍 프레임 간격을 검토한다.
③ 옥탑층에 시설물을 설치하기 전에는 크레인 해체를 원칙으로 검토한다.
④ 이동식 크레인의 설치 위치, 해체 공간의 여유는 설치 중에 검토한다.

48 타워크레인 설치(상승 포함), 해체 작업자가 특별 안전 보건 교육을 이수해야 하는 최소 시간은?

① 1시간 이상
② 2시간 이상
③ 3시간 이상
④ 4시간 이상

49 타워크레인 설치 후 하중 시험을 할 때 하중과 위치의 기준으로 옳은 것은?

① 정격 하중의 110% → 지브의 외측단
② 최고 하중의 105% → 최대 하중 양중 지점
③ 정격 하중의 105% → 지브의 외측단
④ 최고 하중의 110% → 최대 하중 양중 지점

해설
타워크레인의 하중 시험 시 적용 하중(타워크레인의 구조·규격 및 성능에 관한 기준 제15조)

확인 또는 신규 등록(이설 포함) 검사 시	정기 검사 시
정격 하중의 1.05배 미만 하중	임의 하중

※ 검사 시의 하중 시험은 지브 외측단에서 적용키로 한다.

50 타워크레인에서 사용하는 조립용 볼트는 대부분 12.9의 고장력 볼트를 사용하는데 이 숫자가 의미하는 것으로 맞는 것은?

① 12 : 인장 강도가 120kgf/mm^{2}이다.
② 9 : 볼트의 등급이 9이다.
③ 12 : 보증 신뢰도가 120%이다.
④ 9 : 너트의 등급이 9이다.

해설
고장력 볼트 12.9T 기호의 의미
인장 강도가 120kgf/mm^2 이상이며, 항복 강도가 인장 강도의 90% 이상인 고장력 볼트

51 산업재해 발생 원인 중 직접 원인에 해당하는 것은?

① 유전적인 요소
② 사회적 환경
③ 불안전한 행동
④ 인간의 결함

해설
불안전한 행동 : 사고의 직접 원인 중 인적 원인에 속한다.

52 다음 중 납산 배터리 액체를 취급하는 데 가장 적합한 것은?

① 고무로 만든 옷
② 가죽으로 만든 옷
③ 무명으로 만든 옷
④ 화학 섬유로 만든 옷

해설
납산 배터리 액체(황산 액체)를 취급할 때는 신체 보호를 위해 고무로 만든 옷이 가장 적합하다.

53 다음 중 자연 발화성 및 금수성 물질이 아닌 것은?

① 탄소
② 나트륨
③ 칼륨
④ 알킬알루미늄

해설
자연발화성 및 금수성 물질
칼륨, 나트륨, 알킬알루미늄, 알킬리튬, 황린, 알칼리금속(칼륨 및 나트륨을 제외) 및 알칼리토금속, 유기금속화합물(알킬알루미늄, 알킬리튬을 제외), 금속의 수소화물, 금속의 인화물, 칼슘 또는 알루미늄의 탄화물

54 교류 아크 용접기의 감전 방지용 방호 장치에 해당하는 것은?

① 2차 권선 장치
② 자동 전격 방지기
③ 전류 조절 장치
④ 전자 계전기

해설
전격의 방지를 위해서는 전격 방지기를 설치하거나, 용접기 주변이나 작업 중 물이 용접기기에 닿지 않도록 주의해야 한다.

55 내부가 보이지 않는 병 속에 들어 있는 약품을 냄새로 알아보고자 할 때 안전상 가장 적합한 방법은?

① 종이로 적셔서 알아본다.
② 손바람을 이용하여 확인한다.
③ 내용물을 조금 쏟아서 확인한다.
④ 숟가락으로 약간 떠서 냄새를 직접 맡아본다.

56 다음 중 일반적인 재해 조사 방법으로 적절하지 않은 것은?

① 현장의 물리적 흔적을 수집한다.
② 재해 조사는 사고 종결 후에 실시한다.
③ 재해 현장은 사진 등으로 촬영하여 보관하고 기록한다.
④ 목격자, 현장 책임자 등 많은 사람들에게 사고 당시의 상황을 듣는다.

해설
재해 조사 방법
• 재해 현장은 변경되기 쉬우므로 재해 발생 후 최대한 빠른 시간 내에 조사를 실시할 것
• 물적 증거를 수집해서 보관할 것
• 재해 현장의 상황을 기록으로 보관하기 위해 사진 촬영을 할 것
• 목격자와 사업장 책임자의 협력하에 조사를 추진할 것
• 가능한 한 피해자의 이야기를 많이 들을 것
• 자신이 처리할 수 없다고 판단되는 특수한 재해나 대형 재해의 경우는 전문가에게 조사를 의뢰할 것

57 풀리에 벨트를 걸거나 벗길 때 안전하게 하기 위한 작동 상태는?

① 중속인 상태
② 역회전 상태
③ 정지한 상태
④ 고속인 상태

해설
벨트를 걸 때나 벗길 때에는 기계가 정지한 상태에서 한다.

58 수공구인 렌치를 사용할 때 지켜야 할 안전 사항으로 옳은 것은?

① 볼트를 풀 때는 지렛대 원리를 이용하여 렌치를 밀어서 힘이 받도록 한다.

② 볼트를 조일 때는 렌치를 해머로 쳐서 조이면 강하게 조일 수 있다.

③ 렌치 작업 시 큰 힘으로 조일 경우 연장대를 끼워서 작업한다.

④ 볼트를 풀 때는 렌치 손잡이를 당길 때 힘이 받도록 한다.

60 다음 중 올바른 보호구 선택 방법으로 적합하지 않은 것은?

① 잘 맞아야 한다.

② 사용 목적에 적합해야 한다.

③ 사용 방법이 간편하고 손질이 쉬워야 한다.

④ 품질보다는 식별 가능 여부를 우선해야 한다.

해설
보호구의 구비 조건
• 착용이 간편할 것
• 작업에 방해가 안 될 것
• 위험 · 유해 요소에 대한 방호 성능이 충분할 것
• 재료의 품질이 양호할 것
• 구조와 끝마무리가 양호할 것
• 외양과 외관이 양호할 것

59 산업안전보건법령상 안전보건표지의 분류 명칭이 아닌 것은?

① 금지표지   ② 경고표지

③ 통제표지   ④ 안내표지

해설
산업안전보건법상 안전보건표지의 종류 : 금지표지, 경고표지, 지시표지, 안내표지

01 타워크레인 기초 앵커 설치 순서로 가장 알맞은 것은?

> ㉠ 터파기
> ㉡ 지내력 확인
> ㉢ 버림 콘크리트 타설
> ㉣ 크레인 설치 위치 선정
> ㉤ 콘크리트 타설 및 양생
> ㉥ 기초 앵커 세팅 및 접지
> ㉦ 철근 배근 및 거푸집 조립

① ㉣ → ㉡ → ㉠ → ㉢ → ㉥ → ㉦ → ㉤

② ㉣ → ㉠ → ㉡ → ㉢ → ㉥ → ㉦ → ㉤

③ ㉣ → ㉢ → ㉠ → ㉡ → ㉥ → ㉦ → ㉤

④ ㉣ → ㉡ → ㉠ → ㉦ → ㉢ → ㉥ → ㉤

해설

타워크레인 기초 앵커 설치 순서

크레인 설치 위치 선정 → 지내력 확인 → 터파기 → 버림 콘크리트 타설 → 기초 앵커 세팅 및 접지 → 철근 배근 및 거푸집 조립 → 콘크리트 타설 및 양생

02 재료에 작용하는 하중의 설명으로 적합하지 않은 것은?

① 수직 하중이란 단면에 수직으로 작용하는 하중이며, 비틀림 하중과 압축 하중으로 구분할 수 있다.

② 전단 하중이란 단면적에 평행하게 작용하는 하중이다.

③ 굽힘 하중이란 보를 굽히게 하는 하중이다.

④ 좌굴 하중이란 기둥을 휘어지게 하는 하중이다.

해설

작용 방향에 따른 하중의 분류

• 수직 하중(사 하중, 축 하중) : 단면에 수직으로 작용하는 하중
　– 인장 하중 : 재료를 축 방향으로 잡아당기도록 작용하는 하중
　– 압축 하중 : 재료를 축 방향으로 누르도록 작용하는 하중
• 전단 하중 : 재료를 가위로 자르려는 것과 같이 작용하는 하중
• 굽힘 하중 : 재료를 구부려서 휘어지도록 작용하는 하중
• 비틀림 하중 : 재료가 비틀어지도록 작용하는 하중

03 T형 타워크레인에서 마스트(Mast)와 캣 헤드(Cat Head) 사이에 연결되는 구조물의 명칭은?

① 지브

② 카운터웨이트

③ 트롤리

④ 턴테이블(선회 장치)

해설

선회 장치(Slewing Mechanism)

타워의 최상부에 위치하며, 메인 지브와 카운터 지브가 이 장치 위에 부착되고 캣 헤드가 고정된다. 그리고 상·하 두 부분으로 구성되어 있으며 그 사이에 회전 테이블이 있다. 이 장치에는 선회 장치와 지브의 연결 지점 점검용 난간대가 설치되어 있다.

04 주행 레일 측면의 마모는 원래 규격 치수의 얼마 이내이어야 하는가?

① 30%
② 25%
③ 20%
④ 10%

해설
레일 측면의 마모는 원래 규격 치수의 10% 이내일 것

05 메인 지브와 카운터 지브의 연결 바를 상호 지탱하기 위해 설치하는 것은?

① 카운터웨이트
② 캣 헤드
③ 트롤리
④ 훅 블록

해설
캣 헤드
메인 지브와 카운터 지브의 연결 바(Tie Bar)를 상호 지탱해주기 위한 목적으로 설치된다.

06 파스칼의 원리에 대한 설명으로 틀린 것은?

① 유압은 면에 대하여 직각으로 작용한다.
② 유압은 모든 방향으로 일정하게 전달된다.
③ 유압은 각 부에 동일한 세기를 가지고 전달된다.
④ 유압은 압력 에너지와 속도 에너지의 변화가 없다.

해설
유압기기의 작동 원리(파스칼의 원리)
• 밀폐된 용기 속에 정지 유체의 일부에 가해지는 압력은 유체의 모든 부분에 동일한 힘으로 동시에 전달한다.
• 정지된 액체에 접하고 있는 면에 가해진 유체의 압력은 그 면에 수직으로 작용한다.
• 정지된 액체의 한 점에 있어서의 압력의 크기는 모든 방향으로 같게 작용한다.

07 건설기계 안전기준에 관한 규칙에 규정된 레일의 정지 기구에 대한 내용에서 (   ) 안에 들어갈 말로 옳은 것은?

> 타워크레인의 횡행 레일 양 끝부분에는 완충 장치나 완충재 또는 해당 타워크레인 횡행 차륜 지름의 (   ) 이상 높이의 정지 기구를 설치하여야 한다.

① 2분의 1
② 4분의 1
③ 6분의 1
④ 8분의 1

해설
레일의 정지 기구 등(건설기계 안전기준에 관한 규칙 제120조)
① 타워크레인의 횡행 레일에는 양 끝부분에 완충 장치, 완충재 또는 해당 타워크레인 횡행 차륜 지름의 4분의 1 이상 높이의 정지 기구를 설치하여야 한다.
② 횡행 속도가 48m/min 이상인 타워크레인의 횡행 레일에는 ①에 따른 완충 장치, 완충재 및 정지 기구에 도달하기 전의 위치에 리밋 스위치 등 전기적 정지 장치를 설치하여야 한다.
③ 주행식 타워크레인의 주행 레일에는 양 끝부분에 완충 장치, 완충재 또는 해당 타워크레인 주행 차륜 지름의 2분의 1 이상 높이의 정지 기구를 설치하여야 한다.
④ 주행식 타워크레인의 주행 레일에는 ③의 완충 장치, 완충재 및 정지 기구에 도달하기 전의 위치에 리밋 스위치 등 전기적 정지 장치를 설치하여야 한다.

08 저항이 250Ω인 전구를 전압 250V의 전원에 사용할 때 전구에 흐르는 전류는 몇 A인가?

① 10A
② 5A
③ 2.5A
④ 1A

해설
$$전류[A] = \frac{전압[V]}{저항[\Omega]} = \frac{250}{250} = 1A$$

09 타워크레인에 설치되어 있는 방호 장치의 종류가 아닌 것은?

① 충전 장치

② 과부하 방지 장치

③ 권과 방지 장치

④ 훅 해지 장치

타워크레인의 방호 장치 종류

• 권상 및 권하 방지 장치	• 과부하 방지 장치
• 속도 제한 장치	• 바람에 대한 안전장치
• 비상 정지 장치	• 트롤리 내·외측 제어 장치
• 트롤리 로프 파손 안전장치	• 트롤리 정지 장치(Stopper)
• 트롤리 로프 긴장 장치	• 와이어로프 꼬임 방지 장치
• 훅 해지 장치	• 선회 제한 리밋 스위치
• 충돌 방지 장치	• 선회 브레이크 풀림 장치
• 접지	

10 L형 크레인과 T형 크레인의 선회 반경을 결정하는 것은?

① 훅 블록과 슬루잉 각도

② 슬루잉 기어와 선회 각

③ 지브 각과 트롤리 운행 거리

④ 카운터 지브와 지브 각

11 지브를 상하로 움직여 작업물을 인양할 수 있는 크레인은?

① L형 크레인

② T형 크레인

③ 갠트리 크레인

④ 천장 크레인

러핑형(L형) 타워크레인은 고공권 침해 또는 다른 건축물의 간섭 영향이 있는 경우 선택되는 장비로 지브를 수직면에서 상하로 기복시켜 화물을 인양할 수 있는 형식이다.

12 정격 하중이 12ton, 4Fall이라고 할 때, 정격 하중으로 인해 권상 와이어로프 한 가닥에 작용하는 최대 하중은?

① 12ton   ② 6ton

③ 4ton   ④ 3ton

줄 수(Fall)가 4, 정격 하중이 12ton이므로 한 줄에 걸리는 하중은 12ton/4 = 3ton이다.

13 압력 제어 밸브의 종류에 해당하지 않는 것은?

① 스로틀 밸브(교축 밸브)

② 리듀싱 밸브(감압 밸브)

③ 시퀀스 밸브(순차 밸브)

④ 언로드 밸브(무부하 밸브)

해설
스로틀 밸브(교축 밸브)는 유량 제어 밸브에 속한다.

14 다음 그림은 무엇을 나타내는가?

① 유압 펌프   ② 작동유 탱크

③ 유압 실린더   ④ 유압 모터

해설
공유압 기호

명칭	기호		비고
펌프 및 모터	유압 펌프	공기압 모터	일반 기호

15 유압 펌프의 분류에서 회전 펌프가 아닌 것은?

① 플런저 펌프

② 기어 펌프

③ 스크루 펌프

④ 베인 펌프

해설
플런저 펌프는 왕복식 펌프에 속한다. 회전 펌프에는 기어 펌프, 베인 펌프, 나사 펌프, 스크루 펌프 등이 있다.

16 권상 장치에 속하지 않는 것은?

① 와이어로프

② 훅 블록

③ 플랫폼

④ 시브

해설
대표적인 권상 장치
권상용 와이어로프, 권상용 드럼, 권상용 훅, 권상용 전동기, 권상용 감속기, 권상용 브레이크, 유압 상승 장치(유압 전동기, 유압 실린더, 유압 펌프 등), 권상용 시브 등이 있다.

17 타워크레인의 기계식 과부하 방지 장치 원리에 해당되지 않는 것은?

① 압축 코일 스프링의 압축 변형량과 스위치 동작
② 인장 스프링의 인장 변형량과 스위치 동작
③ 와이어로프의 시잔량과 스위치 동작
④ 원환 링(다이나모미터링)과 그 내측에 조합한 판 스프링의 변형과 스위치 동작

18 배선용 차단기의 기본 구조에 해당되지 않는 것은?

① 개폐 기구
② 과전류 트립 장치
③ 단자
④ 퓨즈

19 타워크레인에서 과부하 방지 장치 장착에 대한 것으로 틀린 것은?

① 접근이 용이한 장소에 설치될 것
② 타워크레인 제작 및 안전 기준에 의한 성능 검정 합격품일 것
③ 정격 하중의 1.1배 권상 시 경보와 함께 권상 동작이 최저 속도로 주행될 것
④ 과부하 시 운전자가 용이하게 경보를 들을 수 있을 것

20 마스트의 단면적이 300mm² 이상의 접지 공사에 대한 설명 중 틀린 것은?

① 지상 높이 20m 이상은 피뢰 접지를 하도록 한다.
② 접지 저항은 10Ω 이하를 유지하도록 한다.
③ 접지판 연결 알루미늄 선 굵기는 $30mm^2$ 이상으로 한다.
④ 피뢰도선과 접지극은 용접 및 볼트 등의 방법으로 고정하도록 한다.

21 타워크레인에서 올바른 트롤리 작업을 설명한 것으로 틀린 것은?

① 지브의 양 끝단에서는 저속으로 운전한다.
② 트롤리를 이용하여 화물의 흔들림을 잡는다.
③ 역동작은 반드시 정지 후 동작한다.
④ 트롤리를 이용하여 화물을 끌어낸다.

22 다음 신호를 보았을 때 크레인 운전자는 어떻게 해야 하는가?

① 훅을 위로 올린다.
② 훅을 회전한다.
③ 훅을 정지한다.
④ 훅을 내린다.

23 타워크레인 운전자의 안전 수칙으로 부적합한 것은?

① 30m/s 이하의 바람이 불 때까지는 크레인 운전을 계속할 수 있다.
② 운전석을 이석할 때는 크레인의 훅을 최대한 위로 올리고 지브 안쪽으로 이동시킨다.
③ 운반물이 흔들리거나 회전하는 상태로 운반해서는 안 된다.
④ 운반물을 작업자 상부로 운반해서는 안 된다.

> **해설**
> 악천후 및 강풍 시 작업 중지(산업안전보건기준에 관한 규칙 제37조)
> • 사업주는 비·눈·바람 또는 그 밖의 기상 상태의 불안정으로 인하여 근로자가 위험해질 우려가 있는 경우 작업을 중지하여야 한다. 다만, 태풍 등으로 위험이 예상되거나 발생되어 긴급 복구 작업을 필요로 하는 경우에는 그러하지 아니하다.
> • 사업주는 순간 풍속이 10m/s를 초과하는 경우 타워크레인의 설치·수리·점검 또는 해체 작업을 중지하여야 하며, 순간 풍속이 15m/s를 초과하는 경우에는 타워크레인의 운전 작업을 중지하여야 한다.

24 타워크레인을 선회 중인 방향과 반대되는 방향으로 급조작할 때 파손될 위험이 가장 큰 곳은?

① 릴리프 밸브
② 액추에이터
③ 디스크 브레이크 에어 캡
④ 링 기어 또는 피니언 기어

> **해설**
> 링 기어 또는 피니언 기어는 모터 구동 회전하는 부분에 연결되어 캠과 함께 회전한다.

25 타워크레인이 훅으로 화물을 인양하던 중 화물이 낙하하였을 때의 원인과 거리가 가장 먼 것은?

① 줄걸이 상태 불량
② 권상용 와이어로프의 절단
③ 지브와 달기 기구와의 충돌
④ 텔레스코핑 시 상부의 불균형

26 타워크레인 권상 작업의 각 단계별 유의 사항으로 틀린 것은?

① 권상 작업 시 슬링 로프, 섀클, 줄걸이 체결 상태 등을 점검한다.
② 줄걸이 작업자는 권상 화물 직하부에서 권상 화물의 이상 여부를 관찰한다.
③ 매단 화물이 지상에서 약간 떨어지면 일단 정지하여 화물의 안정 및 줄걸이 상태를 재확인한다.
④ 줄걸이 작업자는 안전하면서도 타워크레인 운전자가 잘 보이는 곳에 위치하여 목적지까지 화물을 유도한다.

해설
끌어올리는 물건 밑으로 절대 들어가지 않는다.

27 타워크레인의 선회 작업 구역을 제한하고자 할 때 사용하는 안전장치는?

① 와이어로프 꼬임 방지 장치
② 선회 브레이크 풀림 장치
③ 선회 제한 리밋 스위치
④ 트롤리 로프 긴장 장치

해설
선회 제한 리밋 스위치
선회 제한 리밋 스위치는 선회 장치 내에 부착되어 회전수를 검출하여 주어진 범위 내에서만 선회 동작이 가능토록 구성되어 있다.

28 인양하는 중량물의 중심을 결정할 때 주의 사항으로 틀린 것은?

① 중심이 중량물의 위쪽이나 전후좌우로 치우친 것은 특히 주의할 것
② 중량물의 중심 판단은 정확히 할 것
③ 중량물의 중심 위에 훅을 유도할 것
④ 중량물의 중심은 가급적 높일 것

해설
매다는 물체의 중심을 가능한 한 낮게 한다.

29 타워크레인 작업을 위한 무전기 신호의 요건이 아닌 것은?

① 간결
② 단순
③ 명확
④ 중복

해설
통신 및 육성 메시지는 단순, 간결, 명확해야 한다.

31 크레인 안전 및 검사 기준상 권상용 와이어로프의 안전율은?

① 4.0
② 5.0
③ 6.0
④ 7.0

해설
안전율(위험기계·기구 안전인증 고시 [별표 2], 산업안전보건기준에 관한 규칙 제163조)

와이어로프의 종류	안전율
• 권상용 와이어로프 • 지브의 기복용 와이어로프 • 횡행용 와이어로프 및 케이블 크레인의 주행용 와이어로프 ※ 화물의 하중을 직접 지지하는 달기와이어로프 또는 달기체인의 경우 : 5 이상	5.0
• 지브의 지지용 와이어로프 • 보조 로프 및 고정용 와이어로프	4.0
• 케이블 크레인의 주 로프 및 레일로프 ※ 훅, 섀클, 클램프, 리프팅 빔의 경우 : 3 이상	2.7
• 운전실 등 권상용 와이어로프 ※ 근로자가 탑승하는 운반구를 지지하는 달기와이어로프 또는 달기체인 : 10 이상	10.0

30 줄걸이용 체인(체인 슬링)의 링크 신장에 대한 폐기 기준은?

① 원래 값의 최소 3% 이상
② 원래 값의 최소 5% 이상
③ 원래 값의 최소 7% 이상
④ 원래 값의 최소 10% 이상

해설
체인의 지름에 따른 마모량이 10%이고 늘어나는 연신율(신장)이 5% 이상이면 교환하여야 한다.

32 타워크레인 신호와 관련된 사항으로 틀린 것은?

① 운전수가 정확히 인지할 수 있는 신호를 사용한다.
② 신호가 불분명할 때는 즉시 운전을 중지한다.
③ 비상시에는 신호에 관계없이 중지한다.
④ 두 사람 이상이 신호를 동시에 한다.

해설
운전자에 대한 신호는 반드시 정해진 한 사람의 신호수가 한다.

33 인양하고자 하는 화물의 중량을 계산할 때 일반적으로 사용하는 철강류의 비중은?

① 약 5
② 약 6
③ 약 8
④ 약 10

해설
철강은 비중이 약 7.8로 상대적으로 높은 밀도를 가지고 있다.

34 크레인의 와이어로프를 교환해야 할 시기로 적절한 것은?

① 지름이 공칭 직경의 3% 이상 감소했을 때
② 소선 수가 10% 이상 절단되었을 때
③ 외관에 빗물이 젖어 있을 때
④ 와이어로프에 기름이 많이 묻었을 때

해설
와이어로프 폐기 기준(산업안전보건기준에 관한 규칙 제63조)
• 이음매가 있는 것
• 와이어로프의 한 꼬임[[스트랜드(Strand)]에서 끊어진 소선의 수가 10% 이상(비자전 로프의 경우에는 끊어진 소선의 수가 와이어로프 호칭 지름의 6배 길이 이내에서 4개 이상이거나 호칭 지름 30배 길이 이내에서 8개 이상)인 것
• 지름의 감소가 공칭 지름의 7%를 초과하는 것
• 꼬인 것
• 심하게 변형되거나 부식된 것
• 열과 전기 충격에 의해 손상된 것

35 크레인용 와이어로프에 심강을 사용하는 목적이 아닌 것은?

① 인장 하중을 증가시킨다.
② 스트랜드의 위치를 올바르게 유지한다.
③ 소선끼리의 마찰에 의한 마모를 방지한다.
④ 부식을 방지한다.

해설
심강의 사용 목적
충격 하중의 흡수, 소선 사이의 마찰에 의한 마멸 방지, 부식 방지, 스트랜드의 위치를 올바르게 유지하는 데 있다.

36 지름이 2m, 높이가 4m인 원기둥 모양의 목재를 크레인으로 운반하고자 할 때 목재의 무게는 약 몇 kgf인가?(단, 목재의 1m³당 무게는 150kgf으로 간주한다)

① 542
② 942
③ 1,584
④ 1,884

해설
원기둥의 부피 $V = \pi \times r^2 \times h = 3.14 \times 1^2 \times 4 = 12.56\text{m}^3$
$= 12.56 \times 150 = 1,884\text{kgf}$

※ 원기둥 부피 공식

$$V = \pi \times r^2 \times h = \frac{\pi D^2 h}{4} \quad (D : 직경, \ r : 반경, \ h : 높이)$$

37 권상용 와이어로프는 달기 기구가 가장 아래쪽에 위치할 때 드럼에 몇 회 이상 감김 여유가 있어야 하는가?

① 1회   ② 2회

③ 3회   ④ 4회

해설

드럼은 훅의 위치가 가장 낮은 곳에 위치할 때 클램프 고정이 되지 않은 로프가 드럼에 2바퀴 이상 남아 있어야 하며, 훅의 위치가 가장 높은 곳에 위치할 때 해당 감김 층에 대하여 감기지 않고 남아 있는 여유가 1바퀴 이상인 구조여야 한다.

38 4.8ton의 부하물을 4줄걸이(하중이 4줄에 균등하게 부하되는 경우)로 하여 60°로 매달았을 때 한 줄에 걸리는 하중은 약 몇 ton인가?

① 약 1.04ton   ② 약 1.39ton

③ 약 1.45ton   ④ 약 1.60ton

해설

한 줄에 걸리는 하중 $= \dfrac{\text{하중}}{\text{줄 수}} \times \text{조각도}$

$$= \dfrac{4.8\text{ton}}{4\text{줄}} \times 1.155(60°) = 1.386\text{ton}$$

39 줄걸이 작업 시 주의 사항으로 틀린 것은?

① 여러 개를 동시에 매달 때는 일부가 떨어지는 일이 없도록 한다.

② 반드시 매다는 각도는 90° 이상으로 한다.

③ 매단 짐 위에는 올라타지 않는다.

④ 핀 사용 시에는 절대 빠지지 않도록 한다.

해설

매다는 각도는 60° 이내로 한다.

40 설치 작업 시작 전 착안 사항이 아닌 것은?

① 기상 확인

② 역할 분담 지시

③ 줄걸이, 공구 안전 점검

④ 타워크레인 기종 선정

해설

타워크레인 기종 선정은 작업 계획서 작성 사항에 포함된다.

41 마스트 연장 작업(텔레스코핑)의 준비 사항에 해당하지 않는 것은?

① 텔레스코픽 케이지의 유압 장치가 있는 방향에 카운터 지브가 위치하도록 한다.

② 유압 펌프의 오일 양과 유압 장치의 압력을 점검한다.

③ 과부하 방지 장치의 작동 상태를 점검한다.

④ 유압 실린더의 작동 상태를 점검한다.

42 마스트와 마스트 사이에 체결되는 고장력 볼트의 체결 방법으로 옳은 것은?

① 볼트 머리를 위에서 아래로 체결

② 볼트 머리를 아래에서 위로 체결

③ 볼트 머리를 좌에서 우로 체결

④ 볼트 머리를 우에서 좌로 체결

43 타워크레인 마스트 하강 작업 중 마지막 작업 순서에 해당하는 것은?

① 마스트와 볼 선회 링 서포트 연결 볼트를 푼다.

② 마스트와 마스트 체결 볼트를 푼다.

③ 실린더를 약간 올려 마스트에 롤러를 조립한다.

④ 마스트를 가이드 레일 밖으로 밀어낸다.

해설

마스트 하강 작업

㉠ 텔레스코픽 케이지와 선회 링 서포트를 반드시 핀 또는 볼트로 체결해야 한다.

㉡ 해체마스트와 선회 링 서포트 연결을 푼다.

㉢ 해체마스트와 마스트 연결을 푼다.

㉣ 해체마스트에 롤러를 끼워 넣는다.

㉤ 실린더를 약간 올려 실린더 슈와 서포트 슈를 각각 마스트상의 텔레스코픽 웨브에 안착시켜, 마스트가 선회 링 서포트와 갭이 생기고 가이드 레일에 안착되도록 한다.

㉥ 해체마스트를 가이드 레일 밖으로 밀어 낸다.

㉦ 실린더를 하강하여 선회 링 서포트와 마스트를 핀 또는 볼트로 체결한다.

㉧ 훅으로 해체마스트를 지상으로 내려놓는다.

㉨ ㉠~㉧을 반복하여 베이직 마스트 위치에 오게 한다.

44 섀클(Shackle)에 각인된 SWL의 의미는?

① 안전 작업 하중

② 제작회사의 마크

③ 절단 하중

④ 재질

해설

SWL(Safe Working Load) : 안전 작업 하중

45 와이어 가잉으로 고정할 때 준수해야 할 사항이 아닌 것은?

① 등각에 따라 4-6-8가닥으로 지지 및 고정이 가능하다.

② 30~90°의 안전 각도를 유지한다.

③ 가잉용 와이어의 코어는 섬유심이 바람직하다.

④ 와이어 긴장은 장력 조절 장치 또는 턴버클을 사용한다.

해설
마스트와 와이어로프의 고정각도는 30~60° 이내로 설치하는 것이 바람직하며, 가장 이상적인 각도는 45°이다.

46 타워크레인 본체의 전도 원인으로 거리가 먼 것은?

① 정격 하중 이상의 과부하

② 지지 보강의 파손 및 불량

③ 시공상 결함과 지반 침하

④ 선회 장치 고장

47 타워크레인의 마스트 상승 작업 중 발생되는 붕괴 재해에 대한 예방 대책이 아닌 것은?

① 핀이나 볼트 체결 상태 확인

② 주요 구조부의 용접 설계 검토

③ 제작사의 작업 지시서에 의한 작업 순서 준수

④ 상승 작업 중에는 권상, 트롤리 이동 및 선회 등 일체의 작동 금지

해설
외관 및 설치 상태 검사 항목
• 마스트, 지브, 타이 바 등 주요 구조부의 균열 또는 손상 유무
• 용접 부위의 균열 또는 부식 유무
• 연결핀, 볼트 등의 풀림 또는 변형 유무

48 타워크레인 재해 조사 순서 중 제1단계 확인에서 사람에 관한 사항으로 맞는 것은?

① 작업명과 내용

② 재해자의 인적 사항

③ 단독 혹은 공동 작업 여부

④ 작업자의 자세

해설
1단계 : 사실 확인 단계
• Man : 피해자 및 공동 작업자의 인적 사항
• Machine : 레이아웃, 안전장치, 재료, 보호구
• Method(Media) : 작업명, 작업 형태, 작업인원, 작업 자세, 작업 장소
• Management : 지도, 교육 훈련, 점검, 보고

49 현장에 설치된 타워크레인이 두 대 이상으로 중첩되는 경우의 최소 안전 이격 거리는 얼마인가?

① 1m ② 2m
③ 3m ④ 4m

> **해설**
> 현장에 두 대 이상의 타워크레인이 설치되어 상호 겹침이 예상되는 근접 설치된 크레인과 최소 2m의 안전거리를 준수한다.

50 타워크레인 해체 작업 시 이동식 크레인 선정에 고려해야 할 사항이 아닌 것은?

① 최대 권상 높이
② 가장 무거운 부재의 중량
③ 선회 반경
④ 기초 철근 배근도

> **해설**
> 타워크레인 설치에서 이동식 크레인 선정 시 고려 사항
> • 최대 권상 높이(H)
> • 가장 무거운 부재 중량(W)
> • 선회 반경(R)

51 크레인으로 인양 시 물체의 중심을 측정하여 인양할 때에 대한 설명으로 잘못된 것은?

① 형상이 복잡한 물체의 무게중심을 확인한다.
② 인양 물체를 서서히 올려 지상 약 30cm 지점에서 정지하여 확인한다.
③ 인양 물체의 중심이 높으면 물체가 기울 수 있다.
④ 와이어로프나 매달기용 체인이 벗겨질 우려가 있으면 되도록 높이 인양한다.

> **해설**
> 가능한 한 매다는 물체의 중심을 낮게 할 것

52 렌치의 사용이 적합하지 않은 것은?

① 둥근 파이프를 조일 때는 파이프 렌치를 사용한다.
② 렌치는 적당한 힘으로 볼트와 너트를 조이고 풀어야 한다.
③ 오픈 렌치는 파이프 피팅 작업에 사용한다.
④ 토크 렌치는 큰 토크를 필요로 할 때만 사용한다.

> **해설**
> 정확한 힘으로 조여야 할 때는 토크 렌치를 사용한다.

53 전기 감전 위험이 생기는 경우로 가장 거리가 먼 것은?

① 몸에 땀이 배어 있을 때
② 옷이 비에 젖어 있을 때
③ 앞치마를 하지 않았을 때
④ 발밑에 물이 있을 때

해설
전기 용접 작업 시 젖은 손으로 조작 금지하고, 신체, 의복 등이 땀이나 습기에 젖지 않도록 해야 한다.

54 다음 중 안전의 제일 이념에 해당하는 것은?

① 품질 향상
② 재산 보호
③ 인간 존중
④ 생산성 향상

해설
안전의 제일 이념은 인도주의가 바탕이 된 인간 존중이다.

55 작업 중 기계에 손이 끼어 들어가는 안전사고가 발생했을 경우 우선적으로 해야 할 것은?

① 신고부터 한다.
② 응급처치를 한다.
③ 기계 전원을 끈다.
④ 신경 쓰지 않고 계속 작업한다.

56 감전되거나 전기 화상을 입을 위험이 있는 곳에서 작업할 때 작업자가 착용해야 할 것은?

① 구명구   ② 보호구
③ 구명조끼   ④ 비상벨

해설
보호구는 근로자의 신체 일부 또는 전체에 착용해 외부의 유해·위험 요인을 차단하거나 그 영향을 감소시켜 산업재해를 예방하거나 피해의 정도와 크기를 줄여주는 기구이다.

53 ③ 54 ③ 55 ③ 56 ② **정답**

57 위험 기계 기구에 설치하는 방호 장치가 아닌 것은?

① 하중 측정 장치

② 급정지 장치

③ 역화 방지 장치

④ 자동 전격 방지 장치

해설
방호 조치는 위험기계·기구의 위험 장소 또는 부위에 근로자가 통상적인 방법으로는 접근하지 못하도록 하는 제한 조치를 말하며, 방호망, 방책, 덮개 또는 각종 방호 장치 등을 설치하는 것을 포함한다.

58 화재가 발생하여 초기 진화를 위해 소화기를 사용하고자 할 때, 소화기 사용 순서를 바르게 나열한 것은?

> ㉠ 안전핀을 뽑는다.
> ㉡ 안전핀 걸림 장치를 제거한다.
> ㉢ 손잡이를 움켜잡아 분사한다.
> ㉣ 불이 있는 곳으로 노즐을 향하게 한다.

① ㉠ → ㉡ → ㉢ → ㉣

② ㉢ → ㉠ → ㉡ → ㉣

③ ㉣ → ㉡ → ㉢ → ㉠

④ ㉡ → ㉠ → ㉣ → ㉢

해설
소화기 사용 순서
1. 안전핀 걸림 장치를 제거한다.
2. 안전핀을 뽑는다.
3. 불이 있는 곳으로 노즐을 향하게 한다.
4. 손잡이를 움켜잡아 분사한다.

59 안전 관리상 장갑을 끼면 위험할 수 있는 작업은?

① 드릴 작업

② 줄 작업

③ 용접 작업

④ 판금 작업

해설
장갑을 끼면 위험할 수 있는 작업
선반 작업, 해머 작업, 그라인더 작업, 드릴 작업, 농기계 정비

60 수공구를 사용할 때 안전 수칙으로 바르지 못한 것은?

① 톱 작업은 밀 때 절삭되게 작업한다.

② 줄 작업으로 생긴 쇳가루는 브러시로 떨어낸다.

③ 해머 작업은 미끄러짐을 방지하기 위해서 반드시 면장갑을 끼고 한다.

④ 조정 렌치는 조정 조가 있는 부분이 힘을 받지 않게 하여 사용한다.

해설
해머 작업 시 기름이 묻은 손이나 장갑을 끼고 작업하지 않는다.

01 타워크레인의 기초 및 상승 방법에 대한 설명으로 옳은 것은?

① 지반에 콘크리트 블록으로 고정시켜 설치하는 방법을 "고정형"이라 하며, 초고층 건물에 주로 사용한다.

② 건물 외부에 브래킷을 달아서 타워크레인을 상승하는 방법을 "매달기식 타워 기초"라 한다.

③ 타워크레인의 기초는 지내력과 관계없이 반드시 파일을 시공해야 한다.

④ 고층 건물 자체의 구조물에 지지하여 상승하는 방법을 "상승식"이라 한다.

해설
상승식 타워크레인은 건축 중인 구조물에 설치하는 크레인으로서 구조물의 높이가 증가함에 따라 자체의 상승 장치에 의하여 수직 방향으로 상승시킬 수 있는 타워크레인을 말한다.

02 T형 타워크레인의 메인 지브를 이동하며 권상 작업을 위한 선회 반경을 결정하는 횡행 장치는?

① 트롤리
② 훅 블록
③ 타이 바
④ 캣 헤드

03 우리나라(한국)에서 사용되고 있는 전력계통의 상용 주파수는?

① 50Hz
② 60Hz
③ 70Hz
④ 80Hz

해설
한국에서 주로 사용되는 교류 전원의 상용 주파수는 60Hz이다.

04 기초 앵커를 설치하는 방법 중 옳지 않은 것은?

① 지내력은 접지압 이상 확보한다.
② 앵커 세팅의 수평도는 ±5mm로 한다.
③ 콘크리트 타설 또는 지반을 다짐한다.
④ 구조 계산 후 충분한 수의 파일을 항타한다.

해설
앵커(Fixing Anchor) 시공 시 기울기가 발생하지 않게 시공한다.

05 타워크레인의 주요 구조부가 아닌 것은?

① 지브 및 타워 등의 구조 부분
② 와이어로프
③ 주요 방호 장치
④ 레일의 정지 기구

해설
타워크레인의 주요 구조부
• 지브 및 타워 등의 구조 부분
• 원동기
• 브레이크
• 와이어로프
• 주요 방호 장치
• 훅 등의 달기 기구
• 윈치, 균형추
• 설치기초
• 제어반 등

06 타워크레인에서 권과 방지 장치를 설치해야 되는 작업 장치만 고른 것은?

㉠ 권상 장치	㉡ 횡행 장치
㉢ 선회 장치	㉣ 주행 장치
㉤ 기복 장치	

① ㉠, ㉢
② ㉠, ㉤
③ ㉠, ㉣
④ ㉡, ㉢, ㉤

해설
권상 장치, 기복 장치에는 권과 방지 장치를 설치해야 한다. 다만, 수압·공기압·유압 또는 증기압 실린더 등으로 윈치를 구동하거나 내연기관을 동력으로 사용하는 권상 장치, 기복 장치 및 마찰 클러치 방식 등 구조적으로 권과를 방지할 수 있는 권상 장치는 예외로 한다.

07 유압 펌프에서 캐비테이션(공동 현상) 방지법이 아닌 것은?

① 흡입구의 양정을 낮게 한다.
② 오일 탱크의 오일 점도를 적당히 유지한다.
③ 펌프의 운전 속도를 규정 속도 이상으로 한다.
④ 흡입관의 굵기는 유압 펌프 본체 연결구의 크기와 같은 것을 사용한다.

해설
펌프의 운전 속도를 규정 속도 이상으로 하지 않는다.

08 유압 장치에 관한 설명으로 틀린 것은?

① 유압 펌프는 기계적인 에너지를 유체 에너지로 바꿔준다.
② 가압되는 유체는 저항이 최소인 곳으로 흐른다.
③ 유압력은 저항이 있는 곳에서 생성된다.
④ 고장 원인의 발견이 쉽고 구조가 간단하다.

해설
고장 원인의 발견이 어렵고, 구조가 복잡하다.

09 타워크레인의 과부하 방지 장치는 정격 하중의 얼마 이상 권상 시 동작하여야 하는가?

① 정격 하중의 1배
② 정격 하중의 1.05배
③ 정격 하중의 1.25배
④ 정격 하중의 1.5배

10 타워크레인에서 상·하 두 부분으로 구성되어 있으며, 그 사이에 회전 테이블이 위치하는 작업 장치는?

① 권상 장치
② 횡행 장치
③ 선회 장치
④ 주행 장치

11 유압 장치에서 제어 밸브의 3대 요소로 틀린 것은?

① 유압 제어 밸브 – 오일 종류 확인(일의 선택)
② 방향 제어 밸브 – 오일 흐름 바꿈(일의 방향)
③ 압력 제어 밸브 – 오일 압력 제어(일의 크기)
④ 유량 제어 밸브 – 오일 유량 조정(일의 속도)

12 타워크레인 방호 장치와 연관성의 연결이 틀린 것은?

① 과부하 방지 장치 – 인양하물
② 권과 방지 장치 – 와이어로프
③ 충돌 방지 장치 – 주행, 선회
④ 해지 장치 – 충돌 방지

> **해설**
> 훅 해지 장치는 와이어로프가 훅에서 이탈되는 것을 방지하기 위한 장치이다.

13 옥외에 타워크레인을 설치 시 항공등(燈)의 설치는 지상 높이가 최소 몇 m 이상일 때 설치하여야 하는가?

① 40m　　　　　② 50m
③ 60m　　　　　④ 70m

해설

크레인의 조명장치 제작 및 안전기준(위험기계·기구 안전인증고시 [별표 2])
• 운전석의 조명 상태는 운전에 지장이 없을 것
• 야간작업용 조명은 운전자 및 신호자의 작업에 지장이 없을 것
• 옥외에 지상 60m 이상 높이로 설치되는 크레인에는 항공법에 따른 항공 장애등을 설치할 것

14 타워크레인의 기초에 작용하는 힘에 대한 설명으로 틀린 것은?

① 작업 시 선회에 대한 슬루잉 모멘트가 기초에 전달된다.
② 타워크레인의 자중과 양중 하중은 수직력으로 기초에 전달된다.
③ 카운터 지브와 메인 지브의 모멘트 차이에 의한 전도 모멘트가 기초에 전달된다.
④ 풍속에 의해 타워크레인의 기초는 영향을 받지 않고 양중 작업에만 유의해야 한다.

해설

타워크레인의 설치·조립·해체 작업은 해당 작업 위치에서 순간 풍속이 10m/s를 초과하는 경우에는 작업을 중지한다.

15 전동기 외함, 제어반의 프레임 접지 저항에 대한 설명으로 옳은 것은?

① 200V에서는 50Ω일 것
② 400V 초과 시는 50Ω일 것
③ 400V 이하일 때 100Ω 이하일 것
④ 방폭 지역의 외함은 전압에 관계없이 100Ω 이하일 것

해설

전동기 외함, 제어반의 프레임 등은 접지하여 그 접지 저항은 400V 이하일 때 100Ω 이하, 400V 초과일 때 10Ω 이하여야 한다. 단, 방폭 지역의 저압 전기기계·기구의 외함은 전압에 관계 없이 10Ω 이하여야 한다.

16 선회 브레이크 풀림 장치 작동에 대한 설명으로 틀린 것은?

① 크레인 본체가 바람의 영향을 최소로 받도록 한다.
② 크레인 가동 시 선회 브레이크 풀림 장치를 작동시킨다.
③ 크레인 비 가동 시 지브가 바람 방향에 따라 자유롭게 선회하도록 한다.
④ 태풍 시 등에 크레인 본체를 보호하고자 설치된 장치이다.

17 타워크레인을 사립고(Free Standing)보다 높게 설치할 경우 필요한 마스트의 고정 및 지지 방식으로 옳은 것은?

① 벽체 지지 방법
② H-빔 지지 방법
③ 브래킷 지지 방법
④ 콘크리트 블록 지지 방법

해설
타워크레인 등이 자립고(Free Standing) 이상의 높이로 설치되는 경우에는 건축물 등의 벽체에 지지하거나 와이어로프에 의하여 지지해야 한다.

18 타워크레인의 제어반에 설치된 과전류 보호용 차단기의 차단용량은 해당 전동기의 정격 전류의 몇 % 이하이어야 하는가?

① 100% 이하
② 250% 이하
③ 300% 이하
④ 350% 이하

해설
과전류 보호용 차단기 또는 퓨즈가 설치되어 있고, 그 차단용량이 해당 전동기 등의 정격 전류에 대하여 차단기는 250%, 퓨즈는 300% 이하일 것

19 다음 중 유압 실린더의 종류로 틀린 것은?

① 단동 실린더
② 복동 실린더
③ 다단 실린더
④ 회전 실린더

해설
실린더의 종류
• 단동 실린더
• 복동 실린더
• 다단 실린더 : 텔레스코픽형, 디지털형

20 타워크레인의 콘크리트 기초 앵커 설치 시 고려해야 할 사항으로 가장 거리가 먼 것은?

① 콘크리트 기초 앵커 설치 시의 지내력
② 콘크리트 블록의 크기
③ 콘크리트 블록의 형상
④ 콘크리트 블록의 강도

21 T형 타워크레인의 트롤리 이동 작업 중 갑자기 장애물을 발견했을 때 운전자의 대처 방법으로 가장 적절한 것은?

① 비상 정지 스위치를 누른다.
② 경보기를 작동시킨다.
③ 분전반 스위치를 끈다.
④ 재빨리 선회시킨다.

비상 정지 장치
동작 시 예기치 못한 상황이나 동작을 멈추어야 할 상황이 발생되었을 때 정지시키는 장치이다.

22 타워크레인을 사용하여 아파트나 빌딩의 거푸집 폼 해체 시 안전 작업 방법으로 가장 적절한 것은?

① 작업 안전을 위해 이동식 크레인과 동시 작업을 시행한다.
② 타워크레인의 훅을 거푸집 폼에 걸고, 천천히 끌어당겨서 양중한다.
③ 거푸집 폼을 체인블록 등으로 외벽과 분리한 후에 타워크레인으로 양중한다.
④ 타워크레인으로 거푸집 폼을 고정하고, 이동식 크레인으로 당겨 외벽에서 분리한다.

23 타워크레인 작업 전 조종사가 점검해야 할 사항이 아닌 것은?

① 마스트의 직진도 및 기초의 수평도
② 타워크레인의 작업 반경별 정격 하중
③ 와이어로프의 설치 상태와 손상 유무
④ 브레이크의 작동 상태

마스트의 직진도 및 기초의 수평도는 설치 과정에서의 확인 사항이다.

24 와이어로프 꼬임 중 보통 꼬임의 장점이 아닌 것은?

① 휨성이 좋으며 벤딩 경사가 크다.
② Kink(킹크)가 잘 일어나지 않는다.
③ 꼬임이 강하기 때문에 모양 변형이 적다.
④ 국부적 마모가 심하지 않아 마모가 큰 곳에 사용 가능하다.

와이어로프 꼬임에 따른 비교

꼬임 구분	보통 꼬임 (Regular-lay)	랭 꼬임 (Lang-lay)
외관	소선과 로프 축은 평행이다.	소선과 로프 축은 각도를 가진다.
장점	• 휨성이 좋으며 벤딩 경사가 크다. • 킹크(Kink)가 잘 일어나지 않는다. • 꼬임이 강하기 때문에 모양 변형이 적다.	• 벤딩 경사가 적다. • 내구성이 우수하다. • 마모가 큰 곳에 사용 가능하다.
단점	국부적 마모가 심하다.	킹크 또는 풀림이 쉽다.
용도	일반 제조 제품 산업용	광산 삭도(索道)용

25 와이어로프의 클립(Clip) 체결 방법으로 올바르시 않은 것은?

① 가능한 심블(Thimble)을 부착하여야 한다.
② 클립의 새들은 로프의 힘이 걸리는 쪽에 있어야 한다.
③ 하중을 걸기 전에 단단하게 조여주고 그 이후에는 조임이 필요 없다.
④ 클립 수량과 간격은 로프 지름의 6배 이상, 수량은 최소 4개 이상이어야 한다.

해설
클립 고정법
• 가장 널리 사용되는 방법이다.
• 클립의 간격은 로프 지름의 6배 이상으로 한다.
• 클립의 새들(Saddle)은 로프의 힘이 걸리는 쪽에 있을 것
• 로프에 하중을 걸기 전과 건 후에 단단하게 체결할 것
• 안전을 위해 주기적으로 점검하고 죄어줄 것

26 육성 신호에 대한 설명으로 옳지 않은 것은?

① 육성 메시지는 간결, 단순, 명확하여야 한다.
② 긴 물체, 중량물 등의 작업에서는 육성 신호를 사용해야 한다.
③ 소음이 심한 작업 지역에서는 육성보다는 무선 통신을 권장한다.
④ 신호를 접수한 운전자와 통신한 사람은 서로 완전하게 이해하였는지를 확인하여야 한다.

해설
다음의 작업을 할 경우 걸이자 및 보조자는 관계자와 작업 내용 등에 대하여 협의하여야 한다.
• 좁은 장소나 장애물이 있는 장소에서의 걸이
• 트럭이나 대차상에서의 걸이
• 물체를 반전, 전도시키기 위한 걸이
• 긴 물체, 중량물, 이형물 등의 걸이

27 타워크레인 작업 시 수신호 기준서를 제공 받을 필요가 없는 사람은?

① 조종사
② 정비기사
③ 신호수
④ 인양 작업 수행원

28 타워크레인 인양 작업 시 줄걸이 안전 사항으로 적합하지 않은 것은?

① 신호수는 원칙적으로 1인이다.
② 신호수는 타워크레인 조종사가 잘 확인할 수 있도록 정확한 위치에서 행한다.
③ 2인 이상이 고리 걸이 작업을 할 때는 상호 간에 복창소리를 주고받으며 진행한다.
④ 인양 작업 시 지면에 있는 보조자는 와이어로프를 손으로 꼭 잡아 하물이 흔들리지 않게 하여야 한다.

해설
와이어로프가 인장력을 받고 있는 동안에 잡아당길 필요가 있을 경우에는 직접 손으로 하지 말고 보조구를 사용하여야 한다.

29 신호자가 한손을 들어 올려 주먹을 쥔 상태는 무슨 신호를 나타내는 것인가?

① 작업 종료
② 운전 정지
③ 비상 정지
④ 운전자 호출

해설
운전 정지 : 신호자가 한 손을 들어 올려 주먹을 쥔다.

30 타워크레인 운전자의 의무 사항으로 볼 수 없는 것은?

① 재해 방지를 위해 사용 전 장비 점검
② 기어 박스의 오일 양 및 마모 기어의 정비
③ 장비에 특이 사항이 있을 시 교대자에게 설명
④ 안전 운전에 영향을 미칠 결함 발견 시 작업 중지

31 양손을 들어 올려 크게 2~3회 좌우로 흔드는 수신 호는?

① 고속으로 주행
② 고속으로 권상
③ 비상 정지
④ 운전자 호출

해설
비상 정지 : 양손을 들어 올려 크게 2, 3회 좌우로 흔든다.

32 취급이 용이하고 킹크 발생이 적어 기계, 건설, 선박에 많이 사용되는 로프의 꼬임 모양은?

① 랭 S 꼬임
② 보통 꼬임
③ 특수 꼬임
④ 랭 Z 꼬임

33 줄걸이 용구의 안전 계수를 나타낸 공식은?

① 안전 계수 = 절단 하중 ÷ 안전 하중
② 안전 계수 = 허용 응력 ÷ 극한 강도
③ 안전 계수 = 극한 강도 ÷ 절단 하중
④ 안전 계수 = 허용 하중 ÷ 절단 하중

35 크레인으로 중량물을 인양하기 위한 줄걸이 작업을 할 때 주의 사항으로 틀린 것은?

① 중량물의 중심 위치를 고려한다.
② 줄걸이 각도를 최대한 크게 해준다.
③ 줄걸이 와이어로프가 미끄러지지 않도록 한다.
④ 날카로운 모서리가 있는 중량물은 보호대를 사용한다.

해설
매다는 각도는 60° 이내로 한다.

34 와이어로프에서 소선을 꼬아 합친 것은?

① 심강   ② 트래드
③ 공심   ④ 스트랜드

해설
와이어로프의 구조
• 소선(Wire) : 스트랜드를 구성하는 강선
• 심강(Core) : 스트랜드를 구성하는 가장 중심의 소선
• 스트랜드(Strand, 가닥) : 복수의 소선 등을 꼰 로프의 구성요소로 밧줄 또는 연선이라고도 한다.

36 와이어로프의 교체 대상으로 옳지 않은 것은?

① 한 꼬임의 소선수가 10% 이상 단선된 것
② 공칭 지름이 5% 감소된 것
③ 킹크된 것
④ 현저하게 변형되거나 부식된 것

해설
지름의 감소가 공칭 지름의 7%를 초과하는 것

37 줄걸이 용구에 해당하지 않는 것은?

① 슬링 와이어로프

② 섬유 벨트

③ 받침대

④ 섀클

해설
받침대는 보조구에 속한다.

38 와이어로프에서 심강의 종류가 아닌 것은?

① 섬유심

② 강심

③ 와이어심

④ 편심

해설
심강에는 섬유심, 강심(공심), 와이어심 등이 있다.

39 3ton의 부하물을 4줄걸이로 하여 조각도 60°로 매달았을 경우 한 줄에 걸리는 하중은 약 얼마인가?

① 0.566ton

② 0.666ton

③ 0.766ton

④ 0.866ton

해설

$$한 \ 줄에 \ 걸리는 \ 하중 = \frac{하중}{줄 \ 수} \times 조각도$$

$$= \frac{3}{4} \times 1.155(60°) \fallingdotseq 0.866ton$$

40 줄걸이용 와이어로프에 장력이 걸린 후, 일단 정지하고 줄걸이 상태를 점검할 때의 확인 사항이 아닌 것은?

① 줄걸이용 와이어로프에 장력이 균등하게 작용하는지 확인한다.

② 줄걸이용 와이어로프의 안전율은 4 이상 되는지 확인한다.

③ 하물이 붕괴 또는 추락할 우려는 없는지 확인한다.

④ 줄걸이용 와이어로프가 이탈할 우려는 없는지 확인한다.

해설
줄걸이 상태 점검 사항
• 줄걸이용 와이어로프에 걸리는 장력은 균등한지 확인한다.
• 매달린 물건이 미끄러져 떨어질 위험은 없는지 확인한다.
• 와이어로프가 미끄러지고, 보호대가 벗겨질 우려는 없는지 확인한다.

41 타워크레인 해체 작업 시 준수·사항으로 틀린 것은?

① 비상 정지 장치는 비상사태에 사용한다.

② 지브의 균형은 해체 작업과는 연관성이 없다.

③ 마스트를 내릴 때는 지상 작업자를 대피시킨다.

④ 순간 풍속 10m/s를 초과할 때에는 즉시 작업을 중지한다.

해설
크레인의 균형을 유지한다.

42 텔레스코핑 요크의 핀 또는 홀의 변형을 목격하였을 시 조치 사항으로 틀린 것은?

① 핀이 다소 휘었으면 분해 및 교정 후 재사용한다.

② 홀이 변형된 마스트는 해체, 재사용하지 않는다.

③ 휘거나 변형된 핀은 파기하여 재사용하지 않는다.

④ 핀은 반드시 제작사에서 공급된 것으로 사용한다.

43 타워크레인 지브에서 이동 요령 중 안전에 어긋나는 것은?

① 2인 1조로 이동

② 지브 내부의 보도 이용

③ 트롤리의 점검대를 이용한 이동

④ 안전로프에 안전대를 사용하여 이동

해설
지브에서 이동할 때는 한 명씩 이동해야 한다.

44 타워크레인의 설치 작업 중 추락 및 낙하 위험에 따른 대책에 해당하지 않는 것은?

① 설치 작업 시 상하 이동 중 추락 방지를 위해 전용 안전벨트를 사용한다.

② 텔레스코픽 케이지의 상·하부 발판을 이용하여 발판에서 작업을 한다.

③ 기초 앵커 볼트 조립 시에는 반드시 안전벨트를 착용한 후 작업에 임한다.

④ 텔레스코픽 케이지를 마스트의 각 부재 등에 심하게 부딪치지 않도록 주의한다.

41 ② 42 ① 43 ① 44 ③ **정답**

45 타워크레인의 설치 작업 전 조종사가 확인해야 되는 설치 계획 확인 사항으로 틀린 것은?

① 기종 선정 적합성 여부를 확인한다.
② 타워크레인의 균형 유지 여부를 확인한다.
③ 설치할 타워크레인의 종류 및 형식을 파악한다.
④ 설치할 타워크레인의 설치 장소, 장애물 및 기초 앵커 상태를 확인한다.

46 텔레스코픽 케이지 설치 방법에 대한 내용으로 틀린 것은?

① 베이직 마스트에 아래에서 위로 설치한다.
② 플랫폼이 떨어지지 않도록 단단히 조인다.
③ 슈가 흔들리는 것을 방지하고 고정 장치를 제거한다.
④ 텔레스코핑 유압 장치는 마스트의 텔레스코핑 사이드에 설치되도록 한다.

해설
지상에서 조립을 완전히 끝낸 후 이동식 크레인을 사용하여 한꺼번에 들어 올려 베이직 마스트의 위에서 아래로 설치한다.

47 마스트를 분리한 후 하강 운전 방법으로 가장 적절한 것은?

① 바닥에 긴급히 내린다.
② 지상 바닥에 고속으로 내린다.
③ 지상 바닥에 중속으로 스윙하면서 내린다.
④ 바닥에 놓기 전 일단 정지 후, 저속으로 내린다.

48 타워크레인 설치 작업 시 인입 전원의 안전 대책에 대한 설명으로 틀린 것은?

① 타워크레인용 단독 메인케이블 전선을 사용한다.
② 케이블이 긴 경우 전압 강하를 감안하여 케이블을 선정한다.
③ 작업이 용이하게 타워크레인 전원에서 용접기 및 공기 압축기를 연결하여 사용한다.
④ 변압기 주위에 방호망을 설치하고 출입구를 만들어 관계자 이외에는 출입을 금지시킨다.

49 타워크레인의 마스트 연장(텔레스코핑) 작업 시 준수 사항으로 틀린 것은?

① 비상 정지 장치의 작동 상태를 점검한다.
② 작업 과정 중 실린더 받침대의 지지 상태를 확인한다.
③ 유압 실린더의 동작 상태를 확인하면서 진행한다.
④ 실린더 작동 전에는 반드시 타워크레인 상부의 균형 상태를 확인한다.

해설
비상 정지 장치는 비상사태에 사용한다.

50 마스트 연장 시 균등하고 정확하게 볼트 조임을 할 수 있는 공구는?

① 토크 렌치
② 해머 렌치
③ 복스 렌치
④ 에어 렌치

해설
마스트를 체결하는 핀은 정확히 조립하고, 볼트 체결인 경우는 토크 렌치 등으로 해당 토크 값이 되도록 체결한다.

51 벨트를 교체할 때 기관의 상태는?

① 고속 상태
② 중속 상태
③ 저속 상태
④ 정지 상태

해설
벨트를 걸 때나 벗길 때에는 기계가 정지한 상태에서 한다.

52 소화 작업의 기본 요소가 아닌 것은?

① 가연 물질을 제거하면 된다.
② 산소를 차단하면 된다.
③ 점화원을 제거시키면 된다.
④ 연료를 기화시키면 된다.

해설
소화의 원리는 연소의 반대 개념으로서 연소의 4요소인 가연물, 산소, 열(점화 에너지), 연쇄 반응이 성립되지 못하게 제어하는 것으로서 냉각, 질식, 제거, 억제 등 4가지 방법이 있다. 이들 중 냉각, 질식, 제거 소화는 물리적 소화이나, 억제(연쇄 반응 차단) 소화는 화학적 소화이다.

53 크레인으로 무거운 물건을 위로 달아 올릴 때 주의할 점이 아닌 것은?

① 달아 올릴 화물의 무게를 파악하여 제한 하중 이하에서 작업한다.

② 매달린 화물이 불안전하다고 생각될 때는 작업을 중지한다.

③ 신호의 규정이 없으므로 작업자가 적절히 한다.

④ 신호자의 신호에 따라 작업한다.

55 화재 및 폭발의 우려가 있는 가스 발생 장치 작업장에서 지켜야 할 사항으로 맞지 않는 것은?

① 불연성 재료 사용 금지

② 화기 사용 금지

③ 인화성 물질 사용 금지

④ 점화원이 될 수 있는 기계 사용 금지

54 유류 화재 시 소화 방법으로 부적절한 것은?

① 모래를 뿌린다.

② 다량의 물을 부어 끈다.

③ ABC소화기를 사용한다.

④ B급 화재 소화기를 사용한다.

해설
기름으로 인한 화재의 경우 기름과 물은 섞이지 않기 때문에 기름이 물을 타고 더 확산되어버린다.

56 밀폐된 공간에서 엔진을 가동할 때 가장 주의해야 할 사항은?

① 소음으로 인한 추락

② 배출 가스 중독

③ 진동으로 인한 작업병

④ 작업 시간

해설
밀폐된 기관실 공간에 통풍 장치를 가동시켜야 한다. 배기 가스에는 독성이 있어 호흡기 질환 발생 위험과 엔진의 효율에도 큰 영향이 있다.

57 다음 중 드라이버 사용 방법으로 틀린 것은?

① 날 끝 홈의 폭과 깊이가 같은 것을 사용한다.

② 전기 작업 시 자루는 모두 금속으로 되어 있는 것을 사용한다.

③ 날 끝이 수평이어야 하며 둥글거나 빠진 것은 사용하지 않는다.

④ 작은 공작물이라도 한손으로 잡지 않고 바이스 등으로 고정하고 사용한다.

해설
전기 작업 시에는 절연된 자루를 사용한다.

58 해머 작업 시 틀린 것은?

① 장갑을 끼지 않는다.

② 작업에 알맞은 무게의 해머를 사용한다.

③ 해머는 처음부터 힘차게 때린다.

④ 자루가 단단한 것을 사용한다.

해설
처음부터 큰 힘을 주어 작업하지 않고, 처음에는 서서히 타격한다.

59 전기 기기에 의한 감전 사고를 막기 위하여 필요한 설비로 가장 중요한 것은?

① 접지 설비

② 방폭등 설비

③ 고압계 설비

④ 대지 전위 상승 설비

해설
전기 누전(감전) 재해 방지 조치 사항
• (보호)접지
• 이중 절연 구조의 전동기계, 기구의 사용
• 비접지식 전로의 채용
• 감전 방지용 누전 차단기 설치

60 진동 장애의 예방 대책이 아닌 것은?

① 실외 작업을 한다.

② 저진동 공구를 사용한다.

③ 진동업무를 자동화한다.

④ 방진 장갑과 귀마개를 착용한다.

해설
진동 작업 환경 개선 대책

전신 진동	• 진동 노출의 방지 및 저감 (진동이 더 적은 작업 방법 및 장비를 선택, 진동 노출 시간 및 정도의 제한, 적절한 작업 시간 및 휴식 시간 제공 등) • 근로자에 대한 정보 제공 및 교육 (기계적 진동 노출을 최소화하는 방법, 건강관리 방법, 안전한 작업 습관 등)
국소 진동	• 공학적 대책 (저진동형 기계 또는 장비 사용, 진동 수공구를 적절히 유지 보수하고 진동이 많이 발생하는 기구는 교체) • 작업 방법 개선 (진동 공구 사용 시간 단축 및 휴식 시간 부여, 진동 공구와 비 진동 공구를 교대로 사용하도록 직무 배치, 손잡이는 살살 잡도록 교육) • 보호 장비 지급 (진동 방지 장갑 착용, 손잡이 등에 진동을 감쇠시키는 재질 사용, 체온 저하 및 말초 혈관 수축 예방을 위한 방한복 착용 등) • 근로자 교육 (인체에 미치는 영향, 증상, 진동 장해 예방법, 보호 장비 착용법 등)

※ 2017년부터는 CBT(컴퓨터 기반 시험)로 진행되어 수험자의 기억에 의해 문제를 복원하였습니다. 실제 시행문제와 일부 상이할 수 있음을 알려드립니다.

01 15kW의 전동기로 12m/min의 속도로 권상할 경우 권상 하중은?(단, 전동기를 포함한 크레인의 효율은 65%이다)

① 5ton
② 10ton
③ 15ton
④ 20ton

해설

권상 하중이라 함은 크레인의 구조 및 재료에 따라 들어 올릴 수 있는 최대의 하중을 말한다.

$$전동기\ 출력 = \frac{권상\ 하중 \times 권상\ 속도}{6.12 \times 권상기\ 효율}$$

$$15kW = \frac{x \times 12m/min}{6.12 \times 65} \times 100$$

$$x ≒ 5ton$$

02 440V용 전동기의 절연 저항은 최소 얼마 이상이어야 하는가?

① 0.04MΩ
② 0.4MΩ
③ 4MΩ
④ 40MΩ

해설

배선의 절연 저항
• 대지 전압 150V 이하인 경우 0.1MΩ 이상일 것
• 대지 전압 150V 초과 300V 이하인 경우 0.2MΩ 이상일 것
• 사용 전압 300V 초과 400V 미만인 경우 0.3MΩ 이상일 것
• 사용 전압 400V 이상인 경우 0.4MΩ 이상일 것

03 타워크레인의 운전에 영향을 주는 안정도 설계 조건을 설명한 것 중 틀린 것은?

① 하중은 가장 불리한 조건으로 설계한다.
② 안정도는 가장 불리한 값으로 설계한다.
③ 안정 모멘트 값은 전도 모멘트의 값 이하로 한다.
④ 비 가동 시는 지브의 회전이 자유로워야 한다.

해설

안정도 모멘트 값은 전도 모멘트 값 이상이어야 한다.

04 카운터웨이트의 역할에 대한 설명으로 적합한 것은?

① 메인 지브의 폭에 따라 크레인의 균형을 유지한다.
② 메인 지브의 길이에 따라 크레인의 균형을 유지한다.
③ 메인 지브의 높이에 따라 크레인의 균형을 유지한다.
④ 메인 지브의 속도에 따라 크레인의 균형을 유지한다.

해설

카운터웨이트(Counterweight)
메인 지브의 길이에 따라 크레인 균형 유지에 적합하도록 선정된 여러 개의 철근 콘크리트 등으로 만들어진 블록으로, 카운터 지브 측에 설치되며 이탈되거나 흔들리지 않도록 수직으로 견고히 고정된다.

05 일반적인 타워크레인의 선회 장치에 대한 설명으로 틀린 것은?

① 타워의 최상부, 지브 아래에 부착된다.
② 운전 중 순간 정지 시는 선회 브레이크를 해제한다.
③ 상, 하로 구성되고 턴테이블이 설치된다.
④ 운전을 마칠 때는 선회 브레이크를 해제한다.

해설
선회 장치(Slewing Mechanism)
타워의 최상부에 위치하며, 메인 지브와 카운터 지브가 이 장치 위에 부착되고 캣 헤드가 고정된다. 그리고 상·하 두 부분으로 구성되어 있으며 그 사이에 회전 테이블이 있다. 이 장치에는 선회 장치와 지브의 연결 지점 점검용 난간대가 설치되어 있다.

06 와이어로프의 단말 가공 중 가장 효율적인 것은?

① 심블(Thimble) ② 소켓(Socket)
③ 웨지(Wedge) ④ 클립(Clip)

해설
단말 가공 효율
• 소켓(Socket) : 100%
• 심블(Thimble) : 24mm(95%), 26mm(92.5%)
• 웨지(Wedge) : 75~90%
• 클립(Clip) : 75~80%

07 다음 중 배선용 차단기(MCCB)에 대한 설명으로 옳은 것은?

① 부하 전류 차단이 불가능하다.
② 일반적으로 누전 보호 기능도 구비하고 있다.
③ 과전류가 1극에만 흘렀을 경우 결상과 같은 이상이 생긴다.
④ 과전류로 동작(차단)하였을 때 그 원인을 제거하면 즉시 재차 투입(On으로 한다)할 수 있으므로 반복 사용이 가능하다.

해설
배선용 차단기의 특징
• 과전류로 인하여 차단되었을 때 그 원인을 제거하면 즉시 재차 투입할 수 있으므로 반복해서 사용할 수 있다.
• 접점의 개폐 속도가 일정하고 빠르다.
• 과전류가 1극에만 흘러도 각 극이 동시에 트립되므로 결상 등과 같은 이상이 생기지 않는다.
• 동작 후 복구 시 퓨즈와 같이 교환 시간이 걸리지 않고 예비품의 준비가 필요 없다.

08 트롤리의 기능을 옳게 설명한 것은?

① 와이어로프에 매달려 권상 작업을 한다.
② 카운터 지브에 설치되어 크레인의 균형을 유지한다.
③ 메인 지브에서 전후 이동하며, 작업 반경을 결정하는 횡행 장치이다.
④ 마스트의 높이를 높이는 유압 구동 장치이다.

09 텔레스코핑 작업에 관한 내용으로 틀린 것은?

① 텔레스코핑 작업 중 선회 동작 금지
② 연결 볼트 또는 연결핀을 체결하기 전에는 크레인의 동작을 금지
③ 연결 볼트 체결 시는 토크 렌치 사용
④ 유압 실린더가 상승 중에 트롤리를 전·후로 이동

해설
텔레스코핑 작업 시에는 선회, 트롤리 이동, 권상 작업 등을 해서는 안 된다.

10 다음 중 크레인의 훅 블록 또는 달기구의 구비 조건이 아닌 것은?

① 훅의 국부 마모는 원 치수의 10% 이내일 것
② 훅 블록에는 정격 하중이 표기되어 있을 것
③ 훅 부의 볼트, 너트 등은 풀림, 탈락이 없을 것
④ 훅 해지 장치는 균열, 변형 등이 없을 것

해설
훅의 국부 마모는 원 치수의 5% 이내일 것

11 전동기가 입력 20kW로 운전하여 23HP의 동력을 발생하고 있을 때 전동기의 효율은?(단, 1HP는 746W이다)

① 64.8%　　　② 85.8%
③ 87%　　　　④ 96%

해설
출력 = 746W × 23HP = 17,158W

입력 = 20kW × 1,000 = 20,000W이므로 $\frac{17,158}{20,000}$ = 85.79%이다.

12 니크롬선의 저항이 20Ω인 전열기를 100V의 전선에 연결하였을 경우 전류는 몇 A인가?

① 2,000A　　　② 5A
③ 0.2A　　　　④ 10A

해설
전류[A] = $\frac{전압[V]}{저항[\Omega]}$ = $\frac{100}{20}$ = 5A

13 유압의 특징을 설명한 것으로 틀린 것은?

① 액체는 압축률이 커서 쉽게 압축할 수 있다.

② 액체는 운동을 전달할 수 있다.

③ 액체는 힘을 전달할 수 있다.

④ 액체는 작용력을 증대시키거나 감소시킬 수 있다.

해설
기체는 압축성이 크나, 액체는 압축성이 작아 비압축성이다.

14 타워크레인에서 일반적인 작업 사항으로 틀린 것은?

① 작업이 종료된 후 훅(Hook)은 크레인 메인 지브의 하단부 정도까지 올려놓는다.

② 물건을 운반하지 않을 때는 훅에 와이어를 건 채로 이동해서는 안 된다.

③ 모가 난 짐을 운반 시는 규정보다 약한 와이어를 사용한다.

④ 화물의 중량 및 중심의 목측(目測)은 가능한 한 정확히 해야 한다.

해설
모가 난 짐을 운반 시에는 모서리 부분에 고무나 가죽 등으로 된 보조구를 사용한다.

15 타워크레인의 작업(양중 작업)을 제한하는 풍속의 기준은?

① 평균 풍속이 12m/s 초과

② 순간 풍속이 12m/s 초과

③ 평균 풍속이 15m/s 초과

④ 순간 풍속이 15m/s 초과

해설
악천후 및 강풍 시 작업 중지(산업안전보건기준에 관한 규칙 제37조)
• 사업주는 비·눈·바람 또는 그 밖의 기상 상태의 불안정으로 인하여 근로자가 위험해질 우려가 있는 경우 작업을 중지하여야 한다. 다만, 태풍 등으로 위험이 예상되거나 발생되어 긴급 복구 작업을 필요로 하는 경우에는 그러하지 아니하다.
• 사업주는 순간 풍속이 10m/s를 초과하는 경우 타워크레인의 설치·수리·점검 또는 해체 작업을 중지하여야 하며, 순간 풍속이 15m/s를 초과하는 경우에는 타워크레인의 운전 작업을 중지하여야 한다.

16 신호법 중 오른손으로 왼손을 감싸 2~3회 적게 흔드는 작업 신호는?

① 신호 불명

② 기다려라

③ 천천히 이동

④ 크레인 이상 발생

해설
① 신호 불명 : 운전자는 손바닥을 안으로 하여 얼굴 앞에서 2, 3회 흔든다.
③ 천천히 이동 : 방향을 가리키는 손바닥 밑에 집게손가락을 위로 해서 원을 그린다.
④ 크레인 이상 발생 : 운전자는 사이렌을 울리거나 한쪽 손의 주먹을 다른 손의 손바닥으로 2, 3회 두드린다.

17 신호수가 양쪽 손을 몸 앞에다 대고 두 손을 깍지 끼는 신호를 보내고 있다. 이는 무슨 신호인가?

① 물건 걸기
② 비상 정지
③ 뒤집기
④ 수평 이동

해설
• 비상 정지 : 양손을 들어 올려 크게 2, 3회 좌우로 흔든다.
• 뒤집기 : 양손을 마주 보게 들어서 뒤집으려는 방향으로 2~3회 역전시킨다.
• 수평 이동 : 손바닥을 움직이고자 하는 방향의 정면으로 하여 움직인다.

18 화물을 들어 올릴 때의 주의 사항으로 거리가 먼 것은?

① 매단 화물 위에는 절대로 타지 말 것
② 섀클로 철판을 세워서 매달 것
③ 줄을 거는 위치는 무게중심보다 낮게 한다.
④ 조금씩 감아올려서 로프 등의 팽팽한 정도를 반드시 확인하여야 한다.

해설
섀클로 철판을 세워서 매달지 말 것
※ 섀클(Shackle)은 연강 환봉을 U자형으로 구부리고 입이 벌려 있는 쪽에 환봉 핀을 끼워서 고리로 하는 것이며, 로프의 끝부분이나 달기체인 등의 연결 고리에 연결하여 물체를 들어올릴 때 사용하는 기구를 말한다.

19 크레인 작업 시의 신호 방법으로 바람직하지 않은 것은?

① 신호 수단으로 손, 깃발, 호각 등을 이용한다.
② 신호는 절도 있는 동작으로 간단명료하게 한다.
③ 운전자에 대한 신호는 신호의 정확한 전달을 위하여 최소한 2인 이상이 한다.
④ 신호자는 운전자가 보기 쉽고 안전한 장소에 위치하여야 한다.

해설
운전자에 대한 신호는 반드시 정해진 한 사람의 신호수가 한다.

20 운전자 안전 수칙을 설명한 것 중 틀린 것은?

① 운반물이 흔들리거나 회전하는 상태로 운반해서는 안 된다.
② 운반물은 작업자 상부로 운반할 수 없으며 직각 운전을 원칙으로 한다.
③ 운전석을 이석할 때는 크레인을 정지 위치로 이동시킨 후 훅을 최대한 내려놓는다.
④ 옥외 크레인은 강풍이 불어올 경우 운전 및 옥외 점검 정비를 제한한다.

해설
운전석을 이석할 때는 훅은 최대한 올려놓은 상태여야 한다.

21 크레인에 사용하는 과부하 방지 장치의 안전 점검 사항 중 틀린 것은?

① 과부하 방지 장치가 동작할 때는 경보음이 작동되어야 한다.
② 관계책임자 이외는 임의로 조정할 수 없도록 납봉인 등이 되어 있어야 한다.
③ 과부하 장치의 동작 시 일정한 시간이 지나면 자동 복귀되어야 한다.
④ 과부하 방지 장치는 성능 검정을 필한 것이어야 한다.

> **해설**
> 과부하 방지 장치의 동작 시 그 원인 해소되지 않은 상태에서 단순히 시간이 지남에 따라 자동 복귀되는 일이 없어야 한다.
> ※ 과부하 방지 장치는 크레인에 사용 시 정격 하중의 110% 이상의 하중이 부하되었을 때 자동적으로 권상, 횡행 및 주행동작이 정지되면서 경보음을 발생하는 장치이다.

22 40ton의 부하물이 있다. 이 부하물을 들어 올리기 위해서는 20mm 직경의 와이어로프를 몇 가닥으로 해야 하는가?(단, 20mm 와이어의 절단 하중은 20ton이며 안전 계수는 7로 하고, 와이어 자체의 무게는 0으로 계산한다)

① 2가닥(2줄걸이)   ② 8가닥(8줄걸이)
③ 14가닥(14줄걸이) ④ 20가닥(20줄걸이)

> **해설**
> 안전율 = (와이어로프의 절단 하중 × 로프의 줄 수 × 시브의 효율) / 권상 하중
> $7 = (20 \times x) / 40$
> 로프의 줄 수 = 14가닥

23 와이어로프 규격에서 "6호품 6 × 37 B종 보통 S 꼬임"에서 B종의 의미는?

① 소선의 굵기를 표시하는 기호이다.
② 소선의 재료가 황동(Brass)임을 표시한다.
③ 소선의 공칭 인장 강도의 구분을 의미한다.
④ 소선의 색채가 청색인 것을 의미한다.

> **해설**
> 와이어로프의 호칭 방법
> 명칭, 구성 기호(스트랜드 수 × 소선 수), 인장 강도, 꼬임 방법, 종별 및 로프의 지름에 의한다.

24 그림에서 P점에 몇 ton을 가해야 균형이 잡히겠는가?

① 9   ② 8
③ 7   ④ 25

> **해설**
> 15ton × 6m = 90ton/m이므로 90/10 = 9ton이다.

25 크레인용 와이어로프에 대한 설명 중 올바른 것은?

① 보통 꼬임은 랭 꼬임에 비해서 소선 꼬기의 경사가 완만하다.

② 꼬임이 되풀리는 경우가 적고 킹크가 생기는 경향이 적은 것이 보통 꼬임이다.

③ 와이어로프 직경의 허용차는 ±7%이다.

④ 크레인용 와이어로프는 주로 아연 도금을 한 파단 강도가 높은 것을 사용한다.

26 그림과 같은 와이어로프의 꼬임 형식은?

① 보통 S 꼬임　　② 랭 Z 꼬임

③ 보통 Z 꼬임　　④ 랭 S 꼬임

27 와이어로프의 손질 방법에 대한 설명 중 틀린 것은?

① 와이어로프의 외부는 항상 기름칠을 하여 둔다.

② 킹크된 부분은 즉시 교체한다.

③ 비에 젖었을 때는 수분을 마른 걸레로 닦은 후 기름을 칠하여 둔다.

④ 와이어로프의 보관 장소는 직접 햇빛이 닿는 곳이 좋다.

28 안전율을 구하는 공식으로 맞는 것은?

① 안전율 = 이동 하중 / 고정 하중

② 안전율 = 시험 하중 / 정격 하중

③ 안전율 = 사용 하중 / 절단 하중

④ 안전율 = 절단 하중 / 사용 하중

29 주먹을 머리에 내고 뗴었다 붙였다 하며 호각을 "짧게, 길게" 부는 신호의 의미는?

① 물건 걸기
② 작업 완료
③ 정지
④ 주권 사용

해설
① 물건 걸기 : 양쪽 손을 몸 앞에다 대고 두 손을 깍지 낀다.
② 작업 완료 : 거수경례 또는 양손을 머리 위에 교차시킨다.
③ 정지 : 한손을 들어 올려 주먹을 쥔다.

30 줄걸이 작업에서 사용하는 섀클(Shackle)의 사용 전 확인하여야 할 조건으로 가장 거리가 먼 것은?

① 섀클의 허용 인양 하중을 확인하여야 한다.
② 섀클의 재질을 확인하여야 한다.
③ 나사부 및 핀(Pin)의 상태를 확인하여야 한다.
④ 앵커(Anchor) 형식에서 안전 작업 하중(SWL)을 확인하여야 한다.

해설
섀클에 표시된 등급, 사용 하중 등을 확인한 후 사용한다.

31 매다는 체인의 설명 중 틀린 것은?

① 장기 사용으로 연결 부분의 안쪽이 마모된다.
② 균열이 있을 경우에는 전기용접으로 보수하여 재사용하는 것이 좋다.
③ 링크의 이음매가 벗겨질 수도 있으므로 유의하여야 한다.
④ 링크의 단면 직경이 제조 시보다 10% 이상 감소한 것은 사용할 수 없다.

해설
매다는 체인에 균열이 있을 때에는 교환하여야 한다.

32 와이어로프의 교체 대상으로 틀린 것은?

① 소선 수의 10% 이상 단선된 것
② 공칭 직경이 5% 감소된 것
③ 킹크된 것
④ 현저하게 변형되거나 부식된 것

해설
지름의 감소가 공칭 직경의 7%를 초과하는 것

33 줄걸이 작업을 가장 바르게 설명한 것은?

① 한 줄로 매달면 작업이 편리하다.
② 반걸이를 하여 작업의 능률을 높인다.
③ 원칙적으로 눈걸이를 하여 짐을 매다는 것이 안전하다.
④ 가는 와이어로프일 때는 어깨걸이를 한다.

해설
① 한 줄로 매달면 중심이 잡히지 않아 위험하다.
② 반걸이는 미끄러지기 쉽다.
④ 가는 와이어로프일 때는 짝감아걸이를 한다.

34 와이어로프의 열 영향에 의한 재질 변형의 한계는?

① 50℃
② 100℃
③ 200~300℃
④ 500~600℃

해설
와이어로프의 열 영향을 문제로 삼는 것은 와이어로프의 심강이 섬유심이 아니라도 200~300℃ 정도가 한도이다.

35 가로 10m, 세로 1m, 높이 0.2m인 금속화물이 있다. 이것을 4줄걸이 30°로 들어 올릴 때 한 개의 와이어에 걸리는 하중은 약 얼마인가?(단, 금속의 비중은 7.8이다)

① 3.9ton
② 7.8ton
③ 4.04ton
④ 15.6ton

해설
가로 10m × 세로 1m × 높이 0.2m = 2m^{3}이고, 비중이 7.8이므로 2m^3 × 7.8 = 15.6ton이며, 4줄걸이를 하므로 $\frac{15.6ton}{4줄}$ = 3.9이다. 여기서 30°의 각도에서는 한 줄에 걸리는 하중은 1.035배이므로 3.9 × 1.035 ≒ 4.04ton이다.

36 와이어로프의 안전 계수가 5이고 절단 하중이 20,000kgf일 때 안전 하중은?

① 6,000kgf
② 5,000kgf
③ 4,000kgf
④ 2,000kgf

해설
$\frac{절단 하중}{안전 계수}$ = 안전 하중이므로,

$\frac{20,000}{5}$ = 4,000kgf이 된다.

37 타워크레인 마스트 해제 작업 중 틀린 것은?

① 처음에는 최상부 마스트와 선회 링 서포트 볼트 또는 핀을 푼다.

② 해체 마스트에 롤러를 끼워 넣는다.

③ 해체 마스트는 가이드 레일 밖으로 밀어낸다.

④ 선회 링 서포트와 기초볼트를 푼다.

해설

텔레스코픽 케이지와 선회 링 서포트를 반드시 핀 또는 볼트로 체결해야 한다.

38 타워크레인의 마스트 연장(텔레스코핑) 작업 시 준수 사항이 아닌 것은?

① 작업 과정 중 실린더 받침대의 지지 상태를 확인한다.

② 실린더 작동 전에는 반드시 타워크레인 상부의 균형 상태를 확인한다.

③ 유압 실린더의 동작 상태를 확인하면서 진행한다.

④ 비상 정지 장치의 작동 상태를 점검한다.

해설

비상 정지 장치는 비상사태에 사용한다.

39 다음 보기에서 타워크레인 설치 · 해제 작업에 관한 설명으로 옳은 것을 모두 골라 나열한 것은?

┌ 보기 ┐

㉠ 작업 순서는 시계 방향으로 작업을 실시할 것

㉡ 작업 구역에는 관계 근로자의 출입을 금지시키고 그 취지를 항상 크레인 상단 좌측에 표시할 것

㉢ 폭풍 · 폭우 및 폭설 등의 악천후 작업에 있어서 위험을 미칠 우려가 있을 때에는 해당 작업을 중지시킬 것

㉣ 작업 장소는 안전한 작업이 이루어질 수 있도록 충분한 공간을 확보하고 장애물이 없도록 할 것

㉤ 크레인의 능력, 사용 조건에 따라 충분한 내력을 갖는 구조의 기초를 설치하고 지반 침하 등이 일어나지 않도록 할 것

① ㉠, ㉡, ㉢, ㉣, ㉤

② ㉢, ㉣, ㉤

③ ㉠, ㉡, ㉢

④ ㉡, ㉢, ㉣

해설

조립 등의 작업 시 조치 사항(산업안전보건기준에 관한 규칙 제141조)

사업주는 크레인의 설치 · 조립 · 수리 · 점검 또는 해체 작업을 하는 경우 다음의 조치를 하여야 한다.

• 작업 순서를 정하고 그 순서에 따라 작업을 할 것

• 작업을 할 구역에 관계 근로자가 아닌 사람의 출입을 금지하고 그 취지를 보기 쉬운 곳에 표시할 것

• 비, 눈, 그 밖에 기상 상태의 불안정으로 날씨가 몹시 나쁜 경우에는 그 작업을 중지시킬 것

• 작업 장소는 안전한 작업이 이루어질 수 있도록 충분한 공간을 확보하고 장애물이 없도록 할 것

• 들어 올리거나 내리는 기자재는 균형을 유지하면서 작업을 하도록 할 것

• 크레인의 성능, 사용 조건 등에 따라 충분한 응력(應力)을 갖는 구조로 기초를 설치하고 침하 등이 일어나지 않도록 할 것

• 규격품인 조립용 볼트를 사용하고 대칭되는 곳을 차례로 결합하고 분해할 것

40 타워크레인의 마스트를 해체하고자 할 때 실시하는 작업이 아닌 것은?

① 마스트와 턴테이블 하단의 연결 볼트 또는 핀을 푼다.
② 해체할 마스트와 하단 마스트의 연결 볼트 또는 핀을 푼다.
③ 마스트에 가이드레일의 롤러를 끼워 넣는다.
④ 마스트를 가이드레일의 안쪽으로 밀어 넣는다.

해설
마스트를 가이드레일 밖으로 밀어 낸다.

41 타워크레인의 설치·해체 작업 시 추락 및 낙하에 대한 예방 대책으로 반드시 준수해야 할 사항 중 틀린 것은?

① 해당 매뉴얼에서 인양 무게중심과 슬링 포인트를 확인한다.
② 설치·해체 시 각 부재의 유도용 로프는 반드시 와이어로프만을 사용한다.
③ 볼트나 핀의 낙하 방지를 위해서 반드시 철선 등으로 고정한다.
④ 이동식 크레인의 용량 선정 시는 반드시 인양 여유를 감안해서 선정한다.

해설
긴 부재의 권상 시 안전을 위해 유도 로프를 사용하고 부재의 중량에 적합한 줄걸이 용구를 선택하여 사용하여야 한다.

42 와이어 가잉 작업 시 소요되는 부재 및 부품이 아닌 것은?

① 전용 프레임
② 와이어클립
③ 장력 조절 장치
④ 브레이싱 타이 바

해설
와이어 가잉 시 턴버클, 클립, 섀클 등은 규격품을 사용한다.
※ 타이 바(Tie Bar)
메인 지브와 카운터 지브를 지지하면서 각기 캣(타워) 헤드에 연결해주는 바(Bar)로서 기능상 매우 중요하며, 인장력이 크게 작용하는 부재이다.

43 유해·위험 작업의 취업 제한에 관한 규칙에 의하여, 타워크레인 조종 업무의 적용 대상에서 제외되는 타워크레인은?

① 조종석이 설치된 정격 하중이 1ton인 타워크레인
② 조종석이 설치된 정격 하중이 2ton인 타워크레인
③ 조종석이 설치된 정격 하중이 3ton인 타워크레인
④ 조종석이 설치되지 아니한 정격 하중이 3ton인 타워크레인

해설
국가기술자격법에 따른 타워크레인운전기능사의 자격
타워크레인 조종 작업(조종석이 설치되지 않은 정격 하중 5ton 이상의 무인 타워크레인을 포함한다)

44 동력 장치에서 가장 재해가 많이 발생할 수 있는 장치는?

① 기어
② 커플링
③ 벨트
④ 차축

45 크레인 기준에서 정하고 있는 타워크레인의 방호 장치 종류가 아닌 것은?

① 충전 장치
② 과부하 방지 장치
③ 권과 방지 장치
④ 훅 해지 장치

> **해설**
> **타워크레인의 방호 장치 종류**
> • 권상 및 권하 방지 장치   • 과부하 방지 장치
> • 속도 제한 장치   • 바람에 대한 안전장치
> • 비상 정지 장치   • 트롤리 내·외측 제어 장치
> • 트롤리 로프 파손 안전장치 • 트롤리 정지 장치(Stopper)
> • 트롤리 로프 긴장 장치   • 와이어로프 꼬임 방지 장치
> • 훅 해지 장치   • 선회 제한 리밋 스위치
> • 충돌 방지 장치   • 선회 브레이크 풀림 장치
> • 접지

46 크레인에 과부하 방지 장치(안전밸브)를 부착 시 해당되는 내용이 아닌 것은?

① 법 규정에 의한 안전인증품일 것
② 정격 하중의 1.1배 권상 시 경보와 함께 권상 작동이 정지될 것
③ 선회, 횡행 및 주행 작동이 가능한 구조일 것
④ 임의로 조정할 수 없도록 봉인되어 있을 것

> **해설**
> 정격 하중의 1.1배 권상 시 경보와 함께 권상, 횡행, 주행 동작이 불가능한 구조일 것

47 해체할 타워크레인의 용량 및 종류에 따라 이동식 크레인의 적정 사양을 선정하는데, 해당 사항이 아닌 것은?

① 최대 권상 높이
② 가장 무거운 부재의 중량
③ 이동식 크레인의 감속기의 특성
④ 이동식 크레인 지브의 작업 반경

> **해설**
> 타워크레인 설치 시 이동식 크레인 선정 시 고려 사항
> • 최대 권상 높이(H)
> • 가장 무거운 부재 중량(W)
> • 선회 반경(R)

48 타워크레인의 해체 작업 시 안전 운전 준수 사항으로 가장 중요한 것은?

① 타워크레인의 상부 마스트가 선회 링 서포트와 볼트 및 핀으로 연결될 때까지 절대로 회전을 시키면 안 된다.

② 타워크레인의 해체 작업 시 운전은 팀의 선임자가 운전 자격이 없어도 할 수 있다.

③ 해체 작업 시 운전석의 전원은 항상 "On" 상태로 하며 필요시 즉시 조작할 수 있어야 한다.

④ 해체 작업 시는 풍속의 영향을 받지 않기 때문에 풍속은 고려할 필요가 없다.

49 타워크레인 인양 작업 시 금지 작업에 해당되지 않는 것은?

① 신호수가 없는 상태에서 하중이 보이지 않는 인양 작업

② 고층으로 하중을 인양하는 작업

③ 땅속에 박힌 하중을 인양하는 작업

④ 중심이 벗어나 불균형하게 매달린 하중 인양 작업

해설

타워크레인의 금지 작업
- 파일 등 땅에 박힌 하중 인양 작업
- 운전석 쪽으로 끌어당김 작업
- 작업자 위를 통과하는 작업
- 시야를 벗어난 작업(신호수가 있을 경우 예외)
- 불균형하게 매달린 하중의 이송 작업
- 하중이 지면에 있을 때의 선회 동작
- 다른 구조물의 파괴 목적으로 사용
- 훅 블록이 지면에 뉘어진 상태

50 크레인으로 인양 시 물체의 중심을 측정하여 인양하여야 한다. 다음 중 잘못된 것은?

① 형상이 복잡한 물체의 무게중심을 확인한다.

② 인양 물체를 서서히 올려 지상 약 30cm 지점에서 정지하여 확인한다.

③ 인양 물체의 중심이 높으면 물체가 기울 수 있다.

④ 와이어로프나 매달기용 체인이 벗겨질 우려가 있으면 되도록 높이 인양한다.

해설

가능한 한 매다는 물체의 중심을 낮게 할 것

51 산업 공장에서 재해의 발생을 적게 하기 위한 방법 중 틀린 것은?

① 폐기물은 정해진 위치에 모아둔다.

② 공구는 소정의 장소에 보관한다.

③ 소화기 근처에 물건을 적재한다.

④ 통로나 창문 등에 물건을 세워 놓아서는 안 된다.

해설

소화기는 작업자가 쉽게 찾아 사용할 수 있도록 배치되어야 한다.

52 안전 작업은 복장의 착용 상태에 따라 달라진다. 다음에서 권장 사항이 아닌 것은?

① 땀을 닦기 위한 수건이나 손수건을 허리나 목에 걸고 작업해서는 안 된다.
② 옷소매 폭이 너무 넓지 않은 것이 좋고, 단추가 달린 것은 되도록 피한다.
③ 물체 추락의 우려가 있는 작업장에서는 안전모를 착용해야 한다.
④ 복장을 단정하게 하기 위해 넥타이는 꼭 매야 한다.

해설
기계 주위에서 작업할 때는 넥타이를 매지 않으며 너풀거리거나 찢어진 바지를 입지 않는다.

53 오픈 엔드 렌치 사용 방법으로 틀린 것은?

① 입(Jaw)이 변형된 것은 사용하지 않는다.
② 볼트는 미끌리지 않도록 단단히 끼워 밀 때 힘이 작용되도록 한다.
③ 연료파이프 피팅을 풀고 조일 때 사용한다.
④ 자루에 파이프를 끼워 사용하지 않는다.

해설
오픈 엔드 렌치는 볼트나 너트를 감싸는 부분의 양쪽이 열려 있어 연료 파이프의 피팅(Fitting) 및 브레이크 파이프의 피팅 등을 풀거나 조일 때 사용하는 렌치로 항상 당겨서 작업하도록 한다.

54 산업 재해는 직접 원인과 간접 원인으로 구분되는데 다음 직접 원인 중에서 인적 불안전 행위가 아닌 것은?

① 작업 태도 불안전
② 위험한 장소의 출입
③ 기계의 결함
④ 작업자의 실수

해설
사고의 직접 원인

불안전한 상태 – 물적 원인	불안전한 행동 – 인적 원인
• 물(공구, 기계 등)자체 결함 • 안전방호 장치 결함 • 복장, 보호구의 결함 • 물의 배치, 작업 장소 결함 • 작업 환경의 결함 • 생산 공정의 결함 • 경계 표시, 설비의 결함	• 위험 장소 접근, 출입 • 안전장치의 기능 제거 • 복장, 보호구의 잘못 사용 • 기계기구 잘못 사용 • 운전 중인 기계 장치의 손질 • 불안전한 속도 조작 • 위험물 취급 부주의 • 불안전한 상태 방치 • 불안전한 자세 동작 • 감독 및 연락 불충분

55 작업장에서 용접 작업의 유해 광선으로 눈에 이상이 생겼을 때 적절한 조치로 맞는 것은?

① 손으로 비빈 후 과산화수소수로 치료한다.
② 냉수로 씻어낸 냉수포를 얹거나 병원에서 치료한다.
③ 알코올로 씻는다.
④ 뜨거운 물로 씻는다.

해설
유해 광선으로 눈에 이상이 생겼을 때는 응급치료로서 냉찜질을 한 다음 치료를 받는다.

56 스패너 작업 방법으로 옳은 것은?

① 몸 쪽으로 당길 때 힘이 걸리도록 한다.
② 볼트 머리보다 큰 스패너를 사용하도록 한다.
③ 스패너 자루에 조합 렌치를 연결해서 사용하여도 된다.
④ 스패너 자루에 파이프를 끼워서 사용한다.

해설
스패너나 렌치를 사용할 때는 항상 몸 쪽으로 당기면서 작업을 한다.

57 유압 장치에 관한 설명으로 틀린 것은?

① 유압 펌프는 기계적인 에너지를 유체 에너지로 바꿔준다.
② 가압되는 유체는 저항이 최소인 곳으로 흐른다.
③ 유압력은 저항이 있는 곳에서 생성된다.
④ 고장 원인의 발견이 쉽고 구조가 간단하다.

해설
고장 원인을 발견하기 어렵고, 구조가 복잡하다.

58 낙하 또는 물건의 추락에 의해 머리의 위험을 방지하는 보호구는?

① 안전대
② 안전모
③ 안전화
④ 안전 장갑

해설
물체가 떨어지거나 날아올 위험 또는 근로자가 추락할 위험이 있는 작업 시에는 안전모를 착용한다.

59 산업 재해의 분류에서 사람이 평면상으로 넘어졌을 때(미끄러짐 포함)를 말하는 것은?

① 낙하
② 충돌
③ 전도
④ 추락

해설
③ 전도 : 사람이 평면상으로 넘어졌을 때를 말함(과속, 미끄러짐 포함)
① 낙하, 비래 : 물건이 주체가 되어 사람이 맞은 경우
② 충돌 : 사람이 정지물에 부딪힌 경우
④ 추락 : 사람이 건축물, 비계, 기계, 사다리, 계단, 경사면, 나무 등에서 떨어지는 것

60 화재의 분류에서 전기 화재에 해당되는 것은?

① A급 화재
② B급 화재
③ C급 화재
④ D급 화재

해설
화재의 종류(KS B 6259)
• A급(일반 화재) : 보통 잔재의 작열에 의해 발생하는 연소에서 보통 유기 성질의 고체물질을 포함한 화재
• B급(유류 화재) : 액체 또는 액화할 수 있는 고체를 포함한 화재 및 가연성 가스 화재
• C급(전기 화재) : 통전 중인 전기 설비를 포함한 화재
• D급(금속 화재) : 금속을 포함한 화재

01 고정식 지브형 타워크레인이 할 수 있는 동작으로 틀린 것은?

① 권상(하) 동작
② 주행 동작
③ 기복 동작
④ 선회 동작

해설
고정식 타워크레인은 콘크리트 등 고정된 기초에 설치하는 타워크레인이다.

02 크레인으로 화물을 들어 올릴 경우 옳지 않은 것은?

① 화물의 중심 위에 훅이 위치하도록 한다.
② 로프가 충분한 장력을 가질 때까지 서서히 감아 올린다.
③ 화물은 주행경로 및 안전을 고려한 높이에서 운반하도록 한다.
④ 로프가 장력을 받을 때부터 주행을 시작한다.

해설
로프가 충분한 장력을 가질 때까지 서서히 감아야 하며 장력을 가질 때부터 주행을 시작하면 안 된다. 물체를 매달아 올릴 때, 즉 줄걸이용 와이어로프가 약간의 텐션을 받기 시작할 때 일시 정지하고 훅이 매단 물체의 중심에 있는가, 줄걸이가 적절한 상태인가를 확인한다. 중심 위치가 정확하지 못한 상태에서 권상을 하면 물체가 흔들려서 줄걸이 작업자에게 부딪치는 등 재해를 일으킬 수 있으므로 주의한다.

03 다음 중 타워크레인의 주요 구조부가 아닌 것은?

① 설치기초
② 지브(Jib)
③ 수직사다리
④ 윈치, 균형추

해설
타워크레인의 주요 구조부
• 지브 및 타워 등의 구조 부분
• 원동기
• 브레이크
• 와이어로프
• 주요 방호 장치
• 훅 등의 달기 기구
• 윈치, 균형추
• 설치기초
• 제어반 등

04 전기에서 과전류 차단기의 종류가 아닌 것은?

① 퓨즈(Fuse)
② 배선용 차단기
③ 누전 차단기(과전류 차단 겸용인 경우)
④ 저항기

해설
과전류 차단기의 종류
배선용 차단기, 누전 차단기(과전류 차단 기능이 부착된 것), 퓨즈(나이프 스위치, 플러그 퓨즈 등)

05 타워크레인의 동작 중, 수직면에서 지브 각을 변화하는 것을 무엇이라고 하는가?

① 기복   ② 횡행
③ 주행   ④ 권상

06 타워크레인의 텔레스코핑 작업 전 유압 장치 점검 사항이 아닌 것은?

① 유압 탱크의 오일 레벨을 점검한다.
② 유압 모터의 회전 방향을 점검한다.
③ 유압 펌프의 작동 압력을 점검한다.
④ 유압 장치의 자중을 점검한다.

> **해설**
> 유압 장치의 압력을 점검한다.

07 타워크레인의 트롤리에 관련된 안전장치가 아닌 것은?

① 와이어로프 꼬임 방지 장치
② 트롤리 정지 장치
③ 트롤리 로프 안전장치
④ 트롤리 내·외측 제한 장치

> **해설**
> 타워크레인의 트롤리에 관련된 안전장치
> • 트롤리 로프 긴장 장치
> • 트롤리 정지 장치
> • 트롤리 로프 파단 안전장치
> • 트롤리 내·외측 제한 장치

08 타워크레인은 풍속이 초당 몇 m일 때 운전 작업을 중지하여야 하는가?

① 40   ② 30
③ 15   ④ 10

> **해설**
> 산업안전보건기준에 관한 규칙에는 타워크레인의 설치, 해체, 수리, 점검 등의 작업은 순간 풍속이 10m/s, 타워크레인 운전 작업은 순간 풍속이 15m/s를 초과할 때 작업을 중지하도록 되어 있다.

09 지브가 기복하는 장치를 갖는 크레인 등은 운전자가 보기 쉬운 위치에 해당 지브의 ( ) 지시 장치를 구비하여야 한다. ( ) 안에 들어갈 내용으로 적합한 것은?

① 거리   ② 하중
③ 속도   ④ 경사각

해설
크레인 경사각 지시 장치의 제작 및 안전기준(위험기계 · 기구 안전인증 고시 [별표 2])
지브가 기복하는 장치를 갖는 크레인 등은 운전자가 보기 쉬운 위치에 해당 지브의 경사각 지시 장치를 구비해야 한다.

10 타워크레인으로 들어 올릴 수 있는 최대 하중을 무슨 하중이라 하는가?

① 정격 하중
② 권상 하중
③ 끝단 하중
④ 동 하중

해설
권상 하중이란 타워크레인이 지브의 길이 및 경사각에 따라 들어 올릴 수 있는 최대의 하중을 말한다.

11 크레인용 와이어로프에 심강을 사용하는 목적이 아닌 것은?

① 인장 하중을 증가시킨다.
② 스트랜드의 위치를 올바르게 유지한다.
③ 소선끼리의 마찰에 의한 마모를 방지한다.
④ 부식을 방지한다.

해설
심강의 사용 목적
충격 하중의 흡수, 소선 사이의 마찰에 의한 마멸 방지, 부식 방지, 스트랜드의 위치를 올바르게 유지하는 데 있다.

12 인터로크 장치를 설치하는 목적으로 맞는 것은?

① 서로 상반되는 동작이 동시에 동작되지 않도록 하기 위하여
② 전기스파크의 발생을 방지하기 위하여
③ 전자 접속 용량을 조절하기 위하여
④ 전원을 안정적으로 공급하기 위하여

해설
인터로크 장치
기계의 각 작동 부분 상호 간을 전기적, 기계적, 기름 및 공기 압력으로 연결해서 각 작동 부분이 정상으로 작동하기 위한 조건이 만족되지 않을 경우 자동적으로 그 기계를 작동할 수 없도록 하는 기구를 말한다.

13 다음 중 유압 펌프의 분류에서 회전 펌프가 아닌 것은?

① 피스톤 펌프
② 기어 펌프
③ 스크루 펌프
④ 베인 펌프

해설
피스톤 펌프는 왕복식 펌프에 속한다. 회전 펌프에는 기어 펌프, 베인 펌프, 나사 펌프, 스크루 펌프 등이 있다.

15 접지에 대한 설명으로 옳지 않은 것은?

① 프레임, 제어반은 접지하여야 한다.
② 방폭 지역의 저전압 전기기계의 접지 저항은 10Ω 이하로 하여야 한다.
③ 접지선은 충분한 기계적 · 전기적 강도를 가져야 한다.
④ 전동기의 외함 접지는 400V 이하일 때 200Ω 이하로 하여야 한다.

해설
전동기, 제어반, 프레임 등은 접지하여 그 접지 저항이 400V 이하인 경우에는 100Ω 이하, 400V 초과인 경우에는 10Ω 이하여야 한다.

14 과부하 방지 장치(안전밸브 제외)를 부착할 위치에 대하여 맞게 설명한 것은?

① 접근이 차단된 장소에 설치한다.
② 과부하 시 운전자가 용이하게 경보를 들을 수 있어야 한다.
③ 시험 시 풍속 8.3m/s를 초과하는 위치에 설치한다.
④ 가급적 운전실과 멀리 떨어진 곳에 설치한다.

해설
과부하 방지 장치의 구비 조건
• 성능 검정 합격품일 것
• 정격 하중의 1.1배 권상 시 경보와 함께 권상, 횡행, 주행 동작이 불가능한 구조일 것
• 임의로 조정할 수 없도록 봉인되어 있을 것
• 시험 시 풍속은 8.3m/s를 초과하지 않을 것
• 접근이 용이한 장소에 설치하여야 하며, 과부하 시 운전자가 용이하게 경보를 들을 수 있을 것

16 그림과 같은 강괴를 들어 올릴 때 중량은?(단, 비중 7.85)

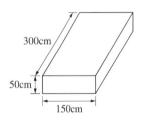

① 17,663kg
② 2,250kg
③ 9,000kg
④ 26,493kg

해설
$$중량 = 가로(cm) \times 세로(cm) \times 높이(cm) \times \frac{비중}{1,000}$$
$$= 300 \times 50 \times 150 \times \frac{7.85}{1,000}$$
$$= 17,662.5kg$$

17 중추형 권과 방지 장치의 특징과 거리가 먼 것은?

① 매달린 중추의 위치에서 동작하므로 동작 위치의 오차가 적다.

② 동작 후의 복귀 거리가 짧다.

③ 권상 드럼의 회전수와 관련이 있어 와이어로프 교환 시 위치를 조정할 필요가 있다.

④ 권상 위치 제한은 가능하나 권하 위치의 제한은 불가능하다.

해설

중추형은 작동 위치의 오차를 적게 할 수 있으며, 드럼의 회전과 관계없이 와이어로프를 교환한 후 위치의 재조정이 불필요하다.

18 크레인 구조 부분의 지진 하중은 옥외에 단독으로 설치되는 것에 대하여 크레인 자중(권상하물 제외)의 몇 %에 상당하는 수평 하중을 지진 하중으로 고려하여야 하는가?

① 50% ② 25%

③ 15% ④ 5%

해설

지진 하중

옥외에 단독으로 설치된 크레인에 한하여 크레인 자중(권상하물 제외)의 15%에 상당하는 수평 하중을 지진 하중으로 고려한다.

19 무한 선회 구조의 타워크레인이 필수적으로 갖춰야 할 장치로 맞는 것은?

① 선회 제한 리밋 스위치

② 유체 커플링

③ 볼 선회 링기어

④ 집전 슬립링

해설

타워크레인 상부와 같이 선회하는 회전부분에는 슬립링(Slip Ring)에 의한 방식도 급전방식의 하나로 사용되고 있다.

20 굵은 와이어로프일 때 줄걸이는?(단, 로프 지름은 16mm 이상)

①   ②

③   ④

해설

훅의 줄걸이 방법

③ 어깨걸이 : 굵은 와이어로프일 때(16mm 이상) 사용한다.

① 반걸이 : 미끄러지기 쉬우므로 엄금한다.

② 짝감아걸이 : 가는 와이어로프일 때(14mm 이하) 사용하는 줄걸이 방법이다.

④ 눈걸이 : 모든 줄걸이 작업은 눈걸이를 원칙으로 한다.

21 배선용 차단기는 퓨즈에 비하여 장점이 많은데, 그 장점이 아닌 것은?

① 개폐 기구를 겸하고, 개폐 속도가 일정하며 빠르다.

② 과전류가 1극에만 흘러도 각 극이 동시에 트립되므로 결상 등과 같은 이상이 생기지 않는다.

③ 전자 제어식 퓨즈이므로 복구 시에는 교환 시간이 많이 소요된다.

④ 과전류로 동작하였을 때 그 원인을 제거하면 즉시 사용할 수 있다.

해설
동작 후 복구 시 퓨즈와 같이 교환 시간이 걸리지 않고 예비품의 준비가 필요 없다.

22 다음 중 신호에 관련된 사항으로 틀린 것은?

① 신호수는 한 사람이어야 한다.

② 신호가 불분명할 때는 즉시 중지한다.

③ 비상시엔 신호에 관계없이 중지한다.

④ 복수 이상이 신호를 동시에 한다.

해설
신호는 반드시 1명의 신호자만을 선임하여 신호하도록 하여야 한다.

23 권하 작업의 속도에 대한 설명 중 가장 옳은 것은?

① 올릴 때의 속도와 같이한다.

② 가능한 최대 속도로 한다.

③ 훅의 진동이 없으면 빨리 내려도 된다.

④ 적당한 높이까지 내린 후 천천히 내린다.

해설
적당한 높이까지 내린 다음 일단 정지 후 서서히 내린다.

24 타워크레인으로 철근 다발을 지상으로 내려놓을 때 가장 적합한 운전 방법은?

① 철근 다발이 지면에 가까워지면 권하 속도를 서서히 증가시킨다.

② 권하 시의 속도는 항상 권상 속도와 같은 속도로 운전한다.

③ 철근 다발의 흔들림이 없다면 속도에 관계없이 작업해도 좋다.

④ 지면에 닿기 전 20cm 정도까지 내린 다음 일단 정지 후 서서히 내린다.

25 크레인으로 인양 시 물체의 중심을 측정하여 인양하여야 한다. 다음 중 잘못된 것은?

① 형상이 복잡한 물체의 무게중심을 확인한다.
② 인양 물체를 서서히 올려 지상 약 30cm 지점에서 정지하여 확인한다.
③ 인양 물체의 중심이 높으면 물체가 기울 수 있다.
④ 와이어로프나 매달기용 체인이 벗겨질 우려가 있으면 되도록 높이 인양한다.

해설
인양 물체의 중심이 높으면 물체가 기울거나 와이어로프나 매달기용 체인이 벗겨질 우려가 있으므로 중심은 될 수 있는 한 낮게 하여 매달도록 하여야 한다.

26 구급처치 중에서 환자의 상태를 확인하는 사항과 가장 거리가 먼 것은?

① 의식　　　　② 상처
③ 출혈　　　　④ 격리

해설
부상자나 환자를 발견하면 우선 출혈 정도나 구토물, 의식, 호흡, 맥박의 유무를 관찰한다.

27 티워크레인의 육성 신호 방법에 대한 설명이다. 잘못된 것은?

① 육성 신호는 간결, 단순하여야 한다.
② 명확성보다는 소리의 크기가 중요하다.
③ 시끄러운 지역에서는 무선 통신(무전기)이 효과적이다.
④ 운전자와 통신자는 이해 여부를 상호 확인한다.

해설
통신 및 육성 신호는 간결, 단순, 명료해야 한다.

28 타워크레인 트롤리 전·후 작업 중 이동 불량 상태가 생기는 원인이 아닌 것은?

① 트롤리 모터의 소손
② 전압의 강하가 클 때
③ 트롤리 정지 장치 불량
④ 트롤리 감속기 웜 기어의 불량

해설
트롤리 정지 장치
트롤리 최소 반경 또는 최대 반경으로 동작 시 트롤리의 충격을 흡수하는 고무 완충재로서 트롤리를 강제로 정지시키는 역할을 한다.

29 크레인에 사용되는 와이어로프의 사용 중 점검 항목으로 적합하지 않은 것은?

① 마모 상태 검사
② 엉킴 및 꼬임 킹크 상태 검사
③ 부식 상태 검사
④ 소선의 인장 강도 검사

해설
와이어로프 점검 사항
• 마모 정도 : 지름을 측정하되 전장에 걸쳐 많이 마모된 곳, 하중이 가해지는 곳 등을 여러 개소 측정한다.
• 단선 유무 : 단선의 수와 그 분포 상태, 즉 동일 소선 및 스트랜드에서의 단선 개소 등을 조사한다.
• 부식 정도 : 녹이 슨 정도와 내부의 부식 유무를 조사한다.
• 주유 상태 : 와이어로프 표면상의 주유 상태와 윤활유가 내부에 침투된 상태를 조사한다.
• 연결 개소와 끝부분의 이상 유무 : 삽입된 끝부분이 풀려 있는지의 유무와 연결부의 조임 상태를 조사한다.
• 기타 이상 유무 : 엉킴의 흔적 유무와 꼬임 상태에 이상이 있는가를 조사한다.

31 크레인 운전 조작에 관한 주의 사항으로 틀린 것은?

① 일상 점검 및 운전 전 점검이 완료되어 이상 없음이 판명되었을 때 운전에 필요한 조작을 한다.
② 훅이 크게 흔들릴 경우는 권상 작업을 해서는 안 된다.
③ 권상 하물을 다른 작업자의 머리 위로 통과시키기 위해서 경보를 울린다.
④ 화물을 권상하는 경우 권상 하물이 지면에서 약 20cm 떨어진 후에 일단 정지시켜 권상 하물의 중심 및 밸런스를 확인한다.

해설
운반물을 작업자 머리 위로 운반해서는 안 된다.

30 크레인으로 물건을 운반할 때 주의 사항으로 틀린 것은?

① 규정 무게보다 약간 초과할 수 있다.
② 적재물이 떨어지지 않도록 한다.
③ 로프 등 안전 여부를 항상 점검한다.
④ 선회 작업 시 사람이 다치지 않도록 한다.

해설
규정 무게보다 초과하여 적재하지 않는다.

32 와이어로프의 안전 계수가 5이고 절단 하중이 20,000kgf일 때 안전 하중은?

① 6,000kgf
② 5,000kgf
③ 4,000kgf
④ 2,000kgf

해설

$$\text{안전 계수} = \frac{\text{절단 하중}}{\text{안전 하중}}$$

$$5 = \frac{20,000}{x}$$

$$x = 4,000\text{kgf}$$

33 와이어로프(Wire Rope)의 소선에 대하여 설명한 것이다. 맞는 것은?

① 스트랜드를 구성하고 있는 소선의 결합에는 점(点), 선(線), 면(面), 정(井) 접촉 구조의 4가지가 있다.

② 소선의 역할은 충격 하중의 흡수, 부식 방지, 소선끼리의 마찰에 의한 마모 방지, 스트랜드(Strand)의 위치를 올바르게 하는 데 있다.

③ 와이어로프(Wire Rope)의 소선은 탄소강에 특수 열처리를 하여 사용하며 인장 강도는 135~180kgf/mm^{2}이다.

④ 소선의 재질은 탄소강 단강품(KS D 3710)이나 기계구조용 탄소강(KS D 3517)이며 강도와 연성(延性)이 큰 것이 바람직하다.

해설
① 스트랜드를 구성하고 있는 소선의 결합에는 점(点), 선(線), 면(面) 접촉 구조의 3가지가 있다.
② 심강의 역할은 충격 하중의 흡수, 부식 방지, 소선끼리의 마찰에 의한 마모 방지, 스트랜드(Strand)의 위치를 올바르게 하는 데 있다.

34 와이어로프의 내·외부 마모 방지 방법이 아닌 것은?

① 도유를 충분히 할 것
② 두드리거나 비비지 않도록 할 것
③ S 꼬임을 선택할 것
④ 드럼에 와이어로프를 감는 방법을 바르게 할 것

해설
와이어로프 사용상 주의 사항
• 습기 및 산성 성분이 있는 곳에서 사용금지
• 와이어로프의 과하중 및 충격 사용금지
• 와이어로프를 드럼에 감을 때 가지런히 정렬할 것
• 극단적인 굴곡의 와이어로프의 사용금지
• 와이어로프의 통로에 모래, 자갈 및 기타 장애물이 투입되지 않을 것
• 정격 하중 사용 및 안전수칙 준수
• 와이어로프의 부식을 방지하기 위하여 오일 등을 바를 것

35 크레인의 와이어로프에 대한 설명으로 틀린 것은?

① 도르래 플랜지의 사용 중 접촉에 의해 마모 및 부식이 발생하여 수명이 떨어진다.

② 소선 수의 10% 이상이 절단된 것은 사용해서는 안 된다.

③ 직경의 감소가 공칭 직경의 15%를 초과할 때까지는 사용할 수 있다.

④ 킹크가 심하게 된 때는 교체하여 사용한다.

해설
지름의 감소가 공칭 지름의 7%를 초과하는 것은 교체하여 사용한다.

36 정격 하중 100ton의 크레인을 제작한다면 6 × 24 직경이 20mm인 와이어로프를 몇 가닥으로 해야 하는가?(단, 와이어로프 절단 하중 20ton, 안전 계수는 5로 한다)

① 5가닥 ② 10가닥
③ 20가닥 ④ 25가닥

해설
최대 하중 $= \dfrac{절단\ 하중}{안전\ 계수} = \dfrac{20}{5} = 4$

$\dfrac{100ton}{4} = 25$줄걸이가 된다.

37 매다는 체인에 균열이 발생한 경우 용접하여 사용할 수 있는가?

① 사용할 수 있다.

② 사용하여서는 안 된다.

③ 체인의 여유가 없는 불가피한 경우 1회에 한하여 용접하여 사용할 수도 있다.

④ 일반적으로 미소한 균열일 경우 용접 사용이 가능하다.

해설
매다는 체인에 균열이 있는 것은 교환하여야 한다.

38 물체 중량을 구하는 공식으로 맞는 것은?

① 비중 × 넓이

② 무게 × 길이

③ 넓이 × 체적

④ 비중 × 체적

39 와이어로프 작업자가 줄걸이 작업을 실시할 때 짐의 중량에 따른 안전 작업 방법이 아닌 것은?

① 짐의 중량을 어림짐작하여 작업한다.

② 정격 하중을 넘는 무게의 짐을 매달지 않는다.

③ 상례적으로 정해진 짐의 전문적인 줄걸이 용구를 만들어 작업한다.

④ 짐의 중량 판단에 자신이 없을 때는 상급자에게 문의하여 작업한다.

해설
짐의 중량을 어림짐작하여 작업하면 매우 위험하다.

40 와이어로프 줄걸이 작업자가 작업을 실시할 때 고려해야 할 사항과 가장 거리가 먼 것은?

① 짐의 중량

② 짐의 중심

③ 짐의 부피

④ 짐을 매는 방법

해설
줄걸이 용구 및 보조구의 선정
• 화물의 질량, 중심, 형상, 권상 위치, 리프팅 빔 등을 확인
• 화물의 보호에 대한 줄걸이 방법 검토
• 최적의 줄걸이 용구와 보조구(보호구) 선정

41 와이어 가잉으로 고정할 때 준수해야 할 사항이 아닌 것은?

① 등각에 따라 4-6-8가닥으로 지지 및 고정이 가능하다.

② 경사각은 3~90°의 안전 각도를 유지한다.

③ 가잉용 와이어의 코어는 섬유심이 바람직하다.

④ 와이어 긴장은 장력 조절 장치 또는 턴버클을 사용한다.

해설
마스트와 와이어로프의 고정 각도는 30~60° 이내로 설치하는 것이 바람직하며, 가장 이상적인 각도는 45°이다.

42 타워크레인 관련법상 자체 검사 주기로 맞는 것은?

① 1월에 1회 이상

② 3월에 1회 이상

③ 6월에 1회 이상

④ 12월에 1회 이상

해설
자율 안전 검사
• 안전 검사 주기의 2분의 1에 해당하는 주기(크레인 중 건설 현장 외에서 사용하는 크레인의 경우에는 6개월)마다 검사를 할 것
• 자율 검사 프로그램의 유효 기간은 2년으로 한다.

43 타워크레인을 건물 내부에서 클라이밍 작업으로 설치하고자 할 때, 클라이밍 프레임으로 건물에 고정하는 데 반드시 몇 개를 사용하여야 하는가?

① 1개   ② 2개

③ 3개   ④ 4개

44 타워크레인 설치 시 서로 조립되는 것 중 틀린 것은?

① 베이직 마스트 - 기초 앵커

② 카운터 지브 - 권상 장치

③ 균형추 - 타워 헤드

④ 메인 지브 - 트롤리 장치 및 타이 바

해설
카운터 지브에 권상 장치와 균형추가 설치된다.

45 타워크레인에서 사용하는 조립용 볼트는 대부분 12.9의 고장력 볼트를 사용하는데 이 숫자가 의미한 것으로 맞는 것은?

① 12 : 120kgf/mm²의 인장 강도
② 9 : 90kgf/mm²의 인장 강도
③ 12 : 볼트의 등급이 12
④ 9 : 너트의 등급이 9

해설
고장력 볼트 12.9T 기호의 의미
인장 강도가 120kgf/mm² 이상이며, 항복 강도가 인장 강도의 90% 이상인 고장력 볼트

46 타워크레인 메인 지브(앞 지브)의 절손 원인으로 가장 적합한 것은?

① 호이스트 모터의 소손
② 트롤리로프의 파단
③ 정격 하중의 과부하
④ 슬루잉 모터 소손

해설
타워크레인 메인 지브의 절손 원인
• 인접 시설물과의 충돌
• 정격 하중 이상의 과부하
• 지브와 달기 기구와의 충돌

47 타워크레인 구조물 해체 작업 시 올바른 운전 방법이 아닌 것은?

① 해체 작업 시 주전원을 차단한다.
② 해체 작업 중 양쪽 지브의 균형 유지 여부를 확인한다.
③ 슬루잉 링 서포트와 베이직 마스트 연결 시 약간 선회를 한다.
④ 마스트 핀이 체결되지 않은 상태에서 선회 동작은 금한다.

해설
타워크레인의 상부 마스트가 선회 링 서포트와 볼트 및 핀으로 연결될 때까지 절대로 회전을 시키면 안 된다.

48 유해·위험 취업 제한에 관한 규칙에서 자격 등의 취득을 위한 지정교육기관으로 지정받고자 할 경우 다음 중 허가권자는?

① 국토교통부 장관
② 산업통상자원부 장관
③ 중소벤처기업부 장관
④ 관할 지방고용노동관서의 장

해설
지정 신청 등(유해·위험작업의 취업 제한에 관한 규칙 제5조)
지정교육기관의 지정을 받으려는 자는 별도 서식의 교육기관 지정 신청서에 다음의 서류를 첨부하여 관할 지방고용노동관서의 장에게 제출하여야 한다.
• 정관
• 지정교육기관의 종류 및 인력기준(유해·위험작업의 취업 제한에 관한 규칙 [별표 1의2])에 따른 인력기준에 해당하는 사람의 자격과 채용을 증명할 수 있는 서류
• 건물임대차계약서 사본이나 그 밖에 사무실의 보유를 증명할 수 있는 서류(건물등기부 등본을 통하여 사무실을 확인할 수 없는 경우만 해당)와 시설·설비 명세서
• 최초 1년간의 교육계획서

49 텔레스코핑(상승 작업) 시 관련 설명으로 틀린 것은?

① 마스트 기둥과 가이드 롤러 사이에는 적정 간격이 필요하다.

② 텔레스코핑(상승 작업) 전 지브와 카운터 지브가 45° 각도를 유지한 상태에서 트롤리를 움직여야 한다.

③ 가이드 슈를 고정했다면 크레인을 움직이지 않는다.

④ 텔레스코핑(상승 작업) 전 반드시 좌·우 평형상태를 이루어야 한다.

> **해설**
> 텔레스코픽 케이지의 유압 장치가 있는 방향에 카운터 지브가 위치하도록 카운트 지브의 방향을 맞춘다.

50 설치 작업 시작 전 착안 사항이 아닌 것은?

① 기상 확인

② 역할 분담 지시

③ 줄걸이, 공구 안전 점검

④ 타워크레인 기종 선정

> **해설**
> 타워크레인 기종 선정은 설치 작업 계획서에 포함된다.

51 가연성 가스 저장실의 안전 사항으로 옳은 것은?

① 기름걸레를 이용하여 통과 통 사이에 끼워 충격을 적게 한다.

② 휴대용 전등을 사용한다.

③ 담뱃불을 가지고 출입한다.

④ 조명등은 백열등으로 하고 실내에 스위치를 설치한다.

> **해설**
> 가연성 가스를 저장하는 곳에는 휴대용 손전등 외의 등화를 휴대하지 아니한다.

52 복스 렌치가 오픈 렌치보다 많이 사용되는 이유는?

① 값이 싸며 적은 힘으로 작업할 수 있다.

② 가볍고 사용하는 데 양손으로 사용할 수 있다.

③ 파이프 피팅 조임 등 작업 용도가 다양하여 많이 사용된다.

④ 볼트, 너트 주위를 완전히 감싸게 되어 사용 중에 미끄러지지 않는다.

> **해설**
> 복스 렌치는 6각 볼트·너트를 조이고 풀 때 가장 적합한 공구이고 오픈 엔드 렌치는 볼트나 너트를 감싸는 부분의 양쪽이 열려 있어 연료 파이프의 피팅(Fitting) 및 브레이크 파이프의 피팅 등을 풀거나 조일 때 사용하는 렌치이다.

53 기계시설의 안전 유의 사항으로 적합하지 않은 것은?

① 회전 부분(기어, 벨트, 체인) 등은 위험하므로 반드시 커버를 씌워둔다.

② 발전기, 용접기, 엔진 등 장비는 한 곳에 모아서 배치한다.

③ 작업장의 통로는 근로자가 안전하게 다닐 수 있도록 정리정돈을 한다.

④ 작업장의 바닥은 보행에 지장을 주지 않도록 청결하게 유지한다.

해설
발전기, 아크 용접기, 엔진 등 소음과 진동이 나는 기계는 각각 다른 곳에 배치하여 각각의 기기에 손상이 일어나지 않도록 해야 한다.

54 안전보건표지의 종류와 형태에서 그림의 안전 표지판이 나타내는 것은?

① 보행금지   ② 작업금지
③ 출입금지   ④ 사용금지

해설
안전보건표지

보행금지	출입금지	사용금지

55 장갑을 끼면 안전상 가장 적합하지 않은 작업은?

① 전기용접 작업
② 해머 작업
③ 타이어 교환 작업
④ 건설기계 운전

해설
해머 작업 시 장갑을 사용하면 해머의 진동으로 손이 미끄러져 사고 우려가 있다.

56 운반 작업 시 지켜야 할 사항으로 맞는 것은?

① 운반 작업은 장비를 사용하기보다 가능한 한 많은 인력을 동원하여 하는 것이 좋다.

② 인력으로 운반 시 무리한 자세로 장시간 취급하지 않도록 한다.

③ 인력으로 운반 시 보조구를 사용하되 몸에서 멀리 떨어지게 하고, 가슴 위치에서 하중이 걸리게 한다.

④ 통로 및 인도에 가까운 곳에서는 빠른 속도로 벗어나는 것이 좋다.

해설
무리한 자세로 물건을 들지 않는다.

57 적색 원형으로 만들어지는 안전 표지판은?

① 경고 표시　　② 안내 표시

③ 지시 표시　　④ 금지 표시

해설
경고 표시 – 노랑, 안내 표시 – 녹색, 지시 표시 – 파랑

58 가스 용접 장치에서 산소 용기의 색은?

① 청색　　② 황색

③ 적색　　④ 녹색

해설
각종 가스용기의 도색 구분

가스의 종류	도색 구분	가스의 종류	도색 구분
산소	녹색	아세틸렌	황색
수소	주황색	액화 염소	갈색
액화 탄산가스	청색	액화 암모니아	백색
LPG (액화 석유가스)	밝은 회색	그 밖의 가스	회색

59 운반 및 하역 작업 시 착용 복장 및 보호구로 적합하지 않은 것은?

① 상의 작업복의 소매는 손목에 밀착되는 작업복을 착용한다.

② 하의 작업복은 바지 끝부분을 안전화 속에 넣거나 밀착되게 한다.

③ 방독면, 방화 장갑을 항상 착용하여야 한다.

④ 유해, 위험물을 취급 시 방호할 수 있는 보호구를 착용한다.

해설
인체에 해로운 가스가 발생하는 작업장에서는 방독면, 마스크 등의 보호구를 사용한다.

60 감전 재해사고 발생 시 취해야 할 행동 순서가 아닌 것은?

① 피해자가 지닌 금속체가 전선 등에 접촉되었는가를 확인한다.

② 설비의 전기 공급원 스위치를 내린다.

③ 전원을 끄지 못했을 때는 고무장갑이나 고무장화를 착용하고 피해자를 구출한다.

④ 피해자 구출 후 상태가 심할 경우 인공호흡 등 응급조치를 한 후 작업에 임하도록 한다.

해설
감전으로 의식 불명인 경우는 감전 사고를 발견한 사람이 즉시 환자에게 인공호흡을 시행하여 우선 환자가 의식을 되찾게 한 다음, 의식을 회복하면 즉시 가까운 병원으로 후송하여야 한다.

57 ④　58 ④　59 ③　60 ④　**정답**

01 리밋 스위치의 설명으로 적합한 것은?

① 큰 전류가 흐를 경우 자동적으로 회로를 차단시키는 장치
② 로프의 권과를 방지하기 위한 장치
③ 운반물의 급강하를 방지하기 위한 장치
④ 운반물의 강하를 방지하기 위한 장치

해설
리밋 스위치
안전장치에 사용되는 것으로 횡행, 주행 등의 운동에 대한 과도한 진행을 방지하는 기구

02 절연 저항 측정 단위에서는 MΩ(메가옴)을 사용한다. 400V 전압에서 약 몇 MΩ 이상이 나와야 하는가?

① 0.4
② 0.5
③ 0.6
④ 0.7

03 다음 중 과전류 차단기에 요구되는 성능에 해당되지 않는 것은?

① 전동기의 시동 전류와 같이 단시간 동안, 약간의 과전류에서도 동작할 것
② 과전류가 장시간 계속 흘렀을 때 동작할 것
③ 과전류가 커졌을 때 단시간에 동작할 것
④ 큰 단락 전류가 흘렀을 때는 순간적으로 동작할 것

해설
과전류 차단기에 요구되는 성능
• 전동기의 기동 전류와 같이 단시간 동안 약간의 과전류에서는 동작하지 않아야 한다.
• 과부하 등 적은 과전류가 장시간 지속하여 흘렀을 때 동작하여야 한다.
• 과전류가 증가하면 단시간에 동작하여야 한다.
• 큰 단락 전류가 흐를 때에는 순간적으로 동작하여야 한다.
• 차단 시 발생하는 아크를 소호하여 폭발하지 않고 확실하게 차단할 수 있어야 한다.

04 변압기는 어떤 원리를 이용한 전기 장치인가?

① 전자 유도 작용
② 전류의 화학 작용
③ 정전 유도 작용
④ 전류의 발열 작용

해설
변압기는 전자 유도 작용에 의하여 한편의 권선에 공급한 교류 전기를 다른 편의 권선에 동일 주파수의 교류 전기의 전압으로 변환시켜 주는 역할을 한다.

05 기초 앵커를 설치하는 방법 중 옳지 않은 것은?

① 지내력은 접지압 이상 확보한다.

② 버림 콘크리트 타설 또는 지반을 다짐한다.

③ 구조 계산 후 충분한 수의 파일을 항타한다.

④ 앵커 세팅 수평도는 ±5mm로 한다.

해설
앵커(Fixing Anchor) 시공 시 기울기가 발생하지 않게 시공한다.

06 전류에 의해 발생된 열은 도체의 저항과 전류의 제곱 및 흐르는 시간에 비례한다($= 0.24 I^2 RT$)는 법칙은?

① 옴(Ohm)의 법칙

② 플레밍(Fleming)의 법칙

③ 줄(Joule)의 법칙

④ 키르히호프(Kirchhoff)의 법칙

해설
① 옴(Ohm)의 법칙 : 전류의 세기는 그 양끝의 전압에 비례하고 그 저항에 반비례한다.
② 플레밍(Fleming)의 법칙 : 오른손법칙과 왼손법칙이 있다. 오른손법칙은 전자유도에 의해서 생기는 유도전류(誘導電流)의 방향을 나타내는 법칙이고, 왼손법칙은 전류가 흐르는 도선이 자기장 속을 통과해 힘을 받을 때 힘의 방향에 관한 법칙이다.
④ 키르히호프(Kirchhoff)의 법칙 : 전류에 관한 제1법칙과 전압에 관한 제2법칙이 있다. 제1법칙은 전류가 흐르는 길에서 들어오는 전류와 나가는 전류의 합이 같다는 것이고, 제2법칙은 회로에 가해진 전원의 전압과 소비되는 전압 강하의 합이 같다는 것이다.

07 타워크레인의 방호 장치 종류가 아닌 것은?

① 권상 및 권하 방지 장치

② 풍압 방지 장치

③ 과부하 방지 장치

④ 훅 해지 장치

08 유압 탱크에서 오일을 흡입하여 유압 밸브로 이송하는 기기는?

① 액추에이터

② 유압 펌프

③ 유압 밸브

④ 오일 쿨러

해설
유압 펌프
오일 탱크에서 기름을 흡입하여 유압 밸브에서 소요되는 압력과 유량을 공급하는 장치이다.

09 훅 상승 시 작업 방법으로 옳은 것은?

① 권상 후에도 타워의 흔들림이 멈출 때까지 저속으로 인양한다.

② 화물을 지면에서 이격한 후 안전이 확인되면 고속으로 인양해도 된다.

③ 화물이 경량일 때에는 타워에 미치는 영향이 미미하므로 저속은 생략해도 된다.

④ 화물인 인양된 후에는 권과 방지 장치가 작동할 때까지 계속 인양한다.

10 지브 크레인의 지브(붐) 길이(수평거리) 20m 지점에서 10ton의 화물을 줄걸이하여 인양하고자 할 때 이 지점에서 모멘트는 얼마인가?

① 20ton · m

② 100ton · m

③ 200ton · m

④ 300ton · m

해설

힘의 모멘트(M) = 힘(P) × 길이(L)

∴ $20 \times 10 = 200$ton · m

11 L형(경사 지브형) 타워크레인의 운동 중 기복을 바르게 설명한 것은?

① 수직축을 중심으로 회전 운동을 하는 것을 말한다.

② 거더의 레일을 따라 트롤리가 이동하는 것이다.

③ 수직면에서 지브 각의 변화를 말한다.

④ 달아올릴 화물을 타워크레인의 마스트 쪽으로 당기거나 밀어내는 것이다.

12 타워크레인의 작업이 종료되었을 때 정리정돈 내용으로 잘못된 것은?

① 운전자에게는 반드시 종료 신호를 보낸다.

② 트롤리 위치는 지브 끝단, 혹은 최상단까지 권상시켜둔다.

③ 원칙적으로 줄걸이 용구는 분리해둔다.

④ 줄걸이 와이어로프 등의 굽힘 등 변형은 교정하여 소정의 장소에 잘 보관한다.

해설

작업 후 수평 지브 타입(T형) 타워크레인의 트롤리는 최소 작업 반경에 위치시키고, 러핑 지브 타입(L형)의 메인 지브 각도는 제작사의 매뉴얼에 따른다.

13 타워크레인의 지브가 바람에 의해 영향을 받는 면적을 최소로 하여 타워크레인의 본체를 보호하는 방호 장치는?

① 충돌 방지 장치
② 와이어로프 이탈 방지 장치
③ 선회 브레이크 풀림 장치
④ 트롤리 정지 장치

14 옥외 타워크레인에서 반드시 항공등을 설치해야 하는 타워크레인의 최소 높이는?

① 30m 이상
② 40m 이상
③ 50m 이상
④ 60m 이상

해설
크레인의 조명장치 제작 및 안전기준(위험기계 · 기구 안전인증 고시 [별표 2])
• 운전석의 조명상태는 운전에 지장이 없을 것
• 야간작업용 조명은 운전자 및 신호자의 작업에 지장이 없을 것
• 옥외에 지상 60m 이상 높이로 설치되는 크레인에는 항공법에 따른 항공 장애등을 설치할 것

15 크레인 운전 조작의 주의 사항에 관한 설명으로 틀린 것은?

① 화물이 지면에서 떨어지는 순간의 권상은 빠른 속도로 권상한다.
② 줄걸이 작업 위치까지 훅을 권하시킬 때에는 필요 이상으로 권하시키지 않는다.
③ 화물의 중심 위에 훅의 중심이 오도록 횡행, 주행 조작 등에 의해 위치를 결정한다.
④ 화물 위치에 크레인을 이동시킬 경우 훅을 지상의 설비 등에 부딪치지 않을 높이까지 권상하여 크레인을 수평 이동시킨다.

해설
권상이나 권하 작업 모두 천천히 안전 상태를 확인하면서 하도록 한다.

16 타워크레인의 마스트 연장 작업 시 유압 장치의 점검 및 준비에 관한 사항 중 잘못된 것은?(단, 유압 실린더가 한 개인 경우)

① 유압 장치의 압력을 점검 및 확인한다.
② 유압 유닛 및 유압 실린더의 작동 상태를 점검한다.
③ 텔레스코픽 케이지의 유압 실린더와 메인 지브가 같은 방향인지 확인한다.
④ 유압 펌프를 무부하 2~3회 작동하여 공기 배출 및 무부하 압력을 점검한다.

해설
유압 펌프의 오일 양을 점검한다.

17 와이어로프의 안전 계수가 5이고 절단 하중이 20,000kgf일 때 안전 하중은?

① 6,000kgf

② 5,000kgf

③ 4,000kgf

④ 2,000kgf

해설

안전 계수 = 절단 하중 / 안전 하중

$5 = 20,000/x$

$x = 4,000$kgf

18 힘의 3요소가 아닌 것은?

① 작용점

② 방향

③ 크기

④ 속도

해설

힘의 3요소 : 힘의 크기, 힘의 작용점, 힘의 작용 방향

19 타워크레인의 주행 구동 장치가 아닌 것은?

① 전동기

② 감속기

③ 미끄럼 방지 고정 장치

④ 브레이크

해설

미끄럼 방지 고정 장치는 방호 장치이다.

20 전자식 과부하 방지 장치를 설명한 것으로 옳은 것은?

① 내부의 마이크로 스위치를 동작하여 운전 상태를 정지하는 안전장치이다.

② 변화되는 중량을 아날로그로 표시, 편의성을 향상시켰으며 가격도 저렴하다.

③ 스트레인 게이지의 전자식 저항값의 변화에 따라 아주 민감하게 동작하는 방호 장치이다.

④ 감지 방법은 하중의 방향에 따라 인장 로드 셀 방법, 압축 로드 셀 방법이 있다.

해설

전자식 과부하 방지 장치

• 스트레인 게이지(로드 셀), 컨트롤 부분으로 구성되어 있으며, 크레인으로 화물을 권상 시 최대 허용 하중(정격 하중 110%) 이상이 되면 과적재를 알리면서 자동으로 운반 작업을 중단시켜 과적에 의한 사고를 예방하는 장치이다.

• 변화되는 중량을 디지털로 표시하여 알려 줄 수 있는 아주 편리한 안전장치이지만, 가격이 비싸다는 단점이 있다.

• 로드 셀에 부착되어 있는 스트레인 게이지의 전기식 저항값의 변화에 따라 아주 민감하게 동작하는 신호 장치이다.

21 와이어로프 사용상 주의 사항으로 틀린 것은?

① 새로운 로프로 교체 후 초기 운전 시에는 사용 정격 하중의 1/2 정도를 걸고 저속으로 여러 번 시운전을 해야 한다.

② 드럼에 로프를 감을 때에는 가능한 당기면서 감아야 한다.

③ 로프의 수명을 연장시키려면 적정 하중으로 운전 횟수를 늘리는 편보다 과하중 횟수를 줄이는 것이 유리하다.

④ 징을 매다는 경우에는 4줄걸이 이상으로 한다.

해설
로프의 하중이 증가할수록 손상의 진행이 빨라지므로 과하중에 의해 운전 횟수가 줄어드는 것보다 적정 하중으로 사용하여 운전 횟수를 증가하는 것이 로프의 수명을 연장시킨다.

22 트롤리 이동 내·외측 제어 장치의 제어 위치로 맞는 것은?

① 지브 섹션의 중간

② 지브 섹션의 시작과 끝 지점

③ 카운터 지브 끝 지점

④ 트롤리 정지 장치

해설
트롤리 이동 내·외측 제어 장치
메인 지브에 설치된 트롤리가 지브 내측의 운전실에 충돌 및 지브 외측 끝에서 벗어나는 것을 방지하기 위한 내·외측의 시작(끝) 지점에서 전원 회로를 제어한다.

23 옥외크레인을 사용 시 순간 풍속이 매초당 (   )m를 초과하는 바람이 불어올 우려가 있을 때에는 옥외에 설치되어 있는 주행 크레인에 대하여 이탈 방지 장치를 작동시키는 등 그 이탈을 방지하기 위한 조치를 하여야 한다. (   )에 적합한 풍속은?

① 20   ② 30

③ 45   ④ 60

해설
폭풍에 의한 이탈 방지(산업안전보건기준에 관한 규칙 제140조)
사업주는 순간 풍속이 30m/s를 초과하는 바람이 불어올 우려가 있는 경우 옥외에 설치되어 있는 주행 크레인에 대하여 이탈 방지 장치를 작동시키는 등 이탈 방지를 위한 조치를 하여야 한다.

24 타워크레인의 작업 신호 중 무선 통신에 관한 설명으로 틀린 것은?

① 조용한 지역에서 활용된다.

② 무선 통신이 만족하지 못하면 수신호로 한다.

③ 통신 및 육성은 간결, 단순, 명확해야 한다.

④ 수신호와 꼭 함께 무선 통신을 하도록 한다.

해설
무선 통신 사용이 교신에 있어 만족스럽지 못하다면 수신호로 해야 한다.

25 신호법 중에서 팔을 아래로 뻗고 집게손가락을 아래로 향해서 수평원을 그리는 신호는 무슨 신호인가?

① 천천히 조금씩 올리기
② 아래로 내리기
③ 천천히 이동
④ 운전 방향 지시

해설
① 천천히 조금씩 올리기 : 한손을 지면과 수평하게 들고 손바닥을 위쪽으로 하여 2, 3회 적게 흔든다.
③ 천천히 이동 : 방향을 가리키는 손바닥 밑에 집게손가락을 위로 해서 원을 그린다.
④ 운전 방향 지시 : 집게손가락으로 운전 방향을 가리킨다.

26 타워크레인 운전 중 위험 상황이 발생한 상태에서 생소한 사람이 정지 신호를 보내 왔다면 운전자는 어떻게 하는 것이 가장 좋은가?

① 운전자가 주위를 확인하고 정지한다.
② 무조건 정지시키고 난 후 확인한다.
③ 신호수가 아니므로 무시하고 운전한다.
④ 정해진 신호수가 정지 신호를 보낼 때까지 그대로 작업한다.

해설
비상시엔 신호에 관계없이 중지한다.

27 크레인에서 줄걸이 와이어로프를 이용해 화물을 양중할 때 줄걸이 각도에 따라 와이어로프에 걸리는 하중이 다르다. 줄걸이 로프에 가장 장력이 작게 걸리는 각도는?

① 30°
② 60°
③ 90°
④ 120°

해설
줄걸이 각도의 조각도는 30°는 1,035배, 45°는 약 1,070배, 60°는 1.155배, 90°는 1.414배, 120°는 2,000배로 각이 커질수록 한 줄에 걸리는 장력이 커진다.

28 다음 중 크레인의 안전 작업과 거리가 먼 것은?

① 크레인의 탑승은 지정된 사다리를 이용한다.
② 신호수의 사소한 신호에도 주의를 한다.
③ 정격 하중 이상의 중량물 권상을 금지한다.
④ 크레인의 정지 시는 신속한 정지를 위하여 역상 제동을 사용한다.

해설
역상 제동은 전동기를 매우 신속히 정지시키기 위해서 두상을 바꾸는 동작으로 작업 중 급속한 제동이 필요할 때 작용시키는 것이다.

29 타워크레인의 운전자가 안전 운전을 위해 준수할 사항이 아닌 것은?

① 타워크레인 구동부분의 윤활이 정상인가 확인한다.

② 타워크레인의 해체 일정을 확인한다.

③ 브레이크의 작동 상태가 정상인가 확인한다.

④ 타워크레인의 각종 안전장치의 이상 유무를 확인한다.

해설

타워크레인 가동 전 안전 점검 사항
- 전동기 및 브레이크 계통
- 윤활 상태, 와이어로프 및 시브 상태
- 볼트 및 너트(핀 포함) 고정 상태, 균형추 파손 여부 및 고정 상태
- 작업 구간 장애물 여부
- 훅 및 줄걸이 와이어로프 등 줄걸이 용구 상태
- 각종 리밋 스위치 작동 상태
- 카운터 지브 위 자재 및 공구 등의 정리 및 보관(바람에 날려 떨어지지 않도록)

30 와이어로프 작업자가 줄걸이 작업을 실시할 때 짐의 중량에 따른 안전 작업 방법이 아닌 것은?

① 짐의 중량을 어림짐작하여 작업한다.

② 정격 하중을 넘는 무게의 짐을 매달지 않는다.

③ 상례적으로 정해진 짐의 전문적인 줄걸이 용구를 만들어 작업한다.

④ 짐의 중량 판단에 자신이 없을 때는 상급자에게 문의하여 작업한다.

해설

짐의 모양과 크기, 재료 등을 고려하여야 하며 어설픈 눈짐작으로 과도한 하중으로 인해 크레인 등에 손상을 주거나 이외의 사고를 유발시키는 일이 없도록 주의하여야 한다.

31 줄걸이용 와이어로프를 엮어넣기로 고리를 만들려고 한다. 이때 엮어넣는 적정 길이(Splice)는?

① 와이어로프 지름의 5~10배

② 와이어로프 지름의 10~20배

③ 와이어로프 지름의 20~30배

④ 와이어로프 지름의 30~40배

해설

로프의 엮어넣기의 엮는 적정 길이는 와이어 지름의 30~40배가 적당하다.

32 절단 하중이 1,200kgf인 와이어로프를 2줄걸이로 해서 600kgf의 화물을 인양할 때 이 와이어로프의 안전율은 얼마인가?

① 3   ② 4

③ 5   ④ 6

해설

안전율 = (와이어로프의 절단 하중 × 로프의 줄 수 × 시브의 효율) / 권상 하중

= (1,200 × 2) / 600

= 4

33 와이어로프의 구조 중 소선을 꼬아 합친 것을 무엇이라고 하는가?

① 심강 ② 스트랜드
③ 소선 ④ 공심

해설
와이어로프의 구조
• 소선(Wire) : 스트랜드를 구성하는 강선
• 심강(Core) : 스트랜드를 구성하는 가장 중심의 소선
• 스트랜드(Strand, 가닥) : 복수의 소선 등을 꼰 로프의 구성요소로 밧줄 또는 연선이라고도 한다.

34 중량물 운반에 대한 설명으로 틀린 것은?

① 흔들리는 중량물은 사람이 붙잡아서 이동한다.
② 무거운 물건을 운반할 경우 주위 사람에게 인지하게 한다.
③ 규정 용량을 초과하여 운반하지 않는다.
④ 무거운 물건을 상승시킨 채 오랫동안 방치하지 않는다.

해설
중량물이 심하게 흔들리는 상태에서 운전을 금지한다.

35 도르래 홈의 마모 한도는 와이어로프 지름의 몇 % 이내인가?

① 10% ② 20%
③ 30% ④ 40%

해설
시브(도르래) 홈은 이상 마모가 없고, 마모 한도는 와이어로프 지름의 20% 이하이다.

36 와이어로프는 달기구 및 지브의 위치가 가장 아래쪽에 위치할 때 드럼에 최소한 몇 회 감겨 있어야 하는가?

① 1회 ② 2~3회
③ 5~6회 ④ 7회 이상

해설
권상용 및 지브의 기복용 와이어로프에 있어서 달기구 및 지브의 위치가 가장 아래쪽에 위치할 때 드럼에 2회 이상 감기는 여유가 있어야 한다.

37 줄걸이 작업 시 짐을 매달아 올릴 때 주의 사항으로 맞지 않는 것은?

① 매다는 각도는 60° 이내로 한다.

② 짐을 전도시킬 때는 가급적 주위를 넓게 하여 실시한다.

③ 큰 짐 위에 작은 짐을 얹어서 짐이 떨어지지 않도록 한다.

④ 전도 작업 도중 중심이 달라질 때는 와이어로프 등이 미끄러지지 않도록 한다.

큰 짐 위에 작은 짐을 얹어서 매달면 작은 짐은 떨어지기 쉬우므로 떨어지지 않도록 매어두는 것이 좋다.

38 크레인에서 훅에 걸린 와이어로프가 이탈하지 못하도록 설치된 안전장치는?

① 훅 해지 장치

② 권과 방지 장치

③ 과부하 방지 장치

④ 충격 하중

훅 해지 장치
줄걸이 용구인 와이어로프 슬링 또는 체인, 섬유벨트 슬링 등을 훅에 걸고 작업 시 이탈하지 않도록 방지하는 장치이다.

39 과부하 방지 장치(Overload Limiter)에 대한 설명으로 적합한 것은?

① 크레인으로 화물을 들어 올릴 때 최대 허용 하중 (적정 하중) 이상이 되면 과적재를 알리면서 자동으로 운반 작업을 중단시켜 과적에 의한 사고를 예방하는 방호 장치이다.

② 과부하 방지 장치는 작동하는 방법에 따라 모터 전자식, 부하식, 기계식으로 분류된다.

③ 기계식은 권상 모터에 공급되는 전류값의 변화에 따라 과전류를 감지하여 제어하는 방식이다.

④ 전기식은 스프링, 방진고무 등의 처짐을 이용하여 마이크로 스위치를 동작시켜 제어하는 방식이다.

② 과부하 방지 장치에는 과부하를 감지하는 방법에 따라 기계식, 전기식 및 전자식 과부하 방지 장치로 구분된다.
③ 기계식은 스프링, 방진고무 등의 처짐을 이용하여 마이크로 스위치를 동작시켜 제어하는 방식이다.
④ 전기식은 권상 모터의 전류값의 변화에 따라 과전류를 감지하여 제어하는 방식이다.

40 운전자가 경보기를 울리거나 한쪽 손의 주먹을 다른 손의 손바닥으로 2~3회 두드릴 경우의 수신호 내용은?

① 신호 불명

② 이상 발생

③ 기다려라

④ 물건 걸기

① 신호 불명 : 운전자는 손바닥을 안으로 하여 얼굴 앞에서 2, 3회 흔든다.
③ 기다려라 : 오른손으로 왼손을 감싸 2, 3회 적게 흔든다.
④ 물건 걸기 : 양쪽 손을 몸 앞에다 대고 두 손을 깍지 끼는 신호

41 현장에 설치된 타워크레인이 두 대 이상으로 중첩되는 경우의 최소 안전 이격 거리는 얼마인가?

① 1m ② 2m

③ 3m ④ 4m

해설
현장에 두 대 이상의 타워크레인이 설치되어 상호 겹침이 예상되는 근접 설치된 크레인과 최소 2m의 안전거리를 준수한다.

42 타워크레인의 고장력 볼트 조임 방법과 관리 요령이 아닌 것은?

① 마스트 조임 시 토크 렌치를 사용한다.

② 나사선과 너트에 그리스를 적당량 발라준다.

③ 볼트, 너트의 느슨함을 방지하기 위해 정기 점검을 한다.

④ 너트가 회전하지 않을 때까지 토크 렌치로 토크값 이상으로 조인다.

해설
조임 시 볼트, 너트, 와셔가 함께 회전하는 공회전이 발생한 경우에는 올바르게 체결되지 않으므로, 고장력 볼트를 새것으로 교체하여야 한다. 또 한 번 사용했던 것은 재사용해서는 안 된다.

43 타워크레인 설치 시 상호 체결 부분에 해당하는 곳으로 옳은 것은?

① 슬루잉 플랫폼 – 기초 앵커

② 타워 마스트 – 타워 헤드

③ 타워 베이직 마스트 – 기초 앵커

④ 기초 앵커 – 카운터 지브

해설
베이직 마스트와 기초 앵커를 정확히 일렬로 맞춘 후 고정한다.
① 슬루잉(선회) 플랫폼 – 카운터 지브
② 운전실 프레임 상부 – 타워 헤드
④ 권상 장치와 균형추(카운터웨이트) – 카운터 지브

44 마스트 연장 작업(텔레스코핑) 시 안전핀 사용에 대한 설명으로 틀린 것은?

① 케이지에 연결된 안전핀은 텔레스코핑 시에만 사용하여야 한다.

② 텔레스코핑 작업이 완료되면 즉시 정상 핀으로 교체되어야 한다.

③ 텔레스코핑 시 현장의 급한 상황이면, 안전핀을 생략하고 권상 작업을 하여도 된다.

④ 정상 핀으로 교체되기 전에는 타워크레인의 정상 작업은 금지하여야 한다.

해설
텔레스코픽 케이지는 4개의 핀 또는 볼트로 연결되는데, 설치가 용이하도록 보조핀이 있는 경우가 있으므로 텔레스코핑 작업 시 사용하고 작업이 종료되면 정상 핀 또는 볼트로 교체해야 한다.

45 다음 설명 중 맞지 않는 것은?

① 크래브는 권상 장치와 횡행 장치로 구성되어 있으며 와이어로프를 통하여 혹을 가지고 있다.

② 권상 장치는 물건을 수직으로 들어 올리거나 내리는 역할을 하며, 주요 부품은 모터, 브레이크, 감속기, 드럼 등을 가지고 있다.

③ 횡행 장치는 크래브를 이동시키는 역할을 하며, 모터, 브레이크, 감속기를 통하여 차륜을 구동한다.

④ 주행 장치는 횡행 장치와 비슷한 구조로 되어 있으며 항상 횡행 장치와 동시에 움직인다.

해설
주행 장치와 횡행 장치는 항상 동시에 움직이지 않는다.

46 다음 중 마스트 연장 작업(텔레스코핑) 시 반드시 준수해야 할 사항이 아닌 것은?

① 반드시 제조자 및 설치 업체에서 작성한 표준 작업 절차에 의해 작업해야 한다.

② 텔레스코핑 작업 시 타워크레인 양쪽 지브의 균형 유지는 반드시 준수해야 한다.

③ 텔레스코핑 작업 시 유압 실린더 위치는 카운터 지브의 반대 방향이어야 한다.

④ 텔레스코핑 작업은 반드시 제한 풍속(순간 최대 풍속 : 10m/s)을 준수해야 한다.

해설
유압 실린더와 카운터 지브가 동일한 방향에 놓이도록 한다.

47 과부하 방지 장치의 구비 조건이 아닌 것은?

① 성능 검정 합격품일 것

② 정격 하중의 1.1배 권상 시 경보와 함께 권상, 횡행, 주행 동작이 불가능한 구조일 것

③ 과부하 시 운전자가 용이하게 조정할 수 있는 곳에 설치할 것

④ 임의로 조정할 수 없도록 봉인되어 있을 것

해설
과부하 방지 장치의 구비 조건
①, ②, ④ 외에 시험 시 풍속은 8.3m/s를 초과하지 않을 것, 접근이 용이한 장소에 설치할 것, 과부하 시 운전자가 용이하게 경보를 들을 수 있을 것 등

48 유해·위험 작업의 취업 제한에 관한 규칙에 의하여, 타워크레인 조종 업무의 적용 대상에서 제외되는 타워크레인은?

① 조종석이 설치된 정격 하중 1ton인 타워크레인

② 조종석이 설치된 정격 하중 2ton인 타워크레인

③ 조종석이 설치된 정격 하중 3ton인 타워크레인

④ 조종석이 설치되지 아니한 정격 하중 3ton인 타워크레인

해설
국가기술자격법에 따른 타워크레인운전기능사의 자격으로 할 수 있는 작업
타워크레인 조종 작업(조종석이 설치되지 않은 정격 하중 5ton 이상의 무인 타워크레인을 포함한다)

49 하중의 종류 중 동 하중이 아닌 것은?

① 되풀이 하중

② 교번 하중

③ 사 하중

④ 충격 하중

하중이 걸리는 속도에 의한 분류
- 정 하중 : 시간과 더불어 크기가 변화되지 않거나 변화하여도 무시할 수 있는 하중
- 동 하중 : 하중의 크기가 시간과 더불어 변화하며 계속적으로 반복되는 반복 하중과 하중의 크기와 방향이 바뀌는 교번 하중과 순간적으로 작용하는 충격 하중이 있다.

50 타워크레인 권상 장치의 속도 제어 방법으로 틀린 것은?

① 역 제동

② 와전류 제동

③ 발전 제동

④ 극변환 제동

51 작업 중 화재 발생의 점화 원인이 될 수 있는 것과 가장 거리가 먼 것은?

① 과부하로 인한 전기 장치의 과열

② 부주의로 인한 담뱃불

③ 전기 배선 합선

④ 연료유의 자연 발화

점화원 분류
- 기계적 점화원 : 충격, 마찰, 단열 압축 등
- 전기적 점화원 : 정전기 등
- 열적 점화원 : 나화, 고열 표면, 용융물, 용접 불꽃 등
- 자연 발화 : 쓰레기 등

52 가동하고 있는 엔진에서 화재가 발생하였다. 불을 끄기 위한 조치 방법으로 올바른 것은?

① 원인 분석을 하고, 모래를 뿌린다.

② 포소화기를 사용 후, 엔진 시동 스위치를 끈다.

③ 엔진 시동스위치를 끄고, ABC 소화기를 사용한다.

④ 엔진을 급가속하여 팬의 강한 바람을 일으켜 불을 끈다.

ABC 소화기에 표시된 A는 일반 화재(목재, 섬유류, 종이, 플라스틱 등), B는 유류 화재(휘발유, 콩기름 등), C는 전기 화재(전기설비, 전기기구 등)에 효율적으로 사용이 가능하다는 표시이다.

53 안전보건표지의 종류와 형태에서 그림의 표지로 맞는 것은?

① 안전복 착용　　② 안전모 착용
③ 보안면 착용　　④ 출입금지

안전보건표지

안전복 착용	안전모 착용	보안면 착용	출입금지

54 아세틸렌가스 용기의 취급 방법 중 틀린 것은?

① 용기의 온도는 60℃로 유지할 것
② 용기는 반드시 세워서 보관할 것
③ 전도, 전락 방지 조치를 할 것
④ 충전 용기와 빈 용기는 명확히 구분하여 각각 보관할 것

용기 온도는 40℃ 이하로 유지하며 보호 캡을 씌운다.

55 복스 렌치를 오픈 엔드 렌치보다 많이 권장하여 사용하는 가장 적합한 이유는?

① 가볍다.
② 값이 싸다.
③ 다양한 크기의 볼트와 너트에 사용할 수 있다.
④ 볼트와 너트 주위를 완전히 감싸게 되어 있어 사용 중에 미끄러지지 않는다.

오픈 엔드 렌치는 볼트나 너트를 감싸는 부분의 양쪽이 열려 있어 연료 파이프의 피팅(Fitting) 및 브레이크 파이프의 피팅 등을 풀거나 조일 때 사용하는 렌치이다.

56 크레인 운전 시의 기본적인 주의 사항으로서 틀린 것은?

① 화물을 권상한 채로 운전석을 이탈하지 않는다.
② 신호자와 공동 작업을 할 때는 줄걸이 작업 불량이나 신호 불량을 확인한 경우에도 신호에 따라서 운전한다.
③ 크레인을 사용하여 작업자를 운반하거나 또는 작업자를 권상한 채 작업해서는 안 된다.
④ 크레인 운전사 자신이 권상화물 위에 타거나 권상화물 위에서는 작업해서는 안 된다.

줄걸이 작업 불량이나 신호 불량을 확인한 경우에는 즉시 운전을 멈춘다.

57 먼지가 많이 발생하는 건설기계 작업장에서 사용하는 마스크로 가장 적합한 것은?

① 산소마스크
② 가스 마스크
③ 방독 마스크
④ 방진 마스크

해설
방진 마스크는 공기 중에 부유하고 있는 물질, 즉 고체인 분진이나 흄 또는 안개와 같은 액체 입자의 흡입을 방지하기 위하여 사용하는 것이다.

58 토크 렌치의 가장 올바른 사용법은?

① 렌치 끝을 한 손으로 잡고 돌리면서 눈은 게이지 눈금을 확인한다.
② 렌치 끝을 양손으로 잡고 돌리면서 눈은 게이지 눈금을 확인한다.
③ 왼손은 렌치 중간 지점을 잡고 돌리며 오른손은 지지점을 누르고 게이지 눈금을 확인한다.
④ 오른손은 렌치 끝을 잡고 돌리며 왼손은 지지점을 누르고 눈은 게이지 눈금을 확인한다.

해설
토크 렌치의 사용 방법
• 오른손은 렌치 끝을 잡고 돌리고, 왼손은 지지점을 누르고 게이지 눈금을 확인한다.
• 핸들을 잡고 몸 안쪽으로 잡아당긴다.
• 손잡이에 파이프를 끼우고 돌리지 않도록 한다.
• 조임력은 규정값에 정확히 맞도록 한다.
• 볼트나 너트를 조일 때 조임력을 측정한다.

59 작업 현장에서 사용되는 안전 표지 색으로 잘못 짝지어진 것은?

① 빨간색 – 방화 표시
② 노란색 – 충돌·추락 주의 표시
③ 녹색 – 비상구 표시
④ 보라색 – 안전 지도 표시

해설
녹색 – 안전 지도 표시, 보라색 – 방사능 위험 표시

60 안전 관리상 수공구와 관련한 내용으로 가장 적합하지 않은 것은?

① 공구를 사용한 후 녹슬지 않도록 반드시 오일을 바른다.
② 작업에 적합한 수공구를 이용한다.
③ 공구는 목적 이외의 용도로 사용하지 않는다.
④ 사용 전에 이상 유무를 반드시 확인한다.

해설
공구는 사용 전에 기름 등으로 닦은 후 사용한다.

01 건설현장에서 사용하고 있는 타워크레인의 주요 구조부가 아닌 것은?

① 브레이크
② 훅 등의 달기 기구
③ 전선류
④ 윈치, 균형추

해설
타워크레인의 주요 구조부
• 지브 및 타워 등의 구조 부분
• 원동기
• 브레이크
• 와이어로프
• 주요 방호 장치
• 훅 등의 달기 기구
• 윈치, 균형추
• 설치기초
• 제어반 등

02 타워크레인의 선회 장치에 대한 설명으로 옳지 않은 것은?

① T형 타워크레인에서 마스트(Mast)와 캣 헤드(Cat Head) 사이에 연결된다.
② 텔레스코핑 케이지는 선회 장치의 역할을 한다.
③ 선회 장치는 타워의 최상부, 지브 아래에 부착된다.
④ 선회 장치는 상·하 두 부분으로 구성되어 있으며, 그 사이에 회전 테이블이 위치하는 작업 장치이다.

해설
텔레스코핑 케이지는 타워크레인의 마스트를 설치, 해체하기 위한 장치이다. 즉 마스트를 연장 또는 해체 작업을 하기 위해 유압 장치 및 실린더가 부착되어 있는 구조의 마스트를 말한다.

03 카운터웨이트에 대한 설명으로 적합하지 않은 것은?

① 크레인의 균형을 유지하기 위하여 카운터 지브에 설치한다.
② 크레인 전·후방의 균형 유지를 위하여 메인 지브의 반대편에 설치되는 지브이다.
③ 메인 지브의 길이에 따라 크레인의 균형을 유지한다.
④ 카운터 지브 측에 설치되며 이탈되거나 흔들리지 않도록 수직으로 견고히 고정된다.

해설
②는 카운터 지브(Counter Jib)로 균형추(카운터웨이트)와 윈치를 사용한 권상 장치가 설치된다.

04 주행용 타워크레인 레일 설치 내용 중에 틀린 것은?

① 주행 레일에도 반드시 접지를 설치한다.
② 레일 양끝에는 정지 장치(Buffer Stop)를 설치한다.
③ 콘크리트 슬리퍼를 사용한 레일 설치는 지내력에 상관없다.
④ 정지 장치 앞에는 전원 차단용 리밋 스위치를 설치한다.

해설
콘크리트 슬리퍼를 사용한 레일도 반드시 지내력 구조 검토에 따라 시공한다.

1 ③ 2 ② 3 ② 4 ③ **정답**

05 크레인의 주요 기능에 대한 설명으로 옳지 않은 것은?

① 타이 바(Tie Bar)는 메인 지브와 카운터 지브를 지지하면서 각기 캣(타워) 헤드에 연결해 준다.

② 캣 헤드(Cat Head)는 메인 지브와 카운터 지브의 타이 바(Tie Bar)를 상호 지탱하기 위해 설치되며 트러스 또는 'A-프레임' 구조로 되어 있다.

③ 트롤리는 메인 지브에서 전후 이동하며, 작업 반경을 결정하는 횡행 장치이다.

④ 텔레스코핑 케이지는 크레인의 마스트 상승 작업 시 지브의 균형을 유지하기 위하여 트롤리에 매다는 하중이다.

해설
크레인의 마스트 상승 작업 시 지브의 균형을 유지하기 위하여 트롤리에 매다는 하중에는 밸런스 웨이트용 마스트, 작업용 철근, 카운터 웨이트 등이 있다.

06 타워크레인의 콘크리트 기초 앵커 설치 시 고려해야 할 사항이 아닌 것은?

① 콘크리트 기초 앵커 설치 시의 지내력

② 콘크리트 블록의 크기와 형상

③ 타워의 설치 방향 및 기초 앵커의 레벨

④ 양중 크레인의 위치

해설
콘크리트 블록의 크기와 강도는 고려 대상이나, 콘크리트 블록의 형상, 갱 폼의 인양 거리 등은 고려 대상이 아니다.

07 와이어로프의 심강을 3가지 종류로 구분한 것은?

① 섬유심, 공심, 와이어심

② 철심, 동심, 아연심

③ 섬유심, 랭심, 동심

④ 와이어심, 아연심, 랭심

해설
심강에는 섬유심, 공심(강심), 와이어심 등이 있다.

08 크레인용 일반 와이어로프의 설명으로 옳지 않은 것은?

① 같은 굵기의 와이어로프일지라도 소선이 가늘고 수가 많은 것은 유연성이 좋고 더 강하다.

② 시징(Seizing)은 와이어로프를 절단 또는 단말 가공 시 스트랜드나 소선의 꼬임을 방지하는 작업이다.

③ 와이어로프의 규격이 규정된 한국산업표준은 KS D 3514이다.

④ 와이어로프의 재질은 탄소강이며 소선의 강도는 $120 \sim 150 \mathrm{kgf/mm^2}$ 정도이다.

해설
크레인용 일반 와이어로프(양질의 탄소강으로 가공한 것) 소선의 인장 강도는 보통 $135 \sim 180 \mathrm{kgf/mm^2}$ 정도이다.

09 와이어로프의 단말 가공 중 가장 효율적인 것은?

① 심블(Thimble)　　② 소켓(Socket)

③ 웨지(Wedge)　　④ 클립(Clip)

단말 가공 효율
- 소켓(Socket) : 100%
- 심블(Thimble) : 24mm(95%), 26mm(92.5%)
- 웨지(Wedge) : 75~90%
- 클립(Clip) : 75~80%

10 텔레스코핑(상승 작업) 관련 설명으로 틀린 것은?

① 마스트 기둥과 가이드 롤러 사이에는 적정 간격이 필요하다.

② 텔레스코핑(상승 작업) 전 지브와 카운터 지브가 45° 각도를 유지한 상태에서 트롤리를 움직여야 한다.

③ 가이드 슈를 고정했다면 크레인을 움직이지 않는다.

④ 텔레스코핑(상승 작업) 전 반드시 좌·우 평형 상태를 이루어야 한다.

텔레스코핑 케이지의 유압 장치가 있는 방향에 카운터 지브가 위치하도록 카운터 지브의 방향을 맞춘다.

11 와이어로프에 킹크 현상이 가장 발생하기 쉬운 경우는?

① 새로운 로프를 취급할 경우

② 새로운 로프를 교환 후 약 10회 작동하였을 경우

③ 로프가 사용 한도가 되었을 경우

④ 로프가 사용 한도를 지났을 경우

새로운 로프는 유연성 부족으로 킹크 현상이 발생하기가 쉽다.

12 훅의 점검은 작업 개시 전에 실시하여야 한다. 안전과 관련해서 잘못된 사항은?

① 단면 지름의 감소가 원래 지름의 5% 이내일 것

② 균열이 없는 것을 사용할 것

③ 두부 및 만곡의 내측에 흠이 있는 것을 사용할 것

④ 개구부가 원래 간격의 5% 이내일 것

작업 시작 전 훅(Hook)의 점검기준(운반하역 표준안전 작업지침 제36조)

검사 항목	검사 결과	처치
마모	단면 지름의 감소가 원래 지름의 5%를 초과하여 마모된 것은 사용하여서는 아니 된다.	폐기
균열	균열이 있는 것은 사용하여서는 아니 된다.	폐기
흠	두부 및 만곡의 내측에 흠이 있는 것은 사용하여서는 아니 된다.	폐기
늘어남, 변형	개구부가 원래 간격의 5%를 초과하여 늘어난 것은 사용하여서는 아니 된다.	폐기
경화, 연화	장기간 사용에 따른 경화의 의심이 있는 것과 고열에 의해 연화의 의심이 있는 것은 사용하여서는 아니 된다.	폐기

13 타워크레인 체결용 고장력 볼트 12.9의 설명이다. 틀린 것은?

① 12.9라는 명기 중 앞의 숫자는 인장 강도를 말한다.

② 고장력 볼트와 너트는 동급 동 재질을 사용하여야 한다.

③ 고장력 볼트는 해당 규격에 따른 토크 렌치로 체결해야 한다.

④ 12.9 숫자 중 뒷자리는 전단 강도를 의미한다.

해설
고장력 볼트 12.9T 기호의 의미
인장 강도가 $120kgf/mm^2$ 이상이며, 항복 강도가 인장 강도의 90% 이상인 고장력 볼트

14 1g의 물체에 작용하여 $1cm/sec^2$의 가속도를 일으키는 힘의 단위는?

① 1dyn(다인)　　　　② 1HP(마력)

③ 1ft(피트)　　　　④ 1lb(파운드)

해설
dyn : 힘의 CGS 절대 단위로 질량 1g의 물체에 $1cm/sec^2$의 가속도가 생기는 힘의 강도를 말한다.
② 1HP(마력) : 동력이나 일률의 단위
③ 1ft(피트) : 길이 단위
④ 1lb(파운드) : 무게 단위, 힘의 단위

15 지브 크레인의 지브(붐) 길이 20m 지점에서 10ton의 화물을 줄걸이하여 인양하고자 할 때 이 지점에서 모멘트는 얼마인가?

① 20ton · m　　　　② 100ton · m

③ 200ton · m　　　　④ 300ton · m

해설
힘의 모멘트(M) = 힘(P) × 길이(L) = 10ton × 20m
　　　　　　　　　= 200ton · m

16 고장력 볼트의 설명으로 옳지 않은 것은?

① 고장력 볼트 머리의 문자, 숫자는 볼트의 기계적 성질에 따른 강도를 표시한 것이다.

② 고장력 볼트의 조임 토크 값의 단위는 kg/m^3이다.

③ 고장력 볼트의 마스트 조임 시 토크 렌치를 사용한다.

④ 마스트와 마스트 사이에 체결되는 고장력 볼트는 볼트 머리를 아래에서 위로 체결한다.

해설
고장력 볼트의 조임 토크 값의 단위는 kgf · m, kgf · cm, N · m 등이 있다.

17 타워크레인 정격 하중의 의미로서 가장 적합한 것은?

① 훅 및 달기 기구의 중량을 포함하여 타워크레인이 들어 올릴 수 있는 최대 하중

② 훅 및 달기 기구의 중량을 제외한 타워크레인이 들어 올릴 수 있는 최대 하중

③ 평상시 주로 취급하는 화물의 하중

④ 훅의 중량을 포함한 타워크레인이 들어 올릴 수 있는 최대 하중

18 그림에서 240ton의 부하물을 들어 올리려 할 때 당기는 힘은 몇 ton인가?(단, 마찰 계수 및 각종 효율은 무시함)

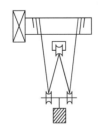

① 80ton   ② 60ton

③ 120ton   ④ 240ton

해설
4줄 걸이 당기는 힘 = $\dfrac{240}{4}$ = 60ton

19 다음 타워크레인의 주요 동작과 운동에 대한 설명으로 옳지 않은 것은?

① 타워크레인에서 트롤리가 메인 지브를 따라 이동하는 동작은 횡행 동작이다.

② 2대 이상이 근접하여 설치된 타워크레인에서 화물을 운반할 때 운전 시 가장 주의하여야 할 동작은 선회 동작이다.

③ 집전 슬립링은 무한 선회 구조의 타워크레인이 필수적으로 갖춰야 할 장치이다.

④ 타워크레인이 달아 올린 화물을 상하로 이동하는 것을 기복 운동이라 한다.

해설
타워크레인 운동에서 기복이란 타워크레인의 수직면에서 지브 각의 변화를 말한다.

20 기복(Luffing)형 타워크레인에서 양중물의 무게가 무거운 경우 선회 반경은?

① 선회 반경이 짧아진다.

② 선회 반경이 길어진다.

③ 선회 반경이 커진다.

④ 선회 반경이 변함없다.

해설
기복(Luffing)형 타워크레인에서 양중물의 무게가 무거운 경우 선회 반경은 짧아진다.

17 ② 18 ② 19 ④ 20 ① 정답

21 과전류 계전기의 역할 및 특징이 아닌 것은?

① 순차적으로 일정한 전류를 보낸다.

② 온도 계전기이며 과전류 보호 기능이 있다.

③ 과전류에 의한 전동기 소손을 방지한다.

④ 외부 조합 CT(Current Trans)가 필요 없다.

과전류 계전기는 이 계전기에 연결된 각종 기기의 과전류 또는 과부하 운전을 방지하기 위하여 설치한다.

22 전기 장치에 관한 설명으로 틀린 것은?

① 계기 사용 시는 최대 측정 범위를 초과해서 사용하지 말아야 한다.

② 전류계는 부하에 병렬로 접속해야 한다.

③ 축전지 전원 결선 시는 합선되지 않도록 유의해야 한다.

④ 절연된 전극이 접지되지 않도록 하여야 한다.

전류계는 저항 부하에 대하여 직렬 접속하기 위하여 설치한다.

23 전기기계기구의 외함 구조로서 적당치 않은 것은?

① 충전부가 노출되어야 한다.

② 폐쇄형으로 잠금 장치가 있어야 한다.

③ 사용 장소에 적합한 구조여야 한다.

④ 옥외 시 방수형이어야 한다.

외함의 구조는 충전부가 노출되지 아니하도록 폐쇄형으로 잠금 장치가 있고 사용 장소에 적합한 구조일 것

24 타워크레인의 전동기, 제어반, 리밋 스위치, 과부하 방지 장치 등의 외함 구조는 방수 및 방진에 대하여 IP규격이 얼마 이상이어야 하는가?

① IP10 ② IP11

③ IP54 ④ IP67

타워크레인용 전기기계기구 외함 구조는 운전실 등 옥내에 설치되는 일부분을 제외하고는 사용·설치 장소의 조건인 옥외에는 IP54가 적합하다.

25 다음 전기기구에 대한 설명으로 옳지 않은 것은?

① KS에 의한 전기 외함 구조 중 방우형은 옥외에서 바람의 영향이 거의 없는 장소이다.

② 접지선 선정 시 고려 사항에는 전류 통전 용량, 내식성, 도전율, 기계적 강도 등이 있다.

③ 과전류 차단기는 제어반에 설치되는 기기로 누전 발생 시 회로를 차단한다.

④ 과부하 방지 장치의 동작은 정격 하중의 1.05배 이내에서 동작하도록 조정한다.

해설

KS에 의한 전기 외함 구조 분류

• 방적형 : 옥외에서 바람의 영향이 거의 없는 장소
• 방우형 : 옥외에서 비바람을 맞는 장소
• 방말형 : 타워크레인 위의 조명등, 항공 장애등(燈)
• 내수형 : 습기가 외피 안으로 들어가지 못하도록 만들어진 것

27 다음 전압의 종류 중 저압에 해당하는 것은?

① 직류 7,000V 초과, 교류 600V 이하

② 직류 750V 초과, 교류 600V 이하

③ 직류 750V 이하, 교류 600V 이하

④ 직류 7,000V 이하, 교류 600V 이하

해설

전압의 종류

• 저압 : 직류 1.5kV 이하, 교류 1kV 이하인 것
• 고압 : 직류 1.5kV, 교류 1kV를 초과하고, 7kV 이하인 것

26 타워크레인의 접지 설비에서 전압이 400V를 초과할 때 전동기 외함의 접지 저항은 얼마 이하여야 하는가?

① 10Ω
② 20Ω
③ 30Ω
④ 50Ω

해설

타워크레인의 전동기 외함은 접지를 해야 하는데, 사용 전압이 440V일 경우의 접지 저항은 10Ω 이하여야 한다.

28 배선용 차단기에 대한 설명으로 틀린 것은?

① 개폐 기구를 겸해서 구비하고 있다.

② 접점의 개폐 속도가 일정하고 빠르다.

③ 과전류 시 작동(차단)한 차단기는 반복해서 사용할 수가 없다.

④ 과전류가 1극(3선 중 1선)에만 흘러도 작동(차단)한다.

해설

과전류로 인하여 차단되었을 때 그 원인을 제거하면 즉시 재차 투입할 수 있으므로 반복해서 사용할 수 있다.

29 T형(수평 지브형) 타워크레인의 방호 장치에 해당되지 않는 것은?

① 권과 방지 장치

② 과부하 방지 장치

③ 비상 정지 장치

④ 붐 전도 방지 장치

해설

타워크레인의 주요 방호 장치

- 과부하 방지 장치
- 바람에 대한 안전장치
- 선회 브레이크 풀림 장치
- 속도 제한 장치
- 훅 해지 장치
- 트롤리 내·외측 제어 장치
- 트롤리 로프 파단 안전장치
- 권상 및 권하 방지 장치
- 비상 정지 장치
- 선회 제한 리밋 스위치
- 와이어로프 꼬임 방지 장치
- 충돌 방지 장치
- 트롤리 로프 긴장 장치

30 타워크레인 각 지브의 길이에 따라 정격 하중의 1.05배 이상 권상 시 작동하여 권상 동작을 정지시키는 장치는?

① 권상 및 권하 방지 장치

② 비상 정지 장치

③ 과부하 방지 장치

④ 트롤리 정지 장치

해설

과부하 방지 장치

- 타워크레인의 각 지브 길이에 따라 정격 하중의 1.05배 이상 권상 시 과부하 방지 및 모멘트 리밋 장치가 작동하여 권상 동작을 정지시키는 장치이다.
- 작동 시 경보가 울리며 운전자 및 인근 작업자에게 경보를 주고 임의로 조정할 수 없도록 하여야 한다.

31 유압 펌프에서 공급되는 오일의 양이 단위 시간당 증가하면 실린더의 속도는 어떻게 변화하는가?

① 빨라진다.

② 느려진다.

③ 일정하다.

④ 수시로 변한다.

32 권과 방지 장치의 다음 설명 중 (   ) 안에 알맞은 것은?

┌보기┐

권과 방지 장치는 훅의 달기 기구 상부와 접촉 우려가 있는 도르래와의 간격이 최소 (   ) 이상일 것

① 10cm   ② 15cm

③ 25cm   ④ 30cm

해설

권과 방지 장치의 기능

- 권과를 방지하기 위하여 자동적으로 전동기용 동력을 차단하고 작동을 제동하는 기능을 가질 것
- 훅 등 달기 기구의 상부(해당 달기 기구의 권상용 시브를 포함)와 드럼, 시브, 트롤리 프레임, 기타 해당 상부가 접촉할 우려가 있는 것(경사진 시브를 제외) 하부와의 간격이 0.25m 이상(직동식 권과 방지 장치는 0.05m 이상)이 되도록 조정할 수 있는 구조일 것
- 용이하게 점검할 수 있는 구조일 것

33 타워크레인 유압 장치에 관한 일반 사항으로 틀린 것은?

① 유압 장치는 유압 탱크, 실린더, 펌프, 램 등으로 되어 있다.
② 오일 양의 상태 점검은 클라이밍 시작 전보다 종료 후 하는 것이 더 좋다.
③ 유압 탱크 열화 방지를 위한 보호 조치를 한다.
④ 유압 펌프의 고장 현상에는 오일의 토출 불량, 이상 소음, 유량과 압력 부족 등이 있다.

해설
오일 양의 상태 점검은 클라이밍 종료 후보다 시작 전에 하는 것이 더 좋다.

34 텔레스코픽 장치 조작 시 사전 점검 사항으로 적합하지 않은 것은?

① 유압 장치의 오일 레벨을 점검한다.
② 전동기의 회전 방향을 점검한다.
③ 텔레스코핑 압력을 점검한다.
④ 텔레스코핑 작업 시의 통풍 벨트(Air Vent)는 닫혀 있는지 점검한다.

해설
텔레스코핑 작업 중 에어 벤트는 열어 둔다. 기타 유압 장치의 압력과 유압 실린더의 작동 상태를 점검하고 유압 실린더와 카운터 지브를 동일한 방향으로 한다.

35 마스트 연장 작업 시 준수 사항이 아닌 것은?

① 선회 및 트롤리 이동 등 작동 금지
② 현장 여건에 따라 5°까지는 선회 가능
③ 양쪽 지브 균형 유지
④ 작업 방법 및 절차서 확인

해설
마스트 연장 작업 시 준수 사항
• 순간 풍속 10m/sec 이내에서 실시한다.
• 선회 링 서포트와 마스트 사이의 체결 볼트를 푼다.
• 작업 중에 선회 및 트롤리 이동을 금지한다.
• 텔레스코핑 케이지와 선회 링 서포트는 핀으로 조립한다.
• 양쪽 지브 균형을 유지한다.
• 작업 방법 및 절차서를 확인한다.
• 유압 실린더와 카운터 지브가 동일한 방향에 놓이도록 한다.

36 타워크레인의 금지 작업이 아닌 것은?

① 하중이 지면 위에 있는 상태로 선회 동작을 금지하여야 한다.
② 벽체에서 완전히 분리된 갱 폼을 인양하는 작업을 금지하여야 한다.
③ 파괴 목적으로 타워크레인 사용을 금지하여야 한다.
④ 하중의 끌어당김 작업을 금지하여야 한다.

해설
타워크레인의 금지 작업
• 하중이 지면 위에 있는 상태로 선회 동작을 금지하여야 한다.
• 파괴 목적으로 타워크레인 사용을 금지하여야 한다.
• 하중의 끌어당김 작업을 금지하여야 한다.
• 땅속에 박힌 하중의 인양 작업을 금지하여야 한다.
• 불균형하게 매달린 하중 인양 작업을 금지하여야 한다.
• 작업 반경 바깥으로 내려놓기 위해 하중을 흔드는 행위를 금지하여야 한다.
• 지면에 훅 블록을 뉘어진 상태로 두어서는 아니 된다.
• 인양 하중을 작업자 위로 통과시키는 행위는 절대 금지하여야 한다.
• 인양 하중이 보이지 않을 경우 동작을 금지(단, 신호수 있을 경우 예외)하여야 한다.

37 타워크레인의 양중 작업 방법에서 중심이 한쪽으로 치우친 화물의 줄걸이 작업 시 고려할 사항이 아닌 것은?

① 화물의 수평 유지를 위하여 주 로프와 보조 로프의 길이를 다르게 한다.
② 무게중심 바로 위에 훅이 오도록 유도한다.
③ 좌우 로프의 장력 차를 고려한다.
④ 와이어로프 줄걸이 용구는 안전율이 2 이상인 것을 선택 사용한다.

해설
무게중심이 치우친 물건의 줄걸이
• 들어 올릴 물건의 수평 유지를 위해 주 로프와 보조 로프의 길이가 다르게 한다.
• 무게중심 바로 위에 훅이 오도록 유도한다.
• 좌우 로프의 장력 차가 크지 않도록 주의한다.

38 타워크레인의 양중 작업 보조 용구로 사용하는 클립(Clip) 체결 방법이 틀린 것은?

① 클립 수량은 최소 4개 이상일 것
② 하중을 걸기 전후에 단단하게 조여줄 것
③ 클립 수는 로프 직경에 따라 다르지만, 최소 2개 이상으로 할 것
④ 남은 부분을 시징(Seizing)할 것

해설
①, ②, ④ 외에 클립의 새들은 로프에 힘이 걸리는 쪽에 있을 것, 클립의 간격은 로프 직경의 6배 이상으로 할 것, 가능한 심블(Thimble)을 부착할 것, 심블 접합부가 이탈되지 않도록 할 것 등이 있다.

39 줄걸이 체인의 사용 한도에 대한 설명 중 틀린 것은?

① 안전 계수가 5 이상이고, 지름의 감소가 공칭 직경의 10%를 넘지 않은 것
② 심한 부식이 없고, 깨지거나 홈 모양의 결함이 없는 것
③ 변형 및 균열이 없는 것
④ 연신이 제조 당시 길이의 10%를 넘지 않은 것

해설
연결된 5개의 링크를 측정하여 연신율이 제조 당시 길이의 5% 이하일 것(습동면의 마모량 포함)

40 줄걸이 방법의 설명 중 틀린 것은?

① 눈걸이 : 모든 줄걸이 작업은 눈걸이를 원칙으로 한다.
② 반걸이 : 미끄러지기 쉬우므로 엄금한다.
③ 짝감아걸이 : 가는 와이어로프일 때 사용하는 줄걸이 방법이다.
④ 어깨걸이 나머지 돌림 : 2가닥 걸이로서 꺾어 돌림을 할 수 없을 때 사용하는 줄걸이 방법이다.

해설
어깨걸이 나머지 돌림 : 4가닥 걸이로서 꺾어 돌림을 할 때 사용하는 줄걸이 방법이다.
• 짝감아걸이 나머지 돌림 : 4가닥 걸이로서 꺾어 돌림을 할 때 사용한다.
• 어깨걸이 : 굵은 와이어로프일 때(16mm 이상) 사용한다.

41 로프 한 개를 2줄걸이로 하여 1,000kg의 짐을 90° 로 걸어 올렸을 때 한 줄에 걸리는 무게[kg]는?

① 250   ② 500

③ 707   ④ 6930

해설

한 줄에 걸리는 무게 $= \dfrac{\text{하중}}{\text{줄 수}} \times \text{조각도}$

$$= \frac{1,000}{2} \times 1.414(90°) = 707\text{kgf}$$

42 타워크레인의 안전 운전 작업으로 부적합한 것은?

① 고장 중의 기기에는 반드시 표시를 할 것

② 정전 시는 전원을 Off의 위치로 할 것

③ 대형 하물을 권상할 때는 신호자의 신호에 의하 여 운전할 것

④ 잠깐 운전석을 비울 경우에는 컨트롤러를 On한 상태에서 비울 것

해설

운전석을 비울 때에는 주전원을 끈다. 운전자가 크레인을 이탈하 는 경우 타워크레인 지브가 자유롭게 선회할 수 있도록 선회 브레 이크를 해제하여야 한다.

43 타워크레인 작업 시의 신호 방법으로 바람직하지 않은 것은?

① 신호 수단으로 손, 깃발, 호각 등을 이용한다.

② 신호는 절도 있는 동작으로 간단명료하게 한다.

③ 신호자는 운전자가 보기 쉽고 안전한 장소에 위 치하여야 한다.

④ 운전자에 대한 신호는 신호의 정확한 전달을 위 하여 최소한 2인 이상이 한다.

해설

운전자에 대한 신호는 반드시 정해진 한 사람의 신호수가 한다.

44 타워크레인 신호수가 「팔을 아래로 뻗고 2, 3회 적 게 흔든다」 어떤 신호를 의미하는가?

① 훅을 위로 올린다.

② 훅을 아래로 내린다.

③ 훅을 그 자리에 유지시킨다.

④ 훅을 천천히 올리고 내린다.

해설

45 기복(Luffing)하는 타워크레인의 지브(Jib 또는 Boom)를 위로 올리고자 수신호 할 때의 신호 방법으로 적합한 것은?

① 팔을 펴 엄지손가락을 위로 향하게 한다.
② 팔을 펴 엄지손가락을 아래로 향하게 한다.
③ 두 주먹을 몸 허리에 놓고 두 엄지손가락을 서로 안으로 마주보게 한다.
④ 두 주먹을 몸 허리에 놓고 두 엄지손가락을 밖으로 향하게 한다.

해설

46 다음 물리적 법칙이나 공식의 설명으로 틀린 것은?

① 운동하고 있는 물체는 언제까지나 같은 속도로 운동을 계속하려고 한다. 이러한 성질을 관성의 법칙이라 한다.
② 1A(암페어)는 1,000mA이다.
③ 물체 중량을 구하는 공식은 비중×체적이다.
④ 원기둥의 부피 $V = \pi \times r^2$으로 구한다.

해설
원기둥 부피 공식

$$V = \pi \times r^2 \times h = \frac{\pi D^2 h}{4} \ (D : 직경, \ r : 반경, \ h : 높이)$$

47 타워크레인의 작업이 종료되었을 때 정리정돈 내용으로 잘못된 것은?

① 운전자에게는 반드시 종료 신호를 보낸다.
② 트롤리 위치는 지브 끝단, 혹은 최상단까지 권상시켜둔다.
③ 원칙적으로 줄걸이 용구는 분리해 둔다.
④ 줄걸이 와이어로프 등의 굽힘 등 변형은 교정하여 소정의 장소에 잘 보관한다.

해설
작업 후 수평 지브 타입(T형) 타워크레인의 트롤리는 최소 작업 반경에 위치시키고, 러핑 지브 타입(L형)의 메인 지브 각도는 제작사의 매뉴얼에 따른다.

48 지브(러핑) 크레인의 휴지 시 지켜야 할 사항으로 옳은 것은?

① 바람의 반대 방향으로 정지시킨 후 선회 브레이크를 작동한다.
② 매뉴얼에 제시된 지브의 각도를 유지하고 선회 브레이크를 개방한다.
③ 카운터 지브가 무거우므로 지브를 최대한 눕혀 놓는다.
④ 건물의 튼튼한 곳에 줄걸이 와이어로 단단히 고정한다.

해설
러핑 지브 타입(L형)의 메인 지브 각도는 제작사의 매뉴얼에 따른다. 선회 장치의 제동 장치는 풀어놔야 한다.

49 타워크레인의 주요 장치 및 동작 등에 대한 설명으로 옳지 않은 것은?

① 타워 크레인의 선회 동작으로 인하여 타워 마스트에 발생하는 모멘트는 비틀림 모멘트이다.

② 충돌 방지 장치는 타워크레인 비 가동 시 지브가 바람에 따라 자유롭게 움직여 풍압에 의한 타워 크레인 본체를 보호하고자 설치된 장치이다.

③ 텔레스코핑(Telescoping) 작업은 마스트를 연장 또는 해체 작업을 하기 위해 유압 장치 및 실린더가 동작하고 있는 상태를 말한다.

④ 선회 속도가 0.81rev/min으로 표시되었다면 타워 크레인 선회 속도는 1분당 0.81회전이다.

> **해설**
> 선회 브레이크 풀림 장치는 타워크레인의 지브가 바람에 의해 영향을 받는 면적을 최소화하여 타워크레인 본체를 보호하는 방호 장치이다.

50 옥외에 설치된 주행 크레인은 미끄럼 방지·고정 장치가 설치된 위치까지 매초 ( )의 풍속을 가진 바람이 불 때에도 주행할 수 있는 출력을 가진 원동기를 설치한 것이어야 한다. ( )에 알맞은 것은?

① 12m ② 14m
③ 16m ④ 18m

> **해설**
> 크레인 주행용 원동기의 제작 및 안전기준(위험기계·기구 안전 인증 고시 [별표 2])
> 옥외에 설치된 주행 크레인은 미끄럼 방지 고정 장치가 설치된 위치까지 16m/s의 풍속을 가진 바람이 불 때에도 주행할 수 있는 출력을 가진 원동기를 설치한 것이어야 한다.

51 타워크레인 설치 시 비래 및 낙하 방지를 위한 안전 조치가 아닌 것은?

① 위험 작업 범위 내 인원 및 차량 출입 금지

② 사용 중인 공구는 사용 후 공구통에 보관

③ 설치 작업 시 상하 이동 중 추락 방지를 위해 보조 로프 사용

④ 볼트 및 너트 등 작은 물건은 준비된 주머니를 이용

> **해설**
> 추락 및 낙하 위험에 따른 대책
> • 위험 작업 범위 내 인원 및 차량 출입 금지
> • 사용 중인 공구는 사용 후 공구통에 보관
> • 볼트 및 너트 등 작은 물건은 준비된 주머니를 이용
> • 작업 전 낙하·비래 방지 조치에 관한 사항을 숙지
> • 설치 작업 시 상하 이동 중 추락 방지를 위해 전용 안전벨트를 사용
> • 텔레스코픽 케이지의 상·하부 발판을 이용하여 발판에서 작업
> • 텔레스코픽 케이지가 마스트의 각 부재 등에 심하게 부딪치지 않도록 주의

52 재해 발생 원인으로 가장 높은 비율을 차지하는 것은?

① 사회적 환경

② 불안전한 작업 환경

③ 작업자의 성격적 결함

④ 작업자의 불안전한 행동

> **해설**
> 사고 발생이 많이 일어날 수 있는 원인에 대한 순서
> 불안전 행위 > 불안전 조건 > 불가항력

53 가스가 새어 나오는 것을 검사할 때 가장 적합한 것은?

① 비눗물을 발라 본다.
② 순수한 물을 발라 본다.
③ 기름을 발라 본다.
④ 촛물을 대어 본다.

해설
가스 누설 시험은 비눗물을 사용한다.

54 안전한 작업을 위해 보안경을 착용하여야 하는 작업은?

① 엔진 오일 보충 및 냉각수 점검 작업
② 제동 등 작동 점검 시
③ 장비의 하체 점검 작업
④ 전기 저항 측정 및 배선 점검 작업

해설
물체가 날아 흩어질 위험이 있는 작업에 보안경을 착용한다.

55 작업장에서 공동 작업으로 물건을 들어 이동할 때 잘못된 것은?

① 힘의 균형을 유지하여 이동할 것
② 불안전한 물건은 드는 방법에 주의할 것
③ 보조를 맞추어 들도록 할 것
④ 운반 도중 상대방에게 무리하게 힘을 가할 것

해설
2인 이상이 작업할 때는 힘센 사람과 약한 사람과의 균형을 잡는다.

56 수공구 취급 시 안전에 관한 사항으로 틀린 것은?

① 해머자루의 해머 고정 부분 끝에 쐐기를 박아 사용 중 해머가 빠지지 않도록 한다.
② 렌치 사용 시 본인의 몸 쪽으로 당기지 않는다.
③ 스크루 드라이버 사용 시 공작물을 손으로 잡지 않는다.
④ 스크레이퍼 사용 시 공작물을 손으로 잡지 않는다.

해설
스패너나 렌치는 몸 쪽으로 당기면서 볼트, 너트를 풀거나 조인다.

57 작업 중 화재 발생의 점화 원인이 될 수 있는 것과 가장 거리가 먼 것은?

① 과부하로 인한 전기 장치의 과열

② 부주의로 인한 담뱃불

③ 전기 배선 합선

④ 연료유의 자연 발화

해설
점화원 분류
• 기계적 점화원 : 충격, 마찰, 단열 압축 등
• 전기적 점화원 : 정전기 등
• 열적 점화원 : 나화, 고열 표면, 용융물, 용접 불꽃 등
• 자연 발화 : 쓰레기 등

58 볼트나 너트를 조이고 풀 때 사항으로 틀린 것은?

① 볼트와 너트는 규정 토크로 조인다.

② 한 번에 조이지 말고, 2~3회 나누어 조인다.

③ 토크 렌치를 사용한다.

④ 규정 이상의 토크로 조이면 나사부가 손상된다.

해설
토크 렌치는 볼트나 너트 조임력을 규정 값에 정확히 맞도록 하기 위해 사용하는 공구이다.

59 다음 중 타워크레인 운전자의 취업 제한에 관하여 규정하고 있는 법률은?

① 산업안전보건법 : 유해·위험 작업의 취업 제한에 관한 규칙

② 하도급 거래공정화에 관한 법률 : 표준계약서

③ 산업안전보건법 : 산업안전기준에 관한 규칙

④ 건설산업기본법 : 건설기계관리법

60 산업안전보건표지의 종류에서 지시표시에 해당되는 것은?

① 차량 통행금지

② 고온 경고

③ 안전모 착용

④ 출입금지

해설
①, ④는 금지표지이고 ②는 경고표지이다.

01 다음 중 타워크레인의 주요 구조부가 아닌 것은?

① 설치기초
② 지브(Jib)
③ 수직사다리
④ 윈치, 균형추

해설
타워크레인의 주요 구조부
• 지브 및 타워 등의 구조 부분
• 원동기
• 브레이크
• 와이어로프
• 주요 방호장치
• 훅 등의 달기기구
• 윈치, 균형추
• 설치기초
• 제어반

02 크레인에 사용되는 훅에 대한 설명 중 틀린 것은?

① 훅의 재질은 단조강을 사용한다.
② 양훅은 일반적으로 소형 크레인(소용량)에 사용
된다.
③ 장기간 사용하면 벤딩, 경화가 일어나므로 일정
기간 사용 후 소둔 처리한다.
④ 훅은 사용 상태에 따라 편훅과 양훅이 있다.

해설
매다는 하중이 50ton 이상인 것에서는 양쪽 현수 훅이 사용된다.

03 타워크레인의 훅을 상승할 때 줄걸이용 와이어로프에 장력이 걸리면 일단 정지하고 확인할 사항이 아닌 것은?

① 줄걸이용 와이어로프에 걸리는 장력이 균등한가
를 확인
② 화물이 붕괴될 우려는 없는가 확인
③ 보호대가 벗겨질 우려는 없는가 확인
④ 권과 방지 장치는 정상 작동하는지 확인

해설
점검사항
• 줄걸이용 와이어로프에 걸리는 장력은 균등한지 확인한다.
• 매달린 물건이 미끄러져 떨어질 위험은 없는지 확인한다.
• 와이어로프가 미끄러지고, 보호대가 벗겨질 우려는 없는지 확인
한다.

04 타워크레인의 선회 장치를 설명하였다. 잘못된 것은?

① 트러스 또는 A-프레임 구조로 되어 있다.
② 메인 지브와 카운터 지브가 상부에 부착되어 있다.
③ 회전 테이블과 지브 연결 지점 점검용 난간대가
있다.
④ 마스트의 최상부에 위치하며 상・하 부분으로
되어있다.

해설
캣 헤드가 트러스 또는 A-프레임 구조로 되어 있다.

05 크레인의 구성품들을 나열하였다. 타워크레인에만 사용하는 것은?

① 새들
② 크래브
③ 권상 장치
④ 캣 헤드

캣 헤드(Cat Head)
메인 지브와 카운터 지브의 타이 바(Tie Bar)를 상호 지탱하기 위해 설치되며 트러스 또는 'A-프레임' 구조로 되어 있다.

07 유압 펌프 종류가 아닌 것은?

① 기어식 펌프
② 베인식 펌프
③ 피스톤 펌프
④ 헬리컬식 펌프

톱니바퀴를 이용한 기어 펌프, 익형으로 펌프 작용을 시키는 베인 펌프, 피스톤을 사용한 플런저 펌프의 3종류가 대표적이다.

06 타워크레인 선회 브레이크의 라이닝 마모 시 교체 시기로 가장 적절한 것은?

① 원형의 20% 이내일 때
② 원형의 30% 이내일 때
③ 원형의 40% 이내일 때
④ 원형의 50% 이내일 때

브레이크류는 다음과 같이 관리한다.
• 라이닝은 편마모가 없고 마모량은 원치수의 50% 이내일 것
• 디스크(드럼)의 마모량은 원치수의 10% 이내일 것
• 유량은 적정하고 기름누설이 없을 것
• 볼트, 너트는 풀림 또는 탈락이 없을 것

08 인터로크 장치를 설치하는 목적으로 맞는 것은?

① 서로 상반되는 동작이 동시에 동작되지 않도록 하기 위하여
② 전기스파크의 발생을 방지하기 위하여
③ 전자 접속 용량을 조절하기 위하여
④ 전원을 안정적으로 공급하기 위하여

인터로크 장치
기계의 각 작동 부분 상호 간을 전기적, 기계적, 기름 및 공기압력으로 연결해서 각 작동 부분이 정상으로 작동하기 위한 조건이 만족되지 않을 경우 자동적으로 그 기계를 작동할 수 없도록 하는 기구를 말한다.

09 타워크레인 메인 지브(앞 지브)의 절손 원인으로 가장 적합한 것은?

① 호이스트 모터의 소손
② 트롤리 로프의 파단
③ 정격 하중의 과부하
④ 슬루잉 모터 소손

해설
타워크레인 메인 지브의 절손 원인
• 인접 시설물과의 충돌
• 정격 하중 이상의 과부하
• 지브와 달기 기구와의 충돌

11 트롤리 이동 내외측 제어장치의 제어위치로 맞는 것은?

① 지브 섹션의 중간
② 지브 섹션의 시작과 끝 지점
③ 카운터 지브 끝 지점
④ 트롤리 정지 장치

해설
트롤리 이동 내외측 제어장치
메인 지브에 설치된 트롤리가 지브 내측의 운전실에 충돌 및 지브 외측 끝에서 벗어나는 것을 방지하기 위한 내외측의 시작(끝) 지점에서 전원회로를 제어한다.

10 지상 높이 몇 미터 이상의 타워크레인에 피뢰용 접지공사를 하는가?

① 10m
② 20m
③ 30m
④ 40m

해설
크레인 접지 안전기준(위험기계・기구 안전인증 고시 [별표 2])
옥외에 설치되는 지상높이 20m 이상의 타워, 지브 또는 갠트리 크레인 등으로서 마스트 철 구조물의 단면적이 300mm² 이내일 때에는 피뢰침 및 도선 등을 설치하여 접지해야 하며, 300mm² 이상이고 마스트의 연결상태가 전기적으로 연속적일 경우에는 다음과 같이 피뢰용 접지공사를 해야 한다.
• 접지저항은 10Ω 이하일 것
• 접지판 혹은 접지극과의 연결도선은 동선을 사용할 경우 30mm² 이상, 알루미늄 선을 사용한 경우 50mm² 이상일 것
• 피뢰도선과 피접지물 혹은 접지극과는 용접, 볼트 등에 의한 방법으로 견고히 체결되고 현저한 부식이 없는 재료를 사용할 것

12 다음 중 유압 장치의 구성품에서 제어 벨브의 3대 요소에 해당되지 않는 것은?

① 유압류 제어 벨브 – 오일의 종류 확인(일의 선택)
② 방향 제어 벨브 – 오일의 흐름 바꿈(일의 방향)
③ 압력 제어 벨브 – 오일의 압력 제어(일의 크기)
④ 유량 제어 벨브 – 오일의 유량 조절(일의 속도)

해설
유압 제어 벨브의 종류
• 압력 제어 벨브 : 일의 크기 결정
• 유량 제어 벨브 : 일의 속도 결정
• 방향 제어 벨브 : 일의 방향 결정

13 타워크레인에서 과부하 방지 장치 장착에 대한 것으로 틀린 것은?

① 타워크레인 제작 및 안전기준에 의한 성능 점검 합격품일 것
② 접근이 용이한 장소에 설치될 것
③ 정격하중의 2.05배 권상 시 경보와 함께 권상 동작이 정지할 것
④ 과부하 시 운전자가 용이하게 경보를 들을 수 있을 것

해설
지브형 크레인은 정격하중의 1.05배 권상 시 경보와 함께 권상 동작이 정지되고 과부하를 증가시키는 동작이 불가능한 구조일 것

14 타워크레인 트롤리 전후 작업 중 이동 불량 상태가 생기는 원인이 아닌 것은?

① 트롤리 모터의 소손
② 전압의 강하가 클 때
③ 트롤리 정지 장치 불량
④ 트롤리 감속기 웜기어의 불량

해설
트롤리 정지 장치
트롤리 최소 반경 또는 최대 반경으로 동작 시 트롤리의 충격을 흡수하는 고무 완충재로서 트롤리를 강제로 정지시키는 역할을 한다.

15 배선용 차단기에 대한 설명이 틀린 것은?

① 개폐 기구를 겸해서 구비하고 있다.
② 접점의 개폐 속도가 일정하고 빠르다.
③ 과전류 시 작동(차단)한 차단기는 반복해서 사용할 수가 없다.
④ 과전류가 1극(3선 중 1선)에만 흘러도 작동(차단)한다.

해설
과전류로 인하여 차단되었을 때 그 원인을 제거하면 즉시 재차 투입할 수 있으므로 반복해서 사용할 수 있다.

16 타워크레인의 권상장치에서 달기기구가 가장 아래쪽에 위치할 때 드럼에는 와이어로프가 최소한 몇 회 이상의 여유 감김이 있어야 하는가?

① 1회   ② 2회
③ 3회   ④ 4회

해설
드럼은 훅의 위치가 가장 낮은 곳에 위치할 때 클램프 고정이 되지 않은 로프가 드럼에 2바퀴 이상 남아 있어야 하며, 훅의 위치가 가장 높은 곳에 위치할 때 해당 감김층에 대하여 감기지 않고 남아 있는 여유가 1바퀴 이상인 구조여야 한다.

17 텔레스코픽 장치 조작 시 사전 점검 사항으로 적합하지 않은 것은?

① 유압 장치의 오일 레벨을 점검한다.
② 전동기의 회전방향을 점검한다.
③ 텔레스코핑 압력을 점검한다.
④ 텔레스코핑 작업 시의 통풍 벤트(Air Vent)는 닫혀 있는지 점검한다.

해설
텔레스코핑 작업 중 통풍 벤트는 열어 둔다.

18 타워크레인에서 사용하는 조립용 볼트는 대부분 12.9의 고장력 볼트를 사용하는데 이 숫자가 의미한 것으로 맞는 것은?

① 12 : 120kgf/mm² 의 인장 강도
② 9 : 90kgf/mm² 의 인장 강도
③ 12 : 볼트의 등급이 12
④ 9 : 너트의 등급이 9

해설
고장력 볼트 12.9T 기호의 의미
인장 강도가 120kgf/mm² 이상이며, 항복강도가 인장 강도의 90% 이상인 고장력 볼트

19 타워크레인의 작업이 종료되었을 때 정리정돈 내용으로 잘못된 것은?

① 운전자에게는 반드시 종료 신호를 보낸다.
② 트롤리 위치는 지브 끝단, 훅은 최상단까지 권상시켜 둔다.
③ 원칙적으로 줄걸이 용구는 분리해 둔다.
④ 줄걸이 와이어로프 등의 굽힘 등 변형은 교정하여 소정의 장소에 잘 보관한다.

해설
작업 후 수평 지브 타입(T형) 타워크레인의 트롤리는 최소 작업 반경에 위치시키고, 러핑 지브 타입(L형)의 메인 지브 각도는 제작사의 매뉴얼에 따른다.

20 기초 앵커의 설치 순서가 가장 올바르게 나열된 것은?

① 현장 내 타워크레인 설치 위치 선정 → 지내력 확인 → 터파기 → 버림 콘크리트 타설 → 기초 앵커 세팅 및 접지 → 철근 배근 및 거푸집 조립 → 콘크리트 타설 → 양생
② 현장 내 타워크레인 설치 위치 선정 → 터파기 → 지내력 확인 → 버림 콘크리트 타설 → 기초 앵커 세팅 및 접지 → 철근 배근 및 거푸집 조립 → 콘크리트 타설 → 양생
③ 현장 내 타워크레인 설치 위치 선정 → 버림 콘크리트 타설 → 터파기 → 지내력 확인 → 기초 앵커 세팅 및 접지 → 철근 배근 및 거푸집 조립 → 콘크리트 타설 → 양생
④ 현장 내 타워크레인 설치 위치 선정 → 지내력 확인 → 터파기 → 철근 배근 및 거푸집 조립 → 기초 앵커 세팅 및 접지 → 콘크리트 타설 → 양생

21 타워크레인 기초 앵커 설치 방법에 대한 설명으로 틀린 것은?

① 모든 기종에서 기초 지내력은 15ton/m²이면 적합하다.

② 기종별 기초 규격은 매뉴얼 표준에 따라 시공한다.

③ 앵커(Fixing Anchor) 시공 시 기울기가 발생하지 않게 시공한다.

④ 콘크리트 타설 시 앵커(Anchor)가 흔들리지 않게 타설한다.

> **해설**
> 크레인이 설치될 지면은 견고하며 하중을 충분히 지지할 수 있어야 한다. 보통 지내력은 2kgf/cm² 이상이어야 하며, 그렇지 않을 경우는 콘크리트 파일 등을 항타한 후 재하시험을 하고, 그 위에 콘크리트 블록을 설치한다.

22 T형(수평 지브형) 타워크레인의 방호 장치에 해당되지 않는 것은?

① 권과 방지 장치

② 과부하 방지 장치

③ 비상 정지 장치

④ 붐 전도 방지 장치

> **해설**
> 붐 전도 방지 장치는 기중 작업을 할 때 권상 와이어로프가 절단되거나 험한 도로를 주행할 때 붐에 전달되는 요동으로 붐이 뒤로 넘어지는 것을 방지한다.

23 비상 정지 장치에 대한 설명으로 부적합한 것은?

① 비상시 조작할 경우에만 작동된다.

② 운전자가 조작 가능한 위치에 설치한다.

③ 작동된 경우에는 동력이 차단되어야 한다.

④ 위험 구역에 접근하면 자동으로 작동되어야 한다.

> **해설**
> 근로자가 크레인을 이용하여 화물을 권상시킬 때, 위험한 상태에서 작업 안전을 위해 급정지시킬 수 있도록 설치되어 있는 일종의 방호 장치이다.

24 권상장치 등의 드럼에 홈이 있는 경우와 홈이 없는 경우의 플리트(Fleet) 각도(와이어로프가 감기는 방향과 로프가 감겨지는 방향과의 각도)를 옳게 설명한 것은?

① 홈이 있는 경우 10° 이내, 홈이 없는 경우 5° 이내이다.

② 홈이 있는 경우 5° 이내, 홈이 없는 경우 10° 이내이다.

③ 홈이 있는 경우 4° 이내, 홈이 없는 경우 2° 이내이다.

④ 홈이 있는 경우 2° 이내, 홈이 없는 경우 4° 이내이다.

> **해설**
> 와이어로프의 감기
> • 권상장치 등의 드럼에 홈이 있는 경우 플리트(Fleet) 각도(와이어로프가 감기는 방향과 로프가 감겨지는 방향과의 각도)는 4° 이내여야 한다.
> • 권상장치 등의 드럼에 홈이 없는 경우 플리트 각도는 2° 이내여야 한다.

25 타워크레인 관련법상 작업 제한 최대 순간 풍속은 얼마인가?

① 10m/s ② 15m/s
③ 20m/s ④ 25m/s

악천후 및 강풍 시 작업 중지(산업안전보건기준에 관한 규칙 제37조)
• 사업주는 비·눈·바람 또는 그 밖의 기상 상태의 불안정으로 인하여 근로자가 위험해질 우려가 있는 경우 작업을 중지하여야 한다. 다만, 태풍 등으로 위험이 예상되거나 발생되어 긴급 복구 작업을 필요로 하는 경우에는 그러하지 아니하다.
• 사업주는 순간 풍속이 10m/s를 초과하는 경우 타워크레인의 설치·수리·점검 또는 해체 작업을 중지하여야 하며, 순간 풍속이 15m/s를 초과하는 경우에는 타워크레인의 운전 작업을 중지하여야 한다.

26 타워크레인 작업 시의 신호 방법으로 바람직하지 않은 것은?

① 신호 수단으로 손, 깃발, 호각 등을 이용한다.
② 신호는 절도 있는 동작으로 간단 명료하게 한다.
③ 신호자는 운전자가 보기 쉽고 안전한 장소에 위치하여야 한다.
④ 운전자에 대한 신호는 신호의 정확한 전달을 위하여 최소한 2인 이상이 한다.

운전자에 대한 신호는 반드시 정해진 한 사람의 신호수가 한다.

27 타워크레인으로 권상작업 시 무전 신호수와 운전원의 작업 방법이 틀린 것은?

① 운전원은 신호수의 신호가 불명확한 경우에는 운전을 하지 않는다.
② 신호수는 안전거리를 확보한 상태에서 권상화물이 가장 잘 보이는 곳에서 신호한다.
③ 신호수는 화물의 흔들림을 방지하기 위하여 훅바로 위의 줄걸이 와이어를 잡고 신호한다.
④ 무전신호 메시지는 단순·간결·명확하여야 한다.

줄걸이 작업 후 로프를 잡은 상태로 작업 신호를 하지 않는다.

28 무한 선회 구조의 타워크레인이 필수적으로 갖춰야 할 장치로 맞는 것은?

① 선회 제한 리밋 스위치
② 유체 커플링
③ 볼 선회 링기어
④ 집전 슬립링

타워크레인 상부와 같이 선회하는 회전 부분에는 슬립링(Slip Ring)에 의한 방식도 급전 방식의 하나로 사용되고 있다.

29 타워크레인의 운전자가 안전 운전을 위해 준수할 사항이 아닌 것은?

① 타워크레인 구동 부분의 윤활이 정상인가 확인한다.

② 타워크레인의 해체 일정을 확인한다.

③ 브레이크의 작동상태가 정상인가 확인한다.

④ 타워크레인의 각종 안전장치의 이상 유무를 확인한다.

해설

타워크레인 가동 전 안전점검 사항은 다음과 같다.
- 전동기 및 브레이크 계통
- 윤활상태, 와이어로프 및 시브 상태
- 볼트 및 너트(핀 포함) 고정상태, 균형추 파손여부 및 고정상태
- 작업구간 장애물 여부
- 훅 및 줄걸이 와이어로프 등 줄걸이용구 상태
- 각종 리밋 스위치 작동상태
- 카운터 지브 위 자재 및 공구 등의 정리 및 보관(바람에 날려 떨어지지 않도록)

30 다음 중 수신호에 대하여 맞는 것은?

① 운전자가 신호수의 육성신호를 정확히 들을 수 없을 때는 반드시 수신호가 사용되어야 한다.

② 신호수는 위험을 감수하고서라도 그 임무를 수행하여야 한다.

③ 신호수는 전적으로 크레인 동작에 필요한 신호에만 전념하고, 인접 지역의 작업자는 무시하여도 좋다.

④ 운전자가 안전 문제로 작업을 이행할 수 없을지라도 신호수의 지시에 의해 운전하여야 한다.

31 타워크레인의 양중 작업에서 권상작업을 할 때 지켜야 할 사항이 아닌 것은?

① 지상에서 약간 떨어지면 매단 화물과 줄걸이 상태를 확인한다.

② 권상작업은 가능한 한 평탄한 위치에서 실시한다.

③ 권상용 와이어로프의 안전율이 4 이상이 되는지 계산해 본다.

④ 화물이 흔들릴 때는 권상 후 이동 전에 반드시 흔들림을 정지시킨다.

해설

와이어로프의 안전 계수(안전율)(위험기계·기구 안전인증 고시 [별표 2], 산업안전보건기준에 관한 규칙 제163조)

와이어로프의 종류	안전율
• 권상용 와이어로프 • 지브의 기복용 와이어로프 • 횡행용 와이어로프 및 케이블 크레인의 주행용 와이어로프 ※ 화물의 하중을 직접 지지하는 달기와이어로프 또는 달기체인의 경우 : 5 이상	5.0
• 지브의 지지용 와이어로프 • 보조 로프 및 고정용 와이어로프	4.0
• 케이블 크레인의 주 로프 및 레일로프 ※ 훅, 섀클, 클램프, 리프팅 빔의 경우 : 3 이상	2.7
• 운전실 등 권상용 와이어로프 ※ 근로자가 탑승하는 운반구를 지지하는 달기와 이어로프 또는 달기체인 : 10 이상	10.0

32 타워크레인의 양중 작업 방법에서 중심이 한쪽으로 치우친 화물의 줄걸이 작업 시 고려할 사항이 아닌 것은?

① 화물의 수평 유지를 위하여 주 로프와 보조 로프의 길이를 다르게 한다.

② 무게 중심 바로 위에 훅이 오도록 유도한다.

③ 좌우 로프의 장력 차를 고려한다.

④ 와이어로프 줄걸이 용구는 안전율이 2 이상인 것을 선택 사용한다.

33 시징(Seizing)은 와이어로프 지름의 몇 배를 기준으로 하는가?

① 1   ② 3

③ 5   ④ 7

34 다음 그림은 축의 무게중심 G를 나타내고 있다. A의 거리는?

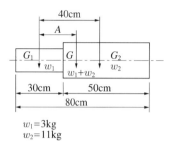

$w_1 = 3kg$
$w_2 = 11kg$

① 약 20cm   ② 약 38cm

③ 약 31cm   ④ 약 25cm

35 크레인용 와이어로프에 대한 설명으로 틀린 것은?

① 와이어로프의 재질은 탄소강이며 소선의 강도는 $135 \sim 180 kgf/mm^2$ 정도이다.

② 고열 작업용으로 스트랜드 한 줄을 심으로 하여 만든 로프도 있다.

③ 와이어로프의 꼬기와 스트랜드의 꼬기 방향이 반대인 것을 랭 꼬임이라 한다.

④ 랭 꼬임이 보통 꼬임보다 손상률이 적으며, 장시간 사용에도 잘 견딘다.

36 줄걸이 작업 시의 기본적인 주의 사항으로 틀린 것은?

① 줄걸이 작업 중 훅은 운반 물체의 중심 위에 위치시킬 것

② 권하작업 시 급격한 충격을 피할 것

③ 줄걸이 각도는 원칙적으로 60° 이상으로 할 것

④ 권하작업 시 안전사항을 눈으로 확인할 것

해설
훅에 로프를 거는 각도는 60° 이내를 유지한다.

37 와이어로프 교체 시기가 아닌 것은?

① 녹이 생겨 심하게 부식된 것

② 소선의 수가 10% 이상 단선된 것

③ 공칭 지름이 3% 감소된 것

④ 킹크가 생긴 것

해설
지름의 감소가 공칭 지름의 7%를 초과하는 것

38 줄걸이 방법의 설명 중 틀린 것은?

① 눈걸이 : 모든 줄걸이 작업은 눈걸이를 원칙으로 한다.

② 반걸이 : 미끄러지기 쉬우므로 엄금한다.

③ 짝감기걸이 : 가는 와이어로프일 때 사용하는 줄걸이 방법이다.

④ 어깨걸이 나머지 돌림 : 2가닥 걸이로서 꺾어 돌림을 할 수 없을 때 사용하는 줄걸이 방법이다.

해설
어깨걸이 나머지 돌림 : 4가닥 걸이로서 꺾어 돌림을 할 때 사용하는 줄걸이 방법이다.

39 와이어로프 구성기호 6×19의 설명으로 옳은 것은?

① 6은 소선 수, 19는 스트랜드 수

② 6은 안전 계수, 19는 절단하중

③ 6은 스트랜드 수, 19는 절단하중

④ 6은 스트랜드 수, 19는 소선 수

해설
와이어로프 구성기호 6×19는 굵은 가닥(스트랜드)이 6줄이고, 작은 소선 가닥이 19줄이다.

40 산업안전보건법 안전기준의 와이어로프에 대한 마모 및 교체 기준이다. 틀린 것은?

① 한 가닥에서 소선의 수가 10% 이상 절단된 것

② 열과 전기충격에 의해 손상된 것

③ 외부 마모에 의한 호칭 지름 감소가 7% 이상일 때

④ 킹크나 부식은 없어도 단말 고정을 한 것

해설
와이어로프 폐기기준(산업안전보건기준에 관한 규칙 제63조)
• 이음매가 있는 것
• 와이어로프의 한 꼬임[[스트랜드(Strand)]에서 끊어진 소선의 수가 10% 이상(비자전 로프의 경우에는 끊어진 소선의 수가 와이어로프 호칭 지름의 6배 길이 이내에서 4개 이상이거나 호칭 지름 30배 길이 이내에서 8개 이상)인 것
• 지름의 감소가 공칭 지름의 7%를 초과하는 것
• 꼬인 것
• 심하게 변형되거나 부식된 것
• 열과 전기충격에 의해 손상된 것

41 선회 기어와 베어링 및 축내 급유를 하는 주된 목적이 아닌 것은?

① 캐비테이션(공동화) 현상을 방지해 준다.
② 부분 마멸을 방지해 준다.
③ 동력 손실을 방지해 준다.
④ 냉각 작용을 한다.

해설
윤활유의 역할
• 마찰 감소 윤활 작용
• 피스톤과 실린더 사이의 밀봉 작용
• 마찰열을 흡수, 제거하는 냉각 작용
• 내부의 이물을 씻어 내는 청정 작용
• 운동부의 산화 및 부식을 방지하는 방청 작용
• 운동부의 충격 완화 및 소음 완화 작용 등

42 타워크레인 설치 시 비래 및 낙하 방지를 위한 안전조치가 아닌 것은?

① 작업 범위 내 통행금지
② 운반주머니 이용
③ 보조 로프 사용
④ 공구통 사용

해설
설치 작업 시, 상하 이동 중 추락 방지를 위해 전용 안전벨트를 사용한다.

43 타워크레인의 고장력 볼트 조임 방법과 관리 요령이 아닌 것은?

① 마스트 조임 시 토크 렌치를 사용한다.
② 나사선과 너트에 그리스를 적당량 발라 준다.
③ 볼트, 너트의 느슨함을 방지하기 위해 정기점검을 한다.
④ 너트가 회전하지 않을 때까지 토크 렌치로 토크 값 이상으로 조인다.

해설
조임 시 볼트, 너트, 와셔가 함께 회전하는 공회전이 발생한 경우에는 올바른 체결이 되지 않았으므로, 고장력 볼트를 새것으로 교체하여야 한다. 또한 한번 사용했던 것은 재사용해서는 안 된다.

44 최근 타워크레인 작업자가 상승작업(마스트 연장 작업) 중 타워크레인이 붕괴되는 재해가 발생하였다. 이 재해에 대한 예방 대책이 아닌 것은?

① 핀이나 볼트 체결 상태 확인
② 주요 구조부의 용접 설계 검토
③ 제작사의 작업 지시서에 의한 작업 순서의 준수
④ 상승작업 중 권상, 트롤리 이동 및 선회 동작 등 일체의 작동 금지

해설
외관 및 설치 상태 검사 항목
• 마스트, 지브, 타이 바 등 주요 구조부의 균열 또는 손상 유무
• 용접 부위의 균열 또는 부식 유무
• 연결핀, 볼트 등의 풀림 또는 변형 유무

45 타워크레인 설치(상승 포함), 해체 작업자가 특별 안전보건교육을 이수해야 하는 최소 시간은?

① 1시간
② 2시간
③ 3시간
④ 144시간

해설
사업주는 타워크레인을 설치(상승 작업을 포함), 해체하는 작업에 종사하는 일용근로자에게 유해하거나 위험한 작업에 필요한 안전보건교육(특별교육)을 2시간 이상 실시해야 한다(산업안전보건법 시행규칙 제26조, [별표 4], [별표 5]).

46 지브 크레인의 지브(붐) 길이 20m 지점에서 10ton의 하물을 줄걸이하여 인양하고자 할 때 이 지점에서의 모멘트는 얼마인가?

① 20ton·m
② 100ton·m
③ 200ton·m
④ 300ton·m

해설
힘의 모멘트(M) = 힘(P) × 길이(L)
= 10ton × 20m = 200ton·m

47 텔레스코픽 케이지는 무슨 역할을 하는 장치인가?

① 권상 장치
② 선회 장치
③ 타워크레인의 마스트를 설치 해체하기 위한 장치
④ 횡행 장치

해설
텔레스코픽 케이지는 마스트를 연장 또는 해체 작업을 하기 위해 유압 장치 및 실린더가 부착되어 있는 구조의 마스트를 말한다.

48 타워크레인 해체 작업 시 다음 중 운전자가 숙지해야 할 사항이 아닌 것은?

① 해체 작업 순서
② 해체되는 장비의 구조 및 기능
③ 해체를 돕는 크레인의 구조와 기능
④ 해체 작업 안전 지침

해설
타워크레인 설치·조립·해체 작업 시 작업 계획서 내용(산업안전보건기준에 관한 규칙 [별표 4])
• 타워크레인의 종류 및 형식
• 설치·조립 및 해체 순서
• 작업 도구·장비·가설 설비 및 방호 설비
• 작업 인원의 구성 및 작업 근로자의 역할 범위
• 타워크레인의 지지(산업안전보건기준에 관한 규칙 제142조)의 규정에 의한 지지 방법

45 ② 46 ③ 47 ③ 48 ③ 정답

49 타워크레인으로 들어 올릴 수 있는 최대 하중을 무슨 하중이라 하는가?

① 정격 하중
② 권상 하중
③ 끝단 하중
④ 동 하중

해설
권상 하중이란 타워크레인이 지브의 길이 및 경사각에 따라 들어 올릴 수 있는 최대 하중을 말한다.

50 마스트 연장 작업(텔레스코핑) 시 안전핀 사용에 대한 설명으로 틀린 것은?

① 케이지에 연결된 안전핀은 텔레스코핑 시에만 사용하여야 한다.
② 텔레스코핑 작업이 완료되면 즉시 정상 핀으로 교체되어야 한다.
③ 텔레스코핑 시 현장이 급한 상황이면, 안전핀을 생략하고 권상작업을 하여도 된다.
④ 정상 핀으로 교체되기 전에는 타워크레인의 정상 작업은 금지하여야 한다.

해설
텔레스코픽 케이지는 4개의 핀 또는 볼트로 연결되는데 설치가 용이하도록 보조핀이 있는 경우가 있으므로 텔레스코핑 작업 시 사용하고 작업이 종료되면 정상 핀 또는 볼트로 교체해야 한다.

51 작업장에서 지켜야 할 준수 사항이 아닌 것은?

① 작업장에서 급히 뛰지 말 것
② 불필요한 행동을 삼갈 것
③ 공구를 전달할 경우 시간 절약을 위해 가볍게 던질 것
④ 대기 중인 차량에는 고임목을 고여둘 것

해설
작업 중 공구를 던지면 공구 파손과 안전상 위험을 초래한다.

52 동력 전달 장치 중 재해가 가장 많이 일어날 수 있는 것은?

① 기어
② 차축
③ 벨트
④ 커플링

해설
벨트는 회전 부위에서 노출되어 있어 재해 발생률이 높으나 기어나 커플링은 대부분 케이스 내부에 있다.

53 유류 화재 시 소화 방법으로 가장 부적절한 것은?

① B급 화재 소화기를 사용한다.
② 다량의 물을 부어 끈다.
③ 모래를 뿌린다.
④ ABC 소화기를 사용한다.

해설
기름으로 인한 화재의 경우 기름과 물은 섞이지 않기 때문에 기름이 물을 타고 더 확산하게 된다.

54 작업에 필요한 수공구의 보관 방법으로 적합하지 않은 것은?

① 공구함을 준비하여 종류와 크기별로 보관한다.
② 사용한 공구는 파손된 부분 등의 점검 후 보관한다.
③ 사용한 수공구는 녹슬지 않도록 손잡이 부분에 오일을 발라서 보관하도록 한다.
④ 날이 있거나 뾰족한 물건은 위험하므로 뚜껑을 씌워 둔다.

해설
공구 보관 시 손잡이를 청결하게 유지한다(기름이 묻은 손잡이는 사고를 유발할 수 있다).

55 과전류 차단기에 요구되는 성능에 관한 설명 중 맞는 것은?

① 과부하 등 작은 과전류가 장시간 계속 흘렀을 때 동작하지 않을 것
② 과전류가 작아졌을 때 단시간에 동작할 것
③ 큰 단락 전류가 흘렀을 때는 순간적으로 동작할 것
④ 전동기의 기동 전류와 같이 단시간 동안 약간의 과전류가 흘렀을 때 동작할 것

해설
과전류 차단기에 요구되는 성능
• 전동기의 기동 전류와 같이 단시간 동안 약간의 과전류에서는 동작하지 않아야 한다.
• 과부하 등 작은 과전류가 장시간 지속하여 흘렀을 때 동작하여야 한다.
• 과전류가 증가하면 단시간에 동작하여야 한다.
• 큰 단락 전류가 흐를 때에는 순간적으로 동작하여야 한다.
• 차단 시 발생하는 아크를 소호하여 폭발하지 않고 확실하게 차단할 수 있어야 한다.

56 산소 아세틸렌 가스 용접에서 토치 점화 시 작업의 우선순위 설명으로 올바른 것은?

① 토치의 아세틸렌 밸브를 먼저 연다.
② 토치의 산소 밸브를 먼저 연다.
③ 산소 밸브와 아세틸렌 밸브를 동시에 연다.
④ 혼합가스 밸브를 먼저 연 다음 아세틸렌 밸브를 연다.

해설
토치에 점화할 때는 먼저 아세틸렌의 밸브만 열고 전용의 점화용 라이터를 이용하여 점화시킨 후 산소 밸브를 조금씩 열어 센서 불꽃을 조절한다.

57 안전관리상 감전의 위험이 있는 곳의 전기를 차단하여 수리ㆍ점검을 할 때의 조치와 관계가 없는 것은?

① 스위치에 통전 장치를 한다.
② 기타 위험에 대한 방지 장치를 한다.
③ 스위치에 안전장치를 한다.
④ 통전 금지기간에 관한 사항이 있을 시 필요한 곳에 게시한다.

해설
전원을 차단하여 정전으로 시행하는 작업 시 통전 장치를 하면 안 된다.

58 작업 현장에서 사용되는 안전 표지 색으로 잘못 짝지어진 것은?

① 빨간색 – 방화 표시
② 노란색 – 충돌ㆍ추락 주의 표시
③ 녹색 – 비상구 표시
④ 보라색 – 안전 지도 표시

해설
안전보건표지의 색도 기준 및 용도(산업안전보건법 시행규칙 [별표 8])

색채	용도	사용례
빨간색	금지	정지 신호, 소화 설비 및 그 장소, 유해 행위의 금지
	경고	화학 물질 취급 장소에서의 유해ㆍ위험 경고
노란색	경고	화학 물질 취급 장소에서의 유해ㆍ위험 경고 이외의 위험 경고, 주의 표지 또는 기계 방호물
파란색	지시	특정 행위의 지시 및 사실의 고지
녹색	안내	비상구 및 피난소, 사람 또는 차량의 통행 표지
흰색		파란색 또는 녹색에 대한 보조색
검은색		문자 및 빨간색 또는 노란색에 대한 보조색

59 산업안전보건표지에서 그림이 표시하는 것으로 맞는 것은?

① 독극물 경고
② 폭발물 경고
③ 고압 전기 경고
④ 낙하물 경고

해설
안전보건표지

급성 독성 물질 경고	폭발성 물질 경고	낙하물 경고
☠	💥	⚠

60 작업별 안전 보호구의 착용이 잘못 연결된 것은?

① 그라인딩 작업 – 보안경
② 10m 높이에서 작업 – 안전벨트
③ 산소 결핍 장소에서의 작업 – 공기 마스크
④ 아크 용접 작업 – 도수가 있는 렌즈 안경

해설
용접 시 불꽃이나 물체가 흩날릴 위험이 있는 작업 시에는 보안면을 착용한다.
※ 도수 렌즈 보안경 지급 대상
  • 근시, 원시 혹은 난시인 노동자가 차광 보안경 및 유리 보안경을 착용해야 하는 장소에서 작업하는 경우
  • 빛이나 비산물 및 기타 유해 물질로부터 눈을 보호함과 동시에 시력을 교정하기 위해서이다.

01 어떤 물질의 비중량 또는 밀도를 물의 비중량 또는 밀도로 나눈 값은?

① 비중
② 차원
③ 비질량
④ 비체적

해설
② 차원 : 유체의 운동이나 자연계의 물리적 현상을 다루려면 물질이나, 변위 또는 시간의 특징을 구성하는 기본량이 필요하다. 이러한 기본량을 차원(Dimension)이라 한다.
③ 비질량(밀도) : 물체의 단위 체적당 질량이다.
④ 비체적 : 단위 중량이 갖는 체적, 단위 질량당 체적 혹은 밀도의 역수로 정의한다.

02 메인 지브를 이동하며 권상 작업을 위한 작업 반경을 결정하는 장치는?

① 트롤리
② 호이스트
③ 리밋 스위치
④ 과부하 방지 장치

해설
트롤리
• 메인 지브를 따라 이동되며, 권상 작업을 위한 선회 반경을 결정하는 횡행 장치이다.
• 권상 장치와 같이 전동기, 감속기, 브레이크, 드럼으로 구성되어 있다.

03 와이어로프의 주유에 대한 설명 중 가장 적당한 것은?

① 그리스를 와이어로프의 전체 길이에 충분히 칠한다.
② 기계유를 로프의 심까지 충분히 적신다.
③ 그리스를 로프의 마모가 우려되는 부분만 칠하는 것이 좋다.
④ 그리스를 와이어로프에 칠할 필요가 없다.

해설
와이어로프의 외주에는 항상 기름을 칠해 두어야 한다.

04 산업안전보건기준에 관한 규칙에 따른 와이어로프 마모 및 교체 기준으로 틀린 것은?

① 한 꼬임에서 끊어진 소선의 수가 10% 이상인 것
② 이음매가 있는 것
③ 지름의 감소가 공칭 지름의 7%를 초과하는 것
④ 킹크나 부식은 없어도 단말 고정을 한 것

해설
와이어로프 폐기 기준(산업안전보건기준에 관한 규칙 제63조)
• 이음매가 있는 것
• 와이어로프의 한 꼬임[스트랜드(Strand)]에서 끊어진 소선의 수가 10% 이상(비자전 로프의 경우에는 끊어진 소선의 수가 와이어로프 호칭 지름의 6배 길이 이내에서 4개 이상이거나 호칭 지름 30배 길이 이내에서 8개 이상)인 것
• 지름의 감소가 공칭 지름의 7%를 초과하는 것
• 꼬인 것
• 심하게 변형되거나 부식된 것
• 열과 전기 충격에 의해 손상된 것

1 ① 2 ① 3 ① 4 ④ **정답**

05 무게가 2,000kgf인 물건을 로프 1개로 들어 올린다고 가정할 때 안전 계수는?(단, 로프의 절단 하중은 3,000kgf이다)

① 4.5   ② 3.0

③ 1.5   ④ 2.0

해설
안전 계수 = 절단 하중/안전 하중
          = 3,000/2,000
          = 1.5

06 타워크레인 권상용 체인의 안전기준으로 옳지 않은 것은?

① 안전율이 5 이상일 것
② 연결된 5개의 링크를 측정하여 연신율(延伸率)이 제조 당시 길이의 100분의 10 이하일 것
③ 깨지거나 홈 모양의 결함이 없을 것
④ 링크 단면의 지름 감소가 제조 당시 지름의 100분의 10 이하일 것

해설
권상용 체인의 안전기준(건설기계 안전기준에 관한 규칙 제105조)
• 안전율(체인의 절단 하중 값을 해당 체인에 걸리는 하중의 최댓값으로 나눈 값)은 5 이상일 것
• 연결된 5개의 링크를 측정하여 연신율(延伸率)이 제조 당시 길이의 100분의 5 이하일 것(습동면의 마모량 포함)
• 링크 단면의 지름 감소가 제조 당시 지름의 100분의 10 이하일 것
• 균열 및 부식이 없을 것
• 깨지거나 홈 모양의 결함이 없을 것
• 심한 변형이 없을 것

07 타워크레인의 지지·고정 방식 중에서 건물과의 이격 거리가 크지 않으며 연결 지점 수를 줄이기 위해 사용하는 방식은?

① 지지대 3개 방식
② A-프레임과 로프 2개 방식
③ A-프레임과 지지대 1개 방식
④ 지지대 2개와 로프 2개 방식

해설
벽체 지지·고정 방식의 종류
• 지지대 3개 방식 : 건물과의 이격 거리에 관계없이 주로 많이 사용
• A-프레임과 로프 2개 방식 : 건물과의 이격 거리가 크지 않을 때 사용
• A-프레임과 지지대 1개 방식 : 건물과의 이격 거리가 크지 않으며 연결 지점 수를 줄이기 위해 사용
• 지지대 2개와 로프 2개 방식 : 각 연결점의 위치가 타워크레인 중심과 대칭이 되도록 사용

08 연료 파이프의 피팅을 풀 때 가장 알맞은 렌치는?

① 토크 렌치
② 복스 렌치
③ 오픈 렌치
④ 조정 렌치

해설
각종 렌치의 특징
• 토크 렌치 : 볼트, 너트, 작은 나사 등을 조일 때 조이는 힘을 측정하고 조임에 필요한 토크를 주기 위한 체결용 공구이다.
• 복스 렌치 : 공구의 끝부분이 볼트나 너트를 완전히 감싸는 형태의 렌치로, 6각 볼트와 너트를 조이고 풀 때 가장 적합하다.
• 오픈 렌치 : 연료 파이프 피팅 작업과 디젤기관 예방 정비 시 고압 파이프 연결 부분에서 연료가 샐 때 사용한다.
• 조정 렌치 : 멍키 렌치라고도 하며 제한된 범위 내에서 모든 규격의 볼트나 너트에 사용할 수 있다.

09 산소 아세틸렌가스 용접에서 토치의 점화 시 가장 먼저 해야 하는 작업은?

① 산소 밸브와 아세틸렌 밸브를 동시에 연다.
② 산소 밸브를 먼저 연다.
③ 아세틸렌 밸브를 먼저 연다.
④ 혼합가스 밸브를 먼저 연 다음 아세틸렌 밸브를 연다.

해설
토치에 점화할 때는 먼저 아세틸렌의 밸브만 열고 전용 점화용 라이터를 이용하여 점화시킨 후, 산소 밸브를 조금씩 열어 센서 불꽃을 조절한다.

10 드릴(Drill)을 사용하여 작업할 때 착용해서는 안 되는 것은?

① 작업복
② 장갑
③ 작업모
④ 안전화

해설
드릴은 고속 회전하므로 장갑을 끼고 작업하면 안 된다.

11 마스트 연장 작업 준비 사항으로 틀린 것은?

① 유압 장치와 카운터 지브의 위치는 동일한 방향으로 맞춘다.
② 유압 실린더는 연장 작업 전 절대 작동을 금한다.
③ 추가할 마스트는 메인 지브 방향으로 운반한다.
④ 유압 장치의 오일 양, 모터 회전 방향을 확인한다.

해설
마스트 연장 작업 준비 사항
• 텔레스코픽 케이지의 유압 장치와 카운터 지브의 위치는 동일한 방향으로 맞춘다.
• 텔레스코핑 작업 전 올려질 마스트를 메인 지브 방향으로 운반한다.
• 전원 공급 케이블을 텔레스코핑 장치에 연결한다.
• 유압 펌프의 오일 양과 모터의 회전 방향을 점검한다.
• 유압 장치의 압력과 유압 실린더의 작동 상태를 점검한다.
• 텔레스코핑 작업 중 에어 벤트는 열어 둔다.

12 텔레스코픽 요크의 핀 또는 홀(Hole)의 변형을 목격하였을 때의 조치 사항으로 틀린 것은?

① 핀은 반드시 제작사에게 공급된 것으로 사용한다.
② 홀(Hole)이 변형된 마스트는 해체하거나 재사용하지 않는다.
③ 휘거나 변형된 핀은 파기하여 재사용하지 않는다.
④ 조금 휜 핀은 분해 및 교정 후 재사용할 수 있다.

해설
핀이 다소 휘었으면 재사용하지 않고 파기한다.

13 ( ) 안에 들어갈 용어로 옳은 것은?

크레인의 횡행 레일에는 양 끝부분 또는 이에 준하는 장소에 완충 장치, 완충재 또는 해당 크레인 횡행 차륜 지름의 ( ) 이상 높이의 정지 기구를 설치해야 한다.

① 2분의 1
② 3분의 1
③ 4분의 1
④ 5분의 1

해설
크레인 레일의 정지 기구 제작 및 안전기준(위험기계·기구 안전인증 고시 [별표 2])
• 크레인의 횡행 레일에는 양 끝부분 또는 이에 준하는 장소에 완충 장치, 완충재 또는 해당 크레인 횡행 차륜 지름의 4분의 1 이상 높이의 정지 기구를 설치해야 한다.
• 크레인의 주행 레일에는 양 끝부분 또는 이에 준하는 장소에 완충 장치, 완충재 또는 해당 크레인 주행 차륜 지름의 2분의 1 이상 높이의 정지 기구를 설치해야 한다.
• 타워크레인 등은 트롤리 기구가 지브의 최대 바깥쪽과 안쪽에 접근 시 작동이 정지되는 트롤리 이동 한계 스위치 등의 정지 장치를 갖추어야 한다.
• 타워크레인 등 선회 장치를 갖는 크레인은 선회에 의한 구조 및 회전부와 고정 부분 사이의 전기 배선 등을 보호하기 위한 선회 각도 제한 스위치를 부착해야 한다. 다만, 구조상 부착하지 않아도 되는 경우는 예외로 할 수 있다.

14 전기설비기술기준상 고압의 기준은?

① 직류는 1.5kV 이하, 교류는 1kV 이하인 것

② 직류는 1.5kV, 교류는 1kV 초과, 7kV 이하인 것

③ 직류는 1.5kV 이상, 교류는 1kV 초과, 7kV 이하인 것

④ 직류는 1.5kV, 교류는 7kV를 초과하는 것

해설
전압의 종류(전기설비기술기준 제3조)
- 저압 : 직류 1.5kV 이하, 교류 1kV 이하인 것
- 고압 : 직류 1.5kV 초과 7kV 이하, 교류 1kV 초과 7kV 이하인 것
- 특고압 : 7kV를 초과하는 것

15 시브 외경과 이탈 방지용 플레이트의 간격으로 가장 적합한 것은?

① 3mm   ② 6mm

③ 9mm   ④ 12mm

해설
와이어로프 이탈 방지 장치
시브 외경과 이탈 방지용 플레이트의 간격을 1~3mm 정도 띄어 와이어로프의 이탈을 방지한다. 이탈 방지 핀은 시브가 부착된 모든 곳에 설치되어 있으며, 로프 이탈로 인한 로프 손상과 탈선을 막고 이탈을 방지하므로 로프의 전단을 근본적으로 막는다. 타워크레인에는 트롤리, 훅, 앞 지브, 카운터 지브, 타워 헤드에 설치되어 있다.
※ NCS 학습 모듈 타워크레인 작업 전 장비점검(LM1407050303_13v1) 참고

16 타워크레인 구조 부분 계산에 사용하는 하중의 종류가 아닌 것은?

① 좌굴 하중   ② 굽힘 하중

③ 파단 하중   ④ 충돌 하중

해설
파단 하중
줄걸이 용구(와이어로프 등) 1개가 절단(파단)에 이를 때까지의 최대 하중이다.

17 퓨즈와 비교했을 때 배선용 차단기의 장점이 아닌 것은?

① 과전류로 동작하였을 때 그 원인을 제거하면 즉시 사용할 수 있다.

② 개폐 기구를 겸하고, 개폐 속도가 일정하며 빠르다.

③ 전자 제어식 퓨즈이므로 복구 시에는 교환 시간이 많이 소요된다.

④ 과전류가 1극에만 흘러도 각 극이 동시에 트립되므로 결상 등의 이상이 생기지 않는다.

해설
배선용 차단기는 동작 후 복구 시 퓨즈보다 교환 시간이 걸리지 않고 예비품의 준비가 필요 없다.

18 유압 펌프의 흡입구에서 캐비테이션(공동 현상) 방지법이 아닌 것은?

① 오일 탱크의 오일 점도를 적당히 유지한다.

② 펌프의 운전 속도를 규정 속도 이상으로 한다.

③ 흡입관은 굵기가 유압 펌프 본체 연결구의 크기와 같은 것으로 한다.

④ 흡입구의 양정을 낮게 한다.

해설
펌프의 운전 속도는 규정 속도 이상으로 하지 말아야 한다.

19 조작 방식에 따른 밸브의 분류로 틀린 것은?

① 시트 밸브

② 수동 조작 밸브

③ 전자 조작 밸브

④ 유·공압 조작 밸브

해설
밸브의 조작 방식에는 인력 조작, 기계 조작, 전자 조작, 공기압 조작 등이 있다.

20 이동형 타워크레인의 종류 및 크기에 따라 적정 사양을 선정할 때의 조건과 관련 없는 것은?

① 이동식 크레인의 선회 반경

② 기초 앵커 설치 부지의 조건

③ 가장 무거운 부재의 중량

④ 최대 권상 높이

해설
이동식 크레인의 선정
설치·조립·해체하여야 할 타워크레인의 크기 및 종류에 따라 이동식 크레인을 선정하여야 한다. 이때 최대 권상 높이, 가장 무거운 부재의 중량, 이동식 크레인의 작업 반경을 반드시 검토해야 한다.

21 신호수의 무전기 사용 시 주의점이 아닌 것은?

① 용건을 간단하게 전한다.

② 은어, 비속어 등을 사용하지 않는다.

③ 신호수의 입장에서 신호한다.

④ 무전기 상태를 확인 후 교신한다.

해설
무전기 신호 시 주의사항
• 상대방이 신호를 인지하지 못하였을 경우를 제외하고 신호를 반복하지 않는다.
• 작업 전에 무전기 상태를 확인하기 위하여 다른 작업자와 통신을 한다.
• 표준어를 사용하고 비속어, 은어 등을 사용하지 않는다.
• 무전기는 지정된 작업자만 사용할 수 있어야 한다.
• 무전 신호는 용건만 간단하게 전한다.

22 타워크레인의 트롤리 이동 중 기계장치에서 이상음이 날 때 적절한 조치법은?

① 트롤리 이동을 멈추고 열을 식힌 후 계속 작업한다.

② 작업 종료 후 조치한다.

③ 즉시 작동을 멈추고 점검한다.

④ 속도가 너무 빠른 건 아닌지 확인한다.

해설
장비 이상 발생 시 조치방법
• 즉시 모든 동작을 중지하고, 관리자에게 보고한다.
• 이상 상태가 해소된 후에는 시운전 단계를 거쳐 재작동시킨다.
• 교대 시 관련 내용을 철저히 인수인계한다.

23 다음 중 양중 작업에 필요한 보조 용구가 아닌 것은?

① 턴버클   ② 섀클

③ 섬유 벨트   ④ 수직 클램프

해설
턴버클은 줄의 길이나 장력을 조절할 때 사용한다.

24 운전자가 손바닥을 안으로 하여 얼굴 앞에서 2~3회 흔드는 신호의 의미는?

① 기중기 이상 발생
② 작업 완료
③ 줄걸이 작업 미비
④ 신호 불명

해설

25 타워크레인으로 목제품의 자재를 운반할 때, 줄걸이 작업 완료 후의 가장 안전한 권상 작업 방법은?

① 권상 작동은 화물이 흔들리지 않으므로 항상 최고 속도로 운전한다.
② 줄걸이 와이어로프가 장력을 받아 팽팽해지면 일단 정지한다.
③ 훅을 화물의 중심 위치에 맞추었으면 권상을 계속하여 5m 높이에서 일단 정지한다.
④ 훅을 화물의 중심 위치에 정확히 맞추고 권상과 선회를 동시에 한다.

26 운동하고 있는 물체가 언제까지나 같은 속도로 운동을 계속하려고 하는 성질은?

① 작용과 반작용의 법칙
② 가속도의 법칙
③ 관성의 법칙
④ 중력의 법칙

해설
관성의 법칙
뉴턴의 운동 법칙 중 제법칙인 관성의 법칙은 외부에서 힘이 가해지지 않는 한 모든 물체가 자기의 상태를 그대로 유지하려고 하는 성질이다.

27 타워크레인 배전함의 구성과 기능에 관한 설명으로 틀린 것은?

① 옥외에 두는 방수용 배전함은 양질의 절연재를 사용한다.
② 철제 상자나 커버 및 난간 등을 설치한다.
③ 전동기 보호 및 제어와 전원의 개폐를 한다.
④ 배전함의 외부에는 반드시 적색 표시를 하여야 한다.

28 크레인의 구성품 중 타워크레인에만 사용하는 것은?

① 타이 바
② 턴테이블
③ 캣 헤드
④ 권상 장치

해설
캣 헤드(Cat Head)
메인 지브와 카운터 지브의 타이 바(Tie Bar)를 상호 지탱하기 위해 설치하며, 트러스 또는 A-프레임 구조로 되어 있다.

29 타워크레인의 선회 동작으로 인하여 타워 마스트에 발생하는 모멘트는?

① 비틀림 모멘트
② 안정 모멘트
③ 전단 모멘트
④ 좌굴 모멘트

해설
비틀림 모멘트
재료의 단면과 수직인 축을 회전축으로 하여 작용하는 어떤 점을 중심으로 회전시키려고 하는 힘이다.

30 1A(암페어)를 mA(밀리암페어)로 올바르게 나타낸 것은?

① 10mA
② 1,000mA
③ 100mA
④ 10,000mA

해설
• 1A = 1,000mA
• 1mA = 0.001A = 1×10^{-3}A

31 기복(Luffing)형 타워크레인에서 양중물의 무게가 무거울 때 선회 반경은?

① 변함없다.
② 길어진다.
③ 기울어진다.
④ 짧아진다.

해설
기복(Luffing)형 타워크레인에서 양중물의 무게가 무거운 경우 선회 반경은 짧아진다.

32 텔레스코핑 작업 중 유압 전동기가 역방향으로 회전할 때 적절한 조치방법은?

① 유압 실린더를 수리한다.
② 유압 펌프를 수리한다.
③ 전동기의 상을 변경한다.
④ 10분간 휴지 후 작동한다.

33 권상 · 권하 방지 장치 리밋 스위치의 구성 요소가 아닌 것은?

① 웜
② 캠
③ 웜휠
④ 권상 드럼

해설
권상 · 권하 방지 장치
권상 드럼의 축에 리밋 스위치를 연결하여 과권상 및 과권하 시 자동으로 동력을 차단하는 구조이다.

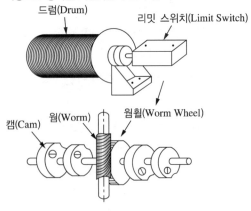

34 크레인의 양중 작업용 보조 용구의 구성과 역할에 대한 설명으로 틀린 것은?

① 보조대는 덩치가 큰 물건에만 사용한다.

② 로프에는 고무나 비닐 등을 씌워서 사용한다.

③ 물품 모서리에 대는 것으로 가죽류와 동판 등이 쓰인다.

④ 보조대나 받침대는 줄걸이 용구 및 물품을 보호해 준다.

> **해설**
> 보조대는 각진(폼, 빔, 합판 등) 자재의 양중 작업에 사용한다.

35 운전석이 설치된 타워크레인의 운전이 가능한 사람은?

① 국가기술자격법에 의한 컨테이너크레인운전기능사의 자격을 가진 자

② 국가기술자격법에 의한 천장크레인운전기능사의 자격을 가진 자

③ 국가기술자격법에 의한 타워크레인운전기능사의 자격을 가진 자

④ 국민 평생 직업능력 개발법에 따른 해당 분야 직업능력개발훈련 이수자

> **해설**
> 타워크레인 조종 작업(조종석이 설치되지 않은 정격 하중 5ton 이상의 무인 타워크레인을 포함)은 국가기술자격법에 따른 타워크레인운전기능사의 자격을 가진 사람이 할 수 있다(유해·위험작업의 취업 제한에 관한 규칙 [별표 1]).

36 크레인의 운동속도에 대한 설명으로 틀린 것은?

① 주행은 가능한 한 저속으로 한다.

② 권상장치의 속도는 하중이 가벼우면 빠르게, 무거우면 느리게 한다.

③ 권상 작업 시 양정이 짧은 것은 빠르게, 긴 것은 느리게 운전한다.

④ 위험물 운반 시에는 가능한 한 저속으로 운전한다.

> **해설**
> 권상 작업 시 양정이 짧은 것은 느리고, 긴 것은 빠르게 운전한다.

37 줄걸이 작업에 사용하는 후킹(Hooking)용 핀 또는 봉의 지름은 줄걸이용 와이어로프 직경의 얼마 이상이 바람직한가?

① 2배 이상

② 3배 이상

③ 5배 이상

④ 6배 이상

> **해설**
> 줄걸이 작업에 사용하는 후킹(Hooking)용 바(Bar)의 지름은 와이어로프 직경의 6배 이상을 적용한다.
> ※ 크레인 달기기구 및 줄걸이 작업용 와이어로프의 작업에 관한 기술지침(KOSHA GUIDE M-186-2015 참고)

38 와이어로프 구성의 표기 방법이 틀린 것은?

> 6 × Fi(24) + IWRC B종 20mm

① 6 : 스트랜드 수
② 24 : 심강의 종류
③ B종 : 소선의 인장 강도
④ 20mm : 로프의 지름

해설

와이어로프의 표기

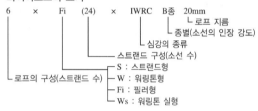

6 × Fi (24) × IWRC B종 20mm
└ 로프 지름
└ 종별(소선의 인장 강도)
└ 심강의 종류
└ 스트랜드 구성(소선 수)
└ S : 스트랜드형
└ W : 워링톤형
└ 로프의 구성(스트랜드 수) └ Fi : 필러형
└ Ws : 워링톤 실형

39 반지름이 1m, 높이가 4m인 원기둥 모양의 목재를 크레인으로 운반하고자 한다. 목재의 무게는 약 몇 kgf인가?(단, 목재의 1m³당 무게는 150kgf으로 간주한다)

① 797   ② 942
③ 1,584   ④ 1,884

해설

원기둥의 부피
$V = \pi \times r^2 \times h = 3.14 \times 1^2 \times 4 ≒ 12.56 \text{m}^3$
$12.56 \times 150 ≒ 1,884 \text{kgf}$
※ 원기둥 부피 공식
$V = \pi \times r^2 \times h = \dfrac{\pi D^2 h}{4}$ (D : 직경, r : 반경, h : 높이)

40 산업안전보건기준에 관한 규칙상 타워크레인을 와이어로프로 지지할 때 사업주의 준수사항으로 틀린 것은?

① 와이어로프가 가공 전선(架空電線)에 근접하지 않도록 할 것
② 와이어로프 설치 각도는 수평면에서 70° 이내로 할 것
③ 와이어로프를 고정하기 위한 전용 지지 프레임을 사용할 것
④ 와이어로프의 고정 부위는 충분한 강도와 장력을 갖도록 설치할 것

해설

와이어로프 설치 각도는 수평면에서 60° 이내로 하되, 지지점은 4개소 이상으로 하고, 같은 각도로 설치해야 한다(산업안전보건기준에 관한 규칙 제142조).

41 다음 그림의 안전보건표지가 나타내는 것은?

① 비상구 없음   ② 방사성물질 경고
③ 보행금지   ④ 탑승금지

해설

안전보건표지(산업안전보건법 시행규칙 [별표 6])

비상구	방사성물질 경고	탑승금지	보행금지

42 소화 작업의 원리로 틀린 것은?

① 가연 물질을 제거한다.
② 산소를 차단한다.
③ 점화원을 제거한다.
④ 연료를 기화시킨다.

해설
소화의 원리는 연소의 반대 개념이다. 연소의 4요소인 가연물, 산소, 열(점화 에너지), 연쇄 반응이 성립되지 못하게 제어하는 것으로서 냉각, 질식, 제거, 억제 등 4가지 방법이 있다. 이 중 냉각, 질식, 제거 소화는 물리적 소화이고, 억제(연쇄 반응 차단) 소화는 화학적 소화이다.

43 작업별 안전 보호구의 착용이 잘못 연결된 것은?

① 그라인딩 작업 – 보안경
② 아크 용접 작업 – 도수가 있는 렌즈 안경
③ 산소 결핍 장소에서의 작업 – 공기 마스크
④ 10m 높이에서 작업 – 안전벨트

해설
용접 등 불꽃이나 물체가 흩날릴 위험이 있는 작업을 할 때는 보안면을 착용한다.

44 마스트 연장 작업(텔레스코핑) 시 안전핀 사용에 대한 설명으로 틀린 것은?

① 정상 핀으로 교체되기 전에는 타워크레인의 정상 작업을 금지한다.
② 텔레스코핑 작업이 완료되면 즉시 정상 핀으로 교체해야 한다.
③ 텔레스코핑 시 현장 상황이 급하다면, 안전핀을 생략하고 권상 작업을 해도 된다.
④ 케이지에 연결된 안전핀은 텔레스코핑 시에만 사용하여야 한다.

해설
텔레스코픽 케이지는 4개의 핀 또는 볼트로 연결하며 설치가 용이하도록 보조핀이 있는 경우가 있다. 보조핀은 텔레스코핑 작업 시 사용하고 작업이 종료되면 정상 핀 또는 볼트로 교체해야 한다.

45 타워크레인의 클라이밍 작업 시 준비 사항이 아닌 것은?

① 유압 장치가 있는 방향에 카운터 지브가 위치하도록 한다.
② 전원 공급 케이블을 클라이밍 장치에서 탈거한다.
③ 유압 펌프의 오일 양을 점검한다.
④ 메인 지브 방향으로 마스트를 올려놓는다.

해설
전원 공급 케이블은 클라이밍 장치에 연결해야 한다.

46 체인에 대한 설명으로 틀린 것은?

① 떨어진 두 축의 전동 장치에는 주로 링크 체인을 사용한다.
② 체인에는 크게 링크 체인과 롤러 체인이 있다.
③ 롤러 체인의 내구성은 핀과 부시의 마모에 따라 결정된다.
④ 고온이나 수중 작업 시 와이어로프 대용으로 체인을 사용한다.

해설
떨어진 두 축의 전동 장치에는 주로 롤러 체인을 사용한다.

47 신호수의 준수사항으로 적합하지 않은 것은?

① 신호수는 지정된 신호 방법으로 신호한다.
② 신호 장비는 밝은 색상이며 신호수에게만 적용되는 특수 색상으로 한다.
③ 신호수는 그 자신이 신호수로 구별될 수 있도록 눈에 잘 띄는 표시를 한다.
④ 두 대의 타워크레인으로 동시 작업할 경우 두 사람의 신호수가 동시에 신호한다.

해설
운전자에 대한 신호는 반드시 정해진 한 사람의 신호수가 한다.

48 다음 설명 중 타워크레인을 올바르게 운전한 것을 모두 고른 것은?

> ㉠ 훅 블록이 지면에 누운 상태로 운전하지 않았다.
> ㉡ 풍압 면적과 크레인 자중을 증가시킬 수 있는 다른 물체를 부착하지 않았다.
> ㉢ 완성 검사가 끝나기 전에 사용하지 않았다.
> ㉣ 하중을 사람 머리 위로 통과시키지 않았다.

① ㉠, ㉡, ㉢   ② ㉠, ㉡, ㉣
③ ㉡, ㉢, ㉣   ④ ㉠, ㉡, ㉢, ㉣

49 와이어로프의 절단 또는 단말 가공 시 스트랜드나 소선의 꼬임을 방지하는 작업은?

① 소켓 고정법   ② 시징(Seizing)
③ 쐐기 고정법   ④ 클립 고정법

해설
시징
와이어의 절단 부분 양끝이 되풀리는 것을 방지하기 위하여 가는 철사로 묶는 작업으로, 와이어로프 끝의 시징 폭은 대체로 로프 지름의 2~3배가 적당하다.

50 액체의 일반적인 성질이 아닌 것은?

① 액체는 운동을 전달할 수 있다.
② 액체는 힘을 전달할 수 있다.
③ 액체는 힘을 증대시킬 수 없다.
④ 액체는 압축되지 않는다.

해설
유압의 일반적인 성질
• 공기는 압력을 가하면 압축되지만 액체는 압축되지 않는다.
• 액체는 힘과 운동을 전달할 수 있다.
• 액체는 힘(작용력)을 증대 및 감소시킬 수 있다.

51 항공법에 따른 항공 장애등을 설치해야 하는 옥외 타워크레인의 최소 높이 기준은?

① 60m 이상   ② 30m 이상
③ 120m 이상   ④ 150m 이상

해설
크레인의 조명 장치 제작 및 안전기준(위험기계 · 기구 안전인증 고시 [별표 2])
• 운전석의 조명 상태는 운전에 지장이 없을 것
• 야간 작업용 조명은 운전자 및 신호자의 작업에 지장이 없을 것
• 옥외에 지상 60m 이상 높이로 설치되는 크레인에는 항공법에 따른 항공 장애등을 설치할 것

52 드라이버 사용 방법 중 틀린 것은?

① 날 끝이 홈의 폭과 길이에 맞는 것을 사용한다.
② 날 끝이 수평이어야 한다.
③ 전기 작업 시에는 절연된 자루를 사용한다.
④ 단단하게 고정된 작은 공작물은 가능한 한 손으로 잡고 작업한다.

해설
강하게 조여 있는 작은 공작물이라도 손으로 잡고 조이지 않는다.

53 다음 중 소선이 가늘고 수가 많은 와이어로프에 대한 설명으로 옳은 것은?

① 유연성이 좋으나 더 약하다.
② 유연성은 나빠도 더 강하다.
③ 유연성이 좋고 더 강하다.
④ 유연성이 나쁘고 더 약하다.

해설
같은 굵기의 와이어로프라도 소선이 가늘고 수가 많은 것이 유연성이 좋고 더 강하다.

54 타워크레인의 지브가 바람에 의해 영향을 받는 면적을 최소로 하여 타워크레인의 본체를 보호하는 방호 장치는?

① 선회 브레이크 풀림 장치
② 와이어로프 꼬임 방지 장치
③ 트롤리 정지 장치
④ 충돌 방지 장치

해설
② 와이어로프 꼬임 방지 장치 : 호이스트 와이어로프의 꼬임에 의한 로프의 변형을 제거해 주는 장치
③ 트롤리 정지 장치(Stopper) : 트롤리 최소 반경 또는 최대 반경으로 동작 시 트롤리를 정지하는 장치
④ 충돌 방지 장치 : 크레인 간의 충돌을 방지하는 장치

55 유압 탱크에서 오일을 흡입하여 유압 밸브로 이송하는 장치는?

① 액추에이터
② 유압 펌프
③ 유압 실린더
④ 오일 쿨러

56 다음 중 배선용 차단기의 구조가 아닌 것은?

① 퓨즈

② 과전류 트립 장치

③ 단자

④ 개폐기

해설
배선용 차단기는 개폐 기구, 과전류 트립 장치, 소호 장치, 접점, 단자를 일체로 조합하여 넣은 몰드 케이스로 구성되어 있다. 퓨즈는 과전류 차단기이다.

57 힘의 3요소가 아닌 것은?

① 작용점　　　　② 속도

③ 크기　　　　　④ 방향

58 타워크레인의 각 지브 길이에 따라 정격 하중의 1.05배 이상 권상 시 작동하는 방호 장치는?

① 권과 방지 장치

② 과부하 방지 장치

③ 트롤리 로프 안전장치

④ 훅 해지 장치

해설
과부하 방지 장치는 타워크레인의 각 지브 길이에 따라 정격 하중의 1.05배 이상 권상 시 과부하 방지 및 모멘트 리밋 장치가 작동하여 권상 동작을 정지시키는 장치이다.

59 산업안전 관련법 규정상 옥외에 있는 주행 크레인의 이탈을 방지하기 위한 조치를 해야 하는 순간 풍속 기준은?

① 10m/s 초과　　② 20m/s 초과

③ 30m/s 초과　　④ 40m/s 초과

해설
폭풍에 의한 이탈 방지(산업안전보건기준에 관한 규칙 제140조) 사업주는 순간 풍속이 30m/s를 초과하는 바람이 불어올 우려가 있는 경우 옥외에 설치되어 있는 주행 크레인에 대하여 이탈 방지 장치를 작동시키는 등 이탈 방지를 위한 조치를 하여야 한다.

60 가스 용접 장치에서 산소 용기의 색은?

① 녹색　　　　　② 주황색

③ 적색　　　　　④ 밝은 회색

해설
각종 가스 용기의 도색 구분(고압가스 안전관리법 시행규칙 [별표 24])

가스의 종류	도색 구분	가스의 종류	도색 구분
산소	녹색	아세틸렌	황색
수소	주황색	액화 염소	갈색
액화 탄산가스	청색	액화 암모니아	백색
액화 석유가스 (LPG)	밝은 회색	그 밖의 가스	회색

01 타워크레인을 사용하여 아파트나 빌딩의 거푸집 폼 해체 시 안전 작업 방법으로 옳은 것은?

① 작업 안전을 위해 이동식 크레인과 동시 작업을 시행한다.
② 타워크레인의 훅을 거푸집 폼에 걸고, 천천히 끌어당겨서 양중한다.
③ 거푸집 폼을 체인블록 등으로 외벽과 분리한 후에 타워크레인으로 양중한다.
④ 타워크레인으로 거푸집 폼을 고정하고, 이동식 크레인으로 당겨 외벽에서 분리한다.

02 무선신호를 활용한 작업 시 옳지 않은 것은?

① 신호 전 무선신호기 배터리 충전을 충분히 해 놓는다.
② 상대방이 신호를 잘 인지하였더라도 잊어버리지 않도록 복창한다.
③ 조용한 지역에서 활용한다.
④ 무선 통신이 만족스럽지 못할 때는 수신호로 한다.

해설
상대방이 신호를 인지하지 못하였을 경우를 제외하고 신호를 반복하지 않는다.

03 타워크레인 운전 중 위험 상황이 발생하여 신호수가 아닌 사람이 정지 신호를 보내 왔을 때, 운전자의 행동으로 옳은 것은?

① 운전자가 주위를 확인하고 정지한다.
② 무조건 정지시키고 난 후 확인한다.
③ 신호수가 아니므로 무시하고 운전한다.
④ 신호수를 불러 확인하게 하고 가까이 있지 않을 때는 사이렌을 울린다.

해설
비상시에는 신호에 관계없이 중지한다.

04 접지 저항이 기준 이하가 되지 않을 때 조치 방법으로 옳지 않은 것은?

① 접지봉을 조종탑에 설치한다.
② 접지 저항 저감제를 접지봉 주위에 뿌려 최저 접지 저항이 나오도록 한다.
③ 접지봉 주변의 토양을 계량하여 저항률을 줄인다.
④ 접지봉의 수를 늘리거나 접지 크기를 더 크게 한다.

해설
접지 저항이 기준 이하가 되지 않을 때에는 접지봉을 지하 더 깊숙한 곳에 매설해야 한다.

05 산업안전법령상 규정된 안전표지의 요소가 아닌 것은?

① 재질   ② 내용

③ 색채   ④ 모양

해설
안전보건표지의 종류와 형태, 용도, 설치·부착 장소, 형태 및 색채가 규정되어 있다(산업안전보건법 시행규칙 제38조).

06 트롤리 로프 한쪽 끝에 드럼을 매달아 장력을 주는 장치는?

① 트롤리 로프 내·외측 제한 장치

② 트롤리 로프 긴장 장치

③ 트롤리 로프 파단 안전 장치

④ 트롤리 정지 장치

해설
트롤리 로프 긴장 장치의 기능
• 와이어로프의 긴장을 유지하여 정확한 위치를 제어한다.
• 연신율에 의해 느슨해진 와이어로프를 수시로 긴장시킬 수 있다.
• 정·역방향으로 와이어로프의 드럼 감김 능력을 원활하게 한다.

07 다음 중 적색으로 머리 부분이 튀어나오고 수동으로 복귀되는 형식의 버튼은?

① 비상 정지용 누름 버튼

② 권상 버튼

③ 하중 지시 버튼

④ 마이크로 버튼

08 건설기계 안전기준에 관한 규칙상 타워크레인의 종류로 옳지 않은 것은?

① 고정식 타워크레인

② 유압식 타워크레인

③ 상승식 타워크레인

④ 주행식 타워크레인

해설
타워크레인의 종류(건설기계 안전기준에 관한 규칙 제95조)
• 고정식 타워크레인 : 콘크리트 기초 또는 고정된 기초 위에 설치된 타워크레인
• 상승식 타워크레인 : 건축 중인 구조물 위에 설치된 크레인으로 구조물의 높이가 증가함에 따라 자체 상승 장치에 의하여 수직 방향으로 상승시킬 수 있는 타워크레인
• 주행식 타워크레인 : 지면 또는 구조물에 레일을 설치하여 타워크레인 자체가 레일을 타고 이동 및 정지하면서 작업할 수 있는 타워크레인

09 크레인 운행 시 조명에 대한 설명으로 옳지 않은 것은?

① 운전석의 조명 상태는 운전에 지장이 없을 것

② 야간작업용 조명은 운전자의 작업에 지장이 없을 것

③ 옥외에 지상 10m 이상 높이로 설치되는 크레인에는 항공법에 따른 항공 장애등을 설치할 것

④ 야간작업용 조명은 신호자의 작업에 지장이 없을 것

해설
옥외에 지상 60m 이상 높이로 설치되는 크레인은 항공법에 따른 항공 장애등을 설치해야 한다(위험기계·기구 안전인증 고시 [별표 2]).

5 ① 6 ② 7 ① 8 ② 9 ③ **정답**

10 액체의 일반적인 성질이 아닌 것은?

① 액체는 운동을 전달할 수 있다.

② 액체는 힘을 전달할 수 있다.

③ 액체는 힘을 증대시킬 수 없다.

④ 액체는 압축되지 않는다.

해설

유압의 일반적인 성질

• 공기는 압력을 가하면 압축되지만 액체는 압축되지 않는다.

• 액체는 힘과 운동을 전달할 수 있다.

• 액체는 힘(작용력)을 증대 및 감소시킬 수 있다.

11 타워크레인 작업 시 신호수에 대한 설명으로 옳지 않은 것은?

① 특별히 구분될 수 있는 복장 및 식별 장치를 갖춰야 한다.

② 소정의 신호수 교육을 받아 신호 내용을 숙지해야 한다.

③ 현장의 각 공정별로 한 사람씩 차출하여 신호수로 배치한다.

④ 신호수는 항상 크레인의 동작을 볼 수 있어야 한다.

해설

신호자는 해당 작업에 대하여 충분한 경험이 있는 자로서 해당 작업기계 1대에 1인을 지정토록 해야 한다.

12 줄걸이 작업에 사용하는 후킹용 핀 또는 봉의 지름은 줄걸이용 와이어로프 직경의 얼마 이상을 적용해야 하는가?

① 1배 이상 ② 2배 이상

③ 4배 이상 ④ 6배 이상

해설

줄걸이 작업에 사용하는 후킹(Hooking)용 바(Bar)의 지름은 와이어로프 직경의 6배 이상을 적용할 것(KOSHA GUIDE M-186-2015 크레인 달기기구 및 줄걸이 작업용 와이어로프의 작업에 관한 기술지침 참고)

13 신호수가 양손을 머리 위로 올려 크게 2~3회 좌우로 흔드는 동작의 의미는?

① 고속으로 선회

② 고속으로 주행

③ 운전자 호출

④ 비상 정지

14 줄걸이 방법 중 반걸이를 알맞게 나타낸 것은?

①   ②

③   ④

해설

① 반걸이 : 미끄러지기 쉬우므로 엄금한다.

② 짝감아걸이 : 가는 와이어로프일 때(14mm 이하) 사용한다.

③ 어깨걸이 : 굵은 와이어로프일 때(16mm 이상) 사용한다.

④ 눈걸이 : 모든 줄걸이 작업은 눈걸이를 원칙으로 한다.

15 다음 설명의 (   ) 안의 내용으로 옳은 것은?

> 크레인의 횡행 레일에는 양 끝부분 또는 이에 준하는 장소에 완충장치, 완충재 또는 해당 크레인 횡행 차륜 지름의 (   ) 이상 높이의 정지 기구를 설치해야 한다.

① 2분의 1   ② 3분의 1
③ 4분의 1   ④ 5분의 1

해설
크레인 레일의 정지 기구 제작 및 안전기준(위험기계·기구 안전인증 고시 [별표 2])
• 크레인의 횡행 레일에는 양 끝부분 또는 이에 준하는 장소에 완충 장치, 완충재 또는 해당 크레인 횡행 차륜 지름의 4분의 1 이상 높이의 정지 기구를 설치해야 한다.
• 크레인의 주행 레일에는 양 끝부분 또는 이에 준하는 장소에 완충 장치, 완충재 또는 해당 크레인 주행 차륜 지름의 2분의 1 이상 높이의 정지 기구를 설치해야 한다.
• 타워크레인 등은 트롤리 기구가 지브의 최대 바깥쪽과 안쪽에 접근 시 작동이 정지되는 트롤리 이동 한계 스위치 등의 정지 장치를 갖추어야 한다.
• 타워크레인 등 선회 장치를 갖는 크레인은 선회에 의한 구조 및 회전부와 고정 부분 사이의 전기 배선 등을 보호하기 위한 선회 각도 제한 스위치를 부착해야 한다. 다만, 구조상 부착하지 않아도 되는 경우는 예외로 할 수 있다.

16 드릴(Drill)을 사용하여 작업할 때 착용해서는 안 되는 것은?

① 작업복   ② 장갑
③ 작업모   ④ 안전화

해설
드릴은 고속 회전하므로 장갑을 끼고 작업하면 안 된다.

17 마스트 연장 작업 준비 사항으로 옳지 않은 것은?

① 텔레스코픽 케이지의 유압 장치와 카운터 지브의 위치는 동일한 방향으로 맞춘다.
② 텔레스코핑 작업 전 올려질 마스트를 메인 지브 반대 방향으로 운반한다.
③ 전원 공급 케이블을 텔레스코핑 장치에 연결한다.
④ 유압 장치의 압력과 유압 실린더의 작동 상태를 점검한다.

해설
마스트 연장 작업 준비 사항
• 텔레스코픽 케이지의 유압 장치와 카운터 지브의 위치는 동일한 방향으로 맞춘다.
• 텔레스코핑 작업 전 올려질 마스트를 메인 지브 방향으로 운반한다.
• 전원 공급 케이블을 텔레스코핑 장치에 연결한다.
• 유압 펌프의 오일 양과 모터의 회전 방향을 점검한다.
• 유압 장치의 압력과 유압 실린더의 작동 상태를 점검한다.
• 텔레스코핑 작업 중 에어 벤트는 열어 둔다.

18 타워크레인으로 들어 올릴 수 있는 최대 하중이란?

① 정격 하중
② 권상 하중
③ 끝단 하중
④ 동 하중

해설
권상 하중이란 타워크레인이 지브의 길이 및 경사각에 따라 들어 올릴 수 있는 최대 하중이다.

19 와이어로프 구성기호 6×24의 설명으로 옳은 것은?

① 6은 소선 수, 24는 스트랜드 수

② 6은 안전계수, 24는 절단하중

③ 6은 스트랜드 수, 24는 절단하중

④ 6은 스트랜드 수, 24는 소선 수

해설
와이어로프 구성기호 6×24는 굵은 가닥(스트랜드)이 6줄이고, 작은 소선 가닥이 24줄이다.

20 줄걸이 작업 시 기본적인 주의사항으로 옳지 않은 것은?

① 줄걸이 작업 중 훅은 운반 물체의 중심 위에 위치시킬 것

② 권하작업 시 급격한 충격을 피할 것

③ 줄걸이 각도는 원칙적으로 60° 이상으로 할 것

④ 권하작업 시 안전사항을 눈으로 확인할 것

해설
훅에 로프를 거는 각도는 60° 이내를 유지한다.

21 타워크레인 설치 작업 중 안전기준으로 옳은 것은?

① 순간 풍속이 3m/s가 되어 작업을 중지하였다.

② 순간 풍속이 5m/s가 되어 작업을 중지하였다.

③ 순간 풍속이 8m/s가 되어 작업을 중지하였다.

④ 순간 풍속이 10m/s가 되어 작업을 중지하였다.

해설
사업주는 순간 풍속이 10m/s를 초과하는 경우 타워크레인의 설치·수리·점검 또는 해체 작업을 중지하여야 하며, 순간 풍속이 15m/s를 초과하는 경우에는 타워크레인의 운전 작업을 중지하여야 한다(산업안전보건기준에 관한 규칙 제37조).

22 타워크레인의 주요 구조부가 아닌 것은?

① 훅

② 지브(Jib)

③ 수직사다리

④ 윈치, 균형추

해설
타워크레인의 주요 구조부
• 지브 및 타워 등의 구조 부분
• 원동기
• 브레이크
• 와이어로프
• 주요 방호 장치
• 훅 등의 달기 기구
• 윈치, 균형추
• 설치기초
• 제어반 등

23 기복(Luffing)형 타워크레인에서 양중물의 무게가 무거운 경우 선회 반경은?

① 선회 반경이 짧아진다.

② 선회 반경이 길어진다.

③ 선회 반경이 커진다.

④ 선회 반경이 변함없다.

24 크레인에서 훅에 걸린 와이어로프가 이탈하지 못하도록 설치된 안전장치는?

① 훅 해지 장치
② 권과 방지 장치
③ 과부하 방지 장치
④ 충격 하중

해설
훅 해지 장치
줄걸이 용구인 와이어로프 슬링 또는 체인, 섬유 벨트 슬링 등을 훅에 걸고 작업 시 이탈하지 않도록 방지하는 장치이다.

25 절단 하중이 1,200kgf인 와이어로프를 2줄걸이로 해서 600kgf의 화물을 인양할 때, 와이어로프의 안전율은?

① 3   ② 4
③ 5   ④ 6

해설
안전율 = (와이어로프의 절단 하중 × 로프의 줄 수 × 시브의 효율)
　　　　/ 권상 하중
　　　 = (1,200 × 2) / 600
　　　 = 4

26 타워크레인 구조물 해체 작업 시 운전 방법으로 옳지 않은 것은?

① 해체 작업 시 주전원을 차단한다.
② 해체 작업 중 양쪽 지브의 균형 유지 여부를 확인한다.
③ 슬루잉 링 서포트와 베이직 마스트 연결 시 선회를 한다.
④ 마스트 핀이 체결되지 않은 상태에서 선회 동작을 금지한다.

해설
타워크레인의 상부 마스트가 선회 링 서포트와 볼트 및 핀으로 연결될 때까지 회전을 시키면 안 된다.

27 화재의 분류로 옳은 것은?

① A급 화재 - 일반 화재
② B급 화재 - 유류 화재
③ C급 화재 - 가스 화재
④ D급 화재 - 금속 화재

해설
C급 화재는 전기 화재에 해당된다.

28 작업장에서 작업복을 착용하는 이유는?

① 작업장의 질서를 확립시키기 위해서
② 작업자의 직책과 직급을 알리기 위해서
③ 재해로부터 작업자의 몸을 보호하기 위해서
④ 작업자의 복장 통일을 위해서

29 압력 제어 밸브의 종류가 아닌 것은?

① 스로틀 밸브(교축 밸브)
② 리듀싱 밸브(감압 밸브)
③ 시퀀스 밸브(순차 밸브)
④ 언로드 밸브(무부하 밸브)

해설
스로틀 밸브(교축 밸브)는 유량 제어 밸브에 속한다.

30 타워크레인의 상부 구조부 해체 작업에 해당하지 않는 것은?

① 카운터 지브에서 권상 기어를 분리한다.
② 타워 헤드를 분리한다.
③ 메인 지브에서 텔레스코핑 장치를 분리한다.
④ 카운터웨이트를 분해한다.

해설
베이직 마스트에서 텔레스코픽 케이지를 분리한다.

31 운동하고 있는 물체가 같은 속도로 계속 운동을 하려고 하는 성질을 설명한 법칙은?

① 가속도의 법칙
② 작용·반작용의 법칙
③ 관성의 법칙
④ 중력의 법칙

32 벨트에 대한 안전 사항으로 옳지 않은 것은?

① 벨트의 이음쇠는 돌기가 없는 구조로 한다.
② 벨트를 걸 때나 벗길 때에는 기계가 정지한 상태에서 한다.
③ 벨트가 풀리에 감겨 돌아가는 부분은 커버나 덮개를 설치한다.
④ 바닥면으로부터 2m 이내에 있는 벨트는 덮개를 제거한다.

해설
벨트의 회전부에는 안전 덮개를 견고히 설치해야 한다.

33 타워크레인을 와이어로프로 지지할 경우 준수할 사항으로 옳지 않은 것은?

① 와이어로프를 고정하기 위한 전용 지지 프레임을 사용할 것
② 와이어로프의 설치 각도는 수평면에서 60° 이내로 할 것
③ 와이어로프의 지지점은 2개소 이상 등각도로 설치할 것
④ 와이어로프가 가공 전선에 근접하지 않도록 할 것

해설
와이어로프 설치 각도는 수평면에서 60° 이내로 하되, 지지점은 4개소 이상으로 하고, 같은 각도로 설치할 것

34 타워크레인의 마스트 해체 작업 과정에 대한 설명으로 옳지 않은 것은?

① 메인 지브와 카운터 지브의 평형을 유지한다.
② 마스트와 선회 링 서포트 연결 볼트를 푼다.
③ 마스트에 롤러를 끼운 후 마스트 간의 체결 볼트를 조인다.
④ 마스트를 가이드 레일 밖으로 밀어낸다.

해설
해체 마스트와 마스트 연결을 푼 후 해체 마스트에 롤러를 끼워 넣는다.

35 달기 기구의 중량을 제외한 하중은?

① 끝단 하중   ② 정격 하중
③ 임계 하중   ④ 수직 하중

해설
정격 하중
크레인의 권상 하중에서 훅, 크래브 또는 버킷 등 달기 기구의 중량에 상당하는 하중을 뺀 하중이다. 다만, 지브가 있는 크레인 등으로서 경사각의 위치, 지브의 길이에 따라 권상 능력이 달라지는 하중은 그 위치에서의 권상 하중에서 달기 기구의 중량을 뺀 나머지 하중이다.

36 기어 펌프의 폐입 현상에 대한 설명으로 옳지 않은 것은?

① 폐입된 부분의 기름은 압축이나 팽창을 받는다.
② 폐입 현상은 소음과 진동 발생의 원인이 된다.
③ 기어의 맞물린 부분의 극간으로 기름이 폐입되어 토출 쪽으로 되돌려지는 현상이다.
④ 보통 기어 측면에 접하는 펌프 측판(Side Plate)에 릴리프 홈을 만들어 방지한다.

해설
폐입 현상
외접식 기어 펌프에서 토출된 유량 일부가 입구 쪽으로 귀환하여 토출량 감소, 축동력 증가 및 케이싱 마모 등의 원인을 유발하는 현상

37 타워크레인 운전 업무에 필요한 자격증(면허) 없이 타워크레인 조종을 금지하는 법은?

① 유해·위험 작업의 취업 제한에 대한 규칙
② 건설기계관리법
③ 산업안전보건법
④ 건설표준하도급법

해설
건설기계 조종사 면허 중 타워크레인조종사 면허를 취득하여야 타워크레인 조종이 가능하다(건설기계관리법 제26조).

38 수공구 사용 시 주의 사항이 아닌 것은?

① 작업에 알맞은 공구를 선택하여 사용한다.
② 공구는 사용 전에 기름 등을 닦은 후 사용한다.
③ 공구는 올바른 방법으로 사용한다.
④ 개인이 만든 공구를 일반적인 작업에 사용한다.

해설
작업의 형태, 대상물의 특성, 작업자의 체력 등을 고려하여 공구의 종류와 크기를 선택한다.

39 유압 탱크에서 오일을 흡입하여 유압 밸브로 이송하는 장치는?

① 액추에이터　　　② 유압 펌프
③ 유압 밸브　　　　④ 오일 쿨러

해설
유압 펌프는 오일 탱크에서 기름을 흡입하여 유압 밸브에서 소요되는 압력과 유량을 공급하는 장치이다.

40 권상 장치의 와이어 드럼에 와이어로프가 감길 때 홈이 없는 경우 플리트(Fleet) 허용 각도는?

① 4° 이내　　　　② 3° 이내
③ 2° 이내　　　　④ 1° 이내

해설
와이어로프의 감기
• 권상 장치 등의 드럼에 홈이 있는 경우 플리트(Fleet) 각도(와이어로프가 감기는 방향과 로프가 감겨지는 방향과의 각도)는 4° 이내여야 한다.
• 권상 장치 등의 드럼에 홈이 없는 경우 플리트 각도는 2° 이내여야 한다.

41 다음 중 과전류 차단기가 아닌 것은?

① 절연 케이블
② 퓨즈
③ 배선용 차단기
④ 누전 차단기

해설
과전류 차단기의 종류
배선용 차단기, 누전 차단기(과전류 차단 기능이 부착된 것), 퓨즈(나이프 스위치, 플러그 퓨즈 등)

42 기초 앵커를 설치하는 방법 중 옳지 않은 것은?

① 지내력은 접지압 이상 확보한다.
② 콘크리트 타설 또는 지반을 다짐한다.
③ 구조 계산 후 충분한 수의 파일을 항타한다.
④ 앵커 세팅 수평도는 ±5mm로 한다.

해설
앵커(Fixing Anchor) 시공 시 기울기가 발생하지 않게 시공한다.

43 타워크레인의 전자식 과부하 방지 장치의 동작 방식으로 옳지 않은 것은?

① 인장형 로드 셀
② 압축형 로드 셀
③ 샤프트 핀형 로드 셀
④ 외팔보형 로드 셀

44 타워크레인으로 중량물을 운반하는 방법 중 가장 적합한 방법은?

① 전 하중 전속력 운전
② 시동 후 급출발 운전
③ 정격 하중 정속 운전
④ 빈번한 정지 후 급속 운전

해설
정격 하중을 초과하여 물체를 들어 올리지 않는다.

45 선회 브레이크를 설명한 것으로 옳지 않은 것은?

① 컨트롤 전원을 차단한 상태에서 동작된다.
② 지브를 바람에 따라 자유롭게 움직이게 한다.
③ 바람이 불 경우 역방향으로 작동되는 것을 방지한다.
④ 지상에서는 브레이크 해제 레버를 당겨서 작동시킨다.

해설
선회 브레이크는 작업 종료 후 레버를 풀어 두면 바람에 따라 자유롭게 이동이 가능하다.

46 타워크레인 운전자의 장비 점검 및 관리에 대한 설명으로 옳지 않은 것은?

① 각종 제한 스위치를 수시로 조정한다.
② 간헐적인 소음 및 이상 징후에 즉시 조치를 받는다.
③ 작업 전후 기초 배수 및 침하 등의 상태를 점검한다.
④ 윤활부에 주기적으로 급유하고 발열체를 점검한다.

47 타워크레인의 일반적인 양중 작업에 대한 설명으로 옳지 않은 것은?

① 화물 중심선에 혹이 위치하도록 한다.
② 로프가 장력을 받으면 주행을 시작한다.
③ 로프가 충분한 장력이 걸릴 때까지 서서히 권상한다.
④ 화물은 권상 이동 경로를 생각하여 지상 2m 이상의 높이에서 운반하도록 한다.

해설
줄걸이 로프를 확인할 때는 로프가 텐션을 받을 때까지 서서히 인양하여 로프가 장력을 다 받을 때 정지하여 로프의 상태를 점검한다.

48 크레인에 사용되는 와이어로프의 사용 중 점검 항목으로 옳지 않은 것은?

① 마모 상태
② 부식 상태
③ 소선의 인장 강도
④ 엉킴, 꼬임 및 킹크 상태

해설
와이어로프 점검 사항
• 마모 정도 : 지름을 측정하되 전장에 걸쳐 많이 마모된 곳, 하중이 가해지는 곳 등을 여러 개소 측정한다.
• 단선 유무 : 단선의 수와 그 분포 상태, 즉 동일 소선 및 스트랜드에서의 단선 개소 등을 조사한다.
• 부식 정도 : 녹이 슨 정도와 내부의 부식 유무를 조사한다.
• 주유 상태 : 와이어로프 표면상의 주유 상태와 윤활유가 내부에 침투된 상태를 조사한다.
• 연결 개소와 끝부분의 이상 유무 : 삽입된 끝부분이 풀려 있는지의 유무와 연결부의 조임 상태를 조사한다.
• 기타 이상 유무 : 엉킴의 흔적 유무와 꼬임 상태의 이상 유무를 조사한다.

49 타워크레인의 와이어로프 지지 고정 방식에서 중요하지 않은 것은?

① 작업자 숙련도

② 지지 각도

③ 프레임 재질

④ 지브 종류

50 타워크레인 설치(상승 포함) 및 해체 작업을 하는 일용근로자가 이수해야 하는 근로자 안전보건교육 중 특별교육의 최소 시간은?

① 1시간 이상

② 2시간 이상

③ 3시간 이상

④ 4시간 이상

51 사고의 결과로 인하여 인간이 입는 인명 피해와 재산상의 손실은?

① 재해   ② 안전

③ 사고   ④ 부상

52 다음 안전보건표지의 의미는?

① 차량 통행금지

② 사용 금지

③ 물체 이동 금지

④ 낙하물 경고

53 타워크레인의 해체 작업 시 안전 대책으로 옳지 않은 것은?

① 지휘 명령 계통의 명확화
② 중량물 낙하 방지
③ 추락 재해 방지
④ 단일 작업에서 1대 이상의 크레인 사용

해설
타워크레인 설치·해체 작업 시 안전 대책
• 지휘 계통의 명확화
• 추락 재해 방지 대책 수립 : 안전대 사용
• 비래·낙하 방지
• 보조 로프의 사용
• 적절한 줄걸이(슬링) 용구 선정
• 볼트, 너트, 고정핀 등의 개수 확인
• 각이 진 부재는 완충재를 대고 권상 작업 실시
• 최대 설치·해체 작업 풍속 준수 : 36km/h(10m/s) 이내

54 타워크레인의 클라이밍 작업 시 준비사항으로 옳지 않은 것은?

① 유압 장치가 있는 방향에 카운터 지브가 위치하도록 한다.
② 메인 지브 방향으로 마스트를 올려놓는다.
③ 전원 공급 케이블을 클라이밍 장치에서 탈거한다.
④ 유압 펌프의 오일량을 점검한다.

55 로프 한 개를 2줄걸이로 하여 500kg의 짐을 90°로 걸어 올렸을 때 한 줄에 걸리는 무게는?

① 250
② 354
③ 707
④ 1,062

해설
한 줄에 걸리는 무게 $= \dfrac{하중}{줄\ 수} \times 조각도$

$= \dfrac{500}{2} \times 1.414(90°) = 353.5 ≒ 354\text{kg}$

56 과부하 방지 장치에 대한 설명으로 틀린 것은?

① 지브 길이에 따라 정격하중의 1.05배 이상 권상 시 작동한다.
② 운전 중 임의로 조정하여 사용하여서는 안 된다.
③ 과권상 시 작동하여 동력을 차단하는 장치다.
④ 성능 검정 합격품을 설치하여 사용해야 한다.

해설
과부하 방지 장치
크레인으로 화물을 들어 올릴 때 최대 허용 하중(적정 하중) 이상일 때 과적재를 알리면서 자동으로 운반 작업을 중단시켜 과적에 의한 사고를 예방하는 방호 장치

57 유압 펌프의 고장 현상이 아닌 것은?

① 전동 모터의 체결 볼트 일부가 이완되었다.
② 오일이 토출되지 않는다.
③ 이상 소음이 난다.
④ 유량과 압력이 부족하다.

58 주행식 타워크레인의 레일 점검 기준으로 옳지 않은 것은?

① 연결부 틈새는 10mm 이하일 것
② 균열 및 두부의 변형이 없을 것
③ 레일 부착 볼트는 풀림 및 탈락이 없을 것
④ 완충 장치는 손상이나 어긋남이 없을 것

해설
연결부의 틈새는 5mm 이하일 것

59 타워크레인의 운전에 영향을 주는 안정도 설계 조건에 대한 설명으로 옳지 않은 것은?

① 하중은 가장 불리한 조건으로 설계한다.
② 안정도는 가장 불리한 값으로 설계한다.
③ 안정 모멘트 값은 전도 모멘트 값 이하로 한다.
④ 비가동 시는 지브의 회전이 자유로워야 한다.

해설
안정도 모멘트 값은 전도 모멘트 값 이상이어야 한다.

60 그림에서 240ton의 부하물을 들어 올리려 할 때 당기는 힘은 몇 ton인가?(단, 마찰 계수 및 각종 효율은 무시함)

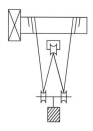

① 80ton
② 60ton
③ 120ton
④ 240ton

해설
4줄 걸이 당기는 힘 $= \dfrac{240}{4} = 60$ton

01 타워크레인의 주요 구조부가 아닌 것은?

① 지브 및 타워 등의 구조 부분
② 와이어로프
③ 주요 방호 장치
④ 레일의 정지 기구

해설
타워크레인의 주요 구조부
• 지브 및 타워 등의 구조 부분
• 원동기
• 브레이크
• 와이어로프
• 주요 방호 장치
• 훅 등의 달기 기구
• 윈치, 균형추
• 설치기초 등
• 제어반

02 크레인의 구성품 중 타워크레인에만 사용하는 것은?

① 새들
② 크래브
③ 인상 장치
④ 캣(Cat) 헤드

해설
캣 헤드(Cat Head) : 메인 지브와 카운터 지브의 타이 바(Tie Bar)를 상호 지탱하기 위해 설치되며 트러스 또는 'A-frame' 구조로 되어 있다.

03 타워크레인의 설치 방법에 따른 분류가 아닌 것은?

① 선회형   ② 주행형
③ 상승형   ④ 고정형

해설
타워크레인의 설치 방법에 따른 분류
• 고정식 : 콘크리트 기초에 고정된 앵커와 타워의 부분들을 직접 조립하는 형식이다.
• 상승식 : 건축 중인 구조물에 설치하는 크레인으로서 구조물의 높이가 증가함에 따라 자체의 상승 장치에 의하여 수직 방향으로 상승시킬 수 있는 타워크레인을 말한다.
• 주행식 : 지면 또는 구조물에 레일을 설치하여 타워크레인 자체가 레일을 타고 이동 및 정지하면서 작업할 수 있는 타워크레인을 말한다.

04 타워크레인 기초 앵커 설치 순서로 가장 알맞은 것은?

┌─────────────────────────────┐
│ ㉠ 터파기   │
│ ㉡ 지내력 확인   │
│ ㉢ 버림 콘크리트 타설   │
│ ㉣ 크레인 설치 위치 선정   │
│ ㉤ 콘크리트 타설 및 양생   │
│ ㉥ 기초 앵커 세팅 및 접지   │
│ ㉦ 철근 배근 및 거푸집 조립   │
└─────────────────────────────┘

① ㉣ → ㉡ → ㉠ → ㉢ → ㉥ → ㉦ → ㉤
② ㉣ → ㉠ → ㉡ → ㉢ → ㉥ → ㉦ → ㉤
③ ㉣ → ㉢ → ㉠ → ㉡ → ㉥ → ㉦ → ㉤
④ ㉣ → ㉡ → ㉠ → ㉦ → ㉢ → ㉥ → ㉤

해설
타워크레인 기초 앵커 설치 순서
크레인 설치 위치 선정 → 지내력 확인 → 터파기 → 버림 콘크리트 타설 → 기초 앵커 세팅 및 접지 → 철근 배근 및 거푸집 조립 → 콘크리트 타설 및 양생

1 ④ 2 ④ 3 ① 4 ① **정답**

05 타워크레인 기초 앵커 설치 방법에 대한 설명으로 틀린 것은?

① 모든 기종에서 기초 지내력은 15ton/m²이면 적합하다.
② 기종별 기초 규격은 매뉴얼 표준에 따라 시공한다.
③ 앵커(Fixing Anchor) 시공 시 기울기가 발생하지 않게 한다.
④ 콘크리트 타설 시 앵커(Anchor)가 흔들리지 않게 한다.

해설
크레인이 설치될 지면은 견고하며 하중을 충분히 지지할 수 있어야 한다. 보통 지내력은 2kgf/cm² 이상이어야 하며, 그렇지 않을 경우는 콘크리트 파일 등을 항타한 후 재하시험(載荷試驗, Loading Test)을 하고 그 위에 콘크리트 블록을 설치한다.

06 타워크레인을 사용하여 아파트나 빌딩의 거푸집 폼 해체 시 안전 작업 방법으로 가장 적절한 것은?

① 작업 안전을 위해 이동식 크레인과 동시 작업을 시행한다.
② 타워크레인의 훅을 거푸집 폼에 걸고, 천천히 끌어당겨서 양중한다.
③ 거푸집 폼을 체인 블록 등으로 외벽과 분리한 후에 타워크레인으로 양중한다.
④ 타워크레인으로 거푸집 폼을 고정하고, 이동식 크레인으로 당겨 외벽에서 분리한다.

07 달기 기구의 중량을 제외한 하중을 무엇이라 하는가?

① 끝단 하중
② 정격 하중
③ 임계 하중
④ 수직 하중

해설
타워크레인의 정격 하중 : 타워크레인의 인상 하중에서 훅, 그래브 또는 버킷 등 달기 기구의 하중을 뺀 하중을 말한다.

08 지름이 2m, 높이가 4m인 원기둥 모양의 목재를 크레인으로 운반하고자 할 때 목재의 무게는 약 몇 kgf인가?(단, 목재의 1m³당 무게는 150kgf으로 간주한다)

① 542
② 942
③ 1,584
④ 1,884

해설
원기둥의 부피 $V = \pi \times r^2 \times h$
$\qquad\qquad = 3.14 \times 1^2 \times 4 = 12.56\text{m}^2$
$\qquad\qquad = 12.56 \times 150 = 1,884\text{kgf}$
※ 원기둥 부피 공식
$\qquad V = \pi \times r^2 \times h = \dfrac{\pi D^2 h}{4}$ (D: 직경, r: 반경, h: 높이)

09 타워크레인의 동력이 차단되었을 때 인상 장치의 제동 장치는 어떻게 되어야 하는가?

① 자동적으로 작동해야 한다.
② 수동으로 작동시켜야 한다.
③ 자동적으로 해제되어야 한다.
④ 하중의 대소에 따라 자동적으로 해제 또는 작동해야 한다.

10 일반적인 타워크레인 조종 장치에서 선회 제어 조작 방법은?(단, 운전석에 앉아 있을 때를 기준으로 한다)

① 왼쪽 상하
② 왼쪽 좌우
③ 오른쪽 상하
④ 오른쪽 좌우

11 1A(암페어)를 mA로 나타냈을 때 맞는 것은?

① 100mA(밀리암페어)
② 1,000mA(밀리암페어)
③ 10,000mA(밀리암페어)
④ 10mA(밀리암페어)

해설
1A = 1,000mA, 1mA = 0.001A = 1×10^{-3}A

12 과전류 차단기에 대한 설명 중 틀린 것은?

① 제어반에 설치되는 기기이다.
② 누전 발생 시 회로를 차단한다.
③ 차단기 용량은 정격 전류에 대하여 250% 이상으로 한다.
④ 구조는 배선용 차단기와 같다.

해설
과전류 보호용 차단기 또는 퓨즈가 설치되어 있고, 그 차단 용량이 해당 전동기 등의 정격 전류에 대하여 차단기는 250%, 퓨즈는 300% 이하일 것

13 저압 전로에 사용되는 배선용 차단기의 규격에 적합하지 않은 것은?

① 정격 전류 1배의 전류로는 자동적으로 동작하지 않을 것
② 정격 전류 1.25배의 전류가 통과하였을 경우는 배선용 차단기의 특성에 따른 동작 시간 내에 자동적으로 동작할 것
③ 정격 전류 2배의 전류가 통과하였을 경우는 배선용 차단기의 특성에 따른 동작 시간 내에 자동적으로 동작할 것
④ 배선용 차단기 동작 시간이 정격 전류의 2배 전류가 통과할 때가 정격 전류의 1.25배 전류가 통과할 때보다 더 길 것

해설
배선용 차단기의 규격
• 정격 전류 1배의 전류로는 자동적으로 동작하지 아니할 것
• 정격 전류의 구분에 따라 정격 전류의 1.25배 및 2배의 전류가 통과하였을 경우에는 배선용 차단기의 작동 전류 및 작동 시간표에서 명시한 시간 내에 자동적으로 동작할 것

14 타워크레인의 접지에 대한 설명으로 옳은 것은?

① 주행용 레일에는 접지가 필요 없다.
② 전동기 및 제어반에는 접지가 필요 없다.
③ 접지판과의 연결 도선으로 동선을 사용할 경우 그 단면적은 30mm² 이상이어야 한다.
④ 타워크레인 접지 저항은 녹색 연동선을 사용하며 20Ω 이상이다.

해설
접지판 혹은 접지극과의 연결 도선은 동선을 사용할 경우 30mm² 이상, 알루미늄 선을 사용한 경우 50mm² 이상일 것

15 작업점 외에 직접 사람이 접촉하여 말려들거나 다칠 위험이 있는 장소를 덮어씌우는 방호 장치는?

① 격리형 방호 장치
② 위치 제한형 방호 장치
③ 포집형 방호 장치
④ 접근 거부형 방호 장치

해설
방호 방법
- 격리형 방호 장치 : 위험한 작업점과 작업자 사이에 서로 접근되어 일어날 수 있는 재해를 방지하기 위해 차단벽이나 망을 설치하는 원리
- 위치 제한형 방호 장치 : 위험을 초래할 가능성이 있는 기계에서 작업자나 직접 그 기계와 관련되어 있는 조작자의 신체 부위가 위험 한계 밖에 있도록 의도적으로 기계의 조작 장치를 기계에서 일정 거리 이상 떨어지게 설치해 놓고 조작하는 두 손 중에서 어느 하나가 떨어져도 기계의 동작을 멈추게 하는 장치
- 포집형(덮개형) 방호 장치 : 위험원에 대한 방호 장치로 연삭숫돌이 파괴되어 비산될 때 회전 방향으로 튀어나오는 비산 물질을 포집하거나 막아주는 장치
- 접근 거부형 방호 장치 : 작업자의 신체 부위가 위험 한계 내로 접근하면 기계 동작 위치에 설치해 놓은 기계적 장치가 접근하는 손이나 팔 등의 신체 부위를 안전한 위치로 밀거나 당겨내는 안전장치

16 타워크레인에서 인상 시 트롤리와 훅이 충돌하는 것을 방지하는 장치는?

① 권과 방지 장치
② 속도 제한장치
③ 충돌 방지 장치
④ 비상 정지 장치

해설
권과 방지 장치 : 크레인으로 인상 작업 시 훅이 과도하게 올라가 트롤리 프레임 또는 호이스트 드럼에 부딪쳐 와이어로프 파단으로 인한 하물의 추락을 방지하는 장치이다. 크레인의 파손으로 인한 낙하 재해를 예방하는 역할을 한다.

17 T형 타워크레인의 트롤리 이동 작업 중 갑자기 장애물을 발견했을 때 운전자의 대처 방법으로 가장 적절한 것은?

① 비상 정지 스위치를 누른다.
② 경보기를 작동시킨다.
③ 분전반 스위치를 끈다.
④ 재빨리 선회시킨다.

해설
비상 정지 장치 : 동작 시 예기치 못한 상황이나 동작을 멈추어야 할 상황이 발생되었을 때 정지시키는 장치이다.

18 타워크레인에서 트롤리 로프의 처짐을 방지하는 장치는?

① 트롤리 로프 안전 장치
② 트롤리 로프 긴장 장치
③ 트롤리 로프 정지 장치
④ 트롤리 내외측 제어장치

해설
트롤리 로프 긴장 장치 : 트롤리 로프 사용 시 로프의 처짐이 크면 트롤리 위치 제어가 정확하지 못하므로 트롤리 로프의 한쪽 끝을 드럼으로 감아서 장력을 주는 장치이다.

19 인상 장치에 속하지 않는 것은?

① 와이어로프
② 훅 블록
③ 플랫폼
④ 시브

해설
대표적인 권상 장치 : 권상용 와이어로프, 권상용 드럼, 권상용 훅, 권상용 전동기, 권상용 감속기, 권상용 브레이크, 유압 상승 장치(유압 전동기, 유압 실린더, 유압 펌프 등), 권상용 시브 등이 있다.

20 타워크레인의 트롤리 이동 중 기계 장치에서 이상음이 날 경우 적절한 조치법은?

① 트롤리 이동을 멈추고 열을 식힌 후 계속 작업한다.
② 속도가 너무 빠르지 않나 확인한다.
③ 즉시 작동을 멈추고 점검한다.
④ 작업 종료 후 조치한다.

해설
장비 이상 발생 시 조치 사항
• 즉각적인 모든 동작 중지
• 관리자에게 즉시 보고
• 이상 상태가 해소된 후 시운전 단계를 거쳐 재작동
• 교대 시 관련 내용의 철저한 인수·인계

21 T형 타워크레인에서 마스트(Mast)와 캣 헤드(Cat Head) 사이에 연결되는 구조물의 명칭은?

① 지브
② 카운터웨이트
③ 트롤리
④ 턴테이블(선회 장치)

해설
선회 장치(Slewing Mechanism) : 타워의 최상부에 위치하며, 메인 지브와 카운터 지브가 이 장치 위에 부착되고 캣 헤드가 고정된다. 그리고 상·하 두 부분으로 구성되어 있으며 그 사이에 회전 테이블이 있다. 이 장치에는 선회 장치와 지브의 연결 지점 점검용 난간대가 설치되어 있다.

22 지브를 기복하였을 때 변하지 않는 것은?

① 작업 반경
② 인양 가능한 하중
③ 지브의 길이
④ 지브의 경사각

해설
지브의 길이, 즉 선회 반경에 따라 권상용량이 결정된다.

23 파스칼의 원리에 대한 설명으로 틀린 것은?

① 유압은 면에 대하여 직각으로 작용한다.
② 유압은 모든 방향으로 일정하게 전달된다.
③ 유압은 각 부에 동일한 세기를 가지고 전달된다.
④ 유압은 압력 에너지와 속도 에너지의 변화가 없다.

해설
유압기기의 작동 원리(파스칼의 원리)
• 밀폐된 용기 속에 정지 유체의 일부에 가해지는 압력은 유체의 모든 부분에 동일한 힘으로 동시에 전달한다.
• 정지된 액체에 접하고 있는 면에 가해진 유체의 압력은 그 면에 수직으로 작용한다.
• 정지된 액체의 한 점에 있어서의 압력의 크기는 모든 방향으로 같게 작용한다.

24 타워크레인에 사용되는 유압 장치의 주요 구성 요소가 아닌 것은?

① 유압 펌프
② 유압 실린더
③ 텔레스코픽 케이지
④ 유압 탱크

해설
텔레스코픽 케이지 : 마스트를 연장 또는 해체 작업을 하기 위해 유압 장치 및 실린더가 부착되어 있는 구조의 마스트를 말한다.

25 기어 펌프의 폐입 현상에 대한 설명으로 틀린 것은?

① 폐입된 부분의 기름은 압축이나 팽창을 받는다.
② 폐입 현상은 소음과 진동 발생의 원인이 된다.
③ 기어의 맞물린 부분의 극간으로 기름이 폐입되어 토출 쪽으로 되돌려지는 현상이다.
④ 보통 기어 측면에 접하는 펌프 측판(Side Plate)에 릴리프 홈을 만들어 방지한다.

해설
폐입 현상 : 외접식 기어 펌프에서 토출된 유량 일부가 입구 쪽으로 귀환하여 토출량 감소, 축동력 증가 및 케이싱 마모 등의 원인을 유발하는 현상

26 타워크레인의 텔레스코핑 작업 전 유압 장치 점검 사항이 아닌 것은?

① 유압 탱크의 오일 레벨을 점검한다.
② 유압 모터의 회전 방향을 점검한다.
③ 유압 펌프의 작동 압력을 점검한다.
④ 유압 장치의 자중을 점검한다.

해설
유압 장치의 압력을 점검한다.

27 타워크레인의 운전에 영향을 주는 안정도 설계 조건에 대한 설명으로 틀린 것은?

① 하중은 가장 불리한 조건으로 설계한다.
② 안정도는 가장 불리한 값으로 설계한다.
③ 안정 모멘트 값은 전도 모멘트 값 이하로 한다.
④ 비 가동 시는 지브의 회전이 자유로워야 한다.

해설
안정도 모멘트 값은 전도 모멘트 값 이상이어야 한다.

28 무게가 1,000kgf인 물건을 로프 1개로 들어 올린다고 가정할 때 안전 계수는?(단, 로프의 파단 하중은 2,000kgf이다)

① 0.5   ② 2.0
③ 1.0   ④ 4.0

해설
안전 계수 = 절단 하중 / 안전 하중
= 2,000 / 1,000
= 2

29 와이어로프 사용에 대한 설명 중 가장 거리가 먼 것은?

① 길이 300mm 이내에서 소선이 10% 이상 절단되었을 때 교환한다.
② 고온에서 사용되는 로프는 절단되지 않아도 3개월 정도 지나면 교환한다.
③ 활차의 최소경은 로프 소선 직경의 6배이다.
④ 통상적으로 운반물과 접하는 부분은 나뭇조각 등을 사용하여 로프를 보호한다.

해설
활차(도르래, 시브)의 직경은 작용하는 와이어로프 직경의 20배 이상이어야 한다.

30 타워크레인을 와이어로프로 지지 및 고정하였을 경우의 효과가 아닌 것은?

① 설치·해체 공정이 빠르다.

② 재사용이 가능하다.

③ 비틀림에도 효과적이다.

④ 인장력에만 저항한다.

해설

와이어로프 지지 방식의 특징

• 설치 공정이 빨리 진행된다.
• 해체 공정이 빨리 진행된다.
• 시공자의 숙달된 인지도가 요구된다.
• 관리 양호 시 재사용 가능하다.
• 인장 하중이 발생한다.

31 크레인에 사용되는 와이어로프의 사용 중 점검 항목으로 적합하지 않은 것은?

① 마모 상태

② 부식 상태

③ 소선의 인장 강도

④ 엉킴, 꼬임 및 킹크 상태

해설

와이어로프 점검 사항

• 마모 정도 : 지름을 측정하되 전장에 걸쳐 많이 마모된 곳, 하중이 가해지는 곳 등을 여러 개소 측정한다.
• 단선 유무 : 단선의 수와 그 분포 상태, 즉 동일 소선 및 스트랜드에서의 단선 개소 등을 조사한다.
• 부식 정도 : 녹이 슨 정도와 내부의 부식 유무를 조사한다.
• 주유 상태 : 와이어로프 표면상의 주유 상태와 윤활유가 내부에 침투된 상태를 조사한다.
• 연결 개소와 끝부분의 이상 유무 : 삽입된 끝부분이 풀려 있는지 유무와 연결부의 조임 상태를 조사한다.
• 기타 이상 유무 : 엉킴의 흔적 유무와 꼬임 상태에 이상이 있는지를 조사한다.

32 와이어로프 단말 가공법 중 이음 효율이 가장 좋은 것은?

① 클립 고정법

② 합금 및 아연 고정법

③ 쐐기 고정법

④ 심블붙이 스플라이스법

해설

와이어로프 단말 고정 방법에 따른 이음 효율

단말 고정 방법	효율[%]
꼬아넣기법	70
합금 고정법	100
압축 고정법	90
클립 고정법	80
웨지 소켓법	80

33 와이어로프의 클립 고정법에서 클립 간격은 로프 직경의 몇 배 이상으로 장착하는가?

① 3배

② 6배

③ 9배

④ 12배

해설

클립 수량과 간격은 로프 직경의 6배 이상, 수량은 최소 4개 이상일 것

34 굵은 와이어로프(지름 16mm 이상)일 때 가장 적합한 어깨걸이 방법은?

①   ②

③   ④

줄걸이 방법

반걸이	짝감아걸이	어깨걸이	눈걸이
미끄러지기 쉬우므로 엄금한다.	가는 와이어로 프일 때(14mm 이하) 사용하는 줄걸이 방법이 다.	굵은 와이어로 프일 때(16mm 이상) 사용한다.	모든 줄걸이 작 업은 눈걸이를 원칙으로 한다.

35 체인에 대한 설명 중 틀린 것은?

① 고온이나 수중 작업 시 와이어로프 대용으로 체인을 사용한다.
② 떨어진 두 축의 전동 장치에는 주로 링크 체인을 사용한다.
③ 롤러 체인의 내구성은 핀과 부시의 마모에 따라 결정된다.
④ 체인에는 크게 링크 체인과 롤러 체인이 있다.

떨어진 두 축의 전동 장치에는 주로 롤러 체인을 사용한다.

36 운전석이 설치된 타워크레인의 운전이 가능한 사람은?

① 국가기술자격법에 의한 양화 장치 운전기능사 2급 이상의 자격을 가진 자
② 국가기술자격법에 의한 천장크레인 운전기능사 자격을 가진 자
③ 국가기술자격법에 의한 타워크레인 운전기능사 자격을 가진 자
④ 국가기술자격법에 의한 승강기 보수기능사 자격을 가진 자

자격·면허·경험 또는 기능이 필요한 작업 및 해당 자격·면허·경험 또는 기능(유해·위험작업의 취업 제한에 관한 규칙 [별표 1])

작업명	자격·면허·기능 또는 경험
타워크레인 조종 작업(조종석이 설치되지 않은 정격 하중 5ton 이상의 무인 타워크레인을 포함)	국가기술자격법에 따른 타워크레인 운전기능사 자격
타워크레인 설치(타워크레인을 높이는 작업을 포함)·해체 작업	• 국가기술자격법에 따른 판금제관기능사 또는 비계기능사 자격 • 이 규칙에서 정하는 해당 교육기관에서 교육을 이수하고 수료시험에 합격한 사람으로서 다음의 어느 하나에 해당하는 사람 – 수료시험 합격 후 5년이 경과하지 않은 사람 – 이 규칙에서 정하는 해당 교육기관에서 보수교육을 이수한 후 5년이 경과하지 않은 사람

37 타워크레인 운전 및 정비 수칙 중 바르지 못한 것은?

① 국가가 인정하는 자격 소지자에 의해서 운전되어야 한다.
② 운전자의 시선은 언제나 지브 또는 붐 선단을 직시하여야 한다.
③ 하중이 지면에 있는 상태로 선회를 하지 말아야 한다.
④ 크레인 정비 지침을 지켜야 하며 전체 시스템에 대한 주기적인 검사를 하여야 한다.

> **해설**
> 운전자의 시선은 주위를 넓게 바라보며 특히 진행 중인 방향의 앞쪽을 잘 살펴야 한다.

38 올바른 권상 작업 형태는?

① 지면에서 끌어당김 작업
② 박힌 하중 인양 작업
③ 사람 머리 위를 통과한 상태 작업
④ 신호수가 있을 경우 보이지 않는 곳의 물체 이동 작업

39 원목처럼 길이가 긴 화물을 외줄 달기 슬링 용구를 사용하여 크레인으로 물건을 안전하게 달아 올릴 때의 방법으로 가장 거리가 먼 것은?

① 슬링을 거는 위치를 한쪽으로 약간 치우치게 묶고 화물의 중량이 많이 걸리는 방향을 아래쪽으로 향하게 들어 올린다.
② 제한 용량 이상을 달지 않는다.
③ 수평으로 달아 올린다.
④ 신호에 따라 움직인다.

> **해설**
> 외줄 달기에 원목을 수평으로 달아 올리면 원목이 회전하여 충돌할 위험이 있고, 원목의 회전에 의해 로프의 꼬임이 풀려 약하게 된다.

40 T형 타워크레인의 메인 지브를 이동하며 권상 작업을 위한 선회 반경을 결정하는 횡행 장치는?

① 트롤리   ② 훅 블록
③ 타이 바   ④ 캣 헤드

41 선회 기어와 베어링 및 축 내 급유를 하는 주된 목적이 아닌 것은?

① 캐비테이션(공동화) 현상을 방지해 준다.
② 부분 마멸을 방지해 준다.
③ 동력 손실을 방지해 준다.
④ 냉각 작용을 한다.

> **해설**
> **윤활유의 역할**
> • 마찰 감소 윤활 작용
> • 피스톤과 실린더 사이의 밀봉 작용
> • 마찰열을 흡수, 제거하는 냉각 작용
> • 내부의 이물을 씻어 내는 청정 작용
> • 운동부의 산화 및 부식을 방지하는 방청 작용
> • 운동부의 충격 완화 및 소음 완화 작용 등

42 타워크레인 작업을 위한 무전기 신호의 요건이 아닌 것은?

① 간결 ② 단순
③ 명확 ④ 중복

해설
통신 및 육성 메시지는 단순, 간결, 명확해야 한다.

43 크레인 운전 중 작업 신호에 대한 설명으로 가장 알맞은 것은?

① 운전자가 신호수의 육성 신호를 정확히 들을 수 없을 때는 반드시 수신호가 사용되어야 한다.
② 신호수는 위험을 감수하고서라도 그 임무를 수행하여야 한다.
③ 신호수는 전적으로 크레인 동작에 필요한 신호에만 전념하고, 인접 지역의 작업자는 무시하여도 좋다.
④ 운전자가 안전 문제로 작업을 이행할 수 없을지라도 신호수의 지시에 의해 운전하여야 한다.

44 타워크레인 신호와 관련된 사항으로 틀린 것은?

① 운전수가 정확히 인지할 수 있는 신호를 사용한다.
② 신호가 불분명할 때는 즉시 운전을 중지한다.
③ 비상시에는 신호에 관계없이 중지한다.
④ 두 사람 이상이 신호를 동시에 한다.

해설
운전자에 대한 신호는 반드시 정해진 한 사람의 신호수가 한다.

45 신호수의 무전기 사용 시 주의할 점으로 틀린 것은?

① 메시지는 간결, 단순, 명확해야 한다.
② 신호수의 입장에서 신호한다.
③ 무전기 상태를 확인한 후 교신한다.
④ 은어, 속어, 비어를 사용하지 않는다.

해설
작업 시작 전 신호수와 운전자 간에 작업의 형태를 사전에 협의하여 숙지한다.

46 그림은 타워크레인의 어떤 작업을 신호하고 있는가?

① 주권 사용
② 보권 사용
③ 운전자 호출
④ 크레인 작업 개시

47 산업안전기준에 관한 규칙상 타워크레인을 와이어 로프로 지지하는 경우에 있어 사업주의 준수사항에 해당하지 않는 것은?

① 와이어로프 설치 각도는 수평면에서 60° 이내로 할 것

② 와이어로프가 가공 전선(架空電線)에 근접하지 않도록 할 것

③ 와이어로프는 지상의 이동용 고정 장치에서 신속히 해체할 수 있도록 고정할 것

④ 와이어로프의 고정 부위는 충분한 강도와 장력을 갖도록 설치할 것

해설
타워크레인의 지지(산업안전기준에 관한 규칙 제142조)
와이어로프와 그 고정 부위는 충분한 강도와 장력을 갖도록 설치하고, 와이어로프를 클립·섀클(Shackle, 연결 고리) 등의 고정 기구를 사용하여 견고하게 고정시켜 풀리지 않도록 하며, 사용 중에는 충분한 강도와 장력을 유지하도록 할 것

48 타워크레인의 마스트 상승 작업 중 발생되는 붕괴 재해에 대한 예방 대책이 아닌 것은?

① 핀이나 볼트 체결 상태 확인

② 주요 구조부의 용접 설계 검토

③ 제작사의 작업 지시서에 의한 작업 순서 준수

④ 상승 작업 중에는 권상, 트롤리 이동 및 선회 등 일체의 작동 금지

해설
외관 및 설치 상태 검사 항목
• 마스트, 지브, 타이 바 등 주요 구조부의 균열 또는 손상 유무
• 용접 부위의 균열 또는 부식 유무
• 연결핀, 볼트 등의 풀림 또는 변형 유무

49 타워크레인 해체 작업 중 유의 사항이 아닌 것은?

① 작업자는 반드시 안전모 등 안전 장구를 착용하여야 한다.

② 우천 시에도 작업한다.

③ 안전 교육 후 작업에 임한다.

④ 와이어로프를 검사한다.

해설
비·눈 그 밖의 기상 상태(천둥, 번개, 돌풍 등)의 불안정으로 인하여 날씨가 몹시 나쁠 때에도 그 작업을 중지시킨다.

50 타워크레인 해체 작업에서 이동식 크레인 선정 시 고려해야 할 사항이 아닌 것은?

① 최대 권상 높이

② 가장 무거운 부재의 중량

③ 선회 반경

④ 기초 철근 배근도

해설
타워크레인 설치에서 이동식 크레인 선정 시 고려사항
• 최대 권상 높이(H)
• 가장 무거운 부재 중량(W)
• 선회 반경(R)

51 다음 중 안전의 제일 이념에 해당하는 것은?

① 품질 향상

② 재산 보호

③ 인간 존중

④ 생산성 향상

해설
안전의 제일 이념은 인도주의가 바탕이 된 인간 존중이다.

52 산업 재해를 예방하기 위한 재해 예방 4원칙으로 적당치 못한 것은?

① 대량 생산의 원칙
② 예방 가능의 원칙
③ 원인 계기의 원칙
④ 대책 선정의 원칙

53 안전한 작업을 하기 위하여 작업 보강을 선정할 때의 유의 사항으로 가장 거리가 먼 것은?

① 화기 사용 장소에서는 방염성, 불연성의 것을 사용하도록 한다.
② 착용자의 취미, 기호 등에 중점을 두고 선정한다.
③ 작업복은 몸에 맞고 동작이 편하도록 제작한다.
④ 상의의 소매나 바지 자락 끝부분이 안전하고 작업하기 편리하게 잘 처리된 것을 선정한다.

54 가스 용접 시 사용되는 산소용 호스는 어떤 색인가?

① 적색   ② 황색
③ 녹색   ④ 청색

55 일반 드라이버 사용 시 안전 수칙으로 틀린 것은?

① 정을 대신할 때는 (−) 드라이버를 이용한다.
② 드라이버에 충격 압력을 가하지 말아야 한다.
③ 자루가 쪼개졌거나 또한 허술한 드라이버는 사용하지 않는다.
④ 드라이버의 날 끝은 항상 양호하게 관리하여야 한다.

56 공장 내 작업 안전 수칙으로 옳은 것은?

① 기름걸레나 인화 물질은 철제 상자에 보관한다.
② 공구나 부속품을 닦을 때에는 휘발유를 사용한다.
③ 차가 잭에 의해 올라가 있을 때는 직원 외에 차내 출입을 삼간다.
④ 높은 곳에서 작업할 때는 훅을 놓치지 않게 잘 잡고 체인 블록을 이용한다.

57 다음 중 안내표지에 속하지 않는 것은?

① 녹십자 표지
② 응급구호 표지
③ 비상구
④ 출입금지

출입금지는 금지표지에 속한다.

58 산업안전보건법상 방호 조치에 대한 근로자의 준수사항에 해당되지 않는 것은?

① 방호 조치를 임의로 해체하지 말 것
② 방호 조치를 조정하여 사용하고자 할 때는 상급자의 허락을 받아 조정할 것
③ 사업주의 허가를 받아 방호 조치를 해체한 후, 그 사유가 소멸된 때에는 지체 없이 원상으로 회복시킬 것
④ 방호 조치의 기능이 상실된 것을 발견한 때에는 지체 없이 사업주에게 신고할 것

방호 조치 해체 등에 필요한 조치(산업안전보건법 시행규칙 제99조)
• 방호 조치를 해체하려는 경우 : 사업주 허가를 받아 해체할 것
• 방호 조치 해체 사유가 소멸된 경우 : 지체 없이 원상으로 회복시킬 것
• 방호 조치 기능이 상실된 것을 발견한 경우 : 지체 없이 사업주에게 신고할 것

59 크레인의 와이어로프를 교환해야 할 시기로 적절한 것은?

① 지름이 공칭 직경의 3% 이상 감소했을 때
② 소선 수가 10% 이상 절단되었을 때
③ 외관에 빗물이 젖어 있을 때
④ 와이어로프에 기름이 많이 묻었을 때

와이어로프 폐기 기준(산업안전보건기준에 관한 규칙)
• 이음매가 있는 것
• 와이어로프의 한 꼬임(Strand, 스트랜드)에서 끊어진 소선의 수가 10% 이상(비자전 로프의 경우에는 끊어진 소선의 수가 와이어로프 호칭 지름의 6배 길이 이내에서 4개 이상이거나 호칭 지름 30배 길이 이내에서 8개 이상)인 것
• 지름의 감소가 공칭 지름의 7%를 초과하는 것
• 꼬인 것
• 심하게 변형되거나 부식된 것
• 열과 전기 충격에 의해 손상된 것

60 건설기계 안전기준에 관한 규칙에 규정된 레일의 정지 기구에 대한 내용에서 (   ) 안에 들어갈 말로 옳은 것은?

> 타워크레인의 횡행 레일 양 끝부분에는 완충 장치나 완충재 또는 해당 타워크레인 횡행 차륜 지름의 (   ) 이상 높이의 정지 기구를 설치하여야 한다.

① 2분의 1   ② 4분의 1
③ 6분의 1   ④ 8분의 1

레일의 정지 기구 등(제120조)
① 타워크레인의 횡행 레일에는 양 끝부분에 완충 장치, 완충재 또는 해당 타워크레인 횡행 차륜 지름의 4분의 1 이상 높이의 정지 기구를 설치하여야 한다.
② 횡행 속도가 매분당 48m 이상인 타워크레인의 횡행 레일에는 ①에 따른 완충 장치, 완충재 및 정지 기구에 도달하기 전의 위치에 리밋 스위치 등 전기적 정지 장치를 설치하여야 한다.
③ 주행식 타워크레인의 주행 레일에는 양 끝부분에 완충 장치, 완충재 또는 해당 타워크레인 주행 차륜 지름의 2분의 1 이상 높이의 정지 기구를 설치하여야 한다.
④ 주행식 타워크레인의 주행 레일에는 ③의 완충 장치, 완충재 및 정지 기구에 도달하기 전의 위치에 리밋 스위치 등 전기적 정지 장치를 설치하여야 한다.

우리 인생의 가장 큰 영광은 결코 넘어지지 않는 데 있는 것이 아니라

넘어질 때마다 일어서는 데 있다.

– 넬슨 만델라 –

참 / 고 / 문 / 헌

- 건설기계관리법 및 건설기계안전기준에 관한 규칙
- 누전 차단기 일반관리에 관한 기술지침 – KOSHA GUIDE E-54-2010
- 배선용 차단기 일반관리에 관한 기술지침 – KOSHA GUIDE E-57-2012
- 볼트·너트의 선정 및 체결에 관한 기술지침 – KOSHA GUIDE O-2-2016
- 산업안전보건법 및 산업안전보건기준에 관한 규칙
- 안전검사 고시(시행 2020.1.16. 고용노동부고시 제2020-43호)
- 양중설비의 관리에 관한 기술지침 – KOSHA GUIDE M-79-2011
- 와이어로프 사용안전 – 안전보건공단 교육 교재
- 운반하역 표준안전 작업지침(시행 2020.1.16. 고용노동부고시 제2020-26호)
- 위험기계·기구 안전인증 고시(시행 2020.1.16. 고용노동부고시 제2020-41호)
- 유해·위험 작업의 취업제한에 관한 규칙
- 줄걸이용 와이어로프의 사용에 관한 기술지침 – KOSHA GUIDE M-81-2011
- 크레인 달기 기구 및 줄걸이 작업용 와이어로프의 작업에 관한 기술지침 – KOSHA GUIDE M-186-2015
- 크레인 및 권상 장치의 와이어로프 선정에 관한 기술지침 – KOSHA GUIDE M-90-2011
- 크레인 작업 시 수공구 사용에 관한 기술지침 – KOSHA GUIDE M-84-2011
- 크레인 작업 표준신호 지침(개정 2001.1.9. 고시 제2001-8호)
- 크레인-수신호 – KS B ISO 16715:2014
- 크레인-안전한 사용-제1부 : 일반 – KS B ISO 12480-3:1997
- 크레인-안전한 사용-제3부 : 타워크레인 – KS B ISO 12480-3:2016
- 크레인-줄걸이 작업-일반 요구사항 – KS B 6600:2017
- 크레인-크레인 조종사, 줄걸이 작업자, 신호수 및 평가자의 자격 요구사항 – KS B ISO 15513:2000
- 타워크레인 설치·조립·해체 작업 계획서 작성지침 – KOSHA GUIDE C-97-2014
- 타워크레인 접근통로 및 방책 설치에 관한 기술지침 – KOSHA GUIDE M-89-2011
- 타워크레인의 구조·규격 및 성능에 관한 기준(시행 2015.9.8. 국토교통부고시 제2015-662호)
- 타워크레인의 설치·조립·해체 작업에 관한 기술지침 – KOSHA GUIDE M-82-2011
- 타워크레인의 제한 장치 및 지시 장치에 관한 기술지침 – KOSHA GUIDE M-83-2017
- 타워크레인의 지지·고정 및 운전에 관한 기술지침 – KOSHA GUIDE M-91-2012

Win-Q 타워크레인운전기능사 필기

개정4판1쇄 발행	2025년 02월 05일 (인쇄 2024년 12월 24일)
초 판 발 행	2021년 01월 05일 (인쇄 2020년 07월 20일)
발 행 인	박영일
책 임 편 집	이해욱
편 저	최평희
편 집 진 행	윤진영 · 김혜숙
표지디자인	권은경 · 길전홍선
편집디자인	정경일
발 행 처	(주)시대고시기획
출 판 등 록	제10-1521호
주 소	서울시 마포구 큰우물로 75 [도화동 538 성지 B/D] 9F
전 화	1600-3600
팩 스	02-701-8823
홈 페 이 지	www.sdedu.co.kr

I S B N	979-11-383-8447-6(13550)
정 가	25,000원

기술직 공무원 건축계획
별판 | 30,000원

기술직 공무원 전기이론
별판 | 23,000원

기술직 공무원 전기기기
별판 | 23,000원

기술직 공무원 생물
별판 | 20,000원

기술직 공무원 임업경영
별판 | 20,000원

기술직 공무원 조림
별판 | 20,000원

※도서의 이미지와 가격은 변경될 수 있습니다.

안전보건표지의 종류와 형태

1. 금지표지	101 출입금지	102 보행금지	103 차량통행금지	104 사용금지	105 탑승금지	106 금연
	107 화기금지	108 물체이동금지	2. 경고표지	201 인화성물질경고	202 산화성물질경고	203 폭발성물질경고	204 급성독성물질경고
	205 부식성물질경고	206 방사성물질경고	207 고압전기경고	208 매달린물체경고	209 낙하물경고	210 고온경고	211 저온경고

(표 구조상 일부 셀이 병합되어 있음)

212 몸균형상실경고	213 레이저광선경고	214 발암성·변이원성·생식독성·전신독성·호흡기과민성물질경고	215 위험장소경고	3. 지시표지	301 보안경착용	302 방독마스크착용
303 방진마스크착용	304 보안면착용	305 안전모착용	306 귀마개착용	307 안전화착용	308 안전장갑착용	309 안전복착용

4. 안내표지	401 녹십자표지	402 응급구호표지	403 들것	404 세안장치	405 비상용기구	406 비상구
407 좌측비상구	408 우측비상구	5. 관계자외 출입금지	501 허가대상물질 작업장	502 석면취급/해제 작업장	503 금지대상물질의 취급 실험실등	

501 관계자외 출입금지
(허가물질 명칭)제조/사용/보관 중
보호구/보호복착용
흡연및음식물
섭취금지

502 관계자외 출입금지
석면 취급/해체 중
보호구/보호복착용
흡연및음식물
섭취금지

503 관계자외 출입금지
발암물질 취급중
보호구/보호복착용
흡연및음식물
섭취금지

6. 문자추가시 예시문
휘발유화기엄금